新能源科技译丛

风电机组控制与监测

（西）罗宁苏　尤兰达·维达尔　主编
（墨）里奥纳多·阿科
徐宏飞　译

中国三峡出版传媒
中国三峡出版社

图书在版编目（CIP）数据

风电机组控制与监测/（西）罗宁苏，（西）尤兰达·维达尔，（墨）里奥纳多·阿科主编；徐宏飞译. — 北京：中国三峡出版社，2017.12

书名原文：Wind Turbine Control and Monitoring

ISBN 978 - 7 - 5206 - 0001 - 9

Ⅰ.①风… Ⅱ.①罗…②尤…③里…④徐… Ⅲ.①风力发电机 - 发电机组 - 控制系统 Ⅳ.①TM315

中国版本图书馆 CIP 数据核字（2017）第 217793 号

Translation from the English language edition:

Wind Turbine Control and Monitoring

edited by Ningsu Luo, Yolanda Vidal and Leonardo Acho

责任编辑：王　杨

中国三峡出版社出版发行

（北京市西城区西廊下胡同 51 号　100034）

电话：（010）57082645　57082566

http://www.zgsxcbs.cn

E - mail：sanxiaz@sina.com

北京环球画中画印刷有限公司印刷　新华书店经销

2018 年 1 月第 1 版　2018 年 1 月第 1 次印刷

开本：787 × 1092 毫米　1/16　印张：29

字数：548 千字

ISBN 978 - 7 - 5206 - 0001 - 9　定价：90.00 元

前 言

随着人们对气候变化影响的担忧日益加深，研究人员加快了开发与环境兼容的能源技术的步伐。风能以其低碳、资源高效和低成本的特点很快在全球范围内成为一种可持续的技术。为了满足更大规模电力发电装置的需求并降低对环境的影响，风力发电机系统面临着机组容量不断增大和近期开发的海上（漂浮）技术带来的新挑战。

风电机组非常复杂，结构零部件体积较大，运行灵活，可在湍流风速和无法预知的环境条件下运行，并可为各类电网供电。为了实现系统风能转换的最大化，实施降载荷策略，将机械疲劳降至最低，以及性能退化每千瓦时成本，解决可靠性、稳定性和适用性（可持续性）等问题，需要采用先进（多级变化和多重目标）的协同控制系统，对每台风电机的桨距、转矩、功率、叶轮转速、功率因数等可变参数进行调节。另外，风电机组监控和故障诊断系统的目的是尽早检测出风电机组各构件在运行中的降变和故障，并确定具体位置，及时进行维修（例如在低风速期间）。因此，应尽量减少成本较高的整改维修次数，从而降低因维修造成的发电损失。

本书着眼于风电机组的研究工作，对目前最先进的风电技术进行了介绍和前瞻性描述。本书提出了风电控制和监测的新见解、新方法和算法，介绍了计算机建模和仿真工具，还列举了多个示例和研究案例进行讲解。这种理论与实际相结合的方式大大提升了本书内容的实用性。本书是专为风电机组、风能领域的研究人员和研究生，以及电气、机械和控制工程的专业人士编制的专业书籍，同时希望能够为工程专业的研究生以及本科一年级学生扩充风能系统知识。另外，风电技术工程师也可以通过本书获得关于风电机组的最新专业知识。

本书共分五大部分：功率变流器系统（第1～3章）；控制（第4～7章）；监测和故障诊断（第8～11章）；减振（第12～13章）和研究/教学测试平台（第14～15章）。

第1章专门研究变速永磁同步发电机组配备电子功率变流器。建议采用的无功功率控制方案能够在更大型的风电场和电网配置中应用。第2章基于双馈发电机的风电机组提出了高阶滑模控制策略。利用NREL FAST代码进行的仿真已经在鲁棒性（故障穿越能力增强）和无传感器控制方面显示出控制的有效性和吸引力。第3章描述了如何通过对电网提供的功率进行优化来解决变流器系统的电网整合问题，以便在公共连接点上提供电压支持辅助服务。本章为可变速风能转换系统推荐了最大功率点跟踪控制算法。第4章展示了鲁棒变桨控制设计方案，可应用于沿整个风速范围运转的可变速风电机组。在这里采用了H_∞和先进的Anti-windup设计，通过优化在过渡区的性能，为高低两种风力运行模式提供高性能控制解决方案。第5章为不同多级可变鲁棒控制器推荐了统一的设计程序。所设计的反馈控制策略能够降低结构模式中的风效应，缓解风电机组的疲劳载荷。第6章描述了在海上漂浮风电机组中应用的独立变桨静态输出反馈控制器。通过正确地设计约束控制增益矩阵，所提出的控制策略对变桨传感器故障是具有鲁棒性和故障容错性的。第7章重点关注与可持续风电机系统的容错控制方法相关的不同观点的调查。基于Takagi-Sugeno模糊框架的容错控制策略是针对海上风电机组提出的。第8章对风电机组叶片的覆冰监控和主动除冰控制等问题进行了研究，提出了采用光学覆冰传感方法直接检测叶片上的覆冰，并开发出了一种空气/热动态模型，从而在多变环境条件下为局部除冰预测出所需的热通量。

第9章为风电机组叶片提供了一个结构健康监测解决方案。它通过采用高空间分辨率差脉冲宽度对布里渊光时域分析传感系统，开发了一个疲劳损坏监测系统。第10章展示了基于单传感器的监测和基于冗余传感器的故障监测/隔离的新方法。该方法考虑到了传感器故障监测/隔离的分析冗余，并应用了基于递归统计变化监测/隔离算法的决策系统。第

11 章对海上漂浮式风电机组中，各种变桨系统故障的结构载荷影响进行了研究。所研究的故障除了执行机构卡死故障和执行机构失控等故障以外，还包括在传感器测量中的偏差和增益误差、变桨执行机构性能下降等。第 12 章叙述了如何缓解风电机组塔架的振动问题。为了降低由土壤结构相互作用和可能的地震激励引发的塔架共振，进而提高风电机组的疲劳寿命，使用了调谐质量阻尼器和调谐液柱阻尼器。第 13 章提出了使用磁流变阻尼器来控制风电机组结构性共振的建议。根据智能基础约束（一种平滑铰链、弹簧和磁流变阻尼器的组合），使用半主动控制算法，在移动过程中，瞬间对磁流变阻尼器发出指令，使其根据需要调整反作用力，达到性能目标。第 14 章展示了新型、低成本和灵活的风电场试验台，用于风电机组优化的先进研究和教学。这种试验台对风电场设计、建模、估值和多回路联合控制的实验验证非常有用。第 15 章用图解方式描述了如何以低成本以及高效的方式建立测试风电机组控制器的半实物仿真平台。

最后，我们向所有为本书出版做出贡献的作者，以及施普林格的审校人员和管理人员为本书的出版付出的兴趣与热情表示由衷的感谢。

西班牙赫罗纳　罗宁苏

西班牙巴塞罗那　尤兰达·维达尔
里奥纳多·阿科

目　录

第一部分　功率变流器系统

第二部分　控　　制

第三部分　监测和故障诊断

第四部分 减 振

第五部分　研究/教学测试平台

第一部分

功率变流器系统

第一章 永磁同步变速风电机组的建模和控制

Hee-Sang Ko

摘要：本章介绍了配有永磁同步发电机组（PMSG）和全功率背靠背电压源型变流器的变速风电机组的控制方案，还提供了永磁同步风电机组的综合动态模型和控制方案。控制方案包括风电机组控制和功率变流器的控制。另外，由于永磁同步风电机组能够依据操作状态和限制情况独立控制有功功率和无功功率产出，达到设定值要求，可以为电网提供有效支撑。因此，本章提出了无功功率监控方案，实现远程电压调整和供给。研究选取了韩国济州岛风电场作为研究现场，对该控制方案进行了评估和讨论。

关键词：永磁同步发电机组；风电机组；风电场；变速；电压控制；公共耦合点

术语：

PMSG	永磁同步发电机组
TR	变压器
TL	输电线
Ca	电缆
IB	无限大容量母线
VSC	电压源型变流器
PCC	公共耦合点
WT	风电机组
下标：1—5	母线号
v，i	电压，电流

H. -S. Ko (✉)
风能实验室，韩国风能技术研究，韩国大田
电子邮箱：heesangko@ kier. re. kr

下标：d，q	直流，在同步参考坐标系中二次轴
R，L，C	电阻，电感，电容
ω_e	永磁同步发电机组定子电角速度
ω_b	基础角速度（弧度/秒）
ω_r	永磁同步发电机组转速
L_s	永磁同步发电机组定子漏电感
ψ_m	永磁同步发电机组励磁磁通
ψ	永磁同步发电机组磁漏
P_g^{set}	电压源型变流器网侧控制器有功功率设定值
Q_g^{set}	电压源型变流器网侧控制器无功功率设定值
Q_s^{set}	电压源型变流器机侧控制器无功功率设定值
下标：s	永磁同步发电机组定子数量和/或电压源型变流器机侧控制器的机侧数量
下标：g	电压源型变流器网侧控制器的网侧数量
下标：b	每单元基本量
下标：$filt$	RL 滤波器的滤波器数量
下标：dc	电压源型变流器直流连接量
k_p，k_i	PI 控制器的比例增益和积分增益

1.1 引　言

变速风力发电可以使风电机组在较大风速范围内以最大功率系数运行，通过使用可变速运转的功率变流器而实现更高效的风能捕集。当前，变速风电系统的一个问题是连接风电机组和发电机组的齿轮箱。齿轮箱可引起机械故障，还会增加维护成本。为了改进风电机组的可靠性，降低维护成本，应取消使用齿轮箱。

西门子电力和通用电气能源集团宣布配备永磁同步发电机组（PMSG）的兆瓦级风电机组。使用的永磁发电机组为直接驱动式，齿轮箱较小，有的直接取消了齿轮驱动，通过功率变流器连接到交流电网。功率变流器是这一措施的关键，可以实现发电机组的变速运转，并连入固定电频的交流电网。变流器额定值必须等于或高于发电机组的额定功率。永磁体励磁采用的磁极距要小于传统发电机组的极距，因此，根据发电机组额定功率[1]，设备的设计额定转速范围为 20～200rpm。

但是，永磁同步发电机组的电磁结构比使用定速鼠笼电感发电机组和变速双馈电感发电机组等传统风电机系统要复杂得多。同时，齿轮传动比降低可能需要增加发电机组的极对数量，从而增加了发电机组结构的复杂程度[1-8]。

在并网的（海上）大型风电场中对兆瓦级风电机组进行了调试。但是，风力发电规模的扩大会对整个电力系统的电力质量、安全、稳定性和电压控制等方面的运行和规划产生影响[9-14]。大型风电机组连接到公共电网时，本地电力流动布局和系统动态特性都会发生变化[15]。因此，遵守电力传输系统运营商协会（TSOs）的国家电网规范至关重要[16]。

应关注风电场和电力系统间的相互作用这一研究课题。为了更好地理解各个风电机组和风电场控制系统间的相互影响，应进行建模和仿真，这是必不可少的。关于风电机组或风电场控制器和电网控制器之间相互作用的调查研究是面临的一个挑战。通过采用更加先进的控制算法，风电机组和风电场能够为电网提供辅助服务，如提供无功功率或参与电压/频率控制等。为了研究这些先进控制策略对系统的影响，需要开展更多的建模分析。

综上所述，本章介绍了永磁同步风电机组的详细系统建模和控制设计方案。同时，为了改进在要求位置的电压控制能力［如公共耦合点（PCC）处电压控制］，本章还提出了备选设计和控制解决方案。

本章主要内容为详细动态模型，其中第 1.2 节介绍了电压源型变流器（VSC）控制设计，第 1.3 节提出了无功功率监控方案，而第 1.4 节则进行了案例研究，第 1.5 节对上述内容进行了总结。

1.2 永磁同步风电机组电力系统的动态模型

本章介绍的系统见图 1-1。风电场由 5 个风电机组组成。每台风电机组配备一台 0.69/22.9kV 升压器。通过一根 2km 的海底电缆和一根 14km 的高架输电线缆将风电场连接到电网。运行条件如下：风电场向本地输出 7MW 的有功功率和 0.3MVar 无功功率，本地消耗量为 8MW 有功功率和 1.9MVar 无功功率。其余有功功率来自 154kV 公共电网，由一根无限大容量母线代表。

虽然风电机组的基本原理简要直观，但现代风电机组是一个复杂的系统。风电机组叶片、驱动机组和塔架的设计和优化需要广泛的知识，涉及空气动力学、机械和结构工程学、电气子系统的控制和保护等方面。

模型考虑了风电机组的详细情况，见图 1-2。风电机组包括以下部件：三叶片风

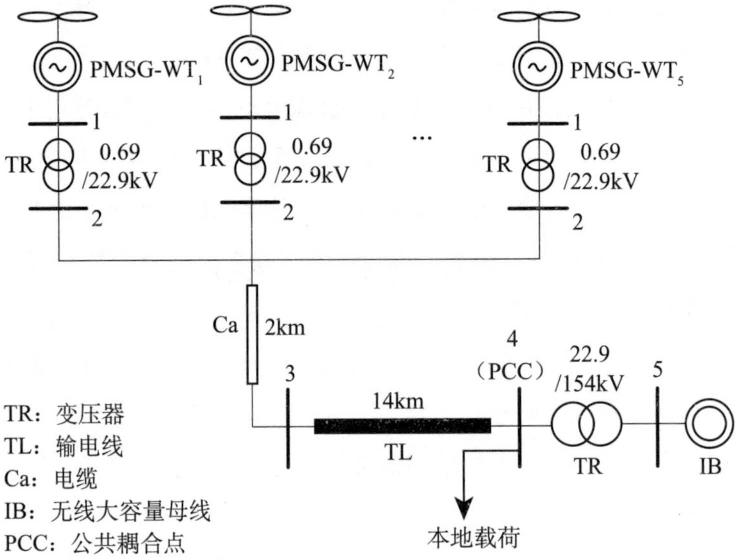

图 1-1 连接电网的风电机系统

轮及相应的变桨控制器[17]；一台带有两个控制器的永磁同步发电机组、一个直流连接电容器、一台电网滤波器；变流器控制器。

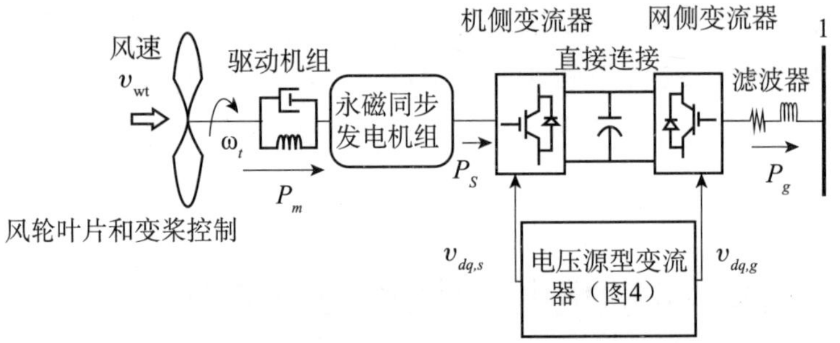

图 1-2 永磁同步风电机组（PMSG-WT）

[1]提供了2MW永磁同步风电机组的发电机参数。采用 dq-同步参考坐标[18,19]代表各构件对整个系统中的电气部分进行了建模。其中假定 d 轴与定子磁链对齐，来自发电机组的电流为正值。永磁同步发电机组控制器的设计理念是：通过将发电机组参数变换为 dq 参考坐标和分离定子电压形成的方法，断开有功功率和无功功率控制。这样就可以通过影响定子电流的 d 轴构件控制有功功率，同时通过影响定子电流的 q 轴构件控制无功功率。系统参数和控制增益等内容详见附录。

1.2.1　永磁同步发电机组

永磁同步发电机组可用下列公式表示[1]：

$$\frac{1}{\omega_b}\frac{\mathrm{d}\psi_{\mathrm{ds}}}{\mathrm{d}t}=v_{\mathrm{ds1}}+R_s i_{\mathrm{ds}}+\omega_e\psi_{qs}$$

$$\frac{1}{\omega_b}\frac{\mathrm{d}\psi_{qs}}{\mathrm{d}t}=v_{qs1}+R_s i_{qs}-\omega_e\psi_{\mathrm{ds}} \tag{1-1}$$

其中：

$$\psi_{\mathrm{ds}}=-L_{\mathrm{ds}}i_{\mathrm{ds}}-\psi_m,\qquad \psi_{qs}=-L_{qs}i_{qs} \tag{1-2}$$

公式中，v 表示电压，R 表示电阻，i 表示电流，ω_e表示定子电角速度，ω_b表示基础角速度，单位弧度/秒，L_s表示定子漏感，ψ_m表示永磁同步发电机组的励磁通量，ψ 表示磁链。下标 d 和 q 分别表示直轴和交轴组件。下标 s 和 1 分别表示定子数量和母线 1，如图 1-1 所示。定子提供的有功功率和无功功率由下列公式给出：

$$P_s=v_{\mathrm{ds1}}i_{\mathrm{ds}}+v_{qs1}i_{qs},\qquad Q_s=v_{\mathrm{ds1}}i_{qs}-v_{qs1}i_{\mathrm{ds}} \tag{1-3}$$

关于输电线（TL）、变压器（TR）、电缆和载荷的数学模型可从 R、L、C 段[20]获得并导入 dq-同步参照框架。公式（1-4）至公式（1-7）根据图 1-3 给出了 TL、TR、电缆和 RL 载荷，其中下标 s 和 e 分别表示发送端和接收端。

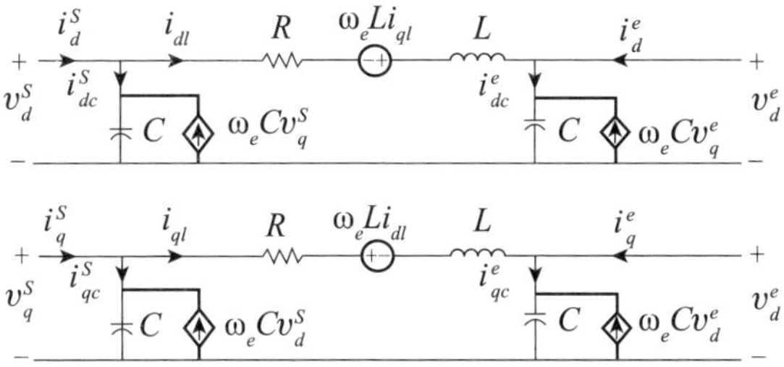

图 1-3　dq-域中集总参数 π 等值电路的描述

1.2.2　输电线

$$\frac{L_{TL}}{\omega_b}\frac{\mathrm{d}i_{\mathrm{d1}}}{\mathrm{d}t}=v_{\mathrm{d4}}-v_{\mathrm{d3}}-R_{TL}i_{\mathrm{d1}}+\omega_e L_{TL}i_{ql}$$

$$\frac{L_{TL}}{\omega_b}\frac{\mathrm{d}i_{ql}}{\mathrm{d}t}=v_{q4}-v_{q3}-R_{TL}i_{ql}-\omega_e L_{TL}i_{\mathrm{d1}} \tag{1-4}$$

$$\frac{C_{TL}}{\omega_b}\frac{\mathrm{d}v_{\mathrm{d3}}}{\mathrm{d}t}=i_{\mathrm{dc}}^{s}+\omega_e C_{TL}v_{\mathrm{q1}}\qquad \frac{C_{TL}}{\omega_b}\frac{\mathrm{d}v_{q3}}{\mathrm{d}t}=i_{qc}^{s}-\omega_e C_{TL}v_{\mathrm{d3}}$$

$$\frac{C_{TL}}{\omega_b}\frac{\mathrm{d}v_{\mathrm{d}4}}{\mathrm{d}t}=i_{\mathrm{dc}}^{e}+\omega_e C_{TL}v_{q4} \qquad \frac{C_{TL}}{\omega_b}\frac{\mathrm{d}v_{q4}}{\mathrm{d}t}=i_{qc}^{e}-\omega_e C_{TL}v_{\mathrm{d}4}$$

1.2.3 变压器

$$\begin{aligned}\frac{L_{tr}}{\omega_b}\frac{\mathrm{d}i_{\mathrm{d}1}}{\mathrm{d}t}&=v_{\mathrm{d}2}-v_{\mathrm{d}1}-R_{tr}i_{\mathrm{d}1}+\omega_e L_{tr}i_{ql}\\ \frac{L_{tr}}{\omega_b}\frac{\mathrm{d}i_{ql}}{\mathrm{d}t}&=v_{q2}-v_{q1}-R_{tr}i_{ql}-\omega_e L_{tr}i_{\mathrm{d}1}\\ \frac{C_o}{\omega_b}\frac{\mathrm{d}v_{\mathrm{d}1}}{\mathrm{d}t}=i_{\mathrm{d}1}+\omega_e C_o v_{q1} &\qquad \frac{C_o}{\omega_b}\frac{\mathrm{d}v_{q1}}{\mathrm{d}t}=i_{ql}-\omega_e C_o v_{\mathrm{d}1}\end{aligned}\tag{1-5}$$

1.2.4 电缆

$$\begin{aligned}\frac{L_{ca}}{\omega_b}\frac{\mathrm{d}i_{\mathrm{d}l}}{\mathrm{d}t}&=v_{\mathrm{d}3}-v_{\mathrm{d}2}-R_{ca}i_{\mathrm{d}1}+\omega_e L_{ca}i_{ql}\\ \frac{L_{ca}}{\omega_b}\frac{\mathrm{d}i_{ql}}{\mathrm{d}t}&=v_{q3}-v_{q2}-R_{ca}i_{ql}-\omega_e L_{ca}i_{\mathrm{d}1}\\ \frac{C_{ca}}{\omega_b}\frac{\mathrm{d}v_{\mathrm{d}2}}{\mathrm{d}t}=i_{\mathrm{dc}}^{s}+\omega_e C_{ca}v_{q2} &\qquad \frac{C_{ca}}{\omega_b}\frac{\mathrm{d}v_{q2}}{\mathrm{d}t}=i_{qc}^{s}-\omega_e C_{ca}v_{\mathrm{d}2}\end{aligned}\tag{1-6}$$

1.2.5 RL 载荷

RL 载荷在 dq-域中可表示为

$$\begin{aligned}\frac{L_{\mathrm{load}}}{\omega_b}\frac{\mathrm{d}i_{\mathrm{dL}}}{\mathrm{d}t}&=v_{\mathrm{d}4}-R_{\mathrm{load}}i_{\mathrm{dL}}+\omega_e L_{\mathrm{load}}i_{qL}\\ \frac{L_{\mathrm{load}}}{\omega_b}\frac{\mathrm{d}i_{qL}}{\mathrm{d}t}&=v_{q4}-R_{\mathrm{load}}i_{qL}-\omega_e L_{\mathrm{load}}i_{\mathrm{dL}}\\ \frac{C_o}{\omega_b}\frac{\mathrm{d}v_{\mathrm{d}4}}{\mathrm{d}t}=i_{\mathrm{dL}}+\omega_e C_o v_{q4} &\qquad \frac{C_o}{\omega_b}\frac{\mathrm{d}v_{q4}}{\mathrm{d}t}=i_{qL}-\omega_e C_o v_{\mathrm{d}4}\end{aligned}\tag{1-7}$$

如图 1-2 所示，网侧变流器通过滤波器连接到电网。在 dq-同步参照框架中 RL-滤波器的电压公式可按照第 2.6 节所述推导得出。

1.2.6 网侧变流器上的 RL-滤波器

$$\frac{L_{\mathrm{filt}}}{\omega_b}\frac{\mathrm{d}i_{\mathrm{dg}}}{\mathrm{d}t}=v_{\mathrm{d}1}-R_{\mathrm{filt}}i_{\mathrm{dg}}+\omega_e L_{\mathrm{filt}}i_{qg}$$

$$\frac{L_{\text{filt}}}{\omega_b}\frac{\mathrm{d}i_{qg}}{\mathrm{d}t} = v_{q1} - R_{\text{filt}}i_{qg} - \omega_e L_{\text{filt}}i_{\text{dg}} \tag{1-8}$$

其中，下标 filt 表示滤波器。

1.2.7　电压源型变流器控制器

图 1-4 是电压源型变流器控制器的详细框图，分别描述了输入和输出变量。图中，P_g^{set} 是风电机组终端有功功率的设定值，P_g^{set} 值依据风电机组的能量收集特征确定，如图 1-5 所示，作为一个查询表，确定与发电机组转动速度（ω_r）相关的 $P_g^{\text{set}}(\omega_r)$。由于变速风电机组通常在 PFC 模式下运转，以在风电机组的终端达到均一的功率因数，因此，无功功率定点 Q_g^{set} 设定为零。

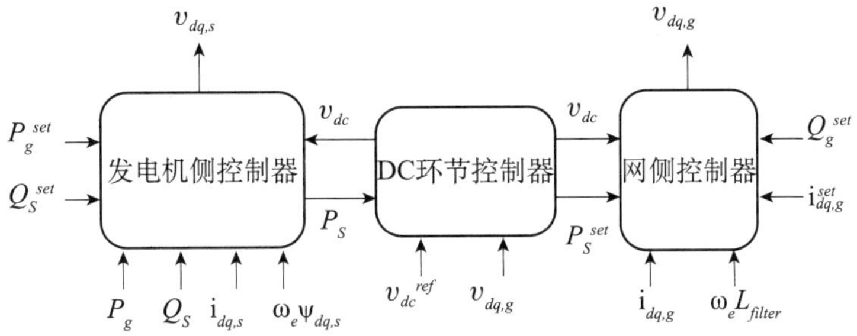

图 1-4　显示输入/输出变量的电压源型变流器控制器框图

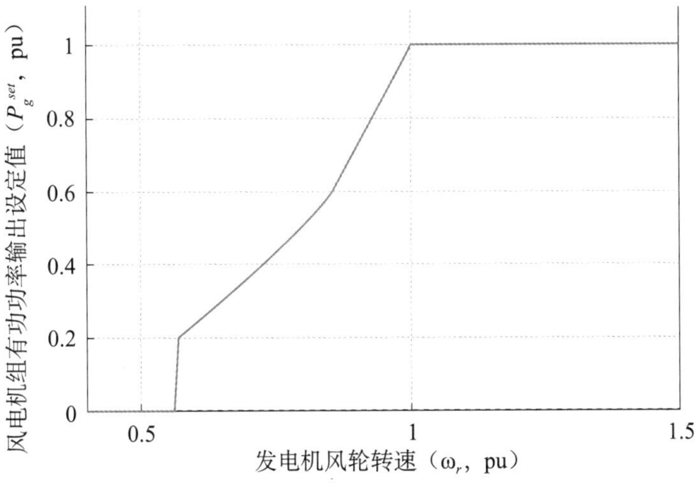

图 1-5　风电机组最大能量收集曲线

电压源型变流器控制模块由发电机组侧控制器、直流连接控制器和网侧变流器控制器组成。这些控制器均采用比例积分（PI）控制器。采用奈奎斯特约束技术对 PI 控制器进行调谐，处理模型的不确定性[21,22]。下文对每台控制器进行了简要描述。

A. 机侧变流器控制器：图 1-6 是机侧变流器控制器模块框图，图中有四台内部比例积分控制器，分别为 PI1 到 PI4。这些控制器分为两个分支运行，一个分支用于有功功率（PI1 和 PI2），另一个用于无功功率（PI3 和 PI4），分别在 d 和 q 轴之间带有对应的耦合项。

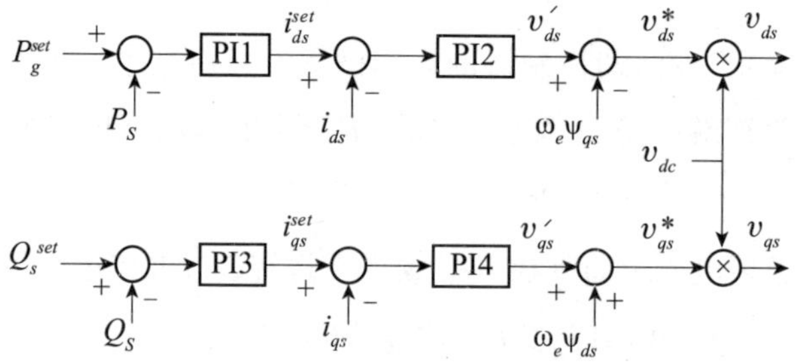

图 1-6　发电机组侧变流器控制器框图

从定子电压到定子电流的转换函数为：

$$\left[\frac{I_{ds}(s)}{V'_{ds}(s)} \quad \frac{I_{qs}(s)}{V'_{qs}(s)}\right]^T = \left[\frac{1}{R_s + s(L_{ds}/\omega_b)} \quad \frac{1}{R_s + s(L_{qs}/\omega_b)}\right]^T \tag{1-9}$$

从定子电流到无功功率和有功功率的转换函数大致为：

$$\left[\frac{P_s(s)}{I_{ds}(s)} \quad \frac{Q_g(s)}{I_{qs}(s)}\right]^T = \left[R_s + s\frac{L_{ds}}{\omega_b} \quad R_s + s\frac{L_{qs}}{\omega_b}\right]^T \tag{1-10}$$

之后，利用公式（1-9）调谐 PI2 和 PI4，用公式（1-10）调谐 PI1 和 PI3。

B. 网侧变流器控制器：图 1-7 是网侧变流器控制器模块的框图，图中有两台比例积分控制器，PI5 和 PI6，在 d 和 q 轴之间带有各自对应耦合项。

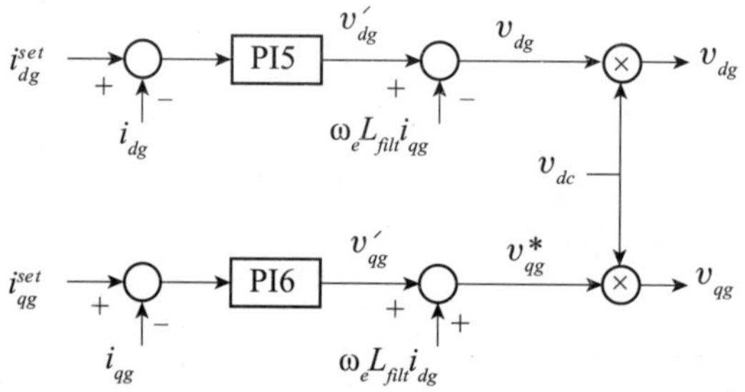

图 1-7　网侧变流器控制器框图

网侧变流器 RL-滤波器的电压公式可表示为：

$$\begin{aligned}\left(\frac{L_{filt}}{\omega_b}\right)\frac{di_{dg}}{dt} &= v_{d1} - R_{filt}i_{dg} + \omega_e L_{filt} i_{dg} \\ \left(\frac{L_{filt}}{\omega_b}\right)\frac{di_{qg}}{dt} &= v_{q1} - R_{filt}i_{qg} - \omega_e L_{filt} i_{dg}\end{aligned} \tag{1-11}$$

从中得出从滤波器电压到电流的转换函数是：

$$\left[\frac{I_{\mathrm{dg}}(s)}{V_{\mathrm{d1}}(s)} \quad \frac{I_{qg}(s)}{V_{q1}(s)}\right]^T = \left[\frac{1}{R_{\mathrm{filt}} + s(L_{\mathrm{filt}}/\omega_b)} \quad \frac{1}{R_{\mathrm{filt}} + s(L_{\mathrm{filt}}/\omega_b)}\right]^T \tag{1-12}$$

网侧控制器的输入值是经电压源型变流器流入电网的电流设定值，采用有功功率和无功功率指令 P_g^{set} 和 Q_g^{set} 计算输入电流的设定值：

$$\begin{bmatrix} i_{qg}^{\mathrm{set}} \\ i_{\mathrm{dg}}^{\mathrm{set}} \end{bmatrix} = \begin{bmatrix} v_{q1} & v_{\mathrm{d1}} \\ -v_{\mathrm{d1}} & v_{q1} \end{bmatrix}^{-1} \begin{bmatrix} P_s^{\mathrm{set}} \\ Q_g^{\mathrm{set}} \end{bmatrix} \tag{1-13}$$

其中，P_g^{set} 和 Q_g^{set} 表示有功功率和无功功率指令的设定点；P_g^{set} 值由直流环节控制器提供，确定有功功率的流量，并将直流环节驱动到恒定参考值对它进行调节。

C. 直流环节动态模型及其控制器：电容器在直流环节中是一个能量储存设备。忽略损耗不计，电容器中能量的时间导数与输送到电网滤波器的功率（P_g）和由永磁同步发电机组定子电路提供的功率（P_s）间的差值有关，可表示为：

$$\frac{1}{2}\frac{C_{\mathrm{dc}}}{\omega_b}\frac{\mathrm{d}v_{\mathrm{dc}}^2}{\mathrm{d}t} = P_g - P_s \tag{1-14}$$

直流环节控制器通过将电容器电压提升至参考值 $v_{\mathrm{dc}}^{\mathrm{ref}}$ 的方式对其进行调节，并输出公式（1-13）需要的有功功率 P_s^{set} 的设定点。图 1-8 显示了带 PI7 控制器的直流环节模型。输出有功功率的设定点为 $P_s^{\mathrm{set}} = v_{\mathrm{dc}} i_{\mathrm{dc,s}}^{\mathrm{set}}$。

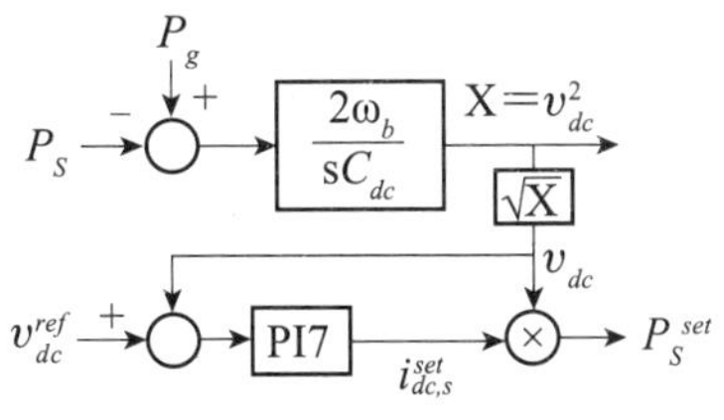

图 1-8　直流环节模型及其控制器

1.3　无功功率的监控

提出无功功率监控的目的是通过调节网侧变流器产生的无功功率对在指定远程公共耦合点（见图 1-1）上的电压进行调节，同时考虑其运行状态和极限情况。如图 1-9 所示，控制目标是利用来自网侧电压源型变流器的 Q_j，将公共耦合点上的电压控制在由无功功率设定点控制信号 Q_j^{set} 的预定值。

在控制风电机组时，不得超过风电机组的运行限值。电压源型变流器的一台独立网侧变流器要求的无功功率可计算为：

$$Q_j^{\mathrm{set}} = \min\left\{Q_j^{\max}, \quad \frac{Q_j^{\max}}{Q_1^{\max} + \cdots + Q_5^{\max}}\Delta Q_{pcc}\right\} \tag{1-15}$$

其中，$j=1$，…，5，$Q_j^{\max}$ 表示第 j 个网侧变流器能提供的最大无功功率（极限值）；ΔQ_{pcc}表示支持公共耦合点上的电压需要的总无功功率。

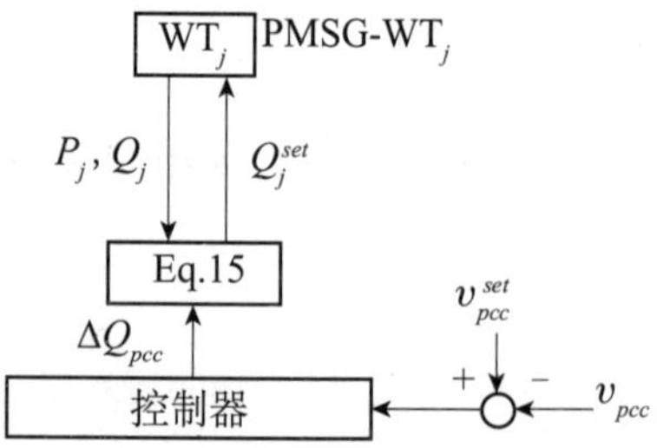

图 1-9　无功功率监控示意图

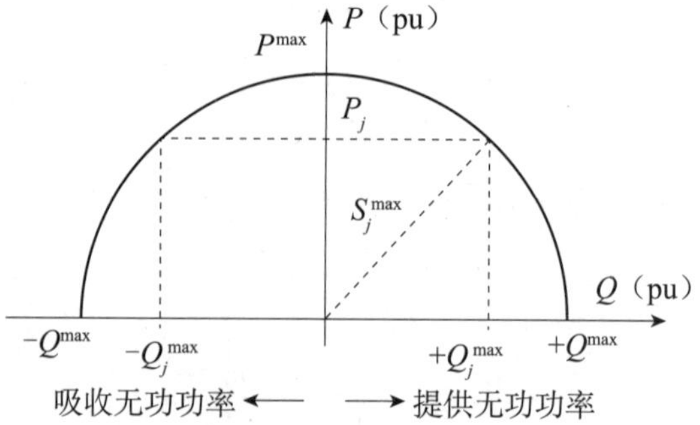

图 1-10　电压源型变流器有功功率和无功功率运行限值

图 1-10 显示出有功功率和无功功率的运行极限值，其中假定网侧变流器不会超过用半周表示的视在功率极限 S_j^{max}。假定在给定时间点，每台网侧变流器都输出有功功率，这里用 P_j 表示。除了有功功率以外，变流器还能够提供或吸收最大为 Q_j^{max} 的无功功率。这样，可从网侧变流器获得的无功功率位于极限［$-Q_j^{max}$；$+Q_j^{max}$］范围之内，具体极限范围视运行条件而定。

从每台网侧变流器获得的无功功率可表示为：

$$Q_j^{max} = \sqrt{(S_j^{max})^2 - P_j^2} \tag{1-16}$$

式中假定每台变流器标称视在功率是 S_j^{max}，定义为风电机组额定值。根据图1-10，按照 $-S_j^{max} \leqslant P_j \leqslant S_j^{max}$ 顺序，可用公式（1-15）、公式（1-16）确定 Q_j^{set} 的最大无功功率设定点（见图 1-4）。

最后，设计为图 1-9 所示控制器所用的 PI 控制器。PI 增益汇总见附录。由于限定控制行为应与积分器-抗饱和方案一起执行，该方案在达到限值时停止积分错误。因此，PI 控制器将与推荐的分散式抗饱和方案在 Matlab/Simulink[18] 中执行，用于开展案例研究，如图 1-11 所示。

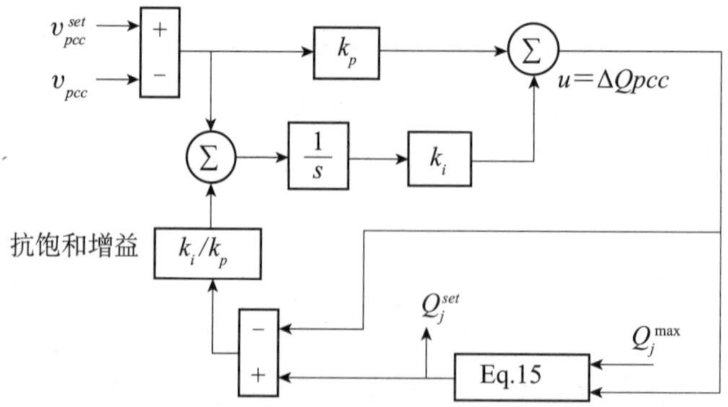

图 1-11　PI 控制器和分散式抗饱和方案联合执行功能

监控无功功率控制方案的特点主要包括：不需要安装其他补充设备，通过控制每台风电机组产生的有效无功功率对电压进行调节，同时考虑每台风电机组动态变化的运行状态和限值。每当运行达到单独风电机组的限值时，单独风电机组的监控控制行为自动停止。该方案的应用非常广泛，可扩展到变速风电机组领域。

1.4　案例研究

图 1-1 所述系统的执行采用了 Matlab/Simulink[23]。计算机研究考虑了风速变化、本地载荷变化和故障引起的压降，并将不同控制条件下系统的动态响应进行了比较。通过比较发现，模式 1 表示风电机组采用 PFC 模式运转，其 Q_g^{set} 设定为零；模式 2 为推荐运行模式，利用 Q_g^{set} 在公共耦合点控制电压。

1.4.1　风速变化

在本案研究中，风电机组考虑了图 1-12 所示的风速。图 1-13 表示的是公共耦合点处的电压，分别用不同控制模式的模型进行了预测。如图 1-13 所示，模式 1 运行导致的电压偏差约为 3%，比高压电网系统的 ±2% 限制高出许多。而模式 2 的运行则在公共耦合点达到了电压要求。图 1-14 表述的是从风电场到公共耦合点的有功功率和无功功率测量数据（见图 1-1）。从中可以发现，风电机组的无功功率贡献就是模式 1 和模式 2 之间的差距。

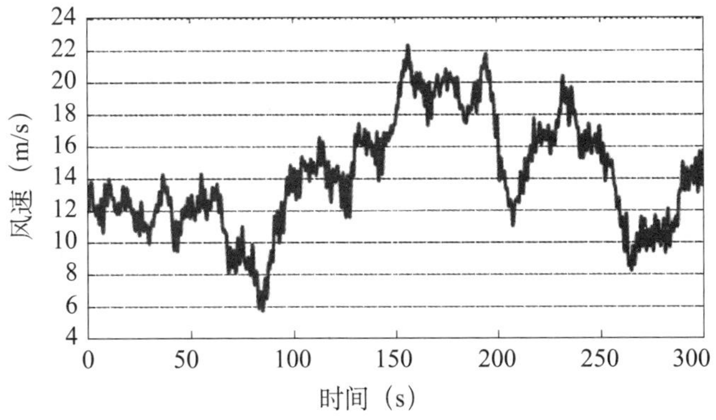

图 1-12　风速（m/s）

1.4.2　本地载荷变化

在本案研究中，本地载荷阻抗降低了 20%，风速为 12m/s。图 1-15 显示了在公共耦合点处观测到的电压瞬变比较。通过比较可以发现，模式 1 运行时，载荷阻抗

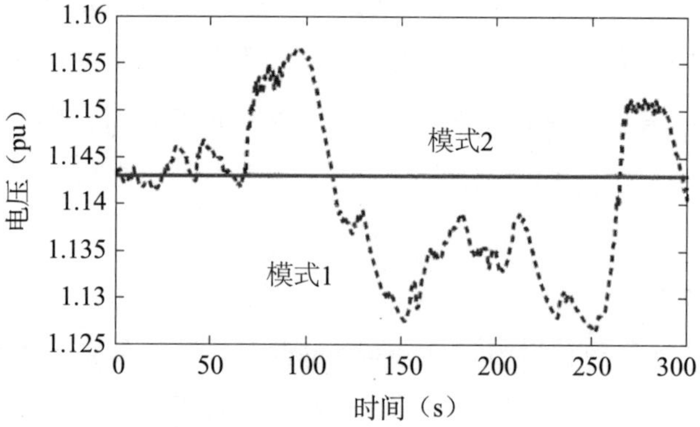

图 1-13　风速变化条件下实际观测的公共耦合点电压

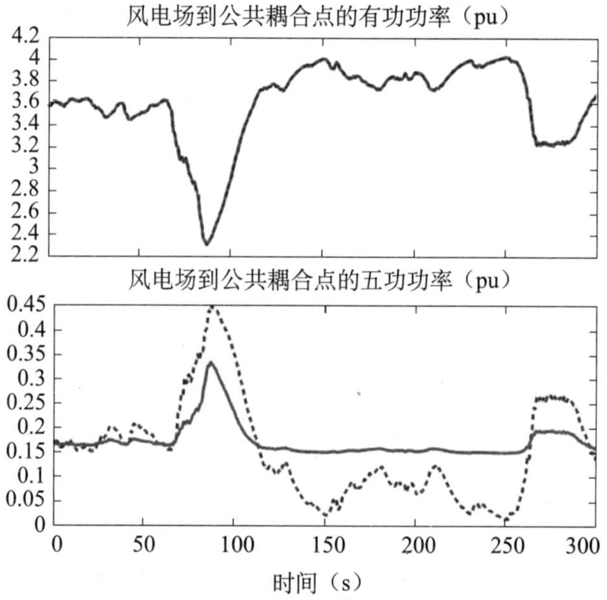

图 1-14　风速变化下从风电场到公共耦合点的有功功率和无功功率

变化导致母线电压大幅下降，降幅达 4.5%，不满足 ±2% 的电压限值要求。风电机组以模式 2 运转时，电压则恢复并达到其预定值。由此可见，模式 2 运行性能明显优于模式 1。图 1-16 给出了从风电场到公共耦合点的有功功率和无功功率实际测量数据。从中可以发现，风电机组的无功功率贡献就是模式 1 和模式 2 之间的差距。

1.4.3　无限母线中的压降

为了对这一情况进行仿真，假设电网中 $t=0.5\text{s}$ 时存在一个故障，造成无限母线产生 10% 的压降，风速依然是 12m/s。如图 1-17 所示，模式 1 的运行显示出大幅

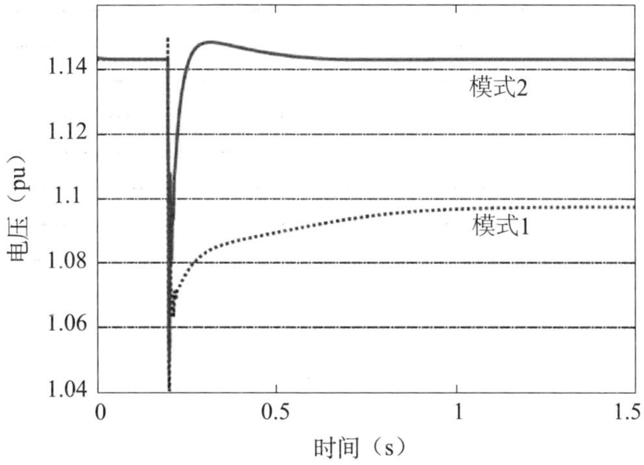

图 1-15　阻抗下降 20%时观测到的公共耦合点电压

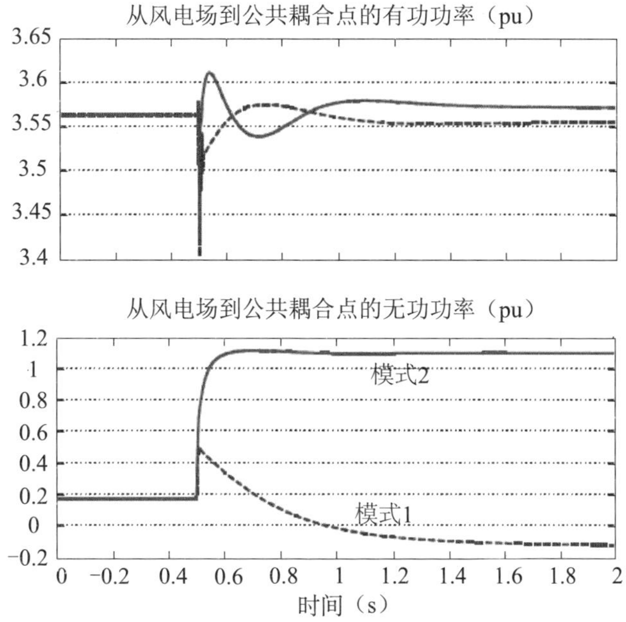

图 1-16　载荷变化从风电场到公共耦合点的有功功率和无功功率

压降，降幅高达 14.5%，而模式 2 的运行使得电压在公共耦合点处已恢复到预定值。图 1-18 给出了从风电场到公共耦合点的实测有功功率和无功功率数据。

1.4.4　故障穿越研究

假定在输电线（TL）中间发生一个三相对称故障，风速为 12m/s。为了仿真这一故障现象，假设 $t=0.2$s 时发生故障，通过恢复初始输电线阻抗，在 $t=$

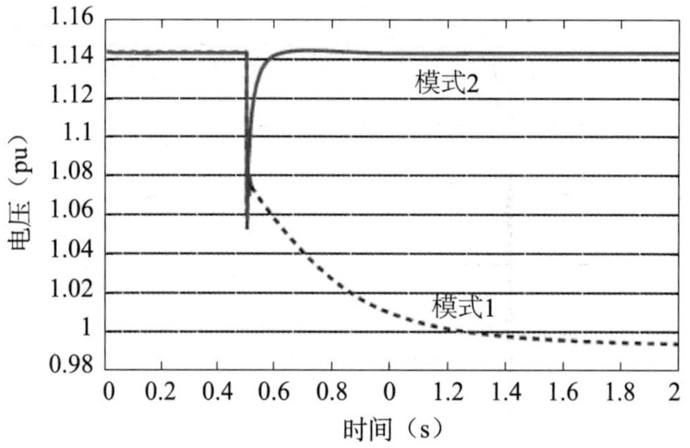

图 1-17　无限母线中压降时在公共耦合点观测到的电压

0. 36s 时清除了故障。从图 1-19 中可以发现，故障造成了明显的电压波动，会严重干扰电路保护，甚至造成风电机组的跳闸。因此，应尽量降低和压制电压波动。在故障期间，模式 2 大大改善了压降情况，而且清除故障后，模式 2 使得公共耦合点处的电压很快恢复并达到预定值。图 1-20 给出了从风电场到公共耦合点的有功功率和无功功率测量数据。从中可发现，风电机组的无功功率贡献就是模式 1 和模式 2 之间的差距。

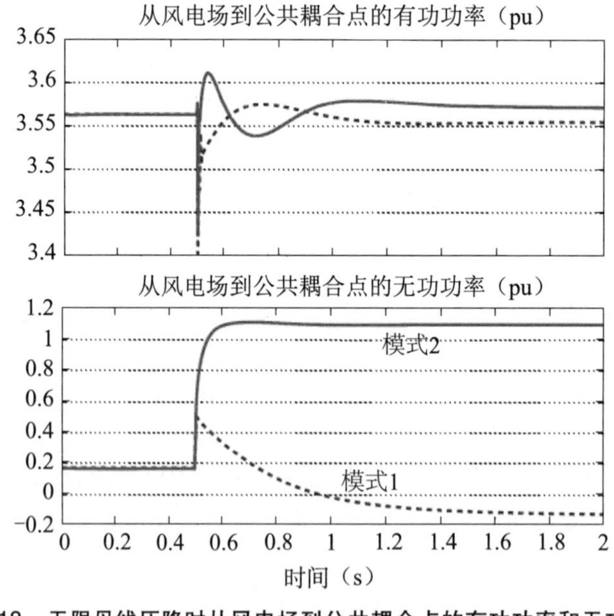

图 1-18　无限母线压降时从风电场到公共耦合点的有功功率和无功功率

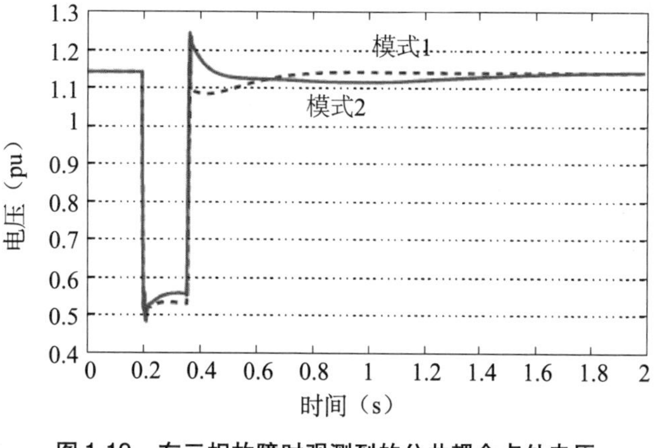

图 1-19　在三相故障时观测到的公共耦合点处电压

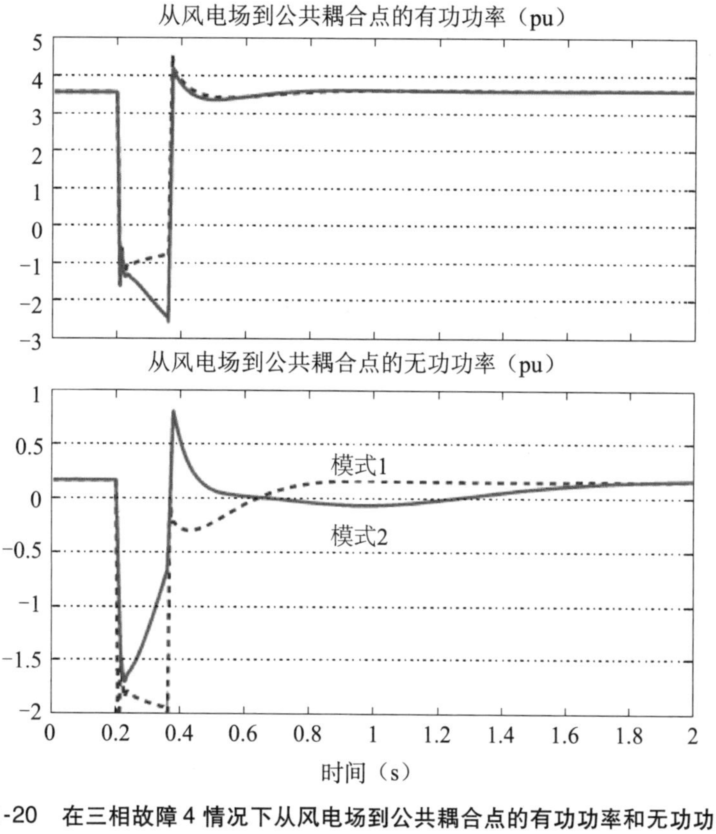

图 1-20　在三相故障 4 情况下从风电场到公共耦合点的有功功率和无功功率

1.5　结　论

本章介绍了永磁同步变速风电机组的建模和控制设计，在 Matlab/Simulink 中展示和执行了综合动态仿真模型。该控制方案便于在变速情况下对有功功率和无功功率进行独立控制并达到规定设定值。另外，专为远程电压控制设计的无功功率监控方案考虑了风电机组产生的功率，确保本机在限值以下运行。传递给监控模型的信息用于计算要求从网侧变流器提供的无功功率，达到在公共耦合点的电压控制目标。无功功率监控方案较为通用，也可以扩展到多级变速风电机组应用领域。以往为了在公共耦合点上调控电压，需要采用功率因数控制等控压方案，安装辅助设备。相比之下，无功功率监控方案更加低成本和高效率。

1.6 未来工作

本章依据运行模拟对风电场的动态建模和电压控制进行了可行性研究，可应用于示范性项目，从而对动态建模和电压控制技术进行验证，进一步扩大其应用范围。

致 谢

本章依据韩国能源研究院（KIER）（B4-2453-02）* 研究和开发计划框架开展。

附 录

基本值

$S_b = 2\text{MVA}$，$_b = 690\text{V}$，$\omega_b = 2\pi f$（rad/sec），$= 60\text{Hz}$

$V_{\text{dc}} = 800\text{V}$，$Z_b = (V_b/\sqrt{3})/i_b$，$_b = Z_b/\omega_b$，$C_b = 1/(Z_b\omega_b)$

$T_b = S_b/\omega_b$，$J_b = S_b/(\omega_b^2)$，$i_{\text{dc}} = S_b/V_{\text{dc}}$

$Z_{\text{dc}} = V_{\text{dc}}/i_{\text{dc}}$，$L_{\text{dc}} = Z_{\text{dc}}/\omega_b$，$C_{\text{dc}} = 1/(Z_{\text{dc}}\omega_b)$

无限母线电压和电压源型变流器的最大运行限值（pu）

$$\mathbf{v}_{\text{dq,IB}} = [1.15 \quad 0.5],\ S_{\max} = 1$$

输电线参数（pu）

$R_{TL} = 0.0059$，$L_{TL} = 0.1132$，$C_{TL} = 0.025$，$R_{ca} = 0.006$

$L_{ca} = 0.003$，$C_{ca} = 0.042$，$R_{\text{filt}} = 0.014$，$L_{\text{filt}} = 0.175$

$R_{tr1} = 0.0003$，$L_{tr1} = 0.001$，$R_{tr2} = 0.0005$，$L_{tr2} = 0.004$

永磁同步发电机组（pu）

$R_s = 0.042$，$L_{ds} = 1.05$，$L_{qs} = 0.75$，$\psi_m = 1.16$

控制器增益（pu）

A. 发电机组侧变流器：

控制器 PI1 和 PI3：$k_p = 0.2952$，$k_t = 12.4832$

控制器 PI2 和 PI4：$k_p = 21.5$，$k_i = 11.5$

B. 网侧变流器：

控制器 PI5 和 PI6：$k_p = 0.7147$，$k_i = 7.1515$

直流环节模型：$v_{dc}^{ref} = 1.16$，$C_{dc} = 0.1$，$k_p = 0.9544$，$k_i = 7.8175$

C. 无功功率控制器：$k_p = 0.001$，$k_i = 120$

参考文献

[1] Ackermann T (2005) Wind power in power systems. Wiley, New York.

[2] Lampola P, Perho J, Saari J (1995) Electromagnetic and thermal design of a low speed permanent magnet wind generator. In: Proceeding of the international symposium on electric power engineering, 211 – 216.

[3] Grauers A (1996) Design of direct-driven permanent magnet generators for wind turbines. Technical Report 292, Chalmers University of Technology, Goteborg.

[4] Akhmatov V (2003) Variable-speed wind turbines with multi-pole synchronous permanent magnet generators. Part 1. modeling in dynamic simulation tools. J Wind Eng 27: 531 – 548.

[5] Gonzales-Longatt FM (2005) Dynamic model of variable speed WECS: attend of simplification. In: Proceeding of the 5th international workshop on large-scale integration of wind power and transmission networks for offshore wind farms.

[6] Hansen LH, Helle L, Blaabjerg F, Ritchie E, Munk-Nielsen S, Binder H, SØrensen P, Bak-Jensen B (2001) In: Conceptual survey of generators and power electronics for wind turbines. RisØ National Laboratory, Denmark.

[7] Cavagnino A, Lazzari M, Profumo F, Tenconi A (2000) A comparison between the axial and the radial flux structures for PM synchronous motors. IEEE Ind Appl Conf Proc 3: 1611 – 1618.

[8] Spooner E, Williamson AC (1996) Direct coupled, permanent magnet generators for wind turbine applications. IEEE Electric Power Appl Proc 143: 1 – 8.

[9] Doherty R, Denny E, O'Malley M (2004) System operation with a significant wind power penetration. IEEE Power Eng Summer Meeting Proc 1: 1002 – 1007.

[10] Salman SK, Teo ALJ (2003) Windmill modeling consideration and factors influencing the stability of a grid-connected wind power-based embedded generator. IEEE Trans Power Syst Proc 18: 793 – 802.

[11] Litipu Z, Nagasaka K (2004) Improve the reliability and environment of power system based on optimal allocation of WPG. IEEE Power Syst Conf Exposition Proc 1: 913-918.

[12] Dizdarevic N, Dizdarevic N, Majstrovic M, Zutobradic S (2004) Power quality in a distribution network after wind power plant connection. IEEE Power Syst Conf Exposition Proc 2:913-918.

[13] ON Netz E (2005) Wind power report. http://www.nowhinashwindfarm.co.uk/EON_Netz_Windreport_e_eng.pdf. Accessed 22 Apr 2005.

[14] Protter N, Garnett G, Pai S (2004) BC Wind Integration System Expansion Study. Elsam Eng 1:1002-1007.

[15] Gjengedal T (2004) Large scale wind power farms as power plants. In: Proceeding of the nordic wind power conference.

[16] Matevosyan J, Ackermann T, Bolik SM (2005) Technical regulations for the interconnection of wind farms to the power system. Wind Power Power Syst Proc 25 (3): 115-142.

[17] Ko HS (2006) Supervisory voltage control scheme for grid-connected wind farms, PhD Dissertation, Department of Electrical and Computer Engineering at the University of British Columbia, Vancouver, BC, Canada.

[18] Ong CH (1998) Dynamic simulation of electric machinery. Prentice Hall, New Jersey.

[19] Morren J, de Haan SWH, Bauer P, Pierik JTG (2003) Comparison of complete and reduced models of a wind turbine using doubly-fed induction generator. In: Proceedings of the 10th European conference on power electronics and applications.

[20] Krause PC, Wasynczuk O, Sudhoff SD (2002) Analysis of electric machinery and drive systems. Wiley, New York.

[21] Astrom K, Hagglung T (2004) PID Controllers. Lund Institute of Technology, Sweden.

[22] Ko HS, Bruey S, Dumont G, Jatskevich J, Ali A (2007) A PI control of DFIG-based wind farm for voltage regulation at remote location. IEEE Power Eng Soc Gen Meet Proc 1-6:35.

[23] MATLAB® and Simulink®, MathWorks, January 2000.

第二章 双馈感应发电机组的高阶滑模控制

Mohamed Benbouzid

摘要： 变速风电机组由于可以通过调整轴速追踪风速变化，从而保持了发电最优化。鉴于其上述优势，变速风电机组的市场份额正在不断增长。随着变速风电机组研究的不断深入，人们清晰地发现，所用的控制策略对变速风电机组的特性存在显著影响。通常情况下，人们会将空气动力控制与电力电子技术相结合，对转矩、速度和功率进行调节。空气动力控制系统通常为变桨叶片或后缘装置，不仅花费巨大，而且结构非常复杂，大型风电机组的情况尤其如此。这一现状促使人们不断寻找新的替代控制方法。因此，本章主要介绍了双馈感应风力发电机组的高阶滑模控制。这种控制策略具有明显优势，例如无抖振（无附加机械应力）、到达时间有限、对外部干扰（电网故障）的鲁棒性强，以及未建模动态性（发电机组和风电机组）。本章将从无传感器控制和增强故障穿越能力方面强调高阶滑模控制的适用性。本章中仿真使用的是 NREL FAST 代码。为了验证目的，将会对这些仿真进行解释说明。

关键词： 风电机组；双馈感应发电机组；高阶滑模；高增益观测器；控制；无传感器控制

术语：

WT	风电机组
DFIG	双馈感应发电机组
HOSM	高阶滑模
MPPT	最大功率点跟踪
FRT	故障穿越
LVRT	低电压穿越

M. Benbouzid（✉）
EA 4325 LBMS, University of Brest, Rue de Kergoat, CS 93837, 29238 Brest Cedex 03, France
电子邮箱：Mohamed. Benbouzid@ univ-brest. fr

v	风速（米/秒）
ρ	空气密度（kg/m^3）
R	风轮半径（m）
P_a	气动功率（W）
T_a	气动力矩（N·m）
λ	叶尖速比（TSR）
C_p（λ）	功率系数
β	桨距角
ω_{mr}	风电机组风轮速度（rad/sec）
ω_{mg}	发电机组速度（rad/sec）
T_g	发电机组电磁转矩（N·m）
J_t	电压（电流）
K_t	风电机组总外部阻尼（Nm/rad sec）
d，q	同步参考坐标指数
s，（r）	定子（风轮）指数
V（I）	电压（电流）
P（Q）	有功（无功）功率
ϕ	通量
T_{em}	电磁转矩
R	电阻
L（M）	感应系数（互感）
σ	漏磁系数
ω_r（ω_s）	角速度（同步转速）
s	滑动
p	极对数

2.1 介　绍

实际上，变速风电机组由于可以通过调整轴速追踪风速变化，从而保持了发电最优化。鉴于其上述优势，变速风电机组的市场份额正在不断增长。随着变速风电机组研究的不断深入，人们清晰地发现，所用的控制策略对变速风电机组的特性存在显著影响。通常情况下，人们会将空气动力控制与电力电子技术相结合，对转矩、速度和功率进行调节。空气动力控制系统通常为变桨叶片或后缘装置，不仅花费巨大，而且结构非常复杂，大型风电机组的情况尤其如此[1]。这一现状促使人们不断寻找新的替代控制方法[2]。

变速风电机组的主要控制目标是将功率提取最大化。为了实现这一目标，无论风速如何变化，风轮叶尖速比均应保持在最优值水平。然而，控制的目的并不总是为了捕获尽可能多的能量。事实上，当风速超过额定风速时，还需要对捕获的功率进行限制。尽管存在机械和电学方面的约束，但更严重的约束通常来自发电机和变流器。因此，通常情况下，会对发电机组产生的功率进行调节，这也是本章的主要目的。本章主要介绍了双馈感应风力发电机组使用二阶滑模控制器的调节情况[3]，内容包括三个方面：（1）用于预测气动力矩的高增益观测器[4]；（2）高阶滑模速度观测器[5]；（3）采用高阶滑模控制实现故障穿越[6]。

仿真使用的是 NREL FAST 代码。为了验证目的，将会对这些仿真进行说明。

2.2　风电机组建模

并网风电机组的总体结构见图 2-1。

2.2.1　风电机组模型

风电机组建模灵感来自［7］。在本案例中，风电机组捕获的气动功率 P_a 由以下公式得出：

$$P_a = \frac{1}{2}\pi\rho R^2 C_p(\lambda) v^3 \tag{2-1}$$

其中，叶尖速比由以下公式得出：

$$\lambda = \frac{R\omega_{mr}}{v} \tag{2-2}$$

其中，ω_{mr} 表示风电机组风轮速度，ρ 表示空气密度，R 表示风轮半径，C_p 表示功率系数，v 表示风速。

不同的桨距角 β 值对应的 C_p-λ 特征见图 2-2。该图表明，当风电机组效率达到最高时，存在一个特定的 λ。通常情况下，变速风电机组通过改变风轮速度，确保系统处于 λ_{opt} 水平，在 C_{pmax} 后捕获最大功率，达到额定速度。然后，风电机组以额定功率运行，高风速时段通过主动控制叶片桨距角或者基于空气动力失速的被动调节，进行功率调节。

风轮功率（气动功率）也通过以下公式确定：

$$P_a = \omega_{mr} T_a \tag{2-3}$$

其中，T_a表示气动力矩。

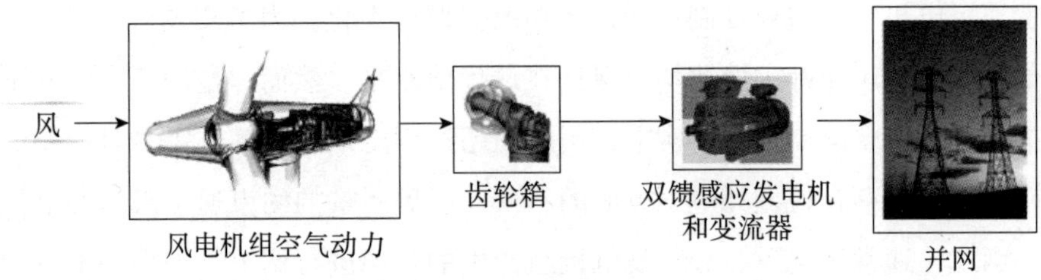

图 2-1　风电机组总体结构

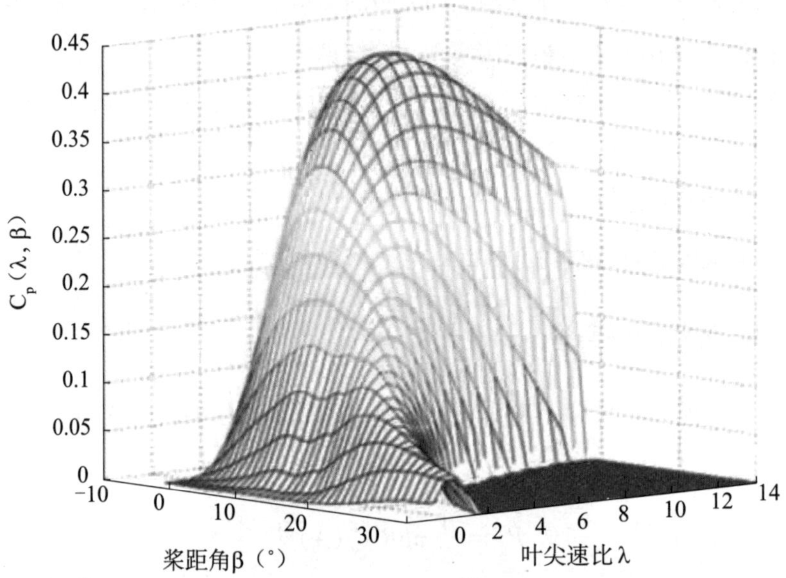

图 2-2　风电机组功率系数

如[7]所示，风电机组（传动系统）采用了以下简化模型，实现控制目的。

$$J_t \dot{\omega}_{mr} = T_a - K_t \omega_{mr} - T_g \tag{2-4}$$

其中，J_t表示风电机组总惯量，K_t表示风电机组总外部阻尼，T_g表示发电机电磁转矩。

2.2.2　发电机组模型

风电机组采用的发电机为双馈感应发电机（见图 2-3）。双馈感应风力发电机组具有下列几大优势：变速运转（约 ±33% 同步转速）和四象限有功功率和无功功率容量。与采用全额定变流器的全馈同步发电机系统相比，此类系统的变流器成本更低（通常为总系统功率的25%），功率损耗也更少。此外，发电机组耐用性更强，维护工作量很小[8]。

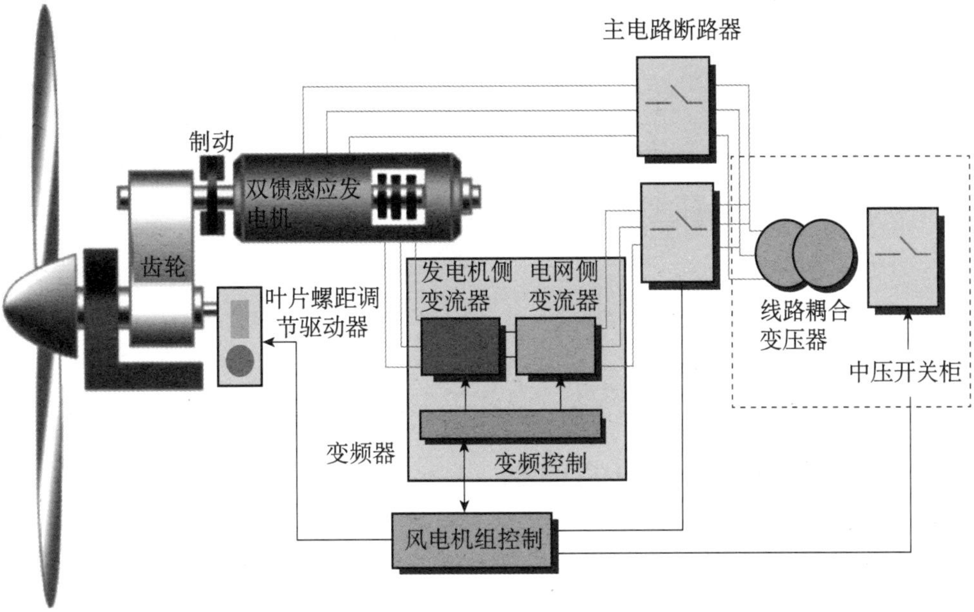

图2-3　双馈感应风力发电机组原理图

通常,控制系统被界定在同步 d-q 坐标中,该坐标通常为定子电压或者定子通量。在推荐控制策略条件下,以同步旋转坐标系 d-q 界定的发电机组动态模型由公式(2-5)确定。

$$\begin{cases} V_{sd} = R_s I_{sd} + \dfrac{d\phi_{sd}}{dt} - \omega_s \phi_{sq} \\ V_{sq} = R_s I_{sq} + \dfrac{d\phi_{sq}}{dt} + \omega_s \phi_{sd} \\ V_{rd} = R_r I_{rd} + \dfrac{d\phi_{rd}}{dt} - \omega_r \phi_{rq} \\ V_{rq} = R_r I_{rq} + \dfrac{d\phi_{rq}}{dt} + \omega_r \phi_{rd} \\ \quad \phi_{sd} = L_s I_{sd} + M I_{rd} \\ \quad \phi_{sq} = L_s I_{sq} + M I_{rq} \\ \quad \phi_{rd} = L_r I_{rd} + M I_{sd} \\ \quad \phi_{rq} = L_r I_{rq} + M I_{sq} \\ T_{em} = pM(I_{rd} I_{sq} - I_{rq} I_{sd}) \end{cases} \tag{2-5}$$

其中，V 表示电压，I 表示电流，ϕ 表示通量，ω_s 表示同步值，ω_r 表示角速度（同步转速），R 表示电阻，L 表示感应系数，M 表示互感系数，T_{em} 表示电磁转矩，p 表示极对数。

为了简化起见，q 轴与定子电压对齐并将定子电阻忽略不计。由此产生公式（2-6）。

$$\begin{cases} \dfrac{dI_{rd}}{dt} = \dfrac{1}{\sigma L_r}\left(V_{rd} - R_r I_{rd} + s\omega_s \sigma L_r I_{rq} - \dfrac{M}{L_s}\dfrac{d\phi_{sd}}{dt}\right) \\ \dfrac{dI_{rq}}{dt} = \dfrac{1}{\sigma L_r}\left(V_{rq} - R_r I_{rq} - s\omega_s \sigma L_r I_{rd} - s\omega_s \dfrac{M}{L_s}\phi_{sd}\right) \\ T_{em} = -p\dfrac{M}{L_s}\phi_{sd} I_{rq} \end{cases} \tag{2-6}$$

其中，σ 表示漏磁系数（$\sigma = 1 - M^2/L_s L_r$）。

2.3 双馈感应风电机组的控制

2.3.1 问题描述

风电机组的设计应尽可能降低电能生产成本，因此常规设计是使机组在 15m/s 的风速状态下产生最大输出。如果遇到更强风力，需要牺牲部分风能余量，避免损坏风电机组。因此所有风电机组设计应带有某种功率控制功能。这项标准控制定律使风电机组在 C_p 曲线高峰值运行。

$$T_{ref} = k\omega^2, \text{和 } k = \frac{1}{2}\pi\rho R^5 \frac{C_{pmax}}{\lambda_{opt}^3} \tag{2-7}$$

但这种标准控制存在一个重大问题。风速波动迫使风电机组在偏离 C_p 曲线峰值时运行。对 C_{pmax}（最大风能利用系数）的紧密跟踪会产生很高的机械应力，并将空气动力波动传导到动力系统，从而导致风能捕捉量更低。

为了有效利用风能，同时保持安全运行，风电机组驱动应根据下述三个基本运行区域，并结合风速、最大可允许叶轮转速和额定功率。图 2-4 显示了这三个区域。v_{rmax} 是达到最大允许叶轮转速时的风速，$v_{cut\text{-}off}$ 是风电机组停机保护时的切出风速。在实际运行中，风电机组运行存在三个可能的区域，分别为高速区、恒定区和低速区。高速运行（Ⅲ）通常受设备的功率极限限定，而风速限制则应用于恒速区。相反，低速区调节不受风速的限制。但是，该区域系统具有非线性非最小相位动力的特性，会成为调节任务的障碍[9]。

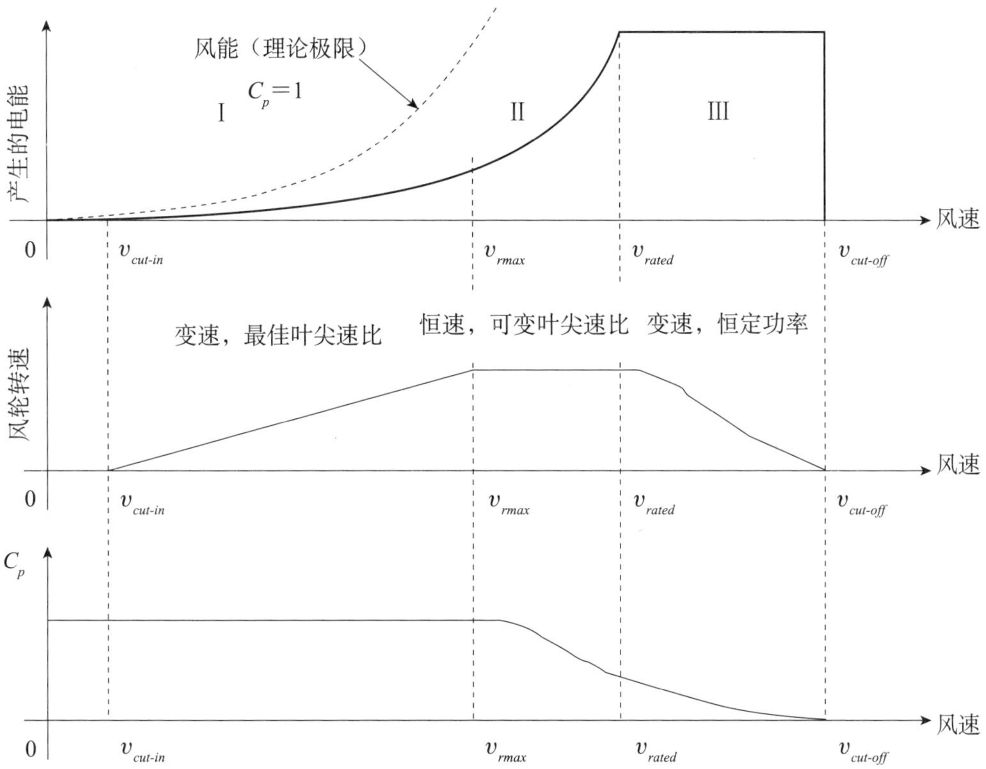

图 2-4　风电机组控制区域

解决双馈式感应发电机组控制问题的一个习惯做法是使用一种线性化方法[10-12]，但由于运行环境的随机性和双馈感应风力发电机组自身存在的不确定性因素，大多数控制方法会带来系统的性能低下和可靠性差等问题。因此，非线性鲁棒控制应考虑控制问题。虽然许多现代科技都可以实现这一目的[13]，但是实践证明滑模控制非常适合非线性系统，在系统参数不确定性和外部干扰方面展现出了良好特性。滑模控制需在转换效率和转矩振荡平滑之间提供一种适宜的折中[7,14,15]。

滑模控制主要处理系统的不稳定性，通过高频控制开关实现适当的选则约束。尽管具有鲁棒性和高精确性的特点，标准（一阶）滑动模态会受控制开关引起的抖振和相对次数的约束。高阶滑模方法提出利用现有控制的时间倒数作为新的控制方法处理抖振问题，并由此对转换进行整合[16]。

2.3.2　高阶滑动模态控制设计

抖振现象是滑动模态控制实际应用中的主要缺陷，而解决此现象的最有效方法是高阶滑动模态。这项技术通过作用于滑动流形的高阶时间导数归纳了基本的滑动模态概念，而不是像标准滑动模态（一阶滑动模态）那样影响一阶导数。这一运行特征降低了抖振现象，并保留了该方法[16]的主要性能。

双馈式感应发电机组定子侧无功功率如下所示：

$$Q_s = \frac{3}{2}(V_{\mathrm{sq}}I_{\mathrm{sd}} - V_{\mathrm{sd}}I_{\mathrm{sq}}) \tag{2-8}$$

解耦控制应用了定子磁链的 d-q 参考系，因此设定定子磁链矢量与 d 轴对齐，将无功功率表示为：

$$Q_s = \frac{3}{2}\frac{V_s}{L_s}(\phi_s - MI_{\mathrm{rd}}) \tag{2-9}$$

因此，设定无功功率为零值会导致叶轮参考电流。

$$I_{\mathrm{rd\_ref}} = \frac{V_s}{\omega_s M} \tag{2-10}$$

双馈感应风电机组的控制目标是通过追踪最佳转矩 T_{ref}（公式 2-7）优化风能捕获。该目标可通过下述跟踪误差进行阐释：

$$\begin{cases} e_{I_{\mathrm{rd}}} = I_{\mathrm{rd}} - I_{\mathrm{rd\_ref}} \\ e_{T_{\mathrm{em}}} = T_{\mathrm{em}} - T_{\mathrm{ref}} \end{cases} \tag{2-11}$$

然后，可以得出：

$$\begin{cases} \dot{e}_{I_{\mathrm{rd}}} = \dfrac{1}{\sigma L_r}\left(V_{\mathrm{rd}} - R_r I_{\mathrm{rd}} + s\omega_s L_r \sigma I_{\mathrm{rq}} - \dfrac{M}{L_s}\dfrac{d\phi_{\mathrm{sd}}}{dt}\right) - \dot{I}_{\mathrm{rd\_ref}} \\ \dot{e}_{T_{\mathrm{em}}} = -p\dfrac{M}{\sigma L_s L_r}\phi_s\left(V_{\mathrm{rq}} - R_r I_{\mathrm{rq}} - s\omega_s L_r \sigma I_{\mathrm{rd}} - s\omega_s \dfrac{M}{L_s}\phi_{\mathrm{sd}}\right) - \dot{T}_{\mathrm{ref}} \end{cases} \tag{2-12}$$

如果对函数 G_1 和 G_2 进行下列定义：

$$\begin{cases} G_1 = \dfrac{1}{\sigma L_r}\left(s\omega_s \sigma L_r I_{\mathrm{rq}} - \dfrac{M}{L_s}\dfrac{d\phi_{\mathrm{sd}}}{dt} - R_r I_{\mathrm{rd}}\right) - \dot{I}_{\mathrm{rd\_ref}} \\ G_2 = -p\dfrac{M}{\sigma L_s L_r}\phi_s\left(-R_r I_{\mathrm{rq}} - s\omega_s \sigma L_r I_{\mathrm{rd}} - s\omega_s \dfrac{M}{L_s}\phi_{\mathrm{sd}}\right) - \dot{T}_{\mathrm{ref}} \end{cases} \tag{2-13}$$

因此，可以得出：

$$\begin{cases} \ddot{e}_{I_{\mathrm{rd}}} = \dfrac{1}{\sigma L_r}\dot{V}_{rd} + \dot{G}_1 \\ \ddot{e}_{\Gamma_{\mathrm{em}}} = -p\dfrac{M}{\sigma L_s L_r}\phi_s \dot{V}_{rq} + \dot{G}_2 \end{cases} \tag{2-14}$$

为了解决标准滑动模态控制的抖振问题，一个修改方法是在不连续点附近用光滑逼近算法替代不连续性函数。然而，光滑逼近算法不容易使用，这也是常规方法均采用电流基准的原因。因此，高阶滑动模态是个不错的选择。

高阶滑动模态算法的主要问题是需要增加必要信息。一个 n 阶控制器的实施需要了解 $\dot{S},\ddot{S},\dddot{S},\cdots,S^{(n-1)}$ 信息，但超螺旋算法只需要滑动表面 S[16] 的信息。因此，推荐控制方式设计采用了这一算法。

下文介绍了基于超螺旋算法的二阶滑动模态控制器[16]。这一方案通过两个独立的高阶滑动模态（HOSM）控制器处理控制效果。控制矩阵约等于对角线。因此，V_{rd}控制 I_{rd}（无功功率），V_{rq}控制转矩（最大功率点跟踪策略）。

$$\begin{cases} V_{\mathrm{rd}} = y_1 - B_1 \left| e_{I_{\mathrm{rd}}} \right|^{\frac{1}{2}} \mathrm{sgn}(e_{I_{\mathrm{rd}}}), \dot{y}_1 = -B_2 \mathrm{sgn}(e_{I_{\mathrm{rd}}}) \\ V_{\mathrm{rq}} = y_2 + B_3 \left| e_{T_{\mathrm{em}}} \right|^{\frac{1}{2}} \mathrm{sgn}(e_{T_{\mathrm{em}}}), \dot{y}_2 = +B_4 \mathrm{sgn}(e_{T_{\mathrm{em}}}) \end{cases} \tag{2-15}$$

常数 B_1、B_2、B_3和 B_4的定义为：

$$\begin{cases} B_1^2 > \dfrac{2\sigma^2 L_r^2 \left(\dfrac{B_2}{\sigma L_r} + \Phi_1 \right)}{\left(\dfrac{B_2}{\sigma L_r} - \Phi_1 \right)}, B_2 > \sigma L_r \Phi_1, \left| \dot{G}_1 \right| < \Phi_1 \\ B_3^2 > 2 \left(\dfrac{\sigma L_s L_r}{pM} \right)^2 \dfrac{\left(p \dfrac{M}{\sigma L_s L_r} B_4 + \Phi_2 \right)}{\left(p \dfrac{M}{\sigma L_s L_r} B_4 - \Phi_2 \right)}, B_4 > \dfrac{\sigma L_s L_r}{pM} \Phi_2 \\ \left| \dot{G}_2 \right| < \Phi_2 \end{cases} \tag{2-16}$$

在实际操作中，参数并不是根据不等式确定的。通常，关于真实系统的信息并不完全准确，模型本身也存在不充分性，参数的预估值通常会远远大于实际值。控制器参数越大，其对开关测量噪音就越敏感。正确的方法是在计算机仿真过程中调整控制器参数。

上文介绍的双馈感应风电机组的高阶滑动模态控制结构见图 2-5[17]。

2.3.3　高增益观测器

高增益观测器可用来估算气动力矩，其主要特点是可以减少滑动模态观测器产生的抖振现象[18]。

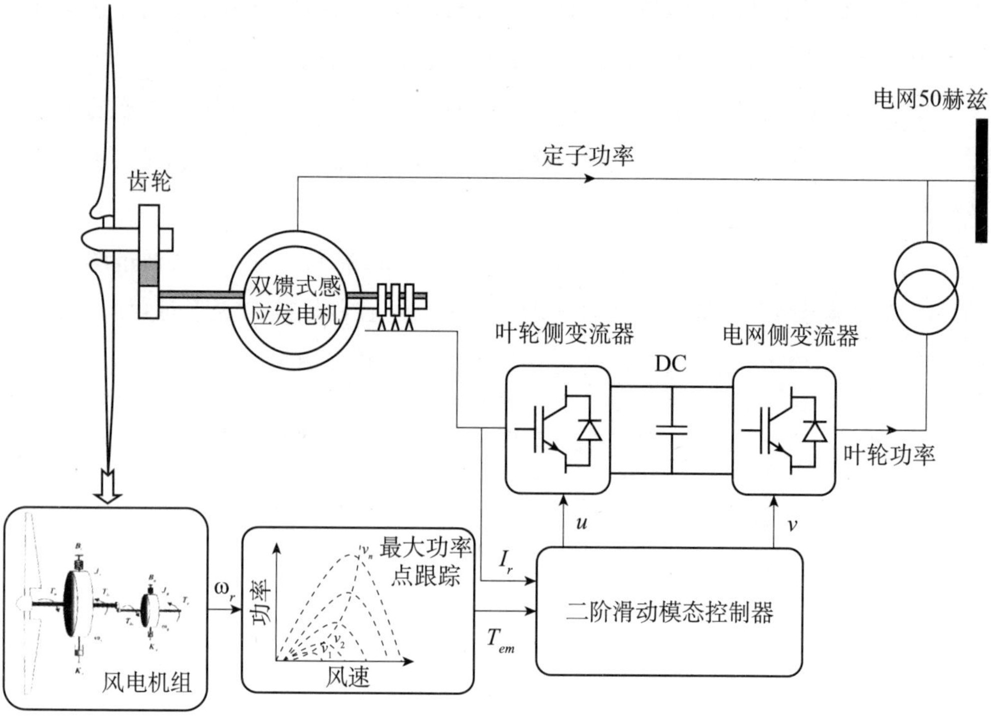

图 2-5　高阶滑动模态控制结构

从公式 2-4 可以得出：

$$\dot{\omega} = \frac{T_a}{J} - \frac{K_t\omega}{J} - \frac{T_{em}}{J} \tag{2-17}$$

引入以下记法：

$$\begin{cases} x_1 = \omega \\ x_2 = \dfrac{T_a}{J} \end{cases} \tag{2-18}$$

由此得出：

$$x = \begin{cases} \dot{x}_1 = x_2 - \dfrac{K}{J}x_1 - \dfrac{T_{em}}{J} \\ \dot{x}_2 = f(t) \end{cases} \tag{2-19}$$

或者以矩阵的形式：

$$\begin{cases} \dot{x} = Ax + \varphi(x,u) + \varepsilon(t) \\ y = Cx \end{cases}$$

其中，

$$\begin{cases} A = \begin{bmatrix} 0 & 1 \\ 0 & 0 \end{bmatrix} \\ C = [1 \quad 0] \\ \varphi(x,u) = \begin{bmatrix} \dfrac{-Kx_1 - u}{J} \\ 0 \end{bmatrix} \\ \varepsilon(t) = \begin{bmatrix} 0 \\ f(t) \end{bmatrix} \end{cases}$$

备选观测器可以是[18]：

$$\dot{\hat{x}} = A\hat{x} + \varphi(\hat{x},u) - \theta\Delta_\theta^{-1}S^{-1}C^TC(\hat{x} - x) \tag{2-20}$$

其中，$\Delta_\theta = \begin{bmatrix} 1 & 0 \\ 0 & \dfrac{1}{\theta} \end{bmatrix}$，$S = \begin{bmatrix} 1 & -1 \\ -1 & 2 \end{bmatrix}$

设 S 为李雅普诺夫代数方程的唯一解：

$$S + A^TS + SA - C^TC = 0 \tag{2-21}$$

然后，定义 $\bar{x} = \Delta_\theta(\hat{x} - x)$ 。那么，

$$\dot{\bar{x}} = \theta(A - S^{-1}C^TC)\bar{x} + \Delta_\theta[\varphi(\hat{x}) - \varphi(x)] - \Delta_\theta\varepsilon(t) \tag{2-22}$$

考虑到二次函数：

$$V = \bar{x}^TS\bar{x} \tag{2-23}$$

得到：

$$\begin{cases} \dot{V} = 2\bar{x}^TS\dot{\bar{x}} \\ \dot{V} = -\theta V - \bar{x}^TC^TC\bar{x} + 2\bar{x}^TS\Delta_\theta[\varphi(\hat{x}) - \varphi(x)] \\ \qquad - 2\bar{x}^TS\Delta_\theta\bar{\varepsilon}(t) \end{cases}$$

因此，

$$\dot{V} \leqslant -\theta V + 2\|\bar{x}\|\lambda_{\max}(S)\begin{pmatrix} \|\Delta_\theta[\varphi(\hat{x}) - \varphi(x)]\| \\ + \|\Delta_\theta\bar{\varepsilon}(t)\| \end{pmatrix} \tag{2-24}$$

我们可假设（三角结构和利普希茨 φ 假设）：

$$\begin{cases} \|\Delta_\theta[\varphi(\hat{x}) - \varphi(x)]\| \leqslant \xi\|\bar{x}\| \\ \|f(t)\| \leqslant \delta \end{cases} \quad 其中，\xi = \frac{K}{J}$$

得到：

$$\dot{V} \leqslant -\theta V + 2\ \|\bar{x}\|^2 \lambda_{\max}(S)\xi + 2\ \|\bar{x}\|^2 \lambda_{\max}(S)\ \frac{\delta}{\theta}$$

得到：

$$\dot{V} \leqslant -\theta V + c_1 V + c_2 \frac{\delta}{\theta}\sqrt{V}$$

加上

$$\begin{cases} c_1 = 2\dfrac{\lambda_{\max}(S)}{\lambda_{\min}(S)}\xi \\ c_2 = 2\dfrac{\lambda_{\max}(S)}{\sqrt{\lambda_{\min}(S)}} \end{cases}$$

引入

$$\begin{cases} \theta_0 = \max\{1, c_1\} \\ \lambda = \sqrt{\dfrac{\lambda_{\max}(S)}{\lambda_{\min}(S)}} \\ \mu_\theta = \dfrac{\theta - c_1}{2} \\ M_\theta = 2\dfrac{\lambda_{\max}(S)}{\lambda_{\min}(S)(\theta - c_1)} \end{cases}$$

同时 $\theta > \theta_0$，得出：

$$\|e(t)\| \leqslant \theta\lambda \exp(-\mu_\theta t)\ \|e(0)\| + M_\theta \delta \tag{2-25}$$

$\hat{T}_a = J\hat{x}_2$，可得到：

$$\tilde{T}_a = \hat{T}_a - T_a \leqslant J[\theta\lambda \exp(-\mu_\theta t)\ \|e(0)\| + M_\theta \delta] \tag{2-26}$$

θ 增大时 M_θ 减少，由此可得到气动力矩的实际估算值。通过选择足够大的 θ 值可尽可能减小渐进估算误差。因为估测器可能会变得对噪音非常敏感，所以在实际操作中应避免使用非常大的 θ 值。

可以通过下列跟踪误差形成控制目标：

$$e_T = T_{\text{opt}} - T_a \tag{2-27}$$

可观测到 T_a 值，然后得出：

$$\dot{e}_T = 2k_{\text{opt}}\omega(T_a - K_t\omega - T_g) - \dot{T}_a \tag{2-28}$$

如果定义下述函数：

$$\begin{cases} F = 2k_{\text{opt}}\omega \\ G = 2k_{\text{opt}}\omega(T_a - K_t\omega) - \dot{T}_a \end{cases} \tag{2-29}$$

得到：

$$\ddot{e}_T = -F\dot{T}_g + \dot{G} \tag{2-30}$$

考虑以下基于超螺旋算法观测器[16,19]。

$$\begin{cases} T_g = y + B_1 |e_T|^{\frac{1}{2}} \text{sgn}(e_T) \\ \dot{y} = +B_2 \text{sgn}(e_T) \end{cases} \tag{2-31}$$

增益 B_1 和 B_2 的值选定为：

$$\begin{cases} B_1 > \dfrac{\Phi_2}{\Gamma_m} \\ B_2^2 \geqslant \dfrac{4\Phi_2 \Gamma_M (A_1 + \Phi_1)}{\Gamma_m^2 (A_1 - \Phi_1)} \\ |\dot{G}| < \Phi_2 \\ 0 < \Gamma_m \leqslant F < \Gamma_M \end{cases} \tag{2-32}$$

因此我们能确保在有限时间 t_c 内 e_T 到 0 的收敛，由此推导出气动力矩的估算值。

$$T_a = T_{\text{opt}},\ t > t_c \tag{2-33}$$

图 2-6 阐释了上述高增益观测器的原理。

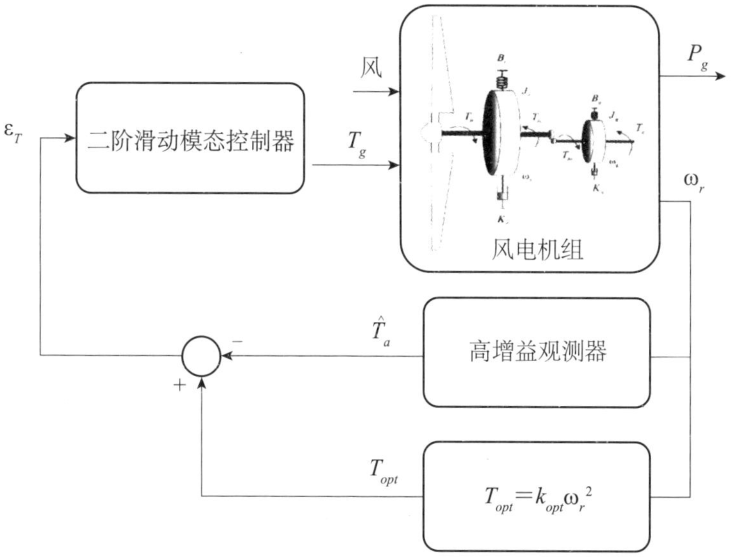

图 2-6　高增益观测器原理

2.3.4　高阶滑动模态速度观测器

图 2-7 阐释了速度观测器开发采用的主参考坐标系。

在该例中，使用定子电压测量和锁相环可方便确定 θ_s 值。

如果假设定子磁链与 d 轴对齐，

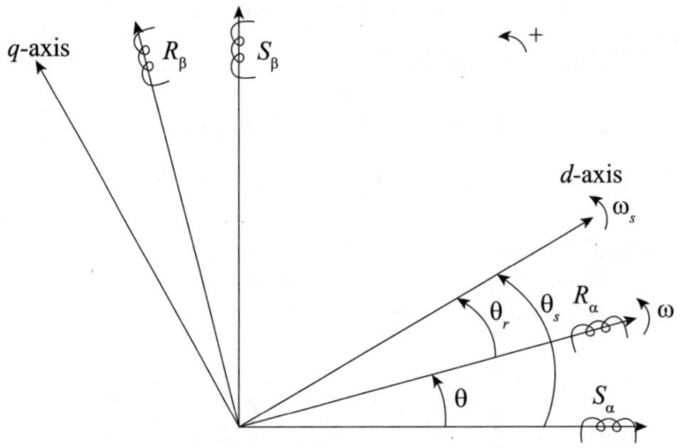

图 2-7　定子 S_{α}_ S_{β}、叶轮 R_{α}_ R_{β} 和 d-q 参考坐标系

$$\begin{cases}\phi_{sd} = \phi_s \\ \phi_{sq} = 0\end{cases} \tag{2-34}$$

那么，d-q 叶轮电流可估算为：

$$\begin{cases}\hat{I}_{rd} = \dfrac{\phi_s}{M} - \dfrac{L_s}{M} I_{sd} \\ \hat{I}_{rq} = -\dfrac{L_s}{M} I_{sq}\end{cases}$$

将 θ_r 定义为：

$$\hat{I}_{rq} = \sqrt{\frac{2}{3}}\begin{pmatrix}-I_{ra}\sin\theta_r + \dfrac{1}{2}I_{rb}\sin\theta_r \\ +\dfrac{\sqrt{3}}{2}I_{rb}\cos\theta_r + \dfrac{1}{2}I_{rc}\sin\theta_r \\ -\dfrac{\sqrt{3}}{2}I_{rc}\cos\theta_r\end{pmatrix} \tag{2-35}$$

使用 $x = \tan\left(\dfrac{\theta_r}{2}\right)$，$I_{rq}$ 可重写为：

$$\hat{I}_{rq} = \sqrt{\frac{2}{3}}\begin{pmatrix}-I_{ra}\dfrac{2x}{1+x^2} + \dfrac{1}{2}I_{rb}\dfrac{2x}{1+x^2} \\ +\dfrac{\sqrt{3}}{2}I_{rb}\dfrac{1-x^2}{1+x^2} + \dfrac{1}{2}I_{rc}\dfrac{2x}{1+x^2} \\ -\dfrac{\sqrt{3}}{2}I_{rc}\dfrac{1-x^2}{1+x^2}\end{pmatrix} \tag{2-36}$$

经过一些代数操作，得出：

$$\hat{I}_{rq} = \frac{1}{1+x^2}\sqrt{\frac{2}{3}}\left[\begin{matrix} x^2\left(\frac{\sqrt{3}}{2}I_{rc} - \frac{\sqrt{3}}{2}I_{rb}\right) \\ + x(-2I_{ra} + I_{rb} + I_{rc}) \\ + \left(-\frac{\sqrt{3}}{2}I_{rc} + \frac{\sqrt{3}}{2}I_{rb}\right) \end{matrix}\right] \tag{2-37}$$

本方程式可简写为：

$$\hat{I}_{rq} = \frac{x^2 a + xb + c}{1 + x^2} \tag{2-38}$$

$$at^2 + bt + c = 0 \text{ 和} \begin{cases} a = \sqrt{\frac{3}{2}}\hat{I}_{rq} + \frac{\sqrt{3}}{2}(I_{rb} - I_{rc}) \\ b = 2I_{ra} - I_{rc} - I_{rc} \\ c = \sqrt{\frac{3}{2}}\hat{I}_{rq} - \frac{\sqrt{3}}{2}(I_{rb} - I_{rc}) \end{cases}$$

该方程式的结果为：

$$\begin{cases} x_1 = \frac{-b + \sqrt{b^2 - 4ac}}{2a} \\ x_2 = \frac{-b - \sqrt{b^2 - 4ac}}{2a} \end{cases} \tag{2-39}$$

使用一个二阶滑动模态来估算数值 $z=2$ 反正切 x_1 的导数。使用反正切 x_2 得到相同的结果。

针对上述讨论问题，推荐的速度观测器设计使用了超螺旋算法[19]。

因此，考虑以下观测器：

$$\begin{cases} \dot{y} = -B_2\text{sgn}(e) \\ \dot{W} = y - B_1 |e|^{\frac{1}{2}}\text{sgn}(e) \end{cases} \tag{2-40}$$

其中，常数 B_1 和 B_2 定义为：

$$\begin{cases} B_2 > \phi \\ B_1^2 > \frac{4(B_2 + \phi)^2}{2(B_2 - \phi)} \end{cases} \tag{2-41}$$

下述循迹误差为：

$$\begin{cases} e = W - z \\ \dot{e} = y - B_1 |e|^{\frac{1}{2}}\text{sgn}(e) - \dot{z} \\ \ddot{e} = -B_2\text{sgn}(e) - B_1 \frac{\dot{e}}{2|e|^{\frac{1}{2}}} - \ddot{z} \end{cases} \tag{2-42}$$

为简单起见，假设初始值为 $t=0$，$e=0$ 且 $\dot{e}=\dot{e}_0>0$。设 e_M 为曲线 $\ddot{e}=-(B_2-\phi)$ 和 $\dot{e}=0$，$|\ddot{z}|<\phi$ 的交叉点，得到

$$2e_M(B_2-\phi)=\dot{e}_0^2 \tag{2-43}$$

$$e>0, \dot{e}<-(B_2+\phi)\frac{2e_M^{\frac{1}{2}}}{B_1}\Rightarrow\ddot{e}>0$$

因此，带有 $e>0$ 的强函数曲线可认为是：

$$\begin{cases}\dot{e}_0^2=2(B_2-\phi)(e_M-e) & \dot{e}>0\\ e=e_M & 0\geqslant\dot{e}>-(B_2+\phi)\dfrac{2e^{\frac{1}{2}}}{B_1}\\ \dot{e}=\dot{e}_M=-(B_2+\phi)\dfrac{2e_M^{\frac{1}{2}}}{B_1} & \dot{e}<-(B_2+\phi)\dfrac{2e^{\frac{1}{2}}}{B_1}\end{cases} \tag{2-44}$$

设轨迹与 $e=0$ 轴的下个交叉点为 e_1，因此：

$$|\dot{e}_1/\dot{e}_0|\leqslant q, \; q=|\dot{e}_M/\dot{e}_0|=\sqrt{\frac{\left(\dfrac{2}{B_1}\right)^2(B_2+\phi)^2}{2(B_2-\phi)}} \tag{2-45}$$

将轨迹扩展至半平面 $e<0$，进行类似推断的结果表明，$e=0$ 轴的连续交叉可满足不等式要求。

$$\left|\frac{\dot{e}_{i+1}}{\dot{e}_i}\right|\leqslant q$$

$q<1$ 满足算法收敛要求。真实轨迹由无数个片段组成。总方差通过下列公式得出：

$$Var(\dot{e})=\sum|\dot{e}_i|\leqslant|\dot{e}_0|(1+q+q^2+\cdots)=\frac{|\dot{e}_0|}{1-q} \tag{2-46}$$

因此，算法明显收敛。

现在估算收敛时间。设辅助变量为：

$$\eta=y-\dot{z} \tag{2-47}$$

$e=0$ 时，$\eta=\dot{e}$，因此，η 趋向于0。其导数为：

$$\ddot{e}=-B_2\text{sgn}(e)-G \tag{2-48}$$

满足不等式条件：

$$0<B_2-\phi\leqslant-\dot{\eta}\text{sgn}(e_{I_{rd}})\leqslant B_2+\phi \tag{2-49}$$

真实轨迹由位于 $\eta_i=\dot{e}_i$ 和 $\eta_{i+1}=\dot{e}_{i+1}$ 间的无数个片段组成，分别与时间 t_i 和 t_{i+1} 相关联。设 t_c 为总收敛时间：

$$\begin{cases} t_c = \sum (t_{i+1} - t_i) \leqslant \sum \dfrac{|\eta_i|}{B_2 - \phi} \\ t_c \leqslant \dfrac{1}{B_2 - \phi} \sum |\dot{e}_i| \\ t_c \leqslant \dfrac{|\dot{e}_0|}{(B_2 - \phi)(1 - q)} \end{cases} \tag{2-50}$$

这意味着完成了观测器目标。它存在 t_c，诸如 $\omega_r = \dot{W}$。

图 2-8 阐释了上述使用 HOSM（高阶滑模）速度观测器的无传感器 HOSM 控制策略。

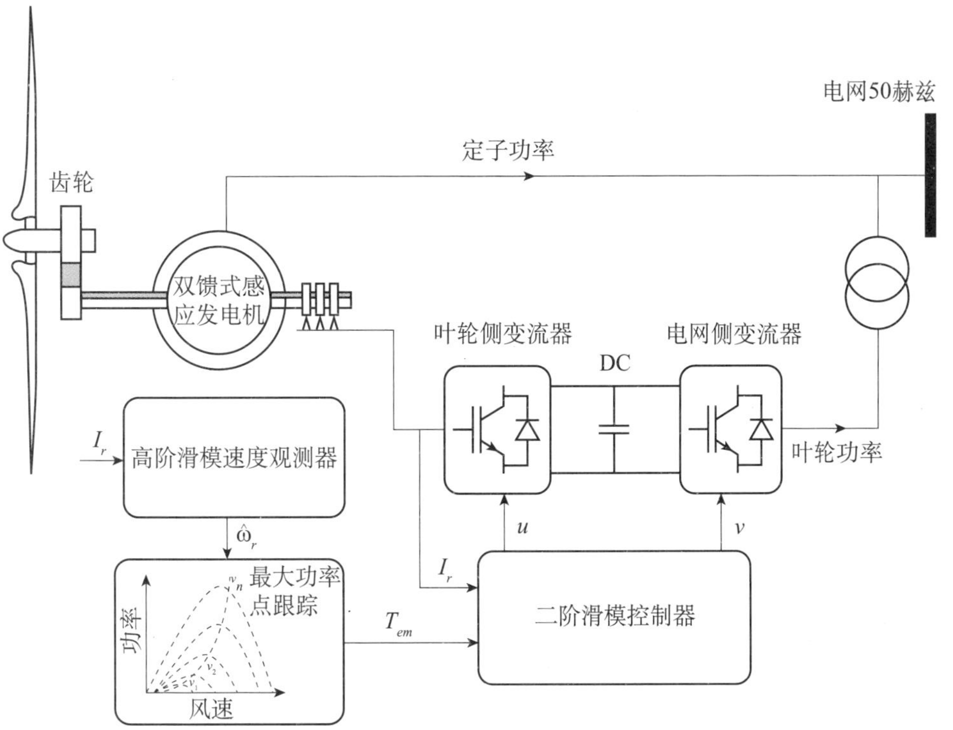

图 2-8　高阶滑模无传感器控制结构

2.4　使用 FAST 代码的仿真

上述 HOSM 控制策略、高增益观测器和 HOSM 速度观测器使用了美国国家可再生能源实验室的 FAST 代码进行验证测验[20]。FAST（疲劳、气动、结构和湍流）代码是一个综合性气动弹性仿真器，可预测两叶和三叶水平轴风电机组的极限载荷和疲劳载荷。因为 FAST 代码的结构模型经证明比其他代码更具保真度[21]，所以选定该仿真器进行验证测验。在 FAST 代码和 Matlab-Simulink®间开发了一个界面，使用者可在 Simulink 简易框图（见图 2-9）中执行风电机组控制。因此，在使用 FAST 代码（见图 2-10）的完整非线性气体动力风电机组运动方程的同时，仿真了 Simulink 环境下设计的电气模型（双馈式感应发电机组、电网、控制系统等）。这为风电机组的控制仿真过程带来了极大的灵活性。

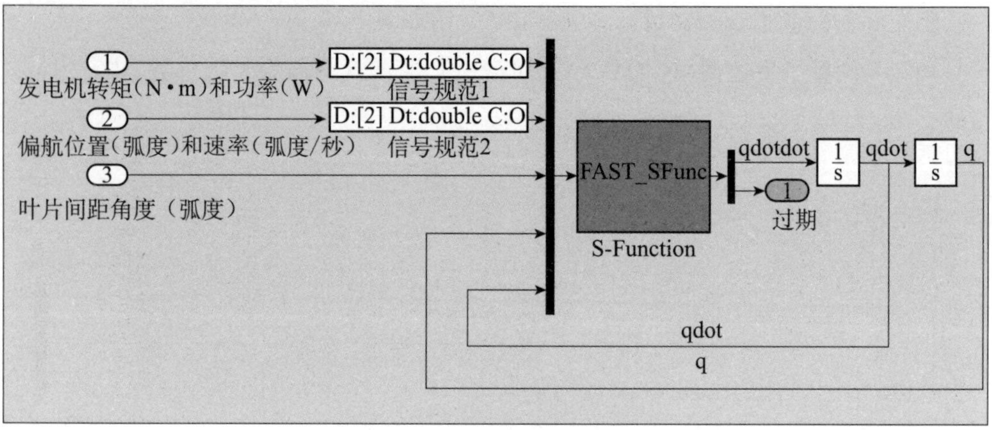

图 2-9　FAST 风电机组框图

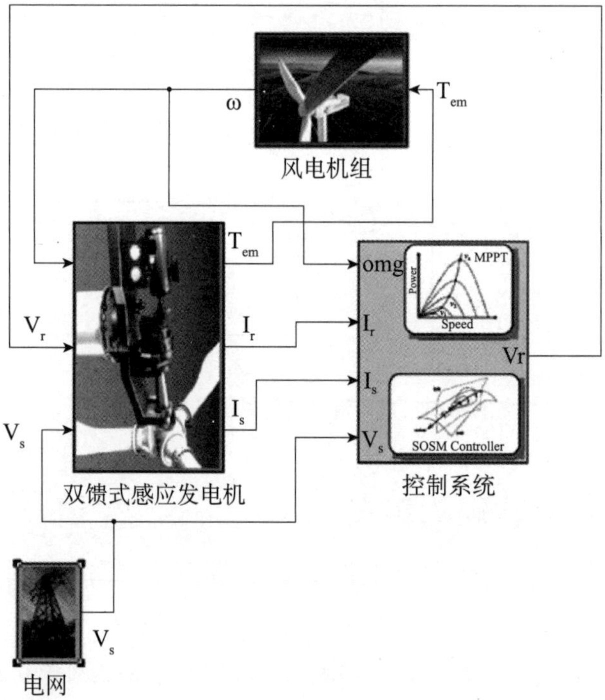

图 2-10　Simulink 模型

2.4.1　测试条件

使用 FAST 代码，并结合 Matlab-Simulink®对 NREL WP 1.5-MW 风电机组进行数值验证。附录列出了风电机组和双馈式感应发电机组的评级。

2.4.2　高阶滑模控制性能

使用 FAST 风力数据进行验证测试，将最高风速和最低风速分别设置为 7m/s 和 14m/s（见图 2-11）。从图 2-12 和图 2-13 可发现，双馈式感应发电机组叶轮电流和风电机组转矩相对于风速波动取得了非常好的跟踪性能。因为不存在强烈的转矩变化，高阶滑模控制策略不会导致机械应力的增加。气动力矩仍保持平滑状态（见图 2-13），与预期情况相符。

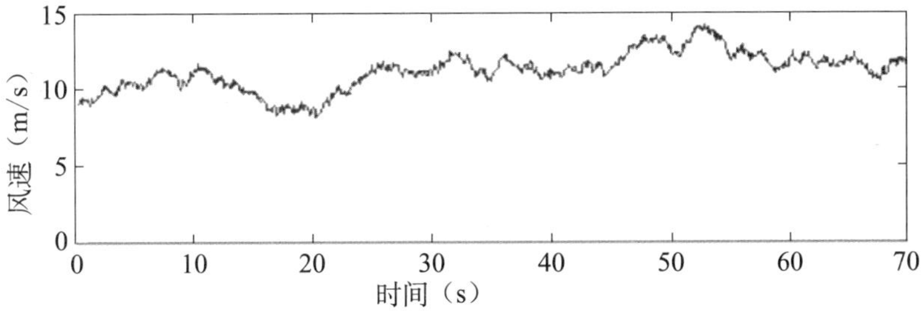

图 2-11　风速曲线

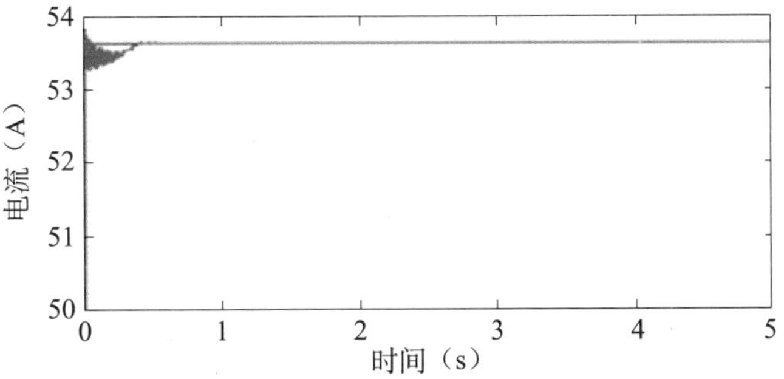

图 2-12　电流 I_{rd} 跟踪性能：参考值（蓝色）和实际值（绿色）

2.4.3　高阶滑模控制性能（配有高增益观测器）

图 2-14 清晰展示了观测器的验证情况。

气动力矩有效追踪了最优转矩。如图 2-15 和图 2-16 所示，双馈式感应发电机组叶轮电流和风电机组转矩在风速波动方面取得了非常好的跟踪性能。因为不存在强烈的转矩变化，控制策略不会导致机械应力的增加。

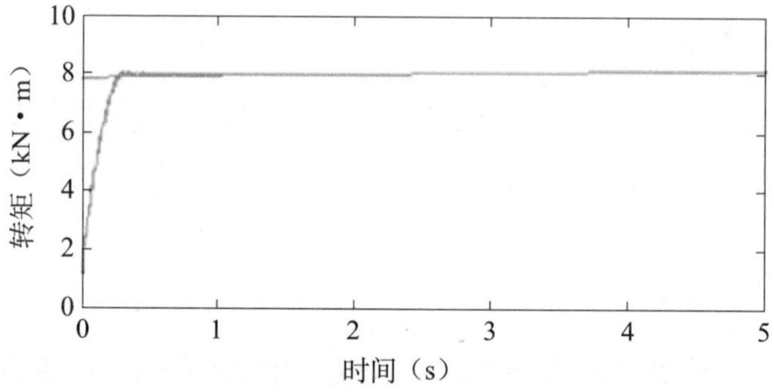

图 2-13　转矩跟踪性能：参考值（蓝色）和实际值（绿色）

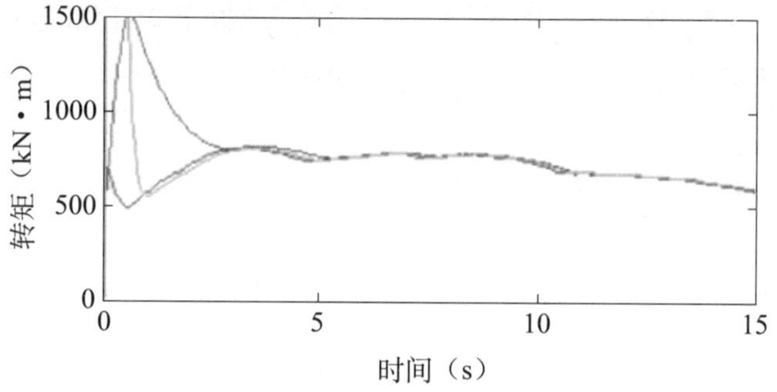

图 2-14　气动力矩 T_{opt}（蓝色），T_a实值（红色），T_a观测值（绿色）

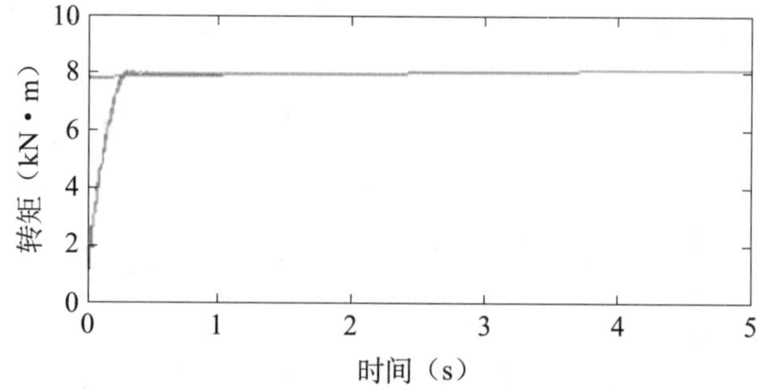

图 2-15　转矩跟踪性能：参考值（蓝色）和实际值（绿色）

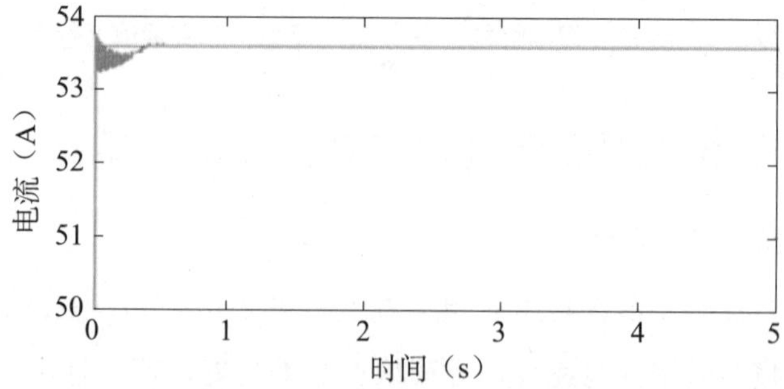

图 2-16　电流 I_{rd}跟踪性能：参考值（蓝色）和实际值（绿色）

2.4.4　无传感器高阶滑模控制性能

图2-17 展示了推荐高阶滑模速度观测器的性能。仿真结果显示了非常好的跟踪性能，不存在抖振现象。

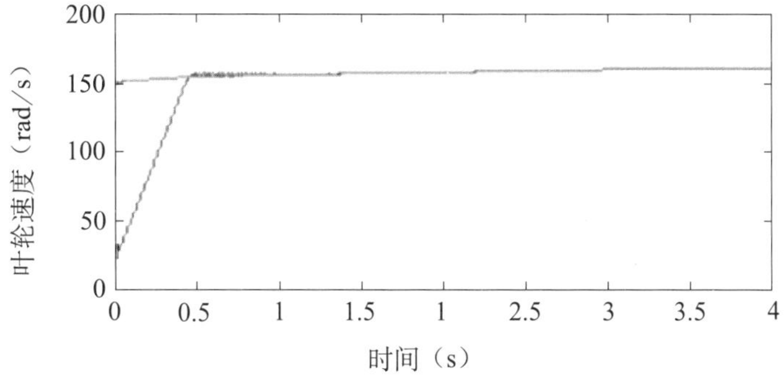

图2-17　叶轮速度：观测器（蓝色）和实际值（绿色）

图2-18 和图2-19 展示了高阶滑模无传感器控制在双馈式感应发电机组叶轮电流和风电机组转矩方面的性能。在本例中，取得了很好的风速波动跟踪性能。如上所述，风电机组转矩不存在抖振现象，因此无传感器控制策略不会产生机械应力。

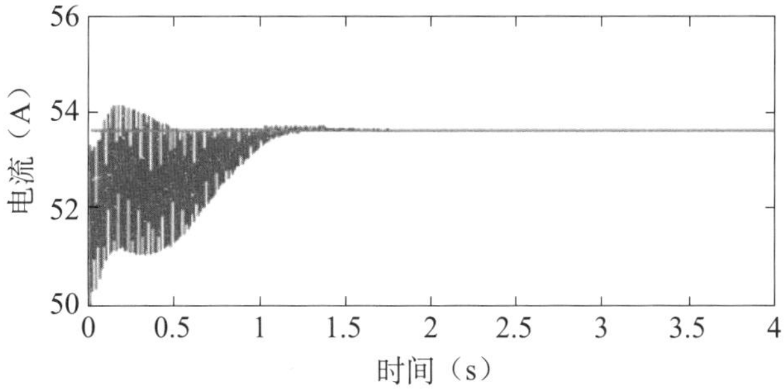

图2-18　电流 I_{rd}跟踪性能：参考值（绿色）和实际值（蓝色）

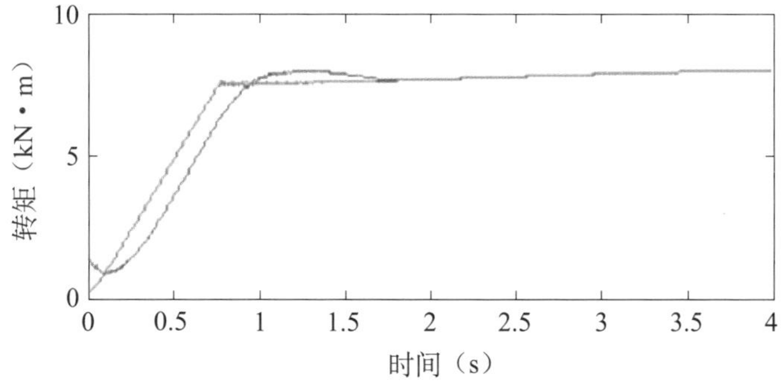

图2-19　转矩跟踪性能：参考值（绿色）和实际值（蓝色）

2.4.5 高阶滑模控制故障不间断运行性能

本部分主要介绍了使用高阶滑模控制对双馈感应风电机组的故障穿越能力进行评估。最近有人提出高阶滑模控制是解决故障穿越问题的可选方案[22,23]。

低电压穿越能力是风电机组设计和制造技术面临的最大挑战。低电压穿越能力要求风电机组在电网电压跌落时，仍保持与电网的连接状态。因此，根据这一电网故障评估高阶滑模控制性能。发生电网电压不对称跌落现象时（见图2-20)，将会以两倍的电频率发生非常高的电流、转矩和功率振荡现象，从而导致与电网的连接断开。

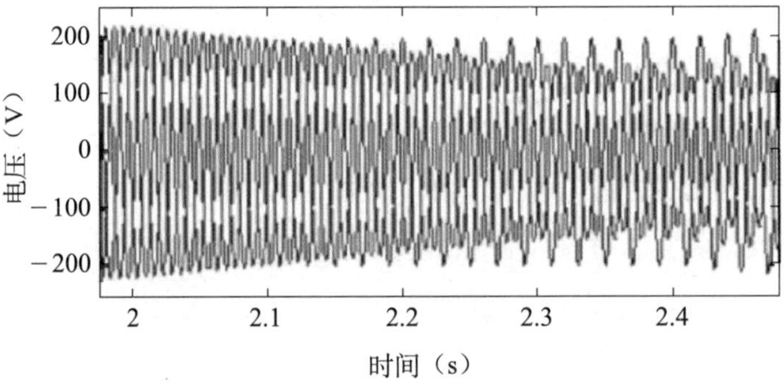

图2-20　电网电压

图2-21展示了转矩几乎达到恒定水平时的低电压穿越性能。在双馈式叶轮电流（见图2-22）方面实现了很好的跟踪性能。二次误差（见图2-23）也确认了容错性能。

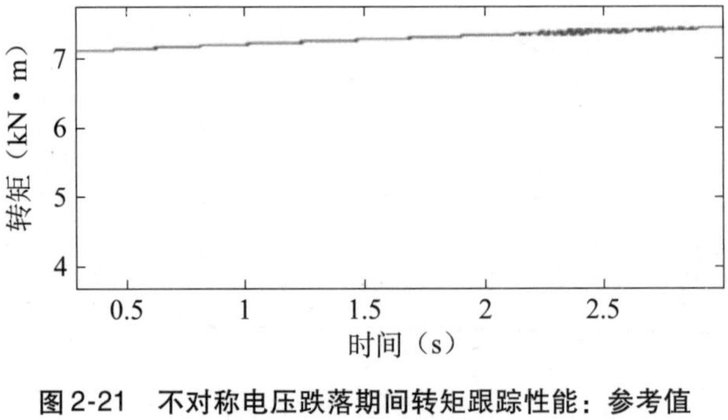

图2-21　不对称电压跌落期间转矩跟踪性能：参考值（蓝色）和实际值（绿色）

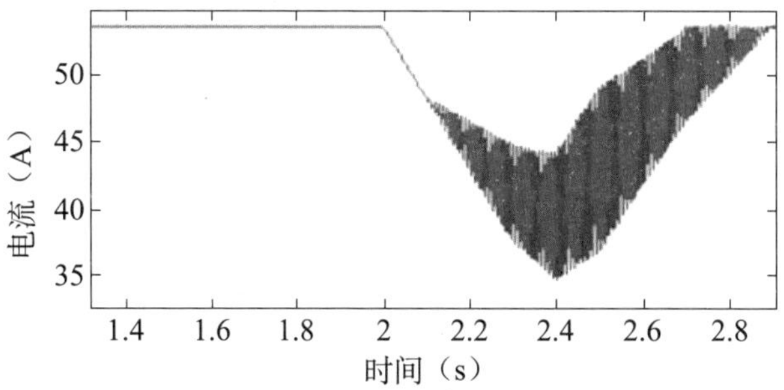

图 2-22　不对称电压跌落期间电流 I_{rd} 跟踪性能：

参考值（蓝色）和实际值（绿色）

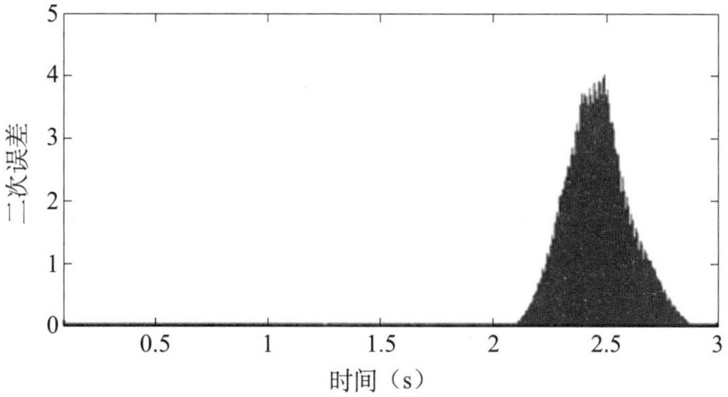

图 2-23　参考转矩和二阶滑模控制转矩（电压跌落）间二次误差

2.5　结　论

本章讨论了双馈感应风电机组的高阶滑模控制。使用 NREL FAST 代码开展的仿真清楚显示了高阶滑模控制方法在鲁棒性（故障穿越能力增强）和无传感器控制方面的有效性和优势。此外，仿真确认不存在强烈的转矩变化，因此不会在风电机组传动链上产生额外的机械应力。

2.6　未来工作

应针对高阶滑模控制评估开展下述关键调查：

- 基于电网有功功率和无功功率参考的功率控制。
- 风电机组电网同步化。

附　录

仿真风电机组特性

叶片数	3
风轮直径	70m
轮毂高度	84.3m
额定功率	1.5MW
风电机组总惯性	4.4532×10^5 kg·m^2
仿真的双馈式感应发电机组参数	
$R_s=0.005\Omega$，$L_s=0.407$mH，$R_r=0.0089\Omega$，$L_r=0.299$mH，$M=0.016$mH，$p=2$	
控制参数	
$B_1=10$，$B_2=20\ 000$，$B_3=7$，$B_4=500$	
仿真的风电机组参数	
$R=1.5$m，$J_t=0.1$kg m^2，$C_{pmax}=0.4760$，$\lambda=7$	
直流电机参数	
6.5kW，3850rpm，310V，24.8A	
$R_s=78\Omega$，$R_r=0.78\Omega$，$L_r=3.6$H，$J=0.02$kg·m^2	
监测的双馈式感应发电机组参数	
$R_s=0.325\Omega$，$L_s=4.75$mH，$R_r=0.13\Omega$，$L_r=1.03$mH	
$M=57.3$mH，$p=2$	

参考文献

[1] Liserre M, Cardenas R, Molinas M, Rodriguez J (2011) Overview of multi-MW wind turbines and wind parks. IEEE Trans Ind Electron 58(4): 1081-1095.

[2] Bianchi, FD, de Battista H, Mantz RJ (2007) Wind turbine control systems: principles, modelling and gain scheduling design. Springer, London.

[3] Beltran, B, Benbouzid MEH, Ahmed-Ali T (2009) High-order sliding mode control of a DFIG-based wind turbine for power maximization and grid fault tolerance. In: Proceedings of the IEEE IEMDC'09, Miami, USA, pp 183-189, May 2009.

[4] Beltran B, Benbouzid MEH, Ahmed-Ali T, Mangel H (2011) DFIG-based wind turbine robust control using high-order sliding modes and a high gain observer. Int Rev Model Simul 4(3): 1148-1155.

[5] Benbouzid MEH, Beltran B, Mangel H, Mamoune A (2012) A high-order sliding mode observer for sensorless control of DFIG-based wind turbines. In: Proceedings of

the 2012 IEEE IECON, Montreal, Canada, pp 4288 – 4292, October 2012.

[6] Benbouzid MEH, Beltran B, Amirat Y, Yao G, Han J, Mangel H (2013) High-order sliding mode control for DFIG-based wind turbine fault ride-through. In: Proceedings of the 2013 IEEE IECON, Vienna, Austria, pp 7670 – 7674, Nov 2013.

[7] Beltran B, Ahmed-Ali T, Benbouzid MEH (2008) Sliding mode power control of variable speed wind energy conversion systems. IEEE Trans Energy Convers 23 (22): 551 – 558.

[8] Tazil M, Kumar V, Bansal RC, Kong S, Dong ZY, Freitas W, Mathur HD (2010) Three-phase doubly fed induction generators: an overview. IET Power Appl 4 (2): 75 – 89.

[9] Senjyu T, Sakamoto R, Urasaki N, Funabashi T, Fujita H, Sekine H (2006) Output power leveling of wind turbine generator for all operating regions by pitch angle control. IEEE Trans Energy Convers 21 (2): 467 – 475.

[10] Pena R, Cardenas R, Proboste J, Asher G, Clare J (2008) Sensorless control of doubly-fed induction generators using a rotor-current-based MRAS observer. IEEE Trans Ind Electron 55 (1): 330 – 339.

[11] Xu L, Cartwright P (2006) Direct active and reactive power control of DFIG for wind energy generation. IEEE Trans Energy Convers 21 (3): 750 – 758.

[12] Cardenas R, Pena R, Proboste J, Asher G, Clare J (2005) MRAS observer for sensorless control of standalone doubly fed induction generators. IEEE Trans Energy Convers 20 (4): 710 – 718.

[13] Vepa R (2011) Nonlinear, optimal control of a wind turbine generator. IEEE Trans Energy Convers 26 (2): 468 – 478.

[14] Munteanu I, Bacha S, Bratcu AI, Guiraud J, Roye D (2008) Energy-reliability optimization of wind energy conversion systems by sliding mode control. IEEE Trans Energy Convers 23 (3): 975 – 985.

[15] Valenciaga F, Puleston PF (2008) Variable structure control of a wind energy conversion system based on a brushless doubly fed reluctance generator. IEEE Trans Energy Convers 22 (2): 499 – 506.

[16] Beltran B, Ahmed-Ali T, Benbouzid MEH (2009) High-order sliding mode control of variable speed wind turbines. IEEE Trans Ind Electron 56 (9): 3314 – 3321.

[17] Beltran B, Benbouzid MEH, Ahmed-Ali T (2012) Second-order sliding mode control of a doubly fed induction generator driven wind turbine. IEEE Trans Energy Convers 27 (2): 261 – 269.

[18] Farza M, M'Saad M, Rossignol L (2004) Observer design for a class of MEMO nonlinear systems. Automatica 40 (1): 135 – 143.

[19] Levant A, Alelishvili L (2007) Integral high-order sliding modes. IEEE Trans Autom Control 52 (7): 1278 – 1282.

[20] http://wind.nrel.gov/designcodes/simulators/fast/.

[21] Manjock A (2005) Design codes FAST and ADAMS® for load calculations of onshore wind turbines. Report No. 72042, Germanischer Lloyd WindEnergie *GmbH*, Hamburg, Germany, May 26, 2005.

[22] Cardenas R, Pena R, Alepuz S, Asher G (2013) Overview of control systems for the operation of DFIGs in wind energy applications. IEEE Trans Ind Electron 60 (7): 2776 – 2798.

[23] Benbouzid MEH, Beltran B, Ezzat M, Breton S (2013) DFIG driven wind turbine grid fault-tolerance using high-order sliding mode control. Int Rev Model Simul 6 (1): 29 – 32.

第三章　风力发电系统的最大功率点跟踪控制

Yong Feng，Xinghuo Yu

摘要： 本章研究了风力发电系统的并网控制问题。风力发电系统的控制将采用滑模控制技术对其进行优化。文中还探讨了变速风力发电系统的最大功率点追踪控制算法。风力发电系统的并网可以从输入电网的功率以及在公共耦合点提供电压支撑辅助服务等方面进行优化。风力发电系统的并网控制目标是将直流侧电压保持在所需值，并使输入或输出功率因数保持一致。高阶终端滑模稳压器与节流器旨在迅速而精确地控制直流侧电容电压以及电流。数值仿真则用来评测控制策略。

关键词： 双馈感应风力发电系统；电压定向控制（VOC）；网侧 PWM 变流器；滑模控制；终端滑模控制

术语：

P_w	风电机组输入功率
r	叶轮半径
v_w	风速
ρ	空气密度
P_m	机械功率
C_p	功率系数
β	桨距角
λ	叶尖速比

Y. Feng（✉）
哈尔滨工业大学电子工程系，哈尔滨 150001，中国
电子邮件：yfeng@ hit. edu. cn

Y. Feng · X. Yu
皇家墨尔本理工大学电子与计算机工程学院，墨尔本，维克 3001 号，澳大利亚
电子邮件：x. yu@ rmit. edu. au

ω_w	叶轮角速度
P，Q	感应发电机组有功功率，感应发电机组无功功率
i_{ds}，i_{qs}	d 轴定子电流，q 轴定子电流
u_{ds}，u_{qs}	d 轴定子电压，q 轴定子电压
L	网侧滤波器电感
R	网侧滤波器电阻
C	直流侧电容
i_d，i_q	变流器 d 轴电流分量，变流器 q 轴电流分量
s_d，s_q	d 轴开关控制信号，q 轴开关控制信号
e_d，e_q	三相电源 d 轴电压分量，三相电源 q 轴电压分量
ω	电源角频率
P_{ac}，P_{dc}	交流侧有功功率，直流侧有功功率

3.1 简 介

可再生能源是世界上一种重要的可持续能源，它来自天然资源，如风、雨、阳光、潮汐、生物质以及地热。迄今为止，可再生能源已成为许多国家低排放能源的基本组成部分，对维护国家能源安全意义重大，同时在减少碳排放方面发挥着重要作用。

风能是一种重要的可再生能源，其分布范围广，已逐渐成为一种可靠且颇具竞争力的发电方式，被广泛地运用于世界各地。2011 年，全球总风力发电量约为 198 GW[1]。

风力发电系统（WECS）可将风力中的动能转化为机械能，机械能则使发电机组运转发电。典型的风力发电系统一般包含：一台风电机，一台发电机，互联设备以及控制系统。风电机组的发电机通常可分为以下几类：同步发电机、永磁同步发电机、双馈感应发电机和感应发电机。中小型风电机组通常采用质量可靠而成本低廉的永磁发电机和鼠笼式异步发电机，而各种高功率风电机组目前多采用感应发电机、永磁同步发电机和电励磁同步发电机[2]。

文献中记载了很多风力发电系统（WECS）的控制方法，其中包括应用于变速风力发电系统的最大功率点追踪（MPPT）控制算法，该算法基于无需风速传感器的神经网络[3]。文献[4]中对变速风力发电系统的功率调节进行了研究，提出了滑模控制（SMC）策略，可保证系统的稳定性，即使在模型不确定的情况下，也能提出经完美设计的反馈控制解决方案。文献[5]中提出了针对风电机组驱动双馈式感应发电机（DFIG）的二阶滑模控制（2-SMC）策略。电网同步和功率控制任务由两种不同的算法执行，这种设计有利于在固定开关频率下控制叶轮侧变流器（RSC）。除了传统的同步发电机、永磁同步发电机以及双馈感应发电机外，开关磁阻发电机（SRG）也可被视为风力发电机。文献[6]中展示了开关磁阻发电机组的新型速度控制方法，即采用神经网络（ANN）自适应控制器控制速度。开关磁阻发电机（SRG）由变速风电机组驱动，并通过一个由非平衡式半桥变流器、直流母线以及直流-交流（DC－AC）逆变器组成的系统与电网连接。在诸多控制方法中，滑模控制（SMC）之所以被应用于风力发电系统（WECS）中，是因为其具有较多优良性能，包括快速收敛控制、有限时间收敛控制以及较高的稳态精度[7]。

本章论述了将风电并入电网过程中的控制策略，分析了典型的风力发电系统及其数学模型。为使风电机组能够在任何给定时刻从风能中提取最大有功功率，采用最大功率点追踪（MPPT）方法调节发电机的电力载荷，风能并入电网过程中采用了双向 PWM 变流器结构。风力发电系统（WECS）中电压与电流的测量以及两台 PWM 变流器的控制信号的输出均依赖于控制算法。经改良升级的外环控制策略旨在控制直流侧电压的情况。

相比于其他控制方法，滑模控制（SMC）具有多种重要特性，例如操作执行简单、抗外部干扰、鲁棒性高，以及对系统参数变化的敏感性低[8-11]。滑模控制（SMC）包括传统的线性滑模（LSM）控制和非线性终端滑模（TSM）控制。前者渐进稳定，后者有限时间稳定。相比于传统的线性滑模（LSM）控制，非线性终端滑模（TSM）控制表现出诸多优越性，例如快速收敛和有限时间收敛、更小的稳态跟踪误差等[12,13]。在本章中，使用了非线性终端滑模（TSM）控制方法，将电流和直流侧电压的误差于有限时间之内削减至零。与此同时，还采用了高阶滑模技术来消除滑模控制中的颤振现象。实际操作中，通过对控制信号进行平滑处理，使得信号控制过程连续而平稳。本章中描述的非线性终端滑模（TSM）控制策略可以提高风力发电系统网侧 PWM 变流器的性能。

3.2　风电机组模型

图 3-1 展示了典型的风力发电系统（WECS）的构成图，它由一台叶轮机，一个齿轮箱，一台发电机，一台机侧 PWM 变流器，中间直流电路，一台网侧 PWM 变流器，一台变压器，以及一套控制系统组成。其中，发电机可以是同步发电机、永

磁同步发电机、双馈感应发电机或者感应发电机。

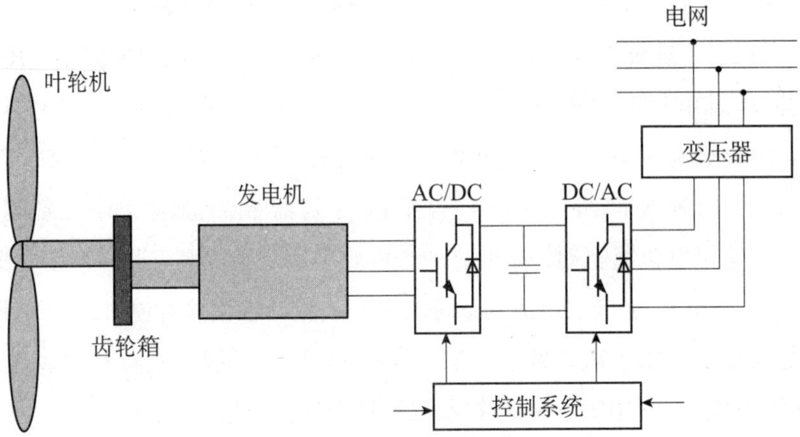

图 3-1　典型风力发电系统结构图

叶轮机从气流中获取能量并驱动发电机发电，控制系统用来控制机侧和网侧 PWM 变流器。前者控制发电机的速度，让发电机以最佳速率转动，并使其在不同的环境条件下从风中获取最大有功功率；后者将直流侧的直流电压转换为交流电压，并将其输送到配电网。

风电机组的输入功率可按以下公式计算[3]：

$$P_w = \frac{1}{2}\rho\pi r^2 v_w^3 \tag{3-1}$$

其中，r 表示叶轮半径（m），v_w 表示风速（m/s），ρ 表示空气密度（通常为 1.25kg/m^3）。

风电机组产生的机械功率通常由以下公式计算：

$$P_m = C_p(\lambda,\beta)P_w = \frac{1}{2}C_p(\lambda,\beta)\rho\pi r^2 v_w^3 \tag{3-2}$$

其中，C_p表示风电机组的功率系数，即风电机组的效率；β 表示桨距角；λ 表示叶尖速比，即风电机组在不同风速下的状态，可由以下公式定义：

$$\lambda = \frac{\omega_w r}{v_w} \tag{3-3}$$

其中，ω_w表示叶轮角速度，具体如图 3-1 所示。

假设桨距角 β 为 0，风电机组的功率系数则可大致由以下公式计算[14,15]：

$$C_p(\lambda,\beta) = 0.5176\left(\frac{116}{\lambda_i} - 0.4\beta - 5\right)e^{-\frac{21}{\lambda_i}} + 0.0068\lambda \tag{3-4}$$

其中：

$$\lambda_i = \frac{1}{\lambda + 0.08\beta} - \frac{0.035}{\beta^3 + 1}$$

为了从风力中获取最大有功功率，功率系数等式（3-4）应保持最优值，即：

$$\frac{d}{d\lambda} C_p(\lambda, \beta) \Big|_{\lambda = \lambda_{opt}} = 0 \quad (3\text{-}5)$$

根据以上公式可以推导出 $C_{pmax}(\lambda_{opt}, \beta) = \max\{C_{pmax}(\lambda, \beta)\}$，其中 $\lambda = \lambda_{opt}$。

最优的最大输出功率与叶轮力矩可以分别由公式（3-2）、公式（3-3）以及公式（3-5）推导求得：

$$P_{m\max} = K_{opt}\omega_{wopt}^3 \quad (3\text{-}6)$$

$$T_{m\max} = K_{opt}\omega_{wopt}^2 \quad (3\text{-}7)$$

其中，K_{opt}是一个常数，由风电机组的特性决定，可由以下公式求得：

$$K_{opt} = \frac{1}{2} C_p(\lambda, \beta)\rho\pi r^5 \quad (3\text{-}8)$$

3.3　最大功率点跟踪

图 3-1 中所示的发电机组的电力载荷应合理调控，以便于风电机组能在任意给定时刻从风力中获得最大有功功率。对于某个特定的风速，电力载荷的数值不能过大也不能过小，否则风电机组的工作点便会偏离最优功率点，同时风电机组的工作效率将会降低[16]。只有通过调控发电机转速，降低或提高发电机载荷，才能使风电机组在具体风速下产生最大功率，并从风力中获取更多功率。

人们已经提出了很多最大功率点跟踪的方法，其中最简单的方法是基于风电机组的叶尖速率。假设叶尖速比的最优值可由公式（3-5）求得，风电机组的最优转速可根据公式（3-14）求得：

$$\omega_{wopt} = \frac{\lambda_{opt}}{r} v_w \quad (3\text{-}9)$$

这种方法虽然简单，却需要一台额外的风速计来测量风电机组的叶尖风速，这项操作相当困难。

另一个更加常用的最大功率点跟踪方法是基于发电机组的有功功率。假设风电机组中的发电机是一台感应发电机，风电机组的最大功率点跟踪控制系统图解如图 3-2 所示。

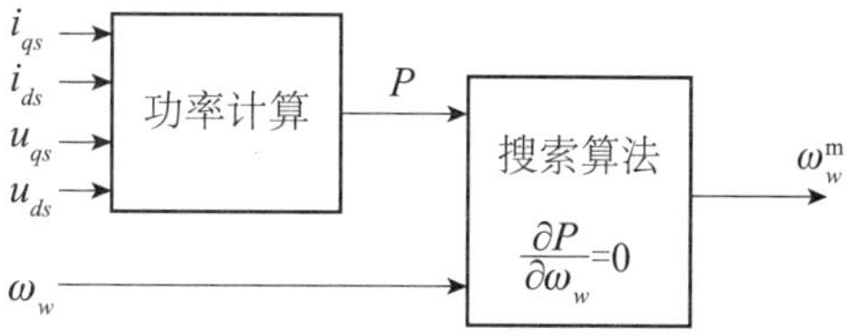

图 3-2　最大功率点跟踪控制系统框图

感应发电机组的有功功率和无功功率可分别由以下公式求得：

$$P = i_{qs}u_{qs} + i_{ds}u_{ds} \tag{3-10}$$

$$Q = i_{qs}u_{qs} - i_{ds}u_{ds} \tag{3-11}$$

其中，i_{ds}和i_{qs}分别表示 d 轴和 q 轴定子电流，u_{ds}和u_{qs}分别表示 d 轴和 q 轴定子电压。

在图 3-2 中，搜索算法主要基于对风电机组转速对应的功率梯度的计算。功率-叶轮转速曲线呈凸状，整个叶轮转速未出现局部最大值。因此，在功率梯度的基础上，搜索算法可以找到与风电机组最大功率点相对应的最大叶轮转速，并最终计算出发电机的参考转速。为了从风力中获取最大功率，应控制发电机速率，使风电机组的转速一直控制在最佳转速 $\omega_{\omega opt}$。

3.4 风力发电系统模型

图 3-3 为风力发电系统的框式图解。风力发电系统中使用双 PWM 变流器，双 PWM 变流器由以下几部分构成：机侧 PWM 变流器、中间直流电路和网侧 PWM 变流器。如图 3-3 所示，左边为配电网，右边为发电机——可以是感应发电机、永磁同步发电机或双馈感应发电机。中间直流电路便于实现对两侧的单独控制。

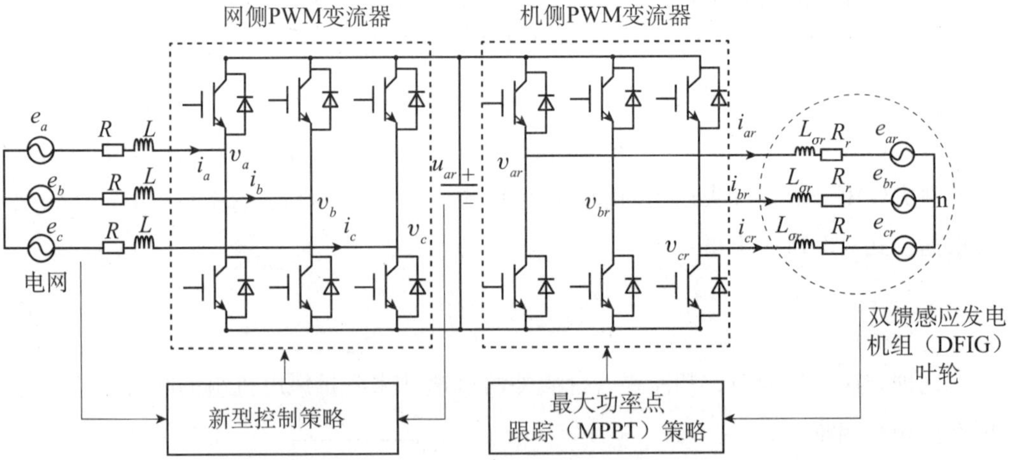

图 3-3 双 PWM 变流器结构图

双 PWM 变流器具有诸多显著优点，例如单位功率因数、双向功率流以及可控制的直流侧电压等[17]。这些优点使得双 PWM 变流器被广泛应用于多种工业应用中。为了同时实现这些性能，控制器的设计至关重要。目前已有诸多对控制器设计的研究。随着设计方法的发展，控制器可大致分为两种：线性控制和非线性控制。在[18]和

[19]中，推荐使用比例积分（PI）控制器，它有利于实现单位功率因数，与此同时，使用级联 PI 控制器可通过控制输入电流间接调节直流侧电压。然而，这些控制器的设计依赖精确的系统参数来提供线性模型，因此，它们对参数扰动非常敏感。网侧 PWM 变流器为多变量、强耦合非线性系统，非线性控制策略在兼顾系统的非线性特性的同时可以更好地实现其静态和动态性能。采用非线性控制方法（如模糊控制方法）提升系统性能[20,21]通常缺乏理论分析，不能保证闭合回路系统的稳定性和阻尼特性。

反馈线性化技术[22,23]在仿真实验中性能提高，但却对模型不确定性较为敏感，因此本章将采用滑模控制技术。

网侧 PWM 变流器模型如图 3-4 所示，其中 L 表示网侧过滤器的电感器，R 表示电阻，C 表示直流侧电容。输入线电压和电流由符号 v_k 和 i_k 表示，且 $k=a$，b，c。

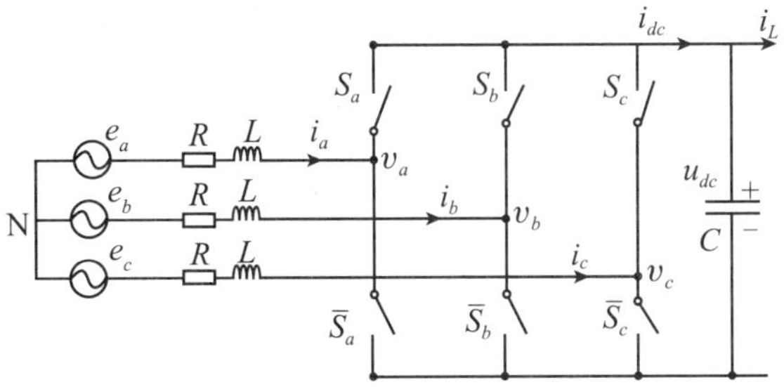

图 3-4　网侧 PWM 变流器模型

本章采用了电压定向控制（VOC）策略。电压定向控制（VOC）是一个双回路结构，包括直流侧电压外侧环路和 $d-q$ 轴电流内回路。参考坐标系与电网电压空间矢量同步旋转，而 d 轴则是本着与电网电压空间矢量相适应的原则来设计的。电压定向控制（VOC）图解如图 3-5 所示。对变流器而言，由于同步旋转的 d-q 坐标系的 d 轴与电网电压矢量相匹配，电压定向控制（VOC）可实现有功电流和无功电流间的解耦。d-q 同步旋转坐标系中的数学模型可表示如下[16]：

$$\begin{cases} L\dot{i}_d = -Ri_d + \omega Li_q + e_d - s_d u_{dc} \\ L\dot{i}_q = -Ri_q - \omega Li_d + e_q - s_q u_{dc} \\ C\dot{u}_{dc} = (s_d i_d + s_q i_q) - i_L \end{cases} \tag{3-12}$$

其中，i_d 和 i_q 分别表示变流器的 d 轴和 q 轴电流分量；s_d 和 s_q 分别表示 d-q 坐标系 d 轴和 q 轴的开关控制信号，e_d 和 e_q 分别表示三相电源供应的 d 轴和 q 轴电压分量，ω 表示电源的角频率。

从公式（3-12）中可以看出，由于控制输入使状态变量倍增，因此很难设计调

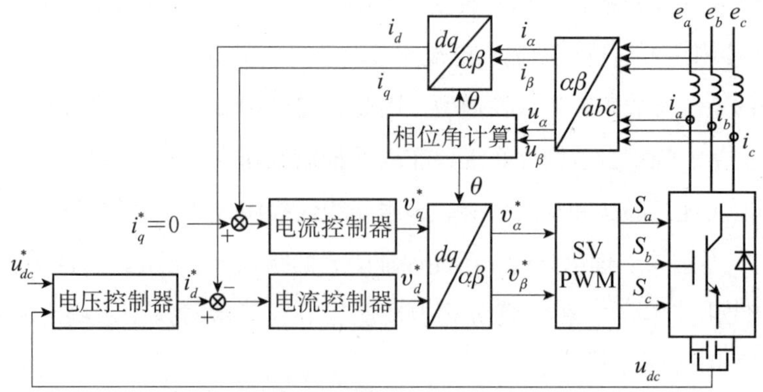

图 3-5　电压定向控制（VOC）设计图解

节器。为了便于控制器的设计，应基于系统交流侧和直流侧之间的功率平衡对动态的公式（3-12）进行简化。交流侧与直流侧的有功功率分别由符号 P_{ac} 和 P_{dc} 表示。忽略变流器损耗，交流侧的有功功率与直流侧的有功功率相等，即：

$$P_{ac} = P_{dc} \tag{3-13}$$

交流侧与直流侧的有功功率可分别由以下公式计算：

$$P_{ac} = e_d i_d + e_q i_q \tag{3-14}$$

$$P_{dc} = u_{dc} i_{dc} = u_{dc}(C\dot{u}_{dc} + i_L) \tag{3-15}$$

根据公式（3-13）至公式（3-15），可以得到：

$$u_{dc}(C\dot{u}_{dc} + i_L) = e_d i_d + e_q i_q \tag{3-16}$$

定义一个新变量 $u = u_{dc}^2$。公式（3-16）可被简化为：

$$\dot{u} = \frac{2}{C}(e_d i_d + e_q i_q) - \frac{2}{C}\sqrt{u}\, i_L \tag{3-17}$$

现在根据公式（3-12）和公式（3-17），在 $d-q$ 同步旋转坐标系中的变流器的新的动态模型可被表示为：

$$\begin{cases} L\dot{i}_d = -Ri_d + \omega L i_q + e_d - u_d \\ L\dot{i}_q = -Ri_q - \omega L i_d + e_q - u_q \\ \dot{u} = \dfrac{2}{C}(e_d i_d + e_q i_q) - \dfrac{2}{C}\sqrt{u}\, i_L \end{cases} \tag{3-18}$$

其中，$u_d = s_d \cdot u_{dc}$，$u_q = s_q \cdot u_{dc}$。

鉴于同步旋转 $d-q$ 坐标系的 d 轴与电网电压矢量相一致，电网电压 d 轴分量和 q 轴分量可分别由以下公式求得：

$$\begin{cases} e_d = E_s \\ e_q = 0 \end{cases} \tag{3-19}$$

其中，E_s等于电网电压矢量。因此公式（3-18）可被进一步简化为：

$$\begin{cases} L\dot{i}_d = -Ri_d + \omega Li_q + E_s - u_d \\ L\dot{i}_q = -Ri_q - \omega Li_d - u_q \\ \dot{u} = \dfrac{2}{C}E_s i_d - \dfrac{2}{C}\sqrt{u}\, i_L \end{cases} \tag{3-20}$$

从公式（3-20）可以看出，可使用 d 轴电流分量 i_d控制直流侧电压 $u_{dc} = \sqrt{u}$。

3.5　风电并入电网的控制策略

在如图 3-3 所示的风力发电系统（WECS）中，发电机所发的电能首先由连接发电机与直流环节的机侧 PWM 变流器转换成直流电压，然后再由连接直流环节与电网的网侧 PWM 变流器将直流电压转换为交流电压并传送到电网中。我们可以使用双 PWM 变流器将可再生能源转化的电能并入电网中，中间无需任何附加线路。机侧 PWM 变流器和网侧 PWM 变流器是独立的，可以单独控制。通过一些控制策略可以实现风力发电系统（WECS）的单位功率比。

从图 3-3 中可以看出，直流侧电压控制器的输出量等于参考坐标系 d 轴的电流量 i_d^* 。为了通过整流或逆变达到单位功率因数，无功电流 i_q^* 的分量应被设置为零[24]。

3.5.1　直流侧电压控制器设计

设直流侧电压为 u_{dc}^*，其平方为 $u^* = u_{dc}^{*2}$，则直流侧电压的平方与假设的直流侧电压的平方之间的误差值 e_1可表示为：

$$e_1 = u^* - u \tag{3-21}$$

根据公式（3-20），误差 e_1可表示为：

$$\dot{e}_1 = \dot{u}^* - \dot{u} = -\frac{2}{C}E_s i_d + \frac{2}{C}\sqrt{u}\, i_L \tag{3-22}$$

为实现快速误差收敛以及更高的跟踪精度，TSM 流形设计如下[12,13]：

$$s_1 = \dot{e}_1 + \gamma_1 e_1^{q_1/p_1} \tag{3-23}$$

其中 $\gamma_1 > 0$，$p_1 > 0$，$q_1 > 0$，p_1和 q_1为奇数。

当系统状态在有限时间内达到 TSM 流形 $s_1=0$ 之后，e_1 和 $\dot{e}_1$ 将随着 $s_1=0$ 在有限时间内收敛至原点，即

$$e_1 = \dot{e}_1 = 0 \tag{3-24}$$

定理 1　如果 TSM 流形选择公式（3-23），TSM 控制设计如下，则 e_1 可在有限时间内收敛至零[25]：

$$i_d^* = i_{deq}^* + i_{dn}^* \tag{3-25}$$

$$i_{deq}^* = \frac{\sqrt{u}}{E_s} i_L + \frac{C}{2E_s}\gamma_1 e^{q_1/p_1} \tag{3-26}$$

$$\dot{i}_{dn}^* + T_1 i_{dn}^* = v \tag{3-27}$$

$$v = (k_1 + \eta_1)\ \mathrm{sgn}\ (s_1) \tag{3-28}$$

其中，$\eta_1 = \max(|T_1 i_{dn}^*|)$，$T_1 > 0, k_1 > 0$。

证明　思考下列李雅普诺夫函数：

$$V = \frac{1}{2}s_1^2 \tag{3-29}$$

求相对于时间的 V 的微分，得出：

$$\dot{V} = s_1\dot{s}_1 \tag{3-30}$$

根据公式（3-22）和公式（3-23），可得：

$$s_1 = -\frac{2}{C}E_s i_d + \frac{2}{C}\sqrt{u}\, i_L + \gamma_1 e_1^{q_1/p_1}$$

将公式（3-25）和公式（3-26）代入上述公式中得到：

$$s_1 = -\frac{2}{C}E_s i_{dn}^*$$

求相对于时间的 s_1 的微分，可得：

$$\dot{s}_1 = -\frac{2}{C}E_s \dot{i}_{dn}^*$$

将上述公式代入公式（3-30）得到：

$$s_1\dot{s}_1 = -\frac{2}{C}E_s s_1 \dot{i}_{dn}^*$$

将公式（3-27）和公式（3-28）代入到上述公式中得到：

$$\begin{aligned} s_1\dot{s}_1 &= -\frac{2}{C}E_s s_1 \dot{i}_{dn}^* \\ &= -\frac{2}{C}E_s s_1 (\dot{i}_{dn}^* + T_1 i_{dn}^* - T_1 i_{dn}^*) \end{aligned}$$

$$= -\frac{2}{C}E_s s_1[(k_1 + \eta_1)\operatorname{sgn}(s_1) - T_1 i_{dn}^*]$$

$$= -\frac{2}{C}E_s[(k_1 + \eta_1)|s_1| - T_1 s_1 i_{dn}^*]$$

$$\leqslant -\frac{2}{C}E_s k_1 |s_1|$$

即

$$\dot{V}_1 \leqslant -\frac{2}{C}E_s k_1 |s_1| < 0 \text{ 用于 } |s_1| \neq 0$$

系统（3-22）满足滑模存在的充分条件。因此，系统（3-22）状态可以在有限时间内达到 TSM 流形 $s_1 = 0$ 。

3.5.2 d 轴电流控制器设计

设所需 d 轴电流与实际 d 轴电流间的误差变量为：

$$e_2 = i_d^* - i_d \tag{3-31}$$

根据公式（3-20），d 轴电流误差动态可表示为：

$$\dot{e}_2 = \dot{i}_d^* + \frac{R}{L}i_d - \omega i_q - \frac{E_S}{L} + \frac{u_d}{L} \tag{3-32}$$

TSM 流形设计如下[12,13]：

$$s_2 = \dot{e}_2 + \gamma_2 e_2^{q_2/p_2} \tag{3-33}$$

其中 $\gamma_2 > 0$，$p_2 > 0$，$q_2 > 0$，p_2和 q_2 为奇数。

定理 2 如果 TSM 流形选择公式（3-33），TSM 控制设计如下，则 e_2可在有限时间内收敛至零[25]：

$$u_d = u_{deq} + u_{dn} \tag{3-34}$$

$$u_{deq} = -L\dot{i}_d^* - Ri_d + \omega L i_q + E_s - L\gamma_2 e_2^{q_2/p_2} \tag{3-35}$$

$$\dot{u}_{dn} + T_2 u_{dn} = v \tag{3-36}$$

$$\nu = -(k_2 + \eta_2)\operatorname{sgn}(s_2) \tag{3-37}$$

其中 $\eta_2 = \max(|T_2 u_{dn}|)$ ，$T_2 > 0$，$k_2 > 0$。

3.5.3 q 轴电流控制器设计

设所需 q 轴电流与实际 q 轴电流间的误差变量为：

$$e_3 = i_q^* - i_q \tag{3-38}$$

根据公式（3-20），q 轴电流误差动态可表示为：

$$\dot{e}_3 = \frac{R}{L}i_q + \omega i_d + \frac{u_q}{L} \tag{3-39}$$

TSM 流形设计如下[12,13]：

$$s_3 = \dot{e}_3 + \gamma_3 e_3^{q_3/p_3} \tag{3-40}$$

其中，$\gamma_3>0$，$p_3>0$，$q_3>0$，p_3和 q_3为奇数。

定理 3 如果 TSM 流形选择公式（3-40），TSM 控制设计如下，则 e_3可在有限时间内收敛至零[25]：

$$u_q = u_{qeq} + u_{qn} \tag{3-41}$$

$$u_{qeq} = -Ri_q - \omega Li_d - L\gamma_3 e_3^{q_3/p_3} \tag{3-42}$$

$$\dot{u}_{qn} + T_3 u_{qn} = v \tag{3-43}$$

$$v = -(k_3 + \eta_3)\operatorname{sgn}(s_3) \tag{3-44}$$

其中，$\eta_3 = \max(|T_3 u_{qn}|)$，$T_3>0$，$k_3>0$。

定理 2 和定理 3 的证明与定理 1 相似，故而此处省略。

根据定理 2 和定理 3，控制信号 u_d和 u_q可使用以下公式转换为公式（3-12）中的控制信号 s_d和 s_q：

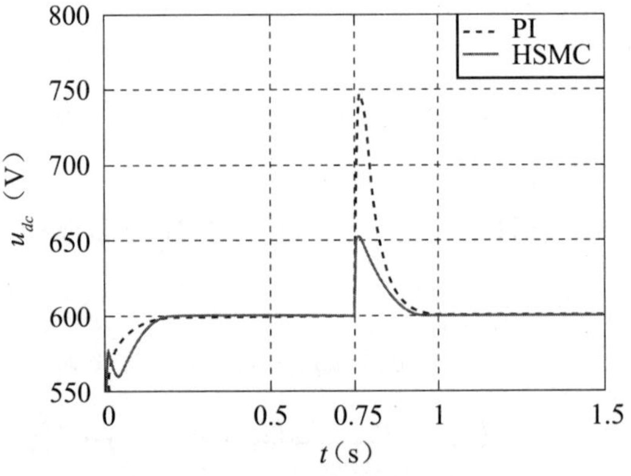

图 3-6 载荷电流变化时的 u_{dc}

$$s_d = u_d/u_{dc} \tag{3-45a}$$

$$s_q = u_q/u_{dc} \tag{3-45b}$$

3.6 仿 真

网侧 PWM 变流器的参数如下所示[25]：

$E_m = 220\sqrt{2}(\mathrm{V})$, $L = 0.006(\mathrm{H})$, $R = 0.5(\Omega)$, $C = 0.00136(\mathrm{F})$, $u_{dc}^* = 600(\mathrm{V})$,

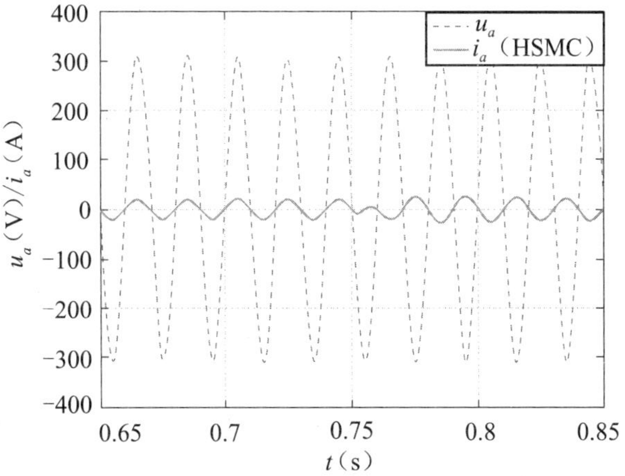

图 3-7 载荷电流变化时的 e_a和 i_a

f = 50(Hz)。

为了证明新的控制策略的有效性和优越性，对高阶 TSM 控制策略和传统的 PI 控制策略的结果进行了比较。为了说明新控制策略的快速误差收敛以及强鲁棒性，提供了不同情况下的结果，如载荷电流的阶跃变化和源电压的阶跃变化等。

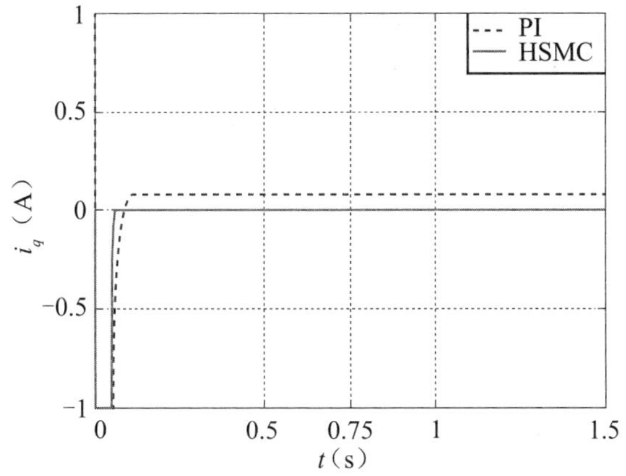

图 3-8 载荷电流时的 i_q

3.6.1 载荷电流的阶跃变化

在本测试中，载荷电流在时间为 $t=0.75$s 时由 15A 变为 -15A。从图 3-6 中可以看出，通过 TSM 控制，直流侧电压可以跟踪给定电压，与使用 PI 控制相比，其纹波更低，收敛更快。从图 3-7 可以看出，在 $t=0.75$s 之前，网侧 PWM 变流器发挥着单位功率因数整流器的作用，从电网吸收电能；而在 $t=0.75$s 之后，PWM 变流器则发挥着单位功率因数变流器的作用，向电网传送电能。图 3-8 显示 q 轴电流收敛至零，

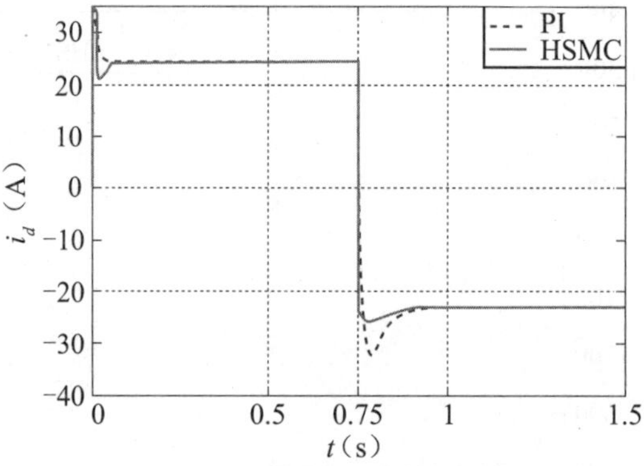

图 3-9　载荷电流时的 i_d

TSM 控制拥有更高的跟踪精度。图 3-9 显示在 TSM 控制策略下的 d 轴电流误差可以实现更低的纹波和更快的收敛速度。SMC 和 TSMC 控制的控制信号如图 3-10 和图 3-11 所示。可以看出，传统的 SMC 控制信号存在颤振，而高阶 TSM 控制信号较平滑。

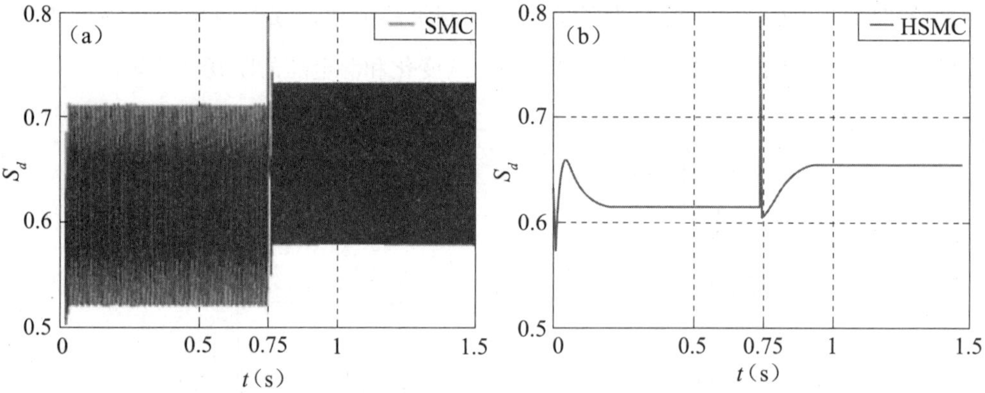

图 3-10　d 轴控制信号。a 图为传统 SMC；b 图为高阶 TSMC

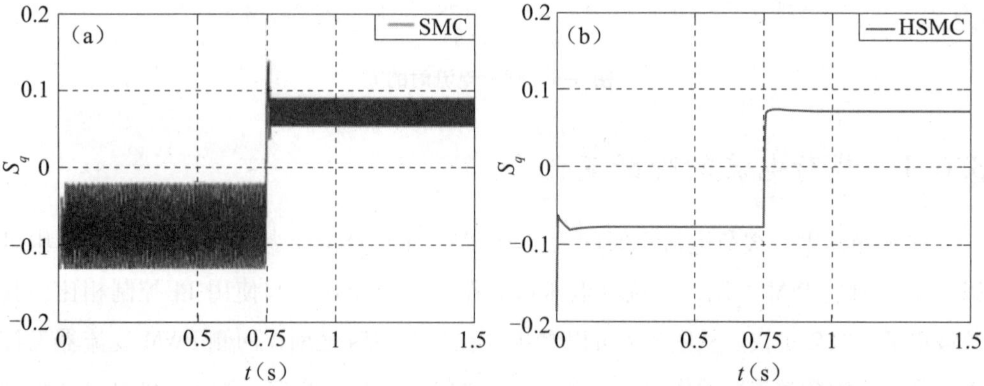

图 3-11　q 轴控制信号。a 图为传统 SMC；b 图为高阶 TSMC

3.6.2　源电压的阶跃变化

源电压的振幅在 0.75s 时降低了 20%，并在 0.85s 时恢复到初值。载荷电流为 15A。直流侧电压对电网中电压阶跃变化的反应如图 3-12 所示。可以看到当系统应用高阶 TSM 控制时，直流侧电压几乎没有波动。q 轴和 d 轴电流对源电压阶跃变化的反应如图 3-13 和图 3-14 所示，变流器控制信号如图 3-15 所示。

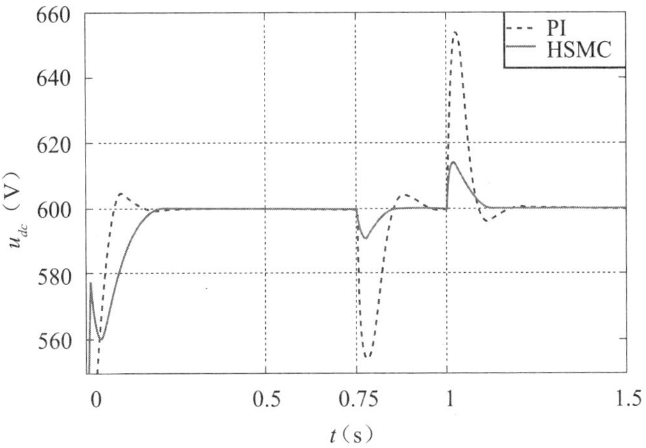

图 3-12　源电压变化时的 u_{dc}

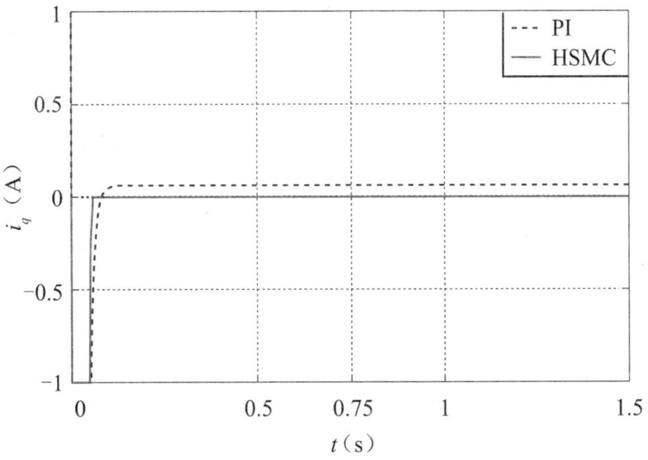

图 3-13　源电压变化时的 i_q

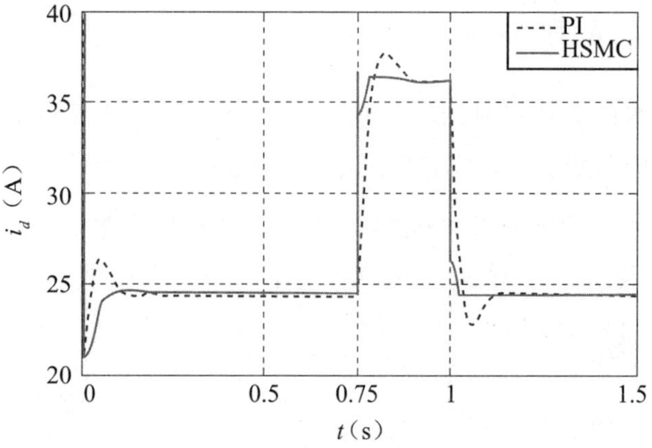

图 3-14　源电压变化时的 i_d

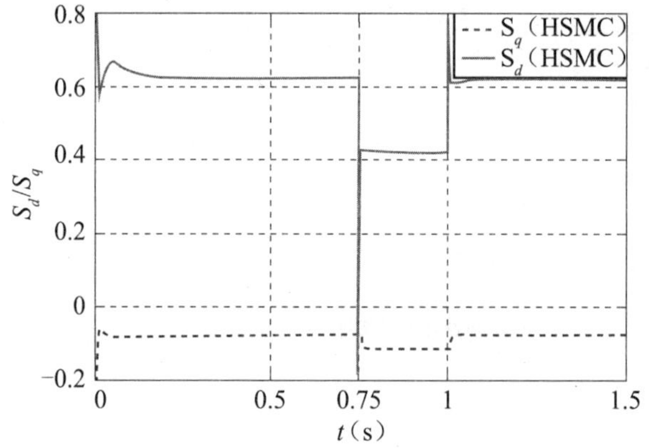

图 3-15　变流器控制信号

3.7　结　论

本章描述了风力发电系统（WECS）风电并网的控制问题。在风电并入电网过程中采用了双 PWM 变流器结构。两台 PWM 变流器由同一个控制系统单独控制。网侧 PWM 变流器的控制策略旨在保证风力发电系统（WECS）的单位功率比。采用了滑模控制理论和技术优化风力发电系统（WECS）的控制。开发了双馈感应风力发电系统网侧 PWM 变流器控制策略。高阶 TSM 控制技术实现了快速收敛、强鲁棒性以及高精度跟踪的性能。控制器的平稳控制信号可通过使用二阶滑模技术来实现。高阶滑模机制中的等效低通滤波器的作用可随意调节。仿真结果证明了提出的方法的正确性。在风力发电系统（WECS）控制方面已做了大量的理论研究工作，未来的工作内容将涉及提供效率更高、鲁棒性更强的控制算法，并尝试在实际应用环境中进行试验。

致　谢

本研究工作得到了中国国家自然科学基金委员会（61074015）和澳大利亚研究委员会连接项目（LP100200538）的支持。

参考文献

[1] REN21 (2011) Renewables 2011: Global Status Report. http://www.ren21.net/Portals/97/documents/GSR/GSR2011_Master18.pdf.

[2] The Encyclopedia (2011) wind energy conversion system. http://www.daviddarling.info/encyclopedia/W/AE_wind_energy_conversion_system.html.

[3] Thongam JS, Bouchard P, Beguenane R, Fofana I (2010) Neural network based wind speed sensorless MPPT controller for variable-speed wind energy conversion systems. In: Proceedings of IEEE electric power energy conference: "sustainable energy intelligent grid", Halifax, NS, USA, 25 - 27 Aug 2010.

[4] De Battista H, Mantz RJ, Christiansen CF (2000) Dynamical sliding mode power control of wind driven induction generators. IEEE Trans Energy Convers 15 (4): 451 - 457.

[5] Susperregui A, Tapia G, Martinez MI, Blanco A (2011) Second-order sliding-mode controller design and tuning for grid synchronization and power control of a wind turbine-driven DFIG. In: Proceedings of the IET conference on renewable power generation (RPG 2011), Edinburgh, UK, 6 - 8 Sept 2011.

[6] Hasanien HM, Muyeen SM (2012) Speed control of grid-connected switched reluctance generator driven by variable speed wind turbine using adaptive neural network controller. Electr Power Syst Res 84 (1): 206 - 213.

[7] Yu X, Man Z (1996) Model reference adaptive control systems with terminal sliding modes. Int J Control 64 (6): 1165 - 1176.

[8] Feng Y, Zheng J, Yu X, Truong NV (2009) Hybrid terminal sliding-mode observer design method for a permanent-magnet synchronous motor control system. IEEE Trans Ind Electron 56 (9): 3424 - 3431.

[9] Feng Y, Yu X, Han F (2013) On nonsingular terminal sliding-mode control of nonlinear systems. Automatica 49 (6): 1715 - 1722.

[10] Feng Y, Han X, Wang Y, Yu X (2007) Second-order terminal sliding mode control of uncertain multivariable systems. Int J Control 80 (6): 856 - 862.

[11] Feng Y, Bao S, Yu X (2004) Inverse dynamics nonsingular terminal sliding mode control of two-link flexible manipulators. Int J Robot Autom 19 (2): 91 - 102.

[12] Feng Y, Yu XH, Man ZH (2002) Nonsingular adaptive terminal sliding mode control of rigid manipulators. Automatica 38 (12): 2167 - 2179.

[13] Feng Y, Yu X, Han F (2013) High-order terminal sliding-mode observer for parameter estimation of a permanent magnet synchronous motor. IEEE Trans Ind Electron 60 (10): 4272 - 4280.

[14] Anderson PM, Bose A (1983) Stability simulation of wind turbine systems. IEEE Power Appar Syst PAS - 102 (12): 3791 - 3795.

[15] Ghanes M, Zheng G (2009) On sensorless induction motor drives: sliding-mode observer and output feedback controller. IEEE Trans Ind Electron 56 (9): 3404 -3413.

[16] Feng Y, Zhou M, Wang Y, Yang Y (2013) High-order terminal sliding-mode control strategy for wind energy Integration into power network. In: Proceedings of the 32nd chinese control conference (CCC), Xi'an, China, 26 - 28 Jul 2013, pp 3186 - 3189.

[17] Malesani L, Rossetto L, Tomasin P (1993) AC/DC/AC PWM Converter with Minimum Energy Storage in the DC Link. In: Proceedings of IEEE applied power electronics conference APEC'93, San Diego, CA, USA, 7 - 11 Mar 1993, pp 306 - 311.

[18] Blasko V, Kaura V (1997) A new mathematical model and control of three-phase AC-DC voltage source converter. IEEE Trans Power Electron 12 (1): 116 - 123.

[19] Green AW, Boys JT (1989) Hysteresis current-forced three-phase voltage-sourced reversible rectifier. IEEE Trans Power Electron 136 (3): 113 - 120.

[20] Kazmierkowski MP, Cichowlas M, Jasinski M (2003) Artificial intelligence based controllers for industrial PWM power converters. In: Proceedings of the IEEE international conference industrial informatics, Banff, Alta., Canada, 21 -24 Aug 2003, pp 187 - 191.

[21] Konstantopoulos GC (2012) "Novel dynamic nonlinear control scheme for three-phase AC/DC voltage source converters. In: Proceedings of 2012 IEEE international

conference industrial technology, ICIT 2012, Athens, Greece, 19 - 21 Mar 2012, pp 638 - 643.

[22] Lee TS (2003) Input-output linearization and zero-dynamics control of three-phase AC/DC voltage-source converters. IEEE Trans Power Electron 18: 11 - 22.

[23] Deng WH, Hu ZB (2005) "The research of decoupled state variable feedback linearization control method of three-phase voltage source PWM rectifier. Proc CSEE (China) 25 (7): 97 - 103.

[24] Komurcugil H, Kukrer O (2005) A novel current-control method for three-phase PWM AC/DC voltage-source converters. IEEE Trans Ind Electron 46 (3): 544 - 553.

[25] Chen B, Feng Y, Zhou M (2013) Terminal sliding-mode control scheme for grid-side PWM converter of DFIG-based wind power system. In: Proceedings of 39th annual conference of the IEEE industrial electronics society (IECON 2013), Vienna, Austria, 10 - 13 Nov 2013, pp 8014 - 8018.

第二部分

控　制

合唱二种

陶　钧

第四章 整个工作范围内风电机组的增益调度 H_∞ 控制

Fernando A. Inthamoussou, Fernando D. Bianchi,
Hernán De Battista, Ricardo J. Mantz

摘要：在风电机组控制系统中可以清楚地识别出两种不同的操作模式。在风速较低的情况下，主要控制目标是实现能量获取最大化；而在风速较高的情况下，主要控制目标是将风电机组功率与转速控制在额定值。实现这些不同的控制目标意味着完成了从低可控性操作条件的过渡，低可控性操作条件对可实现的性能具有严格的限制。通常使用两个单独的控制器完成控制任务，其中一个控制器用于控制操作模式，另一个控制器负责开关逻辑。虽然已分别针对风速高低不同的情况制定了完美的控制解决方案，但是控制器设计方面还需要进一步完善，以便提高过渡区域的性能。本章概述了涵盖整个工作范围的控制方案，着重强调了过渡区域的控制方案。利用 H_∞ 与先进的抗饱和技术为过渡区域内的两种操作模式设计一种高效的控制解决方案，使其实现最佳性能。

关键词：抗饱和；增益调度控制；H_∞ 最优控制；鲁棒控制；风电机组控制

F. A. Inthamoussou · H. De Battista
阿根廷国家科学技术研究委员会和 LEICI 研究所，工程学院，拉普拉塔国立大学
CC 91（1900），阿根廷拉普拉塔
电子邮箱：intha@ ing. unlp. edu. ar

H. De Battista
电子邮箱：deba@ ing. unlp. edu. ar

F. D. Bianchi（✉）
加泰罗尼亚能源研究所（IREC），Jardins de Les Dones de Negre 1, 08930 Sant Adrià de Besòs, Barcelona, Spain 阿德里亚德贝索斯，巴塞罗那，西班牙
电子邮箱：fbianchi@ irec. cat

R. J. Mantz
智能控制中心和 LEICI 研究所，工程学院，拉普拉塔国立大学
CC 91（1900），阿根廷拉普拉塔
电子邮箱：mantz@ ing. unlp. edu. ar

术语：

β	桨距角
β_r	桨距角指令
β_o	最优桨距角
Θ	扭转角
λ	叶尖速比
λ_o	最佳叶尖速比
ρ	空气密度
τ	变桨促动器时间常量
Ω_g	发电机组转速
Ω_N	额定旋转速度
Ω_r	风轮速度
B_r	固有风轮阻尼
B_s	传动系统阻尼
C_P	功率系数
$C_{P\max}$	最大功率系数
J_g	发电机组惯量
J_t	风轮惯量
K_s	传动系统刚度
k_β	扭力桨距增益
k_{gs}	增益调度增益
k_V	转矩风速增益
N_g	齿轮箱比率
P_r	气动功率
P_N	额定功率
R	风轮半径
T_g	发电机组转矩
T_N	额定转矩
T_r	气动转矩
T_{sh}	轴转矩
V	风速

V_N	额定风速
$\lVert G(s) \rVert_\infty$	表示含传递函数 $G(s)$ 的稳定系统的 ∞范数
$\bar{x}$	表示 x 的稳态值
$\hat{x}$	表示 x 的稳态值的变化
$\dot{x}$	表示 $\mathrm{d}x/\mathrm{d}t$

4.1 简　介

风电机组属于复杂程度相当高的动力系统，机械结构比较灵活，容易受到时空分布干扰，具有关联动力学、阻尼低、物理约束等特点。此外，根据不同风速，可在不同模式下对其进行操作与控制。风电机组的可操作区域分为三大部分。一方面，在风速较低的情况下，相关人员发现了部分载荷区域，亦称为区域 1，在这一区域内，主要控制目标为实现能量获取最大化。这一区域中的另一项补充性目标是减少或至少不增加空气动力载荷[1]。相反，在可操作的风速范围内，还有一个区域 3，即满载区域。该区域的目标是将风电机组保持在额定工作点。在这一区域内，降低空气动力与机械损耗对于延长风电机组的使用寿命而言十分重要。在上述两个区域之间还有一个过渡区域（即区域 2），其区域目标是在功率跟踪与调控之间实现平稳过渡。因此，主要依据载荷减轻情况对控制器性能进行评估。

对于风电机组的控制，有两种传统的方法。一种方法是使用多变量控制器，确保在达到风速极限的过程中保持良好性能。然而，控制过程中出现的例如可控性较低以及阻尼振荡不佳等问题使这一任务变得异常复杂，从而导致解决方案过于保守。另一种方法是使用两种截然不同的控制器，实现部分载荷与满载区域的控制目标，而通过一个无扰或抗饱和补偿器就可避免控制器切换后出现任何不良反应。这也是商业风电机组中所使用的控制结构。

多年来，关注点始终都是在低风速与高风速的情况下提高控制器性能，而对于过渡区域而言，由于没有一个明确的控制目标，所以没有引起足够重视（详见[2－5]）。然而，随着风电机组尺寸呈指数增加，载荷的不利影响也随之增大，因此需要将重点放在如何减轻载荷上面。这也是存在低可控性问题的过渡区域内的操作与控制器性能现在引起风电行业与学术界特殊关注的原因。

在本章中，再次回顾了采用抗饱和补偿双控制器的方法，详细探讨了 h_1 最优控制框架中所设计的一项强有力的增益调度控制方案，并着重探讨了过渡区域内的性能情况。通过部分载荷区域内的发电机组转矩以及满载区域内的桨距角实现对风电机组的控制。此外，还包括一个最佳抗饱和策略，目的是在过渡区域实现平稳运行。

4.2 风电机组建模

风电机组捕获的能量是叶轮半径 R、风速 V、风轮转速 Ω_r 以及桨距角 β 的函数。更确切地说，风轮功率可以表示为：

$$P_r(V,\beta,\Omega_r) = \frac{\pi\rho R^2}{2}C_p(\lambda,\beta)V^3 \tag{4-1}$$

其中，ρ 表示空气密度，$\lambda = \Omega_r R/V$ 指的是叶尖速比。能量获取效率通过功率系数 $C_P(\cdot)$ 来体现。图 4-1 中显示了[6]中所报道的 5MW NREL 风电机组基准的功率系数。

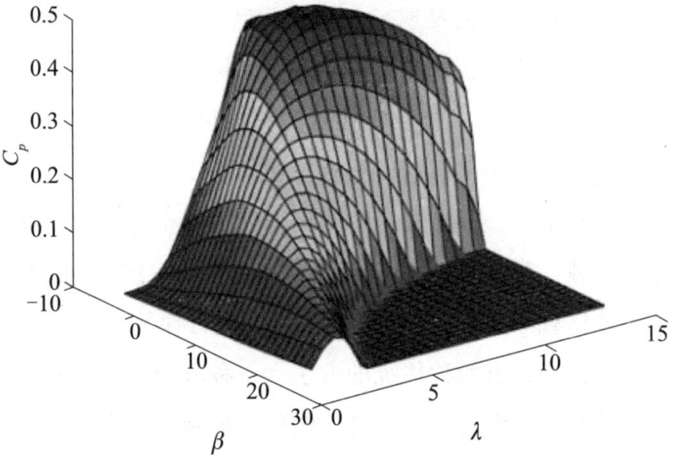

图 4-1　5 MW 变速变桨风电机组功率系数 C_P[6]

风轮转矩由捕捉能量除以旋转速度得出：

$$T_r(V,\beta,\Omega_r) = P_r(V,\beta,\Omega_r)/\Omega_r \tag{4-2}$$

现代风电机组属于复杂程度较高的机械系统，显示出耦合平移和旋转运动的特点。一般来说，通过气动弹性仿真代码［例如国家可再生能源实验室（NREL）开发的 FAST（疲劳、空气动力学、结构与扰动）代码］[7]可以很好地捕捉到这一复杂的动态行为。但是，这些模型不适合用于控制设计。只要有几个振动模式的较为简单的模型就可以设计出一项控制规则。

在这里，为了清楚起见，使用一个双质量模型捕捉第一个传动系统模式，而未建模动态将包含在加性不确定性中。使用以下动力学方程式描述这一模型：

$$\dot{\Theta} = \Omega_r - \Omega_g/N_g,$$
$$J_t\dot{\Omega}_r = T_r - T_{\mathrm{sh}}, \quad (4\text{-}3)$$
$$J_g\dot{\Omega}_g = T_{\mathrm{sh}}/N_g - T_g,$$

式中，状态变量包括扭转角 Θ、风轮转速 Ω_r 以及发电机组转度 Ω_g。模型变量 T_g 与 $T_{\mathrm{sh}} = K_s\Theta + B_s（\Omega_r - \Omega_g）$ 分别表示发电机与轴转矩。模型参数包括轮毂和叶片的惯量 J_t，发电机组惯量 J_g，齿轮箱传动比 N_g，以及转轴刚度 K_s 与摩擦系数 B_s。双质量模型的表征见图 4-2。

在变速风电机组中，通过一个全功率或局部功率的变流器连接发电机，全功率或局部功率的变流器控制发电机转矩 T_g 并实现旋转速度与输电网络分离。由于功率变流器与动力学变化比机械子系统快得多，因此文中假设功率变流器的参考转矩与风轮上施加的电磁转矩 T_g 一致。也就是说，可以假设 T_g 是一个控制输入。

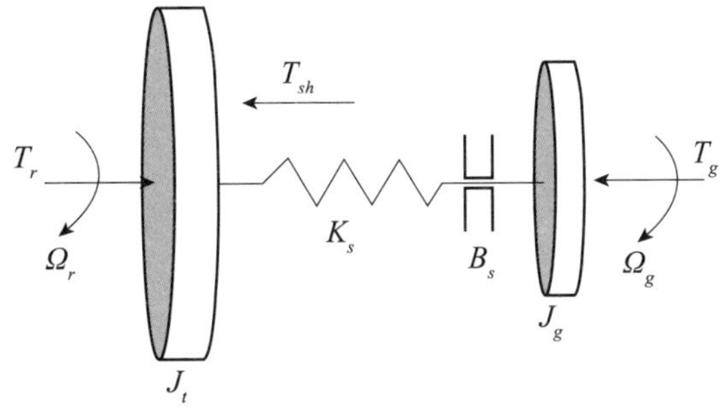

图 4-2　描述第一个传动系统模式的双质量模型

变桨促动器属于高度非线性机械与液压系统[5]。为了实现控制导向目的，通常将其建模成一个一阶低通滤波器，振幅 β 与变率 $\dot{\beta}$ 饱和。变桨系统见图 4-3。线性区中，变桨促动器动力可用以下公式表示：

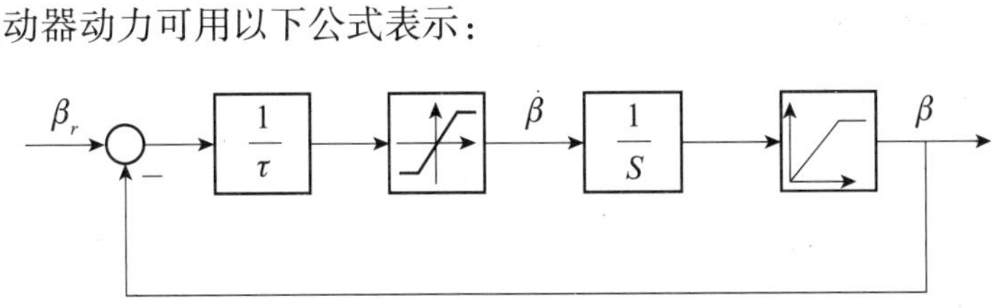

图 4-3　变桨促动器模型

$$\dot{\beta} = -\frac{1}{\tau}\beta + \frac{1}{\tau}\beta_r \quad (4\text{-}4)$$

其中，τ 是时间常量，β_r 是桨距角指令。

传动系统动力学特性［公式（4-3）］属于高度非线性。这种非线性主要来自于气动转矩［公式（4-2)］。对于最优控制设计而言，系统动力学的线性表示必不可少。本着这一目标，在操作点周围对气动转矩进行线性化：

$$\hat{T}_r(\bar{V},\bar{\beta},\bar{\Omega}_r) = B_r(\bar{V},\bar{\beta},\bar{\Omega}_r)\hat{\Omega}_r + k_V(\bar{V},\bar{\beta},\bar{\Omega}_r)\hat{V} + k_\beta(\bar{V},\bar{\beta},\bar{\Omega}_r)\hat{\beta}, \tag{4-5}$$

式中：

$$B_r(\bar{V},\bar{\beta},\bar{\Omega}_r) = \left.\frac{\partial T_r}{\partial \Omega_r}\right|_{(\bar{V},\bar{\beta},\bar{\Omega}_r)},\ k_V(\bar{V},\bar{\beta},\bar{\Omega}_r)\ \left.\frac{\partial T_r}{\partial V}\right|_{(\bar{V},\bar{\beta},\bar{\Omega}_r)}$$

$$k_\beta(\bar{V},\bar{\beta},\bar{\Omega}_r) = \left.\frac{\partial T_r}{\partial \beta}\right|_{(\bar{V},\bar{\beta},\bar{\Omega}_r)}$$

变量上方的横线表示在操作点上的对应值，而帽状符号表示操作点的偏差。

将气动转矩的线性表达式［公式（4-5)］代入双质量模型公式中［公式（4-3)］，并加上变桨系统的线性模型公式后，局部围绕给定操作点的风电机组可由下式表示：

$$\dot{x} = \begin{bmatrix} 0 & 1 & -1/N_g & 0 \\ -K_s/J_r & (B_r(\bar{V},\bar{\beta},\bar{\Omega}_r) - B_s)/J_r & B_s/J_rN_g & k_\beta(\bar{V},\bar{\beta},\bar{\Omega}_r)/J_r \\ K_s/J_gN_g & B_s/J_gN_g & -B_s/J_gN_g^2 & 0 \\ 0 & 0 & 0 & -1/\tau \end{bmatrix} x$$

$$+ \begin{bmatrix} 0 & 0 & 0 \\ k_V(\bar{V},\bar{\beta},\bar{\Omega}_r)/J_r & 0 & 0 \\ 0 & -1/J_g & 0 \\ 0 & 0 & 1/\tau \end{bmatrix} \begin{bmatrix} \hat{V} \\ T_g \\ \beta_r \end{bmatrix}, \tag{4-6}$$

式中，$x = [\hat{\Theta}\hat{\Omega}_r\hat{\Omega}_g\hat{\beta}]^T$ 指的是状态，$\hat{V}$ 指的是作为干扰项的风速，T_g 与 β_r 均为控制输入。

4.3 目标与控制方案

通常情况下，风电机组可根据不同风速在不同的操作模式下工作[2]。这些操作模式见图 4-4 中功率-风速曲线图。这些区域内的控制目标存在本质上的不同。当风速低于额定风速 V_N（区域 1）时，控制目标为捕获尽可能多的能量。在这种情况下，桨距角保持最优值不变，同时通过合理控制发电机组转矩，使旋转速度随风速变化。当风速高于额定风速时（区域 3），控制目标是将转速和功率调整至其额定值，以保护风电机组免受高机械载荷和过量电流的损害。在这一区域内，叶轮转速随桨距角变化，而发电机组转矩保持其额定值不变。在这两个区域之间，还存在一个过渡区域（即区域 2），该区域的目标与控制结构明显不同。

与图 4-4 中的功率-风速曲线相对应的风电机组的工作轨迹可以轻易地呈现在转矩-旋转速度-桨距角三维空间图中（见图 4-5）。图 4-5 中还包括该 3D 曲线图的投影图，即转矩-转速平面图。这三个操作区域都很容易识别。

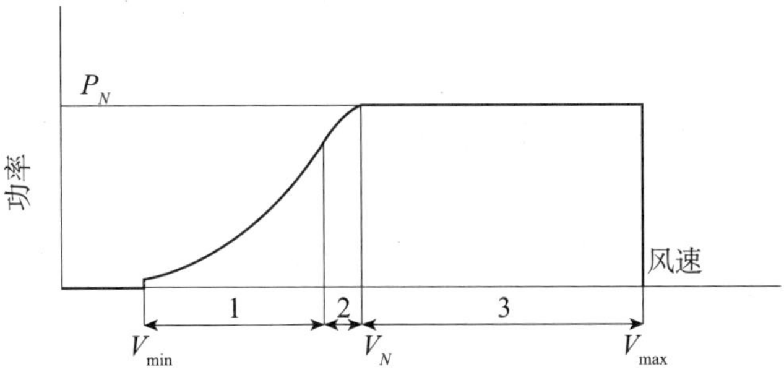

图 4-4 风电机组运行区域

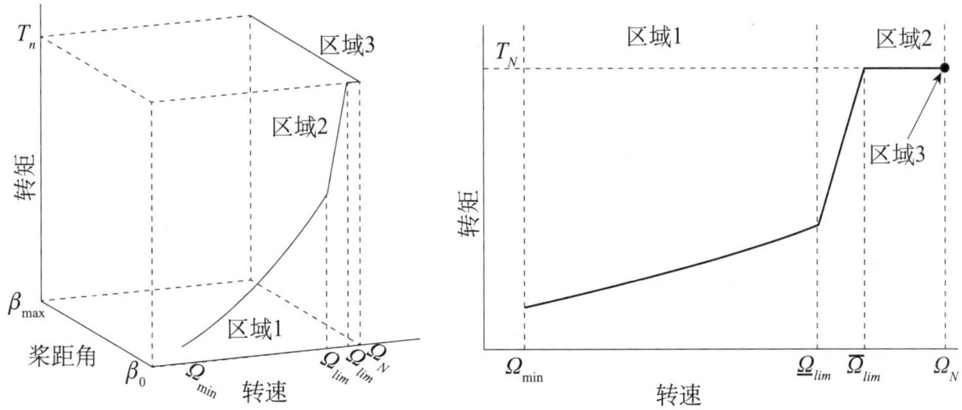

图 4-5 变速变桨风电机组的典型转矩-转速曲线图

- 在区域 1 中，目标为实现能量获取最大化。叶尖速比与桨距角应该尽可能维持在各自最佳值：$C_p(\lambda_o, \beta_o) = C_{pmax}$。为了这一目的，通常选择发电机组转矩时应该遵守与旋转速度的二次关系，也就是：

$$T_g = \left(\frac{\pi\rho R^5}{2\lambda_o^3}C_{pmax}\right)\Omega_g^2 = k_t \cdot \Omega_g^2 \tag{4-7}$$

- 过渡区域 2 通常包含两个子区域。一旦旋转速度达到下限 $\underline{\Omega}_{lim}$，转矩将成比例增加直至达到额定值 T_N。当旋转速度超出上限 $\overline{\Omega}_{lim}$ 时，转矩在额定值下保持恒定。这一区域的目标为尽可能多地为区域 1 与区域 3 解耦控制规律。

- 在区域 3 中，发电机组转矩在额定值下保持恒定，而桨距角则用于调整转速。

文献中提出了多个控制方案，涵盖了全部运行范围。在所有方案中，主要识别出了两种方法。一种方法中，针对低风速与高风速设计了两种不同的控制器和切换策略（参见[8，9]）。可以在每个区域使用简单的控制器以减少过渡区域内的不良瞬态，但这种做法无法实现无扰动或抗饱和补偿。另一种方法只包含一条针对整个运行范围的控制规则（一般非线性）（参见[2，5]）。这种方法需要更为复杂的控制器，因此需要使用更加先进的控制技术。此外，通常情况下，这些控制器更为保守，且操作起来相当复杂。

本章介绍的涵盖整个运行范围的控制方案以第一种方法为基础，如图4-6所示。如前所述，发电机组转矩在额定风速以下遵循公式4-7中的规律。该控制规律是通过一个查找表（图4-6中的查找表图）来实现的。当转速远远低于额定值（Ω_N）时，桨距角在下限值β_o下保持饱和。只有在速度达到Ω_N或使之足够快时，变桨控制才有效。此处，使用H_∞最优控制工具设计变桨控制。利用增益调度技术处理气动转矩的非线性。此外，还包括抗饱和补偿，以便在过渡区产生平稳的瞬态。这种补偿只在桨距角为饱和状态时才有效，以便最佳且平稳地恢复非饱和循环条件。通常增设阻尼滤波器来增加传动系统振荡模式的阻尼。该滤波器在三个区域内均有效，在设计变桨控制器时应将其考虑在内。

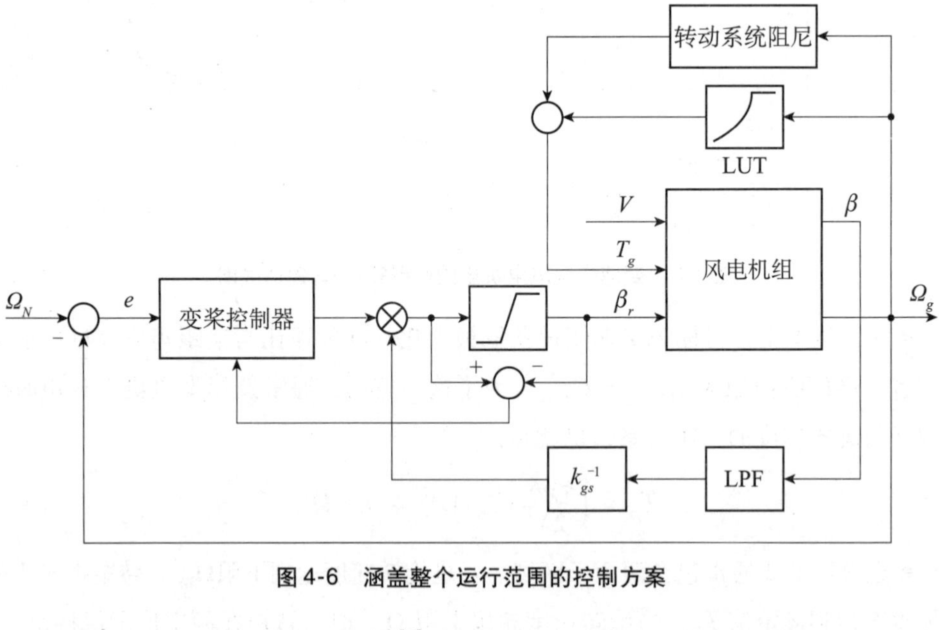

图4-6 涵盖整个运行范围的控制方案

图4-7描述了与5MW风电机组[6]运行风速成函数关系的三个系数B_r、k_V和k_β。由于固有阻尼B_r和桨距增益k_β影响闭循环系统的稳定性和性能，因此其受到特别关注。为了补偿桨距作用的非线性，将系数k_β的倒数（k_β^{-1}）插入该循环中。此外，应将固有阻尼B_r视为不确定性参数，而不是操作点的非线性函数。这样，通过取消

k_β的非线性并用不确定性覆盖 B_r的非线性，可利用线性时不变（LTI）控制器调节转速。也就是说，为给定操作点设计的 LTI 控制器可用于整个操作轨迹。为了处理参数的不确定性，将使用 H_∞ 最优控制工具。

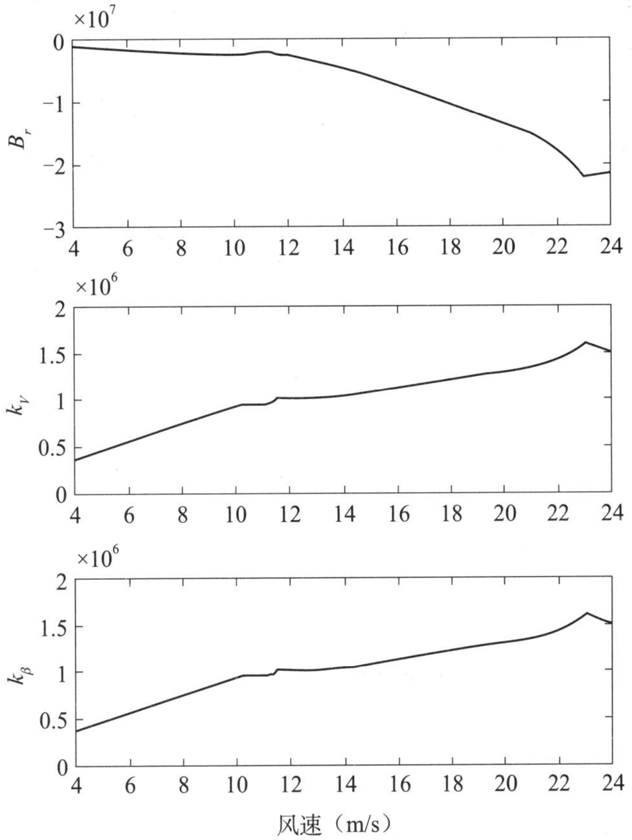

图 4-7　全风速范围内线性化系数 B_r，k_v与 k_β的值

要实现该控制策略，需要利用风速对 k_β进行参数化，然后求 k_β的倒数。然而，回想起来，风速是不可测量的。为了克服这个问题，可以利用图 4-5 中操作轨迹上区域 3 中存在的风速与桨距角间的一一对应关系。事实上，该一一对应关系意味着 $\bar{\beta}$ 足以唯一确定该区域的操作点。特别是，这意味着仅根据 $\bar{\beta}$ 就可对 k_β进行参数化。这样就可以根据一个可测变量计算 k_β^{-1} 的值。为简化该计算，可通过下列公式对系数 k_β进行近似估算。

$$k_\beta(\bar{\beta}) = k_{\beta 0}k_{gs}(\bar{\beta})$$

增益 $k_{\beta 0}$为在 LTI 控制器设计操作点上评估得出的 k_β，而 $k_{gs}(\cdot)$ 为曲线拟合计算的下式中的二次多项式：

$$k_{gs}(\bar{\beta}) = c_2\bar{\beta}^2 + c_1\bar{\beta} + c_0$$

k_β等于$k_{\beta0}$，5 MW NREL 风电机组的近似k_{gs}值见图 4-8。为避免循环的相互作用，通过低通滤波器（LPF）滤除高频的桨距角信号来获得调度参数$\bar{\beta}$。

在描述控制设计之前，下节对H_∞最优控制概念进行了简要回顾。

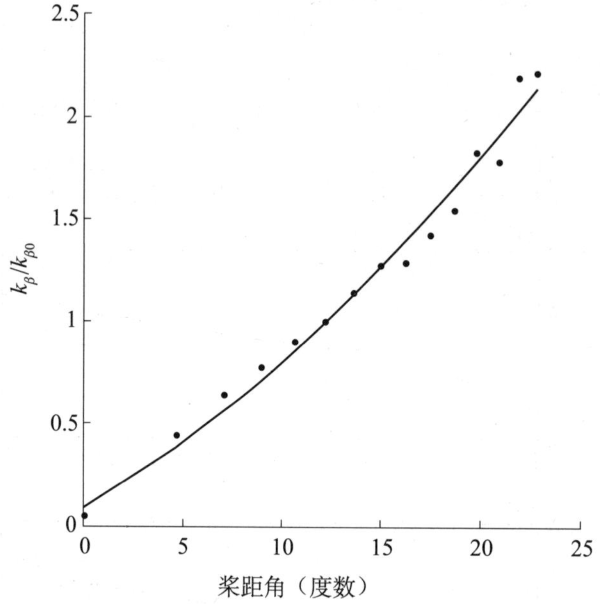

图 4-8　几种风速和二阶逼近多项式的 $k_\beta/k_{\beta0}$ 值

4.4　H_∞最优控制背景

考虑下列 LTI 系统状态空间实现算法

$$\begin{aligned} \dot{x} &= Ax + B_w w + B_u u \\ z &= C_z x + D_{zw} w + D_{zu} u \\ y &= C_y x + D_{yw} w + D_{yu} u \end{aligned} \tag{4-8}$$

式中，$A \in \mathbb{R}^{n\times n}$，$D_{zw} \in \mathbb{R}^{n_z\times n_w}$与$D_{yu} \in \mathbb{R}^{n_y\times n_u}$。符号$u$指的是控制输入，$w$指的是干扰项。符号$y$指的是受控变量，$z$指的是一个用来表示控制目标的虚拟输出信号。符号$z$通常被称为性能输出项。

假定公式（4-8）中的系统具有可稳定性和可检测性。也就是说，这里存在一项控制法则，即$u = K(s)y$，可用于稳定闭循环系统：

$$T_{zw}(s) = G_{zw}(s) + G_{zu}(s)K(s)\left[I + G_{yu}(s)K(s)\right]^{-1}G_{yw}(s)$$

公式（4-8）中系统的单位矩阵I以及传递函数$G(s)$分割如下：

$$G(s)=\begin{bmatrix} G_{zw}(s) & G_{zu}(s) \\ G_{yw}(s) & G_{yu}(s) \end{bmatrix}=\left[\begin{array}{c|cc} A & B_w & B_y \\ \hline C_z & D_{zw} & D_{zu} \\ C_y & D_{yw} & D_{yu} \end{array}\right]$$

γ - 次优 H_∞ 综合问题在于发现内部稳定化控制法则 $u=K(s)y$，确保从干扰项 w 到低于 y 的性能输出项 z 的闭环传递函数的∞ -范数。当 $T_{zw}(s)$ 指的是从 w 到 z 的闭环传递函数时，控制目标可以形式化为：

$$\| T_{zw} \|_\infty < \gamma, \tag{4-9}$$

表示无穷范数的等式 $\|\cdot\|_\infty$。对于含有传递函数 $G(s)$ 的稳定系统而言，∞ -范数可以定义为：

$$\| G(s) \|_\infty = \max_\omega \sigma_{\max}[G(j\omega)]$$

其中，$\sigma_{\max}$ 表示最大奇异值，ω 表示频率[10]。也就是说，∞ -范数基本上就是传递函数 $G(s)$ 的频率响应的最大增益。

针对 γ -次优 H_∞ 综合问题，有多个解决方案，但是现如今最常见的做法是利用线性矩阵不等式（LMIs）中的约束条件[11]将其设想成一个最优化问题。考虑如下控制器状态空间实现算法：

$$K(s)=\left[\begin{array}{c|c} A_k & B_k \\ \hline C_k & D_k \end{array}\right]$$

通过解决下列最优化问题可以找出控制器矩阵：

根据以下公式实现 $\gamma(R,S,\hat{B}_K,\hat{C}_K,D_K)$ 最小化：

$$\begin{bmatrix} AR+B_u\hat{C}_k+(\star) & \star & \star \\ (B_w+B_yD_kD_{yw})^T & -\gamma I_{n_w} & \star \\ C_zR+D_{zu}\hat{C}_k & D_{zw}+D_{zu}D_kD_{yw} & -\gamma I_{n_z} \end{bmatrix}<0,$$

$$\begin{bmatrix} (SA+\hat{B}_kC_y)+(\star) & \star & \star \\ (SB_w+\hat{B}_kD_{yw})^T & -\gamma I_{n_w} & \star \\ C_z+D_{zu}D_kC_y & D_{zw}+D_{zu}D_kD_{yw} & -\gamma I_{n_z} \end{bmatrix}<0,$$

$$\begin{bmatrix} R & I \\ I & S \end{bmatrix}>0,$$

使用“>”和“<”符号分别表示正定矩阵与负定矩阵，☆表示获得对称矩阵所需的矩阵。

找出正定矩阵 R 与 S 以及矩阵 $\hat{B}_k$ 、$\hat{C}_k$ 与 D_k后，可以通过以下公式计算得出控制器矩阵：

$$A_k = -(A + B_uD_kC_y)^T + [SB_w + \hat{B}_kD_{yw} \quad C_z + D_{zu}D_kC_y] \begin{bmatrix} -\gamma I & (D_{zw} + D_{zu}D_kD_{yw})^T \\ D_{zw} + D_{zu}D_kD_{yw} & -\gamma I \end{bmatrix}^{-1} \begin{bmatrix} (B_w + B_yD_kD_{yw})^T \\ C_zR + D_{zu}\hat{C}_k \end{bmatrix}$$

$$B_k = N^{-1}(\hat{B}_c - SB_uD_c),$$

$$C_k = (\hat{C}_k - D_kC_yR)M^{-T},$$

其中，$MN^T = I - RS$。

H_∞ - 综合中涉及的最优化问题可以通过诸如 Sedumi[12] 和 YALMIP[13] 等软件得到有效解决，也可以作为矩阵实验室的鲁棒控制工具箱中的一项命令。因此，H_∞ 最优控制的设计过程只需要针对公式 4-9 中的最小范数制定控制规范，也就是说，通过选择性能输出项 z 以及干扰项 w 设计增广对象［公式（4-8）］。接下来的章节中将详细介绍这一过程。

H_∞ - 综合的一个最普遍的用途是设计鲁棒控制器。一个系统的动力学可以通过一个模型来描述，但是这类描述通常只是近似描述。系统行为与模型预测的系统响应之间总会存在差异，这会导致出现参数变化或未建模现象等问题。考虑到这一情况，可以将系统描述为一组模型，形式如下：

$$\tilde{G}(s) = G_o(s) + W_\Delta(s)\Delta, \ \|\Delta\|_\infty < 1 \tag{4-10}$$

其中，G_o表示标称模型，W_Δ表示描述不同频率下建模误差的滤波器。Δ 指无穷范数小于 1 的未知 LTI 系统。可以证明，如果从 r 到 u 的传递函数的无穷范数小于 1，那么由系统 $\tilde{G}(s)$ 以及控制器 $K(s)$（见图 4-9）组成的闭环对于所有 $\|\Delta\|_\infty < 1$ 的情况而言是稳定的，即：

$$\|K(s)[I + G(s)K(s)]^{-1}\|_\infty < 1 \tag{4-11}$$

当控制器 $K(s)$ 保证公式（4-10）中所列的所有参数的稳定性时，说明此时闭环具有鲁棒稳定性，而公式（4-11）则是与公式（4-10）中不确定性描述相关的鲁棒稳定性条件。需要注意的是，还存在其他不确定性表达式，但是公式（4-10）是其中最常用的一种（更多细节参见[10]）。

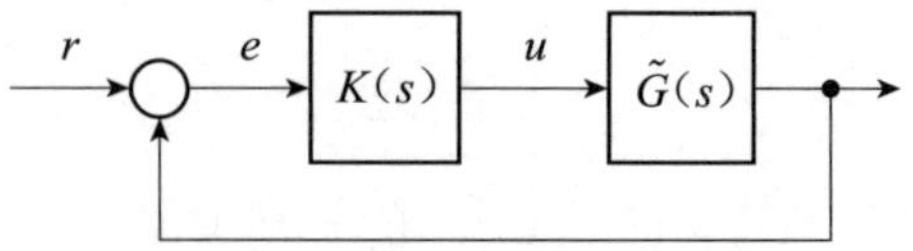

图 4-9　含不确定参量的闭环系统

4.5 风电机组控制设计

本节中，我们介绍了一个 H_∞ 变桨控制器。如前所述，加入一个抗饱和控制器可以避免区域 1 到区域 3 之间过渡区里的桨距饱和所造成的意外行为。根据两步处理法设计控制器。首先，在不考虑桨距饱和的情况下设计 H_∞ 变桨控制器。然后，针对过渡区域内的合适性能设计出抗饱和控制器。

4.5.1 H_∞ 最优变桨控制

正如前一节所述，设计 H_∞ 最优控制的第一步是说明增广对象。这意味着需要说明性能输出项 z 与干扰项 w 之间映像的最小范数的规范。通过适当选择这些信号可以将模型不确定性包含在内，从而可以保证其鲁棒稳定性。因此，在描述增广对象之前，我们得出了模型不确定性表达式，该表达式可以涵盖使用低阶模型近似描述风电机组行为产生的参数 B_r 值变化及其他误差。使用调度增益 $k_{gs}^{-1}(\bar{\beta})$ 可以抵消线性化气动转矩相对于工作条件的变化值。但是，B_r 的变化并非那么容易补偿，因为它们会对线性模型的本征值造成一定影响。

出于控制设计的目的，在控制输入项中使用调度增益后，可通过以下含有参数的传递函数对风电机组建模：

$$G(s)=\left[\begin{array}{cccc|c} 0 & 1 & -1/N_g & 0 & 0 \\ -K_s/J_r & (B_r(\bar{\beta})-B_s)/J_r & B_s/J_r & k_{\beta 0}/J_r & 0 \\ K_s/J_gN_g & B_s/J_gN_g & -B_s/J_gN_g^2 & 0 & 0 \\ 0 & 0 & 0 & -1/\tau & 1/\tau \\ \hline 0 & 0 & 1 & 0 & 0 \end{array}\right]$$

图 4-10 中显示了传递函数在区域 3 中几个操作点上的频率响应。这些结果符合上文提及的 5MW 风电机组的情况。可以看出，含有图 4-10 右侧图中所示的加权函数 $W_\Delta(s)$ 的加性不确定性表达式 4-10 可以涵盖这些变化。在不确定性集中，也可包含因多项式逼近以及高频未建模振荡模式造成的调度增益误差。

在风速较高的情况下，控制目标为调整旋转速度，使其接近额定值 Ω_N 并减少桨距活动性，从而避免机械应力过高。在 H_∞ 最优控制框架中，因这些控制目标的存在产生了图 4-11 中的增广对象。在这种情况下，控制输入项 u 指的是桨距指令，受控信号 y 指的是旋转速度误差 $e=\Omega_N-\Omega_g$。此外，性能信号为 $z=[\tilde{e},\tilde{\beta}_r]^T$，干扰项

为旋转设定值 $w=\Omega_N$。需要注意的是，风速也可被视作一个干扰项。但是，这样做不仅不能提高性能，而且还会增加控制器的复杂程度。

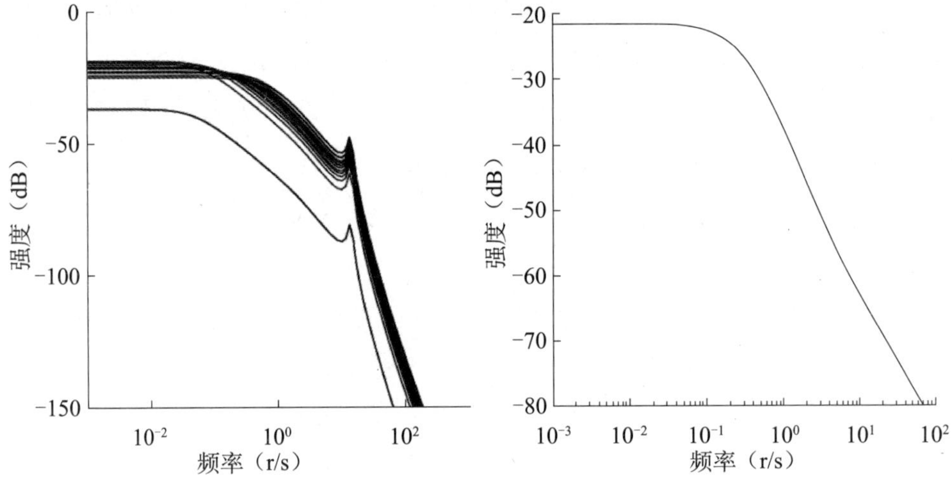

图 4-10　左图是与区域 3 中几个工作点对应的 $G(s)$ 的频率响应，右图是加性不确定性表达式 4-10 的加权函数 W_Δ

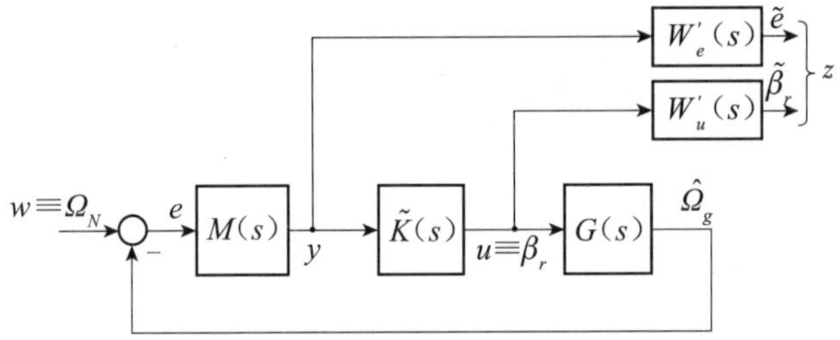

图 4-11　含加权函数的控制器设计结构

速度调整后，导致速度误差 $\tilde{e}=W'_e(s)(\Omega_N-\Omega_g)$ 的低频分量降到最低。其中：

$$W'_e(s)=M(s)W_e(s) \tag{4-12}$$

W_e是一个稳定的传递函数。如果 M 中包含积分作用，那么权数 W_e可以是一个普通的常数，例如：

$$M(s)=1/s, W_e=k_e$$

积分作用可以确保零稳态误差，并惩罚低频旋转速度误差。不推荐高频跟踪误差的原因是因为这样做会导致风电机组承受过多机械载荷。公式（4-12）中的因式分解对于满足可稳定性条件来说必不可少[10]。风电机组中实际应用的控制器是通过最优化算法计算得出的 $\tilde{K}(s)$ 控制器。

$$K(s)=M(s)\tilde{K}(s)$$

加权函数 $W_u(s)$ 指的是含有例如 k_u 与 ω_u 设计参数的高通滤波器。

$$W_u(s) = k_u \frac{s/0.1\omega_u + 1}{s/\omega_u + 1}$$

这一传递函数惩罚控制信号的高频分量，从而限制了变桨活动。此外，必须避免高频控制作用，防止出现速度桨距饱和。由于加性不确定性中涵盖了模型误差，因此变桨活动的鲁棒稳定性与局限性可以表示成同一闭环传递函数的约束条件。因此，图 4-11 中的加权函数 $W'_u(s)$ 是 $W_u(s)$ 与 $W_\Delta(s)$ 之间最具限制性的函数。

需要注意的是，如果研究的是传动系统阻尼控制器，那么图 4-11 中的参数 $G(s)$ 中必须包括其动力学，以便保证闭环稳定性。

由于变桨控制器仅在区域 3 中起作用，因此从区域 1 过渡到区域 3 的过程中，需要使用一个抗饱和控制器确保行为妥当。为此，添加了一个最优抗饱和控制器。为清楚起见，图 4-6 中并未显示这一控制器。抗饱和控制器连接图见图 4-12。

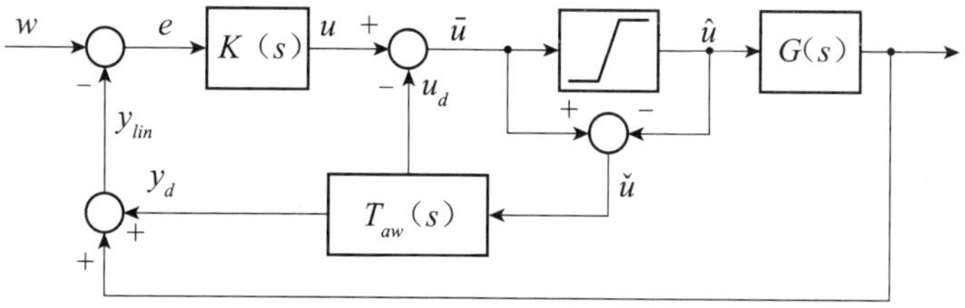

图 4-12　抗饱和补偿方案

4.5.2　抗饱和补偿

图 4-6 控制方案中，风速较低期间，变桨控制器将处于饱和状态。因此，抗饱和补偿必不可少。为实现高性能补偿，此处采用了[14,15]中推荐的抗饱和方案，具体见图 4-12。这一方案完美平衡了稳定裕度与饱和顺利恢复。

如在图 4-12 中可以看到的，抗饱和补偿器产生了两个项目：作用于控制器输入项的 y_d 以及作用于控制器输出项的 u_d。在进行了一些系统运算后可以证明，通过定义以下公式，图 4-13 中的框图相当于图 4-12 中的方案。

$$\begin{bmatrix} u_d(s) \\ y_d(s) \end{bmatrix} T_{aw}(s)\check{v}(s) = \begin{bmatrix} X(s) - I \\ Y(s) \end{bmatrix} \check{v}(s), \qquad (4\text{-}13)$$

式中，X 和 Y 是 G 的互素因子，即，$G = X^{-1}Y$。因此，抗饱和补偿器可以表示为：

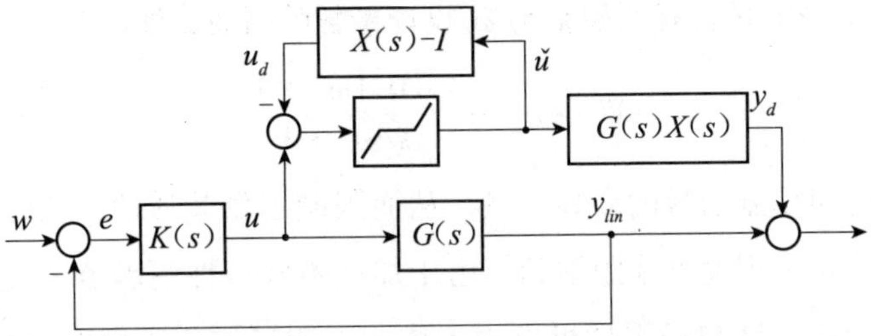

图 4-13　图 4-12 中抗饱和补偿方案的等价表示

$$T_{aw}(s)=\left[\begin{array}{c|c}A+B_uF & B_u\\ F & 0\\ \hline C_y+D_{yu}F & D_{yu}\end{array}\right] \tag{4-14}$$

式中，选择 F 与 $A+B_uF$ 共同组成 Hurwitz 矩阵。

这样的话，必须设计 X 以确保 $X-I$ 的闭环稳定性以及输出为零区域的非线性算符。同时，必须设计 X 将控制变量上的 y_d 作用降至最低。可以证明，使用李雅普诺夫函数 $V(x_{aw}) = x_{aw}^T P x_{aw} > 0$ 并使：

$$\dot{V}(x_{aw}) + y_d^T y_d - vu^T u < 0 \tag{4-15}$$

其中，x_{aw} 是系统 T_{aw} 的状态，可以实现前文提及的控制目标。因为输出为零区域的非线性特征部分具有局限性，所以满足下列条件，其中 U 是对角矩阵：

$$2\tilde{u}^T U^{-1}(u - Fx_{aw} - \tilde{u}) \geqslant 0 \tag{4-16}$$

经过一些数学运算后，发现抗饱和补偿器的问题可以简化为满足下列 LMI 约束条件优化问题的一个状态反馈 F：

根据以下公式实现 v（Q，U，L）最小化：

$$\begin{bmatrix} (AQ+B_uL)+(\star) & B_uU-QF^T & 0 & QC_y^T+L^TD_{yu}^T \\ \star & -2U & I & UD_{yu}^T \\ \star & \star & -vI & 0 \\ \star & \star & \star & -vI \end{bmatrix} < 0,$$

$$Q = Q^T > 0,$$

其中，☆表示根据对称性原则推算得出。然后，当 $F=LQ^{-1}$ 时，获得状态反馈增益（详见[16]）。

4.6　结　果

通过仿真 5MW NREL 基准风电机组，对系统行为进行了评估[6]。在 FAST/Simulink®/ Matlab®环境下进行了仿真。对照未建模动态，使用 FAST[7] 中一个更加完整的 16 自由度模型对提出的控制方案的鲁棒性进行了评估。风电机组数据见表 4-1，工作轨迹的限值见表 4-2。

根据图 4-11 中所列的控制设置，设计变桨控制器，其中：

$$W'_e(s) = M(s)W_e(s) = \frac{1}{s}k_e, W'_u = k_u \frac{s/0.1\omega_u + 1}{s/\omega_u + 1}$$

式中，$k_e = 0.3$，$\omega_u = 50$，$k_u = 0.25$。权数 W'_e、W_Δ 以及 W_u 的频率响应见图 4-14。切记在各个频率下 W'_u必须比 W_u和 W_Δ要求更加严格。因此，如在图 4-14 中可以看到的，可以选择 $W'_u = W_u$。

经计算，闭环传递函数 T_{zw}的无穷范数为 0.977。特别是，从 Ω_N到控制信号 β 的传递函数的范数，也就是：

$$\| K(I + KG)^{-1} \|_\infty = 0.972$$

当范数小于 1 时，可以保证不出现隐形模型误差。

表 4-1　风电机组参数

参数值	描述
$P_N = 5.5967$MW	额定功率
$N_p = 3$	叶片数目
$R = 63$m	叶轮半径
$N_g = 97$	齿轮箱传动比
$B_s = 6\ 210$kN·m/(r/s)	传动系统阻尼
$J_r = 38\ 759\ 227$kg·m^2	叶轮惯量
$J_g = 534.2$kg·m^2	发电机组惯量
$K_s = 867\ 637$kN/r	传动系统刚度
$V_{min} = 3$m/s	切入风速
$V_{max} = 25$m/s	切出风速
$\beta_{min} = 0°$	最小桨距角
$\beta_{max} = 30°$	最大桨距角
$\lvert\dot{\beta}\rvert_{max} = 10°$/s	最大俯仰率
$\Omega_N = 1173.7$rpm	额定速度
$T_N = 43\ 093.55$N·m	额定转矩

表 4-2　工作曲线值

参数描述	参数值
V_{min}	3m/s
V_{max}	25m/s
Ω_{lim}	1079rpm

续表

参数描述	参数值
$\bar{\Omega}_{\lim}$	1115rpm
Ω_N	1173.7rpm
T_N	43 093.55N·m

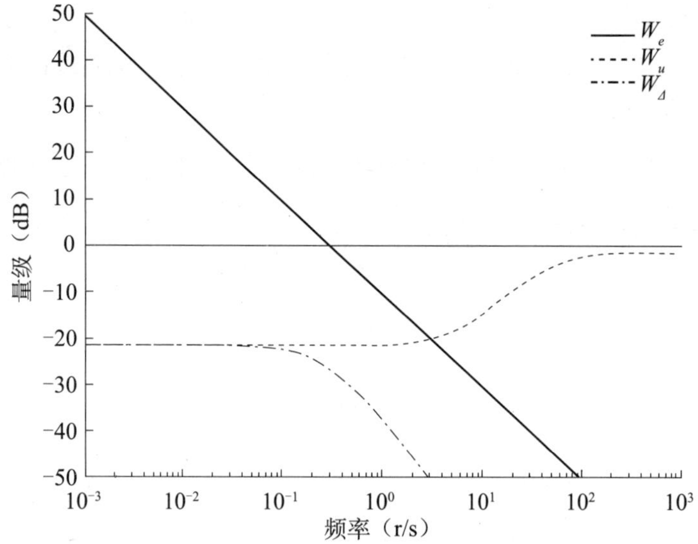

图 4-14　变桨控制设计中采用的加权函数

变桨控制器设计完成后，对第 5.2 节中所述的最优化问题进行求解，计算抗饱和补偿。使用 Matlab、Sedumi[12] 和 YALMIP[13] 的鲁棒控制工具箱解决了最优化问题，设计出了 H_∞ 控制器并实现了抗饱和补偿。

为了进行对比，执行并仿真了一个传统的增益调度 PI 控制器。PI 控制器在文献中被广泛用作基准控制器。该控制器是根据[6, 17]中列出的指导原则设计的。在工作点（$\bar{V},\bar{\beta},\bar{\Omega}_r$）＝（11.4m/s，0，12.1rpm）上对风电机组模型进行了线性化处理，基本上实现了对 PI 控制器的调谐，如[6]所示。计算了控制器增益，得出了合适的阻尼（0.7）以及固有频率（0.6 rad/s）[17]。当控制器可以确保预期行为只会出现在设计工作点上时，与桨距相关的增益将用于补偿非线性风轮转矩。这里的增益是指沿着工作轨迹拟合 k_β值得出的 β 的一个函数。此外，增设了一个传统的抗饱和补偿器，用于改善区域 1 与区域 3 之间的过渡过程。PI 调谐常数包括 K_P（$\beta=0$）$=0.018\ 826\ 81$s 和 K_I（$\beta=0$）$=0.008\ 068\ 634$。实现增益调度的函数为 $f(\beta)=1/(1+\beta/\beta_k)$，式中 β 指的是桨距角，$\beta_k=6.302\ 36$ 指的是风轮功率加倍情况下的叶片桨距角。发电机组转矩控制在 H_∞ 方法中也是如此。

仿真了三个情景用于评估控制性能。第一个情景旨在评估区域 3 中控制器的性能。为此，仿真中使用了 IEC 61400-1 标准中推荐的阵风。阵风对桨距的要求非常高。第二个情景主要是为了评估抗饱和补偿器的性能，即在过渡区域内的性能。为此，仿真中使用了 IEC 61400-1 标准中推荐的风速上升。第三个情景说明了现实风速条件下控制器的行为。

第一个情景中得出的仿真结果见图 4-15。从中可以看出，变桨控制器始终处于

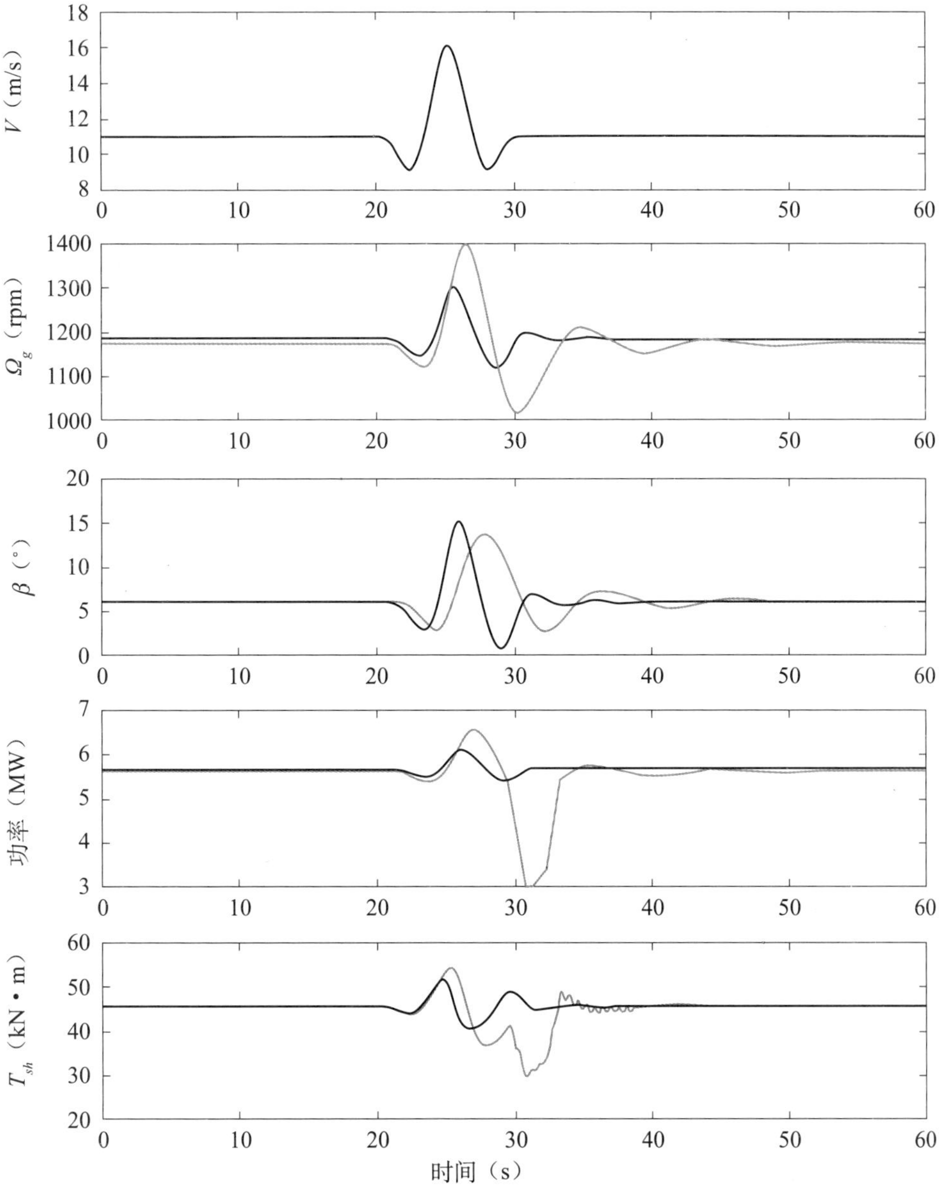

图 4-15　系统对阵风速度的反应图。其中灰线指的是 PI 控制器，黑线指的是 H_∞ 控制器

活跃状态。相较于 PI 控制器，使用 H_∞ 控制器，速度调节效率更高，变桨活动较少。在 H_∞ 情况下，速度超调量为 16.86 %；而在 PI 情况下，速度超调量为 19.25%。此外，H_∞ 控制器在输出功率与轴转矩方面的反应更为平稳。

第二个情景中获得的结果见图 4-16。在 10s 时间内从 6m/s 升至 13m/s 的风速轮廓线可以确保风电机组在三个区域中工作。同样，可以看出，使用 H_∞ 控制器，速度调节效率更高，变桨活动较少。需要注意的是，抗饱和的 H_∞ 控制器在具有传统抗饱和功能的 PI 控制器调整叶片之前就开始对叶片做出了些许调整。在 H_∞ 情况下，

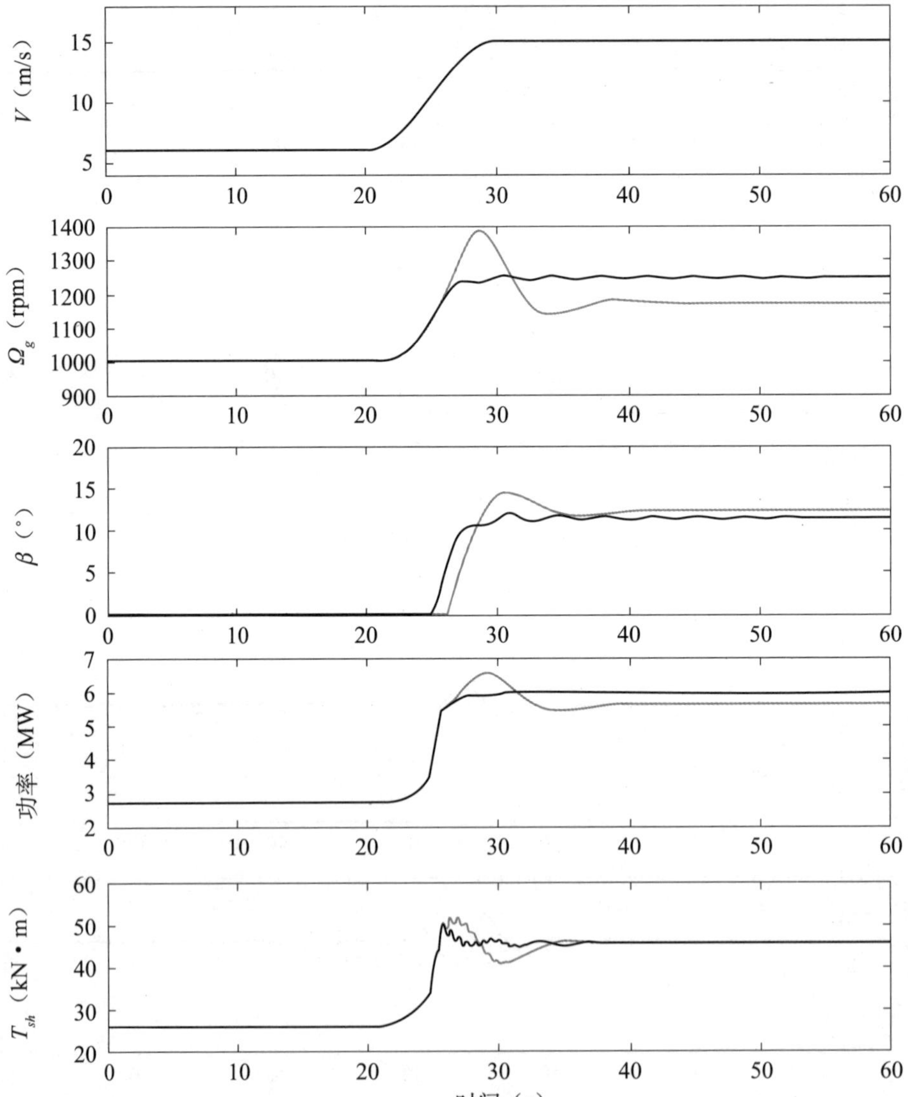

图 4-16　系统对风速上升轮廓线的反应。其中灰线指的是 PI 控制器，黑线指的是 H_∞ 控制器

速度超调量为25.49%；而在PI情况下，速度超调量为32.96 %。与第一个情景相同，H_∞ 控制器在输出功率与轴转矩方面的反应更为平稳。

第三个情景中得出的结果见图4-17。10分钟的风速场中使用Turbsim进行发电[18]。选择8m/s的平均风速，这样就可以保证风电机组能够在所有三个工作区域内工作，但是大多数时间都是在过渡区域内工作。从图中可以看出，H_∞ 控制器可以实现更好的速度调整效果，并且变桨活动明显减少。

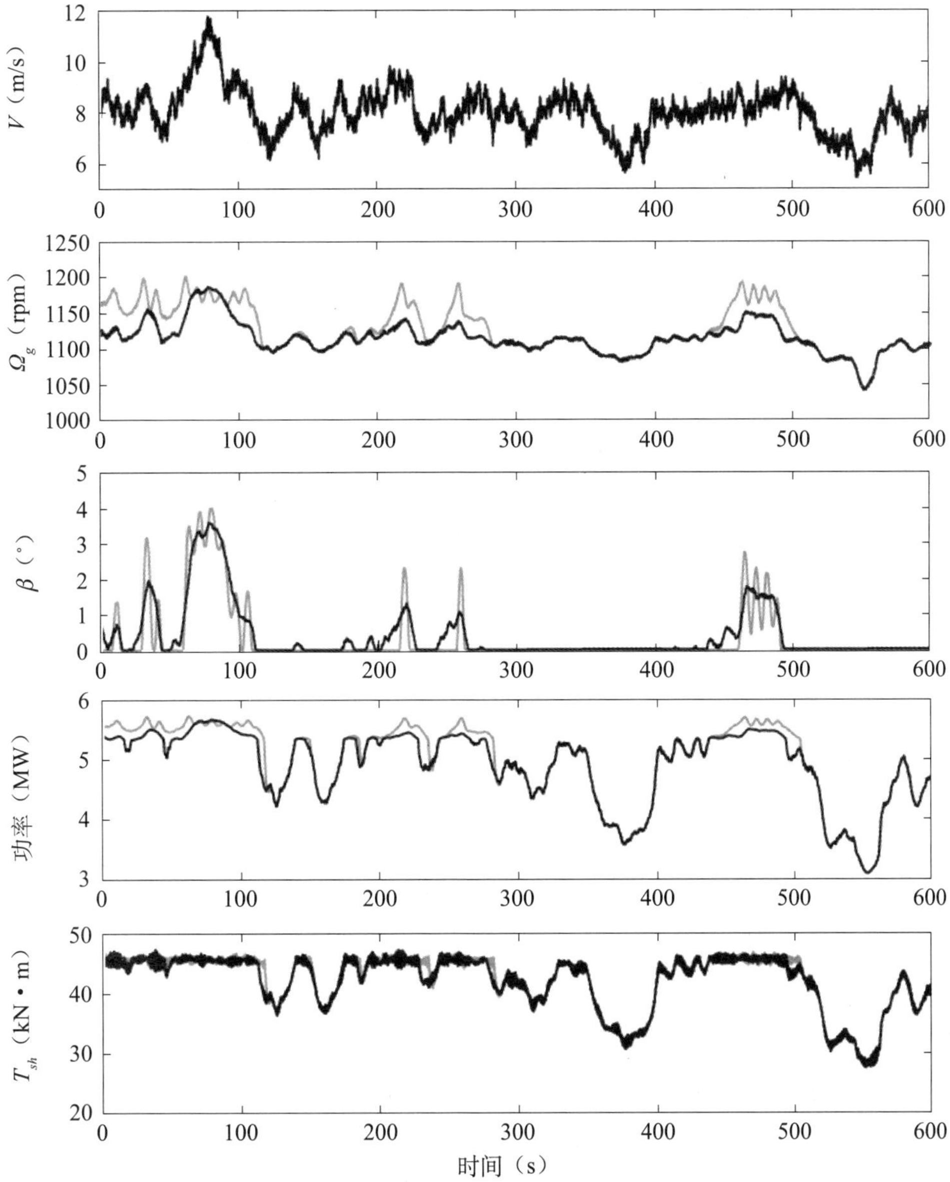

图4-17　系统对现实中的风速轮廓线的反应。其中灰线指的是PI控制器，黑线指的是 H_∞ 控制器

4.7 结　论

本章介绍了在整个风速范围内工作的变速变桨风电机组的鲁棒 H_∞ 变桨控制设计。

通过转换的方式抵消风电机组动力学的主要非线性，或通过不确定性进行覆盖，以便将针对给定的工作点设计的 LTI H_∞ 控制器应用到整个工作轨迹中。控制器设计可以保证鲁棒性，能够应对未建模动态、抵消误差以及参数不确定性。

在三个要求非常高的情况下，通过对高阶基准风电机组进行数值仿真而对系统行为进行评估。在上述情况下，相较于传统的 PI 控制，H_∞ 控制器可以实现更好的速度调整效果，并且变桨活动较少。变桨活动较少会减少风电机组在其整个生命周期内承受的机械应力，并且输出功率较为柔和。

4.8 未来工作

本文研究中采用的线性化处理技术较为保守，这主要是由低频不确定性导致的，未来可使用线性变参数（LPV）设计取代 LTI 设计，从而有效解决线性化处理较为保守这一问题。通过一些调整可实现更好的效果，尤其可以提高调速效率，但这会使操作过程变得稍微复杂一些。可以增加控制器的复杂程度，以便提高控制器的性能，例如通过增加传感信号，减弱额外的振荡模式。

致　谢

F. A. Inthamoussou，H. De Battista 和 R. J. Mantz 所做的研究工作得到了阿根廷 Universidad Nacional de La Plata（11/I164 2012/15 项目）、CONICET（PIP 00361 2012/14）、CICpba 以及 ANPCyT（PICT 2012 - 0037 2013/16）的支持。F. D. Bianchi 所做的研究得到了欧洲地区发展基金会（ERDF，FEDER Programa Competitivitat de Catalunya 2007—2013）的支持。

参考文献

[1] Bossanyi EA (2003) Wind turbine control for load reduction. Wind Energy 6 (3): 229 - 244.

[2] Bianchi FD, De Battista H, Mantz RJ (2010) Wind turbine control systems: principles, modelling and gain scheduling design. Advances in industrial control. Springer-

Verlag London Ltd. , London.

[3] Muhando E, Senjyu T, Uehara A, Funabashi T (2011) Gain-scheduled H_∞ control for WECS via lmi techniques and parametrically dependent feedback part II: controller design and implementation. IEEE Trans Industr Electron 58 (1): 57 - 65.

[4] Munteanu I, Bratcu A, Cutululis N, Ceangă E (2007) Optimal control of wind energy systems: towards a global approach. Springer-Verlag London Ltd. , London.

[5] Østegaard KZ, Stoustrup J, Brath P (2008) Linear parameter varying control of wind turbines covering both partial load and full load conditions. Int J Robust Nonlinear Control 19: 92 - 116.

[6] Jonkman J, Butterfield S, Musial W, Scott G (2009) Definition of a 5-MW reference wind turbine for offshore system development. Technical report, NREL, 2009.

[7] Jonkman J (2013) NWTC computer-aided engineering tools (FAST). http://wind.nrel.gov/designcodes/simulators/fast/. Accessed 26 Aug 2013 (Last modified 27 Feb 2013).

[8] Lescher F, Jing-Yun Z, Borne P (2006) Switching LPV controllers for a variable speed pitch regulated wind turbine. J Comput Commun Control 4: 73 - 84.

[9] Yao X-j, Guo C-C, Li Y (2009) LPV H-infinity controller design for variable-pitch variable-speed wind turbine. In: Proceedings of the IEEE 6th international power electronics and motion control conference (IPEMC), pp 2222 - 2227, 2009.

[10] Sánchez Peña RS, Sznaier M (1998) Robust systems theory and applications. Wiley, New York.

[11] Gahinet P, Apkarian P (1994) A linear matrix ineqnality approach to H_∞ control. Int J Robust Nonlinear Control 4: 421 - 448.

[12] Sturm J (1999) Using SeDuMi 1. 02, a Matlab toolbox for optimization over symmetric cones. Optim Methods Softw 11 - 12: 625 - 653.

[13] Löfberg J (2004) YALMIP: a toolbox for modeling and optimization in MATLAB. In: Proceedings of the CACSD conference, Taipei, Taiwan, 2004.

[14] Turner MC, Postlethwaite I (2004) A new perspective on static and low order anti-windup synthesis. Int J Control 77(1): 27 - 44.

[15] Weston PF, Postlethwaite I (2000) Linear conditioning for systems containing saturating actuators. Automatica 36(9): 1347 - 1354.

[16] Skogestad S, Postlethwaite I (2005) Multivariable feedback control: analysis and design. Wiley, UK.

[17] Hansen M, Hansen A, Larsen T, Øye S, Sørensen P, Fuglsang P (2005) Control design for a pitch-regulated, variable speed wind turbine. Technical report, RISØ, 2005.

[18] Kelley N, Jonkman B (2013) NWTC computer-aided engineering tools (TurbSim). http://wind.nrel.gov/designcodes/preprocessors/turbsim/. Accessed 28 Aug 2013 (Last modified 30 May 2013).

第五章　用于减少风电机组载荷的鲁棒控制器设计

Asier Díaz de Corcuera，Aron Pujana-Arrese，
Jose M. Ezquerra，Aitor Milo，Joseba Landaluze

摘要：本章提出了一种风电机组鲁棒控制策略设计方法。考虑到风电机组的耦合，所设计的控制器具有鲁棒性、多变量以及多目标性，可以保证达到规定的稳定性与性能等级。推荐的鲁棒控制器可以形成总桨距角、单个桨距角以及发电机组转矩控制信号，用于管理高于额定值的发电区域内的电力生产以及减轻例如传动系统、塔架、轮毂或叶片等风电机组部件上的载荷，从而延长其使用寿命。通过线性矩阵不等式，基于 H_∞ 范数降阶以及增益调度控制方法将这些控制器合成起来。利用 GH Bladed 软件包开发出了一个风电机组非线性模型，该模型基于欧洲迎风计划（Upwind European）中定义的 5MW 风电机组。从非线性模型的线性化过程中提取的线性模型族可用于设计推荐的鲁棒控制器。设计的控制器在 GH Bladed 中已经得到验证，此外还进行了详尽的分析以计算风电机组件上减少的疲劳载荷，并对一些极端情况中减少的载荷进行分析。

关键词：风电机组；鲁棒控制；多变量控制；H_∞ 控制；载荷减少

A. Díaz de Corcuera（✉）· A. Pujana-Arrese · J. M. Ezquerra · A. Milo · J. Landaluze
IK4-IKERLAN，Arizmendiarreta，2，20500 Arrasate-Mondragon，
The Basque Country，Spain
电子邮箱：adiazcorcuera@ ikerlan. es

A. Pujana-Arrese
电子邮箱：apujana@ ikerlan. es

J. M. Ezquerra
电子邮箱：jmezquerra@ ikerlan. es

A. Milo
电子邮箱：amilo@ ikerlan. es

J. Landaluze
电子邮箱：jlandaluze@ ikerlan. es

术语：

A_n，B_n，C_n，D_n	系统 n 的状态空间矩阵
a_{Tfa}	塔顶前后向加速度
a_{Tss}	塔顶侧向加速度
C	科尔曼转化
C^{-1}	反科尔曼转化
D_{ux}	控制 x 通道中的标量常数
D_{ex}	输出 x 通道中的标量常数
D_{dx}	干扰 x 通道中的标量常数
e_{wg}	发电机组转速误差
K_{opt}	低于额定值区域内的最佳常数
M_{oop}	叶根非水平矩
M_{flap}	叶根挥舞矩
M_{edge}	叶根摆振矩
M_{tilt}	叶轮平面上的倾斜矩
M_{yaw}	叶轮平面上的偏航力矩
p	可变参数
T	发电机组转矩
T_{DTD}	传动系统阻尼滤波器的转矩贡献
T_{br}	低于额定值区域中的转矩设定值
T_{sp}	发电机组转矩设定值
Unc	不确定性
w_g	发电机组转速
β_{sp}	桨距角设定值
β_{col}	总桨距角
B_{fa}	塔架前后向阻尼滤波器的桨距贡献
β_{tilt}	叶轮平面上的桨距倾斜角
β_{yaw}	叶轮平面上的桨距偏航角
ψ	方位角
θ_{T}	叶根部分的扭转角

5.1　简　介

随着发电需求的不断增长，风电机组尺寸不断变大，这给风电机组的设计带来了新的挑战。此外，新的控制策略也正在研发之中。如今的策略趋向于多变量以及多目标，目的是为了满足非线性且几乎不耦合的风电机组系统中的众多控制设计规范。更确切地说，一项重要规范就是减少风电机组部件上的载荷，延长部件使用寿命。

本章介绍了不同的策略，用于设计稳健、多变量且多目标的总桨距角与单个叶片变桨控制器以及发电机组转矩控制器。这些控制器是根据 H_∞ 范数降阶以及增益调度控制方法设计的，可以在不影响电力生产的情况下减少风电机组上的载荷。根据欧洲迎风计划中定义的5MW 风电机组，使用GH Bladed 软件包开发出了一个风电机组非线性模型[1]。从非线性模型的线性化过程中提取的线性模型族可用于设计鲁棒控制器。设计的控制器在 GH Bladed 中已经得到验证，此外还进行了详尽的分析以计算风电机组部件上减少的疲劳载荷，并对一些极端情况中减少的载荷进行分析。

本章主要分为四部分，其中第一部分是简介。第二部分介绍了风电机组的一般控制概念，并简要分析了选择用于设计推荐控制器的 Upwind 5MW 风电机组。此外，这一部分还详细说明了根据传统风电机组控制方法设计的 Upwind 5MW 风电机组基本控制策略。第三部分介绍了设计推荐多变量鲁棒控制器的过程。这些控制器是根据[2]中介绍的研究所设计的，可以在高于额定值的发电控制区域内工作。在矩阵实验室中对上述控制器的闭环性能进行了分析。设计的鲁棒控制器为：

- 基于 H_∞ 范数降阶的发电机组转矩控制器，可以减少传动系统与塔架上的载荷[3]。

- 基于 H_∞ 范数降阶的总桨距控制器，可以减少塔架上的载荷并可将发电机组转速调整至标称值[4]。通过三个工作点中所设计的三个 H_∞ 控制器的增益调度，发电机组转速调整情况得以改善。加强增益调度，期间通过线性矩阵不等式（LMI）解决了一个复杂问题。

- 基于 H_∞ 范数降阶的单个桨距控制器[5]，可以减少塔架上的载荷并调整风电机组上的叶轮平面。

相较于基本控制策略，第四部分中使用了不同的设计控制器对 GH Bladed 中的仿真结果进行分析，并对 DLC1.2 情况下的疲劳载荷以及 DLC1.6 与 DLC1.9 情况下的极值载荷进行了分析[6]。最后一部分对本章的结论以及未来工作进行了总结。

5.2 风电机组一般控制概念

最近几年，基于变桨控制的变速风力发电机组受到了制造商的青睐。风电机组控制系统分为两个层次：风电场监控和风电机组监控。风电场监控为每台风电机组设定外部电力需求值，而风电机组监控只针对每一台单独的风电机。此外，风电机组监控也分为四种工作状态，即启动、关机、停放、发电。根据一条发电机转速与发电机转矩值关系曲线确定发电区的控制策略[7-9]。图 5-1 为 5.2.1 小节中所述 5MW 风电机组的曲线。根据曲线 *ABCD* 确定发电区，在最佳功率系数值时工作时间更多。利用发电机组转矩控制器实现垂直剖面 *AB* 和 *CD*，以便分别根据 *A* 点和 *C* 点上的参考速度调节发电机组转速。在 *B* 点和 *C* 点之间，控制区域被称为低于额定值区，利用查找表执行，以便与最佳功率系数发挥作用，而桨距角则固定为小桨距角（通常为零）。但是在 *D* 区，利用总桨距角控制调节发电机组速度，且发电机组转矩保持在标称值。*CD* 区（过渡区）发电机组转矩控制与 *D* 区（被称为高于额定值区）的总桨距控制之间的过渡必须温和，以便提高控制器的性能[7,10]。有时，叶轮的转动频率 1*P*、2*P* 和 3*P* 与风电机组塔架、叶片或传动系统等其他结构模式的频率相同。如果发生了这种巧合，这些模式会同时被激活，这种情况是很危险的。在[9, 11, 12]中，提出了避免这种巧合情况发生的策略。根据这一策略，低于额定值区分为五个子区，即 *BE* 区、*GC* 区、*EF* 区、*GH* 区和 *EG* 区。*BE* 区和 *GC* 区在最佳功率系数值的条件下工作；*EF* 区和 *GH* 区在速度禁区外调节发电机组

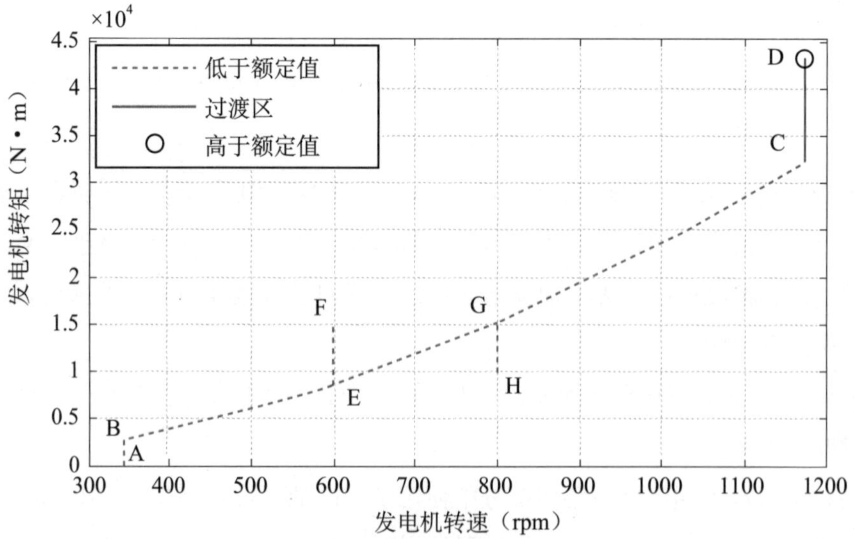

图 5-1 Upwind 风电机组发电曲线

转速；*EG* 区则进行发电机组转矩控制。

图 5-2 为发电状态下不同区域内 5MW 风电机组模型的发电机转速与电力信号。卜儿幅图为随风力作业点变化的总桨距角和发电机组转矩控制信号。

如简介中所述，风电机组尺寸不断增加，给风电机组控制系统设计带来了新的挑战，超过了发电的主要目标。现在的控制策略考虑了风电机组非线性系统几乎不存在耦合效应，趋向于稳健、多变量、多目标，以便满足众多控制设计规格要求。最重要的规格要求之一便是减轻风电机组结构件上的载荷。虽然风电机组上存在耦合情况，但是针对发电区的经典风电机组控制策略将控制问题分为不同的单输入单输出（SISO）控制环，使控制系统的设计更加简单。

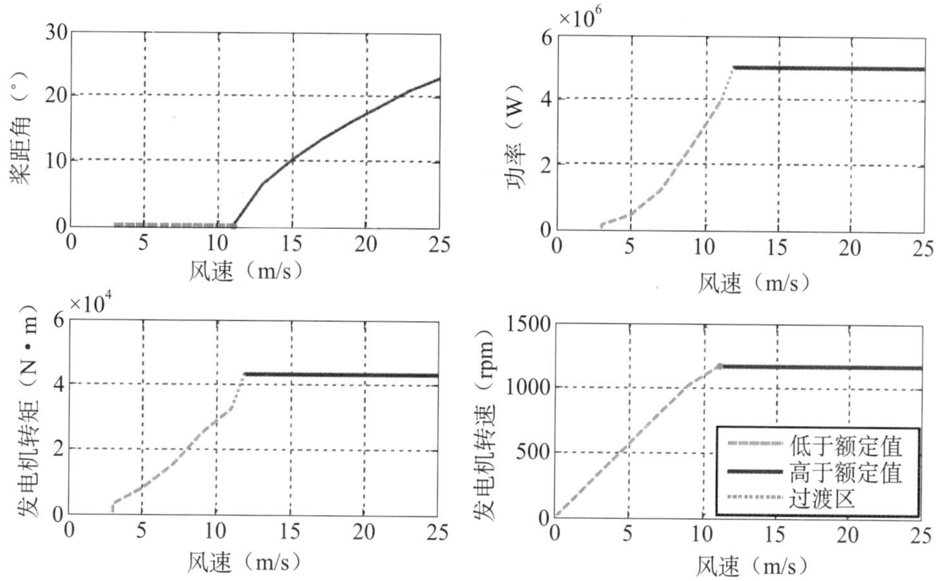

图 5-2　Upwind 风电机组作业点

- 调节发电机组转速，改变 *AB* 区和 *CD* 区的发电机组转矩。
- 调节发电机组转速，改变高于额定值区内的总桨距角。
- 传动系统模态阻尼改变发电机组转矩，减轻传动系统上的载荷。
- 塔架前后第一个模态阻尼改变总桨距角，塔架侧向第一个模态阻尼改变发电机组转矩，减轻塔架的载荷。
- 单个桨距角控制（IPC）减少由随机多维风、风切变、偏航角误差和塔影效应导致的叶轮位置不准带来的载荷。

最近几年，提出了几种现代控制技术，用更加复杂的多输入多输出（MIMO）控制器取代传统的单输入单输出控制环，并从多目标控制设计的角度考虑风电机组中存在的实实在在的耦合情况。这些技术以模糊控制[13]、自适应控制[14]、线性二次控制[15]、QFT 控制[16]、线性变参数（LPV）控制[17,18]和基于 H_∞ 范数降阶的控制综合[19]为基础。H_∞ 和线性变参数控制技术稳定，为多元、多目标，因此将这两种技术用于风电机组中会产生很多优势，同时利用这两种技术能够获得令人关注的实验结果[20]。下一节介绍了不同鲁棒控制器的设计，重点介绍了其中两种控制技术（即基于 H_∞ 范数降阶的控制综合和增益调度控制技术）及其在风电机组的高于额定值发电区（在该区，系统的非线性更加相关）的应用。

风电机组的传统控制设计过程与其他机电系统的设计过程相似，该设计过程基于线性时不变（LTI）控制器在非线性模型的不同作业点上的设计。首先，需要风电机组非线性模型在实验测试前仿真设计和验证控制器。可根据分析模型获得风电机组非线性模型，或做出一个系统的闭环标识[21,22]。有专门的软件包（GH Bladed 软件包和 FAST 软件是其中最知名的软件），用于开发风电机组复杂分析模型。GH Bladed 软件包[23]需要向 Garrad Hassan 公司购买，而由美国国家可再生能源实验室（NREL）开发的 FAST 软件[24]可免费使用。一旦将风电机组建模为一个非线性系统，就需要在不同的作业点对该系统进行线性化。然后在控制器工作的不同作业点设计发电机组转矩和叶片变桨控制器。最后，在不同的作业点对设计完成的控制器性能进行分析，利用初始非线性模型对其进行离散化处理和测试。风电机组控制环的验证需要进行载荷分析，而该载荷分析则以疲劳损伤和不同极端载荷情况分析为基础[6]。

5.2.1 风电机组非线性模型

使用 GH Bladed 4.0 软件包对 Upwind European 计划中定义的 Upwind 风电机组进行了建模。该模型参考风电机组非线性模型，用于设计本章所述的控制器。Upwind 模型包含一台具有单桩基础结构的 5MW 海上风电机组[1]。这台机组具有三个叶片，每个叶片均具有独立的变桨驱动器。叶轮直径为 126m，轮毂高度为 90m，齿轮箱传动比为 97，额定风速为 11.3m/s，切出风速为 25m/s，额定叶轮转速为 12.1rpm，因此标称发电机组转速为 1173rpm。利用该软件的线性化工具，得到了针对风电机组非线性模型不同作业点的该风电机组的线性模型族。根据 3～25m/s 的风速范围确定 12 个作业点。一旦对非线性模型进行线性化处理，对风电机组的结构模式和非结构模式进行模态分析，对于建立一个良好的控制系统是至关重要的。例如表 5-1 中介绍了风速为 11m/s 和 19m/s 的操作点上 Upwind 风电机组最重要的模式。$1P$ 非结构模式与叶轮转速有关，该风电机组的标称值为 0.2Hz。

用状态空间矩阵［方程式（5-1）］表示线性模型族的控制对象。线性模型族具有不同的输入和输出。输入项 $u(t)$ 为总桨距角 $\beta(t)$ ，每个叶片的单个桨距角 $\beta_1(t)$ 、$\beta_2(t)$ 和 $\beta_3(t)$ ，发电机组转矩控制 $T(t)$ 和风速导致的干扰输入 $w(t)$ 。输出项 $y(t)$ 为用于设计控制器的传感器测量值。本章中不同设计所用的输出项包括发电机组转速 $w_g(t)$ 、塔顶前后加速度 $a_{Tfa}(t)$ 、塔顶侧向加速度 $a_{Tss}(t)$ 、叶根挥舞矩 $M_{flap}(t)$ 和叶根摆振矩 $M_{edge}(t)$ 。由于非线性模型的复杂性以及需考虑的模式数量，线性模型的阶数为55。

$$\begin{aligned} \dot{x}(t) &= A_x x(t) + B_u u(t) + B_w w(t) \\ y(t) &= C_x x(t) + D_u u(t) + D_w w(t) \end{aligned} \tag{5-1}$$

图5-3为将总变桨控制信号与实测发电机转速联系起来的Upwind风电机组单输入单输出线性对象模型族。图中标出了高于额定值区的三个作业点，用于表明风速为13m/s、19m/s和25m/s的情况下作业点之间的区别，风电机组在该控制区内的非线性特性是导致这一区别的原因。

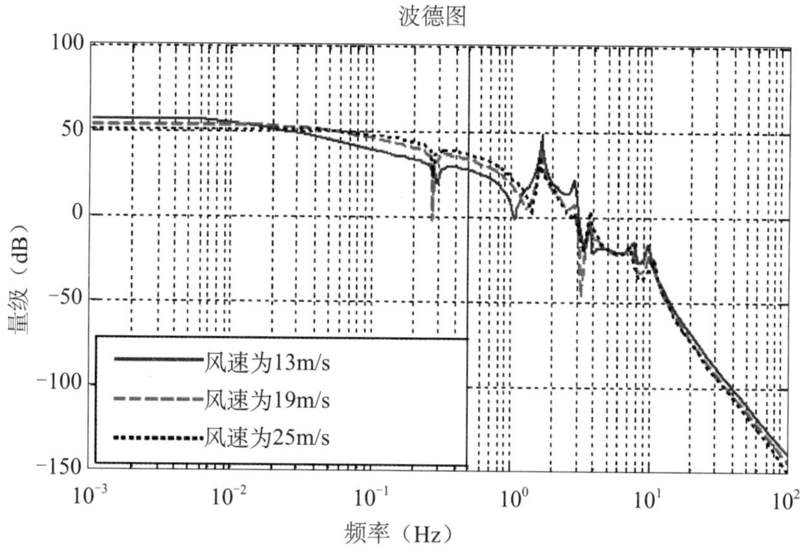

图5-3　Upwind 风电机组线性模型族

5.2.2　基本控制策略

用于调节本章所述Upwind 5MW风电机组的发电量的基本控制策略以图5-1中所示的 *ABCD* 曲线以及[10]中所述的控制环为基础。该策略被称为 *C*1，用来与下一节中介绍的鲁棒控制器相比。在低于额定值区内，发电机组转矩控制取决于发电机组转速测量值［方程式（5-2）］。发电机组转矩 T_{br} 与发电机组转速的平方成正比，乘以常数 K_{opt}。Upwind 模型的常数 K_{opt} 等于 2.14Nm/(rad/s²)。这样，风电机组以最佳功率系数值工作。

表 5-1　Upwind 5MW 风电机组模态分析

部件	模式	风速为 11m/s 时的频率（Hz）	风速为 19m/s 时的频率（Hz）
叶轮	结构平面内第一总桨距	3.68	3.69
	结构平面内第二总桨距	7.85	7.36
	结构平面外第一总桨距	0.73	0.73
	结构平面外第二总桨距	2.00	2.01
传动系统	传动系统	1.66	1.63
塔架	第一个塔架侧向	0.28	0.28
	第一个塔架前后	0.28	0.28
	第二个塔架侧向	2.85	2.87
	第二个塔架前后	3.05	3.04
非结构式	1P	0.2	0.2
	3P	0.6	0.6

$$T_{br} = K_{opt} \cdot w_g^2 \tag{5-2}$$

传动系统阻尼滤波器（DTD）在风电机组的控制设计方面至关重要。必须首先设计传动系统阻尼滤波器，原因是在大多数控制环中传动系统模式为临界耦合。传动系统阻尼滤波器的目标是抑制传动系统模式，必须在发电过程中用于所有控制区内。Upwind 模型（方程式 5-3）基本控制策略中采用的传动系统阻尼滤波器包含一个增益极（带有一台微分器）、一个实零极和一对复极。在已设计完成的传动系统阻尼滤波器中，K_1 等于 641.45N·ms/rad，w_1 等于 193rad/s，w_2 等于 10.4rad/s，ξ_2 等于 0.984。

$$T_{DTD}(s) = \left(K_1 \frac{s\left(1 + \frac{1}{w_1}s\right)}{\left(\left(\frac{1}{w_2}\right)^2 s^2 + 2\xi_2 \frac{1}{w_2}s + 1\right)} \right) w_g(s) \tag{5-3}$$

另外，过渡区内的目标是调节发电机组转速，改变发电机组转矩。在基本控制策略中，可利用比例-积分（PI）控制器［方程式（5-4）］来实现。在基本控制策略（本章中称为 C1 策略）中，Upwind 基本控制器中所采用的过渡区（作业点的风速为 11m/s）内比例-积分值为 w_T 和 K_T［方程式（5-4）］，其中 $T(s)$ 表示发电机组转矩控制信号，$e_{wg}(s)$ 表示发电机组转速误差。在这种情况下，w_T 和 K_T 分别等于

0. 5rad/s 和 2 685. 2N·m/rad。

$$T(s) = K_T \frac{\left(1 + \frac{1}{w_T}s\right)}{s} e_{wg}(s) \tag{5-4}$$

高于额定值区内的主要目标是将发电机组转速控制调节至标称值 1173rpm，改变叶片的总桨距角，并保持标称电功率值 5MW。图 5-4 为高于额定值区内该基本控制策略所采用的控制结构。发电机组转速的调节以增益调度（GS）总变桨比例-积分控制器为基础。在这种情况下，控制器输入 $e_{wg}(s)$ 是发电机组转速误差，而控制器输出 $\beta_{col}(s)$ 则是总变桨控制信号。用于调节增益调度比例-积分控制器的线性对象将桨距角和发电机组转速联系起来。这些控制对象具有不同的增益（详见图 5-3），因此虽然存在差异，但是应利用增益调度保证闭环系统的稳定性。在风速为 13m/s 和 21m/s 的两个作业点设计了两台比例-积分控制器［方程式（5-5）］，然后使用了增益调度。风速为 13m/s 时，K_{B13} 和 w_{B13} 分别等于 0. 001 58 和 0. 2rad/s；风速为 21m/s 时，K_{B21} 和 w_{B21} 分别等于 0. 000 92 和 0. 2rad/s。

$$\beta_{col} = K_B \frac{\left(1 + \frac{1}{w_B}s\right)}{s} e_{wg}(s) \tag{5-5}$$

根据叶片实测桨距角平均值开发出了增益调度插值算法。现在，在变桨控制系统中加入了新型风速传感器（如 LIDARs[25]），能够提供风电机组轮毂前风速，从而改进发电机组转速调节，减少风电机组的载荷。总桨距比例-积分控制器设计作业点内相应的稳态总桨距角分别为 6. 42°和 18. 53°。然后，在调节环内加入一系列陷波滤波器，以提高比例-积分控制器响应[26]。确定传统的设计标准[27]，用于调节这些操作点上的控制器。例如输出灵敏度最大值约为 6dB，开环相补角范围为 30° ~ 60°，开环增益裕量范围为 6 ~ 12dB，常数为比例-积分零频率。

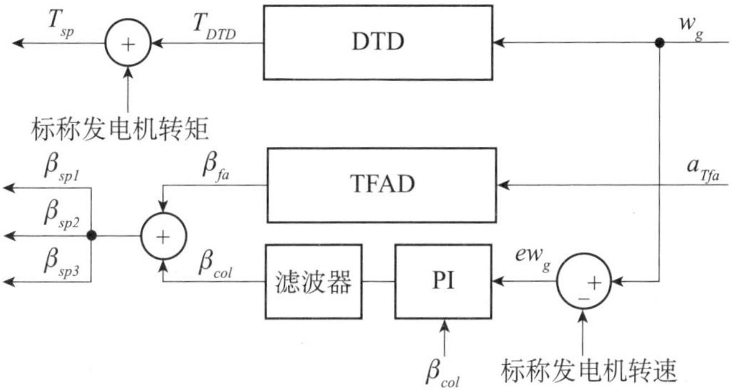

图 5-4　高于额定值区内的基本控制策略

最后，设计塔架前后向阻尼滤波器（TFAD），减少高于额定值发电区内塔架前后第一模式的风力作用[28]。对于 Upwind 基本控制器而言，滤波器（方程式 5-6）包含一个带有一台积分器的增益极、一对复极和一对复零极。TFAD 的输入为在塔顶测得的前后加速度 a_{Tfa}，输出是总桨距角的一部分，即 β_{fa}。对于已设计完成的 TFAD，K_{TD} 为 0.035，w_{T1} 为 1.25rad/s，ς_{T1} 为 0.69，w_{T2} 为 3.14rad/s，ς_{T2} 为 1。

$$\beta_{\mathrm{fa}}(s) = K_{\mathrm{TD}} \frac{1}{s}\left(\frac{1 + (2_{\varsigma_{T1}} s/w_{T1}) + (s^2/w_{T1}^2)}{1 + (2_{\varsigma_{T2}} s/w_{T2}) + (s^2/w_{T2}^2)}\right) a_{\mathrm{Tfa}}(s) \tag{5-6}$$

如图 5-4 所示，每个叶片的单个桨距角设定值 β_{sp1}、β_{sp2} 和 β_{sp3} 均相等，由控制信号 β_{fa} 和 β_{col} 组成。发电机组转矩设定值 T_{sp} 为高于额定值区内的标称发电机组转矩与 DTD 滤波器转矩贡献 T_{DTD} 之和。

5.3 鲁棒控制器设计

风电机组减载荷鲁棒控制设计过程如图 5-5 所示。采用的鲁棒控制技术以 H_∞ 范数降阶和增益调度插值法为基础。首先，对非线性模型进行线性化处理，提取线性模型族。其次，进行模态分析，分析系统的结构模式和非结构模式。

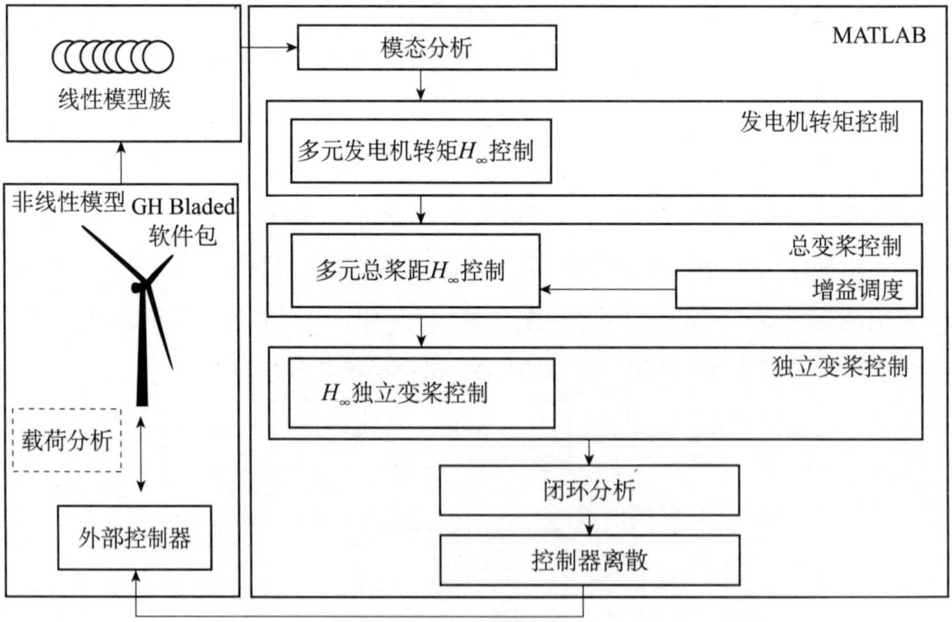

图 5-5　风电机组减载荷鲁棒控制设计过程

设计的控制环为发电机组转矩控制、总变桨控制和独立变桨控制（IPC）。针对发电机组转矩控制，只提出了一种多输入多输出（MIMO）H_∞ 控制策略。针对总变桨控制，提出了 MIMO H_∞ 控制策略和通过线性矩阵不等式解算实现不同 H_∞ 控制器增益调度的方法。同时，最终提出通过 MIMO H_∞ 控制方法实现独立变桨控制。风电机组传动系统模式几乎不耦合，联轴器是系统固有的，在设计变桨控制环时需考虑发电机转矩控制，因此控制器设计顺序至关重要。

控制器设计一旦完成，便使用线性模型族在不同作业点上进行闭环分析，以简化和验证控制器。最后，利用抽样时间 0.01s 对其进行离散化处理，这是风电机组制造商常用的一种方法。随后将其集成到自定义控制器内，与非线性风电机组模型一起工作。进行载荷分析，以便分析风电机组不同部件的减载荷情况。表 5-2 为高于额定值区内不同鲁棒控制器的控制目标。

5.3.1　H_∞ 鲁棒控制器设计

从控制设计的观点看，基于 H_∞ 范数降阶的控制器为鲁棒控制器。由于真正的工程系统易于受到外部干扰和噪声测定的影响，同时由于真正的系统和数学模型之间存在差异，所以鲁棒控制器对于控制系统设计来说作用是非常大的。控制器设计要求在面对干扰信号、噪声干扰、非建模对象动力学和控制对象参数变化时具有某种确定的性能标准。可利用反馈控制机制实现这些设计目标，但是需要提供传感器，需要更高系统复杂性和系统稳定性保证。自 20 世纪 80 年代以来，许多作者利用 H_∞ 范数[29,30]并根据这些控制器在不同非线性真正系统中的应用情况对控制器设计进行了研究。目前，MATLAB 鲁棒工具箱[31]是一个有用工具，能够在数学方面解决 H_∞ 控制器的综合问题。

表 5-2　设计鲁棒控制器的目标

顺序	控制器名称	控制目标
Ⅰ	发电机组转矩 H_∞ 控制	减少风力对传动系统和塔架侧向第一模式的影响
Ⅱ	总变桨 H_∞ 控制	改善对发电机组转速的调节，减少风力对塔架前后第一模式的影响
Ⅲ	总变桨增益调度控制	改善对发电机组转速的调节
Ⅳ	独立变桨 H_∞ 控制	减少风力对塔架侧向第一模式的影响，使叶轮平面对齐

设计的 H_∞ 控制器为线性时不变系统。利用加权函数、标度常数[32]并在进行控制器综合的线性对象模型族中确定一个标称对象，从而界定控制器的性能。最常见的反馈控制问题表示为一个混合灵敏度问题。混合灵敏度问题基于一个标称对象和三个加权函数，可在单输入单输出或多输入多输出系统中考虑。在传统的混合灵敏

度问题（见图5-6）中，加权函数 $W_1(s)$、$W_2(s)$ 和 $W_3(s)$ 的矩阵分别确定灵敏度函数 $S(s)$、$T(s)$ 和 $U(s)$ 的性能，其中 $S(s)$ 表示输出灵敏度，$T(s)$ 表示输入灵敏度，$U(s)$ 表示控制灵敏度。利用标度常数对系统的不同通道进行测量。对象族之间的差别可建模为不确定性，可为结构化，也可为非结构化。H_∞ 鲁棒控制设计中考虑的非结构化不确定性一般以不同的建模形式表示，包括加性不确定性、输入乘法不确定性、输出乘法不确定性、相反加性不确定性、输入相反乘法不确定性和输出相反乘法不确定性。本章选择了加性不确定性表达形式。最后，对该混合灵敏度问题中基于 H_∞ 范数降阶的控制器 $K(s)$ 的计算包括解算两个 *Ricatti* 方程式，可通过 MATLAB 鲁棒控制工具箱求解。

在设计风电机组控制时，需要两个 MISO（2 × 1）混合灵敏度问题，以便基于 H_∞ 范数降阶设计 MISO 拟议的发电机转矩和总变桨控制器。这种控制方法以增广对象［方程式（5-7）］为基础。增广对象分为标称对象 $G(s)$，标度常数 D_u、D_{d1}、D_{d2}、D_{e1} 和 D_{e2}，加权函数 $W_{11}(s)$、$W_{12}(s)$、$W_2(s)$、$W_{31}(s)$ 和 $W_{32}(s)$。标称对象是用于设计控制器的控制对象。由于对象族中的其他控制对象之间存在差别，因此在变桨控制设计中将这些对象视为加性不确定性。增广对象的输入项为输出干扰 $d_1(s)$、$d_2(s)$ 和控制信号 $u(s)$。输出项为标度对象的 $y_1(s)$ 和 $y_2(s)$、性能输出通道 $Z_{p11}(s)$、$Z_{p12}(s)$、$Z_{p2}(s)$、$Z_{p31}(s)$ 和 $Z_{p32}(s)$。

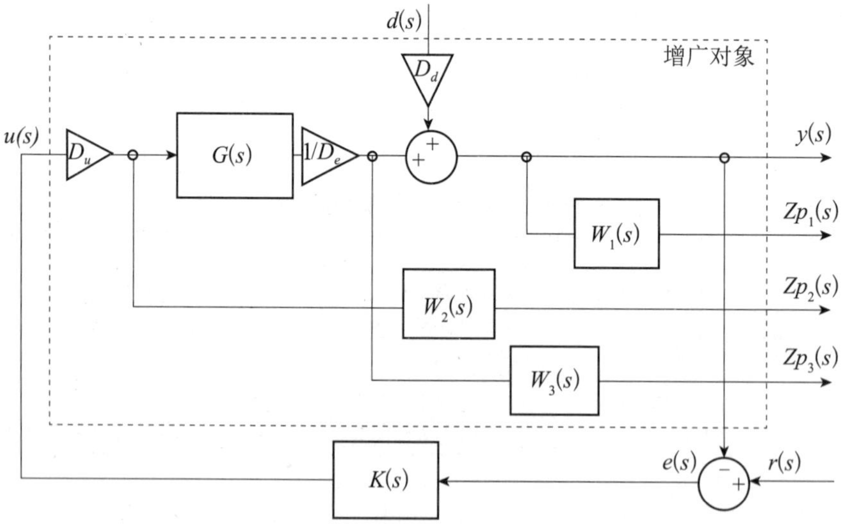

图5-6　混合控制灵敏度问题

$$\begin{pmatrix} Z_{p11}(s) \\ Z_{p12}(s) \\ Z_{p2}(s) \\ Z_{p31}(s) \\ Z_{p32}(s) \\ y_1(s) \\ y_2(s) \end{pmatrix} = \begin{pmatrix} -(D_{d1}/D_{e1})W_{11}(s) & 0 & (D_u/D_{e1})G_{11}(s)W_{11}(s) \\ 0 & -(D_{d2}/D_{e2})W_{12}(s) & (D_u/D_{e2})G_{12}(s)W_{12}(s) \\ 0 & 0 & W_2(s) \\ 0 & 0 & (D_u/D_{e1})G_{11}(s)W_{31}(s) \\ 0 & 0 & (D_u/D_{e2})G_{12}(s)W_{32}(s) \\ -(D_{d1}/D_{e1}) & 0 & (D_u/D_{e1})G_{11}(s) \\ 0 & -(D_{d2}/D_{e2}) & (D_u/D_{e2})G_{12}(s) \end{pmatrix} \begin{pmatrix} d_1(s) \\ d_2(s) \\ u(s) \end{pmatrix} \tag{5-7}$$

5.3.1.1　多元发电机组转矩 H_∞ 控制

H_∞ 转矩控制器实现两个控制目标，即减少风力对传动系统和第一个塔架侧向模式的影响。H_∞ 转矩控制器具有两个输入项（发电机组转速 w_g 和塔顶侧向加速度 a_{Tss}）和一个输出项（发电机组转矩 $T_{H\infty}$）。

设计控制器选用的标称对象是风速为 19m/s 的作业点上的线性化对象，该作业点上的线性化对象是高于额定值区内具有代表性的控制对象。标称对象的输入项为发电机组转矩，输出项为发电机组转速和塔顶侧向加速度。标称对象 $G(s)$［方程式（5-8）］由状态空间矩阵 A_{PT}、B_{PT}、C_{PT}和 D_{PT}表示，具有 55 种状态。由于标称对象对于高于额定值区内的所有作业点均有效，因此未考虑不确定性。

$$\dot{X}(t) = A_{\mathrm{PT}}X(t) + B_{\mathrm{PT}}T(t)$$

$$\begin{bmatrix} w_g(t) \\ a_{\mathrm{Tss}}(t) \end{bmatrix} = C_{\mathrm{PT}}X(t) + D_{PT}T(t) \tag{5-8}$$

从广义角度讲，标称对象包括性能输出通道和用于测量混合灵敏度方法中的不同通道的标度常数［方程式（5-9）］D_u、D_{d1}、D_{d2}、D_{e1}和 D_{e2}。

$$D_u = 90$$
$$D_{e1} = 0.1;\ D_{e2} = 1 \tag{5-9}$$
$$D_{d1} = 0.1;\ D_{d2} = 1$$

最后，将五个加权函数包含到广义对象中。在这个混合灵敏度问题中，采用了 $W_{11}(s)$、$W_{12}(s)$ 和 $W_2(s)$，未采用 $W_{31}(s)$ 和 $W_{32}(s)$，因此利用 MATLAB 鲁棒工具箱时，这些加权函数的值为单位数。如图 5-7 所示，$W_{11}(s)$ 是一台倒陷波滤波器，以传动系统频率为中心，可减少风力对该模式的影响。$W_{12}(s)$ 也是一台倒陷波滤波器，以塔架侧向第一模式为中心，也是为了减少风力对该模式的影响。$W_2(s)$ 是一台倒低通滤波器，减少高频条件下控制器活动。

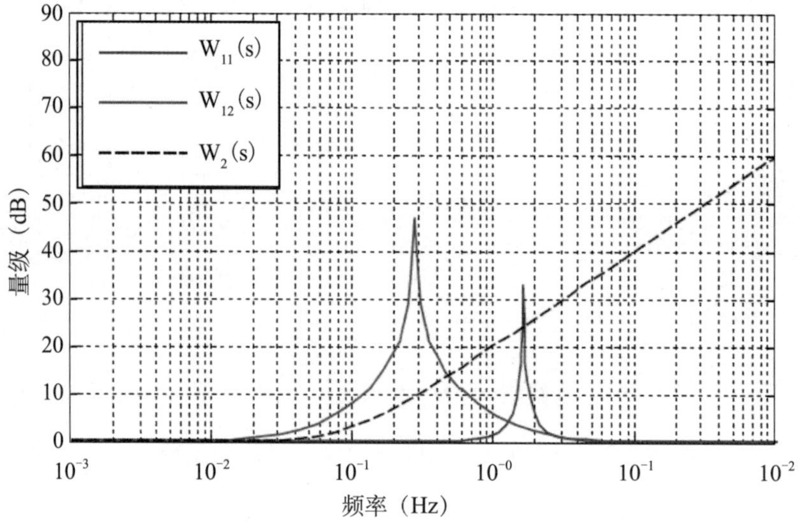

图 5-7　发电机组转矩 H_∞ 控制设计中的权函数

研发出控制器综合之后，须重新调节已制造完成的控制器，以便使输入和输出适应真正的无标度对象。如果控制器的输入项改为发电机组转速值，而非发电机组转速误差则需在 DTD 通道中使用高通滤波器。利用高通滤波器在低频条件下减少了该控制器通道的增益。如增广对象中定义的，设计完成的 H_∞ 转矩控制器具有两个输入项［发电机组转速（单位为 rad/s）和塔顶侧向加速度（单位为 m/s^2）］和一个输出项［发电机组转矩贡献 $T_{H\infty}$（单位为 N·m）］。设计完成的控制器表现为状态空间，其阶数为 39。最后，将控制器的阶数降为 25，同时未丢失其动力学方面的重要信息。降阶后，最后一步便是利用 0.01s 的抽样时间进行控制器离散化。以离散化的状态空间表现的控制器［方程式（5-10）］的波德图如图 5-8 所示。

$$
\begin{aligned}
X(k+1) &= A_{\mathrm{TD}}X(k) + B_{\mathrm{TD}}\begin{pmatrix} w_g(k) \\ a_{\mathrm{Tss}}(k) \end{pmatrix} \\
T_{H\infty}(k) &= C_{\mathrm{TD}}X(k) + D_{\mathrm{TD}}\begin{pmatrix} w_g(k) \\ a_{\mathrm{Tss}}(k) \end{pmatrix}
\end{aligned}
\tag{5-10}
$$

5.3.1.2　多元总变桨 H_∞ 控制

H_∞ 变桨控制器实现两个控制目标：（1）与传统控制设计相比，H_∞ 变桨控制器调节发电机组转速，增加输出灵敏度带宽，减少输出灵敏度峰值；（2）减少风力对塔架第一前后模式的影响。一些陷波滤波器包含在变桨控制器动力学内，减少开路

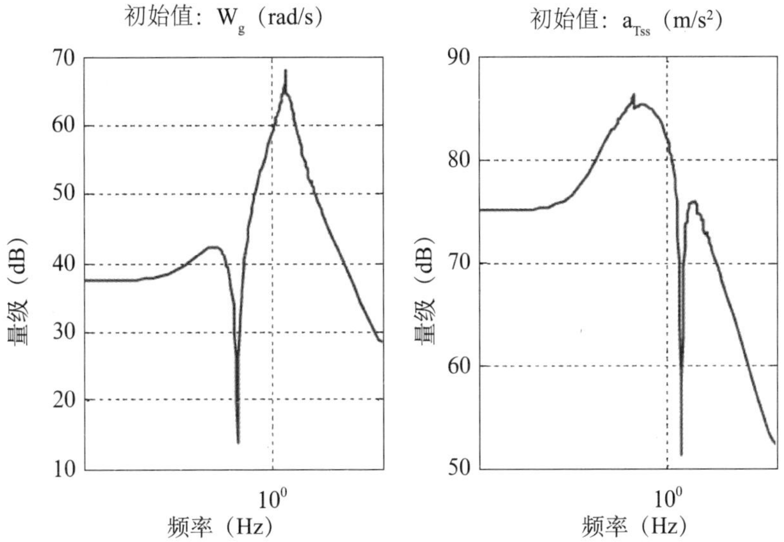

图 5-8　发电机组转矩 H_∞ 控制波德图

响应中有些频率的激励情况。H_∞ 变桨控制器具有两个输入项（发电机组转速 w_g 和塔顶前后加速度 a_{Tfa}）和一个输出项（总桨距角 $\beta_{H\infty}$）。

设计控制器选用的标称对象是风速为 19m/s 的作业点上的线性化对象。标称对象有一个输入项（总桨距角）和两个输出项（发电机组转速和塔顶前后加速度）。该标称对象 $G(s)$［方程式（5-11）］由状态空间矩阵 A_{pp}、B_{pp}、C_{pp} 和 D_{pp} 表示，具有 55 种状态。与标称对象相比，线性对象族的差别被视为加性不确定性。之所以出现这些差异，是因为将桨距角和发电机组转速联系起来的对象具有非线性行为。

$$\dot{X}(t) = A_{\text{PP}}X(t) + B_{\text{PP}}\beta(t)$$
$$\begin{pmatrix} w_g(t) \\ a_{\text{Tfa}}(t) \end{pmatrix} = C_{\text{PP}}X(t) + D_{\text{PP}}\beta(t) \tag{5-11}$$

从广义角度讲，标称对象包括性能输出通道和用于测量 MISO 混合灵敏度方法中的不同通道的标度常数（方程式 5-12）D_u、D_{d1}、D_{d2}、D_{e1} 和 D_{e2}。

$$D_u = 1$$
$$D_{e1} = 10;\ D_{e2} = 0.1 \tag{5-12}$$
$$D_{d1} = 10;\ D_{d2} = 0.1$$

增加五个加权函数，用于创建广义对象。在这个混合灵敏度问题中，仅采用 $W_{11}(s)$、$W_{12}(s)$ 和 $W_2(s)$（详见图 5-10）。$W_{11}(s)$ 为一台倒高通滤波器，用于确定闭环输出灵敏度性能。$W_{12}(s)$ 是一台倒陷波滤波器，以第一塔架前后模式为中心，可减少风力对该模式的影响。$W_2(s)$ 为一台倒低通滤波器，可减少高频条件下控制器的活动。一些倒陷波滤波器包含在 $W_2(s)$ 中，以便在控制器动力学中包含陷波滤波器。这些滤波器以转动频率 $1P$(0.2Hz) 和 $3P$(0.6Hz) 以及其他结构模式为中心。

须重新调节利用 MATLAB 鲁棒工具箱设计完成的控制器，以便使输入和输出适应真正的无标度对象。设计的 H_∞ 变桨控制器具有两个输入项［发电机组转速误差（单位为 rad/s）和塔顶前后加速度（单位为 m/s^2)］和一个输出项［总桨距角 $\beta_{H\infty}$（单位为 rad)］。该设计完成的控制器表现为状态空间，其阶数为 45。最后，将控制器的阶数降为 24，未丢失其动力学方面的重要信息。降阶后，最后一步便是利用 0.01s 的抽样时间进行控制器离散化。离散状态空间控制器（方程式 5-13）的波德图如图 5-9 所示。

$$
\begin{aligned}
X(k+1) &= A_{\mathrm{BD}}X(k) + B_{\mathrm{BD}}\begin{pmatrix} ew_g(k) \\ a_{\mathrm{Tfa}}(k) \end{pmatrix} \\
\beta_{H\infty}(k) &= C_{\mathrm{BD}}X(k) + D_{\mathrm{BD}}\begin{pmatrix} ew_g(k) \\ a_{\mathrm{Tfa}}(k) \end{pmatrix}
\end{aligned}
\tag{5-13}
$$

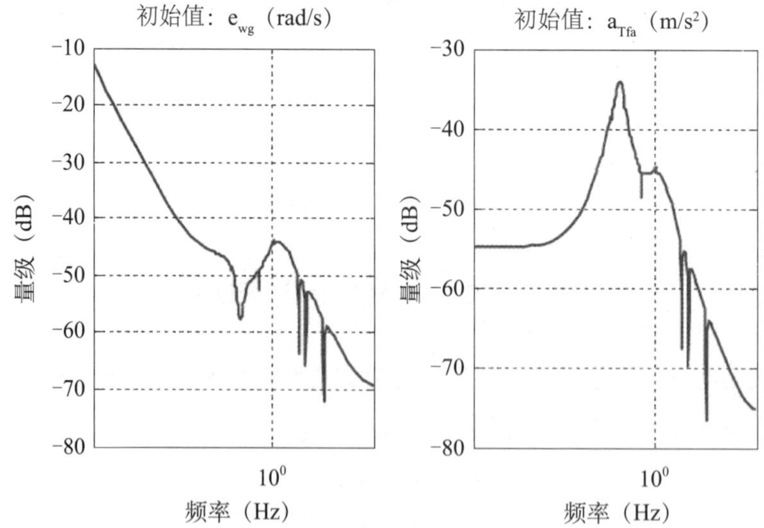

图 5-9 总桨距 H_∞ 控制波德图

研发出变桨控制器后，须分析线性模型族中所有对象的闭环稳定鲁棒性。小增益定理证明[29]，控制灵敏度函数的倒数须为建模加性不确定性的上限（图 5-10），以保证高于额定值区内所有作业点上的控制鲁棒性。

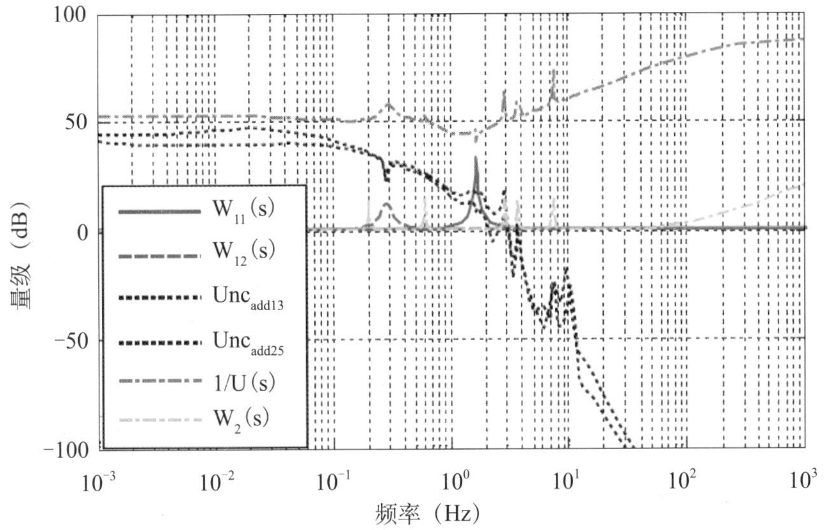

图 5-10 总变桨 H_∞ 控制设计中的加权函数、不确定性和控制灵敏度函数

线性时不变（LTI）控制器的插值是非线性控制系统设计中的一项重要工作。在文献资料中，插值法一般用于低阶 LTI 控制器中，可分为两种方法[33]：增益调度法和线性变参数（LPV）法。增益调度法利用从非线性模型中提取的线性模型族设计不同作业点上的 LTI 控制器，最后插入设计的控制器[34]。另一方面，LPV 法需要控制对象的 LPV 模型[35]，然后为具体模型[36]设计 LPV 控制器。本部分重点研究第一种方法，以对 LTI 控制器的增益调度为基础，解决了一个线性矩阵不等式（LMI）系统。LMI 系统中考虑了该方法，从而保证了控制设计的稳定性。与 LTI 控制技术相比，所述增益调度控制的适应性提高了闭环性能。增益调度控制的适应性可根据风电机组非线性系统中的不同作业点改变其行为。

在高于额定值区内，风电机组的非线性表现更明显，主要是在基于桨距角的发电机调速环内。为了提高 LTI H_∞ 变桨控制器的控制性能，设计了三台总变桨 H_∞ 控制器，分别在风速为 13m/s、19m/s 和 25m/s 的高于额定值区内的三个作业点上调节发电机组转速。因此高于额定值区在该控制设计中分为三个子区，且对每个区内的每一台控制器进行了性能优化，确保闭环稳定性。虽然这些控制器均为高阶控制器，但仍然将其完美插入，未影响高于额定值区内各轨道的稳定性和性能，解决了[37]中提出的线性矩阵不等式（LMI）。开发高于额定值区内增益调度的可变参数 p 以实测桨距角适应性为基础，在 [−6，6] 范围内工作，根据风速为 13m/s 和 25m/s 作业点的固定桨距值计算极值点。图 5-11 为三个设计作业点上离散增益调度控制器的波德图。通过 LMI 解算得出的增益调度控制器表达式以增益向量为基础。

增益向量插入三个状态空间 LTI 控制器（经调整已适合进行当前插值计算）。

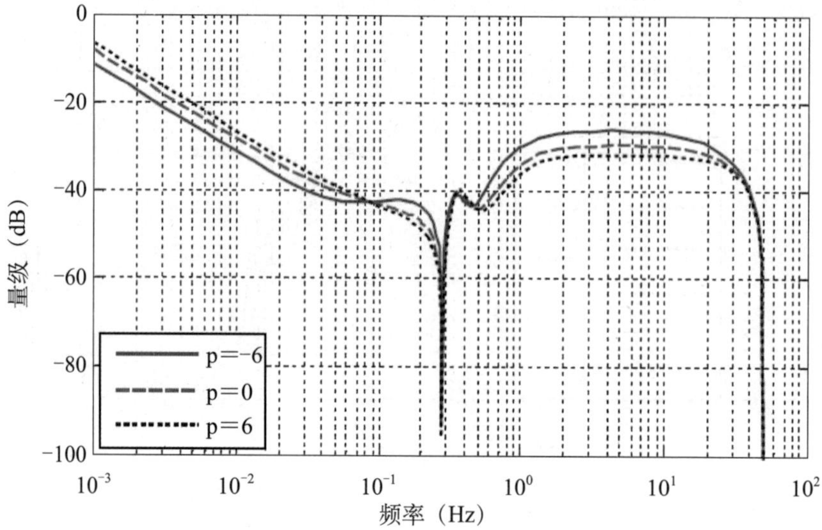

图 5-11　不同作业点上增益调度总变桨 H_∞ 控制器的波德图

5.3.1.3　多元独立变桨 H_∞ 控制

用于减少风电机组载荷的最为人熟知的控制环之一是独立变桨控制（IPC）。IPC 由一台能够为每一个叶片生成独立变桨设定值的控制器组成，其主要目标是减少出现在叶轮上的不对称载荷。这种不对称载荷由风切变、塔影、偏转角失准或湍流旋转取样等现象导致的叶轮位置不准造成。在[10，38]中，推荐了以比例-积分（PI）控制器为基础的分散 d-q 轴控制器，利用科尔曼转化实现这一主要目标。不仅在 CART2 风电机组[39]上现场测试了独立变桨控制（IPC）方法使叶轮支架对齐的效果，而且最近也在 CART3 风电机组上对其进行了测试，结果令人满意[40]。塔架上的载荷减少可视为设计独立变桨控制器时的控制目标。一般利用发电机组转矩贡献实施塔架侧向阻尼。该发电机组转矩贡献来自实测的侧向机舱加速度，并影响所产生的电力质量。在[41－43]中，提出了多种基于 IPC 的不同控制策略，这些控制策略中均利用 IPC 信号实现塔架侧向阻尼。在关机及载荷传感器出现故障的情况下，管理控制与风电机组独立变桨控制（IPC）之间的相互作用对于减少某些部件上的载荷非常重要[10]。

本节中介绍的 IPC，被称为 H_∞ IPC，由一台基于 H_∞ 范数降阶的多输入多输出（MIMO）控制器组成，从多目标的角度为每一个叶片生成独立变桨设定值信号（目的是使叶轮平面对齐，减少风力对塔架侧向第一模式的影响）。

H_∞ IPC 设计的第一步是创建标称对象。创建的标称对象将包含到混合灵敏度问题中，以便完成 H_∞ 控制器综合。为创建标称对象，首先利用转化式 T（方程式 5-14）将从叶根处应变仪中获得的挥舞力矩和摆振力矩转化[44]为平面外力矩 M_{oop}。在方程式 5-14 中，θ_T和 β 分别表示叶根处的扭转角和桨距角。利用转化式（方程式 5-15）得出 M_{tilt}和 M_{yaw}，二者分别表示叶轮的倾斜力矩和偏航力矩。在方程式 5-15 中，Ψ 表示每个叶片的方位角，而 M_{oop1}、M_{oop2}和 M_{oop3}则表示每个叶片的平面外力矩。倾斜力矩和偏航力矩表明是如何将旋转参考系上的叶片载荷转移到固定参考系上的。在这种情况下，采用科尔曼转化[45] C，由于该转化过程是从旋转参考系转化为固定参考系，因此 M_{tilt}和 M_{yaw}与科尔曼转化输出成正比，且能够很容易地按比例缩小控制器。利用科尔曼转化的倒数 C^{-1}将固定系转化为叶片上的系。

$$\begin{pmatrix} M_{oop1} \\ M_{oop2} \\ M_{oop3} \end{pmatrix} = \begin{pmatrix} \cos(\theta_T+\beta) & \sin(\theta_T+\beta) & 0 & 0 & 0 & 0 \\ 0 & 0 & \cos(\theta_T+\beta) & \sin(\theta_T+\beta) & 0 & 0 \\ 0 & 0 & 0 & 0 & \cos(\theta_T+\beta) & \sin(\theta_T+\beta) \end{pmatrix} \begin{pmatrix} M_{flap1} \\ M_{edge1} \\ M_{flap2} \\ M_{edge2} \\ M_{flap3} \\ M_{edge3} \end{pmatrix} \tag{5-14}$$

$$= T \begin{pmatrix} M_{flap1} \\ M_{edge1} \\ M_{flap2} \\ M_{edge2} \\ M_{flap3} \\ M_{edge3} \end{pmatrix}$$

对于 Upwind 模型来说，$\cos(\theta_T+\beta)=0.8716$，$\sin(\theta_T+\beta)=0.4903$。

$$\begin{pmatrix} M_{tilt} \\ M_{yaw} \end{pmatrix} = \begin{pmatrix} \cos\psi_1 & \cos\psi_2 & \cos\psi_3 \\ \sin\psi_1 & \sin\psi_2 & \sin\psi_3 \end{pmatrix} \begin{pmatrix} M_{oop1} \\ M_{oop2} \\ M_{oop3} \end{pmatrix} \tag{5-15}$$

$$P_{ipc} = C^{-1}\mathrm{PTC} = \mathrm{PT} \tag{5-16}$$

新对象 P_{ipc}［方程式（5-16）］利用科尔曼转化的数学特性简化对象的创建过程。P_{ipc}具有三个输出项（a_{Tss}、M_{tilt}和 M_{yaw}）和两个输入项（β_{tilt}和β_{yaw}）。H_∞ IPC 控制设计中采用了在风速为 19m/s 的作业点上进行了线性化处理的对象 P_{ipc}。

在这种情况下，设计基于 H_∞ 范数降阶的 MIMO 控制器需要一个 MIMO（3×2）混合灵敏度问题。标度常数如方程式 5-17 所示。该混合灵敏度问题中所用的加权函数为 $W_{11}(s)$、$W_{12}(s)$、$W_{13}(s)$、$W_{21}(s)$ 和 $W_{12}(s)$，未采用加权函数 $W_{31}(s)$、$W_{32}(s)$ 和 $W_{33}(s)$，因此利用 MATLAB 鲁棒工具箱时，这三个函数的值为单位数。关于加权函数，$W_{11}(s)$ 是一台倒陷波滤波器，以塔架侧向第一模态频率为中心，可减少风力对该模式的影响。$W_{12}(s)$ 和 $W_{13}(s)$ 为倒高通滤波器，确保积分控制活动，调节倾斜力矩和偏航力矩。$W_{21}(s)$ 和 $W_{22}(s)$ 为倒低通滤波器，减少高频情况下的控制器活动，且在第一叶片平面内模态频率上有一台倒陷波滤波器，将该频率上的陷波滤波器包含在控制器动力学中。图 5-12 为这些加权函数的波德图。

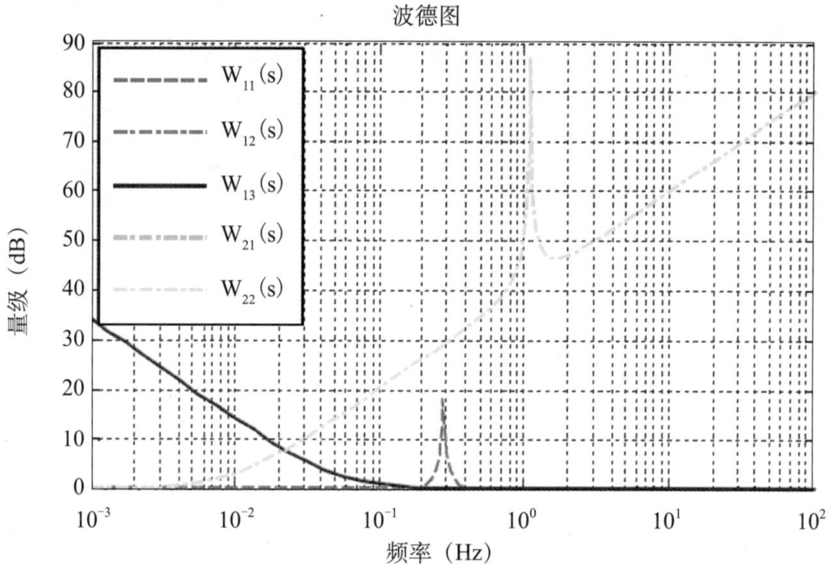

图 5-12　单个桨距 H_∞ 控制设计中的加权函数

$$
\begin{aligned}
&D_{u1}=0.001\text{；}D_{u2}=0.001\text{；}\\
&D_{d1}=0.1\text{；}D_{d2}=1e6\text{；}D_{d3}=1e6\text{；}\\
&D_{e1}=0.1\text{；}D_{e2}=0.5e6\text{；}D_{e3}=0.5e6\text{；}
\end{aligned}
\tag{5-17}
$$

控制器综合之后，须重新调节已完成的控制器，以便使输入和输出适应真正的无标度对象。设计的 H_∞ IPC 控制器具有三个输入项［塔顶侧向加速度 a_{Tss}（单位为 m/s^2）、叶轮倾斜力矩 M_{tilt}（单位为 N·m）、叶轮偏航力矩 M_{yaw}（单位为 N·m）］和两个输出项［叶轮参考系的桨距角 β_{tilt}（单位为 rad）、叶轮参考系上的偏航角 β_{yaw}（单位 rad）］。该设计完成的控制器表现为状态空间，其阶数为 54。由于通道之间存在耦合，多元控制器很难实现降阶，因此该控制器未进行降阶处理。最后一步是利用 0.01s 的抽样时间对控制器进行离散化处理。以离散状态空间表示的控制器（方程式 5-18）的波德图如图 5-13 所示。最后，科尔曼转化式及其逆变换须包含在控制策略中，用于计算每个叶片 β_{rot1}、β_{rot2} 和 β_{rot3} 的独立变桨贡献。图 5-14 为从叶根载荷信号到独立变桨贡献的完整 IPC 控制方案。将这些针对每个叶片的变桨贡献增加至总变桨设定值（在之前设计的总变桨控制器中获得）中。

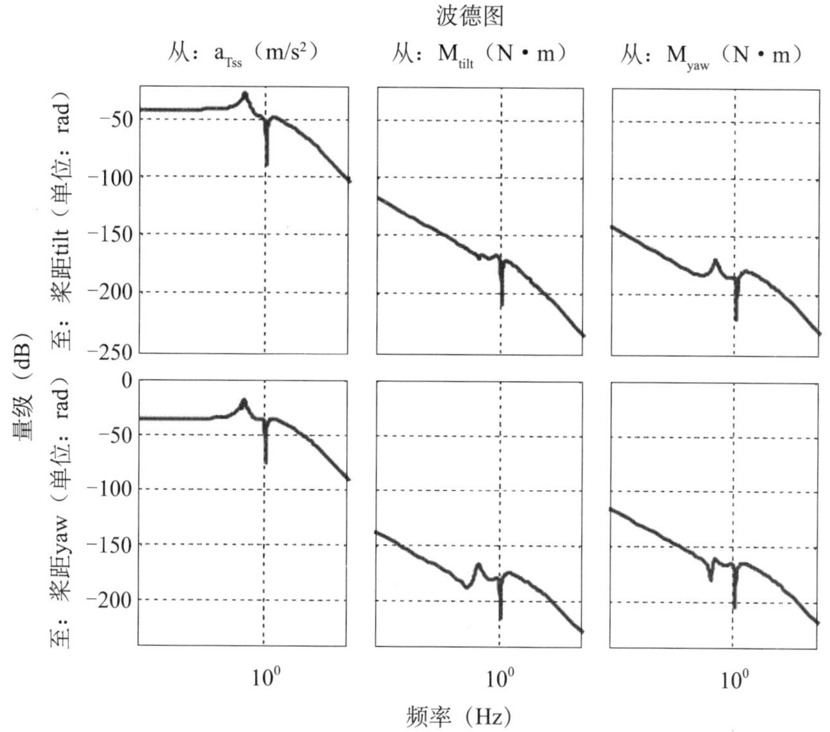

图 5-13　独立变桨 H_∞ 控制波德图

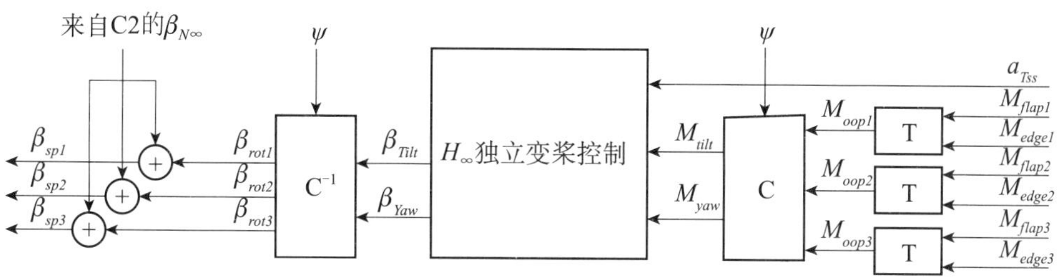

图 5-14　独立变桨控制策略图

$$x(k+1)=A_{\text{ipc1}}x(k)+B_{\text{ipc1}}\begin{pmatrix}a_{\text{Tss}}(k)\\M_{\text{tilt}}(k)\\M_{\text{yaw}}(k)\end{pmatrix}$$
$$\begin{pmatrix}\beta_{\text{tilt}}(k)\\\beta_{\text{yaw}}(k)\end{pmatrix}=C_{\text{ipc1}}x(k)+D_{\text{ipc1}}\begin{pmatrix}a_{\text{Tss}}(k)\\M_{\text{tilt}}(k)\\M_{\text{yaw}}(k)\end{pmatrix} \tag{5-18}$$

5.3.2 设计鲁棒控制器的闭环分析

闭环分析是设计的控制器与风电机组非线性模型一起工作之前很重要的一步。对于本章设计的控制器的一些控制结构，不仅进行了闭环分析，而且在下一节中还进行了非线性模型仿真分析。在所有结构中，低于额定值区的控制策略相同（基本），但是在高于额定值区内却大相径庭。高于额定值区内的控制结构如下：

*C*1 基本控制策略，基于增益调度 PI 变桨控制器，带有 DTD 滤波器和 TFAD 滤波器。

*C*2 鲁棒控制策略，以两台 MISO H_∞ MISO LTI 控制器为基础，即 H_∞ 变桨控制器和 H_∞ 转矩控制器（详见图 5-15）。

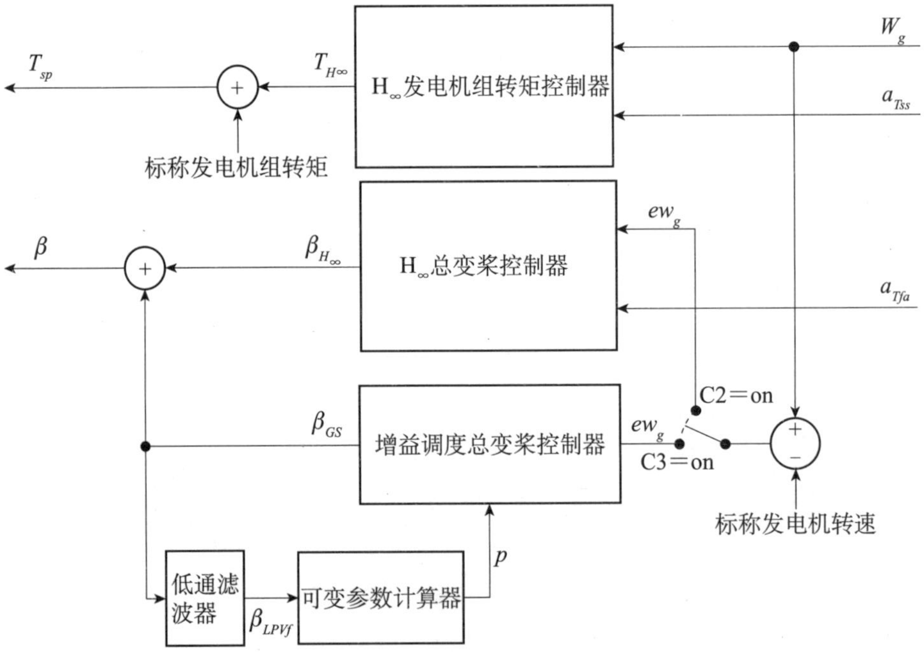

图 5-15 *C*2 和 *C*3 控制策略图解

*C*3 基于两台控制器的鲁棒控制策略。发电机组转矩控制与 *C*2 相同，但是总变桨控制则基于通过线性矩阵不等式（LMIs）解算对三台 H_∞ 控制器进行的增益调度（详见图 5-15）。

*C*4 鲁棒控制策略的外延 *C*2，在每个叶片上具有来自 MIMO IPC H_∞ IPC 的额外变桨贡献（详见图 5-14）。

第一次闭环分析研究了发电机组转速调节环的输出灵敏度函数。表 5-3 为不同作业点上该函数的最大值和带宽，总变桨控制器包含在控制策略 *C*1、*C*2 和 *C*3 中。增益调度控制器的输出灵敏度函数带宽较大，主要是在 -4 至 4 的参数值范围内，所有作业点上的输出灵敏度最大值明显减小。从风电机组载荷减少的观点看，这是一种良好的性能，尤其对于风力的极端变化而言。

传动系统模型的阻尼非常重要。可利用 *C*1 中的基本 DTD 滤波器或利用 *C*2、*C*3 和 *C*4 中的 H_∞ 转矩控制器研发传动系统模型的阻尼。图 5-16 为发电机组转矩控制信号发出的发电机组转速响应的波德图。这些发电机组转矩控制器在风速为 19m/s 的作业点上。利用 *C*1 和 *C*2 控制策略完美实现传动系统模型阻尼。

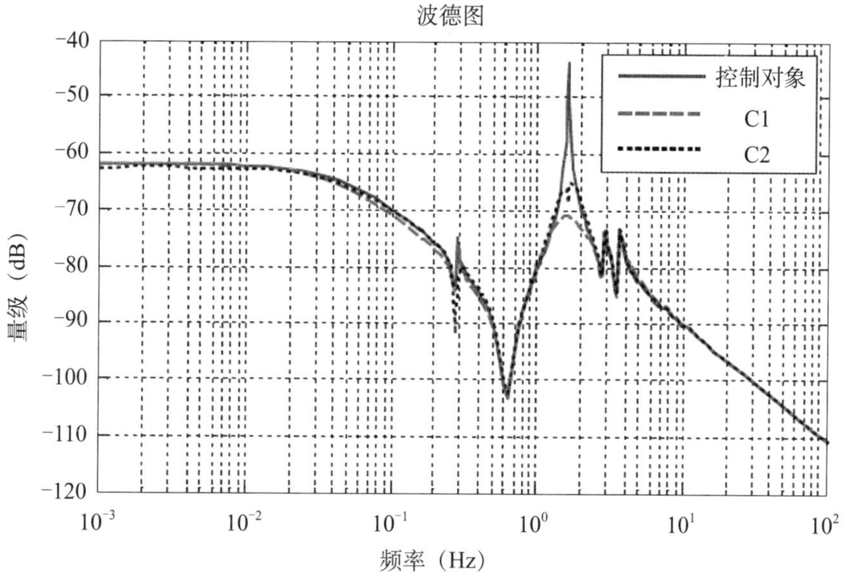

图 5-16　控制对象为“从发电机组转矩到发电机组转速”的波德图

图 5-17、图 5-18、图 5-19 和图 5-20 所示为在风速为 19m/s 的作业点上不同控制方案中风力对风电机组不同控制信号的影响。图 5-17 为风力对发电机组转速的影响。在风速为 19m/s 的作业点上利用 *C*3 控制策略调节该变量效果更好，原因是该控制环的带宽较高（见表 5-3）。图 5-18 所示为利用 *C*1 和 *C*2 控制策略减少风力对塔架前后第一模式的影响。图 5-19 为利用 *C*2 控制策略中发电机组转矩控制或利用 *C*4 策略中独立变桨控制器减少风力对塔架侧向第一模式的影响。图 5-20 表示利用 *C*4 控制方案中的 IPC 调节叶轮倾斜力矩。利用该策略可对叶轮偏航力矩进行类似的调节。

表 5-3　冻结输出灵敏度分析

风速（m/s）	p 值	输出灵敏度峰值（dB）			输出灵敏度带宽（Hz）		
		$C1$	$C2$	$C3$	$C1$	$C2$	$C3$
13	−6	6.06	3.35	2.52	0.037	0.035	0.037
15	−4	6.06	3.59	2.87	0.045	0.044	0.059
17	−2	6.09	4.31	3.12	0.052	0.057	0.074
19	0	6.31	5.29	3.31	0.058	0.070	0.085
21	2	6.00	5.78	3.50	0.061	0.078	0.090
23	4	6.05	6.70	3.67	0.065	0.089	0.097
25	6	6.04	7.84	3.93	0.069	0.10	0.105

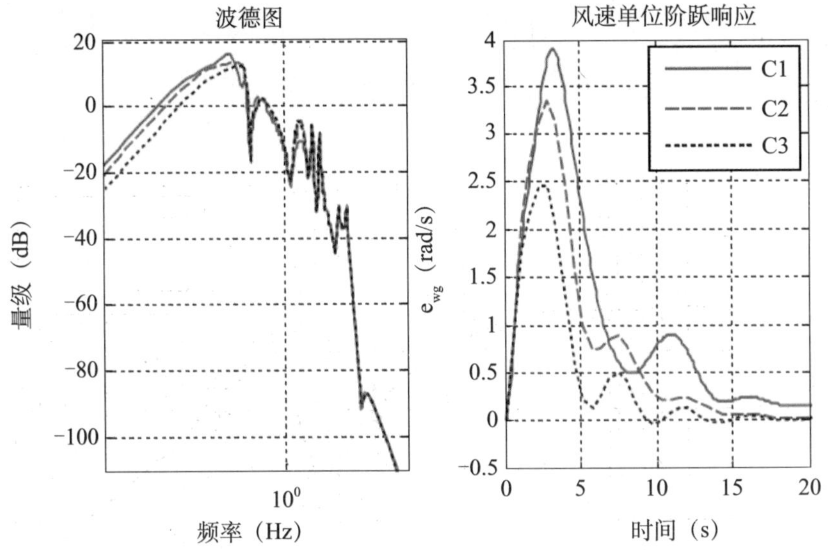

图 5-17　风力输入的发电机组转速响应

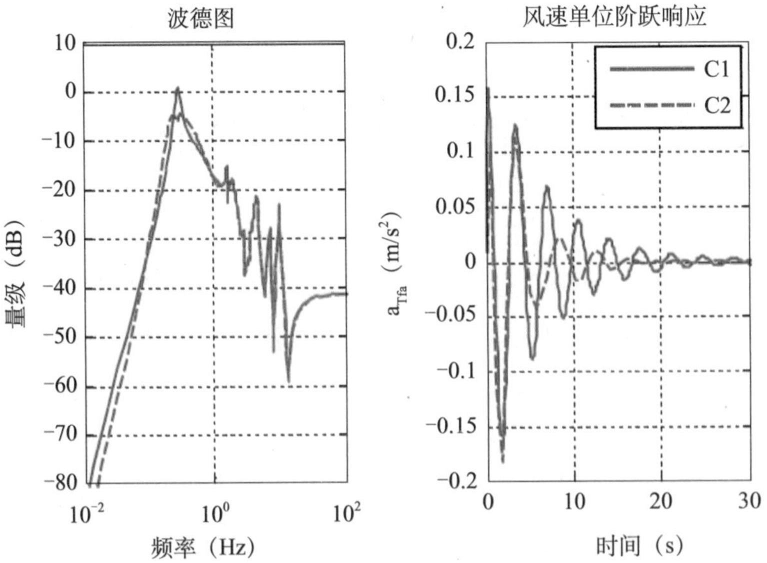

图 5-18　风力输入的塔顶前后向加速度响应

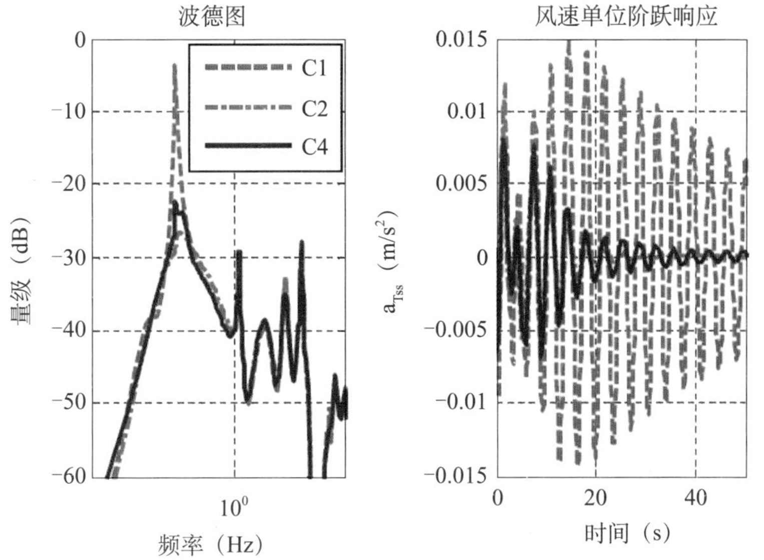

图 5-19　风力输入的塔顶侧向加速度响应

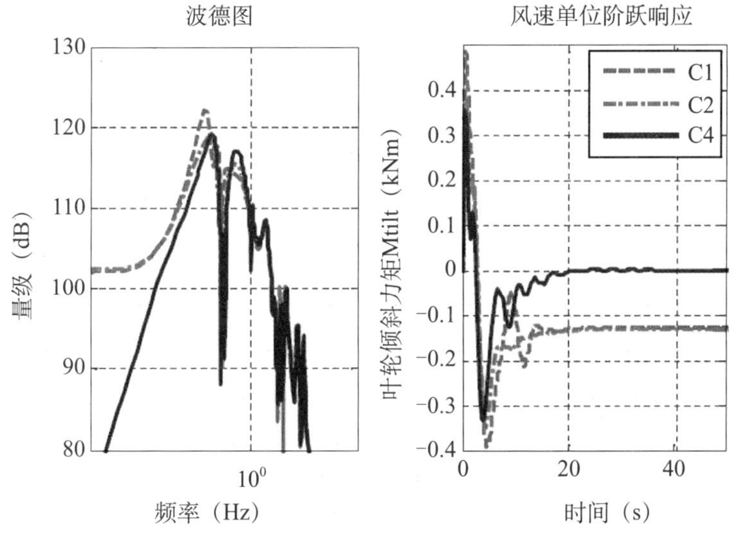

图 5-20　风力输入的叶轮倾斜力矩响应

5.4　GH Bladed 软件仿真结果

闭环分析中所述的控制计划包含在 GH Bladed 软件的外部控制器[46]中，利用特殊风力条件下的 Upwind 非线性风电机组模型进行不同的仿真。非线性模型的仿真分析主要分为以下两步：

- 高于额定值区内发电风力的分析。在这种情况下，平均风速为 19m/s，观察调节信号的时域响应。同时，分析控制系统内不同信号的功率谱密度（PSD），确定在这些信号频域表示方面的控制影响。

• 进行载荷分析，确定使用这些控制策略后的极端载荷减轻情况和疲劳载荷减轻情况。利用降雨量计数法[47,48]进行载荷等效分析，目的是根据材料常数 m 确定风电机组部件的疲劳损坏情况。用于疲劳分析的风力方案以 3～25m/s 的平均发电风速情况下所进行的 600 秒 12 次仿真为基础。另外，一般会进行统计分析，目的是根据这 12 种发电风力确定风电机组不同信号的平均偏差和标准偏差。另一方面，分析两种极端载荷状况，即 DLC1.6 载荷状况和 DLC1.9 载荷状况。在这两种分析中，风力输入分别为不同的阵风和斜坡。由于结果主要取决于停机策略，因此未考虑其他极端载荷状况，设计的鲁棒控制器未对此产生很大影响。

根据仿真分析的第一步，仔细分析仿真。该仿真的输入为湍流发电风力，平均风速为 19m/s（图 5-21）。利用鲁棒控制器，主要利用 *C*3 控制策略中的增益调度控制增加变桨控制环内输出灵敏度函数的带宽（详见表 5-3），从而提高对发电机组转速的调节，使其在该风力输入条件下接近标称值 1 173rpm（图 5-22）。

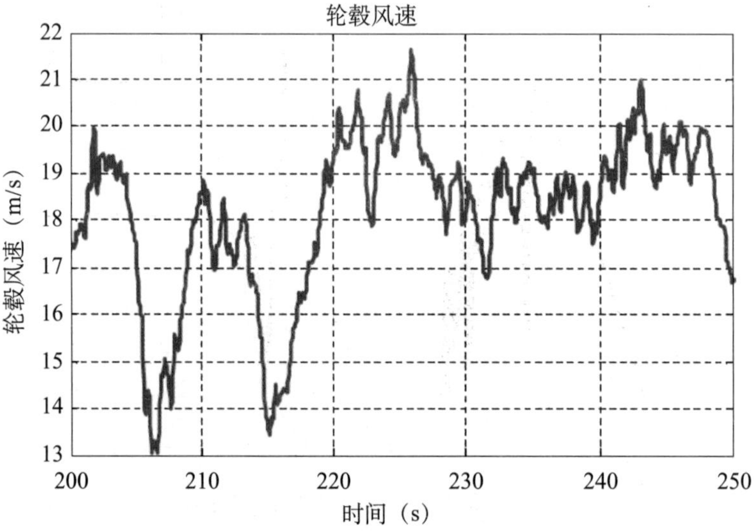

图 5-21　平均风速为 19m/s 的发电风速

同时利用 PSD 分析了频域中的不同信号。图 5-23 和图 5-24 分别为设计的反馈鲁棒控制环对不同变量条件下风电机组载荷减轻的影响。在这种情况下，由于发电机组转速调节能力的提高并未显著影响发电风力情况中的载荷减轻，因此不考虑 *C*3 控制策略。图 5-23 所示为利用 *C*4 控制方案时 IPC 对变桨控制角设定值的变桨贡献。在图 5-23 中，当利用 IPC（而非利用 *C*2 控制策略中的发电机组转矩控制）实现塔

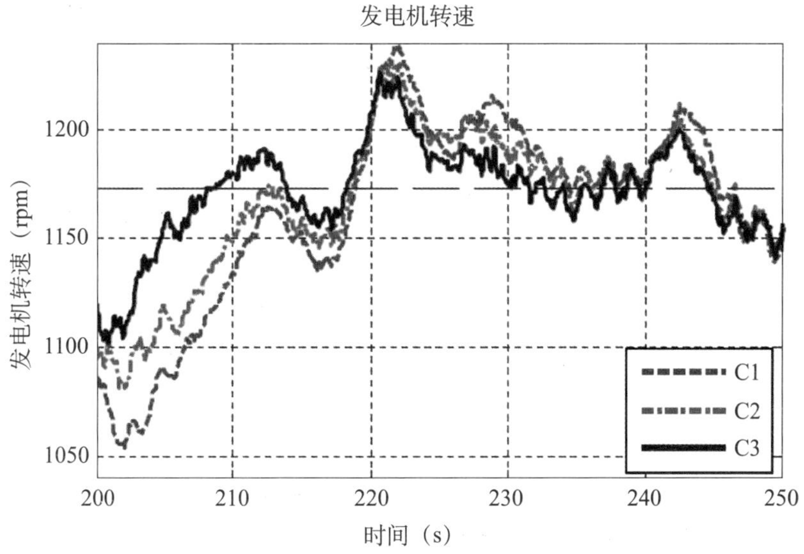

图 5-22　针对风力发电的发电机组转速调节

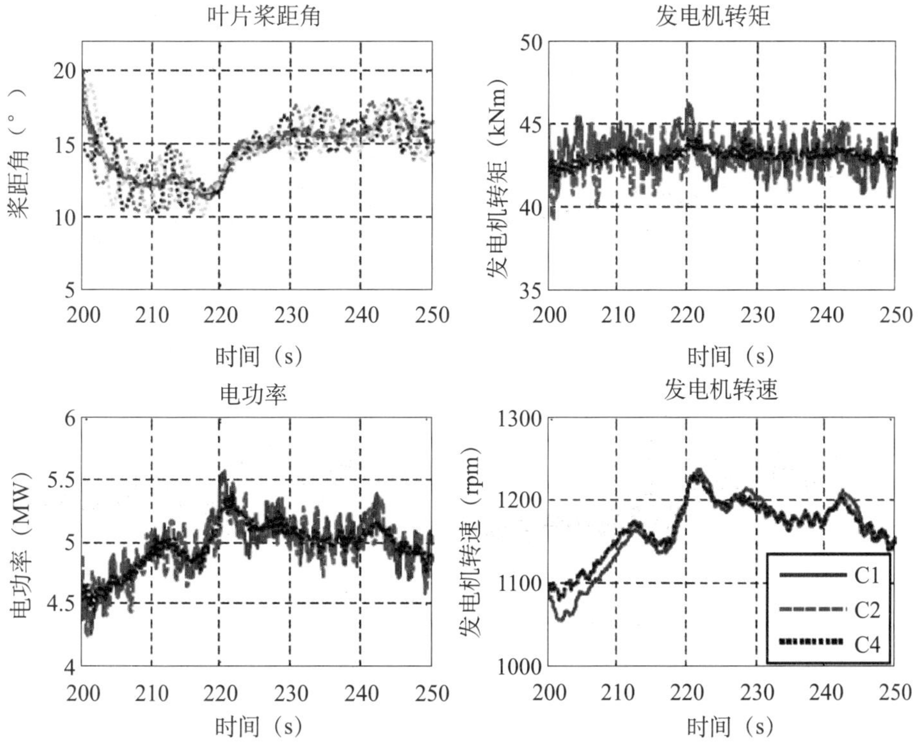

图 5-23　发电风力条件下的不同信号

架侧向第一模式阻尼时，发电机组转矩振荡减小。如果利用 C4 控制方案避免转矩控制出现振荡，则发电质量更好，原因是发电机组转速的调节未受到 IPC 产生的每个叶片桨距贡献的影响。

图 5-24 为风电机组不同部件上的一些重要力矩。[46] 中对叶片、塔架和轮毂坐标系进行了解释。C4 控制策略减少了在叶片平面外力矩 M_{oop} 中 $1P$ 频率下的活动，同时也减少了 $1P$ 周围频率下的 M_{flap} 力矩活动。但是，M_{edge} 力矩几乎与 $1P$ 频率无关，很难减少该变量上的载荷。如果变桨促动器带宽较大，则可减少叶片第一平面内力矩在 M_{edge} 中 1.1Hz 频率下的活动，但是 Upwind 模型的变桨促动器带宽仅为 1Hz。利用 C4 控制策略在塔架侧向第一频率条件下减少 x 内的塔座力矩活动。在小频率条件下几乎无法减少 z 上的固定轮毂力矩，原因是 IPC 使得叶轮平面精确对准。

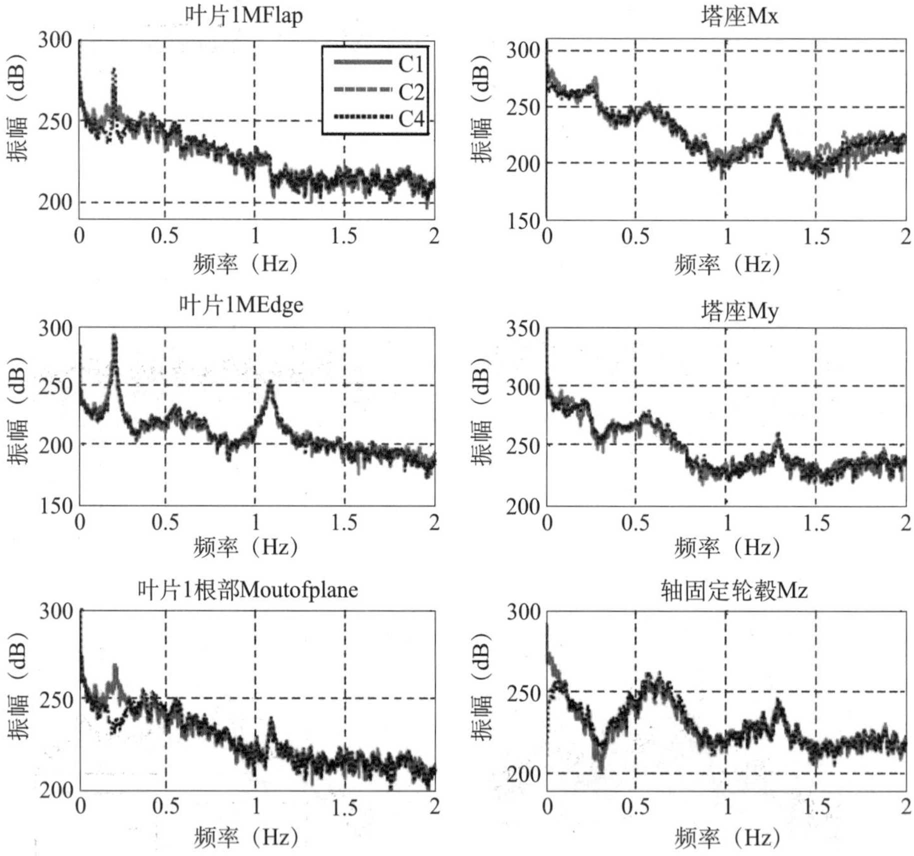

图 5-24　发电风速条件下不同部件上的力矩

图 5-25 为发电机组转速和电功率调节变量的统计分析。该图同时显示了不同发电风力仿真中这些信号的最大值、最小值和平均值。最好利用 C3 控制方案调节发电机组转速，原因是相比于其他控制策略，采用 C3 控制策略后，最大值和最小值更接近标称发电机组转速。尽管发电机组转矩控制环内存在差别，最好也采用 C3

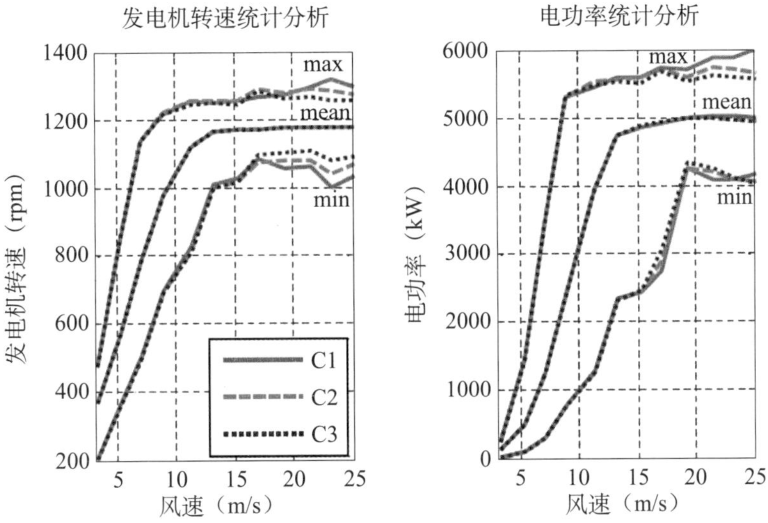

图 5-25　统计分析

控制策略调节电功率。

表 5-4 表示四种控制方案的疲劳分析。视 *C*1 方案为参考，计算采用其他控制策略时的风电机组部件上不同力矩的疲劳载荷减少百分比。塔架的材料常数 m 等于 3，轮毂和偏航系统的材料常数 m 等于 9，而叶片的材料常数 m 等于 12。利用 H_∞ 转矩控制器将发电机组转矩贡献包含在 *C*2 策略中，从而将 x 轴上塔座力矩的疲劳载荷减少了 11.9%，且未使其他部件上的载荷大幅增加。利用 *C*3 策略改善对发电机组转速的调节并不会增加疲劳载荷分析的益处。另一方面，*C*4 控制策略中基于 IPC 的反馈控制环对疲劳载荷的影响相当大。与 *C*2 控制策略相比，y 轴叶根力矩、z 轴固定轮毂力矩、偏航轴承 x 力矩和 y 力矩上的疲劳载荷分别减少了 7.5%、5.9%、5.3% 和 5.5%。因风力对塔架侧向第一模式的影响减小而导致 x 轴上塔座力矩的载荷减少了 2.9%，最好利用 *C*4 控制方案中的 IPC，而不是利用 *C*2 控制方案中的发电机组转矩控制环。利用 *C*4 控制方案中的 IPC 实现对叶轮平面进行控制，使其对齐，这个过程中会使 z 轴上的塔座力矩载荷增加 8.9%。

表 5-4　疲劳载荷分析

	m	*C*1	*C*2	*C*3	*C*4
叶片 MFlap	12	100	100	102.1	98.6
叶片 MEdge	12	100	100	100.1	99.5
叶根 Mx	12	100	99.9	100.0	101.0
叶根 My	12	100	98.8	98.9	91.3
叶根 Mz	12	100	98.3	101.0	99.0

续表

	m	C1	C2	C3	C4
固定桨毂 Mx	9	100	100	99.8	99.0
固定桨毂 My	9	100	99.2	99.6	92.8
固定桨毂 Mz	9	100	99.9	101.0	94.0
偏航轴承 Mx	9	100	101.3	98.4	99.2
偏航轴承 My	9	100	99.2	99.3	93.9
偏航轴承 Mz	9	100	99.5	99.6	94.0
塔座 Mx	3	100	88.1	86.2	85.2
塔座 My	3	100	95.0	95.2	97
塔座 Mz	3	100	99.9	100.0	108.8

最后，表5-5 和表5-6 为利用四种控制方案进行的极端载荷分析。当风电机组在高于额定值区工作时，控制器的激活和停用，主要是 IPC 的激活和停用对于这些分析的影响非常大，因此可以利用更好的控制系统启动策略提高 C4 控制方案中 IPC 的控制效果。

表 5-5　极端载荷 DLC1.6 分析

	C1	C2	C3	C4
发电机组转速	100	91.62	90.5	92.3
叶片 MFlap	100	97.11	92.4	92.7
叶片 MEdge	100	76.29	77.5	77.4
叶根 Mx	100	94.98	93.0	108.9
叶根 My	100	96.89	91.6	93.4
叶根 Mz	100	89.63	86.2	90.1
固定轮毂 Mx	100	85.52	83.0	85.1
固定轮毂 My	100	95.02	94.8	66.3
固定轮毂 Mz	100	103.36	104.1	105.8
偏航轴承 Mx	100	86.00	84.9	87.3
偏航轴承 My	100	84.95	94.0	84.2
偏航轴承 Mz	100	106.36	105.6	115.5
塔座 Mx	100	87.92	85.7	65.1
塔座 My	100	98.60	97.5	98.8
塔座 Mz	100	106.34	105.6	115.4

在极端 DLC1.6 载荷情况分析中，由于总变桨鲁棒控制器对发电机组转速调节的响应较快，因此叶根的摆振力矩几乎没有减少。这种快速性也会减少叶片、轮毂、偏航和塔架上的其他载荷。与 C2 控制策略相比，C3 控制策略并未呈现出重大改进（仅叶根挥舞力矩减少了）。同时，与 C2 控制方案相比，在 DLC1.6 载荷情况下，

*C*4 控制方案中的 IPC 激活后分别使 *y* 轴固定轮毂力矩和 *x* 轴塔座力矩的载荷减少了 28.72% 和 22.8%。此外，采用 *C*4 控制方案后，由于需要通过 IPC 使叶轮平面对齐，因此 *x* 轴上叶根力矩、*z* 轴上偏航轴承力矩和 *z* 轴上塔座力矩的载荷有所增加。

极端载荷 DLC1.9 分析结果表明，与 *C*1 控制策略相比，采用 *C*2 控制策略后，表 5-5 中所列的 *x* 轴力矩的极端载荷大幅减少。此外，采用 *C*3 控制策略中的总变桨增益调度鲁棒控制后，发电机组的调速效率提高了 4.44%，但是 *z* 轴上的不同载荷力矩有所增加。与 *C*2 控制策略得出的结果相比，采用 *C*4 控制策略中的 IPC 控制方法后，*y* 轴上的固定轮毂载荷力矩和 *x* 轴上的塔座载荷力矩分别减少了 43.3% 和 25.1%。在该极端载荷分析中，利用 *C*4 控制策略后，*z* 轴叶根载荷力矩有所增加。

表 5-6　极端载荷 DLC1.9 分析

	*C*1	*C*2	*C*3	*C*4
发电机组转速	100	100.59	95.6	100.7
叶片 MFlap	100	100.18	94.7	95.5
叶片 MEdge	100	101.66	97.7	99.3
叶根 Mx	100	99.14	97.5	97.1
叶根 My	100	99.81	94.3	95.0
叶根 Mz	100	100.45	89.6	107.4
固定轮毂 Mx	100	99.05	99.0	98.9
固定轮毂 My	100	99.31	89.7	56.0
固定轮毂 Mz	100	90.95	103.9	98.1
偏航轴承 Mx	100	99.40	99.1	97.7
偏航轴承 My	100	104.31	94.1	93.4
偏航轴承 Mz	100	93.31	105.5	101.1
塔座 Mx	100	98.29	96.7	73.1
塔座 My	100	98.89	93.9	98.5
塔座 Mz	100	93.31	105.5	101.1

5.5　总　结

本章为减轻风电机组载荷提出了一个不同多元鲁棒控制器的设计过程。将这些控制器与基于风电机组传统控制方法的 *C*1 基本控制策略进行了比较，不仅比较了控制器设计过程，而且对验证过程也进行了比较，比较过程涉及对 GH Bladed 软件中的风电机组非线性模型的仿真结果进行不同的复杂分析。本章研究结果总结如下：

- 表 5-1 中总结了每一种控制策略的控制目标。*C*1、*C*2 和 *C*3 控制策略需要一台发电机转速传感器和一台塔顶加速度传感器，与设计的发电机转矩控制器和总变桨控制器配套使用。但是，$C4$ 控制策略还需要叶根传感器实现具体的控制目标，包括独立变桨控制（IPC）。

- 5.2 小节中详细分析了 $C2$ 控制策略中发电机组转矩控制器和总桨距控制器的鲁棒性。从标称对象到加权函数的定义，对控制器综合所需的混合灵敏度问题进行了解释。提出的发电机组转矩和总变桨叶片控制器极佳地减轻了风电机组预期零部件上的载荷。这些控制器在高于额定值区发电的过程中获取标称电功率。

- 在 $C3$ 控制策略的增益调度控制中，三台线性时不变（LTI）H_∞ 控制器完美内插，并未损失高于额定值区各轨道的稳定性和性能，解算了线性矩阵不等式（LMI）系统。与 $C2$ 控制策略中的 LTI H_∞ 控制器相比，这些控制器提高了发电机组转速调节效率。未针对阵风情况对该增益调度控制器中的参数适应进行优化。可考虑其他比变桨信号的响应更快的变量，如发电机组转速误差，用于计算可变参数值，提高极端阵风情况下的发电机组转速调节效率。

- $C4$ 控制策略的多元鲁棒独立变桨控制（IPC）实现了拟议的控制目标：减少了因叶轮位置不准而导致的非对称载荷；减轻了塔架的载荷，减少了风力对塔架侧向第一模式的影响。与 $C2$ 和 $C1$ 基本控制策略相比，采用 $C4$ 控制策略后，塔架载荷减少得较多，且风力对塔架侧向第一模式的影响降低的程度更大。此外，利用 $C4$ 控制策略获得的电源质量好于利用 $C2$ 控制策略获得的电源质量，原因是塔架侧向第一模式阻尼是通过 IPC 而非发电机组转矩控制实现的。需要独立变桨控制器的启动算法，以便轻柔激活控制环，减少从低于额定值区到高于额定值区过渡期间的极端载荷。

- 设计用来减少风力对某些结构模式的影响的反馈控制策略主要减少所控制的风电机组变量中出现的疲劳载荷。其他控制环，如叶轮对齐和发电机组转速调节器，不仅对其试图控制的变量产生影响。发电机组转速调节中输出灵敏度函数带宽的增加对减轻极端载荷的影响很大。总变桨控制快速响应，风电机组迅速地改变叶片的桨距角，调节发电机转速。

- 设计的鲁棒控制器对于标称对象具有很大的依赖性。这些对象不考虑风电机组转动模式（$1P$，$3P\cdots$），因为使用 GH Bladed 软件进行线性化处理的过程中不考虑这些模式。如果控制对象中考虑了这些模式，则可改进鲁棒控制策略。可通过模型识别风电机组真实数据或利用复杂分析模型考虑这些模式。

- 使用 GH Bladed 软件在极端风力条件下对提出的控制策略进行了生产验证。

5.6 未来工作

本章中介绍的一些研究内容涉及到了 H_∞ 控制器和增益调度控制器设计过程中的数值算法。这些算法尚不成熟，需在不同方面进一步研究。未来还将继续开展本章介绍的研究工作，更大程度上减轻风电机组的载荷，具体工作如下：

- 利用根据识别出的风电机组真实数据创建的风电机组模型。这些模型是阶数较低的非结构模型，如 $1P$ 或 $3P$。设计出有效的控制器，减轻风力对这些模型的影响。实现控制综合所需的计算费用将会降低。
- 利用科尔曼滤波器或其他技术测量风速，或利用 LIDAR 传感器测量风速。由于系统的主要干扰已知，因此在控制策略中加入风速测量是有益的。风速测量值可用作增益调度控制器的可变参数，以便控制器能够快速使其动力适应当前的风力。
- 改进独立变桨控制器。如果变桨促动器带宽增加，由于可减轻风力对叶片模型的影响，因此独立变桨控制器的性能会更好。
- 改进高于额定值区的增益调度控制器，包括线性模型族的新作业点［当风电机组不在发电曲线作业点上工作时（图 5-1）］。
- 改进增益调度控制器，使其适应阵风输入，包括新的参数依赖性，响应快于变桨信号，如发电机组转速误差，目的是在极端风力条件下更好地调节发电机组转速。

致 谢

本章研究内容得到了西班牙经济和竞争力部以及欧洲 FEDER 基金会的支持（研究项目：DPI2012-37363-C02-02）。

参考文献

[1] Jonkman JM, Butterfield S, Musial W, Scott G (2009) Definition of a 5-MW reference wind turbine for offshore system development. NREL Technical Report NREL/TP-500-38060.

[2] Díaz de Corcuera A (2013) Design of robust controller for load reduction in wind turbines. Thesis. University of Mondragon, The Basque Country, Spain, 2013.

[3] Díaz de Corcuera A, Pujana-Arrese A, Ezquerra JM, Segurola E, Landaluze J (2012) H_∞ based control for load mitigation in wind turbines. Energies 2012 (5):

938 – 967.

[4] Díaz de Corcuera A, Nourdine S, Pujana-Arrese A, Camblong H, Landaluze J (2011) GH BLADED'S linear models based H-infinity controls for off-shore wind turbines. In: EWEA Offshore 2011. Nov 2011. Amsterdam (Holland).

[5] Díaz de Corcuera A, Pujana-Arrese A, Ezquerra JM, Segurola E, Landaluze J (2012) Wind turbine load mitigation based on multivariable robust control and blade root sensors. In: The Science of Making Torque from Wind. October 2012. Oldenburg (Germany).

[6] International Standard IEC 61400-1 Second Edition 1999-02 Wind turbine generator systems. Part 1: Safety requirements.

[7] Bossanyi EA (2000) The design of closed loop controllers for wind turbines. Wind Energy 3 (3): 149 – 163.

[8] Laks JH, Pao LY, Wright A (2009) Control of wind turbines: past, present, and future. In: American control conference 2009. June 2009. St. Louis (USA).

[9] Pao LY, Johnson KE (2009) A tutorial on the dynamics and control of wind turbines and wind farms. In: American control conference 2009. June 2009. St. Louis (USA).

[10] Bossanyi EA (2009) Controller for 5 MW reference turbine. European Upwind Project Report. www. upwind. eu. Accessed Feb 2013.

[11] Schaak P, Corten GP, van der Hooft EL (2003) Crossing resonance rotor speeds of wind turbines. ECN Wind Energy, Paper ECN-RX-03-041.

[12] Van der Hooft EL, Schaak P, van Engelen TG (2003) ECN Technical Report. DOWEC-F1W1-EH-03-0940.

[13] Caselitz P, Geyler M, Giebhardt J, Panahandeh B (2011) Hardware-in-the-Loop development and testing of new pitch control algorithms. In: Proceeding of European wind energy conference and exhibition (EWEC), Brussels, Belgium, Mar 2011; pp 14 – 17.

[14] Johnson KE, Pao LY, Balas MJ, Kulkarni V, Fingersh LJ (2004) Stability analysis of an adaptive torque controller for variable speed wind turbines. In: Proceeding of IEEE conference on decision and control, Atlantis, Bahamas, Dec 2004; pp 14 – 17.

[15] Nourdine S, Díaz de Corcuera A, Camblong H, Landaluze J, Vechiu I, Tapia G (2011) Control of wind turbines for frequency regulation and fatigue loads reduction.

In: Proceeding of 6th Dubrovnik conference on sustainable development of energy, water and environment systems, Dubrovnik, Croatia, Sept 2011; pp 25 – 29.

[16] Sanz MG, Torres M (2004) Aerogenerador síncrono multipolar de velocidad variabley 1.5 MW de potencia: TWT1500. Rev. Iberoamer. Automática Informática 1: 53 – 64.

[17] Bianchi FD, Battista HD, Mantz RJ (2007) Wind turbine control systems. In: Principles, modelling and gain scheduling design. Springer, London.

[18] Díaz de Corcuera A, Pujana-Arrese A, Ezquerra JM, Segurola E, Landaluze J (2013) Linear models based LPV (Linear parameter varying) control algorithms for wind turbines. EWEA 2013. Jan 2013. Vienna (Austria).

[19] Geyler M, Caselitz P (2008) Robust multivariable pitch control design for load reduction on large wind turbines. J Sol Energy Eng 2008 (130): 12.

[20] Fleming PA, van Wingerden JW, Scholbrock AK, van der Veen G (2013) Field testing a wind turbine drivetrain/tower damper using advanced design and validation techniques. In: American control conference (ACC) 2013 (Washington: USA).

[21] Iribas M, Landau (2009) Closed loop identification of wind turbines models for pitch control. In: 17th Mediterranean conference on control and automaton. June 2009. Thessaloniki (Greecce).

[22] Iribas M (2011) Wind turbine identification in closed loop operation. European Upwind Project Report. www.upwind.eu. Accessed Feb 2013.

[23] Garrad Hassan GL (2011) V4 Bladed Theory Manual. © Garrad Hassan & Partners Ltd, Bristol.

[24] Jonkman JM, Marshall L, Buhl Jr (2005) FAST user's guide. NREL Technical Report NREL/TP-500-38230.

[25] Harris M, Hand M, Wright A (2005) LIDAR for turbine control. NREL Technical Report NREL/TP-500-39154.

[26] Van der Hooft EL, Schaak P, van Engelen TG (2003) Wind Turbine Control Algorithms; DOWEC-F1W1-EH-03094/0; Technical Report for ECN: Petten, The Netherlands, 2003.

[27] Ogata K (1993) Ingeniería de Control Moderna, 2 edn. Pearson Prentice Hall, Mexico.

[28] Bossanyi EA (2003) Wind turbine control for load reduction. Wind Energy 2003 (6): 229-244.

[29] Doyle JC, Francis BA, Tannenbaum AR (1992) Feedback control theory. MacMillan, New York.

[30] Scherer CW, El Ghaoui L, Niculescu S (eds) (2000) Robust mixed control and LPV control with full block scaling. In: Recent advances on LMI methods in control, SIAM (2000).

[31] Balas G, Chiang R, Packard A, Safonov M (2010) Robust control toolbox. User's guide Mathworks. http://www.mathworks.es/es/help/robust/index.html. Accessed Feb 2013.

[32] Skogestad S, Postlethwaite I (2010) Mutivariable feedback control. Analysis and design, 2 edn. Willey, Chichester.

[33] Rugh WJ, Shamma JS (2000) Research on gain scheduling. Automatica 36 (10): 1401-1425.

[34] Bianchi FD, Mantz RJ, Christiansen CF (2004) Control of variable-speed wind turbines by LPV gain scheduling. Wind Energy 7 (1): 1-8.

[35] Díaz de Corcuera A, Pujana-Arrese A, Ezquerra JM, Segurola E, Landaluze J (2012) LPV model of wind turbines from GH Bladed's linear models. In: 26th European conference on modelling and simulation. ECMS 2012. May 2012. Koblenz (Germany).

[36] Ostergaard KZ, Brath P, Stoustrup J (2008) Linear parameter varying control of wind turbines covering both partial load and full load conditions. Int J Robust Nonlinear Control 19: 92-116.

[37] Bianchi FD, Sanchez Peña RS (2011) Interpolation for gain-scheduled control with guarantees. Automatica 47: 239-243.

[38] Van Engelen TG, van del Hooft EL (2005) Individual pitch control inventory. ECN-C-030-138. Technical report for ECN. The Netherlands, 2005.

[39] Bossanyi EA, Wright A, Fleming P (2010) Controller field tests on the NREL CART2 Turbine. NREL/TP-5000-49085. Technical Report for NREL. Colorado, CO, USA, Dec 2010.

[40] Bossanyi EA, Wright A, Fleming P (2013) Validation of individual pitch control by

field tests on two-and three-bladed wind turbines. IEEE Trans Control Systems Technol 21 (2): 1067 - 1078.

[41] Stol KA, Zhao W, Wright AD (2006) Individual blade pitch control for the controls advanced research turbine (CART). J Sol Energy Eng 128 (2): 498 - 505.

[42] Wortmann S, (2010) REpower field test of active tower damping. In: European Upwind Project Report; Garrad Hassan & Partners Ltd. , Bristol, UK.

[43] Heβ F, Seyboth G (2010) Individual Pitch Control with tower side-to-side damping. In: Proceeding of 10th German wind energy conference, Bremen (Germany), Nov 2010.

[44] Nam Y (2011) Control system design, wind turbines. Ibrahim Al-Bahadly (ed), ISBN: 978-953-307-221-0.

[45] Coleman RP, Feingold AM (1957) Theory of self-excited mechanical oscillations of helicopter rotors with hinged blades. NASA TN 3844, NASA, 1957.

[46] Garrad Hassan GL (2011) V4 Bladed User Manual. © Garrad Hassan & Partners Ltd, Chichester.

[47] Frandsen ST (2007) Turbulence and turbulence generated structural loading in wind turbine clusters. Ph. D. Thesis, Technical University of Denmark, Roskilde, Denmark, 2007.

[48] Söer H, Kaufeld N (2004) Introducing low cycle fatigue in IEC standard range pair spectra. In: Proceeding of 7th German wind energy conference, Wilhelmshaven, Germany, Oct 2004; pp 20 - 21.

第六章　海上风力发电机组建模、分析和控制的综合结果

Hamid Reza Karimi，Tore Bakka

摘要： 可再生能源是全球的一个热门话题。如今，存在几种可持续和可再生能源，如水能、风能、太阳能、波浪能和生物质能等。大多数国家都想让自身的发展模式更加环保。过去，所有的风电场都位于内陆，然而在过去10年中，越来越多的风电场建在海上浅水区。本章采用对比研究的方法对海上风力发电机组的建模、分析和控制进行综合研究。我们设计了一个利用有限信息就可以运作的$\mathcal{H}_\infty$的静态输出反馈控制。有限信息表明，控制回路中信息不足或传感器在实际运行中失效进而造成信息不足，在这两种情况下，该反馈装置也可以有出色的表现。因此，为获取有限信息，我们在静态输出反馈增益矩阵上安装了一个特殊结构。反馈装置的一个实际用途就是为风力发电机组设计一个分散控制器。这对于控制器也有利，因为这会提升控制器对传感器故障的承受能力。此外，通过使用风力发电机组仿真软件FAST，我们建造了这一模型。通过使用线性矩阵不等式（$\mathcal{LMI}$），我们得到了设计$\mathcal{H}_\infty$控制器所需的所有条件。最后，我们将进行一个全面的仿真研究，说明针对控制增益结构不同情况提出的各类方法的有效性。

关键词： 风力发电系统；控制设计；建模；仿真；LMI

术语：

β　　　　桨距角

根据挪威研究委员会（RCN）的格兰特193821 / S60条款，该项研究的部分资金来自于挪威海上风力能源中心（NORCOWE）。挪威海上风力能源中心的成员来自工业界和科学界，由基督教米切尔森研究机构主管。

人力资源 Karimi（✉）· T. Bakka
挪威格里姆斯塔4879号，阿哥德大学工程与科学学院工程系。
电子邮箱：hamid. r. karimi@ uia. no

T. Bakka
电子邮箱：tore. bakka@ uia. no

C_p	功率系数
F_t	推力
λ	叶尖速比
P_a	风力发电能力
ω_r	叶轮转速
R	叶轮半径
ρ	空气密度
T_a	气动力矩
v	作用于叶片的风速

6.1 简　介

人类利用风力发电机组已经有几个世纪的历史。第一批风力机只用于磨玉米或抽水这样的机械作业。1887 年，苏格兰人 James Blyth 是第一个感受到风力发电机组好处的人。他用风力发电机组为电池充电，照亮了他的小屋。直到 20 世纪 70 年代末，现代风能产业才出现，从此之后，人们加快了对风能领域的研究速度。

现在，人们提倡绿色生活，可再生能源受到了全球各地的广泛关注。过去 10 年间，风能产业增长迅速。现在，风能产业已经成为最具前景的可再生能源之一。自 20 世纪 90 年代初，人们对风能产业萌生出新的兴趣，每年的风能总装机容量都呈迅速增长趋势。世界风能协会（WWEA）2012 年半年度报告指出，中国、美国、德国、西班牙和印度在总装机容量上遥遥领先，占全球总装机容量的 74%。图 6-1 表明了自 2001 年以来的全球总装机容量。从图 6-1 中可以看出，每年全球总装机容量增长速度约为 21%。通过先行控制可以实现风能产业的持续增长。尽管全球大多数的风电厂建立在内陆，但是，人们对海上风电厂也表现出了浓厚的兴趣。相比陆上风速，海上风速不仅更大而且更平稳。海上风力发电机组常常固定在土壤里、塔架上或其他装置上，这些装置通常安装在深度 60 米左右的浅海区。不过，许多国家也可以将这些装置安装在深度 1000 米左右的深海区。当前，位于挪威西海岸并投入运营的 Hywind 就是一种漂浮式海上风机。本章论述的就是 Hywind 的一种模型。

风力发电机组运作机制十分复杂，一般情况下，它包括四个主要部件：风轮、传输装置、发电机和塔架。此外，还有一个控制系统使得机组能够以合适的方式运转。多年来，已经提出了许多风力发电机组仿真方法，例如单质模型[1]、多质模型[19]，以及复杂的多体模型。近年来，人们似乎对后者兴趣颇多，主要是因为这些方法同 HAWC2[16] 中 Cp-Lambda[8] 和 FAST[13] 等专门风力发电机组仿真软件进行了有机结合。最近，人们提出了一个具有强大数据驱动的风力发电机组故障检测方法[24]。近些天，梁式浮动风力发电机组的结构控制弊端也得到优化并进行了仿真[22]。此外，人们设计出了应用于风力发电机组集体变距操纵和减轻载荷的适应性输出反馈控制[18]。在这项工作中，主要目标是在不估计风速的情况下，设计出输出反馈控制器，从而确保发电机组速度维持在基准轨迹范围内，抵住不确定参数和时变干扰。

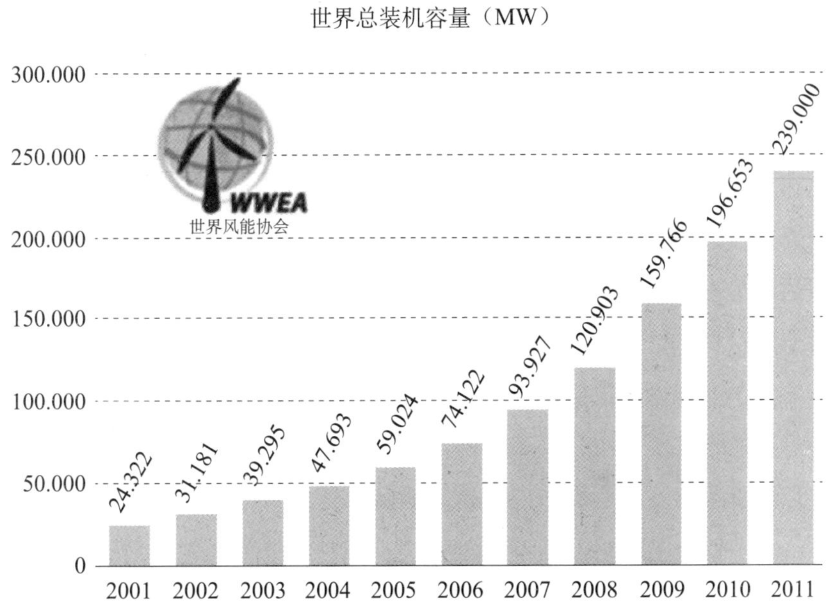

图 6-1　2001—2011 年风电装机总容量［MW］

典型风力发电机组的运转区通常划分为四个区域，如图 6-2 所示。在区域 1（$v < v_{\text{cut-in}}$），风速比切入风速低，无电能产生。在区域 2（$v_{\text{cut-in}} < v < v_{\text{rated}}$），保持叶片桨距恒定，而发电机组转矩是可控变量。在区域 3（$v_{\text{rated}} < v < v_{\text{cut-out}}$），主要是通过控制叶片保持额定功率和发电机组的转速。在区域 4（$v > v_{\text{cut-out}}$），风速太高，机组关闭。本章的重点是介绍额定风速时的情况，即区域 5。

将精心设计的陆上控制器安装在海上风电机组上，这个想法非常有创新性。原则上说，我们可以做到这一点，但是并不能保证闭环系统的稳定性。陆上风电机组和海上风电机组之间的主要区别是自然频率。如果风电机组安装在一个浮动基座上，自然频率会显著降低。首先，先介绍陆上风电机组。陆上风电机组的最低塔架频率

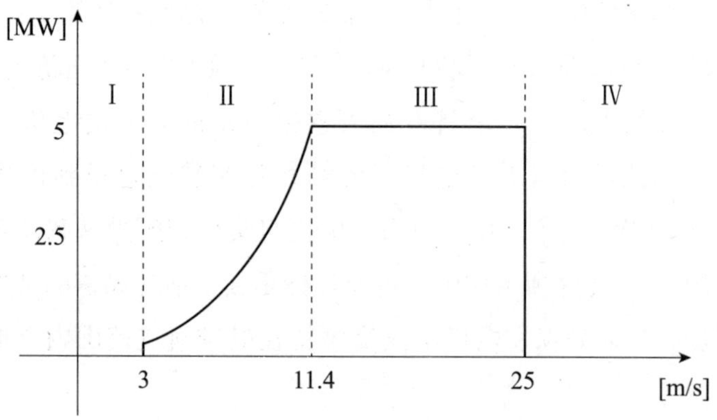

图 6-2　运转区域

通常是 0.5Hz，这是该塔的首尾弯曲模式。一旦该风电机组安装在海上，就会出现一些附加的振动模式，参见图 6-3。这些附加的振动模式大多为低频振动，而最低频率大约在 0.01 ~ 0.04Hz 之间。设计者在设计风电机组时，已经了解该地区的风速和波段频率，并据此对风电机组的结构进行设计。这样做的目的是为了确保不会对周围环境造成结构性振动。对于非漂浮式风电机组而言，土壤对结构性自然频率发挥着重要作用，具体见[2]。陆上风电机组控制器的频率约为 0.1Hz，低于塔架二阶前后模态的频率。如果该控制器安装在海上风电机组上，控制器将比塔架振动模式更快。一旦风速超过额定值，可能会使得风电机组失去稳定性。简单思考一下就会明白这一点的重要性。众所周知，在高于额定风速条件下，可控变量是桨距角。风速增加时，为了使发电机组速度不至于过快，叶片将抵挡风。这意味着，作用在塔

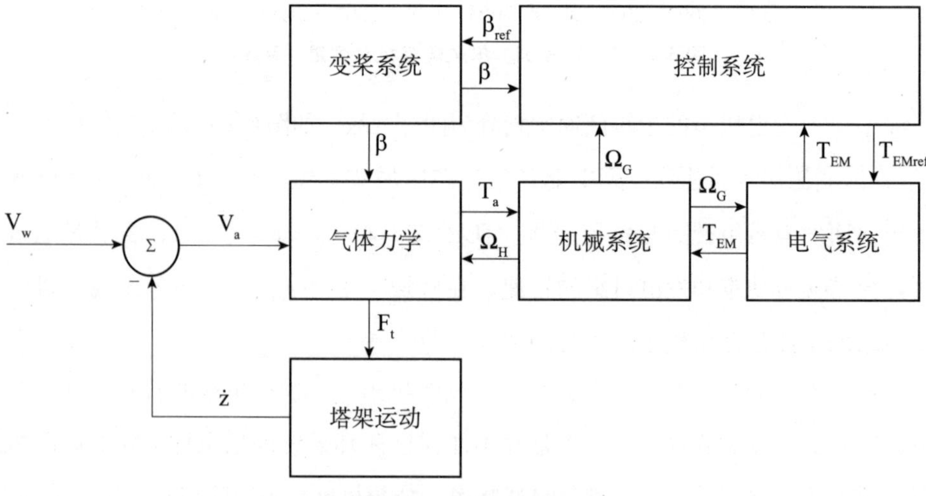

图 6-3　互联子系统

架上的气动力会下降，并开始向前推进。这种运动会产生稳定性问题，这与叶片的俯仰频率直接相关。考虑两种情况：（1）使用陆上控制器；（2）使用海上控制器。在第一个方案中，塔前倾可能性较小，而叶片迎风可能性较大。所以，塔架将失去大部分的气动阻尼。因此，塔架和发电机组都将开始振荡，并变得不稳定。在第二个方案中，塔前倾可能性较大，而叶片迎风可能性较小。因此，塔不会失去太多的气动阻尼，而整个系统也会保持稳定。

在当今的产业中，PI 控制器或 PID 控制器是两种常用的控制器。设计人员在设计这两种控制器时着重注意了临界频率的问题。极点配置法是一种准确就位闭环系统极点的方法。这些稳定性约束条件并未直接包含在本章内容提出的控制设计中，而是间接包含在其中，原因是拟议的控制器设计基于模型，且能够保证稳定性。仿真结果中将对该问题进行演示。

风电机组是一种高度非线性系统，其非线性由风力转化为电力而导致。根据［10］，风力发电量的公式为：

$$P_a = \frac{1}{2}\rho\pi R^2 v^3 C_p(\lambda,\beta) \tag{6-1}$$

无量纲叶尖速比 λ 的计算公式为：

$$\lambda = \frac{\omega_r R}{v} \tag{6-2}$$

其中，ω_r表示叶轮的旋转速度，R 表示叶轮半径，v 表示作用于叶片上的风速。从方程式（6－1）可知，气动力矩和推力的表达式分别为：

$$T_a = \frac{1}{2}\rho\pi R^3 v^2 \frac{C_p(\lambda,\beta)}{\lambda} \tag{6-3}$$

$$F_t = \frac{1}{2}\rho\pi R^2 v^2 C_T(\lambda,\beta) \tag{6-4}$$

其中，T_a表示气动力矩，F_t表示推力，ρ 表示空气密度，β 表示桨距角。C_P被称为功率系数，取决于风电机组的设计方式。这是一个描述可用风能与其可能产生的发电量之间关系的表达式。无法利用所有风力。如果能够利用所有风力，则风力击打叶片之后必须完全停止。电能提取的理论上限被称为贝兹极限。阿尔伯特·贝兹指出，无论风电机组的设计如何，只能获取 59.3% 的理论电能。而事实上，考虑了所有损耗和摩擦力之后，实际获取的电能仅约 40% ～50% 。C_T针对推力也有类似的解释。两个表达式均取决于叶尖速比 λ 和桨距角 β。

标准风电机组由 5 种主要组件组成，即塔架、机舱、叶轮、发电机和传动系统。

机舱位于塔架的顶部，覆盖了传动系统和发电机组。传动系统分为两部分，即低速轴和高速轴。叶轮附属于低速轴，由风力驱动。低速轴的速度通常增速约在百倍。低速轴驱动感应发电机组并发电。近来研制开发出了无齿轮箱的传动系统。这种机构被称为直接驱动解决方案，直驱永磁同步发电机组。最近，[21]中提出了一种新颖的OC3-Hywind圆材型漂浮式风电机组的数学建模和参数调整方法。在该风电机组中，调谐质量阻尼器安装于机舱内。

常常通过公式化线性矩阵不等式（简称$\mathcal{LMIs}$）方面的问题而解释各种控制技术[9]。问题公式化提供了一个机会，能够在线性矩阵不等式变量上强加一个特殊结构。对于约束信息系统，这非常简便，能够设计出一台控制器，处理反馈环路没有使用全部信息的情况。原因包括其中一些信息不需要、一些传感器特别易于出现故障、控制器之间的切换、控制器无须相同信息等。状态反馈在控制应用中应有广泛，但是实际上通常无法进行全状态检测。一种更加实用的方法是发电量反馈法。但是在发电量反馈法中，发电量增益矩阵的计算并没有状态反馈情况中的计算那样容易。在发电量增益矩阵计算中，简单的变量变化会将非凸问题转化为凸问题。在发电量反馈的情况中，并未使增益矩阵直接与其他的线性矩阵不等式变量分离。在[25－27]中，提出了一种显式解，用于计算增益矩阵。在[20]中，发现了一种更简单的解决方法，能够在线性矩阵不等式变量上强加零-非零约束。[4，5，7]中研究了这些方法在风电机组上的应用。而[23]和[15]则针对使系统更能耐受故障的其他解决方法提出了建议。电网中出现的故障也能够使风电机组的运行违反要求，[28]中已对这种情况进行了讨论并进行了处理。

当前，现代化的风电机组容量越来越大，且往往位于恶劣的环境中，导致关键零件上的载荷较大，可能常常出现传感器故障。本章试图解决这两个问题。如果反馈环路中的传感器将要出现故障，则传统控制器可能迫使风电机组完全停机。在本章中设计的控制器的帮助下，可以尽快确定出现故障的传感器，风电机组仍旧能够运行。但是这种处理也存在其后果，稍后会在本章中详细讨论。本章内容主要包括两个方面：一方面，设计一台$\mathcal{H}_\infty$控制器，最大限度地减少干扰对于受控发电量的影响。实际上这意味着能够抑制关键零件上因湍流导致的多余振动。另一方面，事先设计控制器，以减少可能出现的传感器故障带来的影响。

本章第6.2节介绍了研究中的模型，并介绍了风电机组模型与变桨调节器的互联方式。第6.3节介绍了控制设计及如何计算约束增益矩阵。第6.4节介绍了线性模型和非线性模型的仿真结果。第6.5节为结束语以及对未来工作的建议。

符号含义：在本章内容中，$\mathcal{R}^n$和 $\mathcal{R}^{n\times m}$分别表示 n 维欧几里得空间和所有 $n\times m$ 真正矩阵的设置。上标^{T}表示矩阵转置，I 和 0 分别表示单位矩阵和零矩阵（带有兼容尺寸）。符号⊗表示克罗内克积。$P>0$ 表示 P 为真正的对称正定矩阵。符号 $*$ 则表示对称位置中的转置元素。函数 {⋯} 表示分块对角矩阵，操作符号（A）表示 $A+A^{\mathrm{T}}$。所有的线性矩阵不等式变量均为粗体字。

6.2　模型介绍

风电机组分为几个互联的子系统，详见图 6-3。子系统的复杂性往往与控制策略有关。用于控制的模型不得过于复杂，但是必须展示最重要的动力学内容。哪一种动力学重要与否，因控制目标不同而不同。根据 FAST（疲劳、气体力学、结构和湍流）仿真软件，能够得出研究中的模型[13]。FAST 是一种完全非线性的风电机组仿真软件，由美国丹佛市的美国国家可再生能源实验室（简称 NREL）开发形成。风电机组仿真系统将风电机组的仿真作为刚性体和柔性体的结合，随后刚性体和柔性体与几种自由度相连接。软件代码提供了具有 24 种自由度的非线性模型。风电机组模型为漂浮式，额定功率为 5MW，表 6-1 概述了模型的主要参数。更加详细的参数信息见[14]。图 6-4 为漂浮式风电机组，图中也显示了平台自由度，包括平移升沉、横荡运动与纵荡运动、旋转偏荡、纵摇运动与横摇运动。升沉运动沿 z 轴，横荡运动沿 y 轴，而纵荡运动则沿 x 轴。偏荡运动沿 z 轴，纵摇运动沿 y 轴，而横摇运动则沿 x 轴。共提供了六种自由度。

塔架具有四种以上自由度，纵向和横向各有两种自由度。机舱的偏荡运动具有一种自由度。易变的发电机组转速和风轮转速具有另两种自由度，也包括传动系统灵活性。叶片具有九种自由度，第一种方式叶片翼面向叶尖运动的三种自由度，第二种翼面向每一个叶尖位移的三种自由度，叶片以第一种侧向方式侧向叶尖位移的三种自由度。最后两种自由度用于风轮卷曲和尾部卷曲。因此，共有 24 种自由度。

表 6-1　美国国家可再生能源实验室 OC3 风电机组的基本情况

额定功率	5MW
额定风速	11.6m/s
额定风轮转速	12.1rpm
风轮半径	63m
轮毂高度	90m

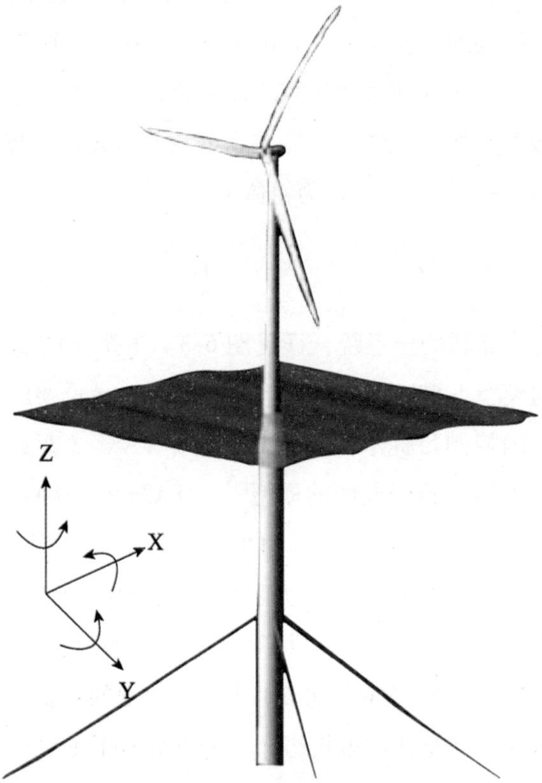

图 6-4 漂浮式风力发电机组[12]

为了利用线性控制技术，需要一个线性模型。也可以利用 FAST 获得线性模型。为了得到可行的解决方案，最好采用自由度少的模型进行控制器设计，否则模型会非常复杂。为线性模型选定的自由度为平台桨距（一种自由度）和传动系统（两种自由度）。传动系统包括转动惯量和机组惯量，与弹簧、阻尼器和传动装置相连。FAST 并不具有变桨调节器，因此应在线性化之后为模型增加变桨调节器。变桨调节器是能够确确实实使风电机组叶片旋转的机构。通过 FAST 软件获得无变桨调节器的线性模型，符合下列标准：

$$\dot{x} = Ax + Bu$$

$$y = Cx \tag{6-5}$$

在方程式（6-5）中，x 表示尺寸 $\mathcal{R}^{n\times 1}$的状态向量，u 表示尺寸 $\mathcal{R}^{p\times 1}$的控制信号，y 表示尺寸 $\mathcal{R}^{m\times 1}$的模型输出，而 A、B、C 则分别表示尺寸 $\mathcal{R}^{n\times n}$、$\mathcal{R}^{n\times p}$和 $\mathcal{R}^{m\times n}$的状态空间矩阵。y 包含平台桨距角、风轮转速、发电机组转速的测量值。系统（5）的具体尺寸为 $n=6$，$p=3$，$m=3$。

本章内容涉及个别变桨控制问题，因此线性模型增加了三台变桨调节器。这三台二阶调节器彼此平等，其特性详见附件。更新模型的自由度为：叶片Ⅰ调节器、叶片Ⅱ调节器、叶片Ⅲ调节器、平台桨距、传动系统和发电机组。共有 12 种状态、6 种自由度，即每一种自由度为一种位置-速度状态。可以得到一个增强系统，用下列状态空间公式［即方程式（6-6）］表示：

$$\begin{aligned}\dot{X} &= A_t X + B_1 \omega + B_t u \\ z &= C_z X + D_z u \\ y &= C_t X\end{aligned} \tag{6-6}$$

其中，X 表示增强状态向量，包含前述的 12 种状态；w 和 z 分别表示干扰和受控输出。系统（6）的更新尺寸为 $n=12$，$p=3$，$m=3$。状态空间矩阵 A_t、B_t 和 C_t 的定义如下［即方程式（6-7）］：

$$A_t = \begin{bmatrix} I_3 \otimes A_a 0 \\ B \otimes C_a A \end{bmatrix},\ B_t = \begin{bmatrix} I_3 \otimes B_a \\ 0 \end{bmatrix}$$

$$C_t = [0 \quad C], \tag{6-7}$$

在方程式（6-7）中，A_a、B_a 和 C_a 表示变桨调节器的状态空间矩阵，矩阵值如附件所示。其他的状态空间矩阵 B_1、C_z 和 D_z 详见第 6.4 节内容。

在本章内容中，根据约束信息确定静态输出反馈控制器 $u=Ky$，是利用线性矩阵不等式在控制增益矩阵上形成的一个零-非零结构，因此满足下列要求：

（1）下列闭环系统渐近稳定：

$$\begin{pmatrix} A_{cl} & B_{cl} \\ C_{cl} & 0 \end{pmatrix} = \begin{pmatrix} A_t + B_t K C_t & B_1 \\ C_z + D_z K C_t & 0 \end{pmatrix} \tag{6-8}$$

（2）在零初始条件下，闭环系统满足非零 $\omega(t) \in L_2[0,\ \infty]$ 的 $\|z(t)\|_2 < \gamma \|\omega(t)\|_2$ 要求。$\omega(t) \in L_2[0,\ \infty]$ 时，γ 表示正标量。

6.3　控制器设计

选择 $\mathcal{H}_\infty$ 控制，是因为 $\mathcal{H}_\infty$ 能够最大限度地减少受控输出的能量有限干扰。同时，由于线性模型为低阶，而非线性模型为高阶，因此所谓的先进控制设计技术能够捕获部分未建模动态。本小节的主要问题是设计一种能够处理约束信息的控制器，也就是说只有一部分可用信息将用于计算控制信号。在这种情况下，应设计一种分散控制器。分散控制器计算的控制信号不得直接相互干扰。研究的系统包括三个输入项目和三个输出项目，表明增益矩阵是正方形的，尺寸为 $\mathcal{R}^{3\times3}$。可以在增益矩阵上应用一个对角结构。[20]中的解决方案能够在线性矩阵不等式变量上应用零-非零约束。根据线性矩阵不等式将控制问题公式化，然后利用 YALMIP[17] 与 MATLAB 配合进行解决。

根据线性矩阵不等式得出的状态反馈系统 $\mathcal{H}_\infty$ 性能约束公式［即方程式（6-9）］如下：

$$\begin{pmatrix} \mathrm{sym}(A_t\mathrm{X} + B_t\mathrm{Y}) + \gamma^{-2}B_1B_1^{\mathrm{T}} & * \\ C_z\mathrm{X} + D_z\mathrm{Y} & -I \end{pmatrix} < 0, \tag{6-9}$$

$$x > 0$$

注 1：以类似于[3]的方式能够呈现出系统（6）鲁棒稳定性分析的 $\mathcal{H}_\infty$ 新性能标准。系统（6）在状态空间矩阵中具有范数有界时变参数不确定性。

在状态反馈情况下，增益矩阵的计算结果为 $\tilde{K} = \mathbf{YX}^{-1}$。而在输出反馈情况下，状态增益矩阵因数为 $\tilde{K} = KC_t$，其中 C_t 根据状态空间系统计算得出。必须输出增益矩阵时，需得出（9）的解决方案，这样乘积 $\mathbf{YX}^{-1}$ 因数为：

$$\mathbf{YX}^{-1} = KC_t \tag{6-10}$$

为了解决这一问题，[20]建议进行下列变量更换：

$$\mathbf{X} = Q\mathbf{X}_QQ^{\mathrm{T}} + R\mathbf{X}_RR^{\mathrm{T}}, \tag{6-11}$$

$$\mathbf{Y} = \mathbf{Y}_RR^{\mathrm{T}}, \tag{6-12}$$

其中，$\mathbf{X}_Q$ 和 $\mathbf{X}_R$ 分别表示尺寸为 $\mathcal{R}^{(n-m)\times(n-m)}$ 和 $\mathcal{R}^{m\times m}$ 的对称矩阵，而 $\mathbf{Y}_R$ 的尺寸则为 $\mathcal{R}^{p\times m}$。矩阵 Q 表示 C_t 的零空间，而 R 则可根据下列方程式计算得出：

$$R = C_t^{\mathrm{T}}(C_tC_t^{\mathrm{T}})^{-1} + QL \tag{6-13}$$

其中，L 表示尺寸为 $\mathcal{R}^{(n-m)\times m}$ 的任意矩阵。

为了在增益矩阵 K 上获得对角结构，将对角结构加到 $\mathbf{X}_R$ 和 $\mathbf{Y}_R$ 上即可，而 $\mathbf{X}_Q$ 则表示全矩阵。

$$\mathbf{X}_R = \mathrm{diag}\{\mathbf{X}_{R1}, \mathbf{X}_{R2}, \mathbf{X}_{R3}\} \tag{6-14}$$

$$\mathbf{Y}_R = \mathrm{diag}\{\mathbf{Y}_{R1}, \mathbf{Y}_{R2}, \mathbf{Y}_{R3}\} \tag{6-15}$$

为了解决线性矩阵不等式（6－9），首先定义 $v = \gamma^{-2}$，然后取 v 的最大值，并根据 $\mathbf{X}_Q$、$\mathbf{X}_R$ 和 $\mathbf{Y}_R$ 求解线性矩阵不等式。一旦根据方程式（6－11）、方程式（6－12）计算出 $\mathbf{X}$ 和 $\mathbf{Y}$，便可得出增益矩阵 $K = \mathbf{Y}_R\mathbf{X}_R^{-1}$，满足方程式 $\mathbf{YX}^{-1} = KC$。关于其他信息和证明内容，详见前述参考资料。

6.4 仿真结果

在本小节中，建议的控制设计方法应用于风电机组。仿真分为两部分：一部分处理线性模型，另一部分处理非线性模型。首先，利用线性模型对完全信息增益和约束增益进行测试。其次，利用非线性模型对约束增益控制器进行测试。图表包括利用约束控制器和基线控制器进行的仿真图形。计划将基线作为参考图，包含在FAST软件包中，但首先需要为 B_1、C_z 和 D_z 找到合适的矩阵值。

假设线性模型上出现的干扰作用会影响平台桨距角、风轮转速和发电机组转速。在该分析中，干扰向量为：

$$B_1 = [0_{1\times 9} \quad 0.1 \quad 1 \quad 1]^{\mathrm{T}} \tag{6-16}$$

这意味着平台桨距速度受到的干扰影响，与风轮转速和发电机组转速受到干扰的影响不同。性能衡量矩阵为：

$$C_Z = \begin{bmatrix} 97C_{t1} - C_{t2} \\ C_{t3} \\ (.) \end{bmatrix}, \tag{6-17}$$

$$D_Z = \mathrm{diag}\{100, 80, 10\}, \tag{6-18}$$

其中，$(.) = [10 \quad 0 \quad 10 \quad 0 \quad 10 \quad 0 \quad 0_{1\times 6}]$，$C_{ti}$ 表示 C_t 的第 i 行。C_z 的第一行控制传动系统的振动情况。风轮转速乘以增速比例减去发电机组转速必须为零，也就是最大限度地减少振动。在第二行，对平台纵摇运动进行惩罚。第三行则处理叶片的纵摇运动。在矩阵 D_z 上找到了对角结构的适合结果。

图6-5和图6-6为闭环线性系统的输出（第一列）和叶片桨距角（第二列）。根据平台桨距角、发电机组转速和风轮转速的初始值进行仿真。在图6-5中，系统未出现任何故障，且两种控制器的性能均符合要求。在图6-6中，系统出现了传感器故障。对于控制增益 K 的全结构来说，计算了全部三个叶片的值，输出值与图6-5中所示的结果没有太大区别。而对于控制增益 K 的对角结构来说，仅计算了叶片1和叶片2的值；叶片3的值取决于工作传感器nr. 3。如果传感器nr. 3出现故障，则两个系统的运行没有太大区别。值得一提的是，已经对传感器nr. 1和传感器nr. 2发生故障的方案进行了研究。当时只有一台传感器发生故障，现在，两个系统的运行情况迥然不同。方案研究结果表明，具有对角增益的系统是稳定的，不论哪一台传感器发生了故障，其稳定性不受影响。较之利用总增益所做测试，如果传感器nr. 1和传感器nr. 2发生故障则系统不稳定，但是如图所示，当传感器nr. 3发生故

障时，系统仍旧稳定。

方程式（6-19）和方程式（6-20）分别介绍了全控制和对角控制器。表 6-2 比较了两种情况下的 γ 值。

$$K_{\text{full}} = \begin{bmatrix} -0.9676 & 0.01 & 0 \\ 0.0037 & 0 & -0.0125 \\ 0.1988 & -0.0021 & 0.0043 \end{bmatrix}, \tag{6-19}$$

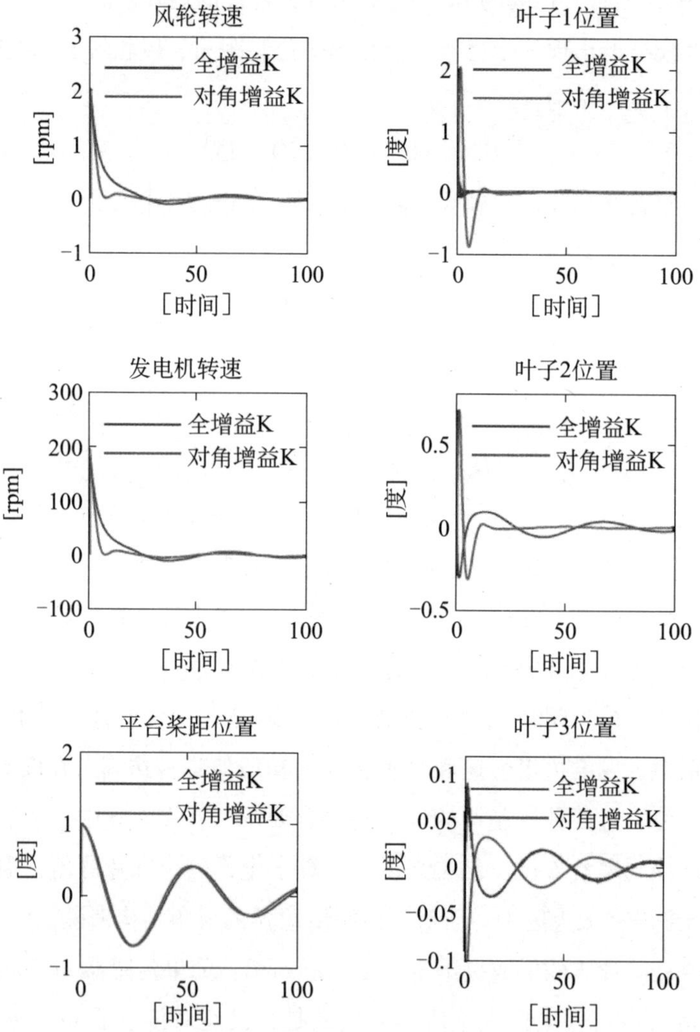

图 6-5　系统输出与叶片桨距角，无故障

$$K_{\text{diagonal}} = \text{diag}\{0.0470,\ 0.0003,\ -0.0042\} \tag{6-20}$$

在与 FAST 软件接口的 MATLAB/Simulink 中进行非线性模型的仿真。现在可用 27 种自由度，从 FAST 软件中数出 24 种自由度，从变桨调节器中数出 3 种自由

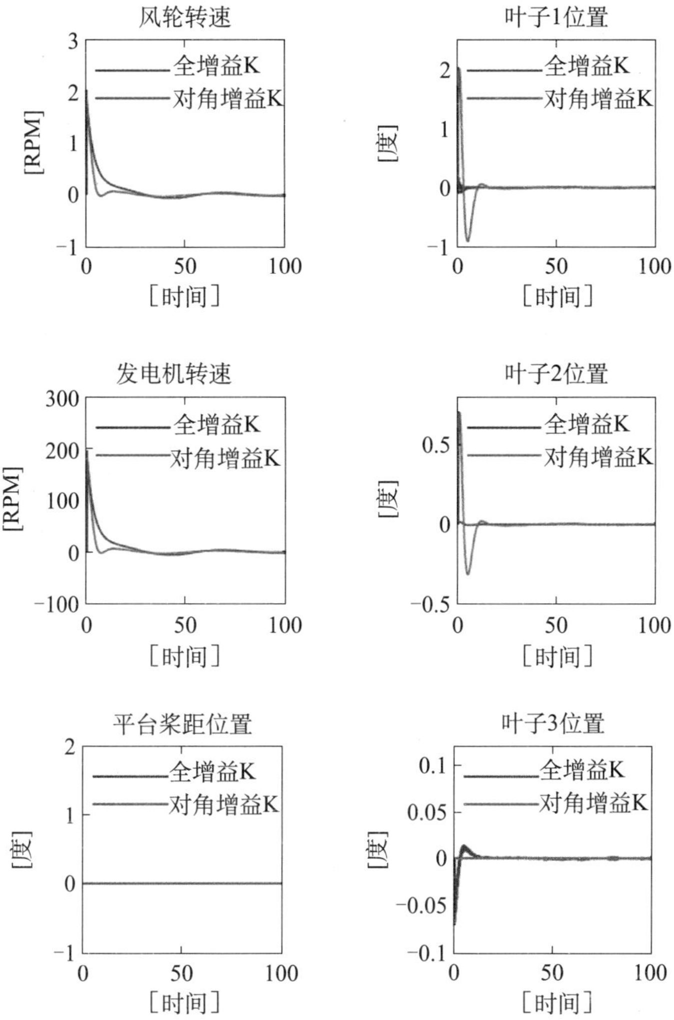

图 6-6　系统输出与叶片桨距角，传感器 3 发生故障

度。模型的输入是湍流风，而风力轮廓线则根据软件 Turbsim 绘制[11]。Turbsim 也是美国国家可再生能源实验室开发的一种软件。风力轮廓线表示 1 年的极端情况，平均风速为 18m/s，湍流强度为 6%，详见图 6-7。有效波高为 6m，峰波周期为 10s。时间序列为 600s，但由于瞬时行为，去除第一个 200s。反馈环路中的增益矩阵受到约束，形成对角结构。200s 之后系统出现故障，导致传感器 nr. 3 停止工作，也就是说叶片 nr. 3 不动了。这种故障只偶然发生于利用约束控制器进行仿真的情况下，不是出现在基线仿真中。需要注意的是，应用对角结构约束时，γ 值非常大，因为线性矩阵不等式变量的数量减少，而且当找到最小 γ 值时可用变量的数量也较少。

表 6-2　γ 值

全增益 γ 值	对角增益 γ 值
208	6331

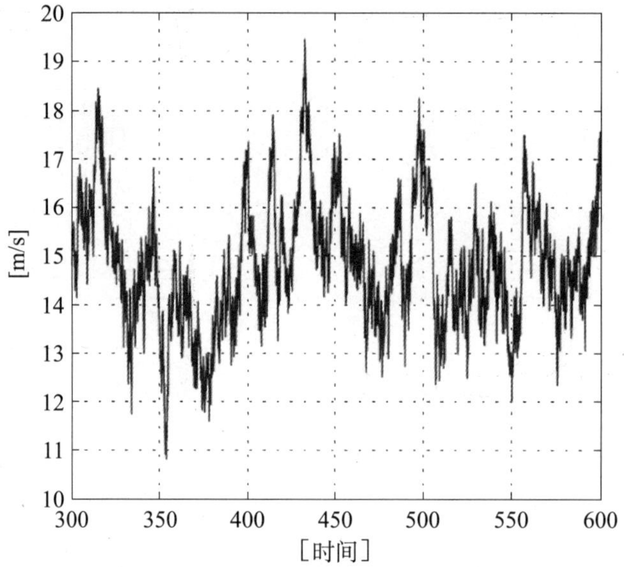

图 6-7　风速轮廓线

利用基线控制器进行的仿真也包含在图表中，作为参考图。该基线控制器与 FAST 软件包一起工作，作为增益调度 PI 控制器。与作为总距控制器的基线相比，本章中提议的控制器为独立变桨。

为了评估传动系统振动情况，计算了风轮转速与发动机转速之间的速度差标准偏差。将计算结果值标准化，使基线控制器值作为参考值和给定值 1，详见表 6-3。

利用独立变桨控制器能够使控制器处于良好的工作状态，控制处理诸如传感器故障的问题。如果反馈环路的其中一台传感器发生故障，一个叶片将直接受到传感器故障的影响，可通过分散式独立变桨控制器实现。从图 6-8、图 6-9、图 6-10、图 6-11 和图 6-12 中可看出，控制器的工作符合要求，且整个系统稳定，即使叶片 3 不动。虽然系统的表现并没有参考[3 - 6]中的表现稳定，但是本章提出的方法在传感器出现故障时，可使系统的表现更加稳健。

表 6-3　传动系统振动情况标准偏差的标准化数值

基线	约束增益
1	0. 93

这意味着在标准偏差方面，约束增益比基线高 7%。

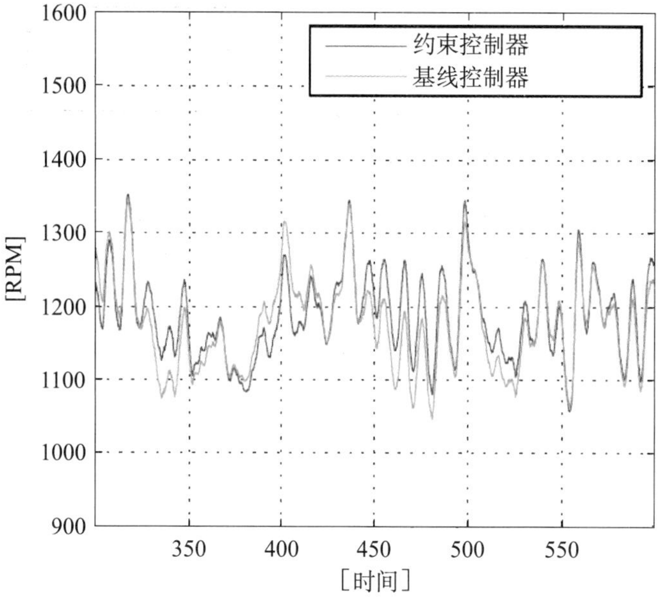

图 6-8　发电机组转速

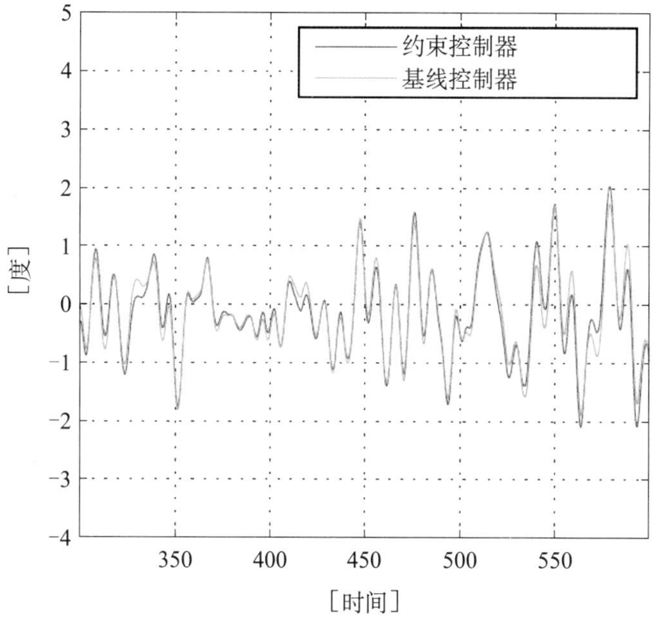

图 6-9　平台桨距角

从图 6-12 中可以看到，一些最大推力小于零，这意味着塔架向前运动，即塔架受负气动阻尼影响。本章的引言部分介绍了这个问题。如图所示，并且表 6-4 说明，

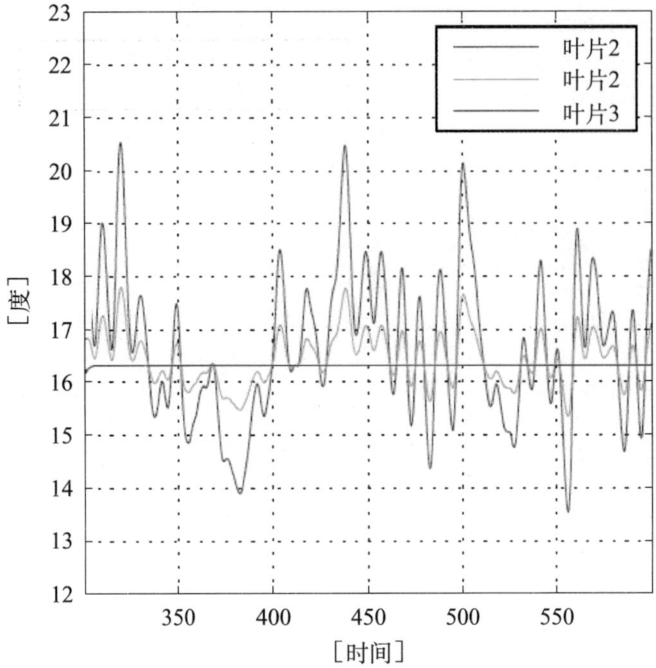

图 6-10　叶片桨距角

有足够的气动阻尼作用于塔架，因此整个系统仍旧稳定。

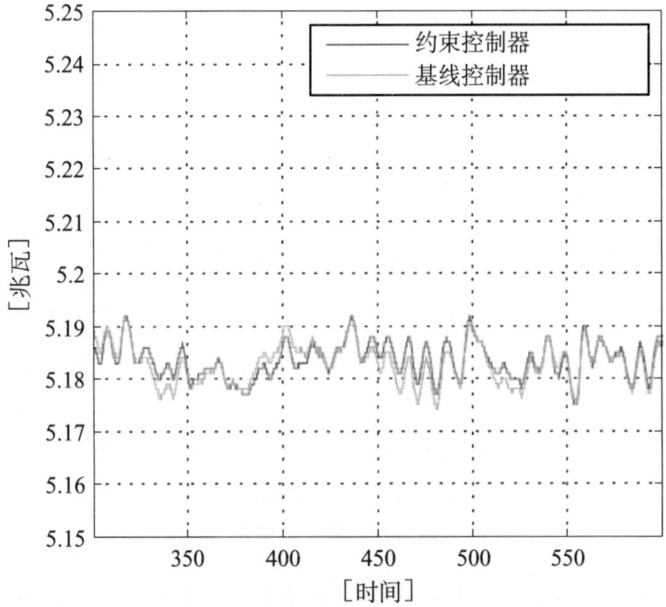

图 6-11　发电机组输出功率

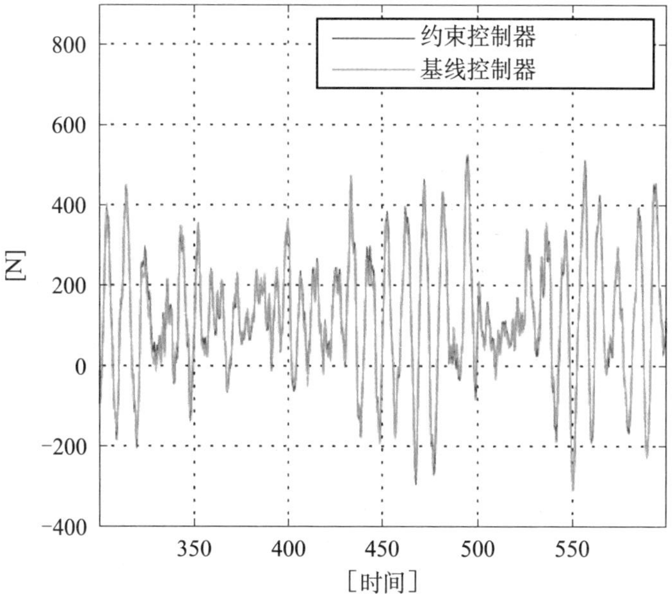

图 6-12　风轮推力

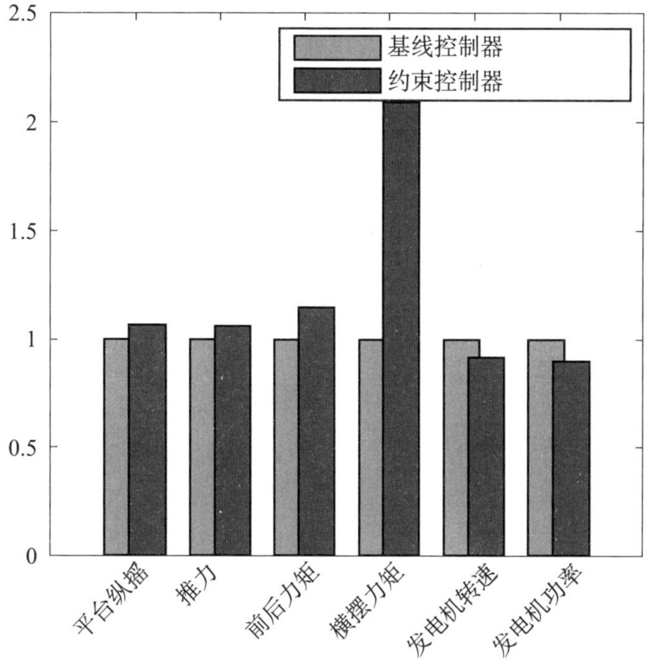

图 6-13　选定时间序列的规范化标准偏差

图 6-13 为选定时间序列中的规范化标准偏差。即使其中一台传感器发生故障，风电机组仍可处于运行状态，但会产生一定的后果。如果全部三个叶片均倾斜，则

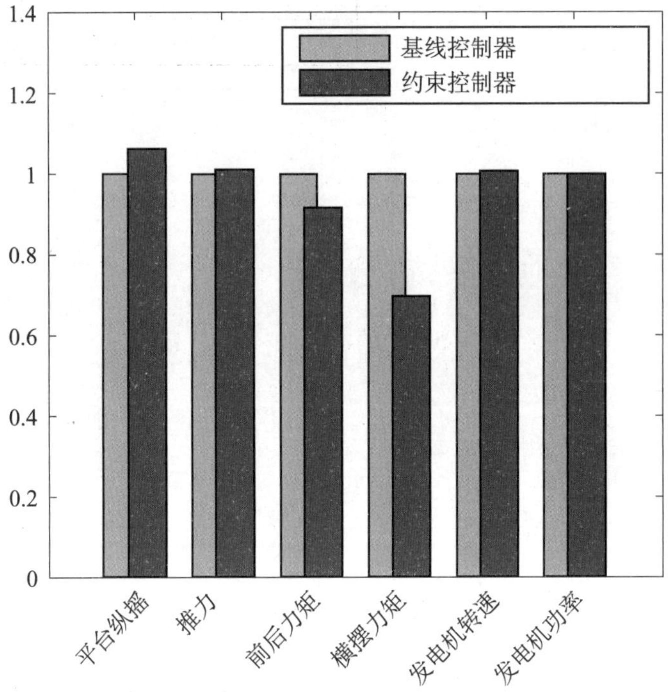

图 6-14　选定时间序的规范化平均值

作用于结构上的力更加不对称，这会在横摆力矩上导致额外的波动，如柱状图所示。然而平均值比基准值几乎小 40%，详见图 6-14。

表 6-4 介绍了最重要的自然频率。通过计算闭环时间序列的快速傅里叶变换，获得了表中的自然频率。根据引言中关于临界频率的讨论，从表中可以发现，自然频率出现的位置符合要求。

表 6-4　关键自然频率

平台纵荡	0.015Hz
平台纵摇	0.049
平台升沉	0.1
叶片距	0.03

6.5　总　结

本章研究了海上漂浮式风电机组的建模、分析和控制设计。为了实现这一目标，利用约束信息为研究中的系统设计了一台独立变桨静态输出反馈控制器。传感器发生故障时，可以利用约束信息。从数学观点来看，这意味着将特殊的零-非零结构应用于输出-反馈增益矩阵。在研究的系统中存在三种输出和三种输入。如果一台传感器发生故障，只有一台变桨调节器会受到影响。研究中的模型根据软件 FAST 软件得出，该模型为完全非线性模型。除额外的变桨调节器之外，该模型还包括 27 种自由度。线性模型是为了进行控制器设计。进行仿真的目的是核实设计情况。为了表现控制器设计方法的效果，介绍了线性模型和完全非线性系统的仿真情况。

6.6 未来工作

应进一步研究，将推荐方法用于风电机组控制系统的控制器设计。同时，我们在未来工作中将考虑调节器的延迟及其对闭环系统性能的影响。此外，将先进的方法应用于风电场控制系统也是我们未来工作中的重要部分。

附　录

为每种线性变桨调节器创建一个动态模型：

$$\dot{x}_a = \underbrace{\begin{bmatrix} -2\omega_n\zeta & -\omega_n^2 \\ 1 & 0 \end{bmatrix}}_{A_a} x_a + \underbrace{\begin{bmatrix} 1 \\ 0 \end{bmatrix}}_{B_a} u_1, \tag{6-21}$$

$$y = \underbrace{[0 \quad \omega_n^2]}_{C_a} x_a, \tag{6-22}$$

其中，自然频率为 $\omega_n = 0.88\mathrm{rad/s}$，阻尼比为 $\zeta = 0.9$。

参考文献

[1] Abdin ES, Xu W (2000) Control design and dynamic performance analysis of a wind turbine induction generator unit. IEEE Trans Energy Convers 15 (1): 91 – 96.

[2] AlHamaydeh M, Hussain S (2011) Optimized frequency-based foundation design for wind turbine towers utilizing soil-structure interaction. J Franklin Inst 348: 1470 – 1487.

[3] Bakka T, Karimi HR (2012) Robust H_∞ dynamic output-feedback control synthesis with pole placement constraints for offshore wind turbine systems. Math Probl Eng Article ID 616507.

[4] Bakka T, Karimi HR (2012) Multi-objective control design with pole placement constraints for wind turbine systems. In: Advances on analysis and control of vibrations—theory and applications. INTECH 2012 ISBN 978-953-51-0699-9, p 179 – 194.

[5] Bakka T, Karimi HR (2013) H_∞ Static output-feedback control design with con-

strained information for offshore wind turbine system. J Franklin Inst 350 (8): 2244 - 2260.

[6] Bakka T, Karimi HR, Duffie NA (2012) Gain scheduling for output H_∞ control of offshore wind turbine. In: Proceedings of the twenty-second international offshore and polar engineering conference, pp 496 - 501.

[7] Bakka T, Karimi HR, Christiansen S (2014) Linear parameter-varying modeling and control of an offshore wind turbine with constrained information. IET Control Theory Appl 8(1): 22 - 29.

[8] Bottasso CL, Croce A (2009) Cp-Lambda user manual. Dipartimento di Ingnegneria Aerospaziale, Politecnico di Milano, Italy.

[9] Boyd S, Ghaoui LE, Feron E, Balakrishnan V (1994) linear matrix inequalities in systems and control theory. SIAM Studies in Applied Mathematics, vol 15, SIAM, Philadelphia.

[10] Eggleston DM, Stoddard FS (1987) Wind turbine engineering design. Van Nostrand Reinhold, New York.

[11] Jonkman BJ (2009) TurbSim users guide: version 1.50. Technical report NREL/EL-500-46198, National Renewable Energy Laboratory.

[12] Jonkman J (2010) Definition of the floating system for phase IV of OC3. Technical report NREL/TP-500-47535, National Renewable Energy Laboratory.

[13] Jonkman J, Buhl ML Jr (2005) FAST users guide. Technical report NREL/EL-500-38230, National Renewable Energy Laboratory.

[14] Jonkman J, Butterfield S, Musial W, Scott G (2009) Definition of a 5-MW reference wind turbine for offshore system development. Technical report NREL/TP-500-38060, National Renewable Energy Laboratory.

[15] Kamal E, Aitouche A, Ghorbani R, Bayrat M (2012) Robust fyzzy fault-tolerant control of wind energy conversion systems subjected to sensor faults. IEEE Trans Sustain Energy 3 (2): 231 - 241.

[16] Larsen TJ (2009) How 2 HAWC2, the user's manual, Risϕ-R-1597 (ver. 3 - 9) (EN).

[17] Lfberg J (2004) YALMIP a toolbox for modeling and optimization in MATLAB. In: Proceedings of the CACSD conference, Taipei, Taiwan.

[18] Li D, Song Y, Cai W, Li P, Karimi HR (2014) Wind turbine pitch control and load mitigation using an L_1 adaptive approach. Math Probl Eng 2014 (Article ID 719803): 11.

[19] Muyeen SM, Ali MH, Takahashi R, Murata T, Tamura J, Tomaki Y, Sakahara A, Sasano E (2007) Comparative study on transient stability analysis of wind turbine generator system using different drive train models. IET Renew Power Gener 1 (2): 131 – 141.

[20] Rubió-Massegú J, Rossell JM, Karimi HR, Palacios-Quinonero F (2013) Static output-feedback control under information structure constraints. Automatica 49 (1): 313 – 316.

[21] Si Y, Karimi HR, Gao H (2013) Modeling and parameter analysis of the OC3-Hywind floating wind turbine with a tuned mass damper in nacelle. J Appl Math 2013 (Article ID 679071): 10.

[22] Si Y, Karimi HR, Gao H (2014) Modelling and optimization of a passive structural control design for a spar-type floating wind turbine. Eng Struct 69: 168 – 182.

[23] Sloth C, Esbensen T, Stoustrup J (2011) Robust and fault-tolerant linear parameter-varying control of wind turbines. Mechatronics 21 (4): 645 – 659.

[24] Yin S, Wang G, Karimi HR Data-driven design of robust fault detection system for wind turbines. Mechatronics. doi: 10. 1016/j. mechatronics. 2013. 11. 009.

[25] ZečevićAI, Šiljak DD (2004) Design of robust static output feedback for large-scale systems. IEEE Trans Autom Control 11: 2040 – 2044.

[26] Zečević AI, Šiljak DD (2008) Control design with arbitrary information structure constraints. Automatica 44 (10): 2642 – 2647.

[27] Zečević AI, Šiljak DD (2010) Control of complex systems: structural constraints and uncertainty. Springer, Berlin.

[28] Zhang F, Leithead WE, Anaya-Lara O (2011) Wind turbine control design to enhance the fault ride-through capability. In: IET conference on renewable power generation, pp 1 – 6.

第七章　可持续海上风电机组的容错控制策略

Montadher Sami Shaker，Ron J. Patton

摘要： 部署风电机组的主要挑战在于如何尽可能多地从风能中提取优质电力资源。应在各种天气状况下均能确保实现这一目标，同时还要尽量降低制造与维修成本。鉴于以上原因，容错控制（FTC）与故障检测及诊断（FDD）研究技术作为维护系统［尤其是海上风电机组（OWTs）项目］可持续性的一种方法，越来越受到业内的关注。本章重点研究了风电机组操作和控制的不同方面，并针对可持续海上风电机组（OWTs）提出了一个新的容错控制（FTC）方法。介绍了一个典型的风电机组非线性状态空间模型及该系统的高木–关野（T-S）模糊模型。此外，借助 T-S 多模型介绍了一种新的海上风电机组（OWT）主动式传感器容错跟踪控制（FTTC）方法。容错跟踪控制（FTTC）策略的设计旨在使额定的风电机组控制器无论在故障情况下还是在非故障情况下均保持不变。这通过插入 T-S 比例状态估计值来实现，T-S 比例状态估计值通过加入多重积分反馈（PMI）故障估计值进行了增广，以便能够对不同的发电机组和风轮转速传感器故障进行估算，进而实施补偿。本章的研究结果是使用一个风电机组非线性基准系统模型得出的，该模型是在 Mathworks 公司和 KK-Electronic 公司共同组织的一次竞赛中研发出来的。

关键词： 风电机组控制；主动容错控制；故障估计；T-S 模糊系统；跟踪控制

术语：

P_{cap}，P_{wind}　　空气动力，风能

M. S. Shaker（✉）
伊拉克巴格达科技大学电机工程系
电子邮箱：m. s. shaker@ uotechnology. edu. iq

R. J. Patton
英国赫尔大学工程学院，邮编：HU6 7RX，UK
电子邮箱：r. j. patton@ hull. ac. uk

ρ	空气密度
R	风轮半径
C_p，C_q	功率系数，转矩系数
β，β_r	实际叶片桨距角，参考叶片桨距角
λ，λ_{opt}	实际叶尖速比，最优叶尖速比
v，$v_{\min}$，$v_{\max}$	点风速，最小风速，最大风速
ω_r，$\omega_{\min}$，$\omega_{\max}$，ω_{ropt}	实际风轮转速，最小风轮转速，最大风轮转速和最优风轮转速
T_a	气动转矩
T_g，T_{gr}，T_{gm}	实际发电机组转矩，参考发电机组转矩，实测发电机组转矩
J_r，J_g	风轮惯量，发电机组惯量
B_r，B_g	风轮外部阻尼，发电机组外部阻尼
ω_g	发电机组转速
n_g	齿轮箱速比
K_{dt}，B_{dt}	扭转刚度，阻尼系数
θ_Δ	扭转角
ξ	阻尼因数
ω_n	固有频率
τ_g	发电机组时间常数
$C_{p\max}$	功率系数最大值
$\mathcal{A}_{\mathrm{wind}}$，$\mathcal{A}$，$\mathcal{A}_2$	上游面积，激盘面积，下游面积
P^+，P^-	激盘前压力，激盘后压力
F_d	施加在激盘上的推力
α	轴向干扰因子
t_b，t_w	叶片，紊流次数
S	受干扰风长度
n	叶片数量
f_s	传感器故障信号
e_t，e_x，e_v	跟踪误差，状态估计误差，风测定误差
$K(p)$，$L_a(p)$	控制器增益，观测器增益

$P_1, P_2, \gamma, \mu, X_1$	LMI 变量
$A(p), B, E(p), C, D_f$	系统矩阵
$\bar{A}(p), \bar{B}, \bar{E}(p), R, \bar{C}, \bar{D}_f$	跟踪误差积分增广系统矩阵
$A_a(p), B_a, E_a(p), R_a, G, C_a$	观测器增广矩阵

7.1 简　介

由于各种众所周知的化石燃料和核能的固有缺陷，如碳排放、急剧上涨的燃料价格，以及可能因核电站故障造成的灾难性后果，近20年来，风能的使用得到迅速发展。尽管风能被视为一种颇具潜力的能源（因为风力是可以自然产生的），但在如何将风能有效转换为电能方面，仍存在几个重大挑战。

风电机组需要具备高度的可靠性和可用性（持续性），与此同时，其维修成本高且安全性要求高[3,14,20,30]。近年来研发的海上风电机组（OWTs）是最具代表性的一个例子，当系统发生故障时或发生故障后不久，（主要）由于天气状况的变化，无法保证能够及时进入海上风电机组（OWT）场地，也无法保证系统的可用性。实际上，海上风电机组（OWTs）的维修成本是陆上风电机组维修成本的5~10倍[46]。因此，为了使风能具有与其他能源竞争的优势，部署风电机系统的主要挑战在于在不同天气条件与操作条件下尽可能多地从风能中提取优质电力资源，同时尽量降低制造成本和维修成本。

由于常规检修与故障检修都会增加风能项目的总成本，所以最有效的削减成本的方式是持续监控这些系统的情况。这种以监控为主的预防性维修可以较早地探测出风电机健康状况的衰退，有利于采取积极主动的对策，将停机检修时间最小化，并将生产能力最大化。然而，风能技术报告[49]显示，由于风能本身具有影响故障决策的随机性，因此某些目前可用的信号监测技术不可靠，且不适用于风电机组。此外，风电机组的事故发生率随着其尺寸的增大而增长，在故障记录中可以清楚地看到这一点，如[35]中列举的瑞典风电场故障调查（见图7-1），与此同时，海上风电机组（OWTs）的数目稳步增长，这些都刺激了对该领域容错控制（FTC）与故障检测及诊断（FDD）的研究，因为探测风电机组故障的能力以及在故障情况下控制风电机组的能力都是降低风能成本、提高电网渗透力的重要方面[3,12,20,30,38,39,42]。

尽管文献[5，9，10，26]中充分研究了风电机组控制对整个系统行为的重要性，但标称控制系统在组件和/或系统故障的情况下并不能确保系统的持续性。显而易见，FDD和FTC的改进对于确保风电机组在正常运行状态和异常运行状态下的有效性，最大程度地降低意外的维修操作次数，以及防止轻微故障恶化——尤其针对海上风电机组，均发挥着重要作用。

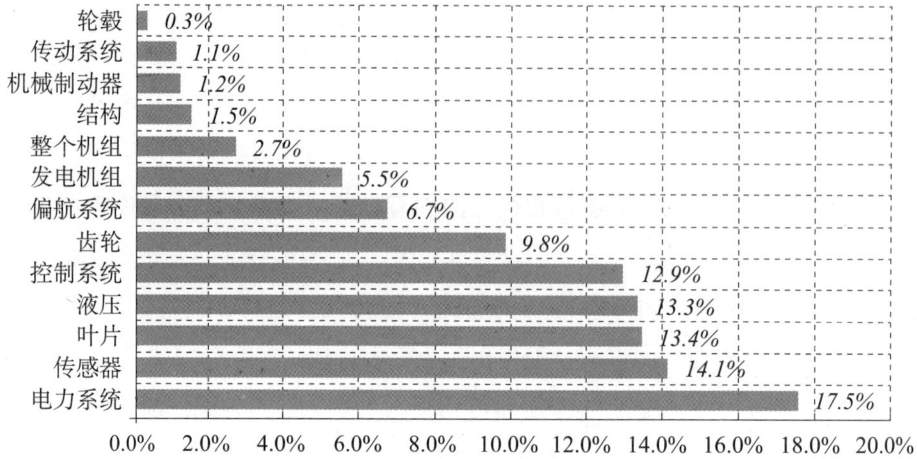

图 7-1　瑞典风电场故障数分布图[35]

例如，[29，30]中的风电机组基准包含了风轮转速和发电机转速的参数缩比以及传感器故障，这些故障对控制器发出的参考转矩信号有直接影响。因此，控制器会开始使风电机组偏离其最佳运行状态，这会使转换效率降低，甚至可能会制止风电机组继续进行风能转换（中断）。

本章重点研究了可持续风电机系统容错控制方法的不同方面，同时介绍了基于 T-S 模糊框架的海上风电机组 FTC 策略。本章还介绍了一种典型风电机系统非线性状态空间模型和该系统的 T-S 模糊模型。研究基于[29，30]中提出的 4.8 MW 基准模型。

7.2　容错控制系统的结构和方法

一般来说，标称控制器（有时被称为“基线”控制器，参见[32]）旨在保证在正常工作条件下保持稳定并达到所需的闭合环路性能。为了使受控系统具有容错能力，应增加控制器的功能和/或在控制回路中增加额外辅助机体。图 7-2 为容错系统的主要结构图。

要使系统具备容错能力，通常需要以下两个步骤：

- 为系统配备某种机制，使其能在故障出现时立马探测出来，且能够提供位置信息，识别故障组件，并能够确定出维持可接受的运行性能所需的补救措施（监控级）。

• 利用从监控级所获得的信息，改编控制器参数和/或重构控制器结构，以实现所需的补救措施（执行级）。

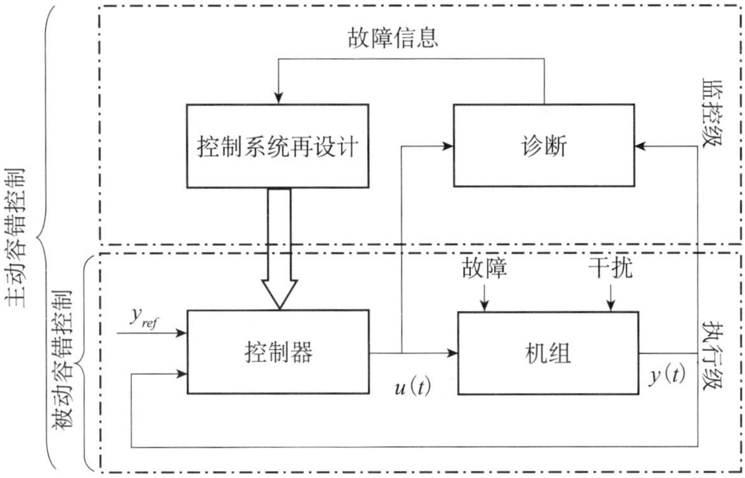

图 7-2 容错系统原理图[6]

因此，容错控制环路通过监控级增强了普通反馈控制器的功能。在没有故障的情况下，系统会匹配标称响应，标称控制器会减弱干扰，并确保遵守良好的参考要求以及有关闭合回路系统的其他要求。在这种情况下，诊断区会认定闭合回路系统无故障，不需要改变控制策略。

当故障出现时，"监控级" 会启动控制回路容错。诊断区识别故障，控制系统再设计区则会重新设置控制器的参数。接着，重新配置的系统会继续满足控制目标。

因此，容错控制系统是一个能实现所需系统性能的控制回路，即便在出现故障的情况下，容错控制系统也会借助"监控级" 实现所需系统性能。合成容错系统环路的方法可归为两大类：被动容错控制（PFTC）和主动容错控制（AFTC）。PFTC 方法中，控制环路设计旨在容许一些预期的故障。这种策略通常用于处理预期的故障情况，其效力取决于标称闭合环路系统的鲁棒性。另外，由于在标称控制器的设计流程中考虑到了闭合环路系统的鲁棒性，这可能会导致故障后闭合环路系统性能下降。然而，值得一提的是，PFTC 系统不要求频分双工（FDD）和控制器重新配置，因此它可有效避免因故障在线诊断和控制器重新配置所造成的时延。事实上，这点在实际操作中非常重要。在实际操作中，系统在故障情况下能够保持稳定的时段非常短，例如不稳定的二级倒立摆的例子[27,50]。提出的大多数 PFTC 方法主要以鲁棒控制理论为基础。然而，传统鲁棒控制和 PFTC 的根本差别在于，鲁棒控制处理的是小的参数变化或模型不确定性，而 PFTC 处理的是因故障导致的系统配置的重大变化[4,17,34,41,47,48,53]。值得一提的是，在早期文献中，PFTC 方法被称为“可靠控制”[47,48]。

为了提高故障后控制性能、处理使控制环路崩溃的严重故障，通常采取的一种有利的处理方式为：切换到新的在线控制器或者离线式控制器，以便控制故障机组。

在 AFTC 方法中，需要两个概念步骤：FDD 和控制器调整，以便于在故障之后重新配置控制策略以达到性能要求[6,32,36,56]。AFTC 系统通过选择预先计算的控制策略（基于二维投影的方法）[7,25,40,55]或在线合成新的控制策略（在线自动控制器重新设计方法）[1,2,22,23,37,52,57]进行故障补偿。另一个被广泛研究的方法是故障补偿方法，在该方法中，故障补偿输入项叠加在标称控制输入项之上[8,15,19,28,31,54]。

应该注意的是，由于传统的自适应控制方法能够自动将控制器参数与系统参数变化相适应，它被视为 AFTC 中无须诊断和控制器再设计步骤的特例[45,51]。图 7-3 为实现 FTC 的两类主要方法概览图。

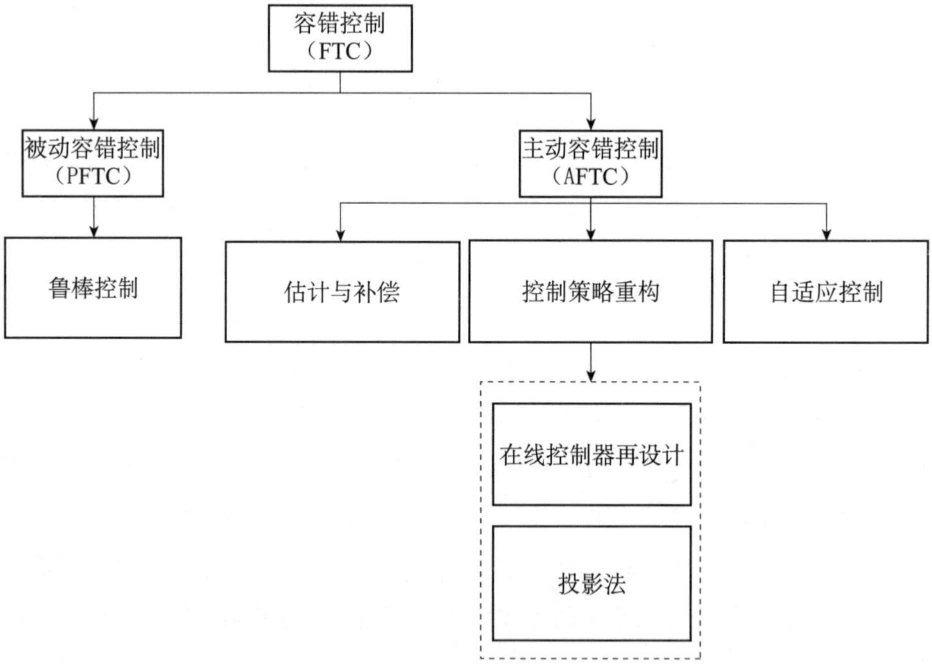

图 7-3　FTC 方法的一般分类

7.3　风电机组建模

风电机组操作控制的主要目标是优化风能转换为机械能（机械能再用于发电）的过程。这些系统具有非线性气动行为，并依靠随机且不可控制的风力作为驱动信号。为了从分析、控制设计到实际应用对系统进行概念化，需要一个精确的整体风电机组动力学数学模型。通常这种模型的建模是通过整合子系统模型来实现的，这些子系统模型共同组成整体的风电机组动力学模型。该部分描述了风电机组的灵活低速轴系模型与两质量非感知模型的组合。

风轮中的气动转矩（T_a）是风电机组非线性的主要来源。T_a取决于风轮转速ω_r、叶片桨距角β，以及风速v。风轮捕捉到的气动功率可由以下公式计算：

$$P_{\text{cap}} = \frac{1}{2}\rho\pi R^2 C_p(\lambda,\beta)v^3 \tag{7-1}$$

其中，ρ表示空气密度，R表示风轮半径，C_p为功率系数［取决于叶片桨距角β和叶尖速比λ（TSR）］，其中λ定义为：

$$\lambda = \frac{\omega_r R}{v} \tag{7-2}$$

因此，气动转矩的公式为：

$$T_a = \frac{1}{2}\rho\pi R^3 C_q(\lambda,\beta)v^2 \tag{7-3}$$

其中，$C_q = \dfrac{C_p}{\lambda}$表示转矩系数。

传动系统负责提高风轮转速，进而提高发电机组转速。传动系统模型中包括低速轴和高速轴，低速轴和高速轴通过齿轮箱连接，根据齿轮速比建模。风电机传动系统状态空间模型的形式如下：

$$\begin{bmatrix}\dot{\omega}_r\\ \dot{\omega}_g\\ \dot{\theta}_\Delta\end{bmatrix} = \begin{bmatrix}a_{11} & a_{12} & a_{13}\\ a_{21} & a_{22} & a_{23}\\ a_{31} & a_{32} & a_{33}\end{bmatrix}\begin{bmatrix}\omega_r\\ \omega_g\\ \theta_\Delta\end{bmatrix} + \begin{bmatrix}b_{11} & 0\\ 0 & b_{22}\\ 0 & 0\end{bmatrix}\begin{bmatrix}T_a\\ T_g\end{bmatrix} \tag{7-4}$$

其中：

$$a_{11} = -\frac{(B_{dt}+B_r)}{J_r} \quad a_{12} = \frac{B_{dt}}{n_g J_r} \quad a_{13} = -\frac{K_{dt}}{J_r} \quad a_{21} = \frac{B_{dt}}{n_g J_g}$$

$$a_{22} = -\frac{(B_{dt}+n_g B_g)}{n_g^2 J_g} \quad a_{23} = \frac{K_{dt}}{n_g J_g} \quad a_{31} = 1 \quad a_{32} = -\frac{1}{n_g}$$

$$a_{33} = 0 \quad b_{11} = \frac{1}{J_r} \quad b_{22} = -\frac{1}{J_g}$$

其中，J_r表示风轮惯量，B_r表示风轮外阻尼，J_g表示发电机组惯量，ω_g和T_g表示发电机组转速和转矩，B_g表示发电机组外阻尼，n_g表示齿轮箱速比，K_{dt}表示扭转刚度，B_{dt}表示扭转阻尼系数，θ_Δ表示扭转角。

液压变桨系统建模为桨距角β及其参考值β_r的二阶传递函数：

$$\beta = \frac{\omega_n^2}{s^2 + 2\zeta\omega_n s + \omega_n^2}\beta_r \tag{7-5}$$

其中，ζ表示阻尼因数，ω_n表示自然频率。传递函数分别与三个变桨系统联系起来。

最后，发电机组子系统遵循以下线性关系：

$$\dot{T}_g = -\frac{1}{\tau_g}T_g + \frac{1}{\tau_g}T_{gr} \tag{7-6}$$

其中，T_{gr}表示发电机组转矩参考信号，τ_g表示时间常数。

设计控制器需要风电机组状态空间模型。风电机组非线性模型的建立是通过整合以上单独系统实现的。然而，很显然，非线性特征主要来源于空气动力子系统，为了预测其对所有模型动态的影响，该子系统通常是线性的。因此，风电机组的状态空间模型表示为：

$$\left.\begin{aligned}\dot{x} &= Ax + Bu + Ev\\ y &= Cx\end{aligned}\right\} \tag{7-7}$$

其中：

$$A = \begin{bmatrix} -\frac{1}{\tau_g} & 0 & 0 & 0 & 0 & 0 \\ 0 & 0 & I & 0 & 0 & 0 \\ 0 & -\omega_n^2 I & -2\zeta\omega_n I & 0 & 0 & 0 \\ 0 & \frac{1}{J_r}\frac{\partial T_a}{\partial\beta} & 0 & -\frac{(B_{dt}+B_r)}{J_r}+\frac{1}{J_r}\frac{\partial T_a}{\partial\omega_r} & \frac{B_{dt}}{n_g J_r} & -\frac{K_{dt}}{J_r} \\ -\frac{1}{J_g} & 0 & 0 & \frac{B_{dt}}{n_g J_g} & -\frac{(B_{dt}+n_g B_g)}{n_g^2 J_g} & \frac{K_{dt}}{n_g J_g} \\ 0 & 0 & 0 & 1 & -\frac{1}{n_g} & 0 \end{bmatrix}$$

$$B = \begin{bmatrix} \frac{1}{\tau_g} & 0 \\ 0 & 0 \\ 0 & \omega_n^2 I \\ 0 & 0 \\ 0 & 0 \\ 0 & 0 \end{bmatrix}, E = \begin{bmatrix} 0 \\ 0 \\ 0 \\ \frac{1}{J_r}\frac{\partial T_a}{\partial v} \\ 0 \\ 0 \end{bmatrix}, C = \begin{bmatrix} 1 & 0 & 0 & 0 & 0 & 0 \\ 0 & 1 & 0 & 0 & 0 & 0 \\ 0 & 0 & 0 & 1 & 0 & 0 \\ 0 & 0 & 0 & 0 & 1 & 0 \end{bmatrix}, x = \begin{bmatrix} T_g \\ \beta \\ \dot{\beta} \\ \omega_r \\ \omega_g \\ \theta_\Delta \end{bmatrix}$$

$$u = \begin{bmatrix} T_{gr} \\ \beta_r \end{bmatrix}$$

$$\frac{\partial T_a}{\partial \beta} = \frac{1}{2\omega_r}\rho A v^3 \frac{\partial C_p}{\partial \beta}$$

$$\frac{\partial T_a}{\partial \omega_r} = \frac{1}{2\omega_r}\rho A v^3 \frac{\partial C_p}{\partial \omega_r} - \frac{1}{2\omega_r^2}\rho A v^3 C_p$$

$$\frac{\partial T_a}{\partial v} = \frac{1}{2\omega_r}\rho A v^3 \frac{\partial C_p}{\partial v} + \frac{3}{2\omega_r}\rho A v^2 C_p$$

其中，T_g表示发电机组转矩，β表示桨距角，ω_r和ω_g分别表示风轮转速和发电机组转速，θ_Δ表示扭转角。从公式（7-7）中给出的状态空间模型可以清楚地看到，系统矩阵A和干扰矩阵E不是固定的矩阵，而是取决于状态变量、不可控制输入v，以及非解析函数λ和β、C_p的偏导数。因此，为了处理系统的非线性特性，需要非线性控制策略来实现风电机组的运行目标。

多模型非线性控制是验证非线性控制器的一种方法，其基本概念是设计负责控制非线性系统局部行为的局部控制器。在文献中，动力系统高木-关野（T-S）模糊推理建模方法[43]是一种用于多模型控制的重要系统性工具。T-S 模糊模型由一套代表非线性系统局部线性模型的 IF－THEN 规则组成。这种方法的主要特点在于，它可以通过线性系统模型表示每个模糊规则的局部动力。整体模糊模型的建模是通过隶属函数连接每个规则的局部线性模型，得出系统的全局模型来实现的。有关 T-S 模糊模型和控制的详细信息见[44]。

高木-关野（T-S）模糊非线性控制之所以能够满足风电机组控制要求，原因如下：

● T-S 模糊控制通过模糊推理建模并根据模糊多模型建模，局部利用线性控制策略制造非线性控制器。

● 通过增加前提变量的数量，T-S 模糊模型可以覆盖更宽泛的操作范围，而这一点是线性鲁棒控制器所不能及的。例如，线性鲁棒控制器的设计依据是针对图 7-4 中理想运行曲线中的某个特定操作点建立的线性化模型。因此，所有其他操作域被视为建模不确定性区域，这种控制器设计通常降低所需的标称性能以顾及建模不确定性。同时，通过将低风速范围内（区域 2）的风速和叶轮转速视为前提变量，T-S 模糊模型不仅可以在理想运行曲线的状态下近似风电机组模型，在系统输入和输出偏离理想运行轨道的运行情况下也能做到这一点。由于风速变化比叶轮转速变化快，因此发电机组运行过程中经常会出现偏离理想运行轨道的情况，对于大惯性风电机组尤其如此。

● 公式（7-7）中的非线性状态空间模型的结构以其公共输入矩阵（B）和公共输出（C）矩阵为特征。这对简化 T-S 模糊控制器设计和减少其保守性发挥着重要作用。例如，二次参数化动态输出反馈控制器可以相应地简化为线性参数化动态输出反馈控制器，来控制风电机组。

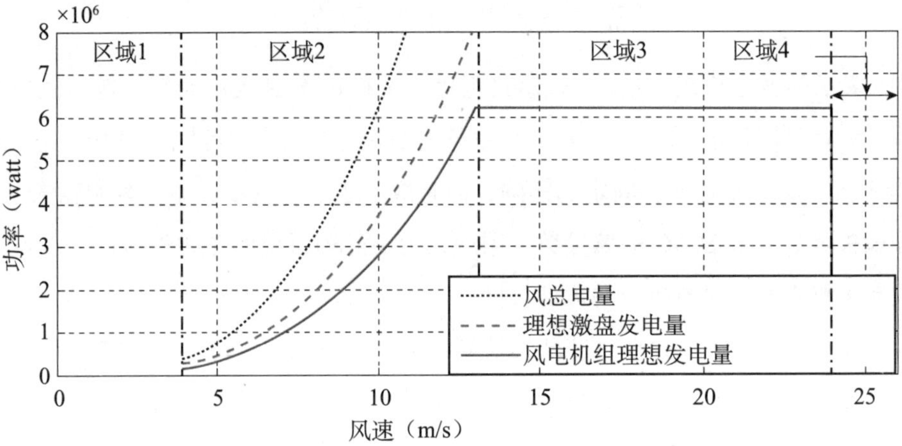

图 7-4　风电机组运行区域

目的是研制出其增益可以随风速变化的控制器。例如在低风速操作范围内，控制目的是通过跟踪最佳风轮转速参考信号，尽可能多地从风力中提取电能。因此，为了使 T-S 模型的不确定性降至最低，风速（v）和风轮转速（ω_r）被视为模糊前提变量。

在低风速运行范围内（范围 2），v 在运行范围内变动：

$$v \in [v_{\min}, v_{\max}] \text{m s}^{-1}$$

本章论述的基准风电机组中，$v_{\min} = 4\text{m s}^{-1}$，$v_{\max} = 12.5\text{m s}^{-1}$。根据这些限量，另一个前提变量（$\omega_r$）则被限制为：

$$\omega_r \in [\omega_{\min}, \omega_{\max}] \text{ rad } s^{-1}$$

其中，$\omega_{\min} = 0.56\text{rad s}^{-1}$，$\omega_{\max} = 1.74\text{rad s}^{-1}$。$\omega_r$的界限是根据公式（7-2）和 $\lambda_{opt} = 8$ 确定的。隶属函数选择如下：

$$\left.\begin{aligned} M_1 &= \frac{\omega_r - \omega_{\min}}{\omega_{\max} - \omega_{\min}} \\ M_2 &= 1 - M_1 \\ N_1 &= \frac{v - v_{\min}}{v_{\max} - v_{\min}} \\ N_2 &= 1 - N_1 \end{aligned}\right\} \tag{7-8}$$

基于两个前提变量，风电机组的四个局部线性模型可以在低风速范围内的不同操作点近似非线性系统。因此，与公式（7-7）中非线性风电机组的T-S模糊模型相比，公式（7-9）新增了四条规则：

$$\left.\begin{aligned} \dot{x} &= \sum_{i=1}^{r} h_i(v,\omega_r)[A_i x + Bu + E_i v] \\ y &= Cx \end{aligned}\right\} \tag{7-9}$$

其中 $h_1 = M_1 \cdot N_1$，$h_2 = M_1 \cdot \mathrm{N}_2$，$h_3 = M_2 \cdot N_1$，$h_4 = M_2 \cdot N_2$。

7.4　风电机组气动特性与控制

为了能透彻地理解风电机组控制面临的挑战，风力发电的基本原理和风能（P_{wind}）转换为机械能（P_{cap}）的最大转换效率［$C_{p\max}$（λ，β）］是必须最先明确的问题。

主要利用激盘理论推导公式（7-1）中的 P_{cap} 和 C_p（λ，β）最大值。激盘是一种通用设备，当它被置于穿过虚拟管的流线型气流中时，能够提取风能（见图7-5）。

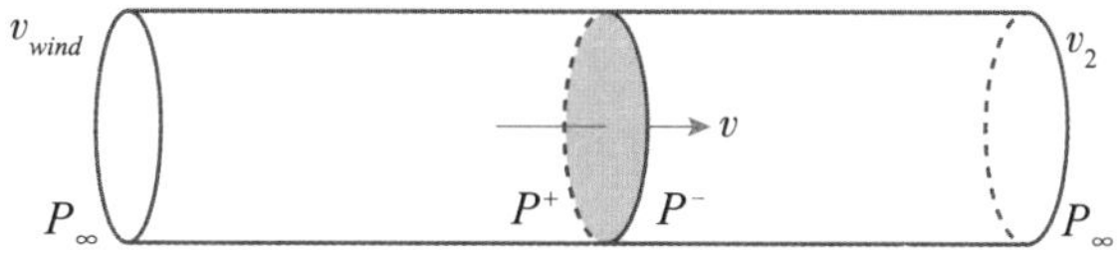

图7-5　激盘

因此，由于能量提取，下游风速必然会比上游风速慢，而管子任何位置的质量流率应保持相同。因此，

$$\rho \mathcal{A}_{\text{wind}} v_{\text{wind}} = \rho \mathcal{A} v = \rho \mathcal{A}_2 v_2 \tag{7-10}$$

其中，$\mathcal{A}_{\text{wind}}$、$\mathcal{A}$ 和 $\mathcal{A}_2$ 分别表示上游面积、桨盘面积和下游面积。风力对激盘施加的力或者说推力（F_d）如下表示：

$$F_d = \rho \mathcal{A} v (v_{\text{wind}} - v_2) \tag{7-11}$$

同样，F_d 也可以根据激盘前（P^+）和激盘后（P^-）的压力差来定义。根据伯努利方程，如果对流体不做功，则流动总能量保持不变。因此，这个公式可用于激盘的上游和下游，具体形式如下：

$$\left.\begin{aligned} \frac{1}{2}\rho v_{\text{wind}}^2 + P_\infty &= \frac{1}{2}\rho v^2 + P^+ \\ \frac{1}{2}\rho v_2^2 + P_\infty &= \frac{1}{2}\rho v^2 + P^- \end{aligned}\right\} \tag{7-12}$$

考虑到公式（7-12）中两个表达式间的差异，F_d可改写为：

$$F_d = \mathcal{A}(P^+ - P^-) = \frac{1}{2}\rho\mathcal{A}(v_{\text{wind}}^2 - v_2^2) \tag{7-13a}$$

假设 v 可表示为：

$$\frac{v_2 + v_{\text{wind}}}{2} = v \tag{7-14b}$$

那么，激盘处的风速 v 和下游风速 v_2与上游风速 v_{wind}的关系式可表示如下：

$$\left.\begin{aligned} v &= (1-\alpha)v_{\text{wind}} \\ v_2 &= (1-2\alpha)v_{\text{wind}} \end{aligned}\right\} \tag{7-15}$$

其中，α 为轴向干扰因数，被定义为自由流和风轮平面间风速的小幅增长。根据公式（7－13）和公式（7－15），激盘捕获到的风力可表示为：

$$P_{\text{cap}} = \frac{1}{2}\rho\mathcal{A}v^3(4\alpha - 8\alpha^2 + 4\alpha^3) \tag{7-16}$$

满足 $\frac{\mathrm{d}p_{\text{cap}}}{\mathrm{d}_\alpha} = 0$ 时，所捕获的风力可达到最大值，其中 $\alpha = \frac{1}{3}$。因此，通过将 α 代入公式（7-16）中，激盘能捕获到的理想风力值为：

$$P_{\text{cap}} = \frac{1}{2}\rho\mathcal{A}v^3\frac{16}{27} = 0.59P_{\text{wind}} \tag{7-17}$$

显然，三叶片变速变桨风电机组是一种特殊的激盘。在这种激盘特殊结构中，叶片桨距角（β）、风速（v）和风轮转速（ω_r）是影响所捕获风力大小的主要变量，见图 7-6。

总的来说，风电机组控制目标是风速的函数。在低风速条件下，控制目标是通过跟踪最优发电机组转速信号，优化风能获取过程。一旦风速超过标称值，控制目标则变为控制在额定功率，见图 7-4。通常来说，风速和风轮转速 ω_r根据叶尖速比 λ（或 TSR）来确定。因此，相对于 λ 和 β 的风能转换效率的变化通常通过数学多项式或查找表来表示。

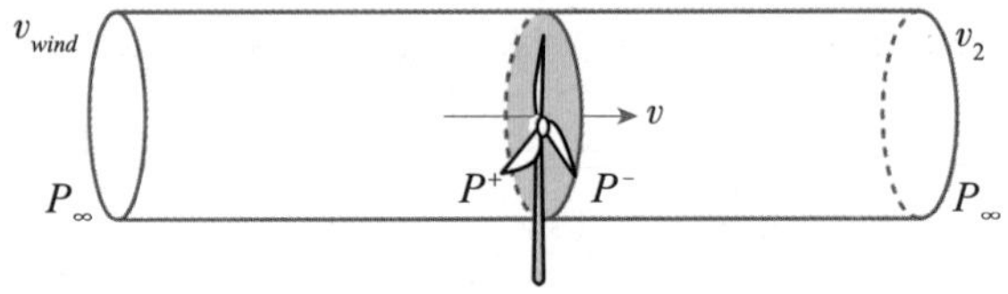

图 7-6　风电机组风力提取

图 7-7 所示为本章考虑的基准风电机组中的这一关系。

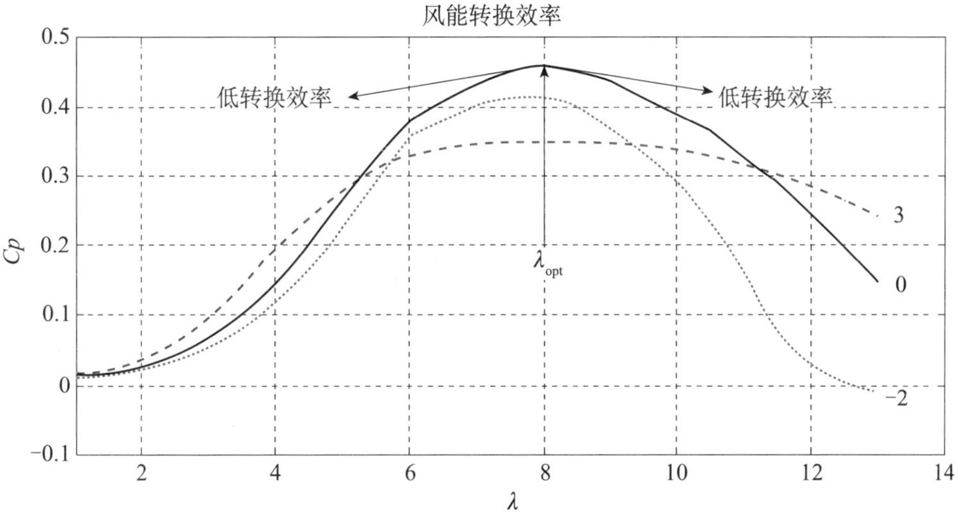

图7-7　相对于λ的 C_p 变化，β = −2°，0°，3°

根据图7-6，有两点必须重点强调：

（1）在低风速条件下，为了尽可能多地捕获风能，叶片桨距角 β 必须维持在固定的角度，与容许的最大转换效率曲线保持一致，此时 $\beta=0$。另外，风轮转速必须根据风速变化按比例改变，以便使λ接近其最优值（λ_{opt}）。具体来说，发电机组子系统相当于低风速范围内的空气动力子系统的驱动器，可降低空气动力子系统的旋转速度或任由其自由旋转，以调整风轮转速的变化，这样便可确保很好地跟踪最优风轮转速。值得一提的是，最优风轮转速的精确跟踪会导致传动系统轴载荷加大，从而会使传动系统的寿命大幅缩短。此外，精确跟踪也会使输出功率剧烈波动，导致参考转矩信号方向变化，进而导致发电机组运行异常[26]。

（2）在高风速条件下，为防止风电机组运行超过额定功率，可通过改变叶片桨距角来耗散一定比例的有功风力。然而，为了保证良好的调节性能，某些控制策略使用发电机组转矩控制作为补充控制信号，以克服叶片变桨驱动器有限的变化率。

λ_{opt}是通过关联叶片时间 t_b 和湍流时间 t_w 确定的。t_b 表示叶片移至相邻叶片位置所需的时间，t_w 表示移除叶片活动干扰的风分量消失所需的时间（见图7-8）。

根据这两个时间，可识别出三种操作场景[11]，它们分别是：

（1）$t_b>t_w$：该操作场景对应的是慢速旋转，其中部分未被干扰的风穿过被风轮扫掠的区域，其风能未被捕获。

（2）$t_b<t_w$：该场景对应的是快速旋转。该场景中，叶片穿过由之前的叶片产生的受干扰的风分量。这种情况下，风轮充当一个严密的屏障，阻止未被干扰的风

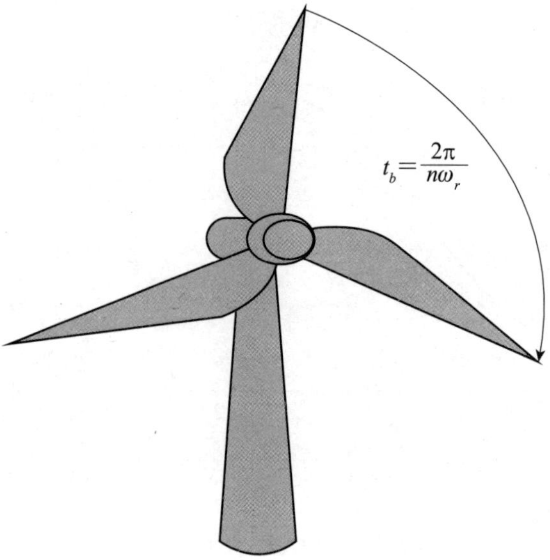

图 7-8　λ_{opt}基本原理

通过风轮。

（3）$t_b \approx t_w$：该场景对应的是最优运行情况。该场景中，叶片从重新建立的风分量中获取风能。

设被干扰的风场范围为 $S(m)$，叶片数量为 n，t_b和 t_w则可由以下公式求得：

$$\left.\begin{aligned} t_b &= \frac{2\pi}{\omega_r n} \\ t_w &= \frac{S}{v} \end{aligned}\right\} \tag{7-18}$$

通过设 t_b等于 t_w，得出最优转速如下：

$$\omega_{ropt} = \frac{2\pi v}{nS} \tag{7-19}$$

那么，λ_{opt}可由如下公式求得：

$$\lambda_{opt} = \frac{2\pi R}{nS} \tag{7-20}$$

因此，为了尽可能多地提取风能，应有效控制风电机组，使其在最优叶尖速比下运行。值得一提的是，由于公式（7-20）中的所有参数都取决于风电机组结构，因此 λ_{opt}是由风电机组生产商靠经验确定的。结果，由于 S 高度依赖叶片设计，λ_{opt}对 S 的依赖会给风电机组控制带来严重挑战。因此，随着风电机组的老化，叶片结构的任何变形都会导致 λ_{opt}值的长期不确定性。

7.5　某些故障影响调查

如7.4节中所述，控制器通过改变发电机组参考转矩 T_{gr} 来控制风轮转速，进而将捕获的风能最优化。这样，风电机组风轮转速 ω_r 会遵循以下最优风轮转速：

$$\omega_{ropt} = \frac{\lambda_{opt} v}{R} \tag{7-21}$$

其中 ω_{ropt} 和 λ_{opt} 分别表示最优风轮转速和最优叶尖速比。此外，控制器的设计必须包括容错能力，以应对可能出现的降低所需闭合环路性能的故障情况。

考虑了以下故障情况，提出的控制策略应能容许故障影响，以便维持良好的跟踪性能。

- 风轮转速传感器测量误差：传感器定标故障（减少或增加）使风电机组偏离最优运行状态。显而易见，控制器的设计目的是为了提供良好的 ω_{ropt} 跟踪（即 $e_t = \omega_{r\text{-measured}} - \omega_{opt} \approx 0$）。然而，由于测量误差，控制器尝试强迫错误的测量值遵循 ω_{ropt}（比方说，如果误差为 ±10%，那么 $1.1 * \omega_r - \omega_{opt} \approx 0$ 或 $0.9 * \omega_r - \omega_{opt} \approx 0$），这样便导致实际风轮转速的减速或增速，并最终导致风电机组运行远离最优值 ω_{opt}。此外，较严重的传感器测量误差可影响风电机组结构，或将风电机组引至截止区。比如，严重的偏低误差会导致风电机组的实际旋转速度大于根据有效风速预期的旋转速度。因此，快速旋转意味着在重建未受干扰的风速之前，叶片通过了前叶片的湍流分量。这会导致风电机组整体结构过度震动。同时，由于偏高误差，控制系统会减慢风轮转速。这可能会导致风电机组停机。

- 固定风轮转速传感器故障：这种故障的影响根据固定实测的风轮转速（固定型故障量级）和 ω_{ropt} 的不同而不同，而 ω_{ropt} 取决于风速。如果 ω_{ropt} 低于固定风轮转速测量值，控制器将强制系统减慢速度，系统减速可能会导致转速达到停机。另外，如果 ω_{ropt} 高于固定风轮转速，控制器则会任由风电机组根据有效风速旋转，而不施加任何控制。

- 发电机组转速传感器偏差故障：传感器偏差故障（缩减或增加）影响风电机组闭合环路的性能，从而影响风能转换效率。然而，由于发电机组转速信号是反馈信号的一部分，且不与参考最优转速（非目标信号）进行直接对比，因此这种故障的预期影响可能会小于风轮转速传感器故障的影响。

- 发电机组转矩偏差故障：转矩偏差故障的影响类似于风轮转速传感器故障的影响。在这种故障情况下，内环发电机组控制器将 T_{gr} 与实测发电机组转矩 T_{gm} 之间的差距最小化。事实上，T_{gm}并非直接测量得出，而是通过软测量确定的。因此，在此测量中的任何偏差都会导致系统偏离最优运行状态。这会导致风电机组风能转换效率降低。幸运的是，从全局控制的立场来看，该故障的出现被视为刻度驱动器故障。

图 7-9 所示为不同故障对风电机组最优运行的影响。

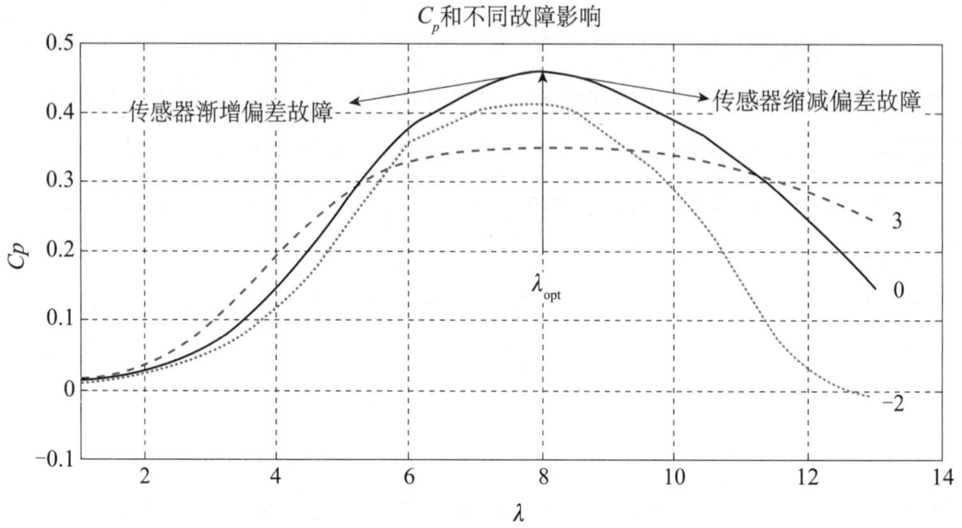

图 7-9　传感器故障对功率优化的影响

显然，发电机组和风轮转速传感器定标故障的影响赶上了 λ_{opt}不确定性问题的影响，λ_{opt}不确定性问题部分是由风电机组老化和叶片变形导致的。因此，即使测量偏差不严重且并未导致结构损坏，但对这类故障的探测和容错可使提取的风能保持在最优值。

总的来说，本章中提出的所有容错控制（FTC）策略的目的都是，无论在故障状态下还是在无故障状态下均保持相同的控制策略。使用估算器估算传感器故障信号，同时容许这些故障信号对输出信号的影响，输出信号随后会作为控制器的输入信号传递给控制器。

提议使用实测风速，而这些控制策略中设计的故障估算器可减小实测风速与有效风速（EWS）间的预期误差带来的影响，这是因为实测风速信号并不完全等同于 EWS 信号。

7.6　基于 T-S 模糊 PMIO 的传感器容错控制

本节描述了基于 T-S 模糊观测器的传感器容错控制方案，该控制方案的设计目的是优化发电机组和风轮转速传感器故障情况下捕获到的风能。为了确保能够较精确地估计更多的传感器故障，FTTC 策略使用了模糊 PMIO。标称模糊控制器无论在故障情况下还是在无故障情况下均保持不变。尽管该策略的目的是将风电机组控制在低风速范围内（低于额定风速），但该控制器也可作为桨距控制系统的辅助控制系统，在高于额定风速的条件下调节风轮转速。

近来，基于 T-S 模糊观测器的传感器 FTC 设计已在[21]中提出，见图 7-10。设计方法基于对[33]中提出的广义观测器概念生成的两种残留信号的分析结果，假定未出现同步传感器故障，以此将故障观测器分析结果转换为健康观测器分析结果。显而易见，两种不同观测器之间的转换不可避免地会产生尖脉冲，尖脉冲则会对低惯性风电机组的传动系统转矩产生特别影响。此外，该 FTC 策略的性能在很大程度上受到残差估算装置的鲁棒性和计算时间的影响。另外，此处提到的 T-S 模型是在实测风速的基础上推导出来的，由于风力随机变化且其变化快于风电机组动力变化，实测风速会导致明显的建模不确定性，因此该模型并不能妥善调度控制器命令。除此之外，发电机组和风轮转速传感器也有极大可能同时出现故障。

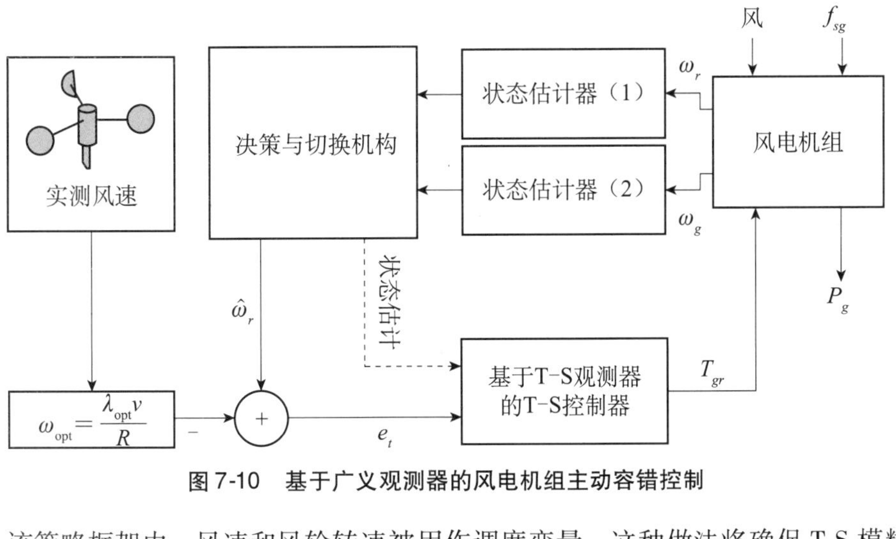

图 7-10　基于广义观测器的风电机组主动容错控制

该策略框架内，风速和风轮转速被用作调度变量，这种做法将确保 T-S 模糊模型可以体现各种不同的操作场景。尤其是模型可以呈现系统偏离图 7-4 所示的理想功率/风速特性的运行情况。事实上，大惯性风电机组的运行经常偏离其理想功率/风速特性，因此使用两个调度变量是处理这一状况的最佳方法。

该策略的主要贡献包括：（1）使用 PMIO 将传动系统传感器的影响隐藏或隐式抵消。这样便可免除残差评价和观测器切换的需要（详见[21]）。（2）PMIO 同步预估状态和传感器故障信号。因此，通过故障估计信号也可掌握故障严重程度信息。

(3) 经证明，模糊 PMIO 方案可提供良好的同步状态和传感器突变故障预测。图 7-11 为该策略的图解。

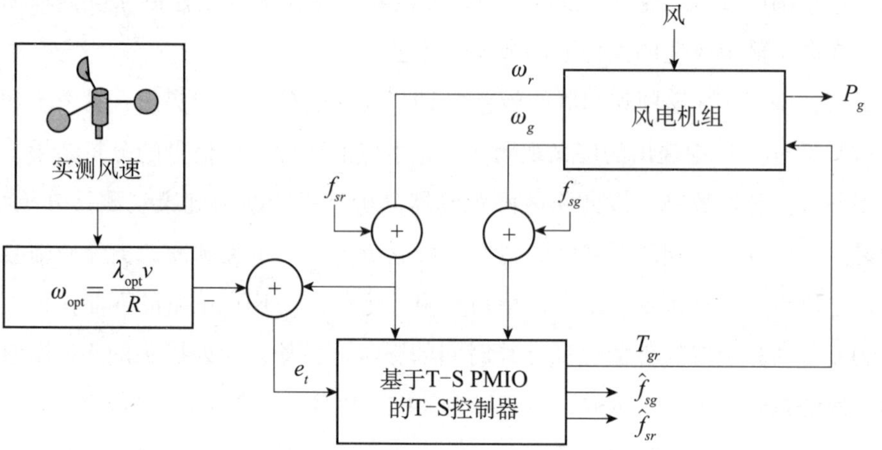

图 7-11　基于风电机组 PMIO 的传感器 FTC 方案

在该策略中，控制器使发电机组转速跟踪最优发电机组转速。此外，该策略还将实测风速作为 EWS 的一个近似值。

按照 1.2 节中的推导，公式（7-20）中所示的带有附加传感器的非线性风电机系统 T-S 模糊模型可表示如下：

$$\left.\begin{aligned}\dot{x} &= A(p) + Bu + E(p)v\\ y &= Cx + D_f f_s\end{aligned}\right\} \tag{7-22}$$

$A(p) \in \mathcal{R}^{n*n}(=\sum_{i=1}^{r}h_i(p)A_i)$, $B\in\mathcal{R}^{n*m}$, $E(p)\in\mathcal{R}^{n*m_v}(=\sum_{i=1}^{r}h_i(p)E_i)$, $D_f\in\mathcal{R}^{l*g}$以及 $C\in\mathcal{R}^{l*n}$为已知的系统矩阵。r 表示模糊规则的数量，术语 $h_i(p)$ 表示满足条件 $\sum_{i=1}^{r}h_i(p)=1$ 和 $1\geqslant h_i(p)\geqslant 0$ 的第 i 个模糊规则的权重函数（如 1.2 节中所定义的），对所有的 i 均满足。

一个包含公式（7-22）和跟踪误差积分 $[e_t=\int(y_r-Sy)]$ 的增广系统定义如下：

$$\left.\begin{aligned}\dot{\bar{x}} &= \bar{A}(p)\bar{x} + \bar{B}u + \bar{E}(p)v + Ry_r\\ \bar{y} &= \bar{C}\bar{x} + \bar{D}_f f_s\end{aligned}\right\} \tag{7-23}$$

$$\bar{A}(p)=\begin{bmatrix}0 & -SC\\ 0 & A(p)\end{bmatrix},\bar{x}=\begin{bmatrix}e_t\\ x\end{bmatrix},\bar{B}=\begin{bmatrix}0\\ B\end{bmatrix},\bar{E}(p)=\begin{bmatrix}0\\ E(p)\end{bmatrix},R=\begin{bmatrix}I\\ 0\end{bmatrix}$$

$$\bar{C}=\begin{bmatrix}I_q & 0\\ 0 & C\end{bmatrix},\bar{D}_f=\begin{bmatrix}0\\ D_f\end{bmatrix}$$

其中，$S \in \mathcal{R}^{w*l}$用于定义跟踪参考信号的输出变量。因此，跟踪问题被转移到模糊状态反馈控制，其控制信号为：

$$u = K(p)\hat{\bar{x}} \tag{7-24}$$

其中，$K(p) \in \mathcal{R}^{m*(n+w)}$ $\left(= \sum_{i=1}^{r} h_i(p) K_i\right)$ 表示控制器增益，$\hat{\bar{x}} \in \mathcal{R}^{(n+w)}$ 表示估计增广状态向量。

如[16]中描述的，如果可以假设传感器故障信号的第 q 次求导为有界的，那么由原始局部线性系统状态和f_s的第 q 次导数组成的增广状态系统可表示如下：

$$\varphi_i = f_s^{q-i}(i = 1,2,\cdots,q), \dot{\varphi}_1 = f_s^q; \dot{\varphi}_2 = \varphi_1; \dot{\varphi}_3 = \varphi_2; \cdots; \dot{\varphi}_q = \varphi_{q-1}$$

那么，公式（7-22）中的系统将会在增广故障导数状态时变成：

$$\left.\begin{aligned} \dot{x}_a &= A_a(p)x_a + B_a u + E_a(p)v + R_a y_r + Gf_s^q \\ y_a &= C_a x_a \end{aligned}\right\} \tag{7-25}$$

其中，

$$x_a = [\bar{x}^T \quad \varphi_1^T \quad \varphi_2^T \quad \varphi_3^T \quad \cdots \quad \varphi_q^T]^T \in \mathcal{R}^{\bar{n}}$$

$$A_a(p) = \begin{bmatrix} \bar{A}(p) & 0 & \cdots & 0 & 0 \\ 0 & 0 & \cdots & 0 & 0 \\ 0 & I & \cdots & 0 & 0 \\ \vdots & \vdots & \ddots & \vdots & \vdots \\ 0 & 0 & \cdots & I & 0 \end{bmatrix} \in \mathcal{R}^{\bar{n}\times\bar{n}}$$

$$B_a = [\bar{B}^T \quad 0 \quad 0 \quad \cdots \quad 0]^T \in \mathcal{R}^{\bar{n}\times m}$$

$$E_a(p) = [\bar{E}^T \quad 0 \quad 0 \quad \cdots \quad 0]^T \in \mathcal{R}^{\bar{n}\times m_v}$$

$$G = [0 \quad I_k \quad 0 \quad \cdots \quad 0]^T \in \mathcal{R}^{\bar{n}\times g}$$

$$C_a = [\bar{C} \quad 0 \quad 0 \quad \cdots \quad \bar{D}_f] \in \mathcal{R}^{1\times\bar{n}}$$

$$\bar{n} = (n + w) + gq$$

建议使用以下 T-S 模糊 PMIO 估计系统状态和传感器故障：

$$\left.\begin{aligned} \dot{\hat{x}}_a &= A_a(p)\hat{x}_a + B_a u + E_a(p)v + R_a y_r + L_a(p)(y_a - \hat{y}_a) \\ \hat{y}_a &= C_a x_a \end{aligned}\right\} \tag{7-26}$$

状态估计误差动力通过从公式（7-25）减去公式（7-26）得到：

$$\dot{e}_x = [A_a(p) - L_a(p)C_a]e_x + Gf_s^q + E_a(p)e_v \tag{7-27}$$

其中e_v表示有效风速和实测风速（v）之差。整合了增广状态空间系统[25]，控制器[24]和状态估计误差[27]的增广系统可由以下公式给出：

$$\dot{\tilde{x}}_a(t) = \sum_{i=1}^{r} h_i(p)\{\tilde{A}_i\tilde{x}_a + \tilde{N}_i\tilde{d}\} \tag{7-28}$$

其中：

$$\tilde{A}_i = \begin{bmatrix} \bar{A}(p) + \bar{B}K(p) & -\bar{B}[K(p)0_{m\times q}] \\ 0 & A_a(p) - L_a(p)C_a \end{bmatrix}$$

$$\tilde{x}_a = \begin{bmatrix} \bar{x} \\ e_x \end{bmatrix}, \tilde{N}_i = \begin{bmatrix} \bar{E}(p) & 0 & R & 0 \\ 0 & E_a(p) & 0 & G \end{bmatrix}, \tilde{d} = \begin{bmatrix} v \\ e_v \\ y_r \\ f_s^q \end{bmatrix}$$

此处的目标为计算增益 $L_a(p)$ 和 $K(p)$，如此，便可将公式（7-28）中输入项 $\tilde{d}$ 的影响削减至理想级别 γ 以下，以保证鲁棒稳定性。

定理 8.1：当 $t>0$ 且 $h_i(p)h_j(p)\neq 0$ 时，如果信号（$\tilde{d}$）为有界的，且存在 SPD 矩阵 P_1、P_2，矩阵 H_{ai}、Y_i，标量满足以下 LMI 约束条件（7-29）和(7-30)，则[28]中的闭合环路模糊系统稳定，且 H_∞ 性能被保持在抑制水平。

最小化，使得：

$$P_1>0,\ P_2>0 \tag{7-29}$$

$$\begin{bmatrix}
\Psi_{11} & \Psi_{12} & \bar{E}(p) & 0 & R & 0 & 0 & 0 & 0 & 0 & 0 & X_1C_P^T \\
* & -2\mu\bar{X}_1 & 0 & 0 & 0 & 0 & \mu I & 0 & 0 & 0 & 0 & 0 \\
* & * & -2\mu I & 0 & 0 & 0 & 0 & \mu I & 0 & 0 & 0 & 0 \\
* & * & * & -2\mu I & 0 & 0 & 0 & 0 & \mu I & 0 & 0 & 0 \\
* & * & * & * & -2\mu I & 0 & 0 & 0 & 0 & \mu I & 0 & 0 \\
* & * & * & * & * & -2\mu I & 0 & 0 & 0 & 0 & \mu I & 0 \\
* & * & * & * & * & * & \Psi_{55} & 0 & E_a(p) & 0 & P_2G & 0 \\
* & * & * & * & * & * & * & -\gamma I & 0 & 0 & 0 & 0 \\
* & * & * & * & * & * & * & * & -\gamma I & 0 & 0 & 0 \\
* & * & * & * & * & * & * & * & * & -\gamma I & 0 & 0 \\
* & * & * & * & * & * & * & * & * & * & -\gamma I & 0 \\
* & * & * & * & * & * & * & * & * & * & * & -\gamma I
\end{bmatrix} < 0 \tag{7-30}$$

其中：$K_i = Y_i X_1^{-1}$，$L_a = P_2^{-1} H_{ai}$，$X_1 = P_1^{-1}$，$\overline{X}_1 =$ 对角（X_1，$I_{q\times q}$）

$\Psi_{11} = \bar{A}_i X_1 + (\bar{A}_i X_1)^T + \bar{B} Y_i + (\bar{B} Y_i)^T$；$\Psi_{12} = [-\bar{B} Y_i \quad 0]$；

$\Psi_{55} = P_2 A_{ai} + (P_2 A_{ai})^T - H_{ai} C_a - (H_{ai} C_a)^T$。

定理1证明，为了实现公式（7－27）中的性能和必需的闭环稳定性，以下不等式应成立[13]：

$$\dot{v}(\tilde{x}_a) + \frac{1}{\gamma}\tilde{x}_a^T C_p^T C_p \tilde{x}_a - \gamma \tilde{d}^T \tilde{d} < 0 \tag{7-30}$$

其中，$\dot{v}(\tilde{x}_a)$ 表示增广系统27中的李雅普诺夫函数［$v(\tilde{x}_a) = \tilde{x}_a^T \bar{P} \tilde{x}_a$，$\bar{P} > 0$］的时间导数。运用公式（7-27）、不等式（7－30）变为：

$$\dot{v}(\tilde{x}_a) = \sum_{i=1}^{r} \{\tilde{x}_a^T (\tilde{A}_i^T \bar{P} + \bar{P}\tilde{A}_i)\tilde{x}_a + \tilde{x}_a^T \bar{P} \tilde{N}_i \tilde{d} + \tilde{d}^T \tilde{N}_i^T \bar{P} \tilde{x}_a\} \tag{7-31}$$

通过简单的运算可知，不等式（7-30）的成立意味着不等式（7-32）也成立：

$$\begin{bmatrix} \tilde{A}_{ij}^T \bar{P} + \bar{P}\tilde{A}_{ij} + \frac{1}{\gamma} I & \bar{P}\tilde{N}_{ij} \\ \tilde{N}_{ij}^T \bar{P} & -\gamma I \end{bmatrix} < 0 \tag{7-32}$$

为了与公式（7－27）保持一致，$\bar{P}$ 的结构如下：

$$\bar{P} = \begin{bmatrix} P_1 & 0 \\ 0 & P_2 \end{bmatrix} > 0 \tag{7-33}$$

通过简单运算，并应用变量改变［$H_{ai} = P_2 L_a(p)$］，不等式（7－32）可变形为：

$$\Pi_{ij} = \begin{bmatrix} \Omega_{11} & -P_1[\bar{B}K_j 0] & P_1 \bar{E}(p) & P_1 R & 0 \\ * & \Omega_{22} & 0 & 0 & P_2 G \\ * & * & -\gamma I & 0 & 0 \\ * & * & * & -\gamma I & 0 \\ 0 & (P_2 G)^T & 0 & 0 & -\gamma I \end{bmatrix} < 0 \tag{7-34}$$

其中：

$$\Omega_{11} = \bar{A}_i X_1 + (\bar{A}_i X_1)^T + \bar{B} Y_i + (\bar{B} Y_i)^T + \frac{1}{\gamma} C_p^T C_p$$

$$\Omega_{22} = P_2 A_{ai} + (P_2 A_{ai})^T - \bar{H}_i C_a - (\bar{H}_i C_a)^T$$

建议使用公式（7－34）中的一步设计法来设计矩阵不等式，确定所需的增益，以避免重复迭代多步设计带来的复杂性。因此，公式（7－34）中所示的 Π_{ij} 变为：

$$\Pi_{ij} = \begin{bmatrix} \Pi_{11} & \Pi_{12} \\ * & \Pi_{22} \end{bmatrix} \tag{7-35}$$

其中

$$\Pi_{11} = \Omega_{11}; \ \Pi_{12} = [\ -P_1 \ [\bar{B}K_j \quad 0] \quad P_1\bar{E}(p) \quad P_1R \quad 0]$$

$$\Pi_{22} = 右下区$$

为应对变量变化，需要以下辅助定理：

辅助定理1（全等）：考虑两个矩阵 P 和 Q，如果 P 为正定矩阵且 Q 为列满秩矩阵，那么，矩阵 $Q * P * Q^T$为正定矩阵。

设 $Q = \begin{bmatrix} P_1^{-1} & 0 \\ 0 & X \end{bmatrix}$，且 $X = \begin{bmatrix} \bar{X}_1 & 0 & 0 & 0 \\ 0 & I & 0 & 0 \\ 0 & 0 & I & 0 \\ 0 & 0 & 0 & I \end{bmatrix}$

那么，$Q * \Pi_{ij} * Q^T < 0$ 时同样适用，且可表示为：

$$\begin{bmatrix} P_1^{-1}\Pi_{11}P_1^{-1} & P_1^{-1}\Pi_{12}X \\ * & X\Pi_{22}X \end{bmatrix} < 0 \tag{7-36}$$

由不等式（7－36）可知 $\Pi_{22} < 0$，因而以下不等式成立[18,24]：

$$(X + \mu\Pi_{22}^{-1})^T\Pi_{22}(X + \mu\Pi_{22}^{-1}) \leqslant 0 \Leftrightarrow X\Pi_{22}X \leqslant -2\mu X - \mu^2\Pi_{22}^{-1} \tag{7-37}$$

其中 μ 为标量。

将不等式（7－37）代入不等式（7－36）中并使用舒尔补定理（Schur complement Theorem），当以下不等式成立时，那么不等式（7－36）也成立：

$$\begin{bmatrix} P_1^{-1}\Pi_{11}P_1^{-1} & P_1^{-1}\Pi_{12}X & 0 \\ X\Pi_{12}P_1^{-1} & -2\mu X & \mu I \\ 0 & \mu I & \Pi_{22} \end{bmatrix} < 0 \tag{7-38}$$

完成不等式（7－35）中 Π_{11}、Π_{12}、Π_{12}、Π_{22} 的代换并进行简单的运算后，可求得公式（7－29）中的 LMI。证明完成。

7.6.1 仿真结果

风轮和发电机组传感器故障由双尺度误差表示。仿真的真实发电机组转速和风轮转速与误差因子 1.1 和 0.9 相乘。预期故障影响表示风电机组偏离最优运行状态的偏差。图 7-12 展示了风电机组运行是如何受到两种故障情况的影响的，并说明了该策略可成功地容忍传感器故障的影响并使风电机组保持最佳运行状态。

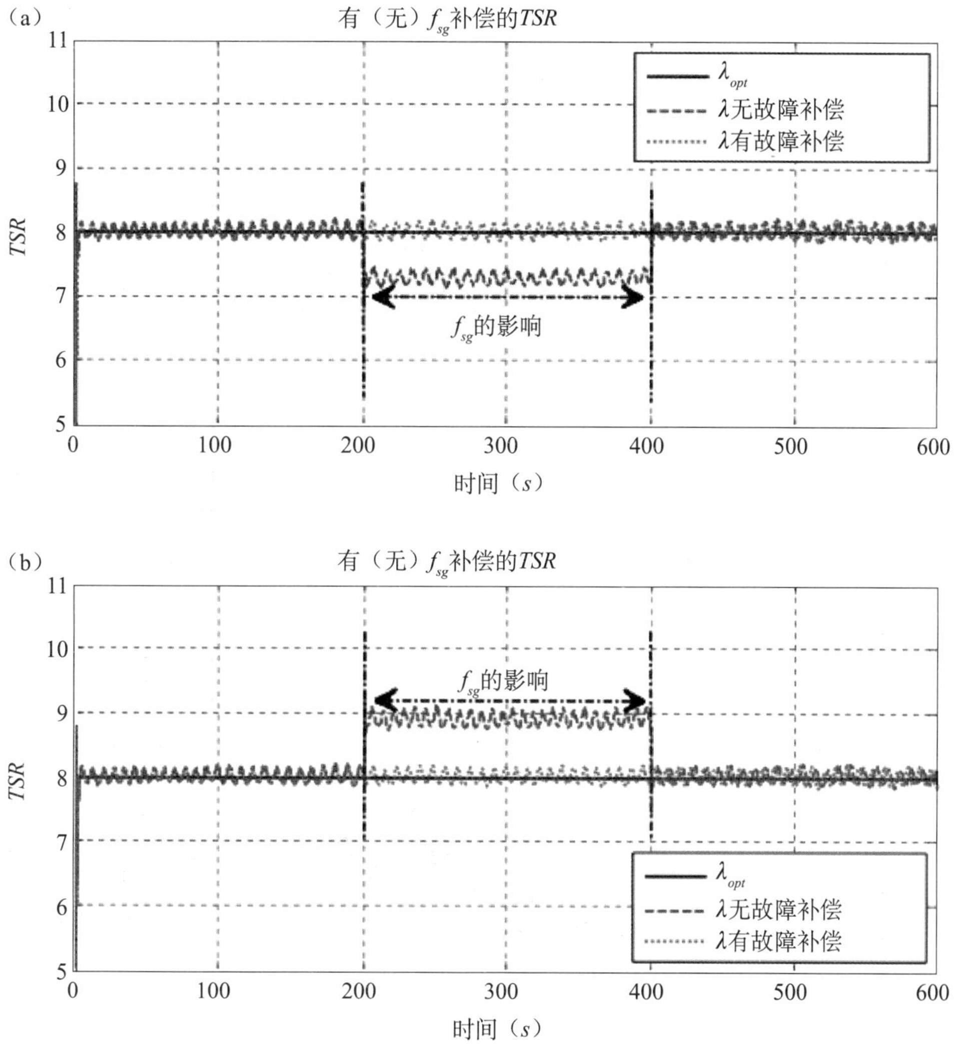

图 7-12　有（无）故障补偿的 1.1a 和 0.9b 传感器定标故障影响

显然，1.1 传感器误差导致了 ω_r 和 ω_g 的减速。根据故障测量结果，控制器通过提高发电机组参考转矩（发电机组依靠制动转矩降低空气动力子系统的速度或释放空气动力子系统任由其自由旋转），增加传动系统载荷来降低风电机组转速。因此，虽然传感器故障是一种放大故障，但由于控制器对故障测量信号的依赖性，发电机组和风轮的实际转速被减慢。图 7-13 中显示的是该故障在没有传感器故障补偿的情况下所产生的影响。

相反，0.9 传感器误差导致了 ω_r 和 ω_g 的加速。原因是，根据故障测量结果，控制器释放了空气动力子系统，任其按照有效风速旋转。图 7-14 显示了无补偿 0.9 传感器故障的影响。另一方面，图 7-15 显示了与该传感器 FTTC 策略相关的 ω_r 和 ω_g 时间变化。

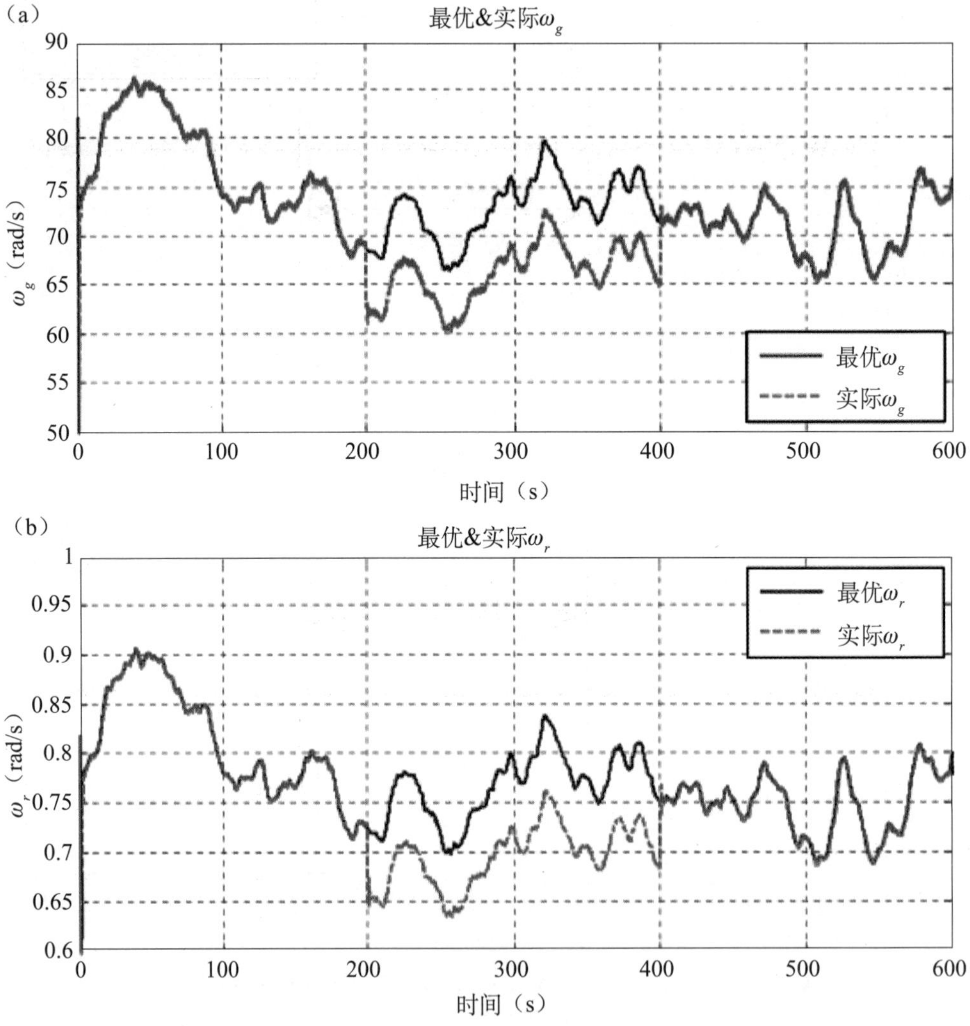

图 7-13　1.1 传感器误差使 ω_g a 和 ω_r b 减速

0.9 和 1.1 误差因子故障情况下的发电机组转速传感器故障估计信号见图 7-16。

T-S PMIO 可以通过故障估计信号提供有关故障严重性的信息。这是通过衡量测定发电机组速度与估计信号之间的比率实现的。因此在没有故障的情况下，该比率值应该为 1，否则，任何偏离该值的偏差都表示有故障出现，偏差的大小代表故障的严重性。图 7-17 展示了两种故障情况下的故障评估信号。

值得一提的是，在整个运行范围内保持状态估计不做改变的原因是模糊 PMIO 执行的是隐含故障估计，同时根据 PMIO 的输入执行传感器故障补偿。上述情况可由误差信号（$y_a - C_a\hat{x}_a$）解释，误差信号（$y_a - C_a\hat{x}_a$）可改写为 $\bar{C}x + \bar{D}f_s - \bar{C}\hat{x} - \bar{D}\hat{f}_s$，且只要没有传感器故障出现，则 $\hat{f}_s = 0$。然而，一旦出现传感器故障，故障估计 $\hat{f}_s$ 将会补偿故障信号 s 的影响，因此观测器总是收到无故障的误差信号。

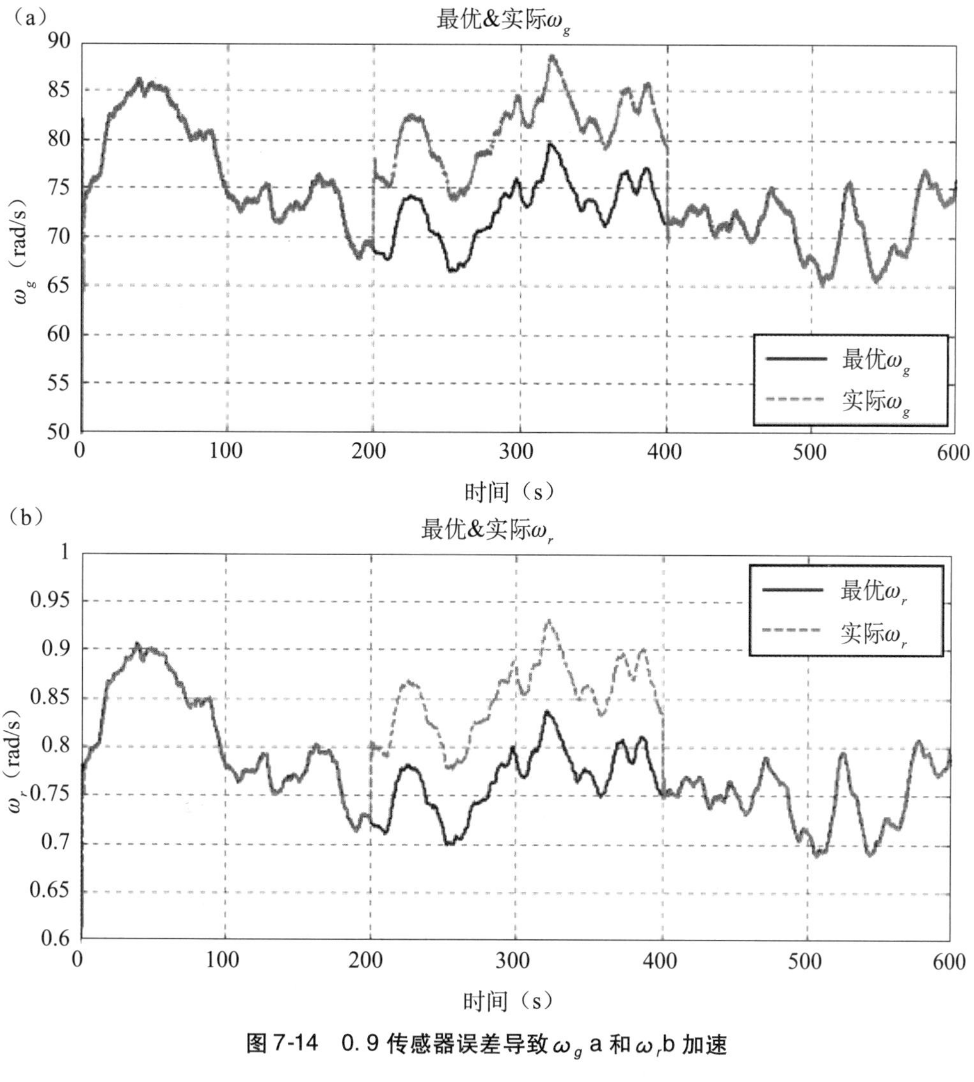

图 7-14　0.9 传感器误差导致 ω_g a 和 ω_rb 加速

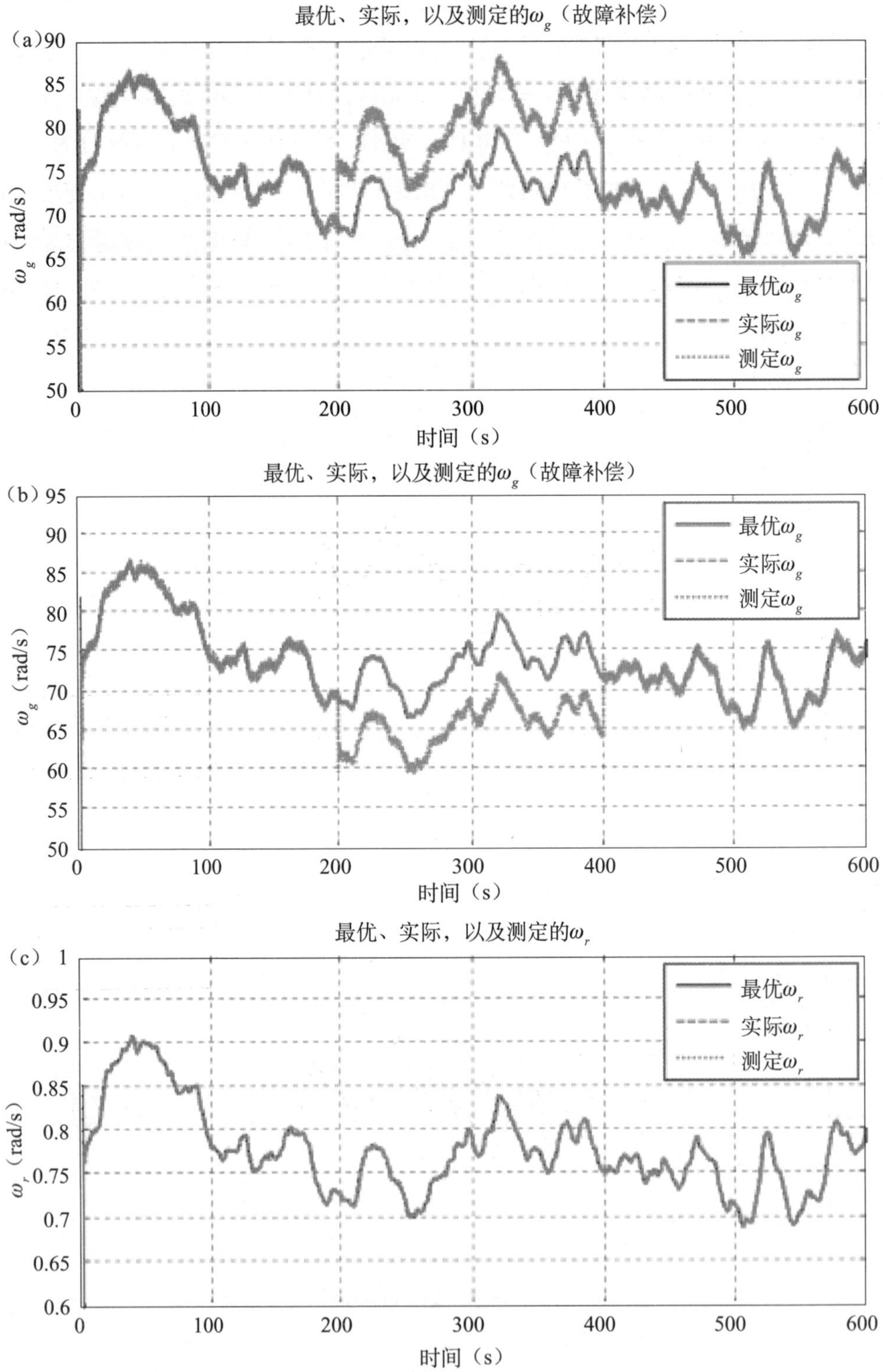

图 7-15　使用提出的传感器 FTC 策略后的实际、最优，以及测定的 ω_g a、ω_g b 和 ω_r c

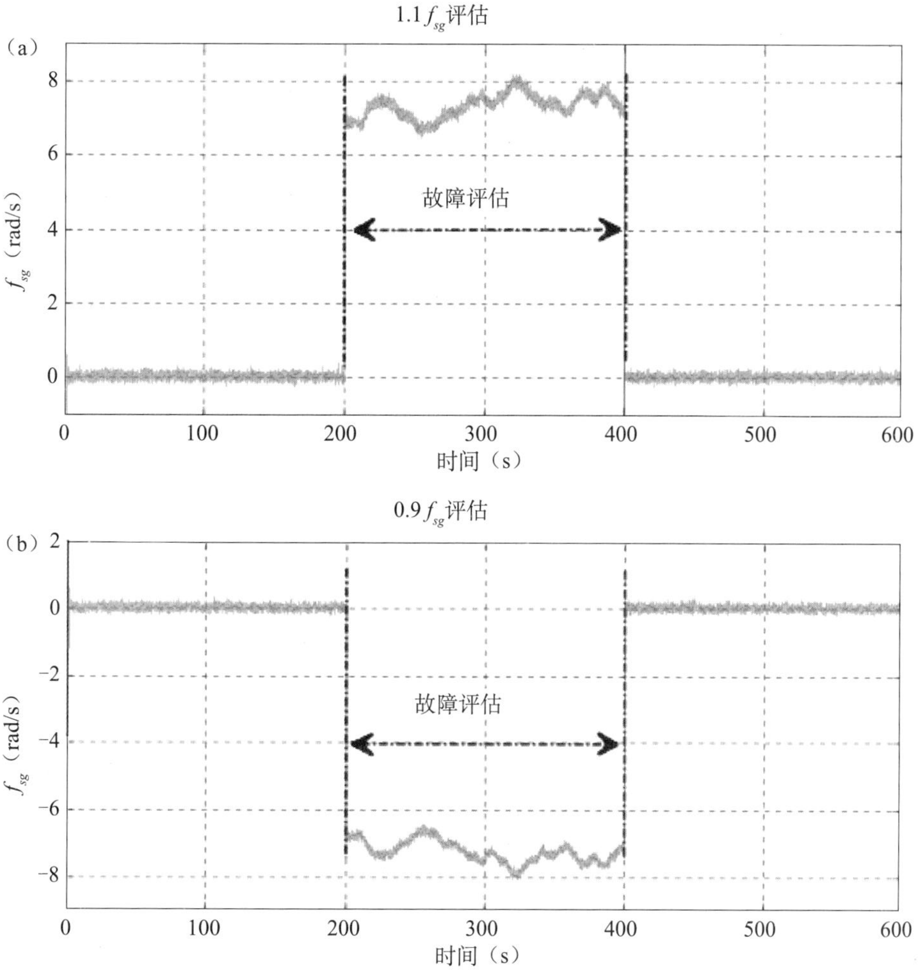

图 7-16　1.1a 和 0.9b 传感器误差的估计

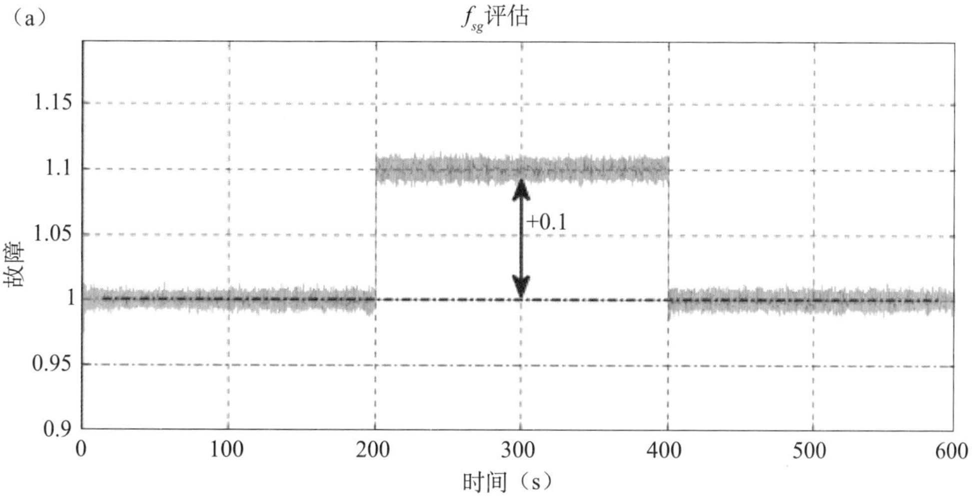

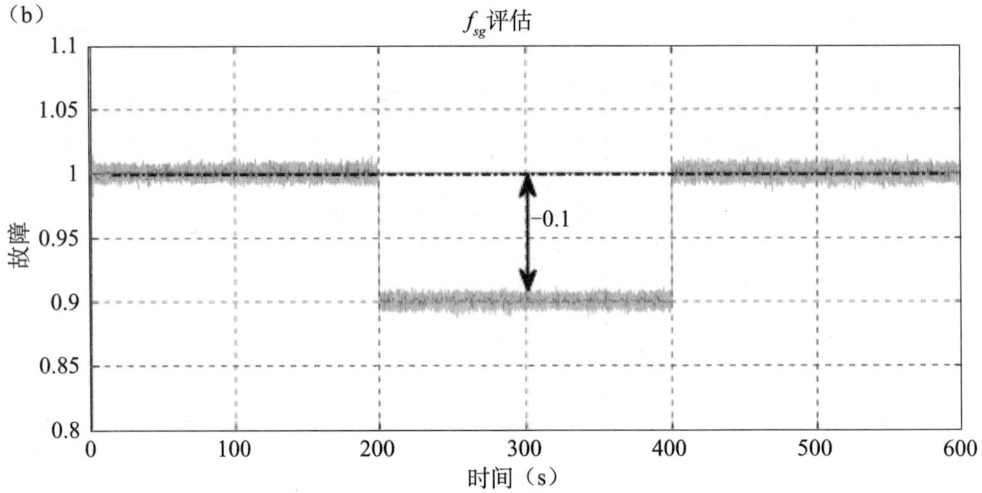

图 7-17　1.1a 和 0.9b 传感器测量的误差值

7.7　结　论

本章分别介绍了风电机组运行的概念、控制问题的定义、运行模式，以及风电机组非线性 T-S 模糊模型。

总的来说，风电机组控制目标为风速的函数。在低风速条件下，控制目标为通过跟踪最优风轮转速信号优化风能捕获。一旦风速超过其标称值，控制目标则变为控制在额定功率。

具体来说，在低风速运行范围内，控制器通过控制发电机转矩，使风电机组风轮转速跟踪最优风轮转速，从而达到优化风能捕获的目的。

事实上，从控制的角度来看，功率优化问题其实是一个跟踪控制问题。然而，在风电机组功率最大化控制器的设计中，需考虑几个设计制约条件，它们包括：

a. 风电机组具有非线性空气动力学特点，其驱动力随机且不可控制，并以 EWS 的形式呈现。这样便限制了线性控制策略在各种风速条件下保持可接受性能的能力。

b. 由于风电机组模型具有公共输出和输入矩阵，因此 T-S 模糊估计与控制的保守性大幅降低。

c. 由于风电机组零部件故障会对风能转换效率产生直接影响，因此设计的控制策略必须能够容忍不同的预期故障影响。

除了对故障影响进行评估之外，本章还以 FTTC 为基础，提出了多个解决可持续风电机组问题的方案。使用基于 PMIO 的传感器 FTC 方案替代基于广义观测器的传感器 FTC 方案的优点包括：(i) 免除了残差评价和观测器切换的需要；(ii) 可同时容忍发电机组转速与风轮转速传感器故障；(iii) PMIO 可同时估计状态与传感器故障信号。因此，通过故障估计信号也可获得故障严重性信息；(iv) 新的模糊 PMIO 方案可应对各种传感器故障情况。

7.8　未来研究方向

尽管本章提出的新策略可应对 FTC 框架内的多个挑战，但仍需做出改进以应对更多其他挑战。对该课题深化研究的建议如下：

- 由于风电机系统中存在多个冗余测量，因此要在各种运行条件下保持风电机组控制的标称性能，方法之一是设计出一种基于 FDD/FTC 的综合静态虚拟传感器。
- 因风电机组老化和叶片变形而导致的 λ_{opt} 不确定性问题以及实测风速方面的不确定性问题是功率优化控制问题的真正挑战。因此，在风电机组空气动力子系统的基础上，对这些变量的鲁棒估计可确保良好的变电性能。
- 由于滑模控制（SMC）无需额外解析冗余就可容忍相应故障，因此在故障估计和补偿框架内使用 SMC 可以大幅提高控制系统的容错能力。

参考文献

[1] Ahmed-Zaid F, Ioannou P, Gousman K, Rooney R (1991) Accommodation of failures in the F-16 aircraft using adaptive control. IEEE Control Syst 11(1): 73 – 78.

[2] Alwi H, Edwards C (2008) Fault tolerant control using sliding modes with on-line control allocation. Automatica 44(7): 1859 – 1866.

[3] Amirat Y, Benbouzid MEH, Al-Ahmar E, Bensaker B, Turri S (2009) A brief status on condition monitoring and fault diagnosis in wind energy conversion systems. Renew Sustain Energy Rev 13(9): 2629 – 2636.

[4] Benosman M, Lum KY (2010) Passive actuators' fault-tolerant control for affine nonlinear systems. IEEE Trans Control Syst Technol 18(1): 152 – 163.

[5] Bianchi DF, De Battista H, Mantz JR (2007) Wind turbine control systems: principles. Springer, Modelling and Gain Scheduling Design.

[6] Blanke M, Kinnaert M, Lunze J, Staroswiecki M (2006) Diagnosis and fault-tolerant control. Springer, London.

[7] Boskovic JD, Mehra RK (1999) Stable multiple model adaptive flight control for ac-

commodation of a large class of control effector failures. In: Proceedings of the American control conference, San Diego, California, 2 – 4 June 1920 – 1924.

[8] Boskovic, JD, Mehra RK (2002) An adaptive retrofit reconfigurable flight controller. In: Proceedings of the 41st IEEE conference on decision and control, Las Vegas, Nevada, 1257 – 1262. 10 – 13 Dec 2002.

[9] Bossanyi EA, Ramtharan G, Savini B (2009) The importance of control in wind turbine design and loading. In: 17th Mediterranean conference on control and automation, Thessaloniki, Greece, 1269 – 1274. 24 – 26 June 2009.

[10] Burton T, Sharpe D, Jenkins N, Bossanyi E (2001) Wind energy handbook. Wiley, Chichester.

[11] Carriveau R (2011) Fundamental and advanced topics in wind power. Intech, Rijeka.

[12] Caselitz P, Giebhardt J (2005) Rotor condition monitoring for improved operational safety of offshore wind energy converters. J Solar Energy Eng 127(2): 253 – 261.

[13] Ding SX (2008) Model-based fault diagnosis techniques design schemes, algorithms, and tools. Springer, Berlin.

[14] Djurovic S, Crabtree CJ, Tavner PJ, Smith AC (2012) Condition monitoring of wind turbine induction generators with rotor electrical asymmetry. Renew Power Generation, IET6 (4): 207 – 216.

[15] Gao Z, Ding SX (2007) Actuator fault robust estimation and fault-tolerant control for a class of nonlinear descriptor systems. Automatica 43(5): 912 – 920.

[16] Gao Z, Ding SX, Ma Y (2007) Robust fault estimation approach and its application in vehicle lateral dynamic systems. Optim Control Appl Methods 28(3): 143 – 156.

[17] Guang-Hong Y, Dan Y (2010) Reliable H_∞ control of linear systems with adaptive mechanism. IEEE Trans Automatic Control 55(1): 242 – 247.

[18] Guerra TM, Kruszewski A, Vermeiren L, Tirmant H (2006) Conditions of output stabilization for nonlinear models in the Takagi-Sugeno's form. Fuzzy Sets Syst 157 (9): 1248 – 1259.

[19] Jiang B, Staroswiecki M, Cocquempot V (2006) Fault accommodation for nonlinear dynamic systems. IEEE Trans Autom Control 51(9): 1578 – 1583.

[20] Johnson KE, Fleming PA (2011) Development, implementation, and testing of fault

detection strategies on the National Wind Technology Center's controls advanced research turbines. Mechatronics 21(4): 728 – 736.

[21] Kamal E, Aitouche A, Ghorbani R, Bayart M (2012) Robust fuzzy fault-tolerant control of wind energy conversion systems subject to sensor faults. IEEE Trans Sustainable Energy 3(2): 231 – 241.

[22] Li JL, Yang GH (2012) Adaptive actuator failure accommodation for linear systems with parameter uncertainties. IET Control Theory Appl 6(2): 274 – 285.

[23] Lunze J, Steffen T (2006) Control reconfiguration after actuator failures using disturbance decoupling methods. IEEE Trans Autom Control 51(10): 1590 – 1601.

[24] Mansouri B, Manamanni N, Guelton K, Djemai M (2008) Robust pole placement controller design in LMI region for uncertain and disturbed switched systems. Nonlinear Anal Hybrid Syst 2(4): 1136 – 1143.

[25] Maybeck PS, Stevens RD (1991) Reconfigurable flight control via multiple model adaptive control methods. IEEE Trans Aerosp Electron Syst 27(3): 470 – 480.

[26] Munteanu I, Bratcu A, Cutululis N-A, Ceanga E (2008) Optimal control of wind energy systems: towards a global approach. Springer, London.

[27] Niemann H, Stoustrup J (2005) Passive fault tolerant control of a double inverted pendulum—a case study. Control Eng Pract 13(8): 1047 – 1059.

[28] Noura H, Sauter D, Hamelin F, Theilliol D (2000) Fault-tolerant control in dynamic systems: application to a winding machine. IEEE Control Syst 20(1): 33 – 49.

[29] Odgaard PF, Stoustrup J, Kinnaert M (2009) Fault tolerant control of wind turbines: A Benchmark model. In: 7th IFAC symposium on fault detection, supervision and safety of technical processes Safeprocess 2009, Barcelona, 155 – 160. 30 June – 3 July 2009.

[30] Odgaard PF, Stoustrup J, Kinnaert M (2013) Fault-tolerant control of wind turbines: A Benchmark model. IEEE Trans Control Syst Technol 21(4): 1168 – 1182.

[31] Patton R, Putra D, Klinkhieo S (2010) Friction compensation as a fault-tolerant control problem. Int J Syst Sci 41(8): 987 – 1001.

[32] Patton RJ (1997) Fault tolerant control: the 1997 situation. IFAC Safeprocess '97, Hull, United Kingdom, pp 1033 – 1055.

[33] Patton RJ, Frank PM, Clark RN (1989) Fault diagnosis in dynamic systems: theory

and application. Prentice Hall, New York.

[34] Puig V, Quevedo J (2001) Fault-tolerant PID controllers using a passive robust fault diagnosis approach. Control Eng Pract 9(11): 1221 - 1234.

[35] Ribrant J, Bertling LM (2007) Survey of failures in wind power systems with focus on Swedish wind power plants during 1997—2005. IEEE Trans Energy Convers 22 (1): 167 - 173.

[36] Richter JH (2011) Reconfigurable control of nonlinear dynamical systems a fault-hiding approach. Springer, Berlin.

[37] Richter JH, Schlage T, Lunze J (2007) Control reconfiguration of a thermofluid process by means of a virtual actuator. IET Control Theory Appl 1(6): 1606 - 1620.

[38] Sami M, Patton RJ (2012a) An FTC approach to wind turbine power maximisation via T-S fuzzy modelling and control. In: 8th IFAC symposium on fault detection, supervision and safety of technical processes, Mexico City, Mexico, pp 349 - 354. 29 -31 Aug 2012.

[39] Sami M, Patton RJ (2012b) Wind turbine sensor fault tolerant control via a multiple-model approach. In: The 2012 UKACC international conference on control, Cardiff, 3 - 5 Sept 2012.

[40] Sanchez-Parra M, Suarez DA, Verde C (2011) Fault tolerant control for gas turbines. In: 16th International conference on intelligent system application to power systems, pp 1 - 6. 25 - 28 Sept 2012.

[41] Šiljak DD (1980) Reliable control using multiple control systems. Int J Control 31 (2): 303 - 329.

[42] Sloth C, Esbensen T, Stoustrup J (2011) Robust and fault-tolerant linear parameter-varying control of wind turbines. Mechatronics 21(4): 645 - 659.

[43] Takagi T, Sugeno M (1985) Fuzzy identification of systems and its applications to modeling and control. IEEE Trans Syst Man Cybern 15(1): 116 - 132.

[44] Tanaka K, Wang HO (2001) Fuzzy Control Systems Design and Analysis: A Linear Matrix Inequality Approach. Wiley, New York.

[45] Tao G, Chen S, Tang X, Joshi SM (2004) Adaptive control of systems with actuator failures. Int J Robust Nonlinear Control.

[46] Van Bussel GJW, Zaaijer MB (2001) Reliability, availability and maintenance aspects of large-scale offshore wind farms, a concepts study. In: Marine renewable energies conference, Newcastle, pp 119 – 126. 27 – 28 Dec 2001.

[47] Veillette RJ (1995) Reliable linear-quadratic state-feedback control. Automatica 31 (1): 137 – 143.

[48] Veillette RJ, Medanic JB, Perkins WR (1992) Design of reliable control systems. IEEE Trans Autom Control 37(3): 290 – 304.

[49] Verbruggen TW (2003) Wind turbine operation and maintenance based on condition monitoring. Energy Research Center of the Netherlands, Technical report ECN-C-03-047.

[50] Weng Z, Patton RJ, Cui P (2007) Active fault-tolerant control of a double inverted pendulum. J Syst Control Eng 221(6): 221, 895.

[51] Yang G-H, Ye D (2011) Reliable control and filtering of linear systems with adaptive mechanisms. Taylor and Francis, London.

[52] Yen GG, Liang-Wei H (2003) Online multiple-model-based fault diagnosis and accommodation. IEEE Trans Ind Electron 50(2): 296 – 312.

[53] Yew-Wen L, Der-Cheng L, Ti-Chung L (2000) Reliable control of nonlinear systems. IEEE Trans Autom Control 45(4): 706 – 710.

[54] Zhang K, Jiang B, Staroswiecki M (2010) Dynamic output feedback-fault tolerant controller design for Takagi-Sugeno fuzzy systems with actuator faults. IEEE Trans Fuzzy Syst 18(1): 194 – 201.

[55] Zhang Y, Jiang J (2001) Integrated active fault-tolerant control using IMM approach. IEEE Trans Aerosp Electron Syst 37(4): 1221 – 1235.

[56] Zhang Y, Jiang J (2008) Bibliographical review on reconfigurable fault-tolerant control systems. Annu Rev Control 32(2): 229 – 252.

[57] Zhang YM, Jiang J (2002) Active fault-tolerant control system against partial actuator failures. IEE Proc Control Theory Appl 149(1): 95 – 104.

第三部分

监测和故障诊断

第八章　风电机组叶片覆冰监测和主动除冰控制

Shervin Shajiee，Lucy Y. Pao，
Robert R. McLeod

摘要：风电机组在寒冷地区运行时，其叶片上的覆冰会导致空气动力效率的降低而减少发电量，并造成叶片的质量不平衡和疲劳载荷。由于叶片旋转和桨距角的变化，雷诺数、努塞尔特数、热损耗以及不均匀覆冰等因素在叶片的不同位置上也有巨大变化。因此，在叶片的不同位置应用不同热通量，有利于在总功耗相同的条件下更有效率地除冰。这种对所需热通量的巨大变化，促进了分布式电阻加热方法作为测位函数在叶片上的使用，该加热方法能够局部调整热功率。在中度/重度覆冰情况下，拥有精准直接探测能力的主动除冰更加节能，同时还能使叶片保持不覆冰状态。本章内容包括：(1) 不同覆冰探测方法的文献研究，对风电机组被动防/除冰技术的文献综述；(2) 一种能够直接检测叶片覆冰的光学检测方法的开发，包括实验结果；(3) 一种空气/热动力模型的开发，这种模型可以预测多变的大气条件下叶片除冰所需的局部热通量；(4) 使用分布式光学冰检测以及电阻加热方法来证明闭合环路除冰概念的实验结果；(5) 在不同分布式加热器的布局和几何尺寸的条件下对叶片融冰的数值仿真，以最优化热驱动策略提高除冰效率，并降低能耗。最后，我们对风电机组新一代除冰系统的分布式冰检测和热驱动的未来发展方向进行了探讨。

美国，CO 80309，波尔得，科罗拉多大学波尔得分校，航天科学与工程系
电子邮箱：shervin. shajiee@ colorado. edu

L. Y. Pao (✉) · R. R. McLeod
美国，CO 80309，波尔得，科罗拉多大学波尔得分校，电气、计算机与能源工程系
电子邮箱：pao@ colorado. edu

R. R. McLeod
电子邮箱：robert. mcleod@ colorado. edu

关键词：主动除冰；分布式驱动；局部加热；光学

术语：

AoA	攻角
c	叶片弦长
$d\tau$	光学测量的变换极限时间分辨率
$e_j(t)$	预期叶片温度和实际叶片温度间的误差信号 j
h	空气的自然对流换热系数
J	性能成本函数
K_d	PID 控制器的微分增益
K_g	运放电路增益
K_i	PID 控制器的积分增益
K_p	PID 控制器的比例增益
K	导热系数
k_{air}	空气的导热系数
Nu_x	翼面的局部努塞尔特数
n	网状系统中的热敏电阻总数
P	风电机组产生的额定功率
P_{total}	分布式热敏电阻网络的整体平均功耗
q	热敏电阻的输入热通量
q_{conv}	对流热损耗通量
q_{max}	最大外加电压下的最大电阻热通量
R_i	加热器元件 i 的电阻
R_{tip}	叶尖的展向半径
r	从叶片轮毂起的展向距离
$T_{ai}(t)$	时间 t 时通道 i 的叶片当前温度
T_{amb}	环境温度
T_d	最大预期叶尖温度
$T_{\mathrm{max}b}$	除冰时适用于叶片结构最高全球气温
t	接入电阻网络后的时间
t_{di}	除冰时间
u_w	风速

V_{ice}	残冰量
$V_{T>T0}$	叶片温度高于 T_d 的量
v	电阻输入电压
v_i	电阻 i 外加电压
v_{max}	电阻最大功率时的直流输入电压
W_m	除冰性能成本函数中的权重矩阵
X	除冰性能状态向量
x	从叶片前缘起的弦向距离
x_b	沿电阻列的展向叶片轴
y_b	沿电阻行的展向叶片轴
ω	叶片旋转的角速度

8.1 简　介

由于优质的风力资源通常分布在寒冷湿润的地区，因而这些地区的风电机组安装比世界风电总装机容量的发展更为迅速。从 2008 年到 2011 年，全球风电机组总装机容量几乎增加了一倍，而寒冷地区装机容量的增长则超过三倍，从 3GW 增长至 10GW。许多北美（美国明尼苏达州、阿拉斯加州，加拿大等）和欧洲地区每年有超过 50 天的冰雪期。

大气覆冰会导致风电机组在寒冷气候中的运行出现多种问题。它会：（1）降低风电机组叶片空气动力效率，造成能源生产的大幅下降；（2）导致检测风速和方向过程中出现误差；（3）叶片和塔架的载荷增加和质量不平衡，导致机械故障，以及高振幅的结构震动和谐振；（4）由于机舱风雪侵袭造成电力故障；（5）造成冰雪从叶片脱落时的安全隐患问题。Seifert 和 Richert 研究了叶尖前缘部分不同覆冰量对风电机组空气动力效率产生的影响[1]。他们的研究分析表明，在积冰严重的情况下，对于一台典型的 300kW 变桨风电机组在风速范围为 5 ~ 20m/s 时的损耗会超过其 40% 的平均发电量。该研究建立在不同功率曲线的基础上，而功率曲线则是利用在风洞试验和叶片半径范围内的线性插值中找出的不同覆冰区域的空气动力特征计算得出的（见图 8-1）。通过更新功率曲线和轮毂高度的风速，该分析可以拓展应用至多种不同尺寸的风电机组。图 8-2 展示了冰量累积案例以及某些导致[2，3]的事件的案例。

本章共包含了 11 小节。8.2 节将介绍风电机组叶片上不同类型的大气覆冰。

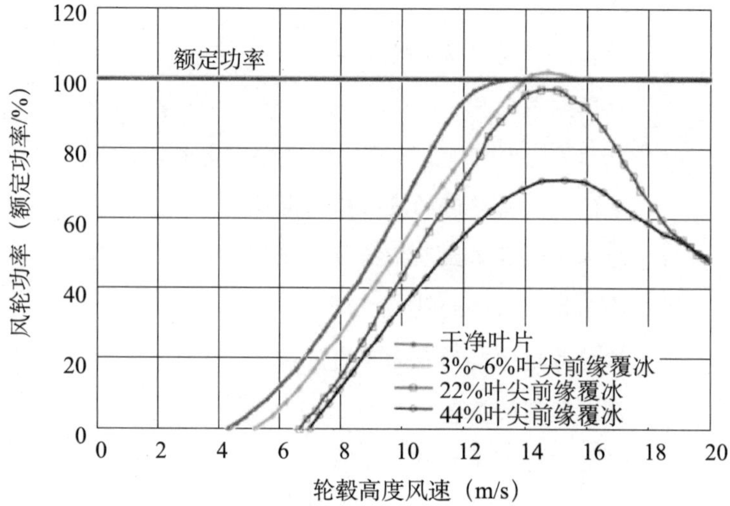

图 8-1　对在不同风速及不同覆冰状态下覆冰的功率损耗的估计

（以 Seifert 和 Richert 的研究为基础，1997）[1]

图 8-2　风电机组叶片前缘的覆冰造成风电机组可利用率下降，若继续运行，或将破坏载荷并导致公共安全问题的上升

图片提供者：来自参考[2]的 Kent Larsson，ABvee（SE）；已获得 Goran Ronsten 的引用许可；b 级积冰可能会落下或被甩落，因而对风电机组附近的人、动物或财产造成安全隐患。图中所示为瑞士的 150kW 格伦兴贝尔格（Grenchenberg）风电机组；照片来自参考[3]；已获得 Robert Horbaty 的引用许可

8.3 节将讲解现有的冰检测技术和热驱动技术的背景信息，并比较它们为风电机组除冰的有效性。8.4 节将介绍去冰所需的热流需求的计算。我们将介绍一种应用了光学传感器（见 8.5 节）的冰探测方法，并进一步探讨利用一系列光学传感器来探测不同类型覆冰的实验结果。光传感方法为检测叶片表面冰分布的情况提供了直接检测与局部检测，因此也为局部主动除冰提供了一个合适的试验台。8.6 节介绍了我们为抑制覆冰而提出的主动热控方法，该方法采用分布式热电阻加热法。8.7 节介绍了执行主动除冰所需的实验装置组件，包括一个定制冰箱、分布式光学覆冰传

感器和温度传感器、热执行器、数据采集硬件，以及闭合环路控制方案。接下来在 8.8 节则探讨了评估分散式供暖的计算模型。8.9 节中从数值方面评价了不同加热器的布局和几何结构，并对其除冰性能进行了比较。8.10 节中展示了主动除冰的闭合环路实验结果，包括比较高强度脉冲驱动下的连续比例、连续积分、连续求导（PID）控制的性能。最后，在 8.11 节及 8.12 节将提出结论，并探讨目前以及未来在研究闭合环路去冰策略方面的工作。

8.2　大气覆冰

通常来说，风电机组叶片上大气覆冰主要分为三种：冻云覆冰、降水覆冰，以及结霜[4-8]。冻云覆冰包括雾凇、霜凇及雨凇，而降水覆冰则包括冻雨和湿雪。

空气中过冷的小水滴汇聚一起形成了云雾，而云雾与风电机组叶片翼面相碰时便会覆冰，这便造成了冻云覆冰。由于这些水滴体积较小，因而可以在温度低至 -35℃ 的空气中保持液态，但会在其碰到翼面时覆冰[9]。不同类型的雾凇和雨凇的形成取决于水滴的大小以及翼面的能量平衡。几乎可以瞬时覆冰的小水滴，往往造成雾凇的形成。覆冰速度稍慢的中等水滴则形成霜凇。而如果覆冰过程中，叶片表面覆盖了一层液态水，则会形成雨凇[10]。积冰在尺寸大小、外形及性质等方面均有所不同，这取决于空气中水滴的数量（液态水含量——LWC）及其大小（中值体积直径——MVD）、温度、风速、覆冰的持续时间、叶片的弦长以及收集效率。在连续较低温度的天气状况下，会形成霜状冰；而在天气相对较暖的情况下，则会形成雨凇[8]。霜状冰和雨凇的热力特性不同，因而融冰过程中所需的热通量也有所不同。霜凇密度比雾凇密度大，因而除冰难度更大。对冰检测技术而言，具备在探测出覆冰存在情况的基础上检测出覆冰的具体特性的能力意义重大，它有助于除冰系统制定出相应的处理方法，因而使能耗极大降低。

8.3　感测与驱动背景：现有方法

8.3.1　覆冰感测

覆冰探测的类型可分为两种：间接探测和直接探测。在现有的风电机系统中，典型的覆冰探测方法被称为间接（被动）感测。间接感测通常利用风电机组塔架或机舱的气象台。湿度和温度测量与测定风速保持一致，以确定是否会出现覆冰状况[11]。另外，监控风电机组运行过程中的功率输出以探测覆冰状况也是间接覆冰感测的一种。然而在很多情况下，间接覆冰感测方法既不准确也没有用以主动除冰的足够空间分辨率[12]。此外，最容易发生覆冰的区域往往远及叶片前缘，而非塔架，这会使得在将位于塔架或机舱的气象台数据与叶片活跃位置关联起来时出现不准确。风速是影响覆冰形成和累积的另一个因素，而在现有的间接覆冰探测方法中，这一因素并未被纳入考虑范围之内。

直接覆冰感测方法更加准确，因为它拥有更高的空间分辨率，可以直接在叶片上进行覆冰探测。某些直接覆冰感测方法是基于电阻、阻抗、电容以及光学技术的感测方法。在参考[10]中，电容、电感、阻抗感测被作为应对风电机组叶片覆冰的有效感测方法。这些传感器可以探测出局部冻结成冰的情况，其细小的传感部件或电极与叶片型面相符[10,13]。更多关于此类感测方法的信息可见[12]和[14]。将除冰技术与早期的叶片覆冰探测相结合以减轻气动老化（如图 8-1 所示）的做法，很可能成为新一代在寒冷气候环境中运行的风电机组的基本特征。目前而言，现有的技术并不能为风电机组提供广泛普及且足够可靠的覆冰探测系统。图 8-3 展示了对不同的覆冰感测、防冰以及除冰方法的总结[12–14]，包括将在本章中详细阐述的方法。直接感测和主动驱动方法是最节能的除冰方法。在 8.5 节中，我们将探讨实验性演示的光学冰感测方法，该方法具有高分辨率，并能以微米级的准确度迅速探测

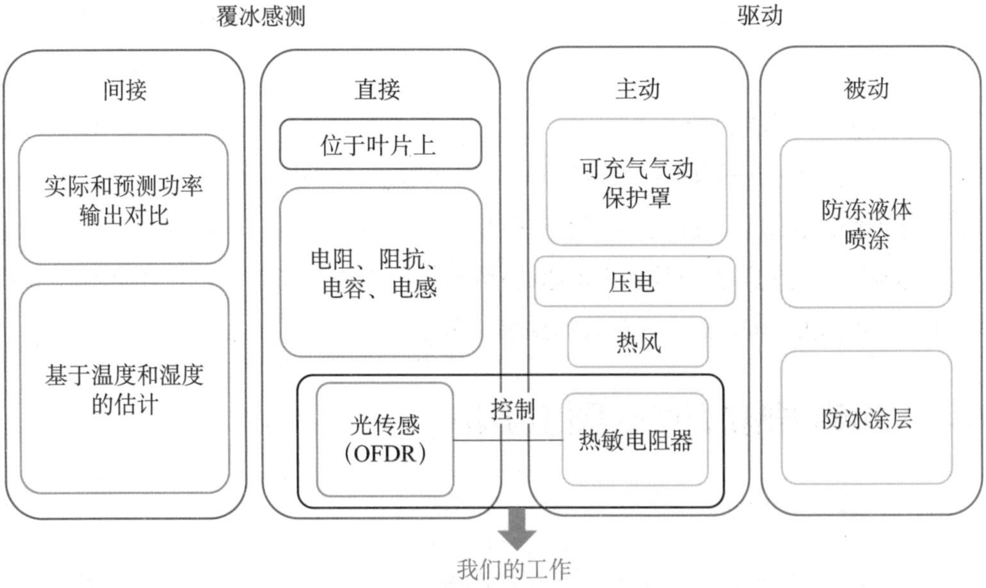

图 8-3 对不同的覆冰感测方法、防冰方法以及除冰方法的总结。在目前所有的直接覆冰感测方法中，我们的光学覆冰感测方法为局部除冰提供了最为完整的信息（是否覆冰、覆冰类型、覆冰厚度）

出冻冰的存在情况、类型以及厚度。

8.3.2　热驱动

文献中的除冰与防冰方法可分为主动方法和被动方法两种。虽然在寒冷的气候中，许多风电机组在运行过程中遭遇覆冰状况，但在这些风电机组中，却极少配备主动除冰和/或防冰系统。现阶段，寒冷地区的风电机组通常采用被动防冰方法，如在叶片表面涂防冰（憎冰）涂层。然而，这些涂层只对在轻度覆冰状态下的短期运行有效，而无法应对极度寒冷条件下的不同类型的覆冰状况。例如在有雾凇轻度覆冰情况下，硅涂料呈现出良好的防冰性能；然而，霜凇对有硅涂层的翼面的粘附强度高于其对无涂层的翼面的粘附强度。此外，这些被动防冰技术在风电机组测试中呈现出耐久性差的特点[15,16]。

主动供热系统对防冰更为有效。在感测并探知覆冰状态后，防/除冰系统被激活以缩短风电机组故障时间。主动供热系统或对空气动力效率产生影响，或对发电容量施加影响，或两者兼备。注入热气法和电阻加热器法均能消耗超过 10% 的发电量[12,17]。

表 8-1 展示了对不同风电机组主动除冰方法的高阶定性比较，采用列表方式将不同方法的优缺点分类列出。在已有文献中，有关风电机组覆冰的主动控制的技术数据非常有限。而在提到过的所有主动除冰技术中，只有热敏电阻器技术和热风技术拥有可用的批量生产的配套零件，并在寒冷气候下试验成功。

表 8-1　不同风电机组主动除冰方法的比较

	主动除冰方法				
性能分类	热敏电阻器	热风	可充气气动保护罩	液面涂层	微波
能量损耗（1 表示损耗最低，5 表示损耗最高）	4	5	2	3	1
对风电机组空气动力效率的影响	（良好）不会造成不良的空气动力效应	（一般）冰下的热空气层不会产生不良影响。吹送外部热风则可能会降低空气动力效率	（较差）启动时对流量造成短时扰乱，因而降低空气动力效率	（一般）可能会稍微降低空气动力效率	（良好）不会对叶片造成不良的空气动力效应
运行成本	适中	适中	适中	高	低

续表

主动除冰方法					
性能分类	热敏电阻器	热风	可充气气动保护罩	液面涂层	微波
维修成本	适中	适中	适中	高（由于，膜孔的频繁性堵塞）	未知
受到叶片旋转时的离心力的不良影响	无	无	有（自我充气时）	有（迅速脱落）	无
环境危害	无	无	无	有	无
产生噪音	低	低	高	低	未知
对不同类型的覆冰的效力	对轻度至重度覆冰情况均有效	对轻度至重度覆冰情况均有效	对轻度至重度覆冰情况均有效	仅对轻度至中度覆冰情况有效	仅对轻度覆冰情况有效
将热能在机舱至叶尖范围内“最优”分配的能力	适中（取决于电阻的数量以及电阻间的距离）	弱（难以对机舱至叶尖区域的外部热空气流进行最优控制）	弱	弱	未知
叶片的改装	少	少	多	少	少
防冰耐久性	长	长	长	短	未知
是否在风电机组上试验成功	是	是	目前并未有成功的风电机组应用出现	否	理论上已得到证实，但目前并未出现成功的风电机组应用
风电机组批量生产的配套零件	可用	可用	目前不可用	不可用	不可用
优点	能量分配，实现，最小叶片改装	寒冷水滴的直接偏差	除冰的快速响应时间	最小的系统复杂性	极低的热功率
缺点	电阻与叶片结构的直接接触导致更高的局部热应力	较差的热能最优化分配	高噪音，可能因离心力导致自我膨胀	耐久性短，因离心力快速脱落	对中度至重度覆冰情况无效
风电机组目前的整体商业排名	1	2	3	4	5

不同种类的覆冰具有不同的热力学特性和粘附特性，因而除冰时需要不同量的热通量[5]。对叶片覆冰情况进行直接探测，而非使用位于机舱的传感器来估计覆冰情况，也为除冰采用的热控制提供了更精准的方法。这便凸显了改进感测方法的重要性。我们演示的除冰方法综合运用了叶片表面的光学、温度传感器以及电热驱动技术，如图 8-4 所示。我们的除冰实验装置由分布式光学传感器网络组成，这种光

学传感器网络可以对覆冰存在情况以及类型进行精确的局部量测。我们的覆冰传感器是响应式的（0.5Hz 响应时间），能精确地测量覆冰厚度（36 微米的厚度分辨率），因此可以在冻冰形成的超早期探测出覆冰存在情况，发挥快速测量的能力并对条件的改变做出相应反应，研发出一系列能够应对各种不同类型覆冰的优化控制方案。温度传感器安装在靠近叶片前缘区域的位置，用于计算加热器配电网的输入热功率。

图 8-4　应用直接光学传感的热控制系统示意图

8.4　叶片热力学

风电机组叶片不同区域除冰所需的热功率和热通量相差极大（图 8-5）。因此，除冰系统对叶片所需的热能进行最优化分配可以节省大量热能。对热通量需求最高的区域分布在叶尖的前缘部分。因此，为除冰系统设计合适的热驱动方法的第一步，便是计算出叶片上最为关键的叶尖前缘部分所需的热通量。图 8-5 展示了在给定大气条件下，计算出的所需热通量（由对流损耗导致）、无因次弦位 x/c ，以及无因次展向半径 r/R_{tip}之间的对比。所需的参数包括：叶片攻角（*AOA*）、叶片几何结构、叶片角速度 ω，以及风速 u_w。图 8-5 展示了叶片表面层流对流损耗的特点及性状。x/c 为负值时表示叶片下表面，为正值时表示叶片上表面，而当 $x/c=0$ 时则表示叶片前缘位置。该仿真中，一台 500kW 的风电机组的叶尖前缘热通量的峰值约为 1800W/m²。对于使用实验对流热关联式[18]的 NACA 63421 翼面，峰值的计算在不同的雷诺数及特朗普数的条件下采用不同的局部实验值。这种翼面具有非对称型线，能分别在驻点以上及以下产生不同的努塞尔特数和对流传热系数[18]。

不同点的传热对流系数（h）可由以下公式计算：

$$h = \frac{Nu_x k_{\text{air}}}{c} \tag{8-1}$$

其中，Nu_x表示翼面的努塞尔特数，k_{air}表示空气导热系数，c 表示叶片的弦长。

对流损耗热通量（q_{conv}）计算公式如下：

$$q_{conv} = h(T_d - T_{amb}) \tag{8-2}$$

其中，T_d表示叶片所需温度的最大值，T_{amb}表示环境温度。

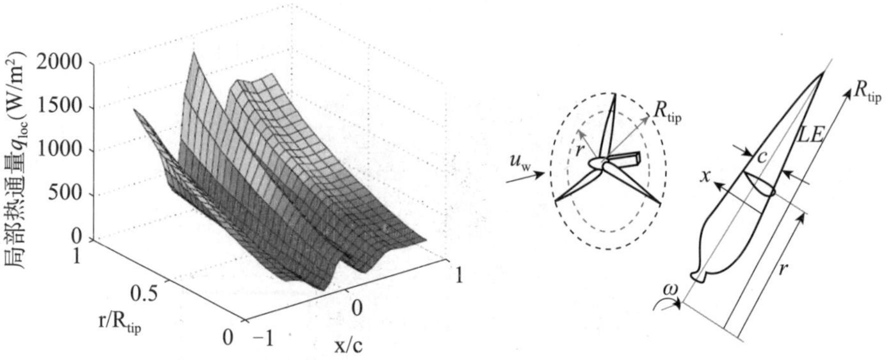

图 8-5　所需热通量（由对流损耗导致）、无因次弦位 x/c（负值表示叶片下表面，正值表示叶片上表面），以及无因次展向半径（与轮毂的距离）r/R_{tip} 之间的对比仿真。拟定的热通量为除冰系统补偿叶片对流损耗所需的量；$T_{amb} = -30℃$，$\omega = 20\text{rpm}$，$u_w = 12\text{m/s}$，$R_{tip} = 25\text{m}$，$AoA = 0$，$P = 500\text{kW}$，其中 T_{amb}表示环境温度，ω 表示叶片旋转的角速度，u_w表示风速，R_{tip}表示叶尖展向半径，AoA 表示攻角，P 表示风电机组产生的额定功率

当叶片上出现湍流时，对流损耗的热力学特性也随之改变。[19] 中的研究表明，叶片前缘位置上湍流的过渡过程将会引起由 2.5 中的平均因子导致的所需热传导的提高。因此，为了能在不同的风电机组操作条件下进行主动除冰，探测出叶片的层流和湍流状况是很有必要的。

除冰系统首先必须提供足够的热能以补偿对流热损失，并要提供感热以提升冰的初始温度至其融化温度，还需提供潜热以促进坚冰至液态水的相变。即使是在冰的初始温度远低于 0℃的情况下，冰的相变过程所需的潜热通量也远高于感热通量。通过计算可知，对于初始温度为 −30℃的冻冰，将其温度提升至 0℃所需的热能仅为相变所需热能的 18%。由于冻冰相变所需的热通量远高于感热通量，融化叶片上的整个冰层便不划算。因此，为降低热能消耗，可先融化较薄的冰层，再利用叶片旋转[17]的离心力将剩余的冻冰甩脱。

图 8-6 展示了在两种不同初始温度下，对 1mm 的雾凇冰层除冰所需的感热通量和潜热通量之和及融冰时间的对比图。可以看到，当融化时间增加时，其热通量呈指数下降。假设热电阻加热的最大热通量供给能力为 2000W/m^2（其中约 500W/m^{2}用于补偿感热通量和潜热通量，约 1500W/m^{2}用于补偿叶尖前缘位置对流损耗）。根

据计算可知，功率为 500 kW 的风电机组的合理融化时间为 6 分钟。

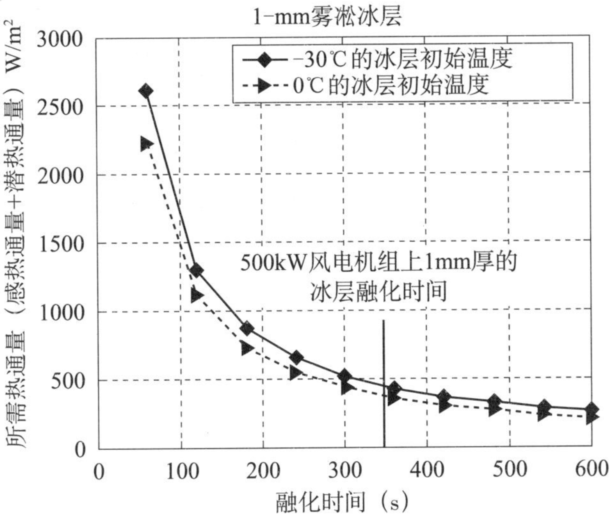

图 8-6　不同初始温度下 1mm 雾凇冰层所需的融冰总热通量（感热通量 + 潜热通量）与融冰时间

如图 8-5 所示，除冰所需的热通量从叶尖位置到叶根位置大幅降低。关于风电机组叶片不同位置除冰所需热通量的实验数据已有文献报道，并由 VTT（芬兰技术研究中心）与 Kemijoki 有限公司于 1993 年进行测试。他们测试除冰系统的方法是，在一台 450kW 的风电机组上使用热敏电阻，以使其风轮在芬兰拉普兰的极端天气状况下保持无冰状态。这很可能是世界上第一例被记入文献的商业风电机组热能除冰系统测试[15,16]。测试数据展示了 450kW 风电机组 5% 的额定输出时叶尖位置 4500W/m^{2}的最大加热功率与叶根位置（13/1 比率）350W/m^{2}的加热功率的除冰能耗对比。发热元件最大可覆盖至离前缘 15 厘米的位置。该系统的加热功率能应对冬季绝大部分的除冰需求，然而却无法保证在极少罕见的冻雨天气条件下保持风电机组无冰状况。

8.5　直接光学冰感测

根据在 8.3.1 节中的讨论可知，间接冰感测方法并不具备主动局部除冰要求的足够空间分辨率和准确率，而目前仍未有能直接准确测量风电机组叶片的覆冰存在情况和种类的装备投入应用。

我们已采用了一项新开发的光学感测技术，该技术能在覆冰形成早期对其进行探测，包括冰的类型和厚度（精确度可达 36 微米）。直接覆冰探测需要有叶片表面外部区域的测量尺寸。为了完成这种厚度测量，垂直指向表面的光学信号从冰面的上表面反射回来，反馈覆冰情况、厚度以及类型。冰层厚度可以通过短脉冲的渡越时间测量出来，被称为亚毫米膜时域反射计（TDR）。时域反射计需要持续时间约为100fs的光脉冲，这种光脉冲的生成造价昂贵，且易在固体中迅速消散。与之相反，如图8-7所示的光频域反射计（OFDR）则使用较容易生成且能定向穿过光纤[21,22]的连续式扫频激光。光纤耦合器应用多路复用技术，使得多个传感器可共同利用一条覆盖叶片全长的单光纤，从而极大地降低了整体的复杂性。另外，全光纤、快速可调谐激光器[21]也取得了最新进展，可在降低激光器的成本和复杂程度的同时，提高测量速度。光频域反射计可以在不同的时间窗测量多条同步回路。单个传感器的光学信号因而被延后，以至于整个列阵都可以在单次询问中测量。

为了演示光频域反射计探测叶面覆冰情况的效力，我们使用了如图8-7所示的器械来监测固体基质上蒸发水膜的厚度，如图8-8所示。覆盖抗反射涂层的梯度折射率（GRIN）透镜被用作光学式覆冰传感器。许多诸如此类的探测器可以通过单个光频域反射计系统进行查询，提供空间分辨覆冰数据[14,23]。测量的变换极限时间分辨率为 $d\tau = 1/dv = 121\text{fs}$，与空气中36μm的空间分辨率相对应。

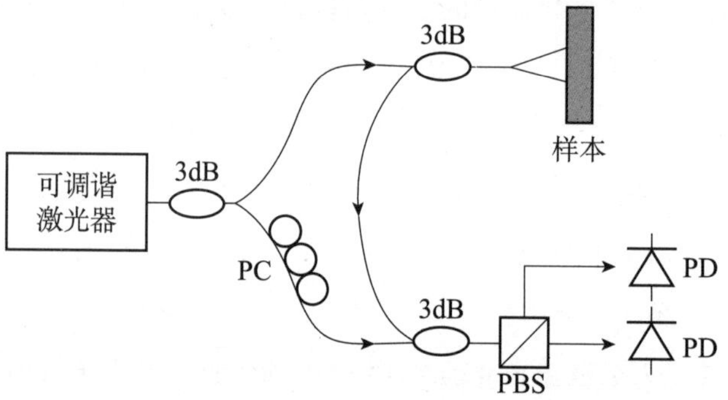

图8-7 光频域反射计的布局[22]。来自可调谐激光器的光通过样本折射并受到参考臂的干扰。由于激光器的频率是扫频的，因而探测出的关于振幅和样本折射的往返时延的结果为干涉条纹的形式。3dB＝50/50光纤耦合器，PC＝偏振控制器，PBS＝偏振分束器，PD＝光电二极管

如图8-8所示，该系统可以非常容易地区分出表面覆冰的存在情况和厚度。

最近，我们展示了[22]光频域反射计中相位信息的使用，以将对厚度同步测量的精确度提升至±61nm，将对折射率的同步测量的精确度提升至 $\pm 2\times10^{-6}$。由于覆冰类型的变化可以通过它们的折射率反映出来，这表明覆冰的类型和厚度均可以被探测出来。

感应区必须足够大，使冰块尺寸、封闭气泡以及其他空间分异保持平衡状态。直径为 10μm 的纤维芯则太小，因而不能回送可重复信号。因此，我们使用了一个附着在光纤末端的渐变折射率透镜的光纤准直器。该透镜表面覆盖着一层防反射涂层，我们使用它来探测位于传感器顶部的水层和冰层。准直透镜的环形探测直径为 3mm。

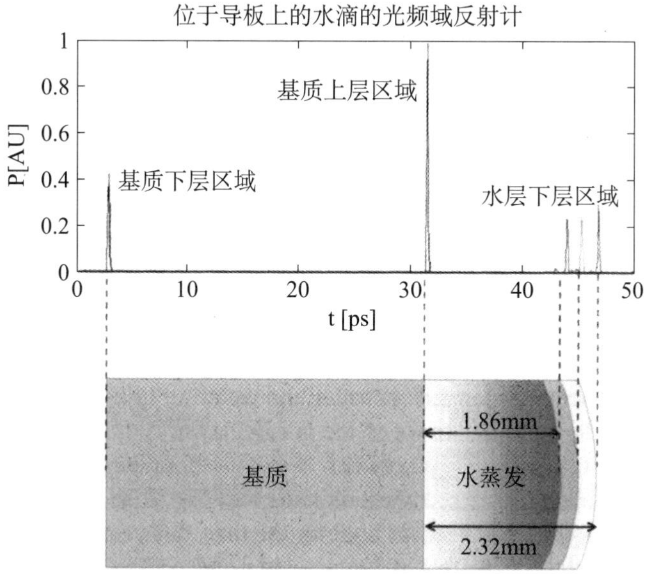

图 8-8　沉淀于基质上的可变厚度水层的光频域反射计（OFDR）。水层可在 1 小时内蒸发，对水层的三次测量结果分别为 2. 32mm、2. 08mm 和 1. 86mm，变换极限精确度达 0. 036mm。垂直轴表示反射的振幅。而在水平轴，1ps 表示激光器在 112. 5μm 水中的往返传播时间[14]

图 8-9 展示了光学传感的实验结果，证实了传感器可以分辨出叶片上的空气、水、雨凇以及霜状冰。关于对空气的区分，由于防反射涂层的存在，测定信号以图中的小峰值为轴保持对称（见图 8-9a）。在本例中，无体散射现象，且信号的峰值与翼面/空气边界相对应。分辨液态水的案例中有两个均衡峰值，无体散射（见图 8-9b）。在分辨雨凇的案例中（见图 8-9c），则捕捉到一个均衡峰值以及一个伴随其后的小散射信号。均衡峰值与翼面/空气边界相符，而小散射信号则与糙面冰/空中接口相对应。霜状冰（见图 8-9d）则因冰层中的空气量与不规则冰晶而表现出高度不对称的形状以及与众不同的体散射。这些信号可在信号处理过程中辨认分类，并以此为依据识别覆冰类型和厚度。对峰值及其出现时所对应的时间均进行了数值计算。在采集因霜状冰而产生的体散射时，则应用了振幅滤波器以抑制噪音。信号处理算法着眼于处理捕获的峰值数目、峰值、信号时间积分的值，以及峰值附近信号的对称/非对

称形状以探测冰的类型。在对液态水（见图8-9b）的分辨中，通过将光速乘以翼面/水边界与水/空气边界之间的峰值时间差可计算出水滴厚度。在对雨凇（见图8-9c）的分辨中，冰层的厚度可通过将光速乘以翼面/冰层边界与第一次捕捉到的冰层/空气边界的峰值之间的峰值时间差求得。而出现霜状冰（见图8-9d）时，其厚度可通过将光速乘以翼面/冰层边界直至捕获信号中体散射结束时的时间差计算得出。

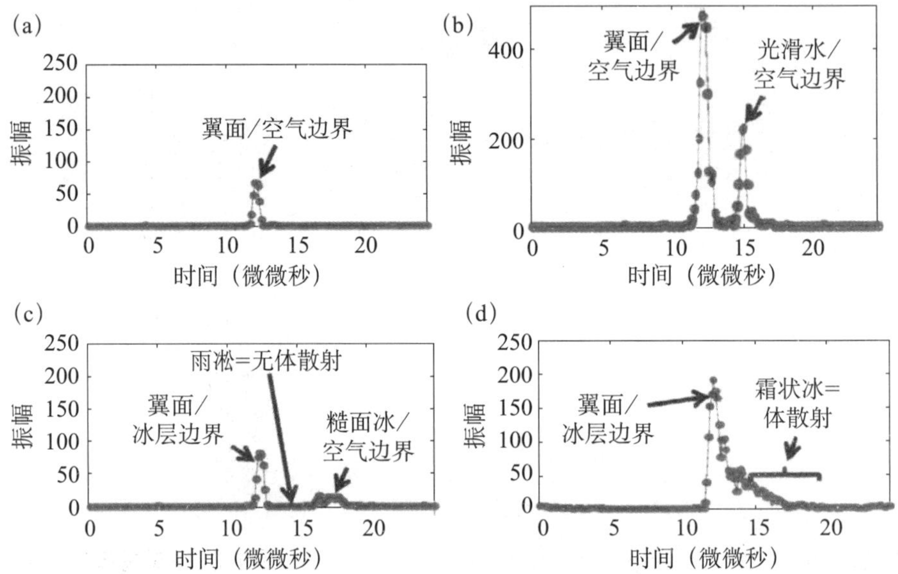

图8-9　光频域反射计的测量可对不同的状态生成不同的信号：a 叶片上无水/冰；b 叶片上存在液态水；c 叶片上存在雨凇；d 叶片上存在霜状冰。Y 轴为与反射光电场振幅成比例的任意标尺。X 轴为从光纤退出到特定层的行程的往返光时。1ps 相当于位于 112.5μm 水中的激光器往返一次的行程时间[14]。而关于覆冰厚度的计算，则假设冰与水的折射率相同

概括来说，我们演示的光学方法能够以36微米的分辨率直接测量出覆冰存在情况、覆冰类型以及覆冰厚度。

8.6　分布式局部加热

由于转动中的叶片不同区域的热损耗有所差异，节能的主动除冰方法通过使用可调节局部热通量的分布式加热方法，对叶片不同区域的热能需求也有所差异，以此降低除冰能耗。8.4节中的气体热力学分析展示了这种对不同位置热能需求的显著差异，而其中叶尖前缘位置所需的热能最高（见图8-5）。根据计算可知，使用这种可局部调整的热通量加热整个叶片大约消耗风电机组7%～10%的额定功率[14]。而均匀加热整个叶片（如使用热空气技术）会消耗掉比参考[17]和[24]中所示更多的热量（约为额定功率的15%）。多种主动和被动防/除冰方法尚处于开发阶段，但仍有少数已走向市场。使用电阻加热器的叶片主动加热方法是经过最多测试、最耐用且最值得信赖的防冰方法[8]。这种方法通常与被动疏水涂层一同使用，降低能耗。由于覆冰传感方法和分布式电阻驱动尚未在风电机组上测试，该方法精确且直接，能针对覆冰区域提供局部可调节的加热，极大地降低了除冰能耗，因而目前该领域正处于大力开发阶段。

在初步的测试实验台上，我们使用了最大加热能力为10W/in^{2}的挠性电阻加热元件。加拿大魁北克大学风能研究实验室在其风电机组叶片电热除冰方法的初步研究阶段中也曾使用过类似的热敏电阻[25]。然而，这些都是在恶劣环境条件下为大批量叶片加热所用的大型加热器，我们在叶片表面使用多个小型局部加热器，能在短时间内加热覆冰的某一薄层而非大批量覆冰表面。这样能使控制系统在使用热驱动技术的同时提高系统的智能化。我们将在8.7节中解说用于主动除冰的组合式实验装置，该装置应用了分布式覆冰传感器、温度传感器以及电阻加热器。

8.7　实验装置

我们建造了一台实验装置以营造不同的叶片覆冰类型，并使用组合式光学覆冰与温度传感器，以及可通过反馈控制而在叶片不同位置调节热通量的分布式电阻加热方法进行主动除冰。该部分描述了实验装置的组件，包括电阻加热器、光学式覆冰传感器、定制焊接式覆冰室，以及功率放大器线路板。

除冰的研究在一个隔热定制冷冻室中进行，其中叶片处于非旋转状态，且其叶片桨距角保持不变。通过控制冷冻室中的温度、湿度以及风速可以创造出不同类型的冻冰。与覆冰风洞相比，这种定制冷冻室的益处在于其更低廉的操作成本。然而同时它也有一些不足，比如固定叶片安装，以及与覆冰风洞相比更长的室内覆冰时间。进一步使用数值仿真，可将固定叶片下的除冰实验结果扩展至旋转叶片情况下的结果。风则由安装在测试区的箱型风扇产生。桨距角通过室内的旋转平台在不同的测试间进行转换，室内还可以对叶片不同位置的压力分布以及对流热损失施加影响。这使得我们可以在不同的空气动力学和热损耗条件下研究除冰性能。

5瓦特和10瓦特额定功率的薄型挠性电热加热器[26]被应用于叶片的不同区域，实现热驱动。这些电阻的最大功率密度分别为5W/in^2（7750W/m^2）和10W/in^2（15 500W/m^2），远高于在叶片任何区域除冰所需的最大功率密度。有限差分格式的开发可用于确定叶片上瞬态热传导，计算不同加热器之间的最优距离。该计算能在

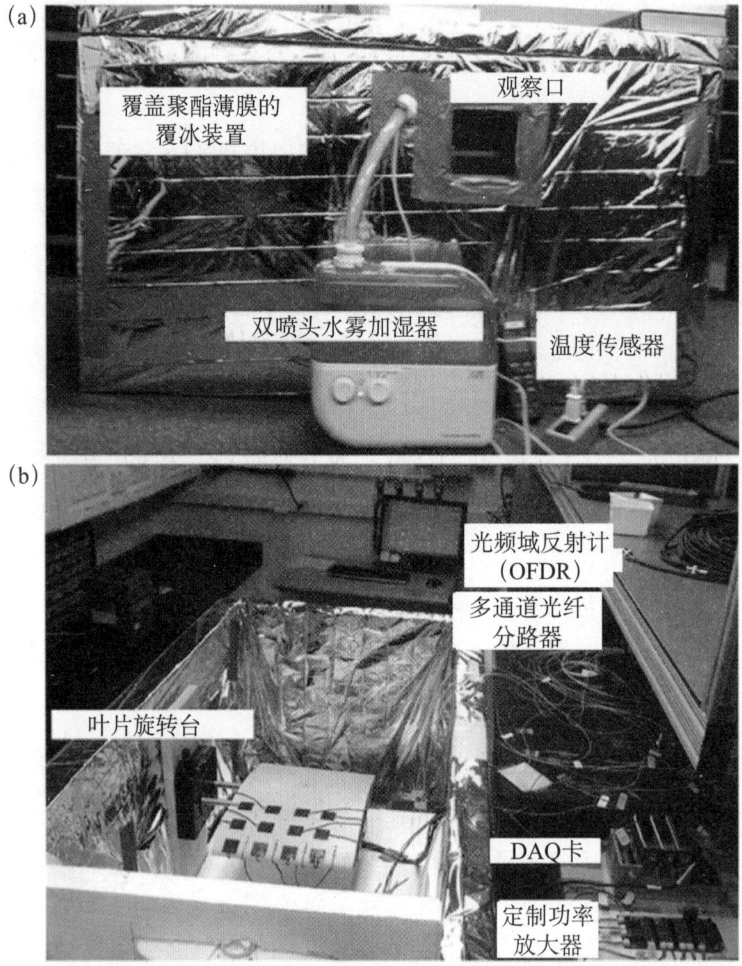

图 8-10 a. 叶片表面创造不同覆冰类型的冷冻室；b. 实验装置的不同组件

合理的除冰时间（20～60 分钟）内（通过向叶片不同区域传送所需的热通量）满足不同区域的除冰可控性。局部所需的热通量是随叶片位置、桨距角以及环境条件（海拔、环境温度、风速以及方位）的改变而变化的变量。12 个电阻加热器（10 个 5 瓦特的和 2 个 10 瓦特的）被安装在叶片前缘至叶片 1/3 弦长位置的区域，其中较高功率的电阻器则安装在前缘位置。

叶片上的每个热驱动器都被四个光学式覆冰传感器包围。光纤嵌装在叶片表面的 GRIN 透镜中终止。覆冰传感器（直径 3mm，高 6mm）被安装在尺寸相同的钻孔中，并附着防水胶以增强环境稳定性（见图 8-10b）。

当冰的温度低于 0℃且未出现任何融化迹象时，由于冰层的厚度和类型并不能通过加热来改变，光学式覆冰传感器无法为控制增益的计算提供足够的信息，因此，在覆冰出现任何相变之前，组合式温度和光学覆冰传感器被应用于闭合回路温度控制中。低于融化温度时，光学式覆冰传感器用于确定应该主动的驱动器，而温度信息则被用于计算控制器增益。或者，当冰层厚度变化时，由覆冰传感器提供的冰层厚度信息可用于计算控制增益。四个热电偶[26]置于靠近前缘覆冰传感器的位置，便于 PID 控制增益的计算，该增益是随所需温度（略高于 0℃）和瞬时局部温度之差的改变而变化的应变量。叶片上使用更少的温度传感器具有更好的经济效益，因此，分布式温度传感器仅安装在前缘区域。本例中使用薄型温度传感器防止叶片空气动力退化。

图 8-11 展示了叶片上的分布式光学传感器和电阻加热器。为了使主动除冰最终应用于全尺寸风电机组，将分布式电阻嵌入复合材料叶片中，以降低闪电带来的损害。正如之前所提到的，分布式电阻加热在叶片上提供了一种高效的叶片热通量局部控制。然而，由于该方法中使用了大量的驱动器和传感器，未来对该网络布局的设计工作中应充分考虑到其中可能会出现的故障。

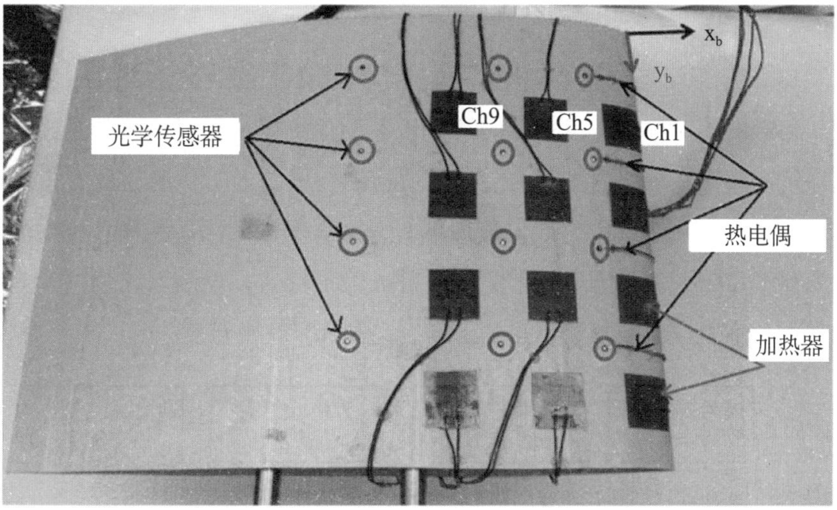

图 8-11　叶片某区域的分布式光学覆冰传感器、前缘位置温度传感器，以及电阻加热器。电阻行沿 y_b 轴分布，电阻列沿 x_b 轴分布。离叶片前缘最近的首列光学传感器和电阻均如信道 1 所标示

在一些非常寒冷的条件下，加热元件的边缘或某些未被加热元件覆盖的叶片区域可能会出现回流水的迅速覆冰现象，这会在加热元件的边缘形成一个屏障。边缘屏障可能会在不接触加热元件的情况下，以角状物的形状向叶片前缘生长。这些恰好长在光学传感器上的角状物可立即被探测出来，并利用周边的加热元件局部升高热通量将其除掉。直观而言，使用错位阵列的加热器布局来替代对齐阵列布局能更有效地（见图 8-12）防止这些局部角状物向前缘位置生长，而前缘位置的覆冰可导致大幅的气动损失。另外，在接近叶片前缘区域的上表面和下表面均安装电阻发热器，可更有效地降低该区域冰角残留物的潜在威胁。包含融化和再冷冻的冰/水动力学过程可能是极其复杂的。我们将在 8.9 节中更为仔细地研究加热器布局的最优化。对于头 2/3 的叶片区域（靠近叶片根部），因其风速、雷诺数、对流热损失以及对发电的作用率均相对较低，因而除冰的重要性也相对较低。仅在叶片的后 1/3 的外侧安装分布式加热元件，可降低设备费用和除冰能耗，使之能在除冰叶片长度仅占总叶片长度 30% 的情况下[27]保持 90% 的净叶片空气动力性能。

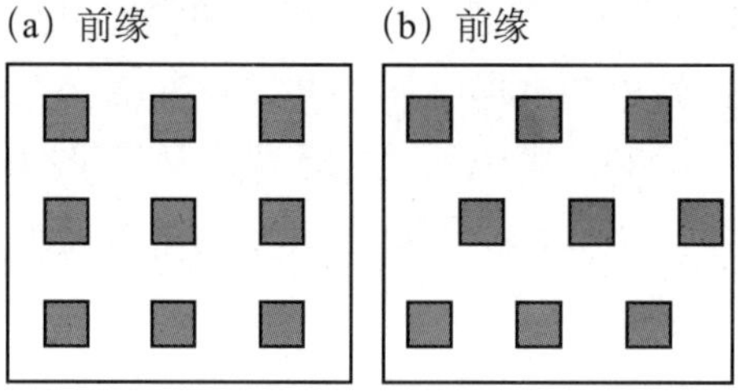

图 8-12　加热元件在：a 对齐阵列以及 b 错位阵列

图 8-13 展示了闭环控制原理图。数值信号处理[28]借助光学式覆冰传感器获取的峰值、信号的不对称性，以及反向散射水平的信息，探测出覆冰的存在情况、类型及其厚度。每次在环路内进行的包括数值检测在内的光学扫描（所有信道）所用时间不超过 2s。正因为如此，我们使用更新率为 0.5Hz 的闭环控制，这对驱动网络所需的 0.001 ~0.01Hz 热响应频带宽度而言已经足够快。控制系统软件和光频域反射计软件均从实验室虚拟仪器工程平台（LabVIEW）[29]中开发。

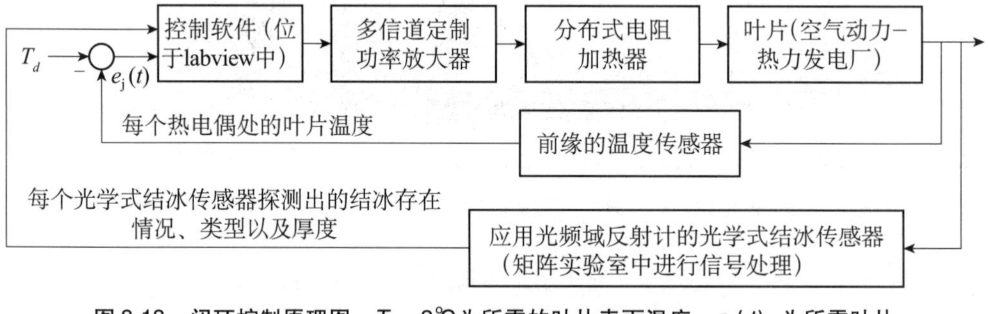

图 8-13　闭环控制原理图。$T_d=2$℃为所需的叶片表面温度，$e_j(t)$ 为所需叶片温度 T_d 与第 j 个热电偶处实际叶片温度之间的误差信号

数值覆冰探测算法的结果以 0.5Hz 的频率被送至闭环控制系统。在定制组合式多信道运放电路的作用下，控制软件的命令电压输出被放大，供应给叶片上的分布式电阻。

8.8　计算模型的实验验证

对于表面覆盖冰雪及分布式电热电阻的旋转叶片，由于湍流的耦合非线性动力学、冰/水相变，以及叶片上为数众多的分布式热源等因素，因而对其空气动力/热动力响应的准确预测颇为复杂。而在如此复杂的系统中进行实验验证，需要一个合理准确的动态模型。在本部分，我们对分布式热驱动下且使用了 ANSYS 软件[30]的计算模型的复合材料叶片的瞬态热反应与使用了我们的实验装置的实验运转中所得的结果进行比较。装有分布式电阻的空心叶片的观测系统按照三维软件 SolidWorks[31]建模。该观测系统被导入 ANSYS 软件工作台环境，执行数值仿真（见图 8-14）。在不同的加热器叶片布局下，ANSYS 中的瞬态散热模组被用于计算温度变化以将其作为时间的应变量。8.9.2 节中所示的仿真中执行了一系列变化的时间步，其中最小时间步为 0.05s 而最大时间步为 0.5s。在 ANSYS 分析设置中，热量和温度收敛模式被激活，以在数值仿真中获得更好的稳定性和收敛性。

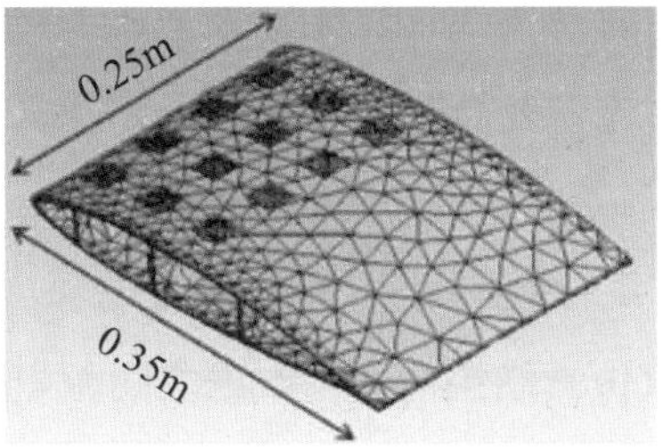

图 8-14　叶片几何结构在三维软件 SolidWorks 中的数值分析，容积为 $5.33\times10^{-4}\mathrm{m}^3$

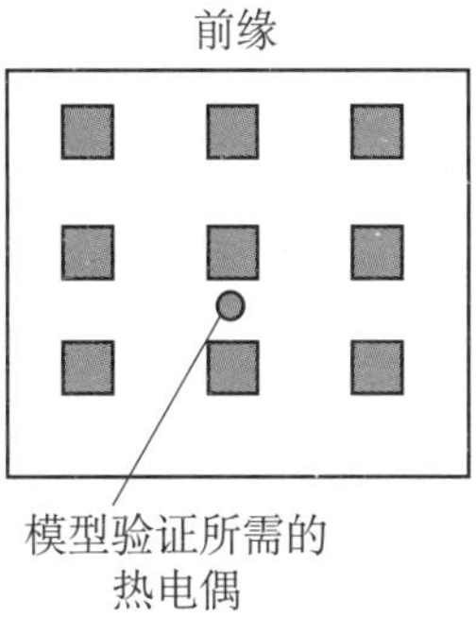

图 8-15　对齐阵列布局下，计算 ANSYS 模型实验验证中的温度传感器的安装位置

在我们的实验中，温度传感器被置于第二行与第三行的两个中间电阻之间，记录温度变化（见图 8-15）。图 8-16 展示了由 PID 控制创建的实验中施加的电阻输入电压作为时间应变量，以将叶片初始温度从 24.9℃ 提升至 30℃。而在图 8-16 中所示的五阶多项式曲线则调整至使用最小二乘曲线拟合法的输入电压。在该输入电压条件下，由每个电阻［q（$\mathrm{W/m^2}$）］生成的热通量可按下列方式计算：

$$q = q_{\max} \cdot \left(\frac{v}{v_{\max}}\right)^2 \tag{8-3}$$

其中，$q_{\max}$表示最大施加电压下的最大电阻热通量（$\mathrm{W/m^2}$），v 表示电阻输入电压（伏特），$v_{\max}$表示最大功率时的电阻直流输入电压（伏特）。

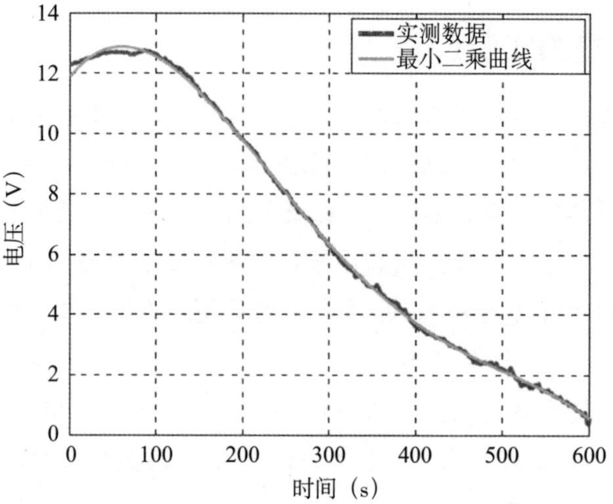

图 8-16　施加于电阻加热器的实验输入电压

经计算得出的输入热通量，会被应用于 ANSYS 模型的加热器网络中。该实验在自然空气对流条件下进行，未对叶片施加额外风速。这种自然对流是由空气中因温度变化导致的密度差而造成的浮力引起的。空气的自然对流热传递系数在 $h=5-25\mathrm{W/(m^2℃)}$ 的范围内，而典型的复合材料的热导率范围为 $K=0.2-1\ \mathrm{W/(m \cdot ℃)}$。假设叶片的上表面和下表面为自然对流，复合材料叶片热导率为 $K=0.3\ \mathrm{W/(m \cdot ℃)}$，仿真传递系数分别为 $h=6\ \mathrm{W/(m^2 \cdot ℃)}$ 以及 $h=7\ \mathrm{W/(m^2 \cdot ℃)}$ 时温度传感器所在的叶片位置的温度变化。图 8-17 展示了记录的实验数据和 ANSYS 的仿真数据之间的温度对比，从中可以看出数值仿真结果和实验数据之间相当接近。

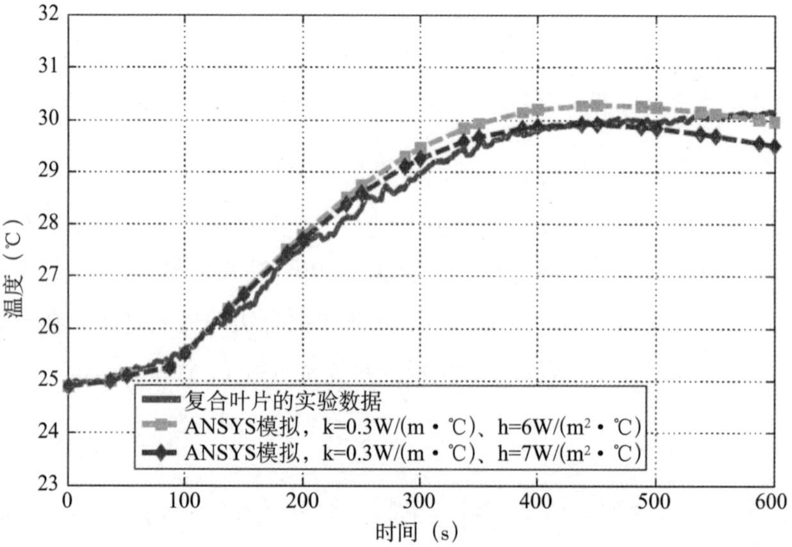

图 8-17　试验中 ANSYS 建立计算模型的验证

8.9　分布式加热器的布局优化

我们在本节中探索了几种加热器的几何尺寸和布局（见图 8-18），并证明了错列布局的圆形加热器在除冰效率上的优势。圆形加热器可在全部径向上产生均匀的热通量，方形加热器可在它们的两个对称轴方向上产生均匀的热通量。图 8-18 展示了为 ANSYS 计算分析所做的不同加热器布局建模。对于建立的错列布局来说，仅有第二排加热器朝着图 8-11 中所示的 y_b 方向移动。对于错列队列来说，为了保持前缘和后缘中点连接轴的几何对称，我们在电阻阵列的第二排各端使用了两个半区电阻（见图 8-18b、d）。图 8-18 中所有电阻形状和布局和第 8.9.2 节将要讨论的结果中均具有相同的总供热面积和总输入热通量。

此外，我们还研究了其他一些加热器的几何尺寸。结果表明，其他常规多边形加热器（五角形、六角形等）的除冰性能介于方形和圆形加热器之间。因此，我们将在第 8.9.2 节中讨论的方形和圆形加热器的性能作为除冰性能的上下限。

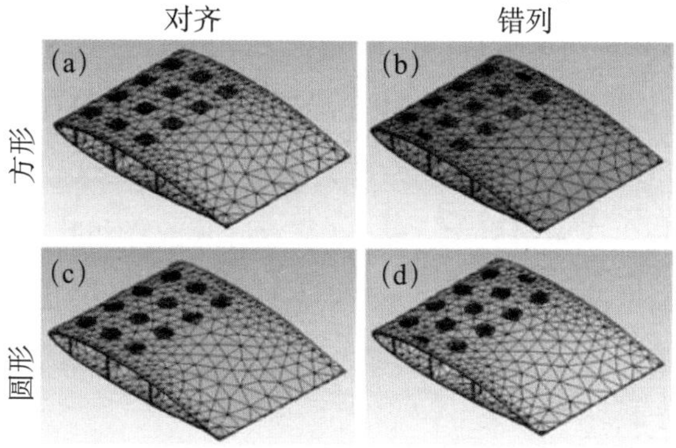

图 8-18　不同的加热器布局。a. 方形对齐布局；b. 方形错列布局；c. 圆形对齐布局；d. 圆形错列布局

如图 8-19 所示，数值模型中融入了一个位于叶片上前缘至 40% 弦长区域的 3mm 厚度均匀的光滑冰层。这一冰层覆盖了叶片上所有安装了分布式电阻的区域。为了实现优化加热器布局的目的，我们假设这一厚度均匀的冰层模型。然而，尽管研究覆冰翼面的气动效率衰减和计算升力和阻力系数并不是本章的重点，但是为了达到上述目的，仍然需要在试验现场数据的基础上得到非均匀冰层。我们仔细地在 ANSYS 中对光滑冰层和复合叶片物理性质进行了建模，包括熔点、与温度具有函数关系的密度和比热、热导率。在建立模型的过程中，加热器材料被设定为 ANSYS 材料库中的“结构钢”。

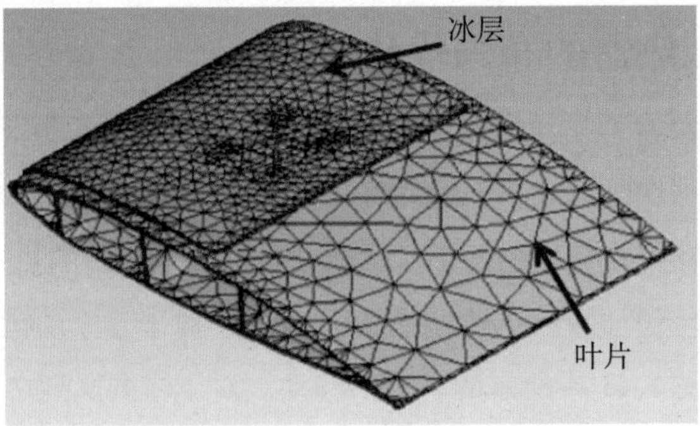

图 8-19　初始体积 $V_{ice}=1.17\times10^{-4}\mathrm{m}^3$，且均匀厚度为 3mm 的覆冰 ANSYS 模型，该冰层覆盖了叶片上表面上前缘至约 40% 叶片弦长的区域。

8.9.1　除冰性能评价指标

我们需要一个性能指标，对分布式热调节的除冰性能进行量化评估。这一性能成本函数应当考虑除冰时间［t_{di}(s)］、最大整体温度和除冰期间的叶片结构［$T_{\max_b}$（℃）］、叶片在高于某一温度［此处设为 30℃，$V_{T>30}$（m^3）］时的体积、热功耗。$T_{\max_b}$和 $V_{T>30}$可以指示出叶片上由于局部加热引起的热应力水平。此外，一种更先进的评价指标还应包括一些其他参数，例如在叶片上这些区域中的除冰优先级设定（可对气动转矩生成做出更大贡献）（靠近叶片前缘和叶尖的区域）、加热器成本等。通常，加热器网络的总成本是一个与风力发电机组尺寸、叶片尺寸和全尺寸叶片上加热器总数量相关的函数。这一财务成本未包含在本章的性能成本函数中，未来的工作方向应包括这一成本。

为了比较不同加热器布局的除冰性能，我们假设它们具有相同的热功耗，二次方程式性能成本函数 J 的定义如下：

$$J = X^T W_m X \tag{8-4}$$

其中，$X=[t_{di},\ V_{T>30},\ T_{max_b}]^T$ 表示除冰性能的状态向量，W_m 表示一个对角加权矩阵。

$$W_m=\begin{bmatrix}\dfrac{1}{1\,350^2} & 0 & 0\\ 0 & \dfrac{1}{(3.48\times10^{-5})^2} & 0\\ 0 & 0 & \dfrac{1}{56.31^2}\end{bmatrix} \tag{8-5}$$

这一加权矩阵 W_m 的选择对于方形对齐加热器布局来说，除冰性能状态向量 X 内的 3 个性能变量对成本的贡献相同，得出的总成本 $J=3$。J 值越小越有利。对于第 8.9.2 节中讨论的分析来说，叶片不同区域上的冰层残留在除冰性能上具有相同的权重。除冰时间 t_{di} 是指冰层残留总体积小于 10^{-7} m^3 时的时间。在第 8.9.2 节中，为了量化比较其他几种加热器几何尺寸和布局的除冰性能，我们分别计算了各自的性能成本函数 J。

8.9.2　不同加热器布局的除冰性能比较

针对第 8.9 节开始介绍的不同加热器的形状和布局，本节研究了它们的冰层融化计算建模和除冰性能对比。在下文的仿真中，分布式加热器被安装在叶片前缘至 40% 弦长区域的上下表面。通过在 ANSYS 中研究不同的几何尺寸，我们可以发现在使用相同总热功率（即电阻个体使用了一半热通量）的前提下，叶片两面安装的加热器可以实现更加均匀的除冰，尤其是对那些具有较小腔体或更低导热率的叶片几何尺寸来说更是如此。在叶片两面同时覆冰时，我们可以直观地感觉到叶片上下两

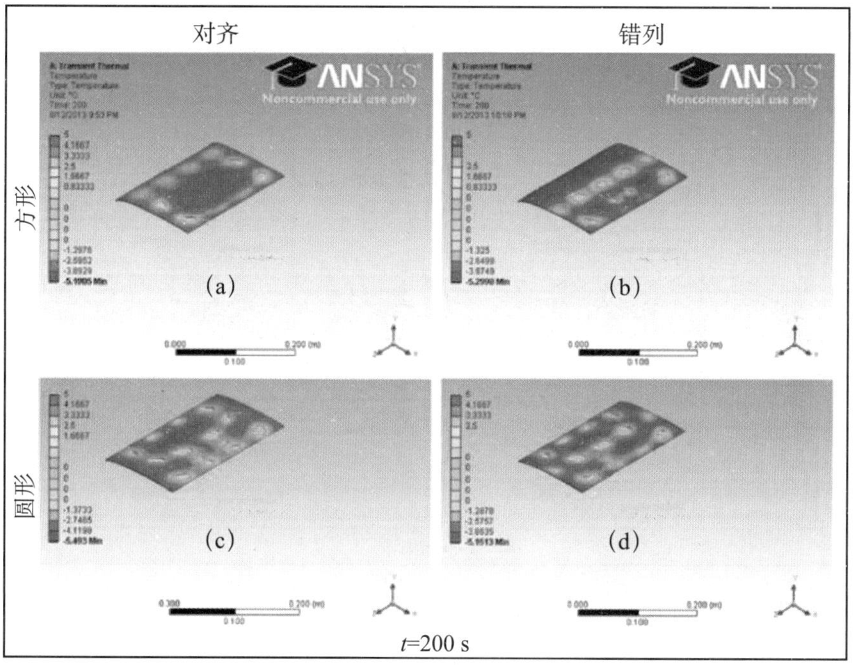

图 8-20　不同布局在打开输入热通量 $q=400$ W/m^2、电阻 $t=200$ s 后的冰层残留情况。a. $V_{ice}=1.145\times10^{-4}$ m^3 的方形对齐布局；b. $V_{ice}=1.15\times10^{-4}$ m^3 的方形错列布局；c. $V_{ice}=9.95\times10^{-5}$ m^3 圆形的对齐布局；d. $V_{ice}=9.78\times10^{-5}$ m^3 的圆形错列布局

面安装的电阻还可以实现更加有效的除冰效果。

本节下文仿真中的电阻厚度均为0.5mm。电阻被建模为一个体积，其中各个表面的热通量为400W/m²。这些仿真中未假设边界条件中的对流现象。通过在ANSYS中执行若干次仿真，可以观察到这些修正在加快仿真时间的同时，并未从根本上改变不同加热器布局和布局优化之间的除冰性能对比结果。图8-20、图8-21、图8-22和图8-23展示了不同加热器布局的冰层残留。为了精确地捕捉冰层在融化过程中的厚度变化，我们将所有仿真的冰层厚度分为四层（位于网格设置）。图8-20展示了打开电阻网络 $t=200s$ 后的冰层残留情况。我们可以看出，圆形加热器的融冰起始速度快于方形加热器，尤其是在热通量扩散更快的区域更是如此。此外，圆形加热器还可以更加均匀地向冰层扩散热通量。圆形错列布局在仿真冰层中部区域的融冰速度稍微快于圆形对齐布局。在靠近前缘的区域，方形布局的除冰效果相对劣于其他结构。

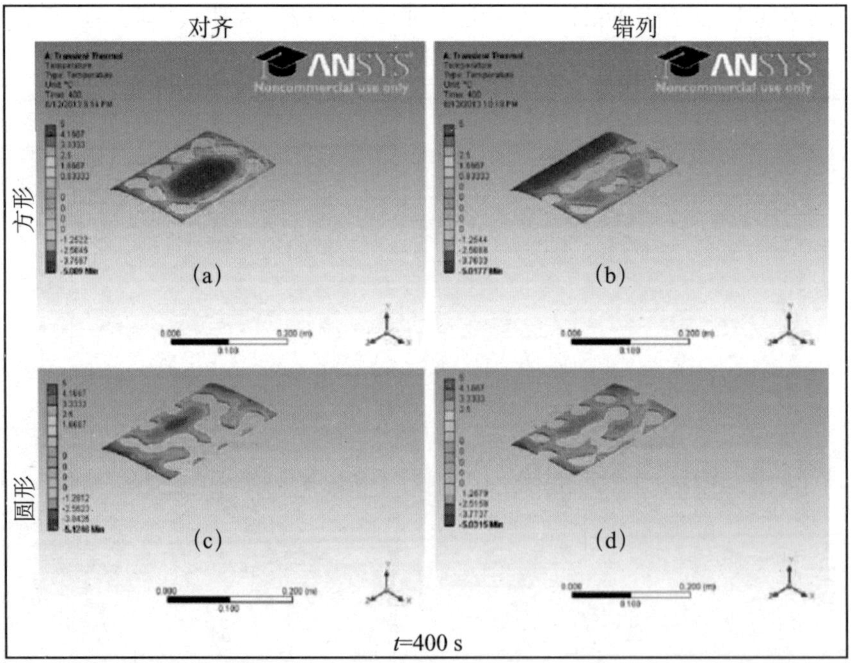

图8-21　不同布局在打开输入热通量 $q=400W/m^2$、电阻 $t=400s$ 后的冰层残留情况。a. $V_{ice}=7.64\times10^{-5}m^3$ 的方形对齐布局；b. $V_{ice}=8.72\times10^{-5}m^3$ 的方形错列布局；c. $V_{ice}=4.97\times10^{-5}m^3$ 的圆形对齐布局；d. $V_{ice}=5.58\times10^{-5}m^3$ 的圆形错列布局

图8-21展示了打开电阻网络 $t=400s$ 后的冰层残留情况。我们可以从中看出，方形错列布局未能有效地为前缘区域的冰层融化提供所需的热通量，而是在第二排

加热器上传递了更多热通量。这使得它的气动效率低于其他布局。尽管方形对齐布局可以更有效地融解靠近前缘的冰层，但却未能有效地融解冰层的中部区域。然而，就恢复叶片的气动效率来说，中部区域除冰的重要性不如前缘区域。在这一时间至除冰结束期间，其他布局的热通量可到达区域也表现出了类似的行为（见图 8-22、图 8-23）。

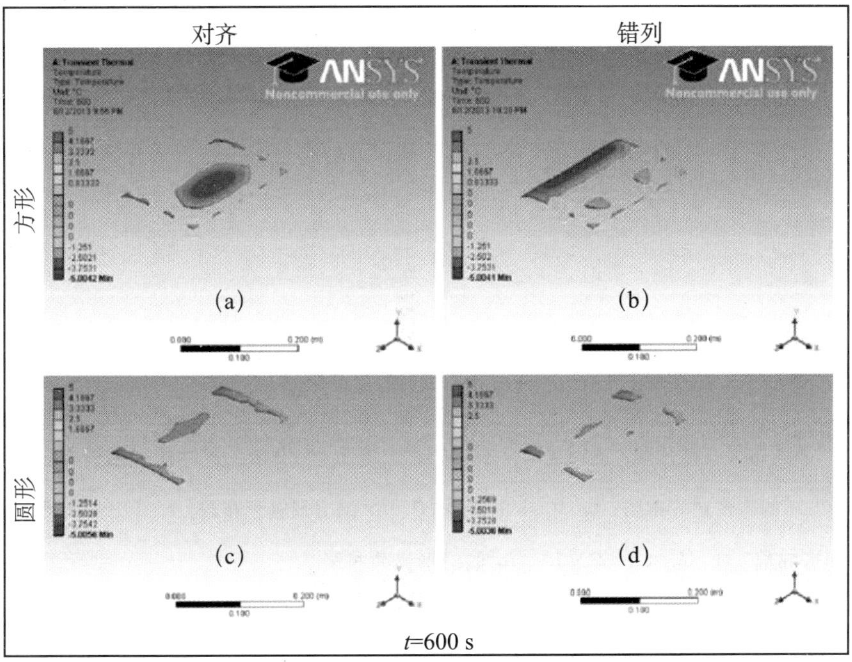

图 8-22　不同布局在打开输入热通量 $q=400\text{W/m}^2$、电阻 $t=600\text{s}$ 后的冰层残留情况。a. $V_{ice}=3.46\times10^{-5}\text{m}^3$ 的方形对齐布局；b. $V_{ice}=4.57\times10^{-5}\text{m}^3$ 的方形错列布局；c. $V_{ice}=1.58\times10^{-5}\text{m}^3$ 的圆形对齐布局；d. $V_{ice}=8.1\times10^{-6}\text{m}^3$ 的圆形错列布局

图 8-23 展示了叶片上不同加热器布局在 $t=800\text{s}$ 时的冰层残留情况。假设叶片表面不存在对流损失，圆形加热器提供的除冰时间 t_{di} 小于 800s，为四种对比情况中的最快除冰速度。增加了相等的强制对流损失后，并未改变布局性能对比的结果。此外，ANSYS 仿真的结果表明方形对齐和方形错列布局的除冰时间 t_{di} 分别为 1350s 和 1116s。尽管方形错列布局融化冰层的速度快于方形对齐布局，但前者并不能长期地除去前缘区域的冰层。因此，由于方形对齐布局在局部主动除冰方面是首先除去前缘区域的冰层，因此它的性能优于方形错列布局。

表 8-2 中列出了不同加热器布局和几何尺寸基于公式（8-4）计算出的性能成本函数 J 值。这些结果表明圆形错列加热器的性能最佳，除冰速度比方形对齐加热器

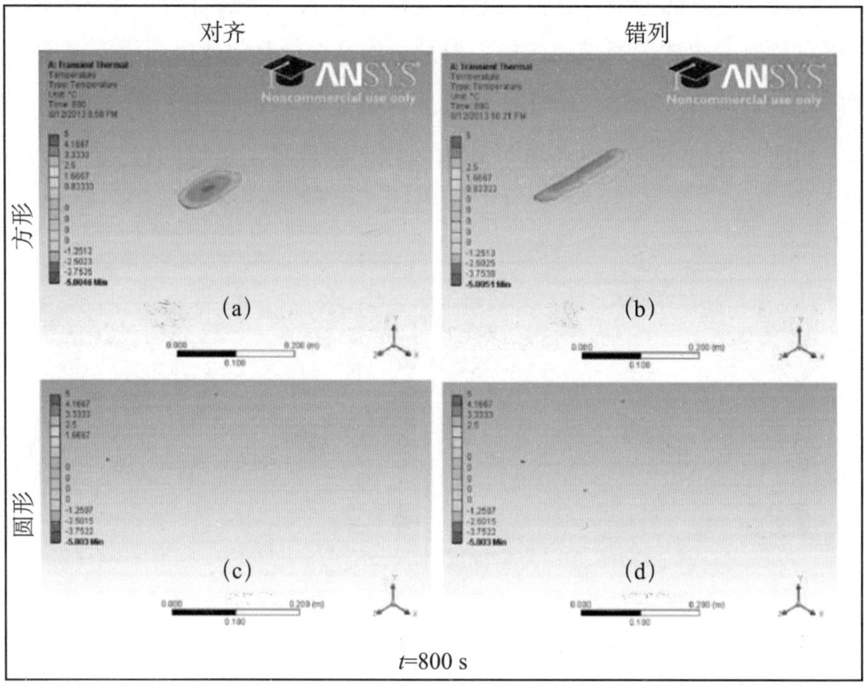

图 8-23　不同布局在打开输入热通量 $q=400\text{W/m}^2$、电阻 $t=800\text{s}$ 后的冰层残留情况。a. $V_{ice}=2.1\times10^{-5}\text{m}^3$ 的方形对齐布局；b. $V_{ice}=2.48\times10^{-5}\text{m}^3$ 的方形错列布局；c. $V_{ice}=1.55\times10^{-8}\text{m}^3$ 的圆形对齐布局；d. $V_{ice}=9.63\times10^{-8}\text{m}^3$ 的圆形错列布局

大 40%，叶片最大温度比方形对齐加热器小 39.3%。此外，与方形对齐加热器相比，使用圆形错列加热器可使 $V_{T>30}$ 由 6.5% 叶片体积降低到 0.5% 叶片体积。通过比较圆形对齐和方形对齐加热器，发现前者的除冰速度比后者快 39.8%，前者的 $T_{\max_b}$ 比后者减少了 29.5%，前者的 $V_{T>30}$ 由 6.5% 叶片体积降低到 1.15% 叶片体积。研究发现，其他多边形（六边形）加热器的除冰性能成本 J 值介于表 8-2 中所列方形和圆形加热器性能成本值之间。

在设计分布式主动除冰系统时，除了最小化除冰总时间和改善前缘区域的融冰效率之外，减少热应力使用量也是一个需要考虑的重要因素。计算结果表明，对齐布局引发的热应力要高于错列布局，从而使得叶片具有更高的最高温度和更大的高温面积。冰层在叶片上表面热通量的部分吸收作用使得这一观察结果更加不易察觉。总之，在使用对齐加热器除冰的情况中，我们需要更加认真地考虑闭环控制增益的选择，进而避免随叶片结构产生较高的热应力感应现象。显然，在叶片上安装可靠而准确的光学传感器后，可以通过关闭无冰区域附近的电阻防止较高的热应力感应。

表 8-2　量化的性能成本对比（括号内为各参数相对于方形对齐布局的减少百分比）

加热器布局	t_{di}（s）	$T_{\max_b}$（℃）	$V_{T>30}\mathrm{m}^3$	J
方形对齐	1 350	56. 31	3. 48 × 10^{-5}	3
方形错列	1 116 （-17. 33%）	41. 59 （-26. 14%）	1. 73 × 10^{-5} （-50. 29%）	1. 48 （-50. 66%）
圆形对齐	813 （-39. 78%）	39. 70 （-29. 50%）	6. 02 × 10^{-6} （-82. 70%）	0. 89 （-70. 33%）
圆形错列	798 （-40. 89%）	34. 18 （-39. 30%）	2. 85 × 10^{-6} （-91. 81%）	0. 72 （-76. 00%）

8. 10　除冰的初步试验结果

我们在本节的第一部分介绍了使用冰层和温度感应结合初始分布式 PID 控制器的主动除冰闭环试验结果。我们将讨论与叶片尺寸相关的总能耗。我们在第 8. 10. 2 节中比较了该 PID 控制器与耗电量相同的高强度脉冲调幅（PAM）致动的试验结果。基于连续 PID 信号的大小，PAM 信号的大小和工作周期在各个时间步长内都会更新，从而匹配单个信号周期内的能耗。

8. 10. 1　分布式闭环控制试验

在本节介绍的结果中，各个加热器接收来自两个相邻冰层光学感应器的信息，只有在同时接收到这两个传感器探测到存在冰层的信息时，加热器才会处于开通状态。最后，我们在必要时可以使用各电阻器周围的四个冰层光学感应器的信息；然而，该过程会增加信号处理过程中的运算，从而降低闭环控制器的运行速度。我们在此讨论的初始控制系统仅使用了冰层是否存在的信息，描述出不同冰层类型的热力学特征需要进一步的试验研究。在设计未来版本的控制系统时，可以使用光频域反射计冰层感应系统提供的冰层类型和厚度信息。

在相邻温度传感器提供的温度信息基础上，我们计算出了前缘区域各加热器的控制增益。对于初始闭环除冰测试来说，由于在叶片弦长方向上热电阻阵列只在各列安装了一个温度传感器，因此在各列电阻器上施加了相同电压。图 8-24 展示了在主动除冰控制系统开启前，叶片在成冰室内形成冰层的不同阶段。图 8-24a 展示了成冰室内的叶片上光滑冰层的形成过程。在无风条件下，通过在成冰室内直接向叶片表面泵送水汽，从而形成光滑的冰层。当成冰室内出现风力条件（源自风扇）时，会在叶片上形成均匀的霜状冰层。

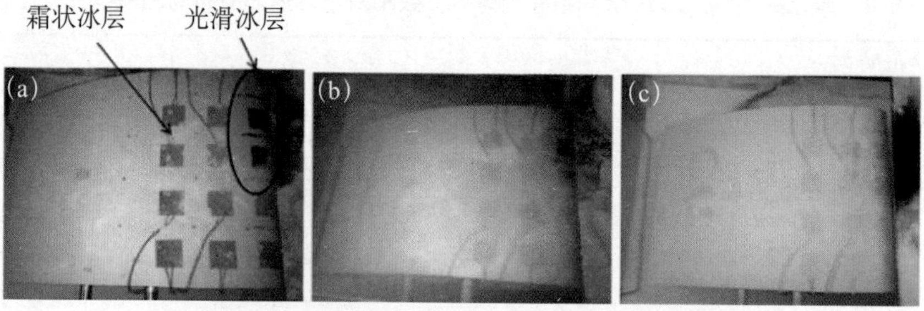

图 8-24　打开控制器前，叶片上冰层形成的不同阶段。
a 在 $t=0$ 时，叶片上开始形成霜状和光滑冰层；b 在 $t=17$ 分钟时，
叶片上覆盖了轻微的霜状冰层；c 在 $t=90$ 分钟时，叶片上覆盖了厚度为 5mm 的冰层

在网络中各列电阻上均实施了 PID 控制。

施加在电阻上的电压 j 为：

$$v_j = K_g\left[K_p e_j(t) + K_i\int_0^t e_j(\tau)\,\mathrm{d}\tau + K_d\frac{\mathrm{d}}{\mathrm{d}t}e_j(t)\right] \tag{8-6}$$

其中，K_g表示运放电路增益，$e_j(t)$ 表示信道 j 在时间 t 时的叶片温度［$T_{aj}(t)$］时与期望温度（T_d）之差，K_p表示比例增益，K_i表示积分增益，K_d表示微分增益。

图 8-25 展示了使用分布式电阻器、光学冰层传感器和温度传感器的 PID 控制除冰在激活开始和结束期间，信道 1（参见图 8-11）电压和温度的时间关系图。其中的最大电压表示使用了约为一半聚酰亚胺电阻个体的最大功率容量。在其他电阻器中也可发现类似现象。前缘电阻器边界 2cm 处前缘位置的局部温度开始上升这一过程需要约 3 分钟时间。电阻器上的电压随着温度增加到期望温度（+2℃）的过程而降低。在除冰和同时满足光学信道 1 和信道 2 的无冰条件后，控制系统自动关闭对应的电阻 1。在环境温度约为 -10℃的成冰室内，这一除冰过程所需时间约为 30 分钟，同时叶片的外表面温度在对应信道 1 热电偶处达到了期望温度（T_d）。冰层在打开控制器约 15 分钟后开始融化。

通过以下公式可以计算出分布式电阻网络在时间 0 ~ t 期间的平均总功耗。

$$P_{\text{total}} = \sum_{j=1}^{n=12}\frac{1}{R_j t}\int_0^t v_j^2(\tau)\,\mathrm{d}\tau \tag{8-7}$$

其中，n 表示网络中的热电阻总数，R_j表示加热器单元 j 的电阻，v_j表示施加在单元 j 上的电压。使用了分布式 PID 控制的 12 个电阻网络的总功耗约为 4W。我们的叶片尺寸约为 500kW 风力发电机组叶片的 1/100。经过简单的按比例放大后，我们发现类似在 3 叶片 500kW 风力发电机组上的类似 PID 控制器和

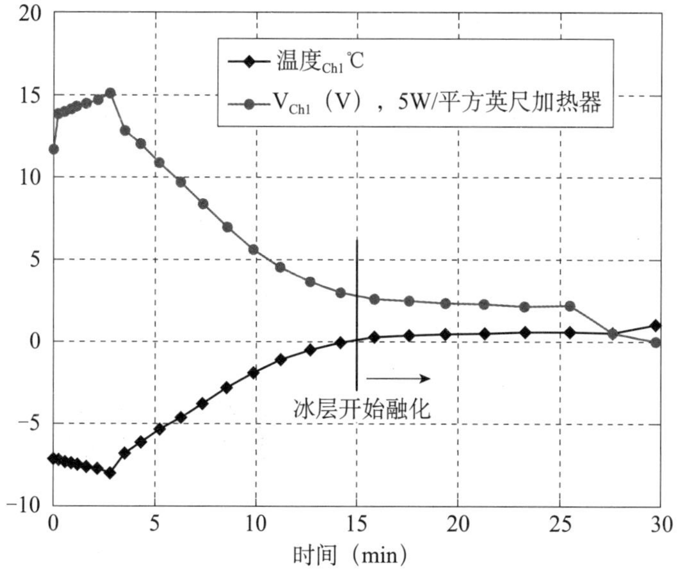

图 8-25 当使用时间分布式 PID 控制除冰时，所选信道电压和温度的时间关系图。其中使用的功率容量几乎为驱动系统最大功率容量的一半，此外根据经验调节的 PID 增益 $K_p = -0.5$v/（℃）、$K_d = -0.01$v/（℃/s）、$K_i = -0.001$v/（℃·s）和闭环更新频率为 0.5Hz

除冰网络需要的除冰功率约为 1200W，仅占到额定功率的 0.24% 左右。这一结果类似但低于文献[32]中试验研究的结果。主动除冰系统不但具有很小的功耗，而且还可以通过改善气动效率和降低风力发电机组在覆冰条件下的停机时间，显著改善风力发电机组的净年均发电量[12,33]。这一局部加热方式的部分功耗仅为叶片整体均匀加热的 10% 左右。

8.10.2 高强度脉冲调幅

许多测试比较了第 8.10.1 节所述低强度连续 PID 驱动与高强度 PAM 驱动的除冰性能，在确保热功率引起的局部热应力不会损坏叶片结构的前提下，PAM 驱动的适用性和效率均优于振幅恒定的工作周期调制方式。当叶片外表面温度远低于期望值时，除冰工作在开始时可能需要更高的信号振幅；当叶片外表面的温度达到期望值后，PAM 中的信号振幅趋于零。

图 8-26 展示了这两种驱动方法在不同时间内除冰结果的图片。冰层首先在叶片上“生长”，直至在两个电阻加热器之间达到约 5mm 厚。随后，两种不同

的控制策略同时打开了更新频率为 10Hz 的两种不同电阻加热器。由于在这一试验中了解了叶片上初始的冰层条件，因此我们从闭环控制器中关闭了光学冰层传感器。因此，图 8-25 所示结果在闭环中使用了主动光学冰层传感器（和相关的信号处理算法）以及 0. 5Hz 的更新频率，与之相比，我们在此使用了 10Hz 这一更快的更新频率。图8-26 中两个电阻的用电量相同，PAM 的除冰结果和速度在直观上要优于热量在整个复合叶片上传播的方式。多个类似试验生成结果具有可重复性。

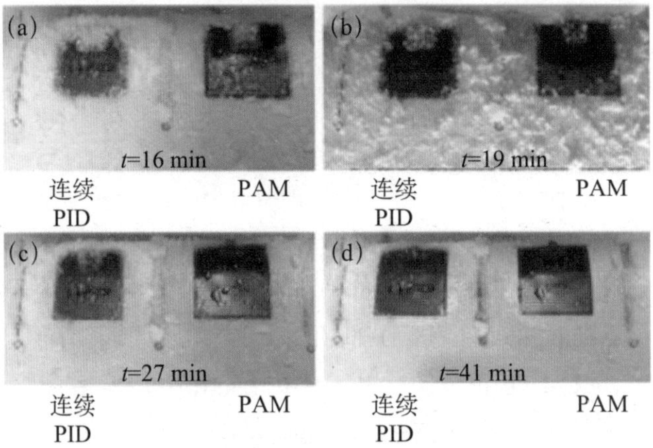

图 8-26　在用电量相同的条件下，低强度连续 PID 驱动与高强度 PAM 驱动的目视比较图。PAM 频率为 0. 1 Hz。PAM 驱动的工作周期在各周期内占到 40%，且脉冲幅度比连续 PID 信号大 1. 581 倍。试验期间的成冰室温度略微高于 −10℃。可以看出低强度连续 PID 控制加热器的霜状冰层残留始终多于 PAM 控制。a. $t=16$min；b. $t=19$min；c. $t=27$min；d. $t=41$min

图 8-27 展示了这两种不同驱动方法施加的电压和温度变化。由于 PAM 驱动可以始终在最近的热电偶处产生更高的温度，因此在用电量相同的条件下，它的除冰性能要优于连续 PID 控制。这两个温度传感器成对角等距安装在各电阻加热器两角之间，即使是在关闭电阻器之后和对流损失耗散生成热量之前，电阻加热器具有的高热惯性仍能使其暂时（大于 15s）保持所需热量。这一特性改善了 PAM 控制器的性能。当风速和叶片桨距角不同时，则需要进一步深入研究。这些为无风条件（自然对流）和叶片不旋转（静止）的测试结果，它们的对流损失常常低于相似环境条件下转动的风力发电机组。

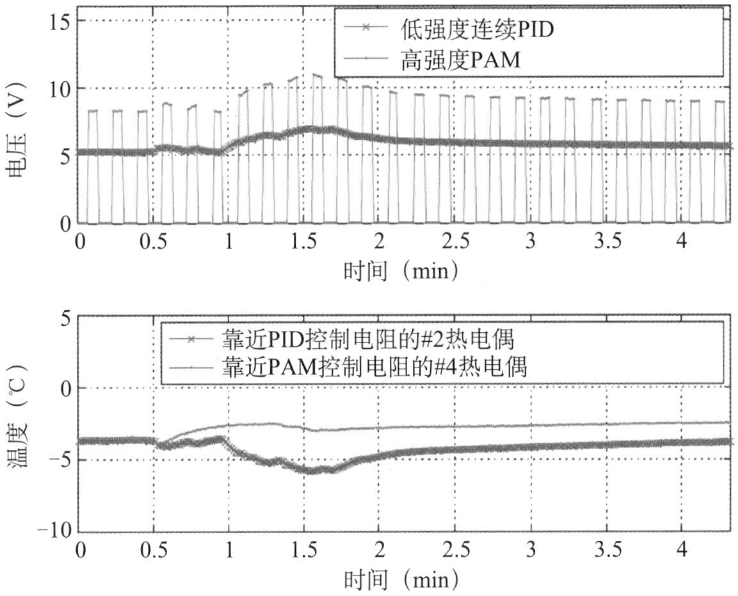

图 8-27　在增益 $K_p = -0.25$v/（℃）、$K_d = -0.005$v/（℃/s）、$K_i = -0.0005$v/（℃·s）的低强度连续 PID 控制器施加的电压（电阻信道 2），在一个信号周期内电能相同的条件下 PAM 施加的电压（电阻器信道 3）。二者的电阻器功率均为 10W。在达到饱和限度之前，为了防止对叶片结构产生较大的热应力，需要保证高强度 PAM 信号在放大后仍处于我们定制放大器的运行线性范围之内，从而选择了低于前文所述的 PID 增益（如图 8-25 所示）。b 在耗电量相同的情况下，低强度连续 PID 信号电阻器信道 2 附近热电偶 2 和高强度 PAM 信号电阻器信道 3 附近热电偶 4 的温度变化。时间轴表示 PID 和 PAM 控制器同时打开后的时间

8.11　结　论

我们研究了光学冰层传感和分布式电阻加热在风力发电机组主动除冰方面的应用。为了降低有效主动除冰的功耗，分布式热电偶驱动可以局部调整叶片不同位置的热功率。试验结果已经证明该方法的可行性。建立出分布式热源叶片的空气/热动力模型将非常有益于实现闭环控制优化，免除在叶片上安装温度传感器，进而降低了仪器成本。然而，尽管存在可能情况，但针对这一复杂的动力系统建立充分的分析模型仍然具有非常高的难度。

我们使用了 ANSYS 为分布式电阻加热器建立一项热力计算模型，一些使用了连续 PID 控制热驱动的试验结果验证了该计算模型的有效性。此外，我们还使用 ANSYS 软件建立了不同几何尺寸（方形、圆形和六边形）的两种不同加热器的布局（对齐和错列）模型。我们的仿真结果表明，在向电阻网络输入热通量恒定时，圆形加热器具有更加均匀和快速的除冰效果，同时错列布局对叶片结构的热应力更低。

此外，我们还介绍了在定制的成冰室内针对桨距角固定的静止风力发电机组叶片部分的闭环分布式除冰试验结果。这些试验结果在按比例扩大后表明在低/中强度覆冰条件下，具有温度感应的光频域反射计和分布式 PID 控制结合体消耗的总功率低于额定功率的 0.5%；除冰工作可使风力发电机组在寒冷地区具有更大的功率改善百分比和更长的运行时间。这一局部加热的功耗仅为叶片均匀加热的 10% 左右。此外，我们还研究了高强度脉冲驱动与低强度连续驱动的除冰性能。结果表明，使用高强度脉冲调幅（PAM）驱动的除冰性能优于连续的 PID 控制。

8.12 未来工作

为了优化具体风力发电机组全尺寸叶片的加热器布局，我们将在未来的工作中使用流体力学计算方法研究不同冰层形状、尺寸和位置对升力、阻力和功率的影响。主动除冰加热器布局的设计优化取决于叶片尺寸、热力学特性和加热器成本，这可能不同于第 8.9 节中讨论的结果。此外，我们将使用该计算模型建立出一项伪解分析气动/热力模型，它可以在不需要温度传感器的条件下估算出前缘温度。随后，这些温度估值可用于计算出单个电阻器的闭环指令。在已知网络中缺损电阻的情况下，这一模型将会非常有助于设计出适宜的闭环控制策略。

致　谢

感谢科罗拉多大学波德分校的 Patrick Wagner 在试验装置制造方面提供的帮助，感谢 Chiaro 技术有限责任公司的 Eric D. Moore 博士帮助我们将闭环控制模块和冰层探测信号处理编码整合进已开发出的光频域反射计软件模块，感谢美国国家可再生能源实验室（NREL）的 Patrick Moriarty 博士向我们的试验提供叶片部件，感谢罗拉多大学波德分校的 Kurt Maute 教授向我们建议将 ANSYS 软件用于冰层融化的数字建模，感谢 ANSYS 公司的 Ali Najafi 博士向我们解释如何在 ANSYS 中计算冰层残留的体积。感谢 Fiona Dunne、Eric J. Simley、Jacob Aho、Jason Laks、Andrew Buckspan 和 Hua Zhong 等人为我们在科罗拉多大学波德分校进行本研究期间提供的宝贵意见和反馈。

参考文献

[1] Seifert H, Richert F (1997) Aerodynamics of iced airfoils and their influence on loads and power production. In: Proceedings of European wind energy conference.

[2] Baring-Gould I, Tallhaug L, Ronsten G, Horbaty R, Cattin R, Laakso T, Durstewitz M, Lacroix A, Peltola E, Wallenius T (2009) Recommendations for wind energy projects in cold climates. Technical report, International Energy Agency.

[3] Laakso T, Baring-Gould I, Durstewitz M, Horbaty R, Lacroix A, Peltola E, Ronsten G, Tallhaug L, Wallenius T (2009) State-of-the-art of wind energy in cold climates. Technical report, International Energy Agency.

[4] Boluk Y (1996) Adhesion of freezing precipitates to aircraft surfaces. Transport Canada, pp 44.

[5] Fikke S et al (2006) Atmospheric icing on structures: measurements and data collection on icing: state of the art. MeteoSwiss 75:110.

[6] ISO-12494 (2001) Atmospheric icing of structures. ISO copyright office, Geneva, p 56.

[7] Richert F (1996) Is Rotorcraft icing knowledge transferable to wind turbines? BOREAS III. FMI, Saariselkä, pp 366 – 380.

[8] Ilinca A (2011) Analysis and mitigation of icing effects on wind turbines. In: Al-Bahadly I (ed) Wind turbines, 1st Edn. InTech, Rijeka.

[9] Mason J (1971) The physics of clouds. Technical report. Oxford University Press, London.

[10] Homola M, Nicklasson P, Sundsbo P (2006) Ice sensors for wind turbines. J Cold Reg Sci Technol 46:125 – 131.

[11] Makkonen L (2000) Jn Detektointi Kosteusmittauksen Avulla [Detection of Ice from Humidity Measurements]. Technical report, Report in Finnish to the Vilho, Yrj and Kalle Visl Foundation, Helsinki.

[12] Parent O, Ilinca A (2011) Anti-icing and de-icing techniques for wind turbines: critical review. J Cold Reg Sci Technol 65:88 – 96.

[13] Geraldi J, Hickman G, Khatkhate A, Pruzan D (1996) Measuring ice distribution on a surface with attached capacitance electrodes. Technical report, United States

Patent number 5 551 288.

[14] Shajiee S, Wagner P, Pao L Y, Mcleod R R (2012) Development of a novel ice sensing and active de-icing method for wind turbines. In: Proceedings of AIAA aerospace sciences meeting, Nashville, 15 p.

[15] Walsh M (2010) Accretion and removal of wind turbine icing in polar conditions. Masters Thesis, AALTO University, Helsinki.

[16] Mulherin N, Richter-Menge J, Tantillo T, Gould L, Durell G, Elder B (1990) Laboratory test for measurement of adhesion strength of spray ice to coated flat plates. Cold regions research and engineering, Laboratory report 90-2, US Army Corps of Engineers.

[17] Battisti L, Baggio P, Fedrizzi R (2006) Warm-air intermittent de-icing system for wind turbines. Wind Eng 30 (5): 361 – 374.

[18] Wang X (2008) Convective heat transfer and experimental icing aerodynamics of wind turbine blades. Ph. D. Thesis, University of Manitoba.

[19] Marjaniemi M, Peltola E (1998) Blade heating element design and practical experiences. In: BOREAS IV conference on wind energy production in cold climates, Yllas.

[20] Makinen J (1996) Ice detection and de-icing system improves the economics of a wind turbine in the Arctic weather conditions. In: BOREAS Ⅲ conference on wind energy production in cold climates, Saariselka.

[21] Huber R, Wojtkowski M, Fujimoto JG (2006) Fourier domain mode locking (FDML): a new laser operating regime and applications for optical coherence tomography. J Opt Express 14: 3225 – 3237.

[22] Moore ED, McLeod RR (2011) Phase-sensitive swept-source interferometry for absolute ranging with application to measurements of group refractive index and thickness. J Opt Express 19: 8117 – 8126.

[23] Fuhr PL, Huston DR (1993) Multiplexed fiber optic pressure and vibration sensors for hydroelectric dam monitoring. Smart Mater Struct 2:260.

[24] Laakso T, Peltola E (2005) Review on blade heating technology and future prospects. In: BOREAS VII FMI, Saariselkä, pp 2 – 13.

[25] Mayer C, Illinca A, Fortin G, Perron J (2007) Wind tunnel study of electro-thermal

de-icing of wind turbine blades. Int J Offshore Polar Eng 17:182 – 188.

[26] Omega Eng. www. Omega. com.

[27] Hochart C, Fortin G, Perron J, Ilinca A (2008) Wind turbine performance under icing conditions. Wind Energy 11:319 – 333.

[28] MathWorks. http://www. mathworks. com.

[29] National Instruments Corporation. http://www. ni. com.

[30] ANSYS Inc. www. ANSYS. com.

[31] Dassault Systemes SolidWorks Corp. www. SolidWorks. com.

[32] Dierer S, Oechslin R, Cattin R (2011) Wind turbines in icing conditions: performance and prediction. Adv Sci Res 6:245 – 250.

[33] Shajiee S, Pao LY, Wagner P, Moore ED, McLeod RR (2013) direct ice sensing and localized closed-loop heating for active de-icing of wind turbine blades. In: Proceedings of American control conference, pp 634 – 639, Washington, D. C.

第九章　风力发电机组叶片的结构健康监测

Hui Li，Wensong Zhou，Jinlong Xu

摘要：风力发电机组叶片的使用寿命通常长达 20～30 年，叶片在其运行期间会遭遇到大量周期性复杂载荷和恶劣的天气条件。上述因素均可导致叶片出现累积损伤，加快叶片的疲劳损伤，甚至使叶片出现突然断裂，后者会给风力发电机组带来灾难性的损失。近年来，包括整体法和局部法在内的一些结构健康监测（SHM）技术已经取得了长足的进展和应用，其中的一些技术作为重要而有效的工具应用在了风力发电机组叶片的探伤领域。本章综述和分析了前沿结构健康监测技术在叶片领域的应用，随后详细介绍了结构健康监测技术。对于整体法来说，本章主要讨论了基于振动的损伤监测技术在考虑旋转效应的前提下应用在风力发电机组叶片上的问题；对于局部法来说，我们通过使用具有高空间分辨率的差分脉冲对布里渊时域分析技术（DPP-BOTDA）传感系统和 PZT 传感器为风力发电机组叶片开发出一款疲劳损伤监测系统，并用于探测静载荷条件下的微小损伤。

关键词：风力发电机组叶片；损伤探测；振动方法；DPP-BOTDA；PZT

术语：

A	部件的截面积
$b_{\max,k}$	间隔时间为 k 时，各时间序列信号曲线的最大长度
$b_{\min,k}$	间隔时间为 k 时，信号曲线经过无伤区域时的长度
C	系统阻尼矩阵

H. Li (✉) · W. Zhou · J. Xu
中国哈尔滨 哈尔滨工业大学土木工程学院
电子邮箱：lihui@ hit. edu. cn

W. Zhou
电子邮箱：zhouwensong@ hit. edu. cn

J. Xu
电子邮箱：jinlongxu@ hit. edu. cn

E	弹性模量，残差
FD_{max}	各时间序列曲线的最大 FD 估值
J	基于 FD 的损伤剧烈指数
K	系统刚度矩阵
K_s	结构刚度
K_d	附加刚度
K_0	正规模态刚度矩阵
K_1（α）	几何非线性的刚度矩阵
L	PZT 信号的时间序列长度
M	系统质量矩阵
n	结构的自由度，纤维芯的折射率
NI	基于 PCA 方法的损伤指数
$\bar{NI}$	NI 的平均值
t	时间
T	载荷矩阵
u_0	x 方向上的位移
v	外力
V_a	声波速度
v_B	布里渊频移
v_0	y 方向上的位移
X	得分矩阵
$\hat{X}$	重建数据
Y	压缩数据
Z	结构自由度的位移
$\dot{Z}$	结构自由度的速度
$\ddot{Z}$	结构自由度的加速度
U	应变势能
α	模态坐标，第一瑞利阻尼系数
β	第二瑞利阻尼系数
ε	正常应变
λ	特征值，泵浦光的真空波长

σ	标准偏差
ω	角频率
[]	高斯符号

9.1 前　言

风能利用在全球范围内取得了快速的发展。据世界风能协会在2010年发布的世界风能年度报告中的数据，全球的风电装机容量在当年达到了196GW，这一数字在2009年为159GW，2008年为120GW，2007年则为93GW，风电装机容量的趋势是每三年翻一番。然而，随着世界各地建造了越来越多的风力发电机组，记录在案的事故数量也随之增长。在过去的10年中，已报告的风力发电机组事故超过了1000件，其中包括2007—2011年中每年平均发生的132件事故。作为风力发电机组中最关键和最昂贵的部件，风力发电机组叶片经常会出现损伤。Caithness风电场信息论坛指出，目前风力发电机组事故主要是由叶片断裂引起的。引起“叶片断裂”的潜在原因有许多，叶片断裂后会导致整个或部分叶片脱离风力发电机组。截止到2012年3月，发生叶片断裂的事故总数达到234件。

风力发电机组叶片的使用寿命常常高达20～30年，它们是唯一专为风力发电机组设计的部件。叶片在运行期间会遭遇大量复杂的周期性载荷，例如气动载荷、离心惯性力、不断变化的重力、制动力、偶然影响，以及吸潮、阵风或雷击等恶劣天气。所有这些因素都可能导致叶片出现累积损伤，加快叶片的疲劳损伤，甚至使叶片出现突然断裂，后者会给风力发电机组带来灾难性损失。同时，未被发现的损伤还会延长叶片的检修时间，由此带来的停机可引起较大的经济损失。因此，目前大量的研究工作将重点放在了实时监测技术。近年来，包括基于振动、光纤传感和压电技术在内的多种结构健康监测技术已经取得了长足的发展，作为一种重要而有效的工具，此类技术已经得到了应用。

目前，多种风力发电机组叶片损伤探测技术正处于研发阶段。光纤光栅（OFBG）传感器以其优异的传感、力学特性和在线监测能力，可用于测量不同空间位置的应力，进而探测粘接接头断裂或叶片分层、断裂等严重的损伤模式[1-4]。OFBG传感器既可以贴附在叶片表面，也可以嵌在织物增强复合材料中[5,6]。此外，它们还可以与其他传感器结合使用[7,8]。然而，OFBG传感器仅能够测量局部形变，而不能探测到那些离传感器较远的损伤，如嵌入式损伤或活动裂缝等。与此同时，基于布里渊散射的分布式光学传感器在环境稳定性、电磁干扰免疫和超长距离高精确分布式传感等方面具有巨大的优势。布里渊光时域分析（BOTDA）方案以其高信噪比（SNR）和高精确度而更具优势。通常，BOTDA 采用两个相向光（例如泵浦脉冲和 CW 探测波）诱导受激布里渊散射（SBS），而泵浦脉宽决定了 SBS 的空间分辨率[48]。脉宽越窄，空间分辨率越高，但精确度也越低。短脉冲会减弱布里渊信号，扩宽布里渊增益光谱（BGS）和降低信噪比（SNR），这使得分布式光学传感器的空间分辨率极限为 1 m。Li W 和 Bao X 等人在 2008 年提出在 BOTDA 中使用差分脉冲对（DPP）技术，通过在声波预泵浦机理的基础上使用相差较小的脉冲对获得了较高的空间分辨率[49]。差分脉冲（如脉冲对的脉宽差，而非原始脉冲）决定了 DPP-BOTDA 系统的空间分辨率[49,50]。其他诸如基于 PZT 技术的局部传感技术也是研究热点之一。在这些技术的帮助下，传感器阵列可以捕获活跃损伤被动产生的应力波，进而识别损伤类型或位置[9-13]。另一方面，传感器阵列还可用于接收致动器阵列产生的应力波，进而主动探测应力波传播路径上的损伤[14,15]。

此外，基于振动的整体监测方法也被应用于探测叶片的结构损伤，而这些损伤可能出现在远离传感器的位置。基于振动的整体方法可以识别叶片内部的损伤，无需匹配整个叶片表面和传感器。通过使用风力发电机组叶片的模态响应数据，Gross 等人验证了该损伤探测方法的有效性[16]。通过松动三个叶片中一个叶片的根部螺栓，他们仿真出叶片损伤，并通过安装在叶片上的加速度传感器获得结构响应数据。三种使用了应力能、模态柔度矩阵和振型差的损伤探测技术已经得到了应用。Ghoshal 等人在玻璃纤维叶片截面上测试了四种基于振动的损伤探测技术。通过钢板（额外质量）夹住叶片仿真出结构损伤，使用频带宽度为 100 ~ 500 Hz 的周期信号刺激叶片，通过比较频率响应函数、透射函数、运行的挠度类型和共振区分受损和健康结构[17]。Kraemer 和 Fritzen 提出了海上风电场结构健康监测的“三步”概念[18]，它的基本理念也是基于整体法，并涉及到振动测量、随机子空间故障监测方法和多变量自回归模型。Whelan 等人提出了风电场系统综合监测概念，其中包括了无线网络和可用于估算系统和单体模态特性的大型多轴加速度传感器阵列[19]。Dolinski 和 Krawczuk 在向振型应用一维连续小波分析的基础上提出了一种基于振动的方法，它可用于确定复合风力发电机组叶片上的损伤位置。他们仿真了一系列不同的损失定位和尺寸，所得结果源自数值仿真和比例模型[20]。此外，Frankenstein 等人在低频结构振动分析和结合局部损伤探测方法的基础上应用了整体损伤探测方法。他们在研究中通过所谓的“运行模态分析方法”完成模态识别[15]。

振动损伤探测方法论在一开始就假设了结构振动特性只受结构损伤的影响，而结构损伤又能导致结构刚度和/或结构质量出现变化。结果表明基于振动的方法论适用于大部分机械和航天结构。然而，土木工程的行业专家在十多年前发现了温度、预应力、交通载荷、风力和湿度等多变的环境因素也会影响真实全尺寸工程结构的振动特性。这些环境因素可能会掩盖结构损伤引起的振动变化[21-30]。如果我们未能在损伤探测过程中考虑到上述环境影响和运行变化，则可能会使损伤诊断结果出现假阴性或假阳性，进而使振动损伤探测技术失去可靠性。

由于风力发电机组叶片是一种悬臂梁结构，因此可在工作状态时忽略均匀温度的影响，而它们的连续运动和相对较小的截面尺寸也会使梯度温度的影响较小。然而，旋转运动改变了叶片的振动特性，因此会干扰风力发电机组叶片的损伤探测。与非转动结构相比，引起风力发电机组叶片刚度增加的因素有旋转运动引起的离心惯性力产生的拉伸作用和结构弯曲刚度的增量，后者会引起固有频率和振型变化[31-34]。Osgood[33]和 Park 等人[34]通过试验证明了风力发电机组叶片的固有频率可能会随着转速出现变化。除了结构损伤之外，风力发电机组叶片的转速变化也会引起结构模式特性的变化，因此基于振动的损伤探测方法不适用这一情况。

此外，众所周知的是振动损伤探测过程取决于内在不稳定性的振动数据，而这些不稳定性源自力学模型、数据采集系统和其他过程噪声，因此，使用统计学方法处理损伤问题便具有一定的合理性，但此类方法的研发成果很少[35-38]。当前研究的目的是使用一种基于主成分分析（PCA）的方法论，在使用健康和损伤结构的振动数据进行损伤探测时，PCA 可以摒弃旋转的影响。为了诊断不同环境条件下的结构损伤，Yan 等人提出了这一方法[23]。该方法无需提前测定影响变量，而是在损伤探测过程中消除了这些变量的影响。剩余的次要成分则用于探测损伤。

针对风力发电机组叶片的结构健康监测，本章介绍了包括基于 PZT、振动和光学传感器等在内的三种常用损伤探测技术。

9.2　基于振动的风力发电机组叶片损伤探测

9.2.1　旋转叶片的结构动态模型

常见的水平轴风力发电机组（HAWT）包括三大主要部分：塔架、机舱和叶片。如图 9-1 所示，叶片被固定安装在轮毂上。我们通常将该系统看作是连接在移动支架上的柔性体，许多研究旋转机械、直升机风轮叶片等部件的科技论文对其进行了相关介绍。

如公式（9-1）所示，平稳条件下叶片的平稳线性动态模型常常适用于结构动态分析：

$$M\ddot{Z}(t) + C\dot{Z}(t) + KZ(t) = v(t) \tag{9-1}$$

其中，M、C 和 K 分别表示质量、阻尼和刚度矩阵，它们的维度为 $n \times n$，即结构的自由度。Z 集合了结构自由度的位移，其维度为 $n \times 1$；外力 v 被建模为一种非平稳白噪音。

然而，旋转叶片上由离心力和不断变化的重力等引起的轴向载荷会影响叶片的侧面和扭转形变，结构平面内的应力状态可以显著影响结构平面外的刚度。这一平面内应力和截面刚度的耦合被称为“应力钢化”（或动态钢化和几何钢化），Kane 等人[39]首次提出这一概念，主要应用在叶片结构中。在本情况中，用于非旋转结构的常规小挠度理论模型不再适用。Kane 等人认为系统的刚度 $K = K_s + K_d$，其中 K_s 为结构刚度，在精确描述弹性梁在整体大范围运动时的形变基础上，K_d 取决于角速度[39]。近 20 年来，许多研究人员观察并研究了这一主题，并提出了一些将应力钢化项包含进结构动态公式的分析方法，例如基于几何形变[39]、几何非线性[40]和初始应力[41]约束的方法论。

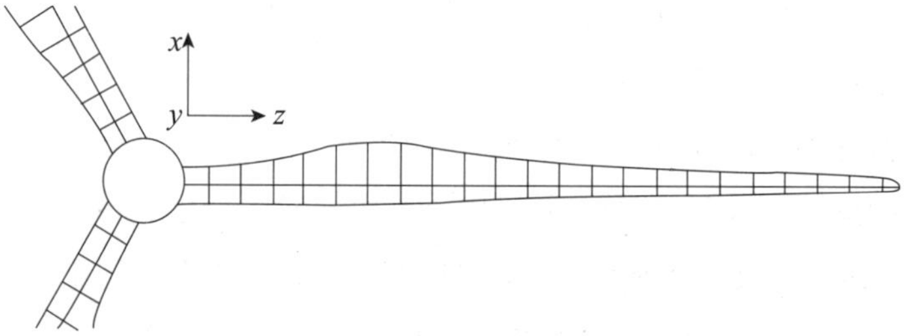

图 9-1　常见的水平轴风力发电机组叶片

由于柔性体的刚度矩阵是一个与运动状态和应力相关的函数，因而考虑了应力和形变二者关系的几何非线性具有非线性。因此，应当保留应力和形变之间的非线性关系。对于弹性平面梁来说，非中线位置任一点处的应力和形变关系可表示为以下形式：

$$\varepsilon_{xx} = \frac{\partial u_0}{\partial x} - y\frac{\partial^2 v_0}{\partial x^2} + \frac{1}{2}\left(\frac{\partial v_0}{\partial x}\right)^2 \tag{9-2}$$

其中，u_0 和 v_0 分别表示中线位置对应点的纵向和横断面的形变。因此，对应的应变势能也具有非线性。Bakr 和 Shabana 在忽略四次项后保留了三次项[40]，提出的应变势能公式为：

$$U = \frac{1}{2}\int_0^L \mathrm{EA}\left(\frac{\partial u_0}{\partial x}\right)^2 \mathrm{d}x + \frac{1}{2}\int_0^L \mathrm{EA}\frac{\partial u_0}{\partial x}\left(\frac{\partial v_0}{\partial x}\right)^2 \mathrm{d}x + \frac{1}{2}\int_0^L \mathrm{EI}\left(\frac{\partial^2 v_0}{\partial x^2}\right)^2 \mathrm{d}x \tag{9-3}$$

其中，E 表示弹性模量，A 表示截面积，I 表示惯性矩。

Mayo 在应变势能表达式中保留了四次项[42]：

$$U = \frac{1}{2}\int_0^L \mathrm{EA}\left(\frac{\partial u_0}{\partial x}\right)^2 \mathrm{d}x + \frac{1}{2}\int_0^L \mathrm{EA}\frac{\partial u_0}{\partial x}\left(\frac{\partial v_0}{\partial x}\right)^2 \mathrm{d}x + \frac{1}{2}\int_0^L \mathrm{EI}\left(\frac{\partial^2 v_0}{\partial x^2}\right)^2 \mathrm{d}x + \frac{1}{2}\int_0^L \frac{1}{4}\mathrm{EA}\left(\frac{\partial v_0}{\partial x}\right)^4 \mathrm{d}x \tag{9-4}$$

由应变势能推导出的总刚度矩阵可表示为下列形式：

$$K = K_0 + K_1(\alpha) \tag{9-5}$$

其中，K_0表示正标准模态刚度矩阵，它是一个常数矩阵；$K_1(\alpha)$ 表示几何非线性的刚度矩阵，是一个关于模态坐标的函数。

因此，基于结构动态公式的几何非线性方法代替公式（9-1）后，可用模态坐标表示：

$$M\ddot{\alpha} + C\dot{\alpha} + [K_0 + K_1(\alpha)]\alpha = Q \tag{9-6}$$

其中，α 表示模态坐标。根据泰勒定理，$K_1(\alpha)$ 可被扩展为公式（9-7）的形式：

$$K_1(\alpha) = K_1(0) + \frac{1}{2!}K_G(\alpha) + \frac{1}{3!}K_B(\alpha) \tag{9-7}$$

其中，$K_G(\alpha)$ 表示模态坐标 a 的线性函数，$K_B(\alpha)$ 表示其二次函数。按照 Sharf 所述的方法，我们可以迭代计算出总刚度矩阵。

在本章中，我们将一项有限元分析用于仿真旋转叶片的动态行为。该分析通过生成和使用额外刚度矩阵（下文称为“应力刚度矩阵”）将应力刚化效应考虑在内。应力刚度矩阵与常规刚度矩阵之和为总刚度。

9.2.2　损伤监测方法：主成分分析

主成分分析（PCA）方法基于降阶的概念，旨在降低数据的维数，同时尽可能保留原始数据集的特征。主成分分析已经应用于结构健康监测[43]、模态分析[44]以及消除损伤监测中的环境影响[23,24]。在目前工作中，它表明这种方法有助于消除风电机组叶片在振动损伤监测中旋转的影响。

环境条件的变化（如转速和温度）对振动特性有相当大的影响。定义 N 维向量 x_k为一组振动特性，确定时间 t_k（$k=1\cdots N$），N 为采样的数量。所有的 x_k归属于矩阵 $x \in \Re^{n\times N}$，其中 n 代表选择模式的数量，自然频率被选做振动特性。通过将原始

维度 n 降到较低的维度 m，主成分分析法能够将数据进行压缩：

$$Y = TX \tag{9-8}$$

其中，X 称为标准列正交矩阵，$T \in \Re^{m \times n}$ 则称为载荷矩阵；维度 m 是能够影响特性主成分的数量。使用这个维度降低方法，可以捕捉到转速和特性之间的嵌入关系。

获得矩阵 T 的实际方法是提取主要 m 特征向量，其对应于最大的 m 特征值 λ_k（$k=1, \cdots, m$），其中特征值以递减顺序排列：

$$\lambda_1 \geqslant \lambda_2 \geqslant \cdots \geqslant \lambda_m \geqslant \lambda_{m+1} \geqslant \cdots \geqslant \lambda_n \to 0 \tag{9-9}$$

在大多数实际情况中，我们选择 $m < n$，累积方差 $\sum_{k=1}^{m} \lambda_k / \sum_{k=1}^{n} \lambda_k$ 达到一个固定的比例（比如 80% 或 90%）[45]，这意味着 m 因素对振动特性有重大的影响。在此运转期间，合理的速度将会成为一个唯一且重要的因素，这意味着 m 和 1 相等。在其他的一些实际应用中，环境因素的数量是未知的，或者通过观察这些特征值，其数量很难确定，或许可以考虑选择一系列的阶数 m 进行确认。

最后，T 是 m 特征向量，以递减顺序与 m 特征值保持一致。然后，我们可以使用公式（9-8）中的 T 将特性投射到主成分空间。这个过程中丢失的信息能够通过重建返回原有空间且已投射过的数据进行评估：

$$\hat{X} = T^T Y \tag{9-10}$$

根据以上的分析，公式（9-8）是降维过程，公式（9-10）是重建过程。主要成分分析法见表 9-2。原始数据和重建数据间的残留误差预估为[46]：

$$E = X - \hat{X} \tag{9-11}$$

损坏指数由在 t_k 时间获得的向量 E_k 预测误差决定，使用欧几里得范数[47]：

$$NI_k = \| E_k \| \tag{9-12}$$

如果假定欧几里得指数是正态分布，很有可能进行统计分析。将 $\overline{NI}$ 和 σ 分别定义为平均值和参比状态下的预测 NI 标准偏差，控制限度的上下限（上限和下限）可以定义为[23]：

$$\begin{aligned} CL &= \overline{NI} \\ UL &= CL + \alpha\sigma \\ LL &= CL - \alpha\sigma \end{aligned} \tag{9-13}$$

α 符合 95% 的置信区间与异常分布假设。离群值统计结果显示，预测错误超过了限制值；在良好运行的情况下，振动特征应该置于超平面，离群值统计数据值应与参考数据保留在同一水平。相反，如果发生损坏，特征偏离原来的超平面，离

$$\begin{bmatrix} x_1 \\ x_2 \\ \vdots \\ x_n \end{bmatrix} \xrightarrow{\begin{bmatrix} t_1 & t_2 & \cdots & t_m \end{bmatrix}^T} \begin{bmatrix} y_1 \\ y_2 \\ \vdots \\ y_n \end{bmatrix} \xrightarrow{\begin{bmatrix} t_1 & t_2 & \cdots & t_m \end{bmatrix}} \begin{bmatrix} \hat{x}_1 \\ \hat{x}_2 \\ \vdots \\ \hat{x}_n \end{bmatrix}$$
输入数据 维度降低过程 重建过程

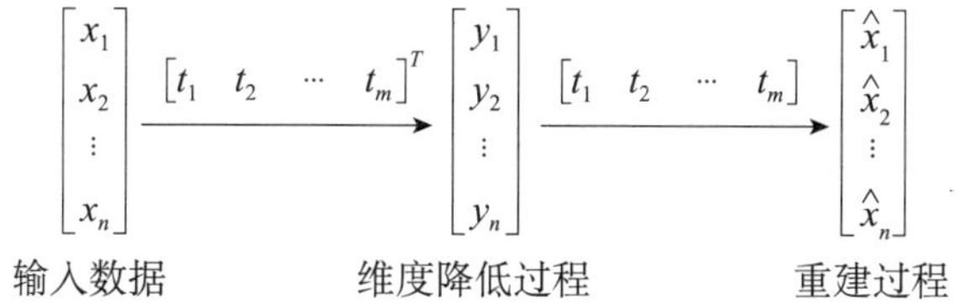

图 9-2 主成分分析法的主要步骤

群值统计数据则会显著增加。二维情况方案中关于上述方法的几何解释由 Yan 提供^[23]。

9.2.3 数值例子

9.2.3.1 风电机组叶片模型和结构动态响应仿真

为了测试提出的损伤监测和可变性拒绝方法的有效性,本节将会提供一些基于仿真叶片的方法获取的数值结果。叶片的有限元模型根据长度为 2. 05 米的真实小叶片建造,组装在功率约 1 千瓦的小型风力发电机组中。叶片建模为悬臂梁并带有使用 shell63 元素的有限元分析软件 ANSYS,与应力刚化和大挠度相适应。损伤仿真为一些部件刚度的降低。更准确地说,受损的部件有三个层次,处于离终端 0. 5 米的位置,被建模为降低 5%、10%、20% 和 30% 的材料弹性模量。此外,瑞利阻尼系数为 α = 1. 73, β = 0. 000 15,在动态仿真期间应用于有限元模型中。图 9-3 显示了叶片的有限元模型。

未损坏的情况作为后续损伤诊断的参考信号,与受损情况下的仿真场景都列为了考虑情况。针对每个未损坏和损坏的情况,ANSYS 采用了总笛卡尔 Y 轴不同的旋转速度从 $\omega=1$ 弧度/秒提高到 40 弧度/秒,增量为 1 弧度/秒。因此,共有 200 个场景进行仿真。仿真由 ANSYS 的预应力瞬时动态分析执行。模态分析中会出现应力刚化和大变形的效果。采用拥有 8 个处理器的高性能计算机完成所有仿真。5 个传感器均匀放置在叶片的顶端,测量 y 轴方向上的加速度。所有传感器的采样频率都为 1000 赫兹,每个传感器在 60 秒内记录 60 000 数据点。典型的振动信号(y 轴方向)如图 9-3 所示。

9.2.3.2 模态分析的结果

为了核实和调查有限元素模型和分析,考虑到转动的影响,模态分析需在振动 仿真和损坏监测前展开。图 9-4 显示了第一个四个模式的在未损坏和损坏状态以及 不同的旋转速度下的变化频率。这个数字表明,转速对叶片的模态频率会产生显著

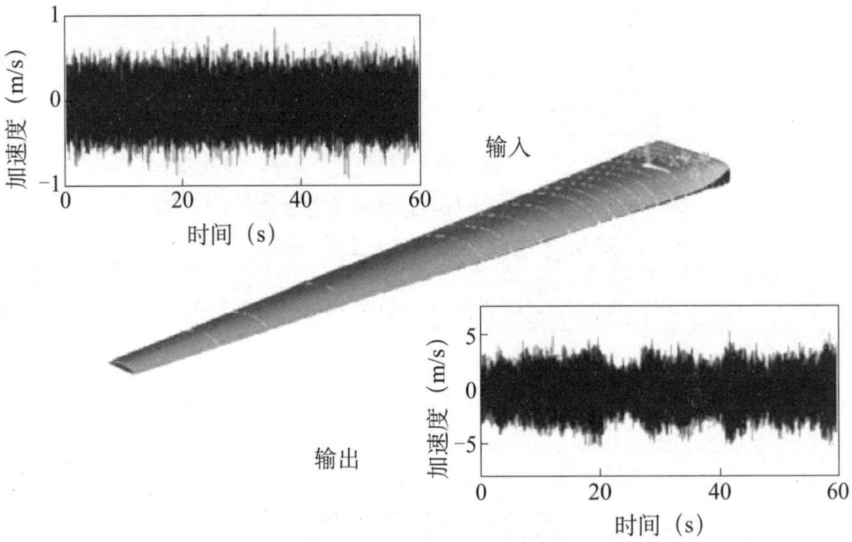

图 9-3　风电机组叶片的有限元模型

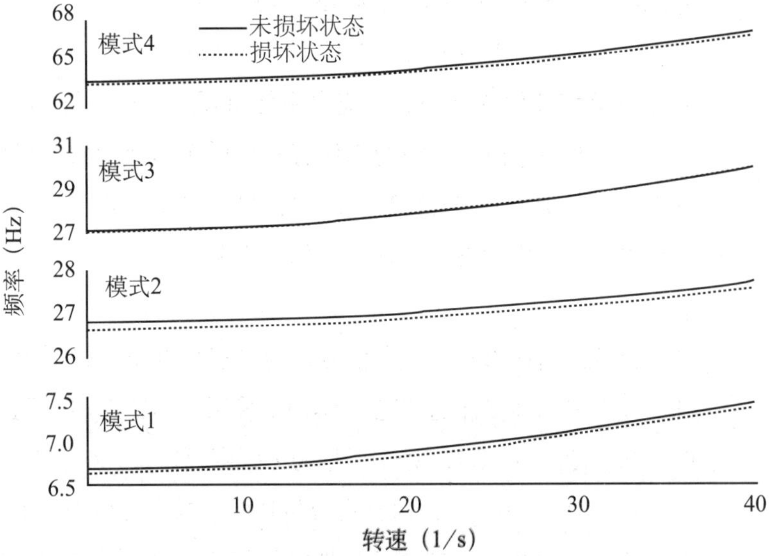

图 9-4　关于转速的变化频率

影响。由于离心力造成结构刚度增大，模态频率会随着转速逐渐增加。当转速从 1 弧度/秒变为 50 弧度/秒时，未损坏结构的第一频率提高了约 11.35%。同时，由于结构性破坏，模态频率降低，因此在许多情况下，常见的损坏监测方法会错把转速减小当成结构损坏。图 9-5 显示了转速对第一阶态模式下振型的影响。正如图中所示，附加刚度也会改变振型。

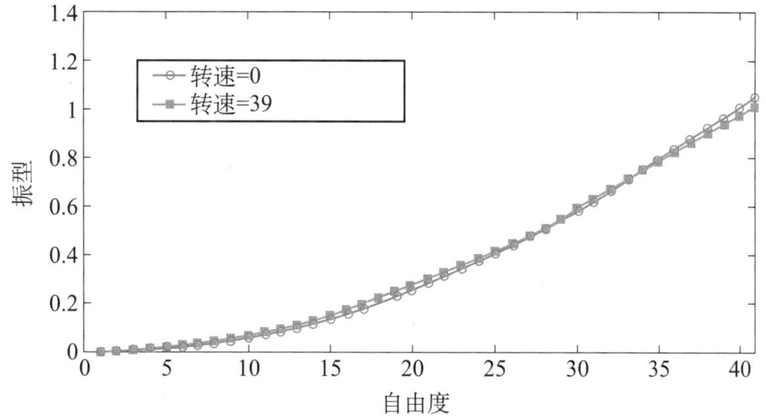

图 9-5　模式 1 转速的变化振型

9.2.3.3　主成分分析法的损坏监测结果

如上所述，本章提及的方法曾应用于小型风电机组叶片仿真。在不同旋转速度条件下，通过使用有限元分析软件可获得结构振动响应。收集完所有仿真输出后，可将损坏监测的步骤和模态变化抑制算法总结如下：

（1）使用一组参考数据计算荷载矩阵 T；

（2）在未损坏情况下应用主成分分析方法获取损伤指数 NI_u，控制限度上限和下限；

（3）对测试数据运行主成分分析方法，获取损坏指数 NI_t；

（4）估算 NI_t是否在控制限度内。

通过主成分分析法获取的未损坏状态结果见图 9-6；三条直线对应公式 9-11 中定义的上限、控制限度和下限。折线上的 200 个节点对应特定的旋转速度。在运行良好的条件下，转速范围从 0 浮动到 50 弧度/秒。由于频率和转速间的非线性关系，

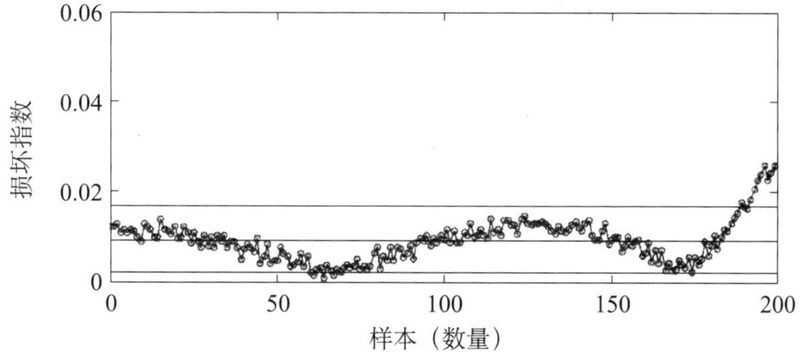

图 9-6　未损坏状态及不同转速下的差异指数

并非所有的节点都分布在一条直线上。实际上，我们期望获取一条独立于转速之外的直线，这样就可以消除转速的影响。以下结果显示，与损坏的影响相比，非线性特征的影响较小。

图 9-7 显示了不同损坏程度的损坏指数。曲线从下到上分别对应良好状态下的损坏指数以及 5%、10%、20%、30% 的损坏程度。根据这个数据，微小的损坏，比如 5% 的刚度降低，反而会对损坏指数产生更大的影响。同时，转速对这些指数影响甚小。值得注意的是，图 9-7 中的所有指数都是在已知损坏程度以及转速条件下，通过结构模态频率获得的。图 9-8 通过未知损坏程度和转速获得，因为此方法是设计专门用来处理这种情况的。在此情况中，在一定的损坏程度下，使用了 50 个随机旋转速度的模态频率计算损坏指数，如图 9-8 所示。因为转速未知，对应的指数是依据 x 轴开端的数据绘制的。实际上，上述指数并非从 0 到 12.5 弧度/秒的情况下获得。最后，图 9-8 显示损坏指数随着未知损坏程度呈现明显增加的趋势。在不同转速条件下，上述方法能够解决风电机组叶片的损坏监测问题。

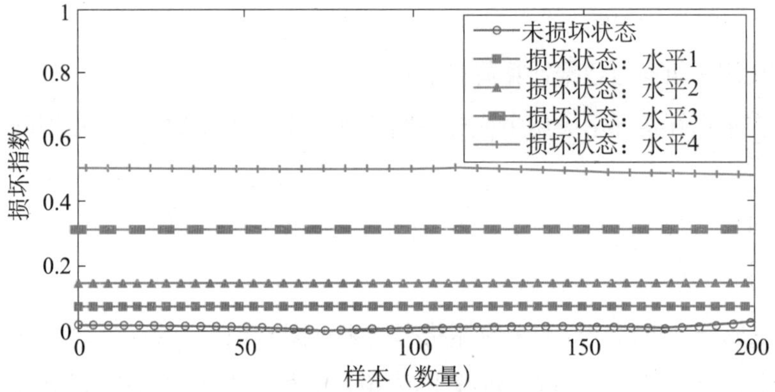

图 9-7　不同损坏水平下的差异指数

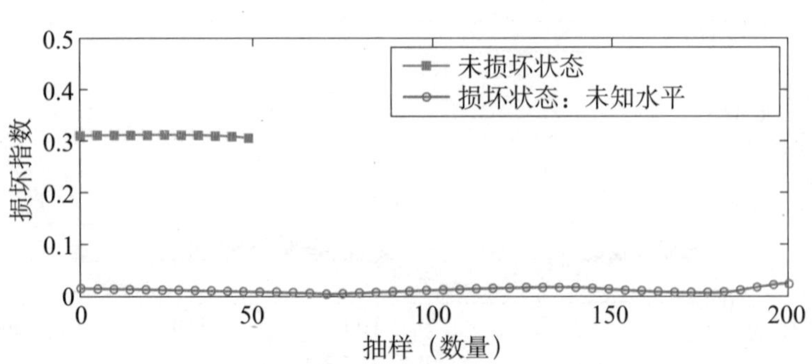

图 9-8　未知受损水平下的差异指标

9.2.4 实验案例

9.2.4.1 复合材料叶片和实验设置

实验旨在展示补强和结构损坏对结构模态参数的影响。此外，所有的模态参数都是由上述的主成分分析方法进行处理来区分结构性破坏。

实验中使用三种 1.25 米的玻璃纤维增强塑料（GFRP）复合风电机组叶片的原型，垂直安装于风力发电机组塔架。图 9-9 所示的配件包括叶片、法兰盘、转动轴、滑环、轮毂、尾架和塔架。三个叶片通过螺栓与法兰盘结合在一起，然后安装在转动轴上。带有 24 个通道的滑环能够控制旋转叶片上传感器的电信号来固定信号电线，这解决了叶片旋转时信号电线相互交织在一起的问题。风力发电机组塔架是一个空心钢管，通过螺栓安装在地面上。风电机组叶片前配有整流罩，可减少迎风阻力。

将三个型号为 B&K 4507B 的加速计置于每个叶片的顶端，测量叶片的振动运动。根据传感器固定的方向，试验中测量的加速度信号与振动相符合，垂直于旋转平面，并且所有的频率都是拍打频率。实验中使用型号为 NI PXI-4472 的数据采集系统，采样频率为 1 000Hz。

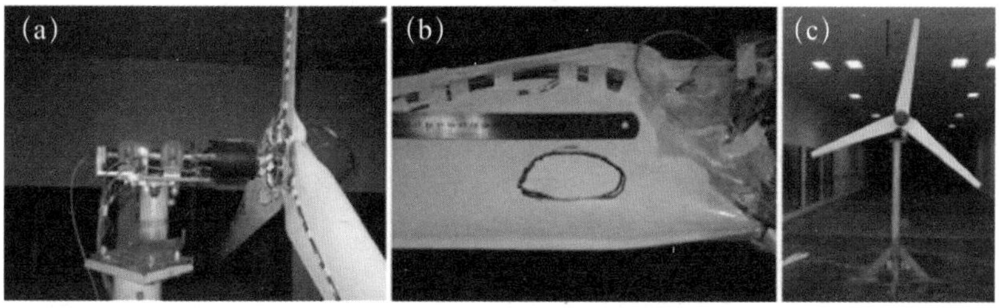

图 9-9 实验中使用的风电机组

风电机组的启动风速是 3m/s，额定风速和额定转速分别为 8m/s 和 400rad/s。该测试在中国哈尔滨工业大学风洞实验室进行。测量不同风速条件下叶片的振动响应，可用来确定频率和转速之间的关系。在测试中使用了 6 种风速：0m/s、4m/s、5m/s、6m/s、7m/s 和 8m/s。每种风速的持续时间大约是 3min。风速为 0 时，振动信号通过敲打叶片来测量。

结构损坏通过叶片表面的磨损叠层进行仿真。图 9-9b 显示了叶片的人为损坏。损坏程度通过不同的磨损深度和区域控制。值得注意的是，这种损坏不能被量化。

9.2.4.2 基于实验数据的损坏监测结果

对应不同风速和损坏程度的模态频率的前三个模式见图 9-10。从图中可发现，转速和损坏都能改变叶片的模态频率。第一个损坏程度对第一模式有轻微的影响。在某些情况下，根据图 9-10 显示的数据，很难区分频率下降是否是由转速下降或结构性破坏导致的。

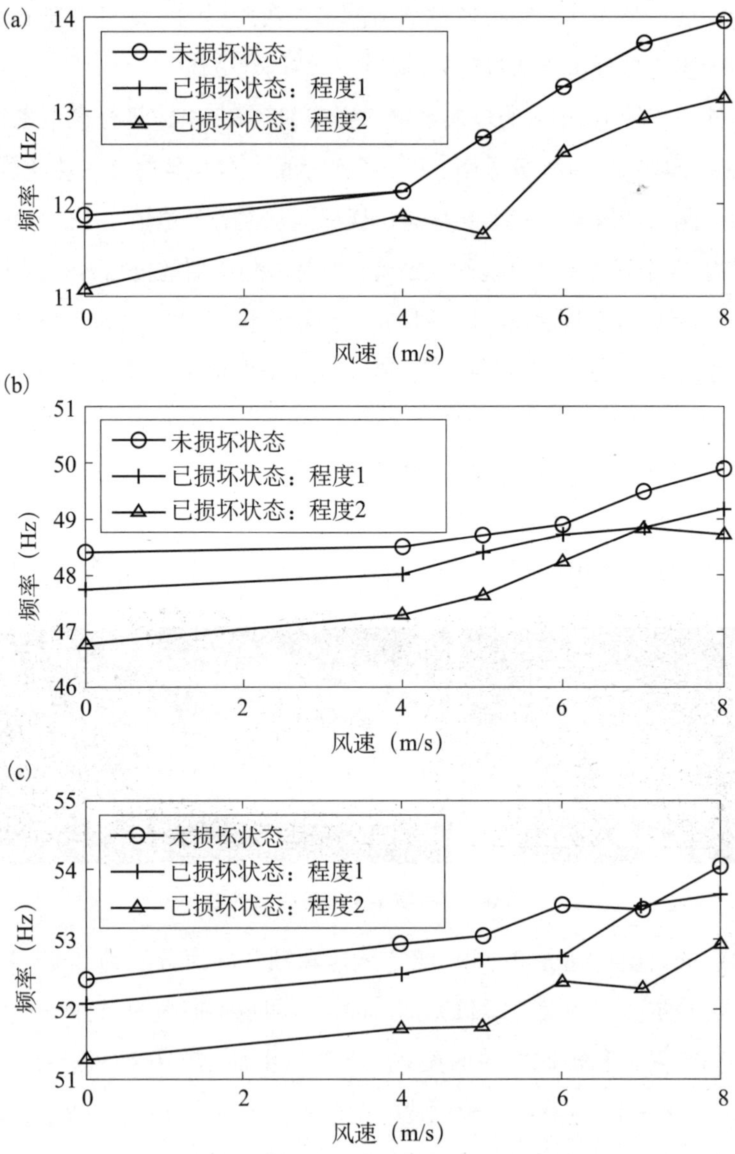

图 9-10　未损坏及已损坏叶片的实验模态频率

使用主成分分析算法后，图 9-11 显示了实验数据中不同损坏程度的损坏指数。X 轴表示风速样本的数量。从图 9-11 中可以看出，旋转的影响在很大程度上被消除了。损坏情况下的损坏指数与未损坏的情况是分开的，但未能清楚地监测出不同的损坏程度。

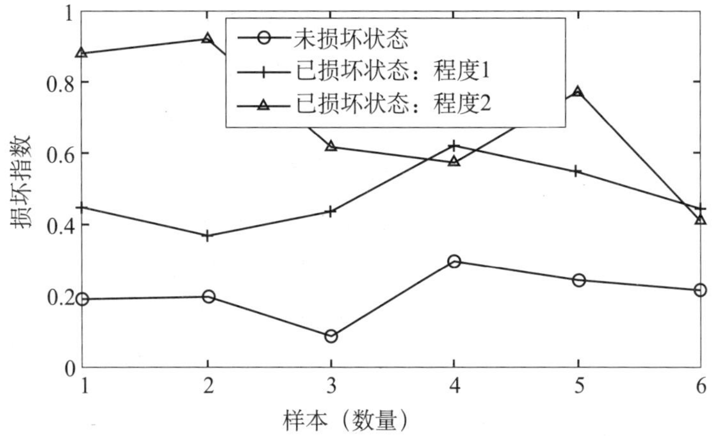

图 9-11　来源于实验数据的差异指数

9.3　基于高空间分辨率的 DPP-BOTDA 疲劳损坏监测

9.3.1　DPP-BOTDA 原则

DPP-BOTDA 传感系统的示意图见图 9-12。BOTDA 系统采用受激布里渊散射（SBS）技术[48]。两个相向激光束，即泵脉冲和连续波探测波从传感光纤的两端输入。两个激光束有一定的频率差异，接近传感光纤的布里渊频率，因此通过这两个激光束的相互作用，声波会产生刺激。声子反散射泵脉冲，其部分能量转移到连续波。连续波的功率增益，即布里渊增益信号通过探测光的输出端来测量。连续波的

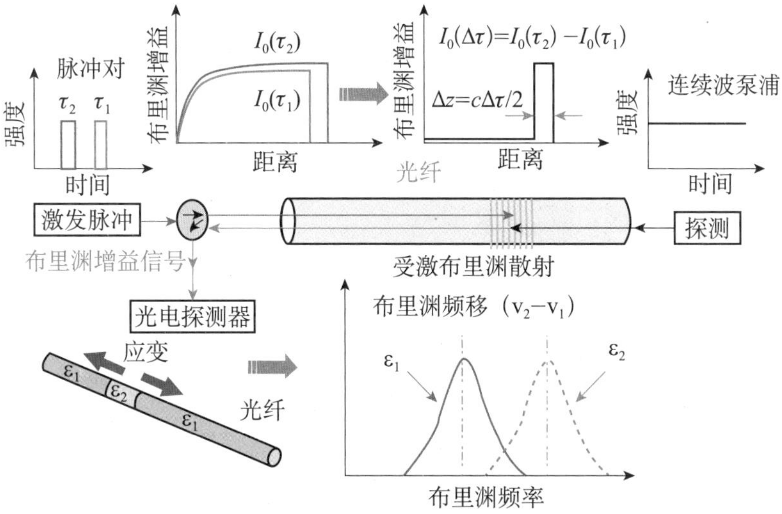

图 9-12　DPP-BOTDA 传感系统原理图

布里渊增益和两个激光束的频率差异之间的关系被称为布里渊增益谱（BGS），可以通过清除探测光的频率获得。应变值可以测量 BGS（布里渊频率）的峰值频率，然而光纤旁的位置以往返时间计算。BOTDA 中的微分脉冲宽度对（DPP）技术通过以下方式实现[49,50]：首先，布里渊信号［$I_0(\tau_1)$ 和 $I_0(\tau_2)$］的两个时间痕迹通过使用两个脉冲（τ_1，τ_2）和不同的脉冲宽度获得；其次，差分信号［$I_0(\Delta\tau)$］是通过在两个布里渊信号间做减法获得，差分布里渊光谱可通过清扫附近的布里渊频移中的频率偏置获得。在差分布里渊光谱中，空间分辨率由微分脉冲决定，即脉冲对的脉宽差，而不是原始脉冲。所以，高空间分辨率可以通过使用脉冲对的细微差别获得。

布里渊增益光谱的峰值频率，也叫作布里渊频移，由[51]命名：

$$v_{\mathrm{B}} = 2nV_{\mathrm{a}}/\lambda \tag{9-14}$$

其中，n 表示纤芯的折射指数，V_a表示声波的速度，λ 表示泵浦光的真空波长。布里渊频移随着拉力和温度线性递增，因此在 z 处的布里渊频移可表达为[52]：

$$v_{\mathrm{B}}(z) = v_{\mathrm{B}}(0) + C_s\varepsilon(z) + C_t[t(z) - t_r] \tag{9-15}$$

其中，$\varepsilon(z)$ 表示沿光纤的轴向应变，$t(z)$ 表示温度，t_r表示参考温度。C_s和 C_t 表示应变和温度的比例常数。$v_{\mathrm{B}}(0)$ 表示在参考温度 t_r和无应变状态下的初始布里渊频率。因为布里渊频移取决于应用于光纤的应变和温度，布里渊频移由于应变变化可能不会轻易区分由温度变化引起的频移。本研究使用了光纤未应变的一部分，其附着在叶片表面，补偿温度变化引起的频移。应变分布可由下列方程式计算：

$$\varepsilon(z) = \frac{v_{\mathrm{B}}(z) - v_{\mathrm{B}}(z_0)}{C_s} \tag{9-16}$$

$v_{\mathrm{B}}(z_0)$ 是在参考位置 z_0处的布里渊频移，即 z_0是附着在叶片表面的光纤的未应变的一部分。

9.3.2 疲劳损伤监测测试

9.3.2.1 实验装置

DPP-BOTDA 的实验装置见图 9-13。窄线宽 2 kHz 的光纤激光器在 1 550 纳米处运行，用作光源。3-dB 耦合器用于将光输出分成两个部分，分别提供泵和探测波。电光调制器（EOM1）具有高消光比（$ER > 40$dB），用于产生光脉冲，在发射进传感光纤前，掺铒光纤放大器会使光脉冲放大。微波发生器输出微波信号，通过 EOM2 调节光线，狭窄的带宽光纤布拉格光栅把一阶下边带选为探测波。在室温为 20℃

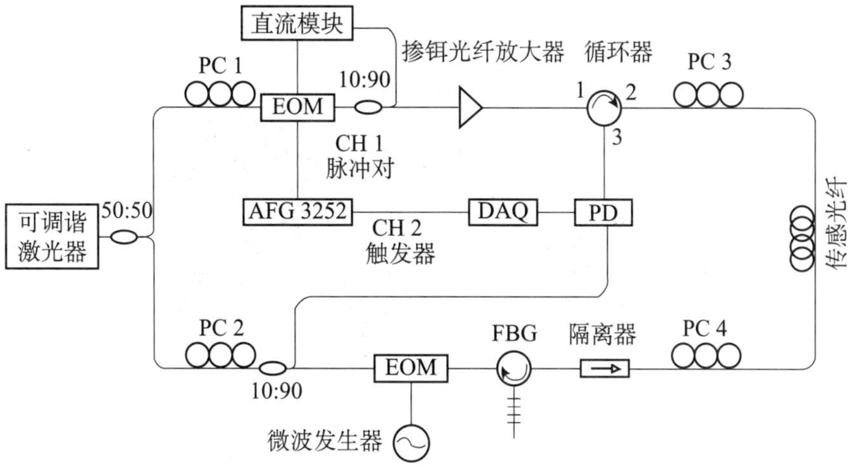

图 9-13　实验装置。PD 光电探测器、PC 偏振控制器、EOM 电光调制器、EDFA 掺铒光纤放大器和 DAQ 数据采集

时，一个 7 米长的保偏光纤（$C_s = 0.0483 \mathrm{MHz}/\mu\varepsilon$）的布里渊频移为 10.845GHz，用作传感光纤，移除极化衰落，改善有效信噪比（SNR）。使用两个偏振控制器，确保泵波和探测波发射进入相同的传感光纤的主轴。3.5GHz 带宽探测器过渡时间（10% ~90%）为 115ps，能够解决 cm-order 应变或温度的变化，用来探测布里渊信号。数字转换器的采样率设定为 10GHz s-1，与光纤的 1cm/点相符合。使用的双脉冲对为 39.5 纳秒和 41.5 纳秒，带宽差异是 2 纳秒，因此 DPP-BOTDA 系统的特殊分辨率为 20cm。

疲劳试验中使用了一个 1.25 米长的玻璃纤维增强塑料（GFRP）复合风电机组叶片原型。叶片水平安装在下垂方向，根部固定，低压叶片表面向下。电动机安装在叶片自由端。使用单轴共振法，电动机能够引起疲劳载荷。图 9-14 显示了叶片疲劳试验装置的照片。

叶片上光纤传感器和应变仪的布局见图 9-15。保偏光纤（PMF）粘在叶片表面两端的两个电路上，沿着顺翼展方向的轴，测量纵向应变分布。保偏光纤可以传输损失率极低的光功率，并在很大的温度和应变范围中保持稳定性能。其保偏特性可以消除布里渊信号的偏振衰落，提高 DPP-BOTDA 系统的信噪比。为了增加光纤传感系统的可靠性，两个类型相同、长度相等的光纤（光纤 1 和光纤 2）在叶片上走过的路径要类似，监测相似地方以及单一光纤的两条线。同时，8 个应变仪在复合材料叶片以及光纤的表面进行修补，以验证分布式传感的测量精度，持续监测叶片的状况。因此，在叶片疲劳试验过程中进行的测量是稳定可靠的。

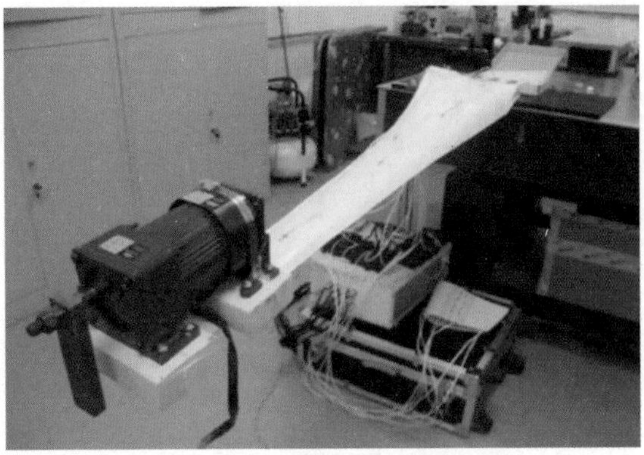

图 9-14　叶片疲劳测试装置图

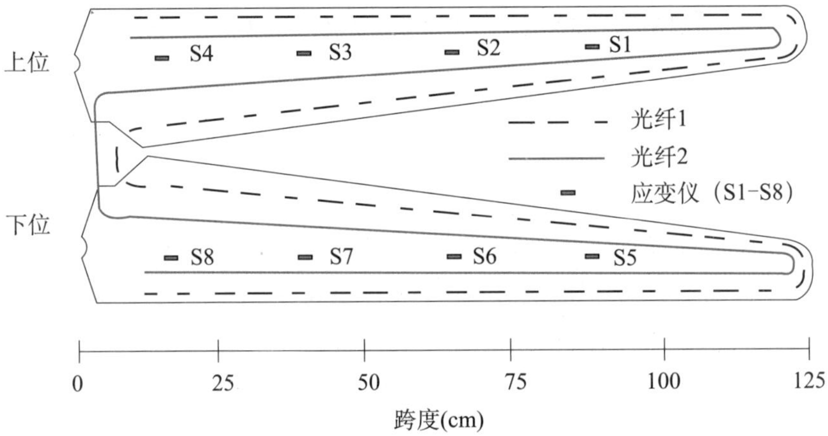

图 9-15　光纤传感器和应变仪的布局

9.3.2.2　测试过程总结

图 9-16 显示了风电机组叶片基于单轴共振法[53]的疲劳试验加载系统。电动机连接着 1 公斤的重物，使用木制马鞍将其安装在离叶片根部大约 115 厘米处。电动机驱动激发第一个皮瓣频率并引起叶片的循环载荷。载荷循环的频率大约是 2.6 次/秒。沿着叶片两侧的叶展轴的疲劳载荷的初始应变振幅如图 9-17 所示。

首先，叶片进行了统计测试。80N 的力，接近 15% 的承受力，加在叶片顶端（离叶片根部 115 厘米）。固定载荷条件下的应变分布可通过 DPP-BOTDA 传感系统获得，测试结果作为损坏监测的基线。然后，叶片从未损坏状态到失败状态都进行了疲劳激发。在固定疲劳周期后，为了检查叶片疲劳载荷，系统需暂停，然后像第一步一样对叶片进行同样的统计测试。起初，疲劳载荷系统每 4 个小时暂停一次（~40 000 个周期）。28 小时之后（~260 000 个周期），叶片上出现了大量的凝胶

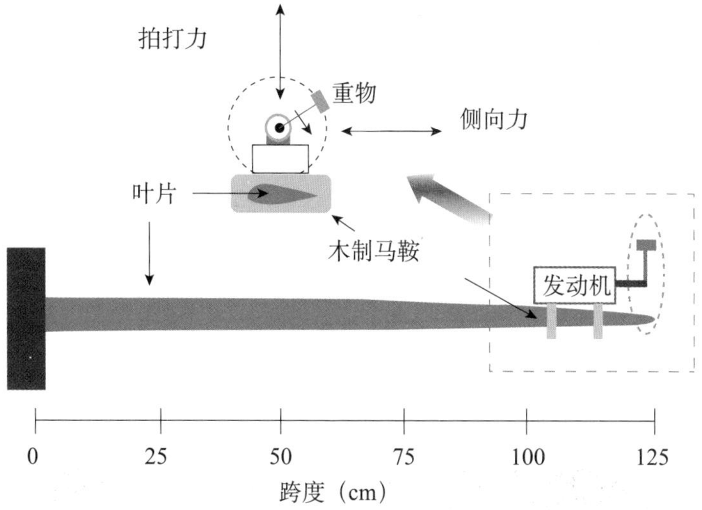

图 9-16　疲劳载荷系统的原理图

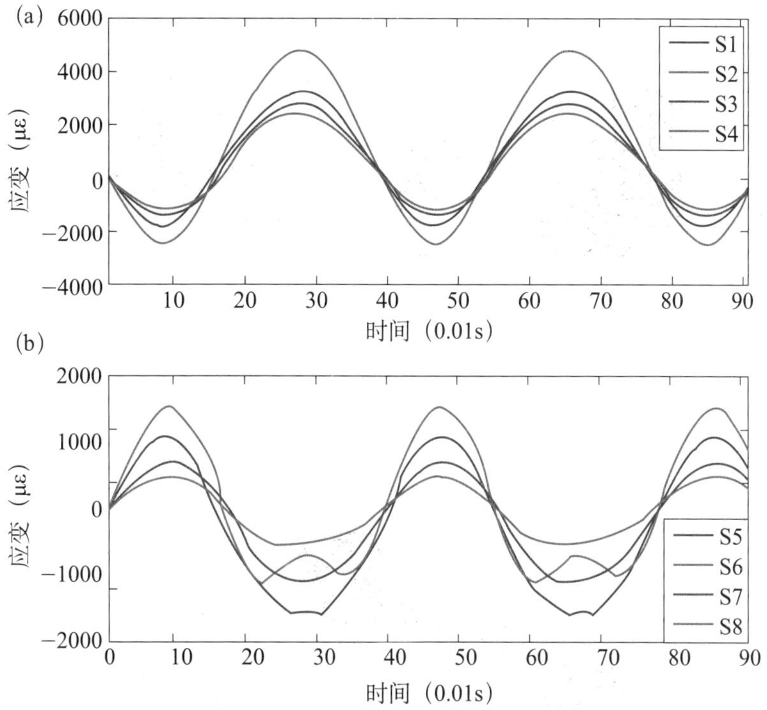

图 9-17　沿叶片初始应变振幅。a 上表面；b 下表面

涂层裂纹和一些大的可见性裂纹。谐振频率降到 2. 2Hz，因为刚度退化以及积累裂纹降低了叶片的局部抗弯刚度。然后疲劳载荷系统每 2 小时暂停一次（～20 000 个周期），仔细研究接近失败时的 DPP-BOTDA 系统的信号变化。应变分布和在不同疲

劳周期计数的 DPP-BOTDA 特殊响应的比较，可当作一个特征来追踪疲劳试验过程中结构性变化的发展。

9.3.3 测试结果和讨论

9.3.3.1 叶片失效和机制

叶片在经历了 310 000 个循环（34 小时）和疲劳损坏后出现故障，前缘的表层之间的黏合接头损坏，其可以在离根部 75 厘米处通过视觉识别，这也是叶片的高应变区。在允许叶片折叠之前，叶片失去了结构完整性，其顶部和底部一大半被压平（见图 9-18）。

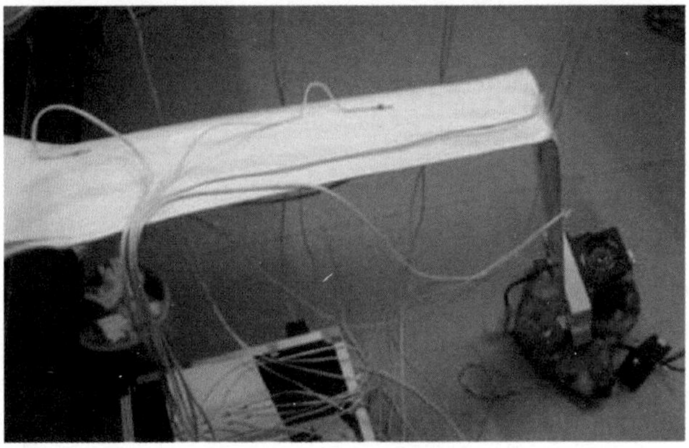

图 9-18 叶片故障图

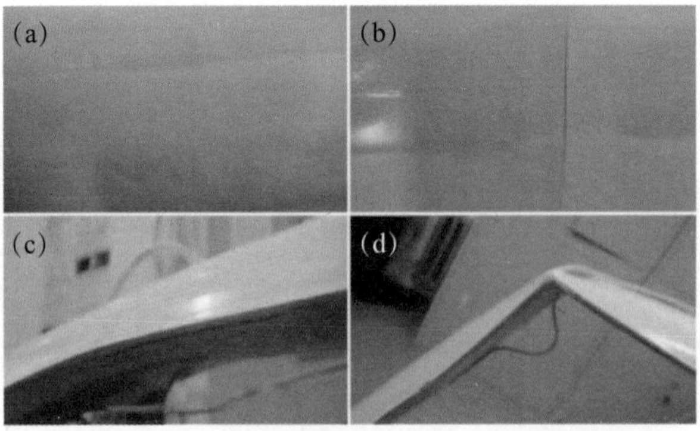

图 9-19 疲劳损坏过程图。a. 凝胶涂层出现裂纹；b. 凝胶涂层裂纹增大；c. 黏合接头失效；d. 叶片失效

图 9-19 显示了叶片的疲劳损坏过程。大约从 40 000 循环开始，大量的细小凝胶涂层裂纹在高压面（朝上）增大，裂纹在 70～80cm 跨度的叶片最明显。根据统计

测试中的 DPP-BOTDA 系统获得的应变分布显示，这属于叶片的高应变区。从80 000 到 260 000 循环，这些凝胶涂层裂纹朝着纵向横向扩展。在 260 000 到 300 000 循环之间，前缘表层之间的黏合接头损坏，可以在离根部 75 厘米处通过视觉识别。随着黏合接头的裂缝不断朝着纵向加深，叶片在大约 310 000 循环时失去结构完整性，进而失效。

9.3.3.2　DPP-BOTDA 系统的损坏监测结果

图 9-20 和图 9-21 展示了沿光纤分布的风电机组叶片应变情况，该信息是在不同疲劳循环计数下通过 DPP-BOTDA 系统获得的。横轴是从光纤的一端的距离，纵轴是沿着光纤的纵向应变。测试结果由四个传感部分 A、B、C、D 组成，部分 A 和 D 代表了通过靠近前缘的光纤获得的应变分布，部分 B 和 C 代表了通过靠近后缘的光纤获得的应变分布。各部分之间的空白处是无应变光纤的转场。在未损坏状态下（0 循环），测试部分是无应变光纤的转变。在未损坏状态下（0 循环），试验结果显示靠近前缘（A，D）的应变，无论是上表面的拉伸应变还是下表面的压缩应变，都高于靠近后缘的应变。叶片的高应变区域在离根部 70 厘米处。这些特征暗示，在高应变区域靠近前缘出现严重疲劳损坏。疲劳试验开始后不久（大约于 40 000 循环时开始），众多细小的凝胶涂层裂纹在上表面增大，裂纹在 70 ~ 80 厘米处的叶片最明显，这也是叶片的高应变区。凝胶涂层裂纹降低了本地抗弯刚度，导致受损区域附近产生更高的拉伸应变。如在 80 000 循环时所获得的应变分布测试结果所示，在高应变区域，应变变化显著，特别是在前缘附近。因此，这些测试结果表明了 DPP-

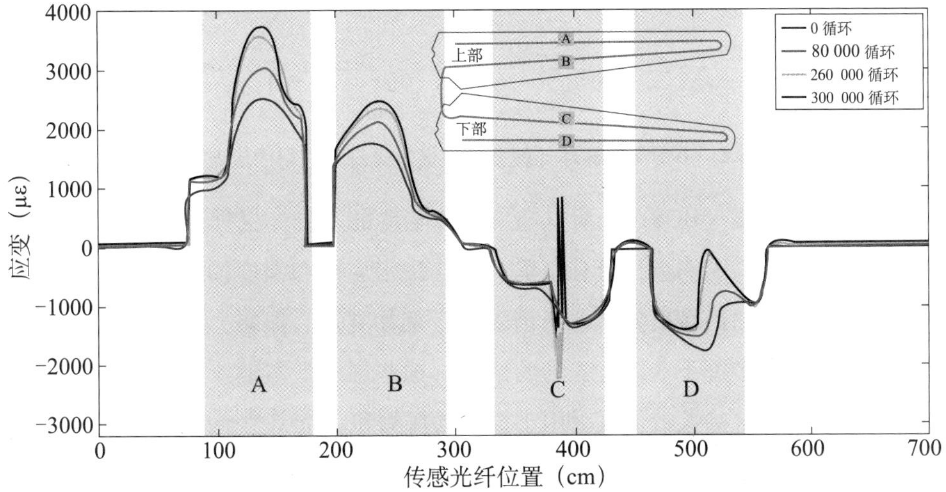

图 9-20　不同疲劳循环计数条件下通过光纤 1 获得的应变分布

BOTDA 传感系统在起初的疲劳损坏监测位置处的效力。从 80 000 到 260 000 次循环，这些凝胶涂层裂纹在长度和间隙宽度间都有所增长。一些靠近高应变区域的凝胶涂层裂纹变为可见的大裂纹。这些裂纹进一步降低了本地抗弯刚度，导致受损区域附近产生更高的拉伸应变。正如在 260 000 循环时所获得的应变分布测试结果所示，应变在起初的疲劳损坏区域不断下降。特别是在上表面（光纤 2 的部分 A）高应变区域的前缘附近，应变极其高，这说明此处会有进一步损坏。在 260 000 和 300 000 循环间，前缘表面间的黏合接头失效可以在离根部 75 厘米处通过视觉识别，这是光纤 2 的 A 部分中极其高的应变位置。黏合接头失效打破了结构完整性，在损坏区域附近释放压力，导致黏合接头位置附近应变突然减小。正如 30 000 循环时应变分布的测试结果显示，靠近失效黏合接头的应变减小（光纤 2 的 A 部分），表示 DPP-BOTDA 系统中严重疲劳损坏监测的效力。黏合接头失效的裂痕往纵向加深，叶片失去了结构完整性，在 310 000 循环时失效。在不同疲劳循环计数下通过 DPP-BOTDA 系统获得的应变分布确认了发达系统在损坏监测和分布式传感下的效力。

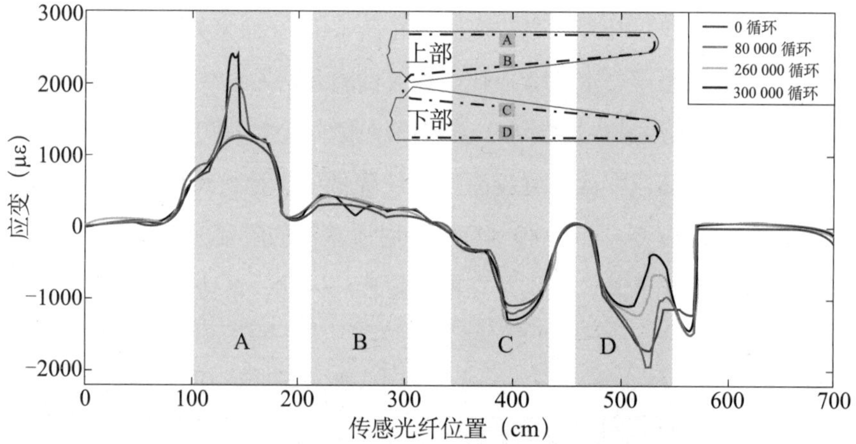

图 9-21　不同疲劳循环计数条件下通过光纤 2 获得的应变分布

布里渊增益光谱（BGS）是所有布里渊传感器的基础。根据以散射为基础的布里渊应变原则以及温度测量，只有布里渊频移决定应变和温度的最终测量结果。但是在传感光纤中其他的布里渊增益光谱参数，例如宽度、振幅，甚至布里渊增益光谱的形状，包含更多关于本地应变场的信息，这些参数受本地应变梯度和应变分布的不均匀性影响。这些参数也可以用于损坏的探测和定位[54,55]。

标准化布里渊增益光谱是在不同疲劳循环计数下沿前缘通过 DPP-BOTDA 系统获得的，如图 9-22 所示。在未损坏状态下（0 循环），试验结果显示沿前缘的布里

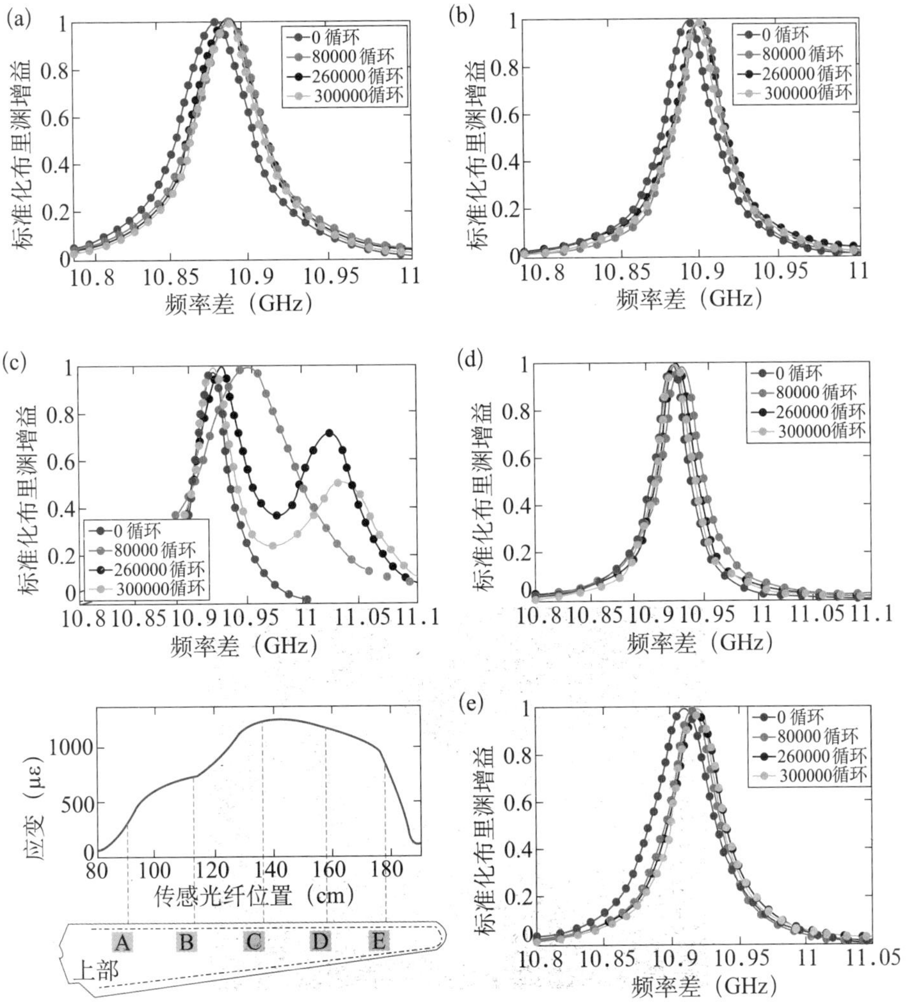

图 9-22　不同疲劳循环计数条件下沿前缘布里渊增益光谱的差异：

a 导致点 a，b 导致点 b，c 导致点 c，d 导致点 d

渊增益光谱具有类似单峰洛伦茨形状。随着凝胶涂层裂缝的增大（从 40 000 到 80 000 循环），刚度降低以及积累的裂缝降低本地抗弯刚度，改变了本地的应变梯度，扩大了靠近损坏区域的布里渊增益光谱的宽度。正如 80 000 循环的测试结果显示，靠近损坏区域（C 点）的布里渊增益光谱的宽度发生了显著改变，而靠近未损坏区域的布里渊增益光谱则保持原来的形状。试验结果显示，疲劳损坏本地应变梯度的改变将扩大布里渊增益光谱的宽度，其可用来探测和定位疲劳损坏。随着这些凝胶涂层朝着纵向发展，间隙宽度拓宽，从 80 000 到 260 000 循环，靠近损坏区域的本地抗弯刚度进一步降低。260 000 循环的测试结果显示，靠近损坏区域（C 点）

的布里渊增益光谱从单峰转变为双峰，预测非常陡峭的本地应变梯度和高非均匀应变。布里渊增益光谱出现双峰值预示着在此区域将会出现进一步损坏。其次，黏合接头失效在 C 点可通过肉眼识别，在 260 000 和 300 000 循环之间，进一步证实了基于布里渊增益光谱形状改变的损坏探测的有效性。

9.4 使用 PZT 传感器在统计载荷情况下进行的损坏监测

9.4.1 实验描述

玻璃纤维加强塑料复合材料风电机组叶片，在该实验中，使用了 2.1 米的叶片原型。在实验中，叶片水平安装，连接着载荷传感器的致动器附加在自由端。这个致动器能够施加约 100 万牛的力，最大位移为 20 厘米。致动器手动操作，施加力可以通过载荷传感器读取。图 9-23 显示了实验装置的结构图。

图 9-23　实验装置结构图

该测试总共使用了 8 个压电变压器监测损坏传播，另外有 8 个光纤传感器用来测量通过叶片的应变。所有的传感器都用环氧树脂胶黏着在叶片上。传感器分布见图 9-24。

测试由两个部分组成。第一部分是从 0 到 433N 的递增载荷过程，采用 33N 的操作步骤。致动器是机械千斤顶，手动操作，载荷步骤由传感器读取的施加力决定。13 步之后，载荷力为 433N，叶片经受住载荷没有出现故障。第一次载荷过程验证测试过程，每个传感器的功能也同时得到证实。载荷逐渐移除，叶片回到其中间位置。然后进行统计测试的第二部分。在致动器的基脚施加 8 厘米的正偏移，使叶片弯曲至故障点并处于 20 厘米的冲程范围内。在统计测试的第二部分期间，执行以递增为基础的载荷过程（与第一部分类似），测力传感器反映了在叶片出现故障之前位于载荷点的最大施加力为500N。

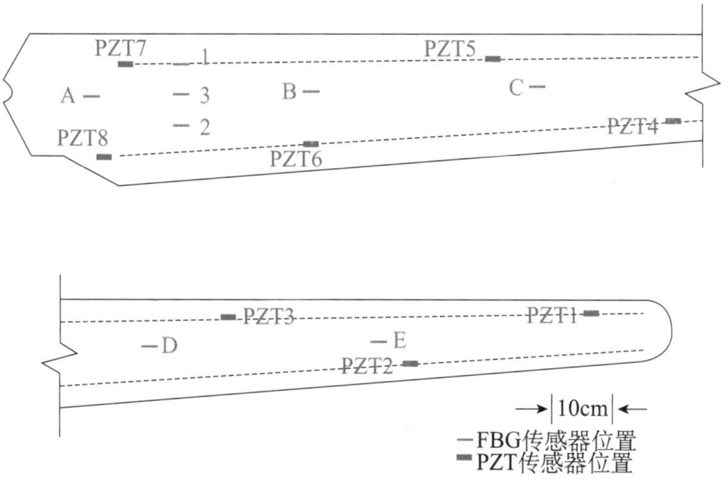

图9-24　叶片上所有传感器的位置

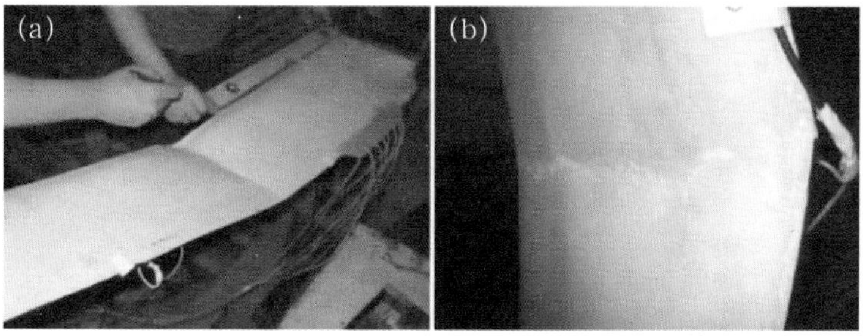

图9-25　损坏的叶片图：a. 标准视图；b. 全貌图

剪切应力使玻璃纤维强化的顶部和底部之间的树脂黏合层失效时，风电机组叶片发生了故障。叶片的上下两半往相反的方向滑落，近似垂直于长叶片的边缘。这种分离详见图9-25的全貌图。叶片前缘和后缘发生故障后，失去了自身的结构完整性，顶部和底部在叶片折叠之前成为了平面。

9.4.2　实验结果和讨论

9.4.2.1　光纤传感器的结果

图9-26显示了测试过程的第二部分中，所有8个光纤布拉格光栅光学应变传感器的输出数据。由于叶片原始的载荷，每一个传感器开始测试部分时，其初始应变依据其在叶片上的位置确定。根据流程部分的介绍，载荷以33N的增量逐渐增加。

增量之间采用几秒钟的延迟，可以观察失效迹象。较短的常数应变表示延迟时间。大约 580 秒时，在离叶片固定末端 0.74 米处发生故障，最靠近传感器 C。此时传感器 C 读取的数据为所有光纤传感器的最高应变。

图 9-27 是布拉格光栅传感器 A 和叶片载荷之间的线性关系。

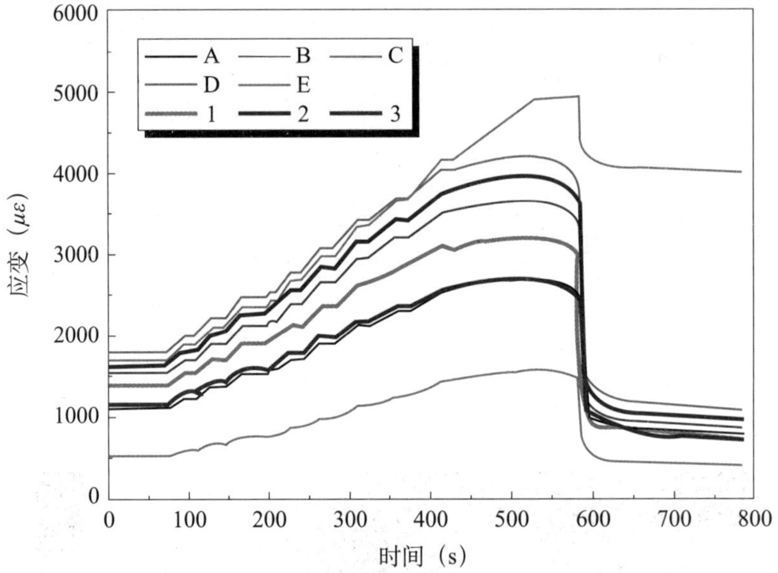

图 9-26　应变和叶片时间曲线关系图

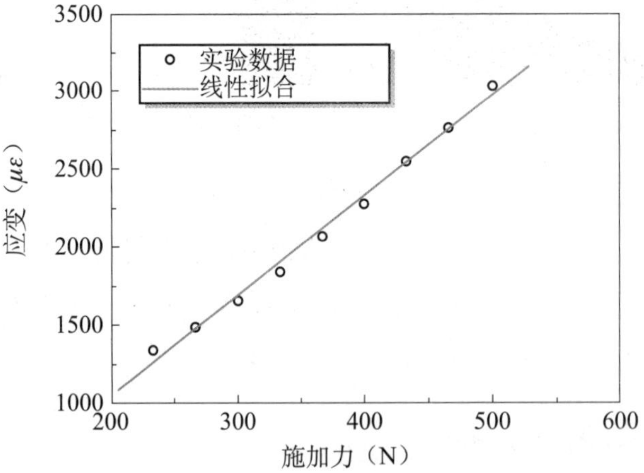

图 9-27　叶片应变与受力曲线

9.4.2.2　压电陶瓷变压器结果

8 个压电陶瓷传感器与数据采集系统相连接，将数据记录到笔记本电脑。数据通过 MATLAB（矩阵实验室）软件进行过滤和分析，采用一个 60Hz 的有限脉冲响应为基础的高通滤波器来减少噪音。通过建立一个4mV阈值，如果声发射事件的均方根振幅超过这个值，就可以登录进行进一步分析。会针对每个事件收集数据，包括到达时间、事件时间、上升时间、峰值。根据每个传感器和时间静态载荷测试发生的事件数量计数，具体如图9-28所示。

在第一次载荷测试中，传感器1和传感器7不发射信息。在两次载荷测试中，传感器5的监测发射频率最高。传感器5也是最接近叶片表面故障点的传感器。第一和第二载荷之间，最接近致动器的传感器（传感器2）在致动器复位时遭到摧毁，不得不再次黏结。

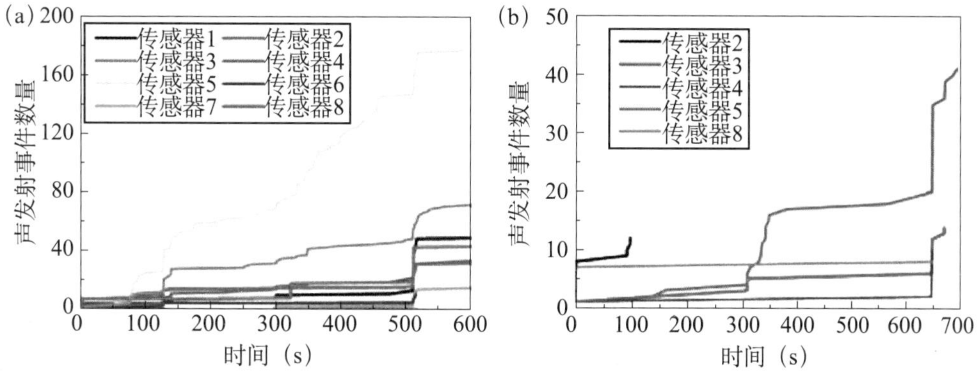

图9-28　声发射到达时间和震级载荷：a. 第二载荷阶段；b. 第一加载阶段

总的来说，奇数传感器计数的声发射事件更多，出现这一情况可能是由叶片的几何形状引起的。沿机翼布置的传感器的前沿位置使得这些节点的叶片厚度大于在平稳位置的叶片厚度。叶片在奇数位置也是空心的，可能影响了记录频率的电波穿过叶片表面的形式，从而影响声发射事件计数。

9.4.3　基于分形理论的损坏监测方法和结果

本节提出了基于分形理论的损坏剧烈指数。PZT信号的时间长度 X_k^m 可定义为[56]：

$$L_m(k) = \left\{\left(\sum_{i=1}^{[(N-m)/k]} \left|(X(m+ik) - X(m+(i-1)k)\right|\right) \cdot \frac{N-1}{[(N-m)/k]\cdot k}\right\}/k \tag{9-17}$$

式中，[] 表示高斯符号，k 和 m 为整数，分别表示起初时间和间隔时间。间隔时间相当于 k，我们获得了 k 集的新时间序列以及一定长度的信号曲线。

我们定义间隔时间 k，$<L(k)>$ 的曲线长度为超过 $L_m(k)k$ 集的平均值。如果 $<L(k)>\alpha k^{-FD}$，曲线与维度 FD 分形。如图9-29所示，因为通过最小二乘方法，直线与点重合，压电陶瓷传感器的信号具有明显的分形特征。

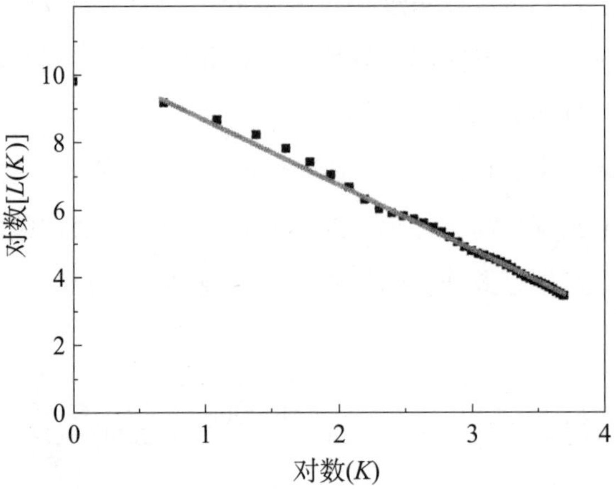

图 9-29　曲线长度的对数 log[L(k)] 与 log(k) 关系曲线

我们定义以 FD 为基础的损坏剧烈指数为：

$$J = (b_{\max,k}/bx_{\min,k})^{FD_{\max}} - 1 \tag{9-18}$$

其中，$b_{\max,k}$是每一个时间序列的最大信号曲线长度，间隔时间是 k；$b_{\min,k}$是信号穿过未受损区域的曲线长度，间隔时间是 k；$FD_{\max}$是每个时间序列曲线的 FD 最大估值。

最后，将提出的损坏剧烈指数应用于第二部分测试过程中的压电陶瓷传感器 5 和传感器 6 产生的数据。结果如图 9-30 所示，其中 x 轴和 y 轴分别代表时间和损坏指数。这两个数据显示损坏指数大大增加，这意味着结构失效了。在结构失效之前，损坏指数波动值相似，表示损坏程度发展的剧烈程度类似。结果表明，该方法能够评估复合风叶片的损坏发展情况。

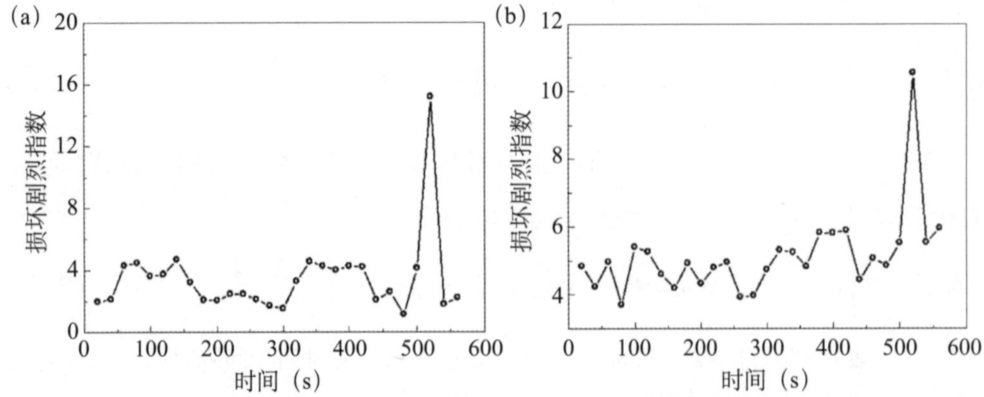

图 9-30　损坏剧烈指数 J 与加载时间的关系图：a. 由 5 号 PZT 传感器计算出的损坏指数；b. 由 6 号 PZT 传感器计算出的损坏指数

不同压电陶瓷传感器在结构瓦解时的损坏剧烈指数 J 见图 9-31。传感器 5 显示的值最大，就说明靠近传感器 5 的结构发生了故障。随着故障位置距离的增大，J 的值越来越小。

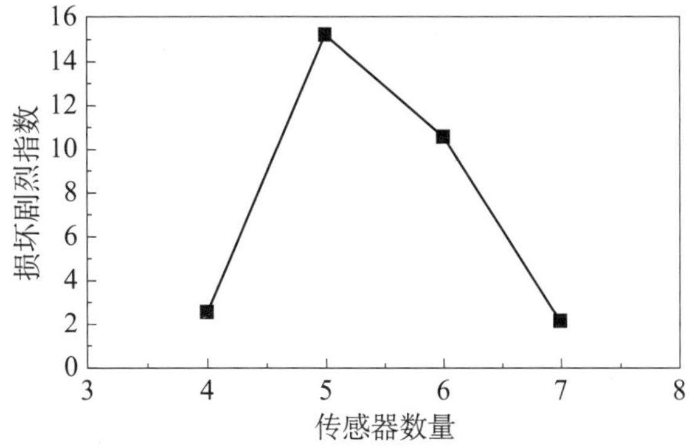

图 9-31　不同压电陶瓷传感器在结构瓦解时的损坏剧烈指数 J

9.5　结论和后续工作

本章采用了三种分别以振动、布里渊光时域分析技术和压电陶瓷传感器为基础的损坏监测方法，对风电机组叶片结构健康监测。上述方法分别有其自身优点。以振动为基础的方法能够通过使用少量的传感器监测出大型结构的损坏。布里渊光时域分析技术显示了其在超长距离时的分布式传感能力，且随着距离增加，精度不断提高。他们可以直接测量结构应变。以压电陶瓷传感器为基础的技术可以以高灵敏度监测出微小的局部损坏。

（1）以振动为基础的损坏监测方法引进了以压电陶瓷传感器为基础的方法，实现对旋转叶片的损坏诊断。风轮叶片的有限元模态分析表明，旋转叶片的模态参数（固有频率和振型）取决于转速。介绍了以压电陶瓷传感器为基础的方法的理论基础和操作程序方法。然后，在一个精细的风电机组叶片的有限元模型基础上进行了测试。结果表明，该算法能够监测出叶片在运行条件下的仿真损坏情况，但其与模态频率之间存在着微弱的非线性关系。随后，设计了一个实验，旨在获取旋转条件下的模态参数，进一步验证在此项操作中该方法的可行性。获得的实验结果与 w.r.t. 模态参数相似。分析表明，该方法能够在很大程度上消除旋转的影响。

（2）利用高空间分辨率 DPP-BOTDA 的疲劳损坏监测系统已开发成功，并通过了实验验证。保偏光纤黏结在风电机组叶片表面，形成分布式传感网络。在不同疲劳循环计数条件下，通过 DPP-BOTDA 系统获得的应变分布证实了开发系统在损坏监测和分布式传感方面的有效性。布里渊增益光谱的形状对疲劳损坏非常敏感，刚度退化和累积的裂缝改变了局部应变梯度，其可以用来定位严重的疲劳损坏。完善后的系统显示，其拥有开发高度可靠的风力发电机组监控系统的潜力。

（3）设计了一个实验，研究基于光纤传感器、压电陶瓷传感器的损伤监测技术以及以分形维度为基础的损坏监测方法。从光纤传感器的直接结果来看，它可以观察到应变增加，也决定了通过叶片表面的应变分布。这个信息对于研究复合材料叶片的静态性能和动态性能具有重要意义，例如疲劳的特点等。从压电陶瓷传感器的结果来看，测试后期产生裂缝时，传感器可以明显从裂缝中监测信号。然后，使用分形维度损坏监测方法计算损伤指数得出结果。

应该指出的是，结构健康监测和损坏监测的最重要也是困难的问题是上述技术的实际应用。例如在不断变化的环境和操作条件下，测量的数据会受到噪声等因素影响，应用程序还需要基于损坏监测算法进行快速决策。这些方法尚待进一步发展完善，实现对风轮叶片的在线监测。

参考文献

[1] Schroeder K, Ecke W, Apitz J et al (2006) A Fibre Bragg Grating sensor system monitors operational load in a wind turbine rotor blade. Meas Sci Technol 17 (5): 1167 - 1172.

[2] Krämer SGM, Wiesent B, Müller MS et al (2008) Fusion of a FBG-based health monitoring system for wind turbines with a Fiber-optic lightning detection system. In: Proceeding of SPIE 7004, 19th international conference on optical fibre sensors, 700400; doi: 10.1117/12.783602.

[3] Ecke W, Schröder K (2008) Fiber Bragg Grating sensor system for operational load monitoring of wind turbine blades. In: Proceeding of SPIE 6933, Smart Sensor Phenomena, Technology, Networks and Systems, 69330I; doi: 10.1117/12.783602.

[4] Bang H-J, Shin H-K, Ju Y-C (2010) Structural health monitoring of a composite wind turbine blade using Fiber Bragg Grating sensors. In: Proceeding of SPIE 7647, Sensors and Smart Structures Technologies for Civil, Mechanical, and Aerospace Systems, 76474H; doi: 10.1117/12.847557.

[5] Krebber K, Habel W, Gutmann T et al (2005) Fiber Bragg Grating sensors for monitoring of wind turbine blades. Proc SPIE 5855: 1036 - 1039.

[6] Eum SH, Kageyama K, Murayama H et al (2008) Process/health monitoring for wind turbine blade by using FBG sensors with multiplexing Techniques. Proc SPIE 7004: 70045B.

[7] Rohrmann RG, Rucker W, Thons S (2007) Integrated monitoring systems for offshore wind turbines. In: Proceedings of the sixth international workshop on structural health monitoring. Stanford, US.

[8] Mcgugan M, Sorensen BF (2007) Fundamentals for remote condition monitoring of offshore wind turbine blades. In: Proceedings of the sixth international workshop on structural health monitoring. Stanford, US.

[9] Joosse P, Blanch M, Dutton A et al (2002) Acoustic emission monitoring of small wind turbine blades. J SolEnergy Eng 124 (4): 446 - 454.

[10] Blanch M, Dutton A (2003) Acoustic emission monitoring of field tests of an operating wind turbine. In: Proceedings of the 5th international conference on damage assessment of structures. Southampton, UK.

[11] Kirikera GR, Schulz MJ, Sundaresan MJ (2007) Multiple damage identification on a wind turbine blade using a structural neural system. Proc SPIE 6530: 65300T.

[12] Rumsey MA, Paquette JA (2008) Structural health monitoring of wind turbine blades. Proc SPIE 6933: 69330E.

[13] Zhou W, Huang Y, Li H (2008) Damage propagation monitoring of composite blade under static loading. In: Proceeding of 2nd Asia-Pacific workshop on structural health monitoring. Melbourne, Australia.

[14] Sundaresan MJ, Schulz MJ, Ghoshal A (2002) Structural health monitoring static test of a wind turbine blade. National Renewable Energy Laboratory March, Subcontractor Report NREL/SR-500-28719.

[15] Frankenstein B, Schubert L, Meyendorf N (2009) Monitoring system of wind turbine rotor blades. Proc SPIE 7293: 72930X.

[16] Gross E, Simmermacher T, Rumsey M et al (1999) Application of damage detection techniques using wind turbine modal data. American society of mechanical engineers wind energy symposium, AIAA 99-0047: 230 - 235.

[17] Ghoshal A, Sundaresan MJ, Schulz MJ (2000) Structural health monitoring techniques for wind turbine blades. J Wind Eng Ind Aerodyn 85: 309 - 324.

[18] Kraemer P, Fritzen CP (2007) Concept for structural damage identification of offshore wind energy plants. In: Proceedings of the sixth international workshop on structural health monitoring. Stanford, US.

[19] Whelan MJ, Janoyan KD, Qiu T (2008) Integrated monitoring of wind plant systems. In: Proceeding of SPIE 6933, smart sensor phenomena, technology, networks, and systems, 69330F. doi: 10.1117/12.776753.

[20] Dolinski L, Krawczuk M (2009) Damage detection in turbine wind blades by vibration based methods. J Phys Conf Ser 181: 12 – 86.

[21] Peeters B, Maeck J, Roeck GD (2001) Vibration-based damage detection in civil engineering: excitation sources and temperature effects. Smart Mater Struct 10 (3): 518.

[22] Peeters B, Roeck GD (2001) One-year monitoring of the Z24-bridge: environmental effects versus damage events. Earthquake Eng Struct Dynam 30(2): 149 – 171.

[23] Yan AM, Kerschen G, Boe PD, Golinval JC (2005) Structural damage diagnosis under varying environmental conditions-part I: a linear analysis. Mech Syst Sig Process 19 (4): 847 – 864.

[24] Yan AM, Kerschen G, Boe PD, Golinval JC (2005) Structural damage diagnosis under varying environmental conditions-part II: local PCA for non-linear cases. Mech Syst Sig Process 19 (4): 865 – 880.

[25] Xia Y, Hao H, Zanardo G, Deeks A (2006) Long term vibration monitoring of an RC slab: temperature and humidity effect. Eng Struct 28(3): 441 – 452.

[26] Kim JT, Park JH, Lee BJ (2006) Vibration-based damage monitoring in model plate-girder bridges under uncertain temperature conditions. Eng Struct 29(7): 1354 – 1365.

[27] Liu C, DeWolf JT (2007) Effect of temperature on modal variability of a curved concrete bridge under ambient loads. J Struct Eng 133(12): 1742 – 1751.

[28] Deraemaeker A, Reynders E, Roeck GD et al (2008) Vibration-based structural health monitoring using output-only measurements under changing environment. Mech Syst Sig Process 22(1): 34 – 56.

[29] Balmes E, Basseville M, Bourquin F et al (2008) Merging sensor data from multiple temperature scenarios for vibration monitoring of civil structures. Struct Health Monit 7(2): 129 – 142.

[30] Basseville M, Bourquin F, Mevel L (2010) Handling the temperature effect in vibration monitoring: two subspace-based analytical approaches. J Eng Mech 136 (3): 367 - 378.

[31] Yoo HH, Shin SH (1998) Vibration analysis of rotating cantilever beams. J Sound Vib 212(5): 807 - 828.

[32] Bucher I, Ewins DJ (2001) Modal analysis and testing of rotating structures. Philos Trans Roy Soc London Ser A Math Phys Eng Sci 359(1778): 61 - 96.

[33] Osgood RM (2001) Dynamic characterization testing of wind turbines. Technical Report, National Renewable Energy Laboratory, NREL/TP-500-30070, 2001.

[34] Park JH, Park HY, Jeong SY (2010) Linear vibration analysis of rotating wind-turbine blade. Curr Appl Phys 10 (2, Supplement 1): 332 - 334.

[35] Sohn H, Czarnecki JA, Farrar CR (2000) Structural health monitoring using statistical process control. J Struct Eng 126(11): 1356 - 1363.

[36] Sohn H, Farrar CR, Hunter NF (2001) Structural health monitoring using statistical pattern recognition techniques. J Dyn Syst Meas Contr 123(4): 706 - 711.

[37] Lei Y, Kiremidjian AS, Nair KK et al (2003) Statistical damage detection using time series analysis on a structural health monitoring benchmark problem. In: Proceedings of the 9th international conference on applications of statistics and probability in civil engineering. San Francisco, CA, USA.

[38] Basseville M, Mevel L, Goursat M (2004) Statistical model-based damage detection and localization: subspaced-based residuals and damage-to-noise sensitivity ratios. J Sound Vib 275(3 - 5): 769 - 794.

[39] Kane TR, Ryan RR, Banerjee AK (1987) Dynamics of a cantilever beam attached to a moving base. J Guid Control Dyn 10: 139 - 151.

[40] Bakr EM, Shabana AA (1986) Geometrically nonlinear analysis of multibody system. Comp Struct 23: 739 - 751.

[41] Wallrapp O, Schwertassek R (1991) Representation of geometric stiffening in multibody system simulation. Int J Numer Meth Eng 32: 1833 - 1850.

[42] Mayo J, Dominguez J, Shabana AA (1995) Geometrically nonlinear formulation of beams in flexible multibody dynamics. J Vibr Acoust 117 (4): 501 - 509.

[43] Park S, Lee J-J, Yun C-B, Inman DJ (2008) Electro-mechanical impedance-based

wireless structural health monitoring using PCA-Data compression and k-means clustering algorithms. J Intell Mater Syst Struct 19(4): 509 – 520.

[44] Han S, Feeny BF (2002) Enhanced proper orthogonal decomposition for the modal analysis of homogeneous structures. J Vib Control 8(1): 19 – 40.

[45] Mei C, Fan J (2006) Methods for data analysis. Higher Education Press, Beijng.

[46] Ma J, Niu Y, Chen H (2006) Blind signal processing. National Defense Industry Press, Beijing.

[47] Bao X, Chen L (2011) Recent progress in Brillouin scattering based fiber sensors. Sensors 11(4): 4152 – 4187.

[48] Horiguchi T, Tateda M (1989) Optical-fiber-attenuation investigation using stimulated Brillouin scattering between a pulse and a continuous wave. Opt Lett 14: 408 – 410.

[49] Li W, Bao X, Li Y et al (2008) differential pulse-width pair BOTDA for high spatial resolution sensing. Opt Express 16: 21616 – 21625.

[50] Dong Y, Bao X, Li W (2009) differential Brillouin gain for improving the temperature accuracy and spatial resolution in a long-distance distributed fiber sensor. Appl Opt 48: 4297 – 4301.

[51] Cotter D (1983) Stimulated Brillouin scattering in monomode optical fiber. J Opt Commun 4(1): 10 – 19.

[52] Horiguchi T, Shimizu K, Kurashima T et al (1995) Development of a distributed sensing technique using Brillouin scattering. J Lightw Technol 13(7): 296 – 302.

[53] White D (2004) New method for dual-axis fatigue testing of large wind turbine blades using resonance excitation and spectral loading. National Renewable Energy Laboratory, NREL/TP-500-35268.

[54] Minakuchi S et al (2009) Barely visible impact damage detection for composite sandwich structures by optical-fiber-based distributed strain measurement. Smart Mater Struct 18(8): 085018.

[55] Minakuchi S et al (2011) Life cycle monitoring of large-scale CFRP VARTM structure by fiber-optic-based distributed sensing. Compos A 42(6): 669 – 676.

[56] Higuchi T (1988) Approach to an irregular time series on the basis of the fractal theory. Physica D 31(2): 277 – 283.

第十章　风力发电机组中的传感器故障诊断

Manuel Gálvez-Carrillo, Laurent Rakoto, Michel Kinnaert

摘要： 本章介绍了传感器故障的早期监测和隔离，并举例说明获得风力发电机组仿真数据的方法。本章内容依次考虑了三个问题，个别信号监视、冗余传感器中的故障监测与隔离（简称 FDI）、基于 FDI 的解析冗余。在这三种情况下，均存在一种产生故障指示器的特殊方法，也被称为残差。该方法与一种在线统计变化监测/隔离算法相结合。案例研究包含风力发电机组转速监测以及风力驱动双馈感应发电机组定子电流和定子电压中的 FDI。对于后者，三相信号均已平衡，使人能够根据为残差生成设计的多观测器计划确定简单的信号模型。

关键词： 传感器故障监测与隔离；统计变化监测/隔离算法；多观测器计划；三相信号；双馈感应发电机组

术语：

e_j	第 j 个标准基向量
f	加性传感器故障
g	决策函数
$\mathbf{i}_{s,abc}$，$\mathbf{i}_{r,abc}$	定子三相电流和叶轮三相电流
k_0	故障发生时间
$p\theta[r(i)]$	$r(i)$ 的概率密度函数，取决于向量参数 θ

M. Gálvez-Carrillo
地址：比利时布鲁塞尔皇帝大道 20 号，ELIA 系统操作机构，邮编：1000
电子邮箱：manuel. galvez@ elia. be

L. Rakoto · M. Kinnaert
地址：比利时布鲁塞尔罗斯福大街 50 号，布鲁塞尔自由大学（ULB），邮编：1050
电子邮箱：laurent. rakoto@ ulb. ac. be

M. Kinnaert
电子邮箱：michel. kinnaert@ ulb. ac. be

q	量化误差
$r(i)$	剩余向量的第 i 个样本
$s[r(i)]$	$r(i)$ 的对数似然比
t_a	报警时间点
$\mathbf{u}_{s,abc}$，$\mathbf{u}_{r,abc}$	定子三相电压和叶轮三相电压
$\mathbf{v}$，$\mathbf{w}$	分别表示过程向量和测量噪声向量
$\mathbf{x}$	状态向量
$\mathbf{y}$	输出向量
^	估计
m	上指数，表示测量
abc	下指数，表示三相信号
s	下指数，表示定子信号（电压或电流）
r	下指数，表示叶轮信号（电压或电流）
*	上指数，表示闭环内的参考信号
$\mathscr{L}[r(i)]$	$r(i)$ 的概率律
N_p	每转的译码器脉冲数
$\mathscr{N}(\mu_0,\Sigma)$	平均值 μ_0 和方差 Σ 的正态分布
Q_S^*	无功功率参考
R_v,R_w	分别表示方差 $\mathbf{v}$ 和 $\mathbf{w}$
$\mathscr{R}_1^k$	独立冗余样本中的 k 设置
$\mathscr{S}(\mathscr{R}_1^k)$	数据集 $\mathscr{R}_1^k$ 的对数似然比，假设在时间 k_0 时平均值发生变化
T_{sc}	用于转速估计的时间窗
T_s	采样周期
T_g^*	发电机组转矩参考
$\mathscr{U}(a, b)$	间隔 $[a, b]$ 中均匀统计分布的概率律
$\Lambda_{k0}(\mathscr{R}_1^k)$	数据集 $\mathscr{R}_1^k$ 的对数似然比，假设在时间 k_0 时平均值发生变化
ω	频率
Ω_g	发电机组转速
η	编码盘受损杆部分
θ_s	满足 $\omega_s = \frac{\mathrm{d}\theta_s}{\mathrm{d}_t}$ 的角度
θ	将概率密度函数参数化的向量

第十章 风力发电机组中的传感器故障诊断

10.1 简 介

故障诊断系统旨在尽可能早地监测和定位风电机组零部件操作的退化。这种方式可以在适当的时候以及风速较低的时期执行维护操作。因此，维护成本减少了，昂贵的维修保养操作也减少了。此外，由于维护操作造成的生产损失也达到最小化。

大量出版物探讨风电机组的故障监测和隔离（FDI），特别是由不同的基准问题激发的主题[1,2]。在这些基准中，作者主要是考虑各种传感器和执行器的故障，例如桨距位置上的传感器故障、发电机组转速测量、执行器故障以及变频器故障。结构健康监测也被当作是专门为风电机组设计的。其目的在于监测变化情况，如在塔架和叶片等风机结构部件出现的分层和裂纹。目前，通常的方法是通过定期维护操作进行目测。然而特定机器人正处于开发状态，有望使这项任务变得更加简单，依托为应变和位移测量而适当放置的传感器网络，永久监测也正在调查中[3,4]。最后，振动监测技术在监测变速箱、轴承、发电机方面已得到深入研究。目前已开发了许多用于该目的的商业产品，尤其是针对变速箱引起的停机时间[5,6]，此类停机的占比最高。

一个完整的监测系统应具有一个模块结构，针对每个零部件提供适当方法，如图 10-1 所示。这个构架中的较低层包括测量验证模块，旨在监测和定位（或分离）传感器的故障。本章将着重介绍这些不同的测量验证模块，其中一小节专门讲解了通过分析单一传感器获得的测量样本来监测故障，包括过高噪音测量、平面信号和离群值。然而，本章重点将围绕细微的传感器偏差和漂移等潜在故障，这需要使用多个传感器信号来实现故障监测和隔离。根据仪器不同可分为两种方法：硬件冗余和解析冗余。第一个方法应用于冗余传感器，即一组测量同样物理量的传感器。若一个传感器相比其他传感器呈现出显著差异，就会被放弃。在恰当的数据框架内会讨论解决这个情况的方法。而解析冗余是指探测监测系统和其在线数据记录间的不连贯关系[7]。使用处理电压传感器故障的系统方法以及装备有一台风力双馈感应发电机（DFIG）的本章使用的方法依赖统计变化监测/隔离算法。因此，第二部分提供了相关材料的综述。10.4 节中简要讨论了单一传感器监测。10.5 节提出了基于硬件冗余传感器的故障监测和隔离。最后部分专门介绍分析了冗余传感器故障监测和隔离的使用。

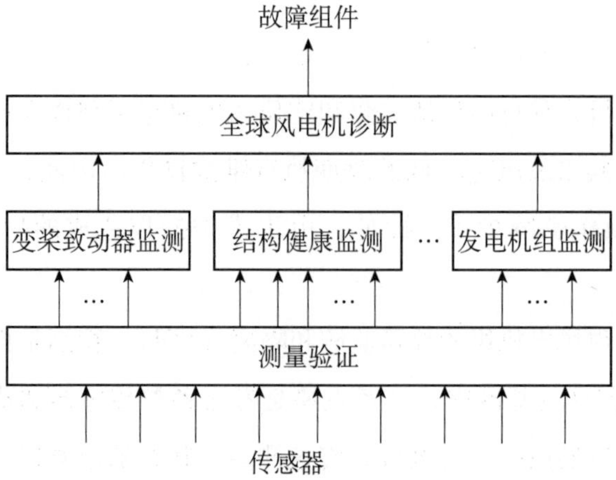

图 10-1　故障监测和隔离系统的层次结构

10.2　统计变化监测/隔离算法

下文所述的故障监测与隔离（监测 FDI）包括两部分，即残差发生器和决策系统。残差发生器发出被称为残差的信号，即故障指示器。无故障时，故障指示器具有零平均值；而出现故障时，则具有非零平均值。此外，残差序列由统计上独立的数据样本组成。在硬件冗余和解析冗余的情况下，将分别介绍残差生成。但是在这两种情况下，决策系统依靠统计变化监测/隔离算法决定出现故障的情况（即故障监测），并指出故障组件（即故障隔离）。因此，处理硬件冗余和解析冗余之前，首先介绍决策系统所用的工具。在接下来的几个小节中，首先介绍故障监测，然后介绍监测/隔离算法。

10.2.1　故障监测

下面的假设检验问题是开发故障监测算法的基础。

数据：一组独立随机向量 $\mathscr{R}_1^k = \{\mathbf{r}(1), \mathbf{r}(2), \cdots, \mathbf{r}(k)\}$，其中 k 表示当前时间点，其特点是概率密度函数 $p\theta[\mathbf{r}\ (\mathbf{i})]$。后者取决于参数向量 θ。在无故障模式中，θ 的值为 θ_0；而在故障模式中，θ 的值则为 θ_1，且 $\theta_1 \neq \theta_0$。一般情况下，θ 是结果中概率分布的平均值或方差。

问题：从以下两种假设中选择，

$$\mathscr{H}_0 \quad \mathscr{L}[\mathbf{r}(i)] = p\theta_0[\mathbf{r}(i)], i = 1, \cdots, k \text{ 时}$$

$$\mathscr{H}_1 \quad \mathscr{L}[\mathbf{r}(i)] = p\theta_0[\mathbf{r}(i)], i = 1, \cdots, k_0 - 1 \text{ 时}$$

$$= p\theta_1[\mathbf{r}(i)], i = k_0, \cdots, k \text{ 时}$$

其中，k_0表示故障的发生时间，而实际上该时间是未知的。$\mathscr{L}(\mathbf{r}(k))$ 表示 $r(k)$ 的概率律。

根据 Niemann Pearson 引理，为在两种假设之间做出选择而进行的相关测试以似然比[8]为基础。在我们进行的具体设置中，假设 k_0已知，则可得出以下公式：

$$\Lambda_{k0}(\mathscr{R}_1^k) = \frac{\prod_{i=1}^{k_0-1} p\theta_0[r(i)] \prod_{i=k_0}^{k} p\theta_1[r(i)]}{\prod_{i=1}^{k} p\theta_0[r(i)]}$$

$$= \prod_{i=k_0}^{k} \frac{p\theta_1[r(i)]}{p\theta_0[r(i)]}$$

其中，已对样本 $\mathbf{r}(i)$，$i=1$，…，k 的相互独立性进行了说明。测试说明如下：

当 $\Lambda_{k_0}(\mathscr{R}_1^k) \leqslant \lambda_\alpha$ 时接受假设$\mathscr{H}_0$，否则接受$\mathscr{H}_1$。在 $\Lambda_{k_0}(\mathscr{R}_1^k) \leqslant \lambda_\alpha$ 中，λ_a表示用户自定义的阈值，具体取决于可接受的虚警概率 α。

利用上述表达式两侧的自然对数产生等效测试。该等效测试往往更易于执行一些分布，特别是属于指数组的分布，如高斯分布。下面的表达式用于表示产生的对数似然比：

$$S_{k_0}(\mathscr{R}_1^k) = \ln\Lambda_{k_0}(\mathscr{R}_1^k) = \sum_{i=k_0}^{k} \ln \frac{p\theta_1[r(i)]}{p_{\theta_0}[r(i)]} = \sum_{i=k_0}^{k} s(i) \tag{10-1}$$

其中，$s(i)$ 表示第 i 个样本的对数似然比。测试结果如下：

当 $S_{k0}(\mathscr{R}_1^k) \leqslant h_\alpha$时，接受假设$\mathscr{H}_0$；否则接受$\mathscr{H}_1$，其中 $h_\alpha = \ln\lambda_\alpha$。

目前，由于 k_0实际上是未知的，因此利用其最大相似估计值代替 k_0。由此产生的时间为 k 时的决策函数公式如下：

$$g(k) = \max_{1 \leqslant j \leqslant k} S_j(\mathscr{R}_1^k) \tag{10-2}$$

在时间点 t_a满足下列公式条件时触发报警：

$$t_a = \min\{k : g(k) > h_\alpha\} \tag{10-3}$$

可根据下列公式确定估计的故障发生时间：

$$\hat{k}_0 = \arg\max_{1 \leqslant j \leqslant t_a} S_j(\mathscr{R}_1^k) \tag{10-4}$$

为了处理随时间流逝而逐渐增多的数据量，可递归地进行测试。[8]中介绍了该递归算法的起源，因此本小节中我们只介绍算法。

CUSUM 算法——递归形式

$$g(k) = \max[0, g(k-1) + s(k)] \quad g(0) = 0 \tag{10-5}$$

$$d(k) = d(k-1)1_{\{g(k-1)>0\}} + 1 \quad d(0) = 0 \tag{10-6}$$

$$t_a = \min\{k : g(k) > h_\alpha\} \tag{10-7}$$

$$\hat{k}_0 = d(t_a) \tag{10-8}$$

其中，$1_{\{x\}}$ 是事件 x 的指示函数。如果事件 x 是真实的，则 $1_{\{x\}}$ 等于 1，否则等于 0。

例如，残差处于正态分布的情况。

10.2.1.1　实例

在无故障模式中，n_r维残差向量的概率律假设为：

$$\mathscr{L}[\mathbf{r}(i)] = \mathscr{N}(\mu_0, \Sigma)$$

发生故障时，n_r维残差向量的概率律则为：

$$\mathscr{L}[\mathbf{r}(i)] = \mathscr{N}(\mu_1, \Sigma)$$

其中，$\mathscr{N}(\mu,\Sigma)$ 表示具有平均值 μ 和方差 Σ 的多项分布。

相关的概率密度函数为：

$$p(\mathbf{r}(i)) = \frac{1}{\sqrt{(2\pi)^{n_r}\det\boldsymbol{\Sigma}}}\exp\left[-\frac{1}{2}(\mathbf{r}(i)-\mu)^T\boldsymbol{\Sigma}^{-1}(\mathbf{r}(i)-\mu)\right] \tag{10-9}$$

简单的计算产生了下列表达式：

$$s(i) = (\mu_1 - \mu_0)^T\boldsymbol{\Sigma}^{-1}\left[\mathbf{r}(i) - \frac{1}{2}(\mu_1 + \mu_0)\right] \tag{10-10}$$

注意：因数 $(\mu_1 - \mu_0)^T\boldsymbol{\Sigma}^{-1}$可视为信噪比的向量形式。信噪比权衡了 $\mathbf{r}(i)$ 不同部件的贡献。

现在，让我们一起了解一下可能出现的几种故障情况。

10.2.2　监测/隔离算法

考虑到一系列残差向量 $\{\mathbf{r}(1), \mathbf{r}(2), \cdots, \mathbf{r}(k)\}$ 的独立样本，当一组 n_f可能故障发生时，问题则引起了一次报警。相应的假设监测问题介绍如下：

数据：一组独立随机向量 $\mathscr{R}_1^k = \{\mathbf{r}(1), \mathbf{r}(2), \cdots \mathbf{r}(k)\}$，其中 k 表示当前时间点，其特点是概率密度函数 $p_\theta[\mathbf{r}(i)]$。后者取决于参数向量 θ。在无故障模式中，θ 的值为 θ_0；而在故障模式 ℓ 中，θ 的值则为 θ_ℓ，其中 $\ell = 1, \cdots, n_f$。

问题：从以下 $n_f + 1$ 假设中进行选择：

$\mathscr{H}_0$　　$\mathscr{L}[\mathbf{r}(i)] = p\theta_0[\mathbf{r}(i)]$，$i = 1, \cdots, k$ 时

$\mathscr{H}_{\ell,\ell=1,\cdots,n_f}$　　$\mathscr{L}[\mathbf{r}(i)] = p\theta_0[\mathbf{r}(i)]$，$i = 1, \cdots, k_0 - 1$ 时

$= P\theta_\ell[\mathbf{r}(i)]$，$i = k_0, \cdots, k$ 时

为了判断 ℓ 型故障已经发生，故障 ℓ 和所有其他可能故障模式以及无故障模式之间的对数似然比必须大于阈值 h_ℓ。故障测试函数 ℓ 的公式为：

$$g_\ell^*(k) = \max_{1\leqslant j\leqslant k} \min_{0\leqslant q\neq\ell\leqslant n_f} [S_j^{\ell q}(\mathscr{R}_1^k)]$$

其中，指数 ℓ_q 表示假设 ℓ 和 q 之间的对数似然比。

同上，j 最大化的目的在于确定最可能的故障发生时间。在时间为 t_a^ℓ 时，触发故障 $\ell\in\{1, \cdots, n_f\}$ 报警，因此公式为：

$$t_a^\ell = \inf\{k\geqslant 1: g_\ell^*(\mathrm{k}) > h^\ell\}$$

其中，h^ℓ 为用户自定义，取决于虚警和误隔离概率规范。可以通过递归的方式执行决策函数，同时确保算法[9,10]具有吸引力的最优特性。假设 $\mathscr{H}_l$ 和 $\mathscr{H}_0$ 之间 CUSUM 算法决策函数的表达式如下：

$$g_{\ell 0}(k) = \max[0, g_{\ell 0}(k-1) + \mathrm{s}_\ell 0(\mathrm{k})] \tag{10-11}$$

其中，$s_{\ell 0}(k) = \ln\frac{p_{\theta_\ell}[r(k)]}{p_{\theta_0}[r(k)]}$。决策函数的递归计算公式为：

$$g_\ell^*(k) = \min_{0\leqslant q\neq\ell\leqslant n_f}[g_{\ell 0}(k) - g_{q0}(k)] \quad \ell = 1,\cdots,n_f \tag{10-12}$$

其中 $g_{0,0}(k)=0$，且当 $g_\ell^*(k) > h^\ell \quad \ell=1, \cdots, n_f$(10-13) 时发出报警。

监测/隔离算法总结如下：

- 初始化

设置 $g_{\ell 0}(0), \ell = 1,\cdots, n_f$。

- 接收到 kthresidual 样本后进行下列操作：

——根据公式（10-11）计算 n_f CUSUM 测试函数。

——做出决策。

$\ell = 1,\cdots, \mathrm{n}_f$ 时，根据公式（10-12）计算 $g_\ell^*(k)$。

如果 $g_\ell^*(k) > h^\ell$，则在第 k 个时间点时发出故障 ℓ 的报警，然后算法停止。

现在我们讨论一些实际问题。

10.2.3　实际问题

必须讨论两个问题：（1）设置递归算法参数；（2）发出报警后将采取的措施，目的是监测可能出现的故障消失情况。

就参数设置而言，必须区分 θ_0，θ_ℓ，$\ell=1, \cdots, n_f$的选择和阈值 h^ℓ。一般情况下

根据良性运行中获得的数据集确定 θ_0。这些数据经残差发生器处理，生成一个剩余集 $\{\mathbf{r}(1),\cdots,\mathbf{r}(N)\}$。下文将对残差发生器进行介绍。$\theta_0$被确定为相应特性（如平均值或方差）的经验估计，残差的概率密度函数。关于 θ_ℓ，$\ell=1,\cdots,n_f$，故障幅值一般未知，但是必须量化残差故障，以便设置 θ_ℓ，$\ell=1$，$\cdots$，n_f。一般可考虑故障 ℓ，$\ell=1,\cdots$，n_f为希望监测和隔离的最小故障幅值，则可对残差故障进行量化。故障幅值最终取决于故障对系统技术性能和经济性能的影响，而对这两种性能的影响待定。本章并未介绍故障的程度，而是将故障叠加至已记录的测量数据上（如果传感器未在闭环中使用）或通过监督过程模型对故障进行仿真。根据这些数据计算残差向量，并根据该残差序列估计残差概率密度函数的参数向量，即 θ_ℓ。

可分两步选择阈值。可根据阈值的平均监测/隔离延迟解析式以及无故障模型和故障模型[10,11]统计分布之间的距离测量值，确定阈值的先验值。可根据无故障模型中的实验数据集对该先验值进行微调，也可利用故障模型中的实验数据集对该先验值进行微调。通过利用决策系统对这些数据产生的残差进行处理，必须检查虚警之间的平均时间是否满足规范要求，且如果发现太多虚警，可增加阈值。

关于对可能故障消失的监测，可采用两种方法。在针对故障监测的公式（10-5）至公式（10-8）给出的 CUSUM 算法的情况下，一旦监测到从$\mathscr{H}_0$ 到$\mathscr{H}_1$ 的变化，很自然便会寻找相反的变化，即：

从以下两种假设中进行选择：

$$\mathscr{H}_0 \qquad \mathscr{L}[\mathbf{r}(i)]=p\,\theta_1[\mathbf{r}(i)],\ i=t_a,\cdots,\ k\text{ 时}$$

$$\mathscr{H}_1 \qquad \mathscr{L}[\mathbf{r}(i)]=p\,\theta_1[\mathbf{r}(i)],\ i=t_a,\cdots,\ k_1-1\text{ 时}$$

$$=P\,\theta_0[\mathbf{r}(i)],\ i=k_1,\cdots,\ k\text{ 时}$$

其中 k_1表示未知的故障消失时间，而 t_a则表示报警时间点。

如果发现与上述问题相关的 $\mathbf{r}(k)$ 的似然比为初始问题似然比的倒数，则可轻易获得做出该选择的递归算法。在对数似然比而言，这相当于一次符号改变。因此，建议采用下列策略监测可能出现的故障消失情况。根据时间点 t_a+1 运行下列递归 CUSUM 算法：

$$g_{\text{dis}}(k)=\max[0,g_{\text{dis}}(k-1)-s(k)]\quad g_{\text{dis}}(t_a+1)=0 \tag{10-14}$$

$$d(k)=d(k-1)1_{\{g(k-1)>0\}}+1\quad d(t_a+1)=0 \tag{10-15}$$

$$t_{a,\text{dis}}=\min\{k:g_{\text{dis}}(k)>h_\alpha\} \tag{10-16}$$

$$\hat{k}_1=d(t_{a,\text{dis}}) \tag{10-17}$$

同时，采用公式（10-11）至公式（10-13）给出的监测/隔离算法时，故障消失的监测相当于一次新的假设检验，无法转化为一次简单的算法转换，如符号改变。因此，继续进行监测的最简单的方法是每一次在公式 10-13 中交叉阈值时，重新将所有 n_f 决策函数初始化为零，并且，只要存在阈值的周期性交叉便发出报警。

现在，首先考虑应用上述工具监测传感器故障。

10.3　个别信号监测

检查传感器发出信号的一般报警系统是否处于测量范围内。但是利用硬件冗余或解析冗余寻找小幅值故障之前，可对单个信号进行验证核准。我们将利用方差变化监测的递归 CUSUM 算法解释上述要求，目的是监测信号是否出现过度测量噪声。相同类型的算法也可用于监测平滑信号。

10.3.1　过度噪声

我们假设测定信号可建模为下列形式：

$$y(t) = cx(t) \tag{10-18}$$

$$y^m(kT_s) = y(kT_s) + v(kT_s) \tag{10-19}$$

其中，第一个公式相当于利用 $t \in \mathbb{R}$，即连续时间进行的测量过程。$x(t)$ 表示测量的物理信号，c 表示传感器增益，$y(t)$ 表示传感器输出。第二个公式仿真采样周期 T_s 中运行的数据采集系统。$v(kT_s)$ 表示测量噪声，假设为正态分布零平均值白噪声序列，方差为 σ^2。为简明起见，在下文中 kT_s 将被 k 取代。

过度噪声的特点是当 $\gamma > 1$ 时，尤其当电接头接触不良时，将噪声方差增加至 $\gamma\sigma^2$。过度噪声也会导致方差 $y(k)$ 增加。因此监测这种变化是监测过度噪声的一种自然方式。为了确定方差的经验估计值，需要对 $y(k)$ 的平均进行经验估计。但是利用 $x(t)$ 的典型特质可避免估计步骤。一般情况下，$x(t)$ 的光谱集中于测量噪声低频段。因此假设在时间 kT_s 周围的时间窗内，将物理信号表示为 $x(t) = a_1 t + a_0, t \in [(k - W/2)T_s, (k + W/2)T_s]$ 是合理的。

其中，a_0，$a_1 \in \mathbb{R}$ 和 W 均为偶数，相当于时间窗大小。在该假设条件下，考虑到二次导数 $\frac{\mathrm{d}^2 y(t)}{\mathrm{d}t^2}$，可不考虑信号 $y(t)$ 范围内的趋势。将测量序列上的步骤转化实际上是计算：

$$r(k) = \frac{y^m(k+1) - 2y^m(k) + y^m(k-1)}{T_s^2} \tag{10-20}$$

这是 kT_s时间时，$y(t)$ 的二次导数的近似值。考虑到白噪声假设，$r(k)$ 方差等于 $\sigma_r^2=6\sigma^2/T_s^4$。注意：公式（10-20）中省略了除以 T_s^2，不影响趋势去除。这相当于 10.4.2 小节中采用的方法。

然后利用适用于下列假设测试的公式（10-5）至公式（10-8）中给出的递归 CUSUM 算法直接监测 σ_r^2的方差变化。

从以下两种假设中进行选择：

$$\mathscr{H}_0 \quad \mathscr{L}[\mathbf{r}(i)]=\mathscr{N}(0,\ 6\sigma^2/T_s^4),\ i=1,\ \cdots,\ k\text{ 时}$$

$$\mathscr{H}_1 \quad \mathscr{L}[\mathbf{r}(i)]=\mathscr{N}(0,\ 6\sigma^2/T_s^4),\ i=1,\ \cdots,\ k_0-1\text{ 时}$$

$$=\mathscr{N}(0,\ 6\gamma\sigma^2/T_s^4),\ i=k_0,\ \cdots,\ k\text{ 且 }\gamma>1\text{ 时}$$

其中，k_0表示未知的故障发生时间。

简单计算产生了下列表达式，用于公式（10-5）中的对数似然比 $s(k)$：

$$s(k)=\ln\frac{1}{\sqrt{\gamma}}-\frac{r(k)^2}{2}\frac{T_s^4}{\sigma^2}\left(\frac{1}{6\gamma}-\frac{1}{6}\right) \tag{10-21}$$

下一小节中以案例分析的形式对这种方法进行说明。

10.3.2 应用于增量编码器故障

过度噪声监测应用于风力双馈感应发电机组（简称 DFIG）的转速测量，此类测量一般根据增量编码器确定。然后通过计算编码器脉冲在时间窗 T_{sc}的频率而得出发电机组转速估计值 $\hat{\Omega}_g(k)$。公式如下：

$$\hat{\Omega}_g(k)=\frac{60\Delta N(k)}{N_pT_{sc}}[\mathrm{rpm}]$$

其中，N_p表示发电机组每转的脉冲数，$\Delta N(k)$ 表示时间窗内的实测脉冲数。

转速估计值的量化误差 $q_h=\dfrac{60}{N_pT_{sc}}$ [rpm][12]。过度噪声的产生是由于编码器编码盘存在缺点。例如，当编码盘杆的部分 $\eta\in]0,1[$受损，则可导致每转的脉冲数减少至 $(1-\eta)N_p$。编码盘存在的缺点使量化误差增加至 $q_f=\dfrac{60}{(1-\eta)N_pT_{sc}}$ [rpm]。

为了说明过度噪声监测的算法，利用 AERODYN 和 FAST 软件[13]对风力发电机组进行仿真。表 10-1 中为变速变桨风力发电机组的主要数据。天气条件符合风速 14.2m/s、湍流强度 18% 的要求。增量编码器参数为 $N_p=1\,024$ 和 $T_{sc}=0.01\mathrm{s}$。在风力发电机组仿真器中，利用在间隔 $[-q,\ 0]$ 范围内的加性均匀分布白噪声对发电机转速测量量化误差进行建模，即 $\mathscr{L}[v(kT_s)]=\mathscr{U}(-q,\ 0)$ [12]。当编码器处于良性运行（或故障运行）时，q 等于 $q_h(q_f)$。仿真表示在时间点 10s 且 η 等于 10 % 时会发生过度噪声。

表 10-1　主要风力发电机组数据

参数	值
标称功率 P_n	1250kW
额定转速 v_{wn}	12.5m/s
发电机组基准转速 Ω_g^{ref}	1116rpm

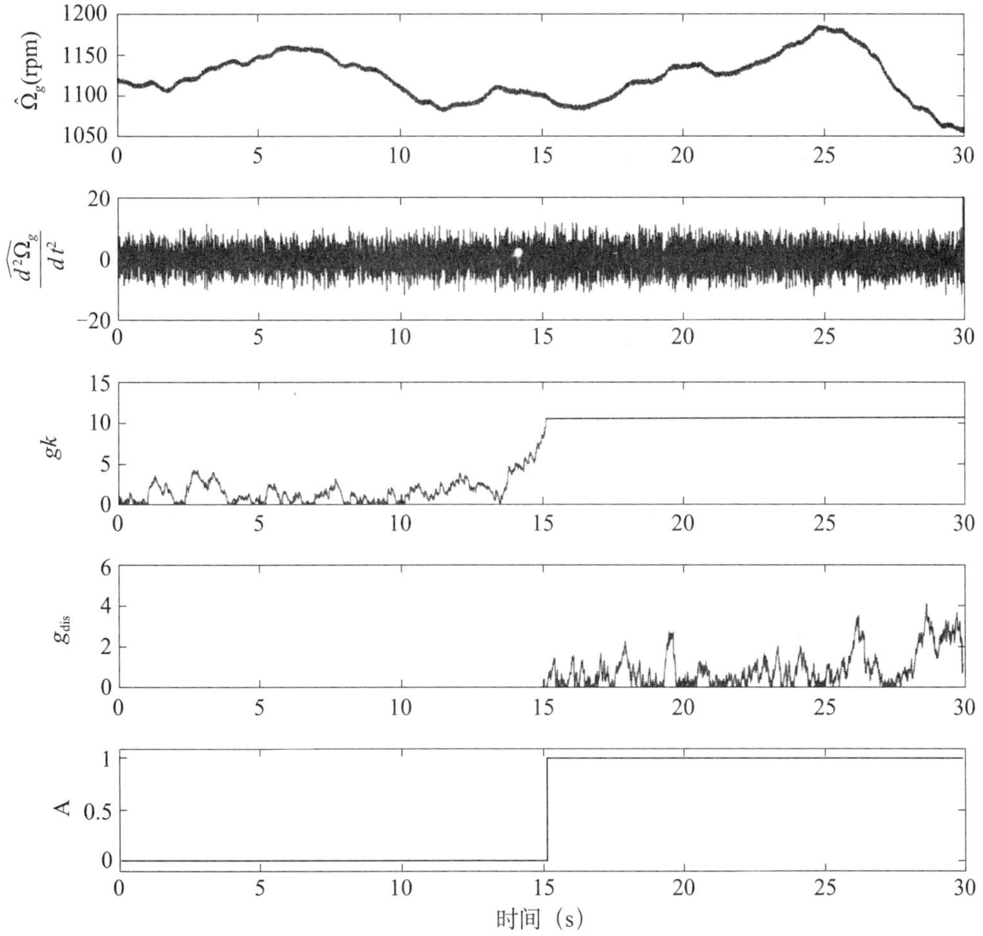

图 10-2　发电机组转速为 $\hat{\Omega}_g$ 时增量编码器上的过度噪声监测：估计转速；$\widehat{\frac{d^2\Omega_g}{dt^2}}$ 为发电机组转速的估计二次导数；$g(k)$ 和 $g_{dis}(k)$ 分别表示存在过度噪声和过度噪声消失的决策函数；A 为报警信号，表明存在过度噪声

公式（10-5）至公式（10-8）中介绍的算法适用于 $\sigma^2 = q_h^2/12$ 的 $r(k)$，并适用于方差 $\gamma = 1/(1-\eta)^2$ 中的增长因子。需要注意的是，公式（10-20）计算 $r(k)$ 时忽略了除以 T_S^2。由于该算法的目的是监测一种至少能够影响 10% 编码盘杆的损坏情况，因此将 η 设定为 10%。

图 10-2 中的上部子图为发电机组转速测量图。第二个子图则为根据测量结果确定的发电机组转速二次导数的估计情况。在过度噪声的出现时间（10s），决策函数 $g(k)$（图 10-2 中的第三个子图）增加，并超过了阈值，设定为 10，时间点约为 15s。然后报警转变为 1，决策函数 $g_{\text{dis}}(k)$ 激活，用于监测故障消失情况（详见图 10-2 中的下方子图）。对于选择的算法参数来说，增量编码器上过度噪声的监测延迟时间约为 5s。

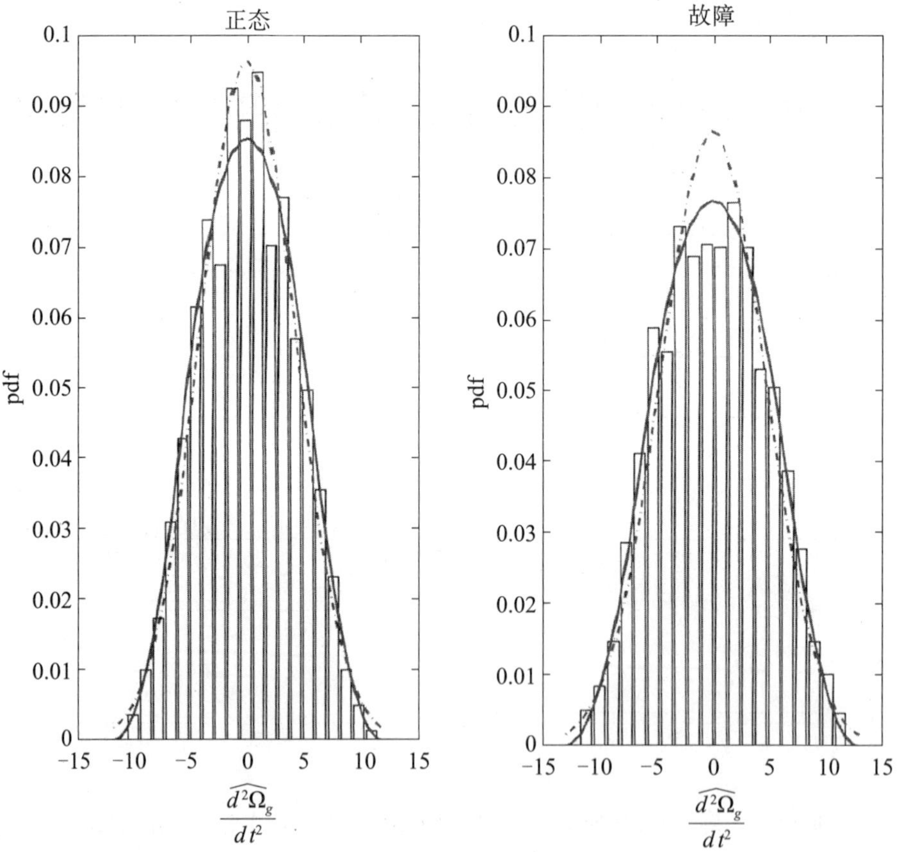

图 10-3　发电机组转速估计导数柱状图。虚线表示正态分布 $\mathcal{N}(0, q^2/2)$ 的 pdf；实线表示均匀白噪声 $\mathscr{U}(-q, 0)$ 的 $r(k)$ 理论 pdf；左图表示正态良性条件，$q = q_h = \dfrac{60}{N_p T_{sc}}$；而右图则表示存在过度噪声，$q = q_f = \dfrac{60}{(1-\eta) N_p T_{sc}}$，其中 $\eta = 10\%$

10.3.2.1　注意事项

过度噪声监测的算法以白高斯噪声假设条件下的方差变化监测为基础。但是，即使具有加性均匀白噪声，也由于 $r(k)$ 的 pdf 接近高斯分布（详见图 10-3）而使得算法性能未收到明显影响。

10.4　基于硬件冗余的故障监测与隔离

测量风力发电机组转速时会遇到硬件冗余的问题。测量了叶轮转速和发电机组转速，二者与齿轮齿数比之间相关。此外，发电机组转速的冗余测量非常关键。我们将在接下来的内容中依次介绍残差生成和残差评价。

10.4.1　残差生成

利用传感器集测量了规定的物理量，假设为 x（x 可表示温度、压力、流量、位置、速度等），可能以不同的传感原理为基础。介绍测量过程的数学模型公式为：

$$\mathbf{y}^m(k) = \mathbf{C}x(k) + \mathbf{v}(k) + \mathbf{f}(k) \tag{10-22}$$

其中，$x \in \mathscr{R}$、$\mathbf{y}(k) \in \mathscr{R}^p$、$\mathbf{v}(k) \in \mathscr{R}^p$、$\mathbf{f}(k) \in \mathscr{R}^p$；$\mathbf{y}^m(k)$ 表示由 p 传感器测量值组成的向量；$\mathbf{v}(k)$ 表示测量噪声向量，方差为 $\boldsymbol{\Sigma}$ 时为零平均值白噪声向量；$\mathbf{f}(k)$ 表示加性故障向量，该加性故障代表了传感器的基础或趋势。$\boldsymbol{C}$ 表示传感器增益的 $p \times 1$ 矩阵。如果假设不同传感器各个测量噪声独立，则矩阵 $\boldsymbol{\Sigma}$ 的形式为 $\boldsymbol{\Sigma} = \mathrm{diag}_{j=1,p}\{\sigma_j^2\}$，且可根据仪器的精度等级选择标量 σ_j^2。

为了生成故障指示器，必须将未知量 x 从公式（10-22）中删除。为此，我们考虑了全行秩矩阵 $\boldsymbol{N}_C$，这样 $\boldsymbol{N}_C\boldsymbol{C} = \mathbf{0}$。从而 $\boldsymbol{N}_C$ 行跨越矩阵 $\boldsymbol{C}$ 的左侧零空间。用公式（10-22）乘以 $\boldsymbol{N}_C$ 得出：

$$\boldsymbol{N}_C\vec{y}(k) = \boldsymbol{N}_C\vec{v}(k) + \boldsymbol{N}_C\vec{f}(k) \tag{10-23}$$

我们设：

$$\mathbf{r}(k) \equiv \boldsymbol{N}_C\mathbf{y}(k) \tag{10-24}$$

为候选残差向量。从公式（10-23）中可发现，当 $f(k)=0$ 时，$\mathbf{r}(k)$ 的概率律为 $\mathscr{L}[\mathbf{r}(k)] = \mathscr{N}(0, N_C \sum N_C^T)$；而当 $\mathbf{f}(k) \neq 0$ 时，$r(k)$ 的概率律为 $\mathscr{L}[\mathbf{r}(k)] = \mathscr{N}[N_C\mathbf{f}(k), N_C \sum N_C^T]$。因此，$\mathbf{r}(k)$ 不能用作故障指示器。

需要假设故障类型，以便能够采用 10.3 节中介绍的决策系统，对公式（10-24）中定义的残差向量进行处理。此后将考虑偏差式故障。在这种情况下，可将故障向

量 $\mathbf{f}(k)$ 写成 $\mathbf{f}(k) = \pm b_j \mathbf{e}_j 1_{\{k \geqslant k_0\}}$，其中 $\mathbf{e}_j = [0 \ \cdots \ 0 \ 1 \ 0 \ \cdots \ 0]^T$表示第 j 个标准基向量，b_j则表示故障幅值，$1_{\{k \geqslant k0\}}$ 表示事件 $\{k \geqslant k_0\}$ 的指示函数。需要注意的是，必须监测并隔离正负偏差，因此在 $\mathbf{f}(k)$的表达式中增加 ± 符号。在这些情况下，可利用 10.3.2 节中介绍的算法监测并隔离因故障导致的平均值变化。在 10.3.2 节中，故障数为 $n_f = 2p$。每个残差样本所需的对数似然比如下：

$$s_{\ell 0}(k) = \mathbf{e}_j^T \boldsymbol{N}_C^T b_j (\boldsymbol{N}_C \boldsymbol{\Sigma} \boldsymbol{N}_C^T)^{-1} \left(\mathbf{r}(k) - \frac{1}{2} \boldsymbol{N}_C b_j \mathbf{e}_j \right) \quad \ell = 1 \cdots, p$$

$$s_{\ell 0}(k) = - \mathbf{e}_j^T \boldsymbol{N}_C^T b_j (\boldsymbol{N}_C \boldsymbol{\Sigma} \boldsymbol{N}_C^T)^{-1} \left(\mathbf{r}(k) + \frac{1}{2} \boldsymbol{N}_C b_j \mathbf{e}_j \right) \quad \ell = p + 1 \cdots, 2p$$

将上述表达式带入公式（10-11）中，则公式（10-11）至公式（10-13）会产生所需的决策系统。

10.5 根据解析冗余进行故障监测与隔离

在本节中，通过一个数学模型介绍不同物理量之间的关系，目的是对这些物理量测量值的早期故障进行监测和隔离。这是解析冗余的原理。介绍该方法，用于对风力驱动双馈感应发电机组（简称 DFIG）中的定子电流测量值和定子电压测量值进行监测。本节还介绍了这些信号的特性，也就是这些信号包括平衡三相信号。该特点对于监测和定位小型加性付账非常有用。需要注意的是，必须利用更加复杂的方法对风轮电流传感器进行监测。由于闭环控制，风轮电流上出现的传感器故障成衰减趋势，且影响到其他的测量渠道，而这种情况在定子电流测量值和定子电压测量值上的表现并不明显。因此，可以不依靠双馈感应发电机组模型便能够监测定子电压传感器和定子电流传感器。采用一个简单的信号模型，该信号模型并不受制于参数变化。读者可参考[14，15]中对风轮电流监测方法的详细介绍。在该方法中，采用双馈感应发电机组模型，并对参数变化进行了解释。

以下内容将依次介绍平衡三相系统建模、三相信号残差生成、风力驱动双馈感应发电机组（简称 DFIG）定子电压与定子电流监测的应用。

10.5.1 平衡三相系统建模

考虑一个振幅为 M_o、频率为 ω_o、相位为 ϕ_o的正弦信号，公式为：

$$y(t) = M_o \sin(\omega_o t + \phi_o) \tag{10-25}$$

利用下列状态空间表达式为特殊信号建模：

$$\begin{bmatrix} \dot{x}_1(t) \\ \dot{x}_2(t) \end{bmatrix} = \underbrace{\begin{bmatrix} 0 & \omega_o \\ -\omega_o & 0 \end{bmatrix}}_{\mathbf{A}_o} \underbrace{\begin{bmatrix} x_1(t) \\ x_2(t) \end{bmatrix}}_{\mathbf{x}(t)} \tag{10-26}$$

$$y(t) = \underbrace{[1 \quad 0]}_{\mathbf{C}_o} \begin{bmatrix} x_1(t) \\ x_2(t) \end{bmatrix} \tag{10-27}$$

其中 $\mathbf{x}(0) = [M_o \sin(\phi_o)$，且 $M_o \cos(\phi_o)]^T$表示初始状态。

现在利用正弦信号建模背后的理念仿真一个三相平衡系统。考虑一个平衡三相正弦曲线电力系统（电流或电压），所有信号具有完全相同的振幅（M）和频率（ω_e），且其共同的相移为 $2\pi/3$。可利用下列公式表示：

$$y_a(t) = M\sin[\omega_e(t)t_+\phi_a] \tag{10-28a}$$

$$y_b(t) = M\sin\left[\omega_e(t)t + \phi_a - \frac{2\pi}{3}\right] \tag{10-28b}$$

$$y_c(t) = M\sin\left[\omega_e(t)t + \phi_a + \frac{2\pi}{3}\right] \tag{10-28c}$$

其中，ϕ_a表示 $y_a(t)$ 的初始相位。注意：虽然我们考虑了所有信号的相同频率，但是如上所述，ω_e值是随时间而变化的。由于公式（10-28a）至公式（10-28c）中的系统是平衡的，因此三个信号的总和必须等于零，即：

$$y_a(t) + y_b(t) + y_c(t) = 0 \tag{10-29}$$

意味着当 $j \in \{a, b, c\}$ 时可根据其他两个信号计算出其中一个信号 $y_j(t)$。

考虑到这一特性，同时考虑到公式（10-26）至公式（10-27）中介绍的开发模型，可根据下列形式的状态空间模型生成平衡三相正弦曲线系统：

$$\dot{\mathbf{x}}(t) = \mathbf{A}[\omega_e(t)]\ \mathbf{x}(t) \tag{10-30}$$

$$\mathbf{y}(t) = \mathbf{C}\mathbf{x}(t) \tag{10-31}$$

其中状态向量 $\mathbf{x}(t) = [x_1(t), x_2(t)]^T$，输出向量 $\mathbf{y}(t) = [y_a(t), y_b(t), y_c(t)]^T$，初始状态 $\mathbf{x}(0) = [M\sin(\phi_a),\ M\cos(\phi_a)]^T$。根据下面的公式确定矩阵 $\mathbf{A}[\omega_e(t)]$和 $\mathbf{C}$：

$$\mathbf{A}[\omega_e(t)] = \begin{bmatrix} 0 & \omega_e(t) \\ -\omega_e(t) & 0 \end{bmatrix},\ \mathbf{C} = \begin{bmatrix} 1 & 0 \\ -\frac{1}{2} & -\frac{\sqrt{3}}{2} \\ -\frac{1}{2} & \frac{\sqrt{3}}{2} \end{bmatrix} \tag{10-32}$$

公式（10-30）至公式（10-32）介绍的模型可外延至具有多谐波的平衡三相系

统，为此下文中介绍的监测方法以简单的方式外延[16]。上述模型用于设计下面小节中介绍的残差产生器。

10.5.2 残差生成

可按以下方法仿真平衡三相系统中的传感器误差。首先，利用采样周期 T_s离散公式（10-30）至公式（10-32）中介绍的模型。增加电磁干扰和测量噪声对产生的离散时间模型的影响，能够生成以下两个公式：

$$\mathbf{x}(k+1) = \Phi(\omega_e(k))\mathbf{x}(k) + \mathbf{w}(k) \tag{10-33}$$

$$\mathbf{y}^m(k) = \mathbf{C}\mathbf{x}(k) + \mathbf{v}(k) + \mathbf{f}(k) \tag{10-34}$$

其中，$\Phi(\omega_e(k)) = \exp(\mathbf{A}(\omega_e(k))T_s)$（假设 $\omega_e(k)$ 为采样周期 T_s 的常数）。向量 $\mathbf{w}(k)$ 和向量 $\mathbf{v}(k)$ 分别表示协方差矩阵 $\mathbf{R}_w$ 和 $\mathbf{R}_v$ 的不相关零平均值高斯白噪声序列。$\mathbf{f}(k)=[f_a(k),f_b(k),f_c(k)]^T$ 为一个包含故障的向量，第 i 个传感器中的故障 $f_i(k)$，且当 $i\in\{a, b, c\}$ 时。下文中三相将交替索引为 $i\in\{1, 2, 3\}$。

根据公式（10-33）至公式（10-34）中介绍的模型，利用多观测器策略监测和隔离传感器故障。有两种传统的计划，即专用观测器计划（简称 DOS）和一般观测器计划（简称 GOS）[7,17]，见图 10-4。

使用 GOS 或 DOS 时，每个三相信号的残差生成系统包括三台观测器。根据公式 10-33 介绍的模型动态学设计第 i（$i\in\{1, 2, 3\}$）台观测器，其输出公式为：

$$\tilde{\mathbf{y}}_i^m(k) = \tilde{\mathbf{C}}_i\mathbf{x}(k) + \tilde{\mathbf{v}}_i(k) + \tilde{\mathbf{f}}_i(k) \tag{10-35}$$

对于一般观测器计划（简称 GOS）来说，$\tilde{\mathbf{y}}_i^m(k)$ 表示无第 i 个测量值的向量 $\mathbf{y}^m(k)$，$\tilde{\mathbf{f}}_i(k)$ 表示无第 i 个部件的向量 $\mathbf{f}(k)$，$\tilde{\mathbf{C}}_i$ 表示无第 i 行的矩阵 $\mathbf{C}$。而对于专用观测器计划（简称 DOS）来说，$\tilde{\mathbf{y}}_i^m(k)$ 表示向量 $\mathbf{y}^m(k)$ 中的第 i 个测量值，$\tilde{\mathbf{f}}_i(k)$ 表示向量 $\mathbf{f}(k)$ 中的第 i 个故障或第 i 个部件，$\tilde{\mathbf{C}}_i$ 表示矩阵 $\mathbf{C}$ 的第 i 行。$\tilde{\mathbf{v}}_i(k)$ 为协方差矩阵 $\mathbf{R}_{\tilde{v}i}$ 的零平均值高斯白噪声序列。在两种计划中，当 ω_e是一个非零常数时，$[\tilde{\mathbf{C}}_i, \Phi(\omega_e)]$ 对是可观察到的，或当 $\omega_e(t)$ 在区间 $[\omega_{\min}, \omega_{\max}]$（$\omega_{\min}, \omega_{\max}\in\mathbb{R}^+$）范围内变化时，$[\tilde{\mathbf{C}}_i, \Phi(\omega_e)]$ 对是完全一致的。因此，两种计划均可在研究中的应用内实施。

针对残差生成目的，观测器为卡尔曼滤波器，如[18]中所述。

$$\hat{\mathbf{x}}_i(k|k-1) = \boldsymbol{\Phi}(\hat{\omega}_e(k-1))\hat{\mathbf{x}}_i(k-1) \tag{10-36}$$

$$\mathbf{M}_i(k|k-1) = \boldsymbol{\Phi}[\hat{\omega}_e(k-1)]\mathbf{M}_i(k-1)\boldsymbol{\Phi}[\hat{\omega}_e(k-1)]^T + \mathbf{R}_{\mathbf{W}} \tag{10-37}$$

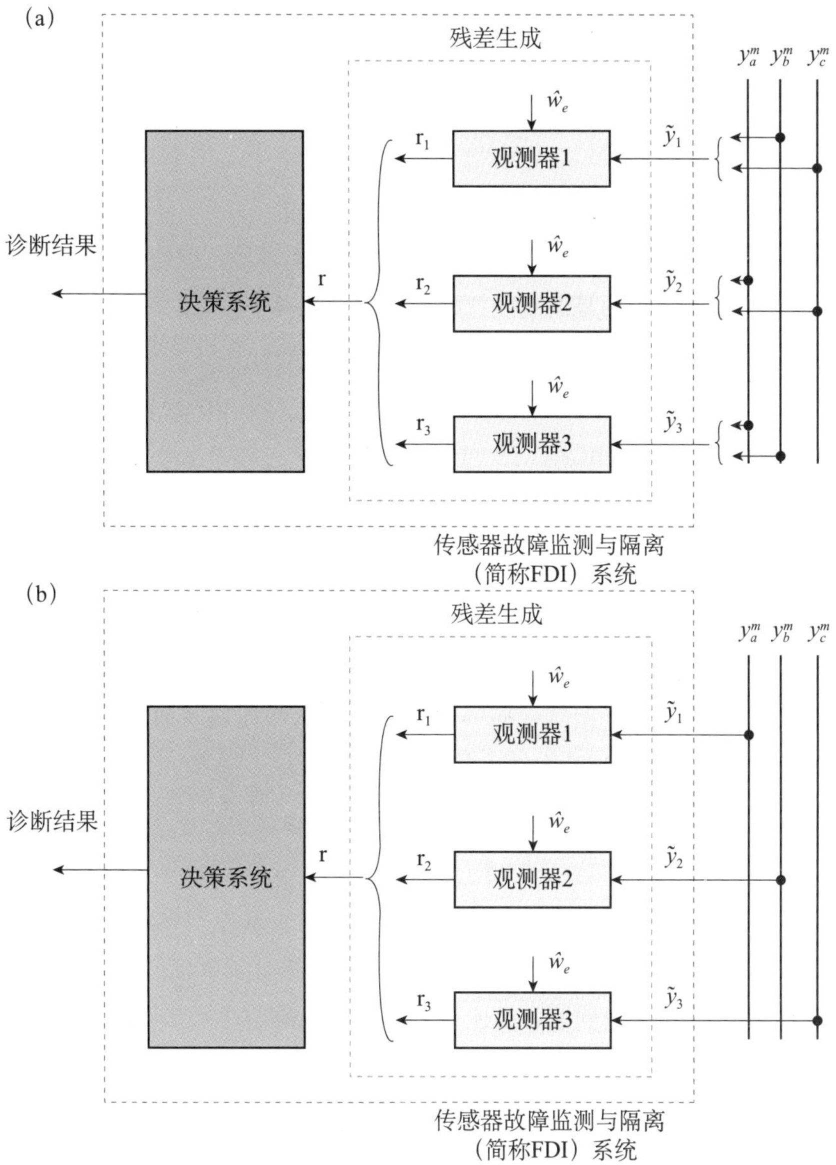

图 10-4　以一般观测器计划（简称 GOS）（图 a）和专用观测器计划（简称 DOS）（图 b）为基础，具有残差生成的传感器故障监测与隔离（简称 FDI）

$$\hat{\mathbf{y}}_i(k) = \widetilde{\mathbf{C}}_i \hat{\mathbf{x}}_i(k|k-1) \tag{10-38}$$

$$\mathbf{K}_i(k) = \mathbf{M}_i(k|k-1)\widetilde{\mathbf{C}}_i\left[\widetilde{\mathbf{C}}_i\mathbf{M}_i(k|k-1)\widetilde{\mathbf{C}}_i^T + \mathbf{R}_{\mathbf{v}i}\right]^{-1} \tag{10-39}$$

$$\hat{\mathbf{x}}_i(k) = \hat{\mathbf{x}}_i(k|k-1) + \mathbf{K}_i(k)\left[\tilde{\mathbf{y}}_i^m(k) - \hat{\mathbf{y}}_i(k)\right] \tag{10-40}$$

$$\mathbf{M}_i(k) = \mathbf{M}_i(k|k-1) - \mathbf{K}_i(k)\widetilde{\mathbf{C}}_i\mathbf{M}_i(k|k-1) \tag{10-41}$$

在公式（10-36）至公式（10-41）中，频率 $\omega_e(k)$ 已被其估计值 $\hat{\omega}_e(k)$ 取代。

例如，利用[19]中描述的锁频环（简称 FLL）获得该估计值。

可将第 i 个残差设置为第 i 台卡尔曼滤波器（简称 KF）的创新形式，即采用一般观测器计划（简称 GOS）时为二维向量，而采用专用观测器计划（简称 DOS）时则为标量信号。

$$\mathbf{r}_i(k) = \tilde{\mathbf{y}}_i^m(k) - \hat{\mathbf{y}}_i(k) \tag{10-42}$$

由于区分 $\mathbf{w}(k)$ 和 $\tilde{\mathbf{v}}_i(k)$ 对被测信号的影响并不容易，因此利用协方差矩阵 $\boldsymbol{R}_w$ 和 $\boldsymbol{R}_{\tilde{v}i}$ 作为调节参数，目的是调整残差瞬态响应及其对于故障的敏感度。特别设计了第 i 个 KF 增益 $\mathbf{K}_i(k)$，因此单一故障对于一般观测器计划（简称 GOS）［专用观测器计划（简称 DOS）］所产生的残差的影响相当于关联表 10-2（3）中所示的内容。在这些表格中，i 行和 j 列中的“1”表明发生故障 f_j 时残差 $\mathbf{r}_i$ 变化明显，而 i 行和 j（$j \in \{1, 2, 3\}$）列中的“0”则表示残差对于故障 f_j 的敏感度非常低。

每个三相信号（电流或电压）可获得三个残差向量 $\mathbf{r}_i (i \in \{1, 2, 3\})$。将三个残差向量堆叠，我们能够确定向量 $\mathbf{r}(k) = [\mathbf{r}_1(k)^T, \mathbf{r}_2(k)^T, \mathbf{r}_3(k)^T]^T$。利用 10.3.2 节中介绍的决策系统形式对向量进行处理。使用一般观测器计划（简称 GOS）时，$\mathbf{r}(k)$ 表示六维向量，而当使用专用观测器计划（简称 DOS）时，$\mathbf{r}(k)$ 表示三维向量。这两个计划产生的残差向量可表示为：

$$\mathbf{r}(\mathbf{k}) = \mathbf{r}_0(k) + v_\ell \boldsymbol{\Gamma}_\ell 1_{\{k \geqslant k_0\}} \tag{10-43}$$

其中 $\mathbf{r}_0(k)$ 被视为已知方差 $\boldsymbol{\Sigma}_r(k)$ 的零平均值高斯白噪声序列，相当于无故障测量值。$\boldsymbol{\Gamma}_\ell$ 表示关联表中的第 ℓ 列，v_ℓ 表示故障幅值对于残差的影响。为了简单起见，假设 v_ℓ 为常数，等于其稳态值。[11]中对瞬态效应进行了解释说明。

因此，故障监测/隔离问题可描述为下列假设检验。

从以下两种假设中进行选择：

$$\begin{array}{lll} \mathscr{H}_0 & \mathscr{L}[\mathbf{r}(i)] & = \mathscr{N}[\mathbf{0}, \Sigma_r(i)], \text{当 } i = 1, \cdots, k \\ \mathscr{H}_\ell, \ \ell = 1, \cdots, n_f & \mathscr{L}[\mathbf{r}(i)] & = \mathscr{N}[\mathbf{0}, \Sigma_r(i)], \text{当 } i = 1, \cdots, k_0 - 1 \\ & & = \mathscr{N}[v_\ell \boldsymbol{\Gamma}_\ell, \boldsymbol{\Sigma}_r(i)], \text{当 } i = k_0, \cdots, k \end{array}$$

其中，k_0 表示未知故障发生时间。

除了残差方差随时间变化之外，这恰好是 10.3.2 节中介绍的问题说明形式。但是在计算对数似然比[14,15]时，以直截了当的方式对其进行了说明。

备注：由于 $\boldsymbol{R}_w$ 和 $\boldsymbol{R}_{\tilde{v}_i}$ 用作卡尔曼滤波器的调节参数，因此并无能保证残差序列的白度。但是众所周知，CUSUM 算法对于该假设[20]的表现非常稳健。

下一小节将介绍双馈感应发电机组（简称 DFIG）上的电压与电流传感器的故

障监测与隔离（简称 FDI）验证实例。

10.5.3　风力驱动的双馈感应发电机组（简称 DFIG）定子电压传感器和定子电流传感器的故障监测与隔离

案例研究的介绍包括问题说明、残差产生器与决策系统的设计及其在仿真中的验证情况。

10.5.3.1　问题说明

考虑了图 10-5 中描述的控制双馈感应发电机组（简称 DFIG）。叶轮侧控制器（简称 RSC）的目的在于达到期望的参考发电机组转矩 T_g^*，并实现无功功率 Q_s^* 在双馈感应发电机组和电网之间的交换。为了达到控制的目的，通过派克转换将测定三相定子电压 $u_{s,abc}^m$、定子电流 $i_{s,abc}^m$ 和叶轮电流 $i_{r,abc}^m$ 转化为适当的旋转 dq 坐标系。派克转换在图[21]中表示为 dq/abc blocs。$\hat{\theta}_s$ 和 $\hat{\theta}_r$ 分别表示 θ_s 和 θ_r 的估计值。对相对于适当基准轴的两个角度进行了定义，这两个角度满足 $\frac{\mathrm{d}\theta_s}{\mathrm{d}t}=\omega_s$ 和 $\frac{\mathrm{d}\theta_r}{\mathrm{d}t}=\omega_r$，其中 ω_s 和 ω_r 分别表示定子信号频率和叶轮信号频率。按信号名称检索的符号 **v** 和 **f** 相当于影响该信号的测量噪声和加性故障，与公式 10-34 中的测量值一致。Ω_g 表示发电机组转速。RSC 控制器的设计详见[15]的第五章内容。

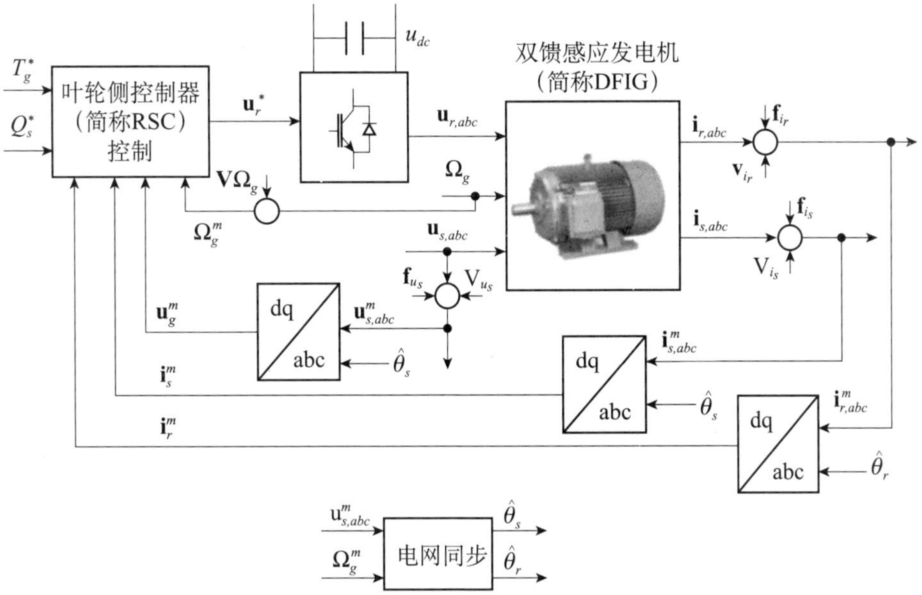

图 10-5　影响控制双馈感应发电机组（简称 DFIG）中三相信号的故障

表 10-2　利用一般观测器计划（简称 GOS）的关联表

r	$\mathbf{f}_1$	$\mathbf{f}_2$	$\mathbf{f}_3$
$\mathbf{r}_{1,1}$	0	1	0
$\mathbf{r}_{1,2}$	0	0	1
$\mathbf{r}_{2,1}$	1	0	0
$\mathbf{r}_{2,2}$	0	0	1
$\mathbf{r}_{3,1}$	1	0	0
$\mathbf{r}_{3,2}$	0	1	0

我们的目的是设计一个诊断系统，监测并隔离定子电压 $v_{s,abc}^m$ 和定子电流 $i_{s,abc}^m$ 上出现的故障，但是该诊断系统对风轮电流上可能出现的故障不敏感。在风力驱动双馈感应发电机组（简称 DFIG）的整个工作范围内，该诊断系统必须处于正常工作状态。所有的故障幅值均表示为额定工作点信号峰值的百分比。标称故障情况（将监测到最小故障）定义为定子电流（定子电压）传感器中出现偏移，故障幅值为 5%（2%）。经证明，为定子电压选择较小的标称故障幅值是合理的，详见下文内容。定子电压中出现的故障不仅影响控制策略的计算（原因是定子电压用于状态估计）和定子有功功率与无功功率的计算，而且影响派克转换的估计角度。派克转换可利用相锁环/频锁环获得。这就是为何为定子电压考虑的故障幅值小于为定子电流考虑的故障幅值的原因。[22]中研究了因定子电压中出现的偏差或相不平衡而导致的派克转换估计角度出现误差的情况。最后，将 $\bar{\tau}_\ell \leqslant 0.04$ 的平均监测/隔离延时应用于全部六个传感器故障。

10.5.3.2　残差发生器与决策系统设计

我们用 f_1、f_2 和 f_3 分别表示影响 $u_{s,a}$、$u_{s,b}$ 和 $u_{s,c}$ 的故障，并用 f_4、f_5 和 f_6 分别表示影响 $i_{s,a}$、$i_{s,b}$ 和 $i_{s,c}$ 的故障。然后我们将两个一般观测器计划（简称 GOS）相结合，一个计划用于监测定子电压，另一个计划用于监测定子电流。得到一个 12 维残差向量，符合表 10-4 中的关联矩阵。每一个观测器输入 $\mathbf{r}_\ell(k)$ 均为一个二维向量。在 $\mathbf{r}_\ell(k)$ 中，定子电流为 $\ell \in \{1, 2, 3\}$，而定子电压则为 $\ell \in \{4, 5, 6\}$。假设两个三相系统均具有恒定频率 $\omega_e = 2\pi f_s$ rad/s，其中 $f_s = 50$Hz，为根据公式（10-33）和公式（10-35）所述模型设计卡尔曼滤波器的同步频率。

利用公式（10-11）至公式（10-13）描述的多 CUSUM 算法处理残差向量，以便监测、隔离故障。为此，必须评估无故障模式中的残差向量平均值和方差，并评估待监测标称故障的残差向量平均值和方差。

根据良性条件中仿真数据的第一组 5s 时间，同时根据系统在额定工作点的工作情况，获得了残差向量 $\mathbf{r}(k)$ 的协方差矩阵（Σ）。残差平均值为可忽略值，因此将 $\boldsymbol{\mu}_0$ 设置为零。根据指示的最小故障幅值，计算 $\ell=1$，2，…，6 时的每一个，假设向量 $\boldsymbol{\Gamma}_\ell$ 是表 10-3 中的第 ℓ 列。当 $\ell \in 1, 2, 3$ 时，将阈值设置为 $h^\ell = 3 \times 10^4$；而当 $\ell \in \{4, 5, 6\}$ 时，将阈值设置为 $h_\ell = 6 \times 10^3$，符合所需的平均监测/隔离延时要求。

表 10-3　利用专用观测器计划（简称 DOS）获得的单一故障关联表

$\mathbf{r}$	$\mathbf{f}_1$	$\mathbf{f}_2$	$\mathbf{f}_3$
$\mathbf{r}_1$	1	0	0
$\mathbf{r}_2$	0	1	0
$\mathbf{r}_3$	0	0	1

10.5.3.3　情景仿真

利用仿真测试设计的故障监测与隔离（监测 FDI）系统的性能。在仿真中，定子电流和定子电压中发生了加性传感器故障，参考变量（T_g^* 和 Q_s^*）和干扰（Ω_g）发生变化，同时风轮电流中也出现了加性传感器故障。由于风力驱动双馈感应发电机组（简称 DFIG）根据其理想功率曲线（如图 10-6a 所示）运行，因此发电机组参考转矩 T_g^* 和发电机组转速 Ω_g 中出现的变化与平均风速（$\bar{V}$）的变化有关。作业点上的变化，特点是 GFIG 的滑程，定义为 $s=(\omega_s - n_p\Omega_g)/\omega_s$，其中 n_p 表示发电机组的极对数（详见图 10-6b）。

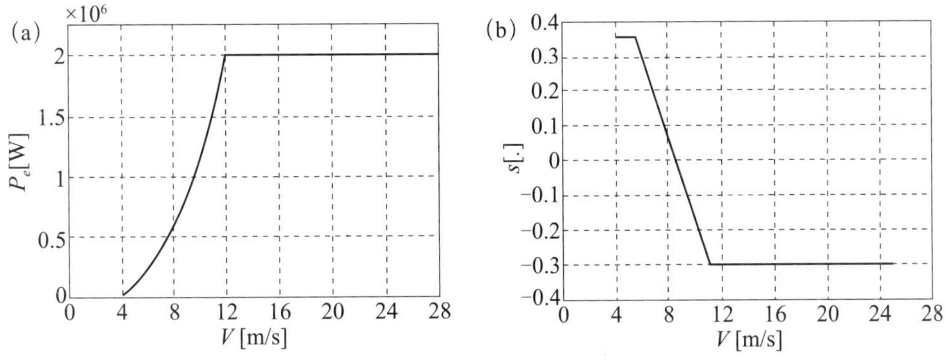

图 10-6　风力驱动双馈感应发电机组（简称 DFIG）的作业条件：图 a 为理想功率曲线：有功功率（P_e）和风速（V）关系曲线；图 b 为滑程（s）和风速（V）关系曲线

对包含参数变化的双馈感应发电机组（简称 DFIG）进行了仿真，如[15]中所述。为了避免仿真时间过于漫长，同时介绍发电机组动力学的不同公式数字分辨率需要小步长，因此仿真的作业点的变化比实际风力发电机组中预期的变化更快。对于风力发电机组而言，作业点变化主要取决于低频范围（达 10Hz）内风速变化。此外，根据某些并网标准，产生的功率变化（与发电机组转矩和发电机组转速均有关）必须小于每分钟 0. 1p.u.（详见[23]的 122 页内容）。我们可以认为，如果传感器的故障监测与隔离（监测 FDI）系统能够处理此类快速作业点变化，则该系统在较慢的变化条件下也能够有良好表现。

表 10-4　利用一般观测器计划（简称 GOS）的关联表

$\mathbf{r}$	$\mathbf{f}_1$	$\mathbf{f}_2$	$\mathbf{f}_3$	$\mathbf{f}_4$	$\mathbf{f}_5$	$\mathbf{f}_6$
$\mathbf{r}_{1,1}$	0	1	0	0	0	0
$\mathbf{r}_{1,2}$	0	0	1	0	0	0
$\mathbf{r}_{2,1}$	1	0	0	0	0	0
$\mathbf{r}_{2,2}$	0	0	1	0	0	0
$\mathbf{r}_{3,1}$	1	0	0	0	0	0
$\mathbf{r}_{3,2}$	0	1	0	0	0	0
$\mathbf{r}_{4,1}$	0	0	0	0	1	0
$\mathbf{r}_{4,2}$	0	0	0	0	0	1
$\mathbf{r}_{5,1}$	0	0	0	1	0	0
$\mathbf{r}_{5,2}$	0	0	0	0	0	1
$\mathbf{r}_{6,1}$	0	0	0	1	0	0
$\mathbf{r}_{6,2}$	0	0	0	0	1	0

以图 10-7a 中的滑程变化描述发电机组转速 Ω_g 的变化。我们可以发现，已包含了各种不同的作业条件。仿真的前 6s 相当于超同步运行（$s<0$），当 $t=6$s 时，设备趋向同步运行（$s=0$）；而当 $t=8$s 时，设备则被迫以次同步转速值运行（$s>0$）。

对三个故障进行了仿真，每一个故障影响三组传感器测量值中的一个值，即分别为 $i_{r,abc}$、$v_{s,abc}$ 和 $i_{s,abc}$，如图 10-7b 所示。首先，在 $t=1$s 和 $t=2$s 之间时，传感器（$\ell=8$）中出现故障的几率为 5%，相当于测量值 $i_{r,b}$，相当于未监测风轮电流。当在 $t=4$s 和 $t=5$s 之间时，传感器（$\ell=1$）中出现故障的几率为 2%，相当于测量值

$u_{s,a}$。最后，当在 $t=8.5$s 和 $t=9.5$s 之间时，传感器（$\ell=6$）中出现故障的概率为 5%，相当于测量值 $i_{s,c}$。

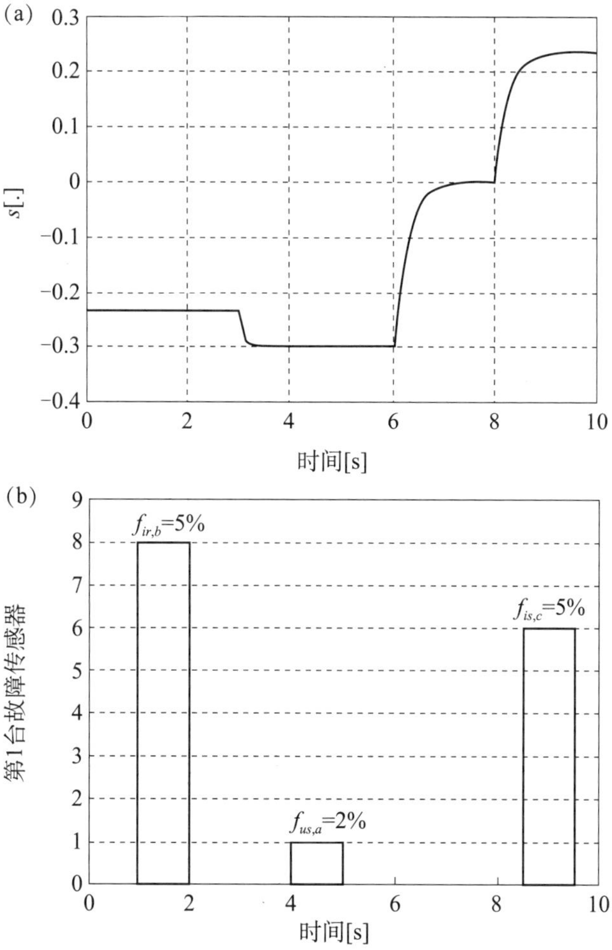

图 10-7　图 a 为应用滑程，图 b 为故障传感器

图 10-8a 中描述了 T_g 参考值中的应用变化以及产生的发电机组转速。在前 8s 仿真中，定子无功功率 Q_s 的参考值设置为零。而当 $t=8$s 时，会产生 0.05[$p.u.$] 的步长变化，如图 10-8b 所示。

在两个控制变量 T_g 和 Q_s 中，加性故障的影响是显而易见的。定子或叶轮三相信号测量中出现的偏差会在测定信号的 dq 组件中产生振动。振动的频率等于故障定子信号或故障叶轮信号的频率。由于 dq 组件用于计算控制策略以及控制变量，因此发生故障时，T_g 和 Q_s 参考值周围会出现振动。

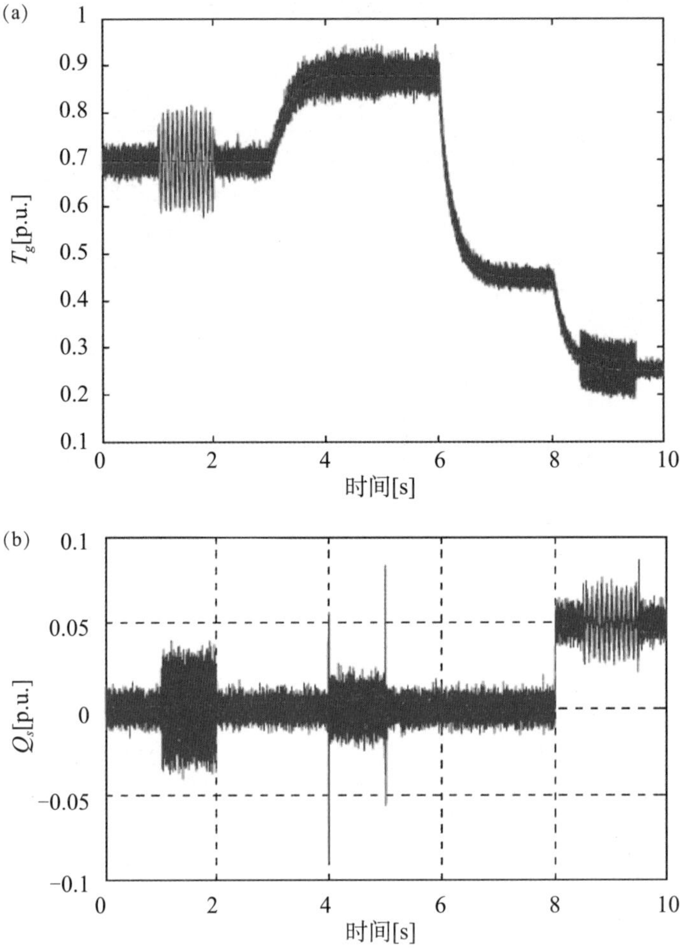

图 10-8　发电机组转矩 b 定子无功功率的参考值和输出

10.5.3.4　结果与讨论

图 10-9a 中介绍了定子电压（$\ell \in \{1, 2, 3\}$）的两个一般观测器计划（简称 GOS）输出，而图 10-9b 则介绍了定子电流（$\ell \in \{4, 5, 6\}$）的两个一般观测器计划（简称 GOS）输出。在图 10-9a 中，在 $t = 4$s 和 $t = 5$s 之间，传感器 1（$u_{s,a}$）中出现的故障使组件 $\mathbf{r}_{2,1}$ 和组件 $\mathbf{r}_{3,1}$ 的平均值发生变化，与关联表 10-4 一致。在图 10-9b 中，组件 $\mathbf{r}_{4,2}$ 和组件 $\mathbf{r}_{5,2}$ 的平均值显示出在 $t = 8.5$s 和 $t = 9.5$s 之间的持续变化，相当于传感器 6（$i_{s,c}$）中的故障。由于控制算法使残差传播，因此 $\ell \in \{4, 5, 6\}$ 的所有残差 $\mathbf{r}_\ell$ 均收到其他传感器故障的影响，但是残差平均值仍接近零。当参考值和干扰情况均发生变化时，相同的行为会发生。

本处介绍了利用多 CUSUM 算法处理产生的 12 维残差向量［$\mathbf{r}(k)$］时产生的

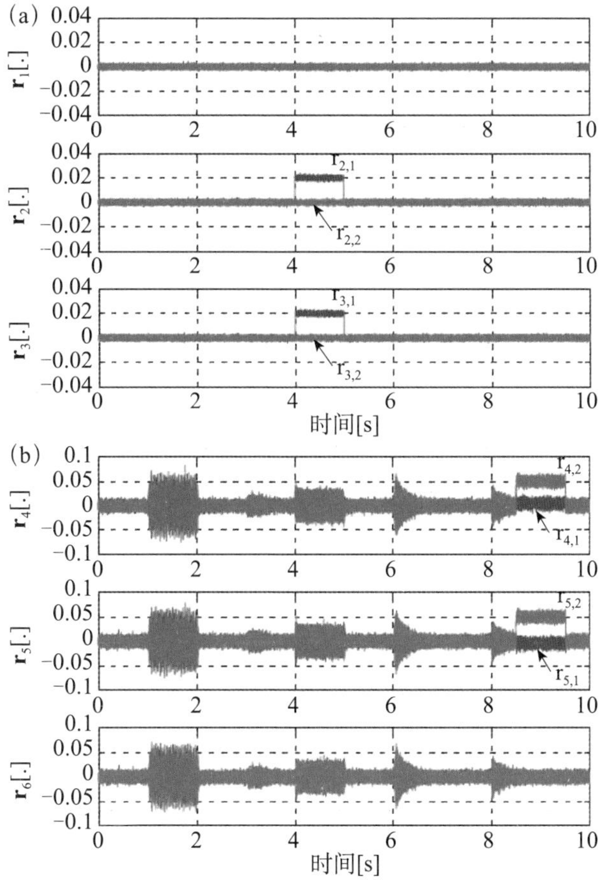

图 10-9 定子电压的残差向量 $r_i(k)$（图 a）和定子电流的残差向量 $r_i(k)$（图 b）

决策函数。图 10-10a 为定子电压（$\ell \in \{1, 2, 3\}$），而图 10-10b 则为定子电流（$\ell \in \{4, 5, 6\}$）。为了介绍图 10-10*a* 和图 10-10*b* 中的决策函数，我们利用阈值 h_ℓ 作为归一化因数。

在图 10-10a 中，只有 g_1^*（相当于传感器测量 $u_{s,a}$ 中的故障）在 $t=4$s 之后交叉阈值。因此，可以准确地监测、隔离该故障。从图 10-10b 中可以看到，只有 g_6^*（相当于传感器测量 $i_{s,c}$ 中的故障）在 $t=8.5$s 之后交叉阈值。注意出现故障时阈值的重复交叉，原因在于 10.3.3 节中所述的重新初始化策略。传感器 $\ell=8$（$i_{r,b}$）中的故障在 g_ℓ^*（$\ell \in \{4, 5, 6\}$）中产生了正值。此外，参考变化和干扰变化对这些决策函数产生了小振幅的瞬态影响。但是在这两种情况下，决策函数并未交叉相应的阈值。此外，我们可以推断准确监测、隔离了定子电流 $i_{s,c}$ 中的故障。除此之外，在规定的监测/隔离延时范围内对故障进行了监测和隔离。

根据 2%、3%、5% 和 8% 的故障幅值定子电压进行仿真，并根据 5%、8%、

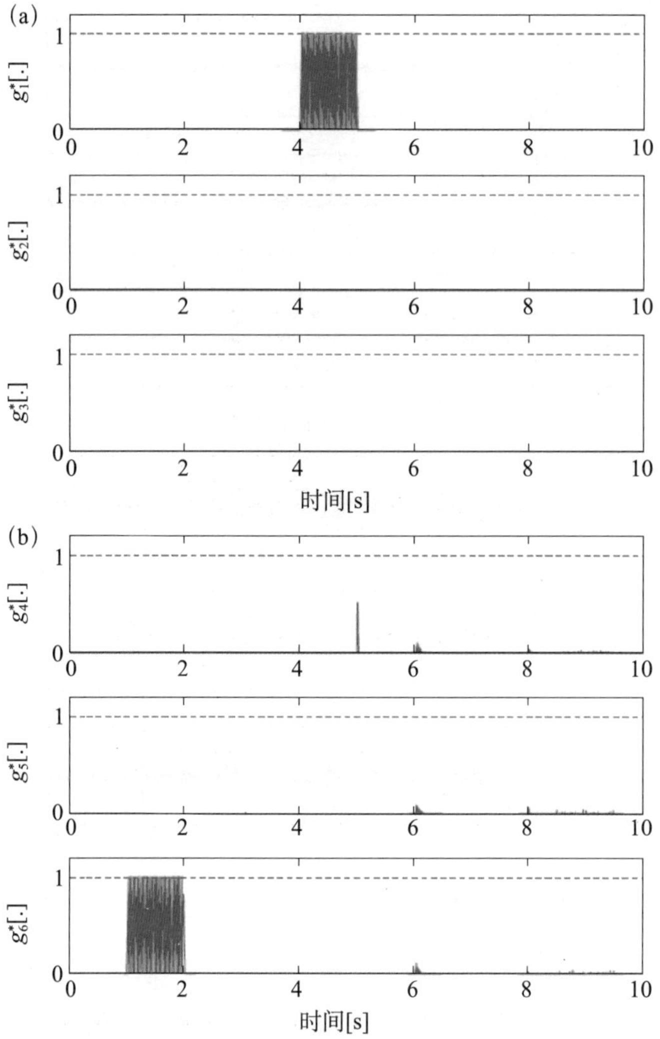

图 10-10 定子电压的决策函数（图 a）和定子电流的决策函数（图 b）

10% 和 15% 的故障幅值对定子电流进行仿真。在所有情况下，决策算法能够监测、隔离全部故障，且监测/隔离延时小于规定延时。我们可以推断，利用以三相信号模型为基础的建议传感器故障监测与隔离（简称 FDI）系统可实现对定子电压和定子电流的传感器 FDI。性能不会受到参考变化、干扰变化或风轮电流故障的影响。

风轮电流中的故障通过控制算法补偿，因此在故障影响定子电压和定子电流的情况下，信号故障的影响并不明显，如图 10-11 所示。

图 10-11a 描述了在 $t=8.5\text{s}$ 和 $t=9.5\text{s}$ 之间，传感器 $i_{s,c}$（$\ell=6$）出现故障时测定的定子电流和风轮电流，而图 10-11b 则介绍了在 $t=1\text{s}$ 和 $t=2\text{s}$ 之间传感器 $i_{r,b}$ 出现故障时测定的定子电流和风轮电流。注意，在图 10-11a 中，$i_{s,c}$ 测量值的平均值出现

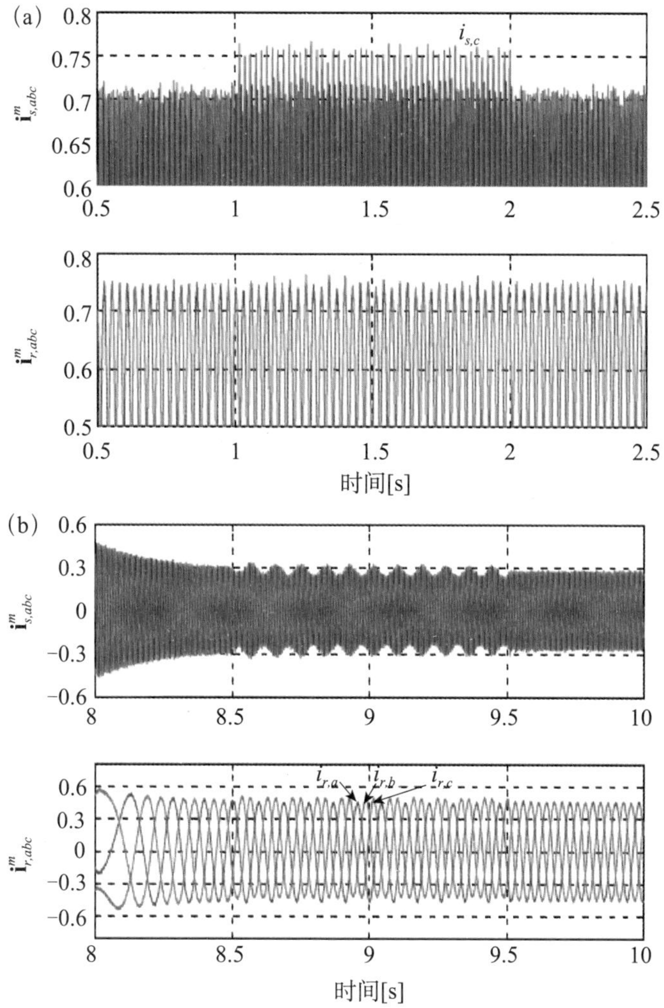

图 10-11　传感器 $i_{s,c}$ 中出现故障时测定的定子电流和风轮电流（图 a），传感器 $i_{r,b}$ 中出现故障时测定的定子电流和风轮电流（图 b）

变化，而故障并未使平均值出现重大变化。

图 10-11b 表明当传感器测量 $i_{r,b}$($\ell = 8$）上出现加性故障时，由于用于其他两个风轮电流的控制算法，故障会传播，而加性故障影响了三个风轮电流的平均值。最后，定子电流也受到传感器 $\ell = 8$ 中故障的影响。频率等于风轮电流频率（$\omega_r = \omega_s - n_p \Omega_g$ [rad/s]）的振动出现，但是定子电流平均值仍旧保持不变。

由于这些观测结果，无法应用 10.6.2 节中介绍的方法对风轮电流进行传感器故障监测与隔离（简称 FDI）。这种情况下，需要采用以双馈感应发电机组（简称 DFIG）模型为基础的方法，如[14，15]中所述。然而，由于操作条件变化很大，因此采用该模型将意味着要对电参数（主要为温度函数）变化非常敏感。建议在指示参考中适当处理该问题。

10.6 结 论

本章依次考虑了三个问题，即单传感器监测、冗余传感器中故障监测与隔离（监测 FDI）、传感器 FDI 解析冗余。所有情况均采用基于递归统计变化监测/隔离算法的决策系统。

已将过度噪声监测算法用于风力驱动的双馈感应发电机组（简称 DFIG）的转速测量。这些数据通过在与实际风力条件一致的条件下对风力发电机组进行仿真而获得。

解析冗余已应用于定子电压传感器和定子电流传感器的故障监测与隔离（监测 FDI）。强调可采用简单的单模型，对三相信号的平衡特性进行说明。这使操作人员避免使用以参数变化为准的感应发电机组模型进行 FDI。在对取自控制双馈感应发电机组（简称 DFIG）的仿真数据进行验证时，产生的传感器 FDI 系统并未受到参考信号变化和干扰变化的影响。此外，影响风轮电流的故障并未降低传感器 FDI 系统的性能。观测可知，控制算法部分隐藏了影响特殊风轮电流传感器的故障，且将故障的影响传播到其他两台风轮电流传感器。

10.7 未来工作

随着风力发电机组的容量日益增大，对在线结构健康监测的关注也日渐增加，而这一目标可以通过传感器网络实现。因此，对于传感器网络进行的传感器监测似乎成为一个重要问题。这就提出了新的问题，比如研发允许应对大量传感器的分散方法，确定处理传输延时的适当方式，传感器监测框架中传感器网络的数据包丢失等。该主题的初期工作包括两个方面，即基于数据的方法[24]和基于方法的模型[25]。在基于方法的模型中，分散状态观测器的可用结果似乎是一个有趣的起点[26,27,28]。未决问题包括传感器网络传统多观测器计划的一般化，如一般观测器计划和专用观测器计划，在此期间需对可扩展性和分散性进行解释说明。同时这种背景下的统计变化监测/隔离算法外延的处理还处于初期阶段[29]。另一个问题则与 FDI 系统设计过程的风险概念（即某个故障出现的概率）整合相关，同时与处理性能故障的潜在影响相关。决策阈值的选择必须说明风险影响和故障影响，使操作人员能够进行风险维护。

参考文献

[1] Odgaard PF, Stoustrup J, Kinnaert M (2013) Fault tolerant control of wind turbines: a benchmark model. IEEE Trans Control Syst Technol 21: 1168 - 1182.

[2] Simani S, Castaldi P (2013) Active actuator fault-tolerant control of a wind turbine benchmark model. Int J Robust Nonlinear Control. doi: 10. 1002/rnc. 2993.

[3] Ciang CC, Lee J-R, Bang H-J (2008) Structural health monitoring for a wind turbine system: a review of damage detection methods. Meas Sci Technol 19: 122001. doi: 10. 1088/0957-0233/19/12/122001.

[4] Sattar TP, Rodriguez HL, Bridge B (2009) Climbing ring robot for inspection of offshore wind turbines. Industr Robot: Int J 36: 326-330.

[5] Crabtree CJ (2010) Survey of commercially available condition monitoring systems for wind turbines. http://www. supergen-wind. org. uk/docs/. Survey of commercially available CMS for WT. pdf. Cited 4 Dec 2013.

[6] Ribrant J, Bertling L (2007) Survey of failures in wind power systems with focus on Swedish wind power plants during 1997—2005. In: Proceedings of the 2007 IEEE power engineering society general meeting, Tampa, USA.

[7] Blanke M, Kinnaert M, Lunze J, Staroswiecki M (2006) diagnosis and fault-tolerant control, Second edn. Springer, Berlin.

[8] Basseville M, Nikiforov I (1993) Detection of abrupt changes: theory and application. Prentice-Hall, Englewood Cliffs.

[9] Nikiforov I (1995) A generalized change detection problem. IEEE Trans Inf Theory 41: 171 - 187.

[10] Nikiforov I (1998) A simple recursive algorithm for diagnosis of abrupt changes in signals and systems. In: Proceedings of the 1998 American control conference, Philadelphia, USA, vol 3, pp 1938 - 1942.

[11] Kinnaert M, Vrancic D, Denolin E, Juricic J, Petrovcic J (2000) Model-based fault detection and isolation for a gas-liquid separation unit. Control Eng Pract 8: 1273 - 1283.

[12] Li Y, Gu F, Harris G, Ball A, Bennett N, Travis K (2005) The measurement of instantaneous angular speed. Mech Syst Signal Process 19: 786 - 805.

[13] NWTC Computer-Aided Engineering Tools (FAST by Jonkman J, PhD). http://wind.nrel.gov/designcodes/simulators/fast/.

[14] Boulkroune B, Galvez-Carrillo M, Kinnaert M (2013) Combined signal and model based fault diagnosis for a doubly fed induction generator. IEEE Trans Control Syst Technol 21: 1771 - 1783.

[15] Galvez M (2011) Sensor fault diagnosis for wind-driven doubly-fed induction generators. PhD thesis, Université libre de Bruxelles (ULB).

[16] Galvez-Carrillo M, Kinnaert M (2010) Sensor fault detection and isolation in three-phase systems using a signal-based approach. IET Control Theory Appl 4: 1838 - 1848.

[17] Patton R, Frank P, Clark R (1989) Fault diagnosis in dynamic systems: theory and applications. Prentic-Hall, Englewood Cliffs.

[18] Franklin G, Powell J, Workman M (1998) digital control of dynamic systems, Third edn. Addison-Wesley, Reading.

[19] Rodriguez P, Luna A, Ciabotaru M, Teodorescu R, Bjaabjerg F (2006) Advanced grid synchronization system for power converters under unbalanced and distorted operating conditions. In: Proceedings of the 32nd annual conference of the IEEE industrial electronic society—IECON 2006, Orlando, USA, pp 5173 - 5178.

[20] Basseville M, Benveniste A (1983) Design and comparative study of some sequential jump detection algorithms for digital signals. IEEE Trans Acoust Speech Signal Process 31: 521 - 535.

[21] Krause P, Wasynczuck O, Sudhoff S (2002) Analysis of electric machinery and drive systems, second edn. Wiley-IEEE Press, New York.

[22] Chung S (2000) A phase tracking system for three-phase utility interface inverters. IEEE Trans Power Electron 15: 431 - 438.

[23] Matevosyan J, Ackermann T, Bolik S (2005) Technical regulations for the interconnection of wind farms to the power system. In: Ackermann T (ed) Wind power in power systems. Wiley, Chichester, pp 115 - 142.

[24] Kullaa J (2010) Sensor validation using minimum mean square error estimation. Mech Syst Signal Process 24: 1444 - 1457.

[25] Chabir K, Sauter D, Al-Salami IM, Aubrun C (2012) On fault detection and isola-

tion design for networked control systems with bounded delay constraints. In: Proceedings of the 8th IFAC symposium on fault detection, supervision and safety of technical processes (SAFEROCESS), Mexico City, Mexico.

[26] Alriksson P, Rantzer A (2006) distributed Kalman filter using weighted averaging. In: Proceedings of the 17th international symposium on mathematical theory of networks and systems, Kyoto, Japan.

[27] Cattivelli FS, Sayed AH (2010) Diffusion strategies for distributed Kalman filtering and smoothing. IEEE Trans Autom Control 55(9): 2069 - 2084.

[28] Olfati-Saber R (2005) Distributed Kalman filter with embedded consensus filters. In: Proceedings of the 44th IEEE conference on decision and control, 2005 and 2005 European control conference.

[29] Noumir Z, Guépié KB, Fillatre L, Honeine P, Nikiforov I, Snoussi H, Richard C, Jarrige PA, Campan F (2014) Detection of contamination in water distribution network. In: Advances in hydroinformatics. Springer Hydrogeology, Singapore, pp 141 - 151.

第十一章　针对漂浮式风力发电机组的叶片变桨系统故障进行结构载荷分析

Rannam Chaaban，Daniel Ginsberg，Claus-Peter Fritzen

摘要：漂浮式风力发电机组的工作条件恶劣，几乎无法维护，且维修成本高，因此其必须具有高性能和可靠性。对漂浮式风力发电机组结构潜在故障的严重性进行评估将为操作者提供良好的指导，以便在出现故障时，操作者能够采取适当的保护措施，或在减载荷及满载荷的情况下继续进行动力操作。此外，促进开发能够增强漂浮式风电机组可靠性的故障识别算法和容错控制系统。由于变桨系统的故障率最高，因此处理其故障是主要目标。除了变桨机构性能退化、致动器卡死、致动器失控相关内容之外，本章还对比了几种变桨系统故障，包括叶片变桨传感器偏差、增益故障。无论变桨系统内的故障源是什么，这些故障都会增加风轮的不平衡，而风轮的不平衡对风电机组结构和平台运动会产生影响。利用安装在驳船平台的风电机组，采用气动-水动-控制-结构完全耦合动力学模型仿真工具进行建模，对上述故障进行了仿真，研究其在满载区作为故障幅值函数和平均风速函数的影响。

关键词：漂浮式风力发电机组；结构载荷分析；变桨系统故障；损坏等效载荷故障建模

R. Chaaban (✉) · C.-P. Fritzen
地址：德国齐根 Paul-Bonatz 大街 9-11 号，齐根大学力学与控制工程机械电子学院传感器系统中心（简称 ZESS）
邮编：57076
电子邮箱：rannam. chaaban@ uni-siegend. de

C. -P. Fritzen
电子邮箱：claus-peter. fritzen@ uni-siegen. de

地址：德国齐根 Paul-Bonatz 大街 9-11 号，齐根大学力学与控制工程机械电子学院机械工程学院
邮编：57076
电子邮箱：daniel. ginsberg@ uni-siegen. de

术语：

β	叶片桨距角
β_{ref}	参考叶片桨距角
C	阻尼系数
$C_{p,max}$	最大功率系数
$e(t)$	误差信号
η	发电机组效率
h	轮毂高度
I_D	传动系统惯性
J	平台纵摇轴的风电机组惯性项
K	刚度系数
K_P	比例增益
K_I	积分增益
λ	叶尖速比
N	齿轮箱减速比
Ω_g	发电机组转速
$\Omega_{g,rated}$	额定发电机组转速比
Ω_r	叶轮转速
$\Omega_{r,rated}$	额定叶轮转速
ω_n	自然频率
P_{rated}	发电机组额定输出功率
$\frac{\delta p}{\delta \theta}$	叶轮空气动力功率对于调度参数的敏感性
R	叶轮半径
ρ	空气密度
T	空气动力叶轮推力
T_0	线性点处叶轮的空气动力推力
T_g	发电机组转矩
t_d	延时
θ	调度参数
V	叶轮轮盘的平均风速

$w(t)$	噪声
$\dot{x}$	塔顶（轮毂）速度
ξ	平台桨距角
$\dot{\xi}$	平台桨距角速度
$\ddot{\xi}$	平台桨距角加速度
ζ	阻尼比

11.1 引　言

随着风力发电在全球范围内的稳步增长，海上风电场因其高品质的海上风资源以及靠近大型海滨城市的特点而最有可能为某些国家的电力生产做出巨大贡献。迄今为止，海上风力发电机组仅用于浅水区，由传统的底部固定子结构支撑[1]，根据不同水深而采用不同类型的子结构，如重力基座的适用水深约为10米，固定底部单桩的适用水深约为30米，而三脚架和格式框架的适用水深则约为50米[1]。在水深超过60米的位置，这些支撑结构的经济性欠佳，需要采用新型的风电机组支撑结构。浮式支撑平台是一种潜在的解决方案。海上油气（简称O&G）工业中采用大量的辐射支撑平台配置。由于油气工业已经证明了海上漂浮式风力发电机组平台具有长期耐久性，因此这种平台技术的开发可行性毋庸置疑。但是，在深水区安装并使用海上漂浮式风力发电机组平台这种新趋势面临的主要问题是如何开发出经济性好的海上漂浮式风力发电机组。这种海上漂浮式风力发电机组能够在能源市场上拥有较强的竞争力。在充分利用现有海上油气工业知识的同时，也激发了对优化设计的研究兴趣。

根据实现稳定纵摇和横摇所用的方法，漂浮式子结构可分为三种主要概念，分别为张力腿平台（简称TLP）、柱形浮标和驳船（详见图11-1）。张力腿平台利用系泊缆绳，与剩余浮力结合，提供恢复的俯仰力矩和侧倾力矩。柱形浮标平台利用载重吃水和压舱水提供相似的力矩。而驳船平台则利用其吃水线与大水平面面积生成所需的恢复力矩。也可能存在这三种主要平台的混合概念[2]。在2009年6月，世界上第一个由漂浮式风力发电机组支撑的柱形浮标安装在水深为220米的挪威海域[3]。

漂浮式平台为系统引入了六种新型自由度（简称DOFs）。如果不考虑主动或被动的情况，这些增加的自由度对电力生产和风电机组结构载荷产生负面影响。陆上风电机组和漂浮式风电机组之间的载荷对比表明漂浮式结构载荷的急剧增加，主要是塔架底座前后弯曲力矩和侧-侧弯曲力矩、叶片摆振弯曲力矩和挥舞弯曲力矩、传

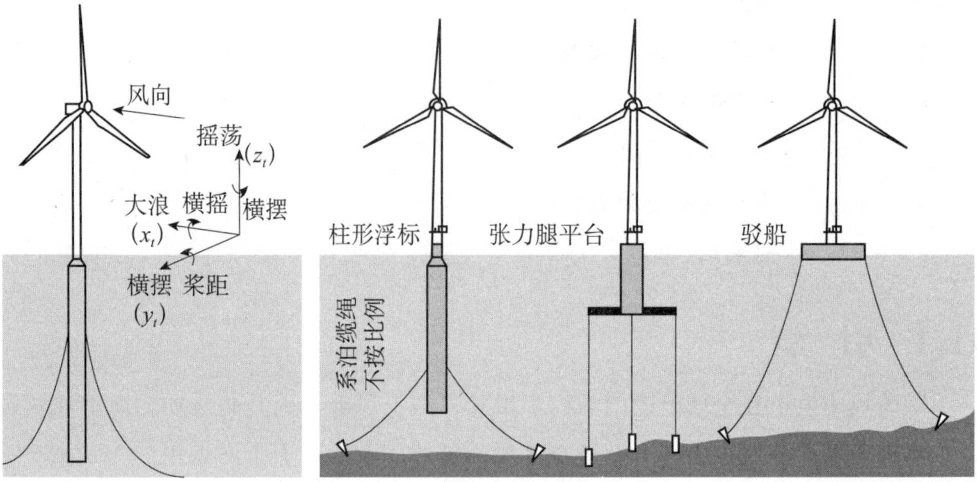

图 11-1 漂浮式平台概念

动系统扭转载荷[4]。结构载荷的总体增加与平台前后方向（平台俯仰运动）上的运动有关，这种运动引起了相对于叶轮的摆动风流入，并激起了回转横摆力矩与叶轮的选择惯性相结合。风电机组前后方向的运动与高于额定值区内叶片变桨控制相结合导致了对变桨运动的伺服诱导负阻尼。例如，考虑到漂浮式风力发电机组的单自由度模型。在漂浮式风力发电机组中，平台桨距角是唯一考虑的自由度（假设提供了塔架、叶片、传动系统和平台的刚性体模型）。此类简单模型的运动公式可写为：

$$J\ddot{\xi} + C\dot{\xi} + K\xi = hT \tag{11-1}$$

其中，ξ、$\dot{\xi}$ 、$\ddot{\xi}$ 分别表示平台桨距角、旋转速度和旋转加速度，J 表示惯性项，因桨距中的流体动力辐射作用，除了额外惯性外，该惯性项结合了风电机组和平台变桨惯性。C 表示阻尼项，该阻尼项结合了与桨距上流体动力辐射相关的阻尼和与桨距上流体动力黏性阻力相关的线性化阻尼。K 表示刚度项，该刚度项结合了来自所有系泊缆绳桨距的流体静力恢复和桨距上的线性化流体静力恢复。h 表示轮毂高度，T 表示空气动力叶轮推力。

空气动力叶轮推力取决于轮毂高度处的相对风速、叶片桨距角 β 和叶轮转速 Ω_r。假设轮毂平移出现了缓变变化，利用一阶泰勒级数得到公式：

$$T \approx T_0 - \frac{\partial T}{\partial V}\dot{x} \tag{11-2}$$

其中，V 表示叶轮轮盘的平均风速，$\dot{x}$ 表示塔顶（轮毂）风速，T_0则表示线性化点上叶轮的空气动力推力。轮毂平移和平台桨距角相关，公式为：

$$x = h\xi \tag{11-3}$$

将公式（11-2）和公式（11-3）带入运动公式（11-1），然后得到：

$$\frac{J}{h^2}\ddot{x} + \left(\frac{C}{h^2} + \frac{\partial T}{\partial V}\right)\dot{x} + \frac{K}{h^2}x = T_0 \tag{11-4}$$

根据该简单模型得出推力敏感度的阻尼项对于风速 $\frac{\partial T}{\partial V}$ 的依赖性。以闭环桨距调速控制器和安装在驳船平台上的 5MW 风电机组为例，闭环敏感度可估计为稳态推力斜率和风速响应关系曲线图，见图 11-2。最大负斜率直接位于额定风速以上。此外，叶轮的最大推力位于额定风速处[5]。满载荷区域内推力敏感度的降低是由该区域内存在变桨控制环造成的（详见图 11-2），该控制环改变了叶片桨距角，从而使叶轮空气动力学效率适应了高于额定值的风速，反过来也影响了公式（11-4）中的阻尼项。

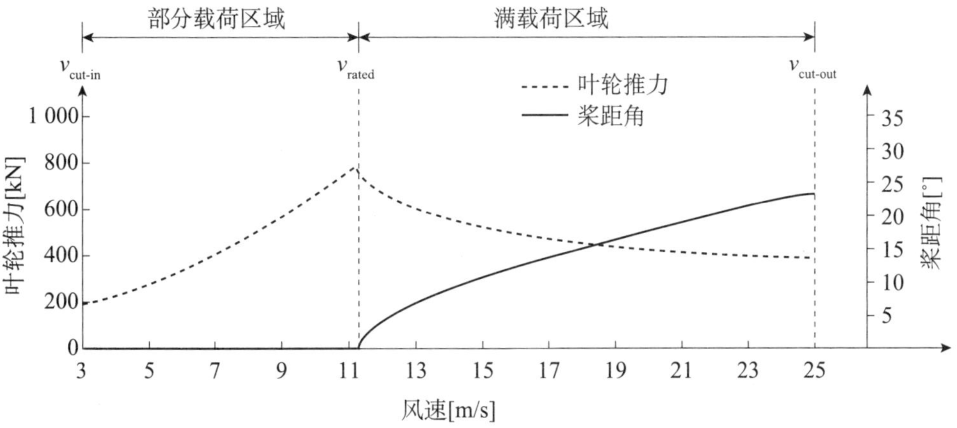

图 11-2　操作区域的叶轮推力、最大额定风速、满载荷区域的叶片桨距角

平台俯仰运动的负阻尼影响风电机组的性能，原因是这种运动引起了相对于叶轮的振荡风流入，并与叶轮的旋转惯性相结合，激发了回转横摆力矩，使风电机组远离风力。一些出版论文探讨了负阻尼行为，并对控制器设计提出了一些指导方针，以便避开负阻尼的影响，其中 Larsen 和 Hansen 提出的结果影响最为广泛。他们表示，为了避免出现传统控制器产生的负阻尼，控制器频率必须小于辐射风力发电机组的自然频率，而控制功率和旋转速度的下降性能可由桨距调整器[6]上的非线性增益进行补偿。利用这一结果，Jonkman 更新了基线增益调度比例积分（简称 GSPI）控制器，使其适应漂浮式平台的新操作环境[5]。GSPI 控制器最初开发的目的是用于陆基风电机组。文献中也研究了其他稳定平台运动的方法。这些方法有的利用单个叶片桨距（简称 IBP）[7,8]，有的将叶轮转速变化成为平台纵倾角速度[9]的函数。

此外，过去 10 年间对风力发电机组的可靠性进行了多次量化研究，其中一项最近的研究为 Reliawind 工程调查，根据 350 台工作时间不同的陆地风力发电机组的 35 000个故障事件对风力发电机组件可靠性信息进行了研究[10]。Reliawind 调查向公众分享了故障率。在该调查中，变桨系统故障率占据了风电机组年故障的 20% 以上，功率模块也占据了相当大的比例，而在控制模块和通讯模块中，传感器的故障率最高。图 11-3 为故障率超过 2% 的子模块调查的部分结果。

用于减少平台运动的传统控制方法主要取决于对叶片桨距角的控制，同时变桨系统的高故障率和控制环所需的传感器故障率，提出了故障叶片变桨系统可能对漂浮式风力发电机组的性能和结构载荷产生影响的问题。最近，这一话题引起了一些研究所的注意，希望分析不同故障情况下风力发电机组的动态响应，并将风电机组的结构载荷和产生的载荷进行对比。

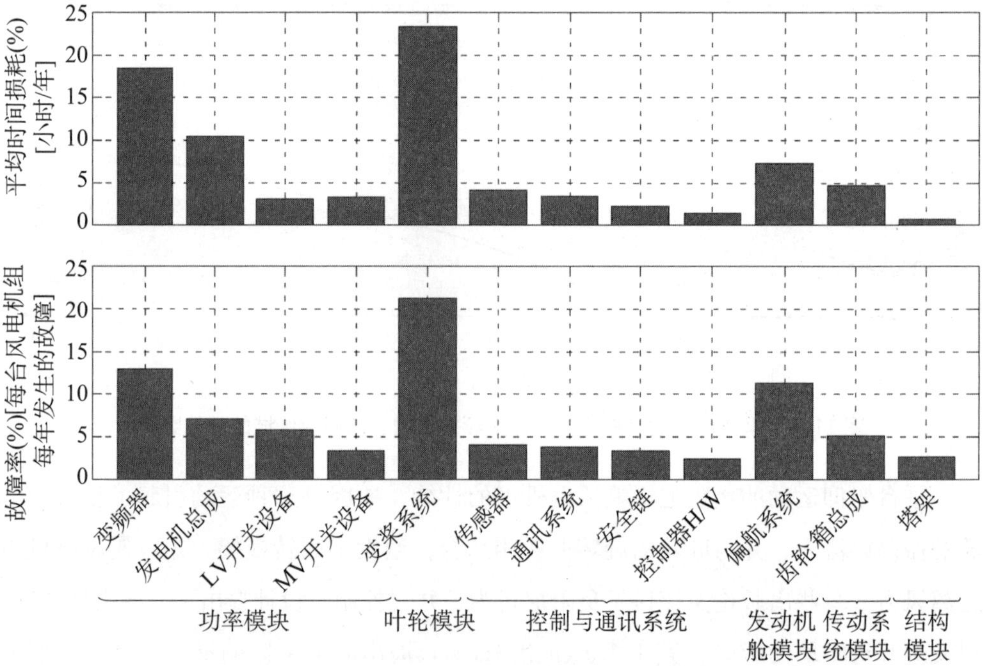

图 11-3　不同制造商生产的风电机组零部件和子系统的标准故障率及评价故障停机时间。未包含故障率小于 2% 的故障；[10] 中提供了正常运行条件下或极端事件中的完整结果，目的是估计风电机组结构中每一种故障的严重性

Bachynski 等人[11]研究了三种不同故障情况下漂浮式风力发电机组的动态响应。第一种故障是叶片卡死，一个叶片的变桨致动器卡死。第二种故障也是叶片卡死，而这次的叶片卡死故障由控制器识别，最终导致风电机组停机（电网断开和空气动力制动）。第三种故障是电网损耗，然后风电机组停机。假设在故障发生之后的短时间内已检测出故障。利用一台安装在不同漂浮式平台上的公共设施规模风力发电机组，将平台运动（除故障导致的结构载荷之外）与正常工作状态中的载荷和选定的极端天气条件下的载荷进行比较。该项研究的主要结果表明，平台运动和系泊载荷均由极端波浪条件控制，几乎不会受到故障的影响，而塔架弯曲力矩则更易受到故障情况的影响。此外，Bachynski 等人发现摆振方向的叶片弯曲载荷对不平衡敏感。而在侧向，则叶片弯曲载荷对停机敏感。该项研究对致动器卡死以及随后出现停机的过程进行了研究，同时针对在漂浮式系统对叶轮故障诱发不平衡的动态响应以及对平台运动影响，提出了良好的思路和方法。

在另一项研究中，Etemaddar 等人[12]研究了不同故障幅值对于陆基风力发电机组的影响。在陆基风力发电机组中，假设故障进行未检测的仿真。Bachynski 等人利用集中叶片变桨控制器时，Etemaddar 等人则利用了单个叶片变桨控制器。每一种控制方法对于故障的敏感度取决于故障源和故障类型。对比结果时，必须考虑故障源和故障类型。Etemaddar 等人提出的结果表明，单个叶片变桨控制能够减少传感器的惩罚因子、输出功率和推力载荷中出现的桨距致动器故障。但是，变桨传感器故障的主要影响是对旋转轴主轴承弯曲载荷的影响。此外，该项研究并未提及故障对于塔架载荷的影响。

然而，现代风力发电机组控制系统均配备状态监测系统和故障检测与隔离系统。一旦检测出故障，并对故障隔离，通用的方法是部署状态监测系统，关闭风电机组。但是，所有故障对风电机组产生影响的程度并不相同，一些故障改变了风电机组部件的特性，如变桨系统的性能较慢。如果风电机组配备了容错控制系统，则风电机组能够适应这样的性能改变。或可对风电机组进行监测，但不会在已知此类故障影响的情况下采取任何预防措施，则风电机组也能够适应这样的性能改变。风力发电机组中的大多数状态监测系统和故障检测系统均以信号为基础，而不同的故障可能会表现出相似的信号，这使得故障隔离与检测变得更加具有挑战性。最后，需要特别注意风力发电机组中漏检的故障及其对于结构的影响。本章内容介绍了漂浮式风力发电机组中漏检的变桨系统故障的影响。这些故障导致叶轮轮盘空气动力载荷的不平衡，将不仅影响叶轮和机舱总成，而且影响塔架和漂浮式平台。然而，影响的大小取决于叶轮不平衡的形成原因、工作条件和故障幅值。

本章内容结构如下：11.2 节介绍了变桨系统模型，还介绍了用于仿真的参考漂浮式风力发电机组模型及其工作区、应用的控制器。11.3 节介绍了变桨系统的传感器故障和致动器故障。11.4 节介绍了故障情况，还介绍了仿真步骤、环境条件（简称 ECs）。11.5 节中对获得的仿真结果进行了讨论和分析。11.6 节则对本章内容进行了总结。

11.2 风力发电机组

11.2.1 参考风力发电机组

将安装于驳船平台上的美国国家可再生能源实验室（简称 NREL）海上 5MW 风电机组[13]作为参考风力发电机组（简称 RWT）。由于风电机组制造商并未公布所有的风电机组特性信息，因此该风电机组为虚构的 5MW 设备，其特性以具有相似额定值的现有风力发电机组为基础。驳船为矩形，经济性较强，且易于安装，适合浅水区。由于驳船具有较大的水平面面积，因此它利用浮力保持其自身的稳定性。平台的大部分均位于水平以上，所以对入射波非常敏感。该风电机组和驳船平台的主要特性详见表 11-1。

表 11-1 漂浮式参考风力发电机组属性[4,22]

风电机组	
额定功率	5MW
叶轮类型，叶片控制	Upwind/3 个叶片
控制	变速与可变桨距
叶轮/轮毂直径	126 m/3 m
高度	90 m
切入风速/额定风速/切出风速	3/11.5/25m/s
额定叶轮转速	12.1rpm
额定发电机组转速	1173.7rpm
叶片桨距范围	-1°至+90°
最大叶片桨距变化率	±8°/s
驳船平台	
长度	40m
宽度	40m
高度	10m
吃水	4m
水深	150m
平台质量	5 452 330kg
横摇和纵摇惯性	726.9×10^6 kg · m^2
横摆惯性	1454×10^6kg · m^2
系泊缆绳数量	8

11.2.2　工作区

变桨变速风力发电机组一般在两种不同区域工作，即满载荷区域和部分载荷区域。满载荷区域的风速高于额定值，而部分载荷区域的风速则低于额定值（详见图11-4）。在满载荷区域（也被称为高于额定值区域）中，风拥有足够的能量驱动风电机组，使风电机组叶轮达到额定转速。控制器的主要任务是使叶片处于风中或使叶片位于风力范围之外，以便保持叶轮处于额定转速，从而适应叶轮的空气动力效率。相反，部分载荷区（也被称为低于额定值区）内具有最大空气动力效率。在部分载荷区内，风速低于额定值。控制器的任务是改变叶轮转速，从而改变发电机组转矩，最终追踪最大发电量。部分载荷区也可以分为一些子区，目的是处理切入风速时出现的过渡时期（在该过渡时期中，必须使叶轮加速，直至叶轮达到发电速度）或部分载荷区和满载荷区之间额定风速时出现的过渡时期。

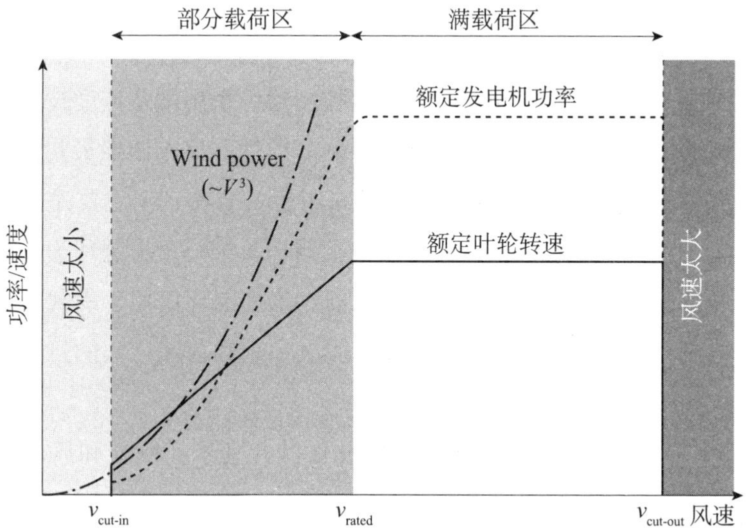

图 11-4　风力发电机组工作区域

叶片变桨仅在满载荷区域内被激活，而在部分载荷区域，叶片的桨距角保持为零，目的是维持叶轮的最大空气动力效率。

11.2.3　风力发电机组控制

有两种叶片变桨的控制方法。第一种方法是集中叶片变桨（简称 CBP），是同时改变所有叶片桨距的过程，换句话说，所有叶片在任何时间均具有相同的桨距角。第二种方法是单个叶片变桨（简称 IBP），即每一个叶片均被设为与其他叶片不同的角度。选择采用哪一种方法取决于满载荷区内控制器的设置目标，如果主要目标是调整叶轮转速，则采用集中叶片变桨（CBP）方法即可；但是如果目标是减少叶片载荷或适应叶轮轮盘的可变空气动力载荷，则采用单个叶片变桨（IBP）方法[7,14]。这两种控制方法对叶片变桨致动器具有不同的性能要求，而集中叶片变桨（CBP）方法则用于根据风速的缓慢变化调整叶片角度，这种风速的缓慢变化可能每隔几次旋转便会出现一次。单个叶片变桨（IBP）方法则要求每旋转一次便对叶片角度进行多次调整。当出现故障或对结果进行分析时，必须考虑两种方法性能要求的差别。

控制器设计遵循传统的线性设计方法，这种方法适用于跨越不同作业区的若干作业点上的线性化风力发电机组模型。由于不同作业区内的风电机组特性会发生改变，因此成功采用增益调度控制法对风电机组进行控制。

集中叶片变桨增益调度比例积分（简称 GSPI）控制器是首批获得良好反馈的控制器，已用于漂浮式风力发电机组的控制。许多文献资料将 GSPI 控制器用作基线控制器，对获得的结果进行比较。这项工作将遵循相同的步骤，并利用 GSPI 控制器研究叶片变桨系统故障对于漂浮式风电机组的影响。

GSPI 控制器是一款复杂精密的集中变桨控制器，采用增益调度技术，根据调度参数改变控制器增益，从而补偿风电机组中的非线性。该控制器最初由 Jonkman 研发，用于标准的陆基 5MW 风电机组[13]，后来用于安装在三个主要浮式平台[5]上的相同风电机组。GSPI 控制器具有两个独立的控制环。第一个控制环为集中叶片变桨控制环，将增益调度技术用于比例积分控制器。该控制环仅用于满载荷区。第二个控制环为发电机组转矩控制环，用于部分载荷区和满载荷区之间的目标转换。GSPI 控制器的结构如图 11-5 所示。

由于 RWT 并不具有变桨系统模型，因此在叶片变桨控制器和风电机组模型之间加入变桨系统模型块。测定输出为发电机组转速、发电机组转矩和三个叶片桨距角。为了仿真测量噪声，在确定的输出值中增加具有零平均值和规定标准偏差的高斯噪声，噪声标准偏差取决于传感器类型以及测量的难度。例如测量液压变桨系统中变桨致动器油缸的叶片桨距角，而与此同时利用软传感器为转换器提供发电机组转矩。利用速度编码器测量发电机组转速。发电机组转速噪声标准偏差为 0.0158rad/s，发电机组转矩噪声标准偏差为 45 N·m，而桨距角测量噪声的标准偏差为 0.2°[15]。

11.2.3.1 叶片变桨控制

增益调度比例积分（简称 GSPI）控制器的控制规则如公式 11-5 所示。在该公

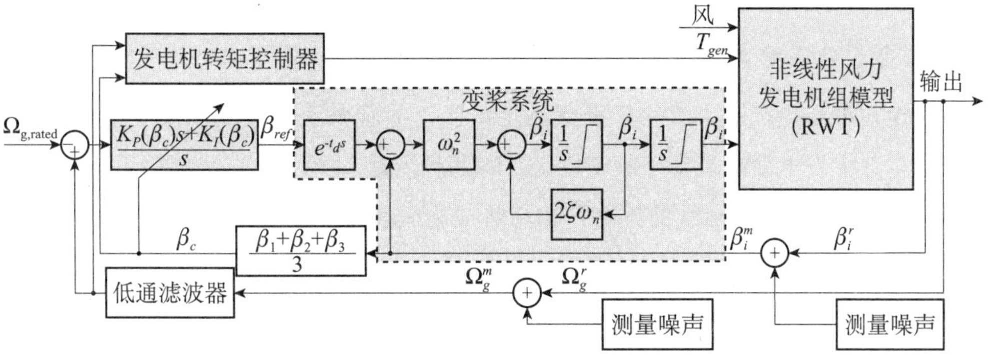

图 11-5　具有变桨系统模型的 GSPI 控制器控制结构。该图中仅包含一个变桨系统。β_i^r 表示无噪声叶片桨距角（i=1，2，3），β_i^m 表示桨距角测量，Ω_g^r 表示无噪声发电机组转速，Ω_g^m 表示发电机组转速测量，$\beta_c=\frac{1}{3}(\beta_1+\beta_2+\beta_3)$ 表示集中叶片桨距角，T_{gen}表示发电机组转矩指令，β_i 表示叶片变桨指令，而 s 则表示拉普拉斯复变数

式中，$\beta(t)$ 表示集中叶片变桨控制指令，K_P表示比例增益，K_I表示积分增益。这两种增益均为调度参数 θ 的函数。$e(t)$ 表示即将为零的误差信号。误差信号如公式（11-6）所示。在该公式中，Ω_g表示测定发电机组转速，$\Omega_{g,\text{rated}}$则表示风电机组的额定发电机转速。调度参数 θ 作为之前的测定集中叶片桨距角。由于三个桨距角已测量，因此取所有桨距角测量值平均值，然后得到集中桨距角。

$$\beta(t)=K_P(\theta)e(t)+K_I(\theta)\int_0^t e(\tau)d\tau \tag{11-5}$$

$$e(t)=\Omega_g-\Omega_{g,\text{rated}} \tag{11-6}$$

调度比例增益和积分增益。例如，叶轮自由度（简称 DOF）在满载荷区内任何一种风速条件下均对闭环系统做出相同响应。该闭环系统由自然频率 ω_0和阻尼比 ζ_0确定。利用下列公式计算调度增益。

$$K_P(\theta)=\frac{2I_D\Omega_{r,\text{rated}}\zeta_0\omega_0}{N\left(-\frac{\delta P}{\delta\theta}\right)} \tag{11-7}$$

$$K_I(\theta)=\frac{I_D\Omega_{r,\text{rated}}\omega_0^2}{N\left(-\frac{\delta P}{\delta\theta}\right)} \tag{11-8}$$

其中，I_D表示传动系统惯性，$\Omega_{r,\text{rated}}$表示额定叶轮转速，N 表示齿轮箱变速比，$\frac{\delta P}{\delta\theta}$ 则表示叶轮空气动力功率对于调度参数的敏感度（如集中叶片桨距角）。关于灵敏度如何转换为调度参数的函数的详细信息，请读者参考[4]的内容。

11.2.3.2 发电机组转矩控制

发电机组转矩控制主要用于低于额定值区，随着风速的改变而改变叶轮转速，从而产生最大发电量。在高于额定值区，有两种方法。第一种方法利用恒定发电机组转矩（额定值）。采用这种方法，功率将成为风速变化时叶轮额定转速波动的函数，利用变桨控制器最大限度地减少转速波动。第二种方法是用恒定发电机组功率。这意味着使某范围内的发电机组转矩适应叶轮转速的变化，以便产生恒定发电量。第二种方法假设发电机组转矩能够从其额定值变为最大值，而转矩波动被限制为最大转矩值。

考虑到部分载荷区内的最大发电量，发电机组转矩为叶轮转速函数，其公式为：

$$T_g = \frac{\pi\rho R^5 C_{P,\max}}{2\lambda^2 N^3}\Omega_g^2 \tag{11-9}$$

其中，ρ 表示空气密度，R 表示叶轮半径，$C_{P,\max}$表示最大功率系数，λ 表示与 $C_{P,\max}$ 一致的叶尖速比。考虑到满载荷区的恒定输出功率方法，发电机组转矩公式为：

$$T_g = \frac{P_{\text{rated}}}{\eta\Omega_g} \tag{11-10}$$

其中，P_{rated}表示发电机组的额定输出功率，η 表示发电机组效率。

11.2.4 变桨系统

变桨系统通过旋转叶片而调整叶片的角度。在三叶片风力发电机组中，采用三个完全相同的变桨系统，可以是电气系统或液压系统，与系统性质无关。三个系统具有共同的组件、系统响应和故障症状。共同的组件包括致动器、控制器和传感器。按要求将变桨系统建模为一个二阶系统[16]，其延时为 t_d，参考信号为 β_{ref}，公式为：

$$\ddot{\beta}(t) = -2\zeta\omega_n\dot{\beta}(t) - \omega_n^2[\beta(t) - \beta_{\text{ref}}(t - t_d)] \tag{11-11}$$

其中，t_d表示与风电机组控制器和变桨系统控制器之间通信相关的延时，$\beta(t)$ 表示桨距角，$\beta_{\text{ref}}(t)$ 表示参考桨距角，ω_n和 ζ 分别表示变桨系统模型的自然频率和阻尼比。图 11-6 为方框图，介绍了变桨系统模型以及对变桨速度和范围的约束条件。增加了约束条件，目的是代表实际变桨致动器的限制。

增益调度比例积分（简称 GSPI）控制器最初设计[5]时并未考虑风电机组中的变桨系统模型。由于考虑的变桨系统模型，其动力比风电机组更大，因此变桨系统并不影响控制器设计。图 11-7 为 RWT 模型（具有变桨系统模型或不具有变桨系统模型）集中桨距角与发电机组转速之间传递函数的波德图。在满载荷区中间位置的选定作业点上，对 FAST（FAST 中的所有自由度均被激活，如除了平台平移自由度和旋转自由度之外，还有塔架前后模式和侧-侧模式、叶片横摆模式和挥舞模式、传动系统扭振模式）中的风电机组非线性模型进行线性化，然后得到传递函数。例如，作业区的风速为 18m/s，而叶轮转速为 12.1rpm。二阶模型考虑液压变桨系统。当 $\omega_n = 11.11$rad/s 且阻尼比为 $\zeta = 0.6$（详见表 11-5）时，该模型具有自然频率。显然，在风电机组模型中增加变桨系统模型并不会影响频率小于 2Hz 的系统的动力。因此，GSPI 增益不会受到影响。

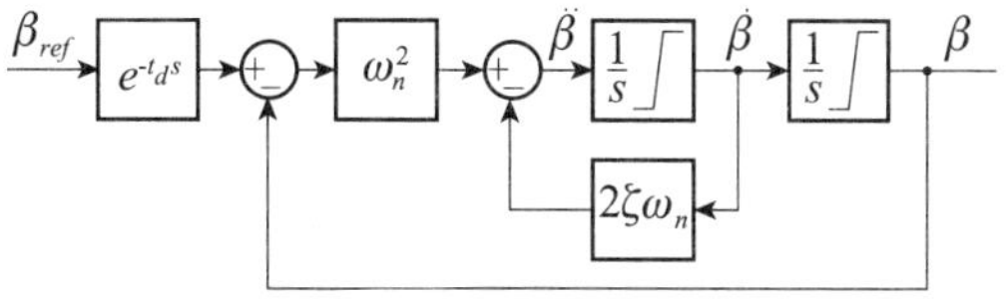

图 11-6　变桨致动器框图，包括慢速和范围限制。s 表示拉普拉斯复变数

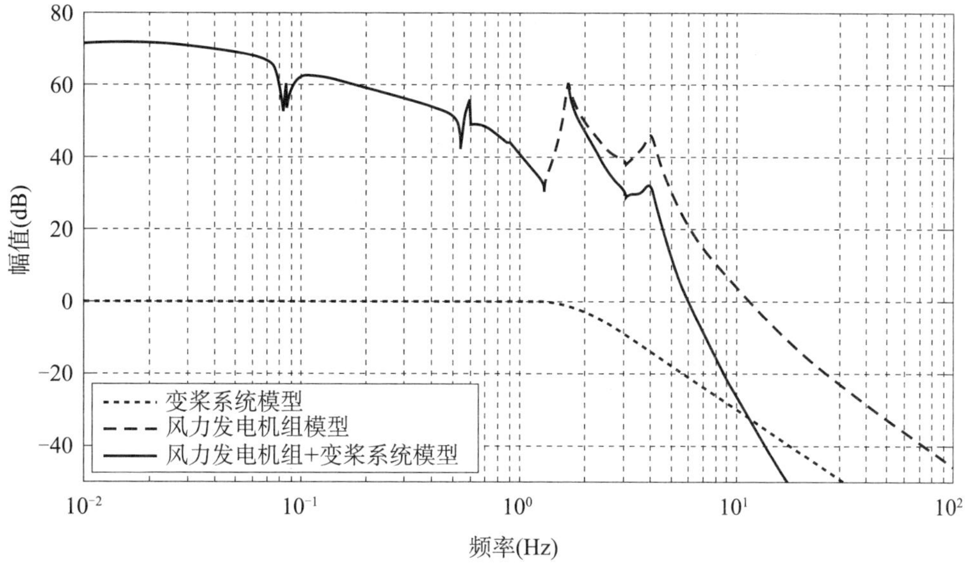

图 11-7　风力发电机组（具有变桨系统模型（实线部分）或不具有变桨系统模型（虚线部分））集中桨距角与发电机组转速之间传递函数波德图。将致动器模型（虚线部分）视为自然频率为 $\omega_n = 11.11$rad/s 且阻尼比为 $\zeta = 0.6$ 的二阶模型

11.3　故　障

部件的预期外特性变化通常称为故障。一般来说，根据故障的时域剖面线将其分为潜在故障和突发故障。潜在故障发生缓慢，随着时间的推进，其进展也比较缓

慢，系统动力逐渐改变。突发故障则会突然发生，出乎意料。突发故障一般比潜在故障更易于检测，但是可能会对系统造成严重影响。风力发电机组的故障分为不同的严重程度和适应程度，一旦检测出故障，必须安全迅速地关闭风电机组，对故障做出反应，同时重新配置风电机组，以便继续发电，应对其他故障。

根据风力发电机组的可靠性分析（如图 11-3），最常见的故障通常发生在变桨系统、电力电子设备总成、发电机总成和风电机组传感器中。变桨系统和传感器中的故障因风轮不平衡导致风电机的结构载荷，也可能影响漂浮式平台的稳定性。这些故障由电气异常或机械异常引起，能够在传感器和变桨系统中导致不同的故障情况。此外，风力发电机组的优化运行主要取决于正确的风轮调整和平衡，而叶片角不仅对性能有很大影响，而且对新兴载荷也有很大影响。

为了仿真故障，更新了变桨系统公式/传感器公式。通过潜在故障的幅值和变化率而逐步引入潜在故障。另一方面，通过重写系统和测量公式而仿真突发故障，使得新公式与引入故障的强制变化相符。

11.3.1 传感器故障

与风电机组结构的使用寿命相比，传感器故障的发生更为频繁。风电机组检测与控制系统采用传感器数据进行决策，因此采集的数据必须准确可靠，这一点非常重要。一般来说，无故障传感器的建模公式为：

$$S_m(t) = S_r(t) + v(t) \tag{11-12}$$

其中，$S_m(t)$ 表示无故障传感器测量（如桨距角或发电机组转速），$S_r(t)$ 表示无噪声值，$v(t)$ 表示测量噪声。由于与系统动力相比，传感器的动力过快，因此忽略了传感器动力。传感器可能会产生不同类型的故障，包括但不限于以下几种。

11.3.1.1 偏移

偏移可用一个常数值表示，该常数值被引入最后测量，如：

$$S_f(t) = S_r(t) + B + v(t) \tag{11-13}$$

其中，B 表示偏移值（常数），S_f（t）表示故障传感器测量。

11.3.1.2 增益

增益误差建模为：

$$S_f(t) = (1 + \alpha)S_r(t) + v(t) \tag{11-14}$$

其中，α 可能是恒定增益或时变增益。

11.3.1.3　完全故障

传感器可能突然产生常数值 A，而该常数值可能会受到噪声 $w(t)$ 的影响，如：

$$S_f(t) = A + w(t) \tag{11-15}$$

该故障为突发故障，可能因传感器电子器件故障引起。

11.3.2　变桨系统故障

叶片变桨系统受到叶片桨距角测量的影响。但是，作为一个系统，可能出现下列故障：

11.3.2.1　性能退化

变桨系统的性能可能随着时间而改变，这一点通过系统响应的变化可以看出。性能退化是潜在故障，通过改变模型参数引入［公式（11-11）］，如：

$$\ddot{\beta}(t) = -2\zeta(\gamma)\omega_n(\gamma)\dot{\beta}(t) - \omega_n^2(\gamma)(\beta(t) - \beta_{\text{ref}}(t - t_d)) \tag{11-16}$$

其中，阻尼比 ζ 和自然频率 ω_n 都是参数 γ 的函数，参数 γ 用于描述系统性能的变化。

11.3.2.2　致动器卡死

变桨致动器的完全故障将会导致无法实现叶片定位，只能停止在当前的位置，而该当前位置将会导致风轮不平衡。故障公式为：

$$\beta(t) = \beta_0 \tag{11-17}$$

其中，β_0表示卡死角。

11.3.2.3　变桨失控

变桨传感器的完全故障会产生一个常数值，使变桨控制环不稳定，而输出指令遵循一个斜坡函数，以最大速度迫使叶片成90°，直至达到最大范围 $\beta_{\max}=90°$，然后叶片卡在该位置。故障的公式为：

$$\beta(t) = \min[\beta(TOF) + \dot{\beta}_{\max}(t - TOF), \beta_{\max}] \tag{11-18}$$

其中，β（TOF）表示出现故障 TOF 时的当前桨距角，而 $\dot{\beta}_{\max}$则表示最大变桨率；t 表示时间。

11.3.2.4　偏移误差

偏移误差是变桨系统中的常见问题，其诱因不同，如变桨传感器测量故障（增益或偏移）或风轮内的相关桨距角偏差（风轮调整问题）。当偏移出现时，变桨致

动器模型公式修改为:

$$\ddot{\beta}(t) = -2\zeta\omega_n\dot{\beta}(t) - \omega_n^2[\beta(t) - \beta_{\text{bias}}(t)] + \omega_n^2\beta_{\text{ref}}(t - t_d) \qquad (11\text{-}19)$$

其中$\beta_{\text{bias}}(t)$表示偏角值。偏角值可能是常数，也可能依据故障起源而取决于时间。

11.4 仿真设置

最先进的气动-水动-控制-结构完全耦合动力学模型仿真代码 FAST（疲劳、气体力学、结构和湍流）的复杂程度适中，由美国国家可再生能源实验室（简称 NREL）研发[17]。研究所和研发行业利用该代码分析水平轴风力发电机组的结构动力学。FAST 由不同的模块组成，如 AeroDyn 模块、HydroDyn 模块、ServoDyn 模块和 ElastoDyn 模块。AeroDyn 模块用于计算风电机组结构的风力空气动力载荷，HydroDyn 模块仿真平台与波浪和水流的流体动力学相互作用情况，ServoDyn 模块包括风电机组控制系统，而 ElastoDyn 模块则包括结构动力学。FAST 中执行非线性 RWT 模型，而使用的驳船平台模型则由 Jonkman[4] 执行。但是，控制部件、故障和仿真均由作者在 Matlab/Simulink 中执行。

11.4.1 环境条件

利用三维湍流风场和相应的波浪条件。三维湍流风场符合国际标准 IEC61400-3（电力生产+故障发生）的 DLC2.1 设计载荷要求，且在满载荷区具有不同的平均风速。由于变桨系统仅在满载荷区（见图 11-2）活跃，因此该研究仅限于该区的情况，而且仅包含漏检变桨系统。如表 11-2 所示，所有环境条件与北海的风力条件和波浪条件有关。根据海上风力发电机组标准选择仿真的数量和长度。该标准建议出于统计的目的对不同的波剖面和风剖面进行 12 种仿真，对于电力生产和故障情况的仿真每次持续时间为 10 分钟[18]。

表 11-2 环境条件。U_{wind}表示平均风速，H_s表示入射波的有效波高；T_p表示入射波的峰值光谱周期，$TMax$ 表示故障发生后的仿真时间

EC	$U_{\text{wind}}\left(\frac{\text{m}}{\text{s}}\right)$	H_s(m)	T_p(s)	风电机组模型	仿真数量	$TMax$(s)
*EC*1	11.2	3.10	10.10	NTM	12	600
*EC*2	14.0	3.60	10.30	NTM	12	600
*EC*3	17.0	4.20	10.50	NTM	12	600
*EC*4	20.0	4.80	10.80	NTM	12	600
*EC*5	23.0	5.40	11.00	NTM	12	600

利用 TurbSim 程序[19]［根据 IEC C 级卡曼谱以及正态湍流模型（简称 NTM）］和风切变（根据 0.14 有功部分的幂次法则[18]）生成湍流风剖面。同时，利用入射波动力学模型 JONSWAP 光谱生成仿真波浪序列，有效波高为 H_s、波峰周期为 T_p。在时间步 $TOF = 100s$ 时发生故障之后，记录的仿真长度为 10 分钟。每种仿真重复 12 次，为湍流风场和波场产生不同的结果。

11.4.2　故障情况

变桨系统中的故障可能源于系统的内部故障，或源于 GSPI 控制器中的桨距控制环，因为该控制环设定了参考桨距角。变桨传感器中的偏移故障与增益故障导致了最终叶片桨距角中出现偏移和增益，而变桨传感器的弯曲故障则导致叶片成 90°。由于故障变桨测量影响调度增益的选择，因此变桨传感器故障也会对 GSPI 变桨控制环产生影响。此外，发电机组转速故障将导致最终叶片桨距角的偏移或系统水平上的致动器失控。因此，仅考虑表 11-3 中所列故障。

表 11-3　变桨系统故障列表

	故障代码	故障	故障类型
变桨传感器	*B*	偏移	潜在故障
	C	增益	潜在故障
变桨系统	*D*	性能退化	潜在故障
	E	致动器卡死	突发故障
	F	致动器失控	突发故障

为了估计故障严重性对故障幅值的函数影响，仿真每一种故障的不同幅值。一些故障幅值取决于相应的环境条件，而其他故障幅值则为绝对值。介绍了故障对于环境条件的依赖性，以便防止发生风轮转矩损耗。风轮转矩损耗将会反过来使风电机组关闭（见表 11-4）。

表 11-4　故障仿真幅值列表

故障代码	故障幅值				注意事项
	M1	M2	M3	M4	
B	-7°	-3°	3°	7°	绝对值
C	-0.10	-0.05	0.05	0.10	绝对值
D	见表 11-5				绝对值
E	0%	50%	100%	125%	无故障情况下的平均桨距
F	—	—	—	—	仅一个幅值（+90°）

由于液压变桨系统在公共设施规模的风电机组中很常见，因此考虑液压系统，以便研究性能退化故障影响。液压变桨系统包括主泵和阀组。主泵为系统提供液压，而阀组则发挥不同的作用。伺服阀控制致动器的位置，通过致动器实现叶片变桨运动，如气缸（见图 11-8）。系统也配备有一台控制器，该控制器接收实测叶片桨距角和设定参考桨距角之间的误差信号，并对伺服阀发出指令。参考桨距角由 GSPI 控制器设置，而变桨系统控制器的基本执行可能是一种比例增益[16]。

液压变桨系统的性能退化可能由下列原因造成，如泵磨损、液压泄漏、液压油中的高空气含量、压降等[15,20]。这些故障导致系统动力发生变化，从而导致性能退化。完全故障能够使致动器卡在其当前位置。将系统的标称自然频率 ω_n 和阻尼比 ζ 分别变为新的自然频率 $\omega_n(\gamma)$ 和阻尼比 $\zeta(\gamma)$，使系统动力发生改变。其中参数 γ 用于识别表 11-5 中所示的故障类型。

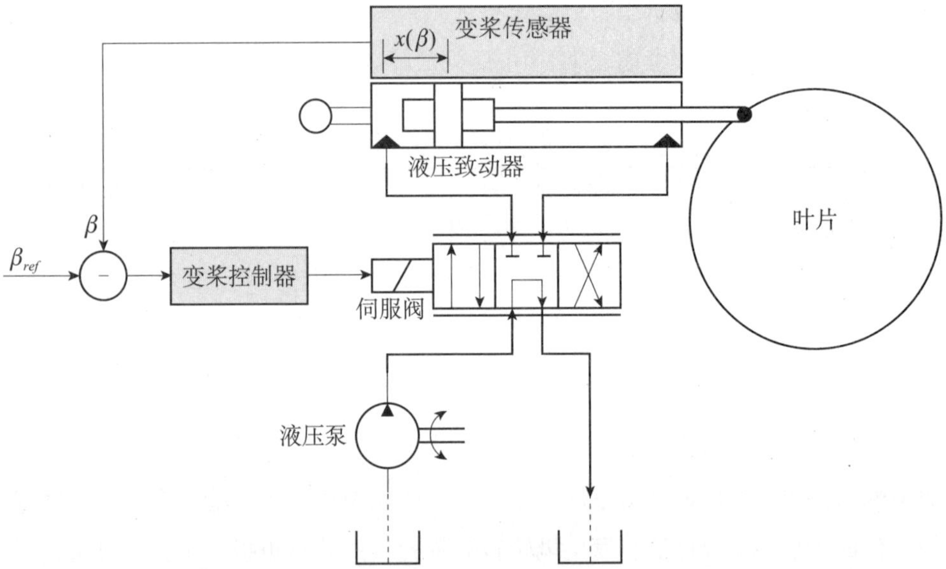

图 11-8 液压叶片变桨系统结构。例如，变桨传感器测量，致动器行程 x 是叶片桨距角 β 的函数。变桨控制器可能是一个简单的比例增益。β_{ref} 表示设定的参考桨距角

表 11-5 液压变桨系统在不同条件下的参数[15,20]

故障	参数	
	ω_n（rad/s）	ζ
无故障（无故障）	11.11	0.6
石油中的高空气含量（*M*1）	5.73	0.45
泵磨损（*M*2）	7.27	0.75
液压泄漏（*M*3）	3.42	0.9
压降	3.42	0.9

泵磨损是多年形成的一个不可逆的缓慢过程，会导致泵压低。由于泵磨损是不可逆的，因此唯一可能的措施是对泵进行维修，或者当泵磨损到一定程度之后进行更换。同时，泵将仍旧工作，系统动力发生缓慢变化，而风电机组结构必须能够承受该故障对其产生的影响。泵在工作约20年后产生的磨损可能会导致泵压降至其额定压力的75%，反映在故障自然频率则是 $\omega_{pw}=7.27\mathrm{rad/s}$，而故障阻尼比则为 $\zeta_{pw}=0.75$。

液压泄漏是另一个不可逆的潜在故障，但是该故障的发生速度要远远快于泵磨损。当该故障达到一定水平时，必须进行系统维修。如果泄漏太快，会导致压降。应采取预防措施，在叶片卡在意外位置之前关闭风电机组。快速压降易于检测，并要求立即做出反应，但是缓慢的液压泄漏会降低变桨系统的动力。如果标称压力减少50%，则该故障条件下的自然频率达到 $\omega_{hl}=3.42\mathrm{rad/s}$，相应的阻尼比为 $\zeta_{hl}=0.9$。如果液压过低，液压系统将无法驱动叶片，而这将导致致动器卡在当前位置，从而使叶片卡死。

与泵磨损和液压泄漏相反，石油中的高空气含量是一种潜在的可逆过程，因此无需对系统进行维修，石油中的空气含量可能自行消失。石油中的空气含量标称值为7%，而高含量则相当于15%。此类故障的影响可用新自然频率 $\omega_{ha}=5.73\mathrm{rad/s}$ 和阻尼比 $\zeta_{ha}=0.45$ 表示（与石油中的高空气含量一致）。可导致性能改变的故障的变桨系统阶跃响应见图11-9。

根据已知速率更新第一个叶片的自然频率和阻尼比，从而仿真液压系统的性能退化。只有在 *TOF* 故障时间，该故障才会出现在第一个叶片上。而自然频率和阻尼比则逐渐从其标称值 ω_n、ξ 变为新值 $\omega_n(\gamma)$、$\xi(\gamma)$，如公式（11-16）所示。新值位于持续时间 T_i 范围内。

在仿真时间 *TOF* 和 $TOF+T_i$ 之间，系统逐渐出现潜在故障。*TOF* 是发生故障的时间步，而 T_i 则为持续时间。在这段时间内，从无故障情况发展为故障情况。T_i 值并不代表某些故障的实际值，例如变桨传感器偏移是缓慢发展的，如每月 $\pm 1°$，与10分钟的仿真时间相比，这个速度可视为零率。利用持续时间 T_i 加快故障的发展速度，不会影响结果，因为故障的大多数重要影响均出现在故障达到设定幅值之后。潜在故障仿真均采用 $T_i=50\mathrm{s}$，该时间位于记录的仿真时间范围内。

除了上述故障情况及其幅值外，在上述环境条件中仿真了无故障系统，并将这些无故障情况作为参考，估测风电机组正常运行时的故障严重性。

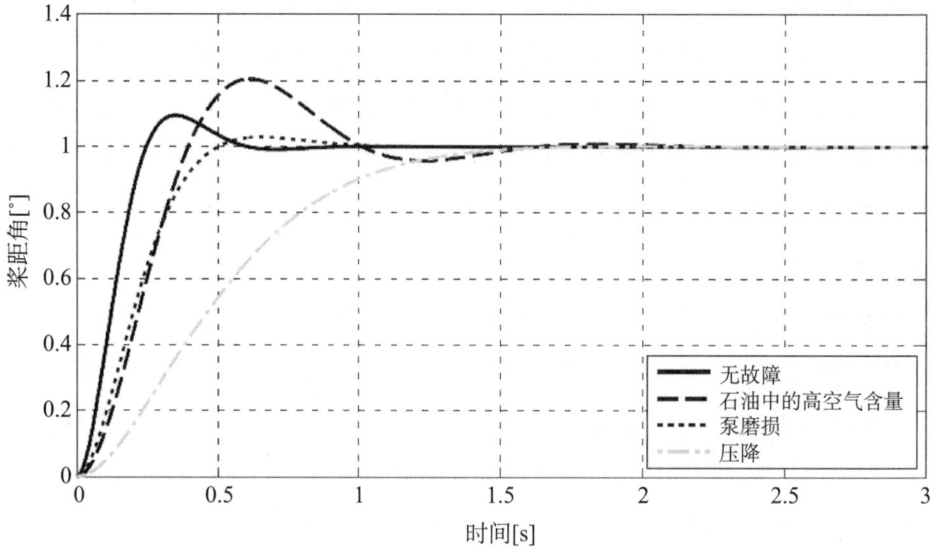

图 11-9　变桨系统正常状态和故障状态下的阶跃响应

11.5　结果讨论与分析

11.5.1　性能指标

为了量化每一种工作条件下和每一个故障幅值条件下每一种故障的影响，利用一组性能指标监测风力发电机组的主要部件。性能指标包括两种计算形式，即均方根（简称 RMS）值和损伤等效载荷（简称 DEL）值。损伤等效载荷值的计算要求利用降雨量计算法[21]，疲劳损伤等效载荷值则根据 1Hz 的参考频率计算。将所有已计算的性能指标标准化为其相应的无故障值，然后取所有仿真情况下的平均值。每一个性能指标简介如下：

● 发电机组功率误差：计算发电机组功率的标准均方根值，目的是研究 GSPI 控制器在高于额定值区遵循恒定输出功率策略情况下，故障对于输出功率的影响。性能指标大于 1 时，表示故障将增加发电功率的误差。

● 叶片桨距角变化率：计算叶片桨距角变化率的标准均方根值，以便监测故障对于致动器使用的影响。计算发生故障的第一个叶片的指标，并计算第二个叶片的指标。第二个叶片将与第三个叶片一起作为无故障叶片进行工作，但是，两者会受到发生故障的第一个叶片的影响。指标大于 1 则表示较高的致动器使用率。

● 平台运动：计算平台旋转运动、侧倾、桨距和横摆的标准均方根值指标，以便检测故障对于平台稳定性的影响。指标值大于 1 则表示故障引起了相应的平台运动。

- 塔架前后力矩、侧-侧力矩和扭转力矩疲劳损伤等效载荷值：塔架力矩的损伤等效载荷指标表明了故障对于塔架载荷的影响。指标值大于 1 则表示风轮不平衡增加了对塔架的动力载荷，并减少了有用的平均寿命。
- 0°方向（垂直方向）和 90°方向（水平方向）上轴端的低速轴非旋转弯曲疲劳损伤等效载荷值：该指标表明了故障引起的风轮不平衡对于低速轴弯曲力矩的影响。指标大于 1 则表示低速轴上具有较高的动力载荷。
- 叶根摆振弯曲力矩和挥舞弯曲力矩损伤等效载荷值：该指标监测了故障引起的载荷在摆振方向和挥舞方向上对于叶片的影响。指标大于 1 则说明叶片载荷力矩增加。

11.5.2　叶片桨距偏移故障

叶片桨距角偏移导致风轮不平衡，风轮不平衡影响低速轴和塔架弯曲力矩。由于该集中叶片桨距角偏移仅用作增益调度，也就是参考桨距角细微偏差，GSPI 控制器性能未受到太大影响。偏移故障对于 *EC*2（见表 11-2）的影响最大。在 *EC*2 中，风轮轮盘上的推力接近其最大值（见表 11-10）。由于 GSPI 变桨控制器在满载荷控制方法和部分载荷控制方法之间转换，使部分载荷区内的变桨控制无法工作，这就减少了故障对 *EC*1 的影响，但是推力较大。故障影响还取决于偏移幅度，而非偏移迹象。此外，除了塔架前后力矩和侧-侧力矩之外，叶片横摆力矩和摆振力矩对该故障的响应可以忽略。

此外，除了 *EC*1 和 *EC*2 上第一个偏移幅度（详见图 11-11）之外，偏移误差对于电力生产的影响很小。在 *EC*1 和 *EC*2 上，误差对于负偏移的影响有限，这是由作业区之间的预先转换造成的。偏移故障也主要对 *EC*1 上的故障变桨致动器有影响，而这种影响将增加平均风速。而且，这种较大影响的主要原因是作业区之间 GSPI 控制器的转换，产生负偏移（幅值为 *M*1 和 *M*2），因此故障叶片开始在正常叶片之后移动，意味着故障叶片必须具有较高的变桨率，以便获取设定点。而正偏移则发生了相反的情况（幅值为 *M*3 和 *M*4）。

平台俯仰力矩和横摆力矩未对故障产生响应，而在靠近转换区（*EC*1 和 *EC*2）的位置，横摇力矩则受到影响，发生这种情况主要是由于为相应增加的功率误差而采用的发电机组转矩。平台的大惯性最大限度地减少了风轮不平衡对平台运动的影

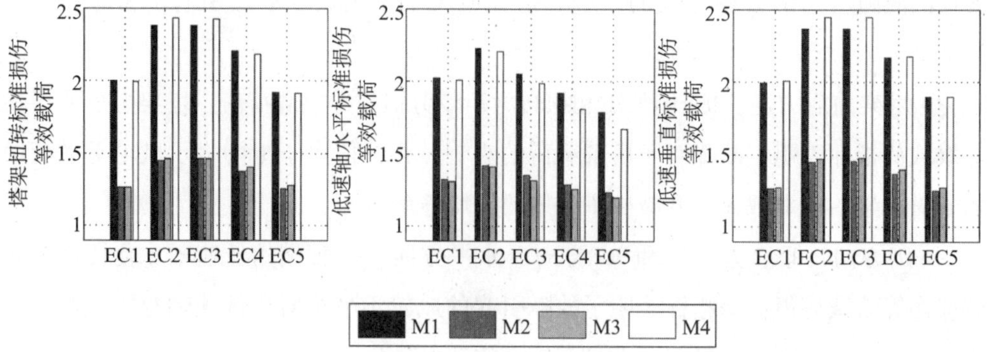

图 11-10　故障：叶片变桨传感器偏移；塔架扭转力矩和低速轴力矩的标准损伤等效载荷；最大偏移（绝对值）和 EC2 时的高损伤等效载荷值

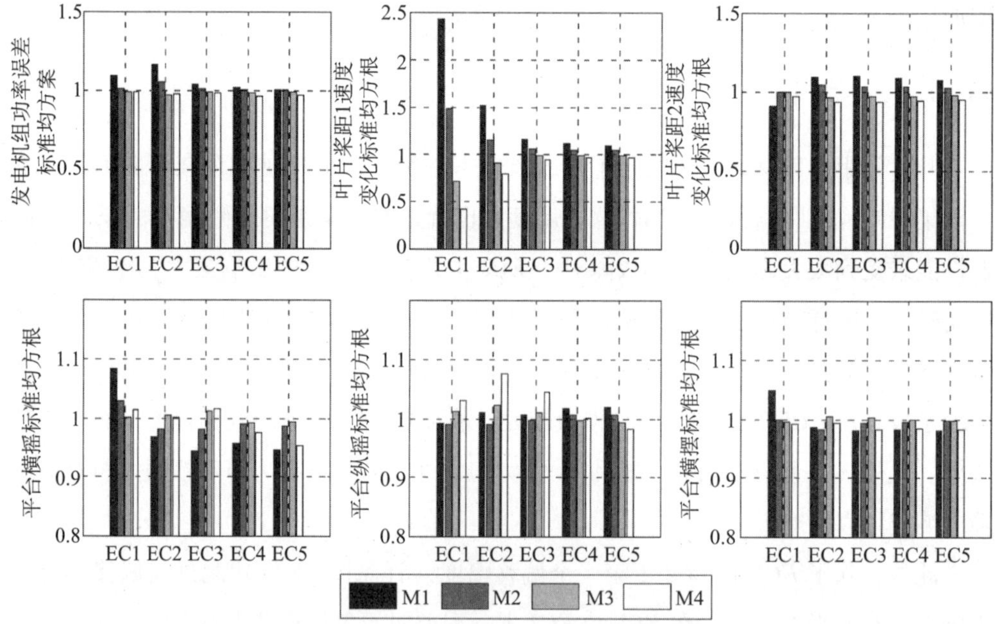

图 11-11　故障：叶片变桨传感器偏移；发电机组功率误差的标准均方根、叶片桨距变化率、平台运动

响，而代价却是增加了对塔架扭转力矩和低速轴力矩的影响。故障叶片影响风轮转速，而且风电机组在采取恒定输出功率策略的满载荷区工作，发电机组转矩根据风轮转速变化。由于叶片桨距角存在负偏移，因此，虽然风轮转速小于额定速度，但是在转换至部分载荷区时延迟了控制器。这将增加发电机组转矩，引起平台横摇运动。当风电机组在远离转换区（*EC*3 至 *EC*5）工作时，对叶片桨距角正偏移产生了相反的影响。在 *EC*3 至 *EC*5 区内，这种影响消失。此外，将恒定输出功率作为控制

策略，这一影响在满载荷区的较高部分更加明显。在该区内，与正常工作条件相比，正偏移或负偏移导致风轮转速和发电机组转矩产生类似的变化。

11.5.3 叶片桨距增益故障

增益故障不影响叶根力矩，也不影响塔架前后力矩和侧-侧力矩，但是对塔架扭转力矩和低速轴力矩损伤等效载荷的影响比较明显，这增加了平均风速和故障的绝对幅值（见图 11-12）。由于工作区之间的转换，故障对 *EC*1 的影响减少。在风速较大时，测定的桨距角将增加，因此随着风速的增大，影响会增加，增益故障也更大。即使在 *EC*1 中风轮轮盘的空气动力推力为最大值，实测桨距角（如 *EC*1 和 *EC*2 内）的相同增益故障也不会对结构响应造成较大的影响。

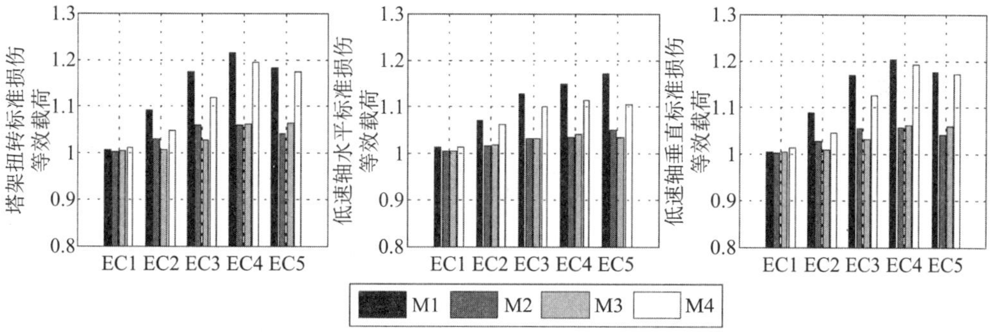

图 11-12 故障：叶片变桨传感器偏移；塔架扭转力矩和低速轴力矩的标准损伤等效载荷；损伤等效载荷值随着风速的增加和增益误差绝对值的增加而增加

增益故障对均方根功率误差的影响很小，对平台运动的影响也很小。偏移故障对于 *EC*1 和 *EC*2 中发电机组功率误差和平台横摇运动的影响未在此处显现出来，原因是作业区之间的转换未发生延迟。除此之外，在 *EC*1 中，实测的桨距角小，因变桨传感器增益变化而导致的故障较小，产生的风轮不平衡是极小的（见图 11-13）。

11.5.4 致动器性能退化

只有性能退化故障的第三幅值 *M*3 对风电机组结构有影响，出现这一情况的原因是与其他幅值（*M*1 和 *M*2）相比，*M*3 的响应较慢。塔架扭转指标和低速轴力矩损伤等效载荷指标增加，使该影响更加明显。由于故障叶片的响应比其他叶片（见图 11-14）要迟，致动器的缓慢性能增加了风轮不平衡。但是，变桨系统的缓慢性能不影响电力生产。此外，其对于平台运动的影响是最小的。另一方面，缓慢性能增加了故障叶片桨距变化率，并且正常叶片试图补偿故障叶片的缓慢行为，因此缓慢性能小幅增加了正常叶片的变化率。由于缓慢变桨系统无法像正常叶片那样对较高频率测量噪声做出响应（如图 11-15），因此，该系统也作为低通滤波器工作。

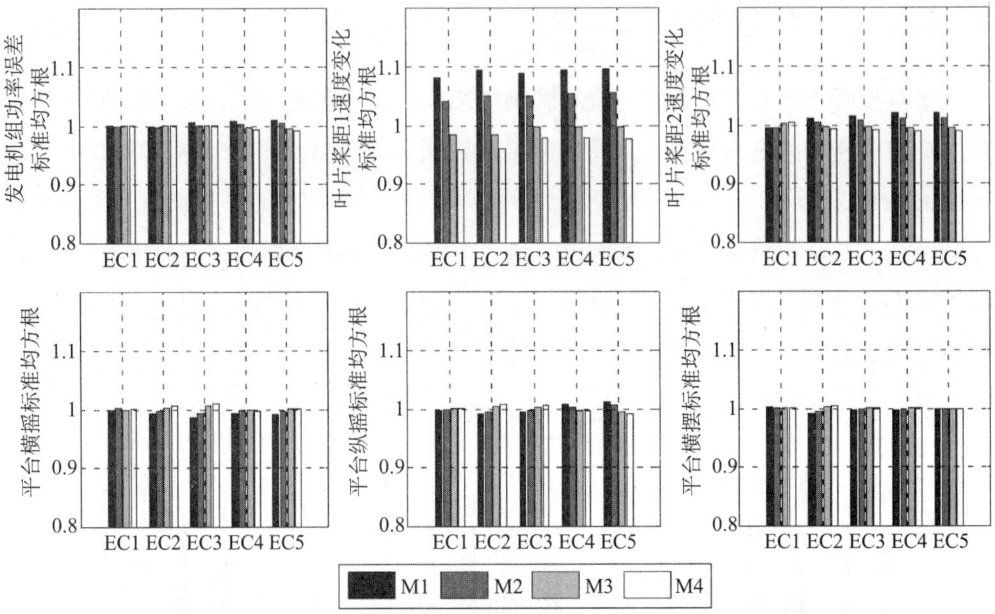

图 11-13　故障：叶片变桨传感器增益，发电机组功率误差的标准均方根、叶片桨距变化率、平台运动。平台运动几乎不会受到该故障的影响

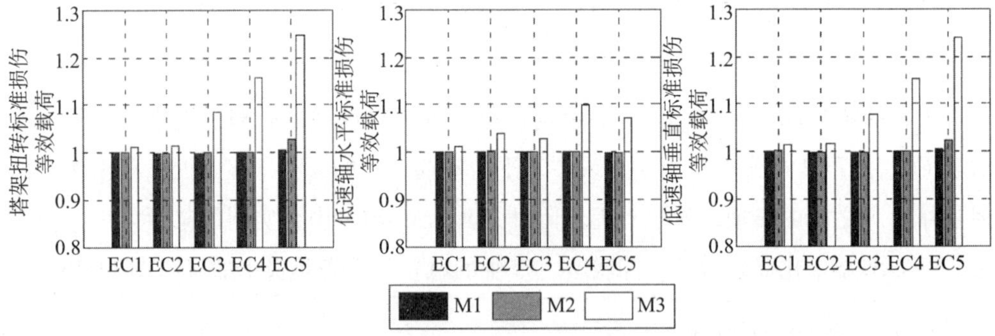

图 11-14　故障：致动器性能退化。塔架扭转力矩和低速轴力矩的标准损伤等效载荷

11.5.5　致动器卡死

致动器卡死严重影响风电机组结构，而叶片卡死的角度也在总结构载荷中扮演了重要角色。卡死角度较小时，可使叶片具有最大的空气动力载荷，大幅增加了风轮不平衡，因此主要影响低速轴力矩和塔架扭转力矩，损伤等效载荷增加至相同条件下运行的无故障风电机组的 5 倍。故障也影响故障叶片的摆振弯曲力矩和挥舞弯

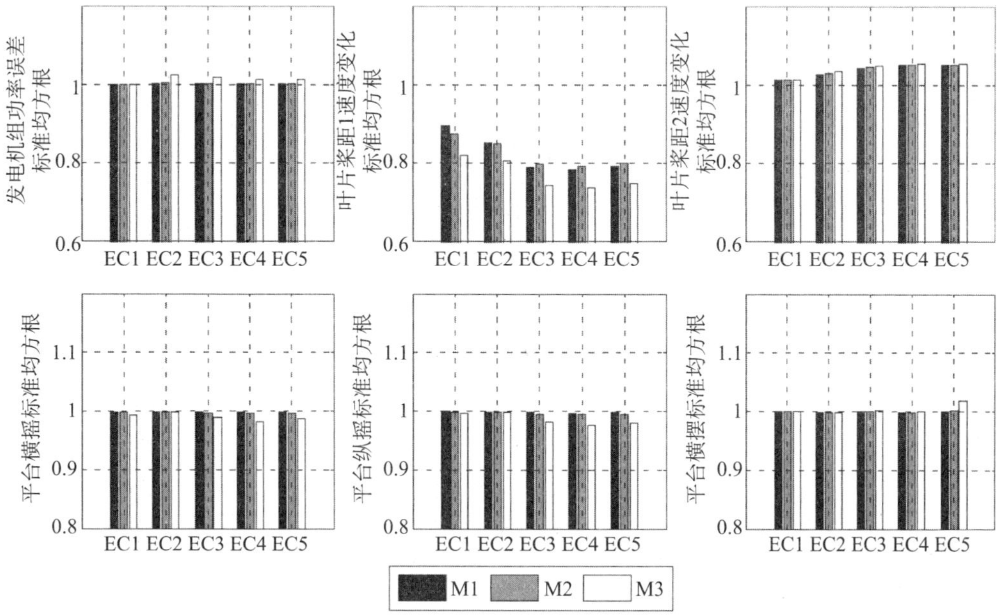

图 11-15　故障：致动器性能退化。发电机组功率误差、叶片桨距变化率和平台运动的标准均方根

曲力矩。例如，卡死角度为 0°则表示故障叶片具有最大的空气动力载荷。由于风电机组在 *EC*1 中工作运行，该卡死角接近相同条件下运行的无故障风电机组的平均桨距角，因此不会增加风轮不平衡。由于故障叶片总是处于最大空气动力载荷的条件下，且满载荷区内的平均风速增加，因此风速空气动力载荷将会损耗平衡。而与此同时，故障叶片仍旧卡在 0°角上，其他叶片也根据 GSPI 变桨控制器设定点倾斜。一方面，这将导致故障叶片的叶根载荷力矩增加，而另一方面，由于风轮不平衡，也会增加 *LSS* 载荷力矩和塔架扭转力矩，如图 11-16 所示。

发电机组功率也受到该故障的影响，*EC*1 处具有最小发电机误差均方根。该故障的影响在 *EC*2 和 *EC*3 之间增加，然后在 *EC*4 和 *EC*5 之间减少。发电机组误差的增加与增加的发电机组转矩波动有关，而发电机组转矩波动则是由发电机组转速中的故障引起的变化而导致。该故障也会影响平台的俯仰运动，特别是当致动器卡在小桨距角中时。在小桨距角中，故障叶片的空气动力载荷仍然较高（*M*1 和 *M*2）。平台的俯仰运动对于该故障做出的响应也受到平均风速的影响，较大响应出现在 *EC*3 且致动器卡死角度为 0°时。平台俯仰运动增加至 25%，平台横摇也证明响应增加至 13%（见图 11-17）。

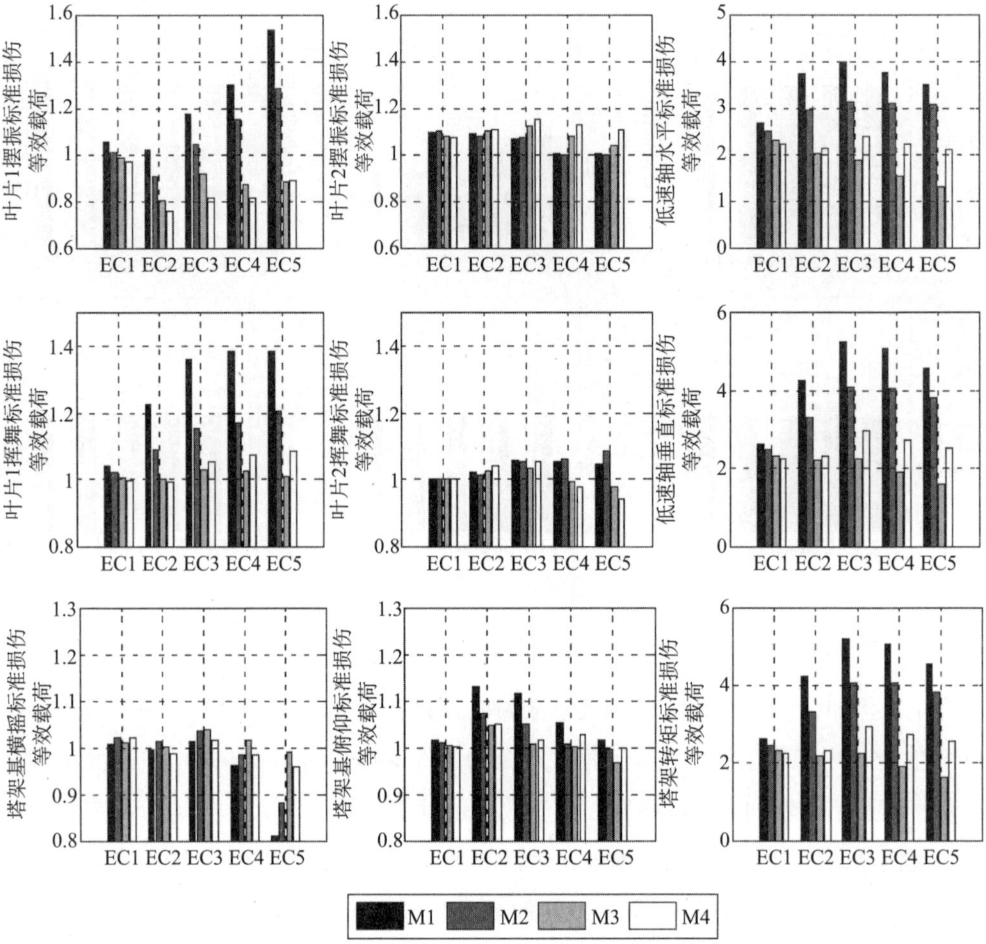

图 11-16　故障：致动器卡死。塔架力矩、低速轴力矩和叶片力矩的标准损伤等效载荷

11.5.6　致动器失控

一旦风电机组发生故障，风轮的转速便会逐渐降低为零，而风电机组也会因空气动力转矩损耗而关机。GSPI 变桨控制器试图通过使正常叶片倾斜至 0°而恢复空气动力转矩，以便增加风轮力矩，但是随着故障叶片倾斜至 90°，空气动力力矩并不足以驱动风轮。如果风电机组在这种条件下运行，其结构将受到很大影响，尤其是塔架（除低速轴）之外。塔架侧-侧（横摇）弯曲距离损伤等效载荷将是 *EC*4 和 *EC*5 处该载荷的 5 倍，而塔架前后（纵摇）力矩损伤等效载荷将是 *EC*2 处该载荷的两倍以上。最大塔架扭转损伤等效载荷将是 *EC*1 处塔架扭转损伤等效载荷的约两倍。当然，所有值均与正常运行条件下的值相比较（见图 11-18）。横摇方向和纵摇方向上的叶根力矩均表明，随着风电机组的关闭而故障叶片和正常叶片的损伤等效载荷减少。

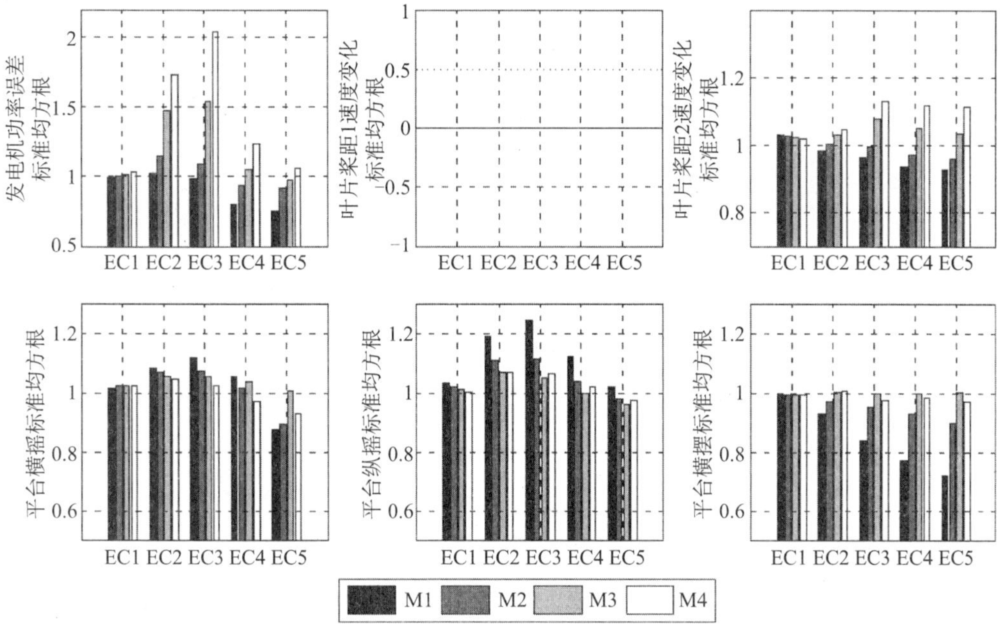

图 11-17　故障：致动器卡死。发电机组功率、叶片桨距变化率和平台运动的标准均方根

另一方面，平台运动受到此类故障影响很大。满载荷区内的平台俯仰运动增加了超过两倍，而横摆运动则受到较大风速的影响（*EC*4 和 *EC*5），是正常运行条件下的五倍。横摇运动受到的影响较小，但是仍旧在正常水平之上，在 *EC*2 和 *EC*4 中超过 47%。两个叶片倾斜至最大空气动力效率，且一个叶片倾斜至 90°，因此平台横摆运动主要受风轮不平衡的影响，风速与平台横摆运动的直接依赖性非常清晰。这会使风轮轮盘的左侧和半侧空气动力推力产生差别（以叶片位置为基础），而这反过来沿塔轴形成了力矩。由于 *EC*4 和 *EC*5 的风轮转速大大低于额定值，不平衡力矩的额定值较小，为平台横摆运动提供了针对此类激励力矩的响应时间。风速较低时（如 *EC*1）影响消失。在 *EC*1，风轮转速几乎为零。因不平衡空气动力载荷形成的力矩在较大平均风速条件下非常小，而在较低平均风速条件下，不平衡力矩几乎由变化率较高的湍流风载荷控制，因此平台横摆运动无法遵循这些变化，导致塔架扭转力矩载荷增加（见图 11-18 和图 11-19）。

随着风轮转速下降，风电机组损耗了风轮轮盘的推力，且因载荷产生的恢复力矩迫使风电机组倾斜至垂直位置。发电机组转矩控制算法利用集中叶片桨距角在作业区之间转换，这种算法可始终使风电机组在满载荷区运行，即使风轮转速已经降为零。因此应始终设定发电机组转矩，以便产生额定输出功率。这将导致因感应流

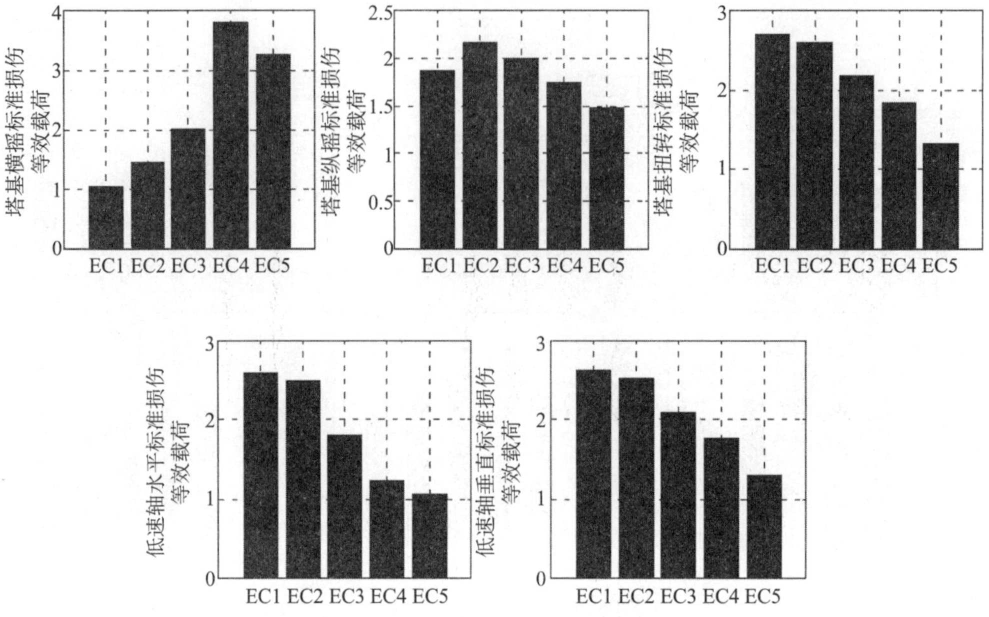

图 11-18　故障：致动器失控。塔架力矩和低速轴力矩的标准损伤等效载荷

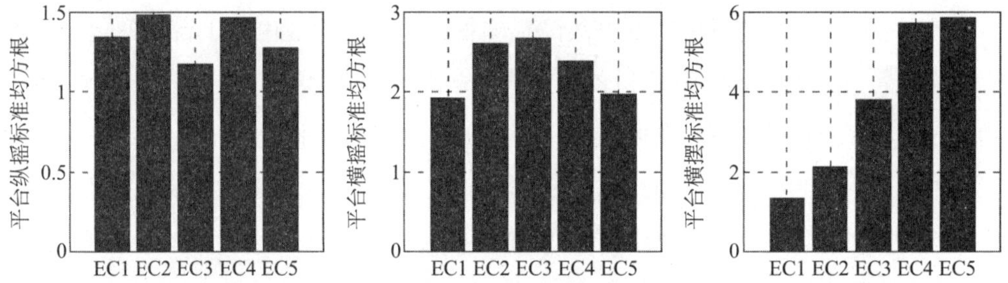

图 11-19　故障：致动器失控。平台运动的标准均方根

入（通过平台俯仰）和发电机组转矩变化（通过转矩控制环）而引起一系列的风轮加速度和减速度，从而激发平台的俯仰运动。

*EC*3 的致动器失控故障时间序列如图 11-20 所示。在时间步 TOF 上发生故障后，将故障叶片（叶片 1）俯仰至最大角度 90°，使发电机组转速逐渐降为零。此类故障对于低速轴力矩的直接影响很明显，表明不同幅值的高瞬态响应为平均低速轴力矩的三倍。相同的瞬态响应对塔架扭转力矩（其高幅值与低速轴力矩相似）的影响也很明显。如果故障叶片卡在 90°，瞬态响应趋于平静，那么风轮不平衡对风电机组结构的影响就开始处于主导地位。

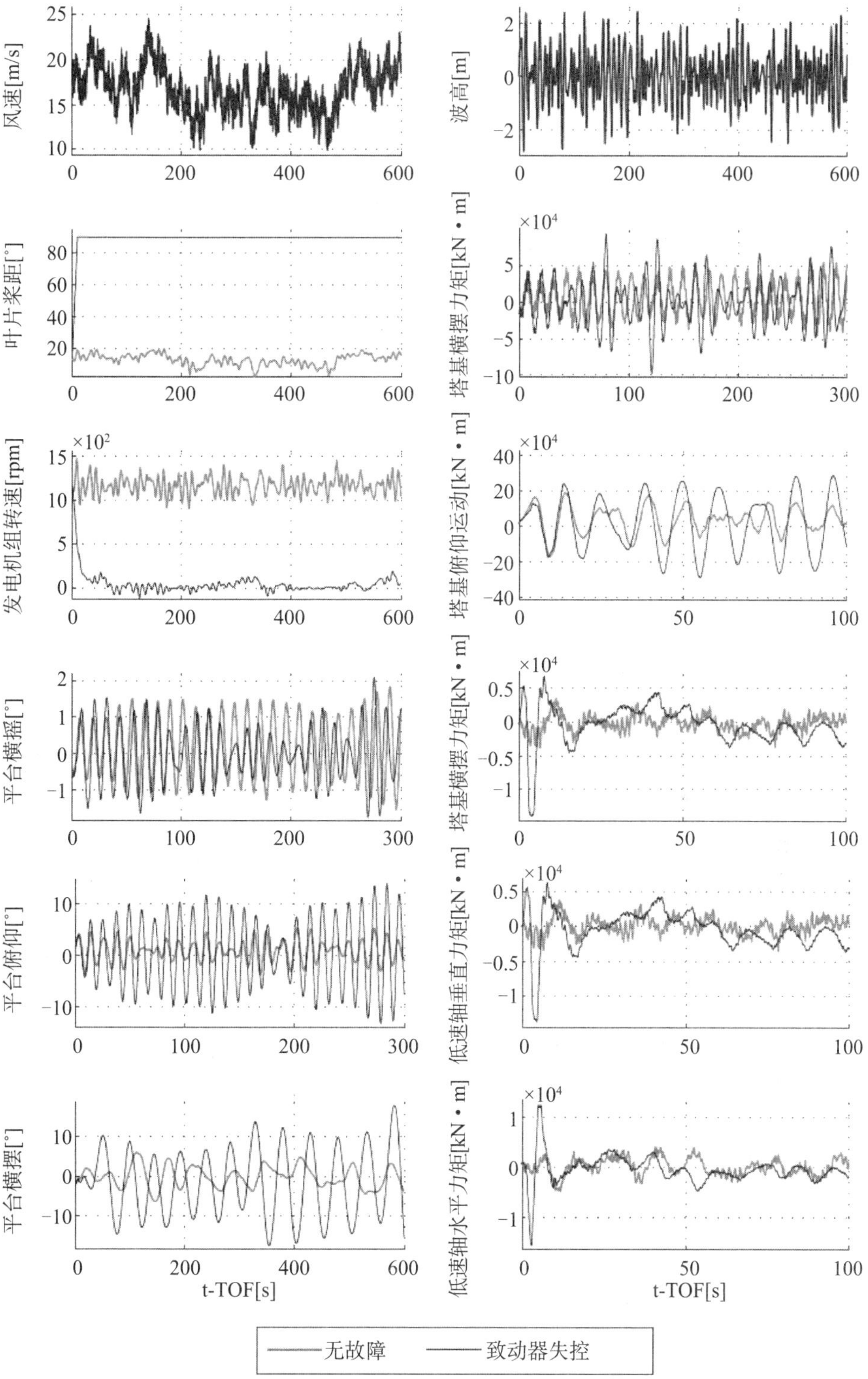

图 11-20　致动器失控故障的时间序列。*t* 表示时间，*TOF* 表示故障时间

11.6 总 结

本章研究了漂浮式风力发电机组中不同变桨系统故障对结构载荷的影响。除了致动器卡死故障和致动器失控故障外，还涉及了变桨传感器测量中的偏移误差和增益误差、变桨致动器的性能退化等故障。利用公共设施规模的5MW风力发电机组进行了仿真。该风电机组安装在驳船平台模型上，以相应满载荷区内不同风剖面和波剖面为准。风电机组配有标准的GSPI控制器。该控制器具有两个控制环，第一个控制环用于满载荷区内的集中变桨控制；第二个控制环则用于发电机组转矩控制。发电机组转矩控制根据作业区而转换控制目标。为了评估故障幅值对风电机组的影响，还研究了不同的故障幅值。此外，利用不同的性能标准评估了故障对风电机组结构的影响。

无论故障幅值如何，除了塔架扭转力矩外，低速轴力矩是受变桨传感器故障影响最大的力矩。但是，这种影响取决于故障类型、故障幅值、工作条件。当变桨传感器偏移故障在满载荷区中间位置具有最大损伤等效载荷时，变桨传感器增益故障表明了损伤等效载荷与风速的直接依赖性。

只有致动器的响应非常慢（*M*3）时，致动器性能退化才会对风电机组结构产生影响。除此之外，由于故障致动器动力仍旧高于风电机组的动力，因此其影响非常小。是否有影响主要与满载荷区电力生产风电机组所用的变桨控制器类型有关。执行的策略采用集中桨距控制概念。风速超过额定值使叶片与风分离，而这将降低空气动力效率，并保持风轮转速接近其额定值。为了增加平台俯仰运动阻尼，采用的GSPI控制器已经减少了增益（与海上风电机组的类似控制器增益相比），而这反过来能够减少对变桨系统的需求，为慢速变桨系统提供了一个遵循控制器指令的机会（在一定的限制条件下）。因此，如果控制策略改变，对变桨系统的需求也会增加，较慢的变桨系统将无法及时响应，且风轮不平衡将增加结构载荷。变桨系统需求增加的一个很好的例子便是利用单个叶片桨距控制策略条件，容纳湍流风剖面的变化，或补偿垂直风切变，甚至利用单个叶片桨距（IBP）建立风轮轮盘的恢复力矩。因波浪的作用，该力矩能够中和平台的俯仰力矩。

致动器卡死显示出了对风电机组结构的不同影响，一开始增加卡死角度接近0°的故障叶片的叶根载荷，然后增加风速。低速轴弯曲力矩、低速轴扭转力矩、塔架弯曲力矩和塔架扭转力矩均受到该故障的影响。在该故障的影响下，力矩增加至某些情况下的5倍。此外，致动器失控对风电机组结构具有很大的影响，即对塔架弯曲力矩、塔架扭转力矩和低速轴弯曲力矩的影响。

驳船平台运动主要受致动器卡死和致动器失控的影响，而其他故障的影响可以忽略。由于发电机组功率误差的故障影响增加，因此致动器卡死会激发平台俯仰运动。但是，与致动器失控故障造成的平台俯仰运动相比，致动器卡死激发的平台俯仰运动仍然较小。致动器失控故障造成的平台俯仰运动也会导致平台的横摇运动和纵摇运动，运动幅度取决于平均风速。其他的平台概念可能因自身的动力情况而对这些故障表现出不同的响应情况，因此，本文介绍的仿真结果仅限于驳船平台概念。

最后，介绍了某些情况下，故障对风电机组结构过程的影响。但是其他情况下的影响，还需要开展更多的研究工作，针对空气结构动力相互作用以外的故障开展研究，了解因涡轮动力学的高度复杂性以及模式之间的耦合而导致的故障之间的关系。

参考文献

[1] Musial W, Butterfield S, Ram B (2006) Energy from offshore wind. In: Offshore technology conference, NREL/CP-500-39450, Houston, Texas.

[2] Jonkman J, Matha D (2009) A quantitative comparison of the responses of three floating platforms. In: European offshore wind 2009 conference and exhibition, NREL/CP-500-46726, Stockholm, Sweden.

[3] Biester D (2009) Hywind: siemens and statoilhydro install first floating wind turbine (online). http://www.siemens.com/press/pool/de/pressemitteilungen/2009/renewable_energy/ERE200906064e.pdf.

[4] Jonkman J (2007) Dynamics modeling and loads analysis of an offshore floating wind turbine. Ph.D. thesis, National Renewable Energy Laboratory.

[5] Jonkman JM (2008) Influence of control on the pitch damping of a floating wind turbine. National Renewable Energy Laboratory, NREL/CP-500-42589.

[6] Larsen TJ, Hanson TD (2007) A method to avoid negative damped low frequent tower vibrations for a floating, pitch controlled wind turbine. J Phys 75: 1-11. doi: 10.1088/1742-6596/75/1/012073.

[7] Chaaban R, Fritzen CP (2014) Reducing blade fatigue and damping platform motions of floating wind turbines using model predictive control. In: IX international confer-

ence on structural dynamics, Porto, Portugal.

[8] Namik H, Stol DK (2010) Individual blade pitch control of floating offshore wind turbines. Wind Energy 13: 74 - 85.

[9] Lackner MA (2009) Controlling platform motions and reducing blade loads for floating wind turbines. Wind Eng 33 (6): 541 - 554. doi: 10.1260/0309 - 524X. 33.6.541.

[10] Wilkinson M, Hendriks B (2011) Reliability focused research on optimizing wind energy systems design, operation and maintenance: tools, proof of concepts, guidelines & methodologies for a new generation. Tech Rep, Reliawind. www.ReliaWind.eu, FP7 - ENERGY - 2007 - 1 - RTD.

[11] Bachynski EE, Etemaddar M, Kvittem MI, Luan C, Moan T (2013) Dynamic analysis of floating wind turbines during pitch actuator fault, grid loss, and shutdown. In: 10th deep sea offshore wind R&D conference, Trondheim.

[12] Etemaddar M, Gao Z, Moan T (2012) Structural load analysis of a wind turbine under pitch actuator and controller faults. In: The science of making torque from wind, Oldenburg, Germany.

[13] Jonkman J, Butterfield S, Musial W, Scott G (2009) Definition of a 5-MW reference wind turbine for offshore system development. Tech Rep, National Renewable Energy Laboratory (NREL), NREL/TP-500-38060.

[14] Bossanyi EA (2003) Individual blade pitch control for load reduction. Wind Energy 6: 119 - 128.

[15] Esbensen T, Sloth C (2009) Fault diagnosis and fault-tolerant control of wind turbines. Master's thesis, Aalborg University.

[16] Hansen MH, Kallesφe BS (2007) Servo-elastic dynamics of a hydraulic actuator pitching a blade with large deflections. J Phys Conf Ser 75: 012077.

[17] Jonkman JM, Buhl ML Jr (2005) Fast user's guide. Tech Rep, National Renewable Energy Laboratory (NERL), NREL/EL-500-38230.

[18] International Electrotechnical Commission (2009) Wind turbines: Part 3: Design requirements for offshore wind turbines. IEC61400-3.

[19] Jonkman B (2009) Turbsim user's guide (version 1.5). Tech Rep, National Renewable Energy Laboratory (NREL).

[20] Mohammadpour J, Scherer CW (2012) Control of linear parameter varying systems with applications. In: Adegas FD, Sloth C, Stroustrup J (eds) Chapter 12, Structured linear parameter varying control of wind turbines. Springer, Heidelberg.

[21] Downing S, Socie D (1982) Simple rainflow counting algorithms. Int J Fatigue 4 (1): 31 –40. doi: 10. 1016/0142-1123 (82) 90018-4.

[22] Robertson A, Jonkman J (2011) Loads analysis of several offshore floating wind turbine concepts. In: International society of offshore and polar engineers 2011 conference, NREL/CP-5000-50539.

第四部分

减　振

第十二章　使用调质阻尼器控制风力发电机组塔架振动

Okyay Altay，Francesca Taddei，
Christoph Butenweg，Sven Klinkel

摘要：由于产生的环境影响较小，风力发电的应用范围正在逐步扩大。风电场的长远发展取决于风电机组生产和建设瓶颈的技术解决方案。风电机组塔架的振动会限制发电效率，引起疲劳问题，从而产生高额维修成本，是风能行业的重大难题之一。因此，需要采取减轻塔振的辅助措施。通过对 5MW 陆上风电机组的数值研究，验证了调质阻尼器的有效性。同时还考虑了地震诱发振动和土壤-结构相互作用的影响。研究结果表明，调质阻尼器可以有效地降低谐振式塔振动，提高风电机组的疲劳寿命。本章还介绍了调谐液体柱阻尼器及其应用情况。调谐液体柱阻尼器由于其几何多功能性和成本经济性，可替代其他阻尼方案，尤其可在风电机组等细长结构上应用。

关键词：结构控制；调质阻尼器；调谐液体柱阻尼器；半主动；土壤-结构相互作用

术语：

δ_s，δ_A	对数阻尼递减-结构和气动
D	阻尼比
K_{FS}，C_{FS}，M_{FS}	基础-土壤系统的刚度、阻尼系数和质量
S_{FS}	基础-土壤系统的动刚度
Ω	激励频率
u_F，P_F	位移和谐波的基础载荷

O. Altay (✉) · F. Taddei · C. Butenweg · S. Klinkel
亚琛工业大学土木工程学院结构分析和动力学系
德国亚琛密斯凡德罗大街 1 号，邮编：52074
电子邮箱：altay@ lbb. rwth-aachen. de

G_S，ρ_S υ_S	土壤剪切模量、密度和泊松比
r_F	基础的等效半径
θ_φ，$\theta_{\varphi z}$	基础的摇摆和扭转质量惯性力矩
K_x，K_y，K_z，$K_{\varphi z}$	基础-土壤系统的刚度系数
C_x，C_y，C_z，$C_{\varphi z}$	基础-土壤系统的阻尼系数
f_D	调质阻尼器/调谐液体柱阻尼器的自然频率
μ^*	调质阻尼器和模态质量的结构之间的质量比
f_H	结构的自然频率
$f_{D,\mathrm{opt}}$，$D_{D,\mathrm{opt}}$	调谐质量阻尼器的最佳频率和阻尼比/调谐液柱阻尼器
$u,\dot{u},\ddot{u}$	调谐液体柱阻尼器的液柱运动位移、速度和加速度
δ_p	压力损失
ω_D	调质阻尼器/调谐液体柱阻尼器的基本循环频率
γ_1，γ_2	1. 和 2. 调谐液体柱阻尼器的几何因子
$\ddot{x}+\ddot{x}_g, x+x_g$	基础激励引起的结构加速度和位移
L_1，L_2	1. 和 2. 液柱的有效长度
α	液柱的角度
V，H	液柱垂直长度和水平长度
A_V，A_H	垂直和水平液柱面积
D_H，ω_H	阻尼比和结构基本循环次数
μ	调谐液体柱阻尼器和大规模结构模态之间的质量比
$f(t)$	动态激振力
k_{act}，c_{act}	地震致动器的刚度和阻尼系数
m_{tf}	风电机组和基础的总重量
Ω_{act}	地震致动器的频率
$f_g(t)$	地震激振力
$x_{g,0}$，$\dot{x}_{g,0}$	实际地震地基运动
$x_{g,seis}$，$\dot{x}_{g,seis}$	期望地震地基运动

12.1 简　介

风电机组是一项重要的可再生能源发电技术，在电力市场中所占的份额日益增大。全球风能协会（GWEC）年度报告的数据分析显示，2012 年，全球运行风电场的产电能力将提高 20% 左右，总容量达到 283GW[16]。

风能产业的长期发展主要依赖技术的发展，尤其是风电场的生产和建设方法。据认证机构报道，最小型新型风电机组的设计寿命为 20 年，其生产成本和维修成本不具有经济优势。风电机组塔架设计的主要难点是由风、波浪和地震引起的动态激励力产生的交变载荷。另外，风轮叶片的载荷变化，使得一个设计寿命为 20 年的风电机组的整体机构接近 $2 \cdot 10^8$[18]，这相当于标准公路桥的 100 倍。

风电机组的性能主要取决于它的塔高和风轮直径。针对生命周期问题，同时为了建设更高、更有效的风电机组，必须提高风电机组的结构动力。可以采用多种方法减轻塔架振动，获得更好的结构响应。

12.2　塔架振动

除来自机舱的静态重力载荷外，陆地风电机组也携带来自风轮的风致载荷，主要为前后方向。在侧-侧方向上，风流量导致涡流诱导塔架振动。此外，在地震区域，风电机组塔架必须能够承受地震引起的极端载荷。这些动态载荷威胁着结构安全，影响了设备的使用寿命。

风电机组塔架根据采用的建筑材料而表现出不同的动态响应。因此，除材料强度外，还必须考虑阻尼特性。风电机组塔架的动态特性也取决于结构特性，尤其是刚度与质量对于风电机组的共振性非常重要，二者决定了塔架的自然频率。

12.2.1　风载荷

根据风速和湍流强度的不同，风能够引起不同程度的塔架振动。塔架振动可分为两类，即周期性共振与瞬态振动。

在低风速的正常风况中，塔架振动主要是共振。在低风速的条件下，风轮叶片的选择频率通常非常接近塔架前后模式的基本频率。风电机组像一台和谐振荡的单一自由度（简称 SDOF）系统，由于阻尼值低，因此会发生相当多的塔架偏斜的情况。在设计过程中，为了防止出现共振，根据风轮叶片选择频率选择塔架的刚度和基本频率。据此，风轮的旋转频率被称为 1P 频率。根据叶片的数量，叶片通过频率称为 2P 频率

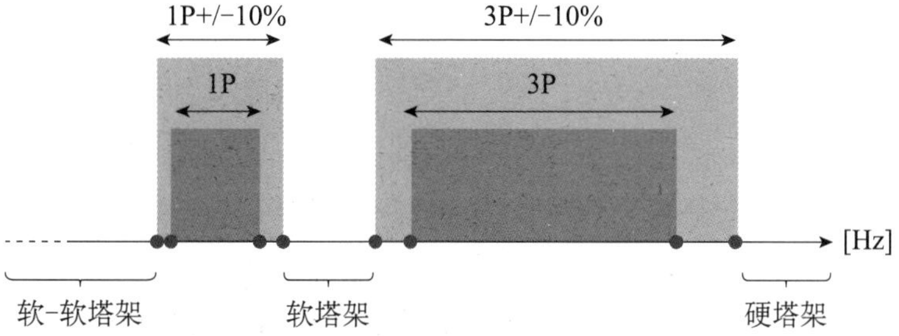

图 12-1　根据风轮叶片的选择频率对风电机组塔架进行分类

或3P频率。如图12-1所示，根据塔架基本频率和风轮叶片旋转频率之间的关系，风电机组塔架分为硬塔架、软塔架和软-软塔架。根据切入风速和额定风轮速度确定图12-1中所示的1P和3P区域。因此，一个软塔架仍能够在低于切入风速的启动阶段做出共振响应。根据持续时间的长短，这种疲劳载荷影响风电机组的使用寿命。

湍流风载荷取决于平均风速和湍流强度。在载荷计算方面，风电机组的证明文件中介绍了几种风力模型。同时也要考虑特定地点的条件以及与其他风电机组的相互作用。

湍流所致塔架振动的幅度主要取决于设备的阻尼特性，包括空气动力阻尼和结构阻尼。可利用表12-1[13]中的值，通过对数阻尼减缩量计算风电机组的阻尼比。根据该方法，钢制风电机组塔架的阻尼比约为1.4 %。

如前文所述，设计使用寿命为20年的风电机组，其整个塔架结构的载荷变化相当于$2 \cdot 10^8$[18]，一半的载荷变化发生在风速低于额定值[18]期间。因此可以得出结论，一半的疲劳载荷均由周期性塔架振动引起。

表12-1　风电机组[13]载荷变化的对数阻尼减缩量和阻尼比

结构类型	δ_S	δ_A	$\delta = \delta_S + \delta_A$	$D = \delta/2\pi$ (%)
钢制塔架	0.015	0.070	0.085	1.4
混凝土塔架	0.040	0.060	0.100	1.6

注：δ表示对数阻尼减缩量，D表示阻尼比

12.2.2　地震载荷

近几十年来，全球范围内风力设备的年安装量不断增加，并将市场扩大至地震活跃地区。如果一个项目位于存在相关地震危害性的地区，风力设备的设计必须考虑在运行期间可能发生地震或设备紧急停机的情况。在某些情况下，塔架和地基的设计可能受控于地震情况和操作载荷情况。图12-2结合距离地面50米处平均风速的情况，介绍了欧洲的地震灾害。风速是评价场地是否适合进行风力发电的关键问题，且风速必须超过每秒5~6米。地图也根据全球风能协会数据[16]介绍了2012年前欧洲国家的风力发电设备。大部分南部欧洲沿海地区具有较高的地震危害度和此类风力条件，足以适合利用现代风电机组的财务收益要求。

相关的规范和指导方针可协助从业者，为其提供风电机组抗震设计方面的一般性建议。但是，仍旧缺少一种能够将地震影响和风力作用叠加的正确方法。

这一课题引起了全世界研究者的兴趣。极端风况下[7,25,26]，标准的设计载荷比

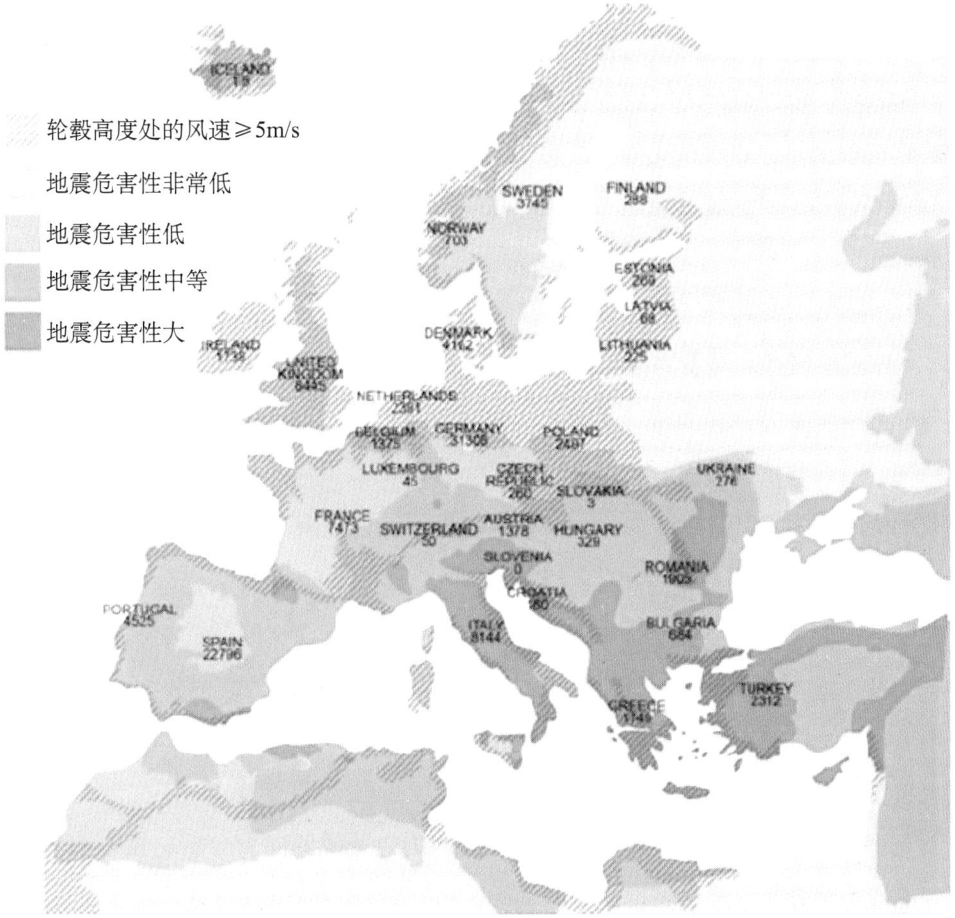

图 12-2　欧洲地震危害性地图，并介绍了适合安装风力发电设备的位置（风速在距离地面 50 米的位置超过 5m/s）以及 2012 年以前各欧洲国家已经安装的风力发电设备

抗震设计载荷更加重要。因此国际电工委员会（简称 IEC）[19] 规定的荷载组合也只是提供一种安全的抗震设计方法。

此外，Ritschel 将地震期间出现的载荷与风电机组（轮毂高度为 60 米）[28] 的国际电工委员会（简称 IEC）设计载荷进行了比较，同时比较了模态分析和瞬态分析。大多数塔架部分的设计载荷均包含了地震响应，但是 0.3 克的峰值加速度可能被视为轮毂高度为 60 米的风电机组能够承担的最大地震激励。对于叶片来说，地震载荷远低于设计载荷（约低于设计载荷 70%），通常为 50 年一遇的骤风载荷，因此不具有决定性。他们发现，在瞬态分析结果方面，模态方法在塔架基础附近产生了相对保守的结果。这项工作确认了一项基本规则，即频域分析产生的结果比时域分析产生的结果更加保守，原因是考虑的参与模式数量较小。但是在频域分析中，相位信息丢失了，而且无法检测到风信号和地震信号的可能同相总和。由于瞬态分析能够更加准确且更加真实地反映问题，因此一般为首选方法。

实际上，可以通过不同的方法评估地震的影响，具体取决于调查的目的。除通常的建筑条例外，如欧洲规范（简称 EC）、国际建筑规范（简称 IBC）和德国规范（简称 DIN），关于地震对风电机组影响的处理，可参考下列关于风电机组的专门标准：

- 国际电工委员会（简称 IEC）EN 61400-1：2005 + A1：2010：设计要求[19]；
- 挪威船级社和瑞索国家实验室：风电机组设计指南 2002[14]；
- 美国风能协会（简称 AWEA），ASCE/AWEA RP2011：大型陆基风电机组支撑结构合格性和建议措施 2011[16]；
- 德国劳埃德船级社（简称 GL）：风电机组认证指南 GL-2. 4. 2 章[17]；
- 丹麦标准协会（简称 DS）：DS472 1992[10]；
- 德国土木工程学院（简称 DIBt）：风能转化系统规则以及塔架和基础结构整体行为及认证，2012[13]。

大部分标准规范建议理想的情况是将风电机组作为垂直梁，使质量集中在顶部。后者包含了风轮、机舱、齿轮箱、部分塔架的重量。

允许采取合适的分析步骤，评估水平地震力：等效侧向力分析、模态响应谱分析和响应历史分析。然后将地震力与运行载荷相结合。操作载荷为：

1. 额定风速条件下正常电力生产期间设计载荷最大值；
2. 额定风速条件下适合于紧急停机的设计载荷最大值。

所有载荷部件的分项安全系数设置为 1. 0。

国家电工委员会（简称 IEC）[19]附录 C 中介绍了一种非常保守的方法。在这种方法中，忽略了自然频率高于第一频率的情况，并将风电机组理想化为单一自由度系统。一旦确定了 SDOF 系统的自然周期，则从标准设计响应谱中选择响应的频率纵坐标。谱加速度乘以 SDOF 的质量，得出等效静态地震荷载。在这种情况下，采用阻尼系数为 1% 的标准设计响应谱。

如上所述，标准规范趋向建议采用简化技术，适合正常的民用建筑。但是，利用计算机辅助空气动力学工具能够更加详细地仿真风电机组的地震响应。目前，空气动力学计算工具应用范围广泛，已经为设计要素提供了不可缺少的支撑作用，尤其是当处理震和风等非确定性现象时。

12.2.3　土壤-结构交互作用

所有动态分析的第一步均是确定结构动态特性。结构动态特性取决于从风轮叶尖到地面的所有部件的性能。在这一步中，由于土壤与结构物之间存在几种相关联的效应，因此必须考虑二者之间的相互作用［也被称为土壤-结构交互作用（SSI）］：

- 首先，利用合格土壤修改结构的所有动态自然特性。
- 因此，可违反结构物自然频率、风轮工作频率（1P）以及叶片通过频率（2P或3P）之间的最小频率分隔，增加共振效应。
- 动态载荷的频率含量可能导致振动放大或衰减现象，可能在塔架基础上产生高剪切力和倾覆力矩。
- 与固定基础模型相比，土壤的合格性将某些额外的阻尼特性归咎于结构性土壤-结构交互作用系统，造成能量耗散。
- 基础的大范围运动可能扰乱设备的使用过程，导致产量不足，甚至紧急停机。

从上述讨论的观点中可以明显看出，土壤-结构交互效应能够作用于相反方向，无法以演绎的方式确定是否增加塔架的位移。一般情况下，必须对风力设备与其下面土壤的每一种特定配置进行详尽的调查。相关的规范与指南[6,13,14]仅提供了少量关于土壤-结构交互分析方面的建议。实际上，意识到这些复杂情况后几乎未将土壤-结构交互效应直接应用于实际的规范中，因而本文仅作大致介绍。

土壤-风电机组的全方位分析一定是复杂的，但是无论如何，能够分离出问题的决定性方面，减少变量的数量。

在动态土壤-结构交互中，建模步骤分为严格建模和近似建模。严格建模通常用于子结构法中，而近似建模则用于直接分析法中。在子结构法中，分别利用不同的方法分析土壤和结构，然后在界面处将二者结合，实施兼容性条件和平衡条件；而在直接法中，利用独一无二的一步技术解决整个系统。

严格建模满足了无界媒质的辐射条件，无限辐射波传播能量。该条件可用于寻找每一个具体的媒介配置（如半空间和全空间）中波传播问题的基本解（也被称为格林函数）。最后，可在基本解的基础上建立边界积分方程式。该步骤被称为边界元法（简称BEM）。严格建模的主要优势在于必须只考虑土壤与结构物之间的界面，因此严格建模能够自动满足辐射条件，且问题规模减少了。［24］中对此进行了详细解释。但是，基本解仅用于同质各向同性半空间。对于复杂的土壤配置而言，仅能找到为数几个基本解，无关闭分析形式可用。例如，对于水平分层的无界媒质而言，可采用薄层法（简称 TLM）[9]或精确积分法（简称 PIM）[20]计算格林函数。

在所有近似建模法中，有几种方法结合了有限元法（简称 FEM）和人工边界（传播、黏滞、旁轴等），具有非常高的能量吸收能力。同时，有限元可用作无限元法的扩展。由于土壤边界必须远离结构以及模型边界处波能反射导致的残留误差，因此这些扩展的有限元法的缺点是模型尺寸大。

除了先进的数值方法外，在实践中适用于风电机组的土壤-结构交互分析最常用的方法是弹簧-缓冲器仿真模型。基础-土壤系统可转化为弹簧、缓冲器和质量的机械模型（莱斯默仿真），也被称为集中参数模型（简称 LPM）。这种模型仅用两个自由参数代表土槽，即刚度 K_{FS}和阻尼系数 C_{FS}，在低频和中频情况下表现良好。可增加质量参数 M_{FS}，目的是在真正系统和集中参数模型之间实现较好的拟合。集中参数模型的动态刚度 S_{FS}表示为激励频率 Ω 的函数，公式为：

$$S_{FS}(\Omega) = K_{FS} - \Omega^2 M_{FS} + i\Omega C_{FS} \tag{12-1}$$

动态刚度将基础位移 $u_F(\Omega)$ 与适用的简谐荷载 $P_F(\Omega)$ 联系起来，公式为：

$$u_F(\Omega) = \frac{P_F(\Omega)}{S_{FS}(\Omega)} \tag{12-2}$$

利用额外的集中质量、缓冲器和弹簧丰富模型，增加自由参数的数量。这对于分层半空间或底层尤其重要。

先期研究工作[1,7,8,28,33]证明，集中参数模型（简称 LPMs）能够在同质各向同性媒介的情况下准确预测土壤-风电机组的动态响应。研究人员确认如果包含土壤合格性，则系统的自然频率随固定基础系统下降，且最受影响的频率是与第二弯曲模式和第三弯曲模式相关的频率。[5，30，31]中介绍了土壤封层对于风电机组动力学影响的调查情况，采用了严格建模法。

标准规范通常建议依据一组线性非频率依赖弹簧确定基础-土壤影响的表达式，在塔架底部连接风电机组模型（见图 12-3）。

根据 DNV/瑞索指南[14]或根据德国土木工程学院（简称 DIBt）的规定[13]计算刚度系数，可参考建筑物地面动态学工作组[12]的建议。如果经合理的工程分析证明，则可采用备选系数公式。

标准规范中提出的集中参数模型一般由六个非耦合弹簧组成，每一个弹簧均沿着六种自由度中的一种运行。集中参数模型为非频率依赖性模型，在平移自由度和

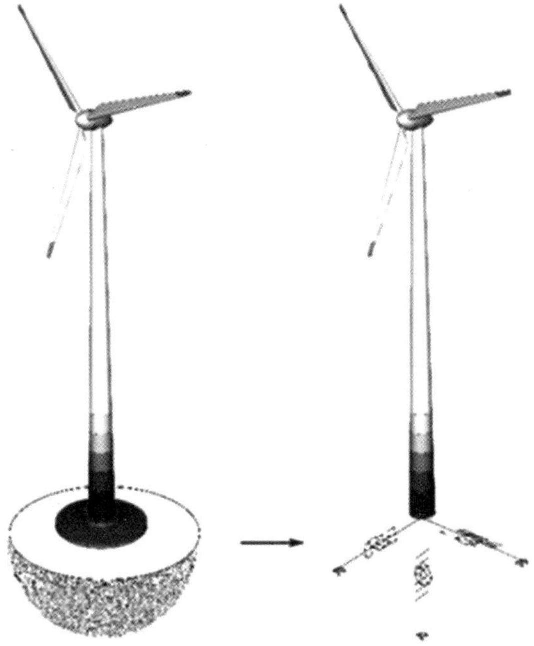

图 12-3　带有土壤弹簧的风电机组模型，用于土壤-结构交互影响

旋转自由度之间无结合，可在结构多自由度模型中以对角刚度和阻尼矩阵的形式执行集中参数模型。矩阵系数取决于土壤特性（基础的典型长度和质量惯性矩）。基础几何结构可理想化为等效的刚性盘状基础，半径为 r_F（图 12-4），以便简化质量惯性矩的计算。

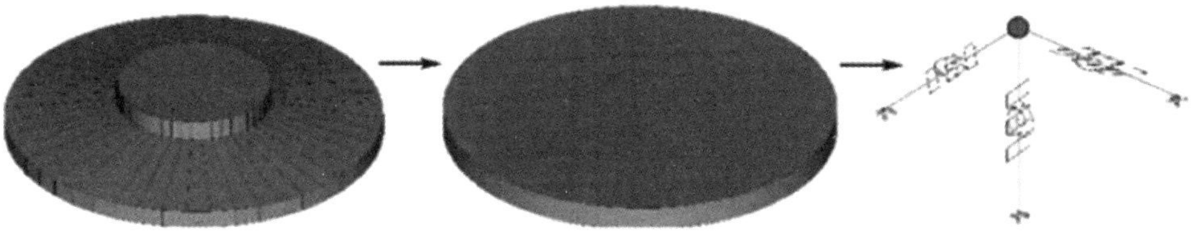

图 12-4　根据标准规范[13,14]对基础-土壤系统建模

DNV/瑞索[14]提出的集中参数模型并未包含缓冲器质量或虚构质量。土壤弹簧系统的公式介绍了同质半空间、底层和半空间层。从公式上可以看出，层越薄，广义的弹簧就越硬。[32]中对 DNV 模型和严格模型进行了比较（图 12-5）。

可根据表 12-2 中的公式计算德国土木工程学院（简称 DIBt）系数。与 DNV/瑞索模型相比，DIBt 集中参数模型（简称 LPMs）也包含六台缓冲器（每一台缓冲器均沿着六种自由度中的一种运行）。

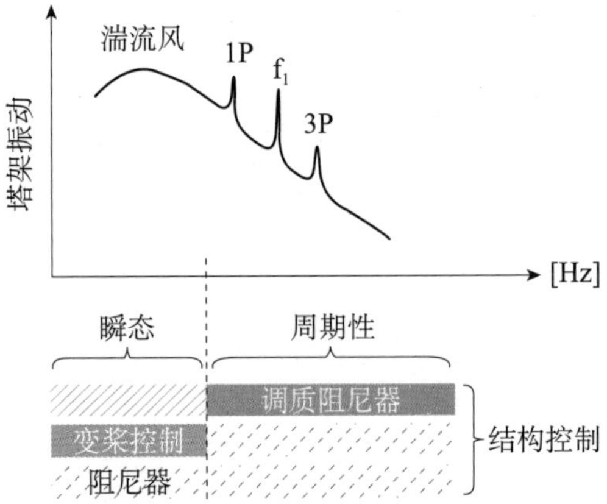

图 12-5　减振法与塔架振动特性的比较

表 12-2　基础-土壤系统建模的刚度系数和阻尼系数[14]

	刚度系数	阻尼系数
水平位移	$K_x = K_y = \dfrac{8G_s r_F}{2 - v_s}$	$C_x = C_y = \dfrac{4.6r_F^2}{2 - v_S}\sqrt{G_S\rho_S}$
垂直位移	$K_z = \dfrac{4G_s r_F}{1 - v_s}$	$C_z = \dfrac{3.4r_F^2}{1 - v_s}\sqrt{G_S\rho_S}$
摇动	$K_\varphi = \dfrac{8G_S r_F^3}{3(1 - v_s)}$	$C_\varphi = \dfrac{0.8r_F^4}{(1 - v_S)(1 + B_\varphi)}\sqrt{G_S\rho_S}$ $B_\varphi = \dfrac{3(1 - v_s)}{8}\dfrac{\theta_\varphi}{r_F^5\rho_S}$
扭转	$K_{\varphi z} = \dfrac{16G_S r_F^3}{3}$	$C_{\varphi z} = \dfrac{2.3r_F^4}{1 + 2B_{\varphi z}}\sqrt{B_{\varphi z}G_S\rho_S}$ $B_{\varphi z} = \dfrac{\theta_{\varphi z}}{r_F^5\rho_S}$

如果是嵌入式基础，必须修改上述报告系数。12.4.3.4 节中介绍了关于土壤-结构物交互作用对于风电机组动力学影响的调查。

12.3　减振方法

为了减少风电机组的塔架振动，发明并应用了几种系统，最常用的方法可分为叶片变桨控制、辅助阻尼器和调质阻尼器。图 12-5 为其中几种方法，并借助软塔架，根据振动特性将其分类。如 12.2.1 节中讨论的内容，动态塔架响应主要取决于风速，并包含瞬态部件和周期部件。减振方法的效率依赖于塔架的响应特性。根据其他细长型结构所知，调质阻尼器特别能够消除振动。因此，调质阻尼器被认为是一种有效的减振方法，其确切频率如同旋转频率 1P 和 3P，或如同共振（在图 12-5 中被称为共振）。

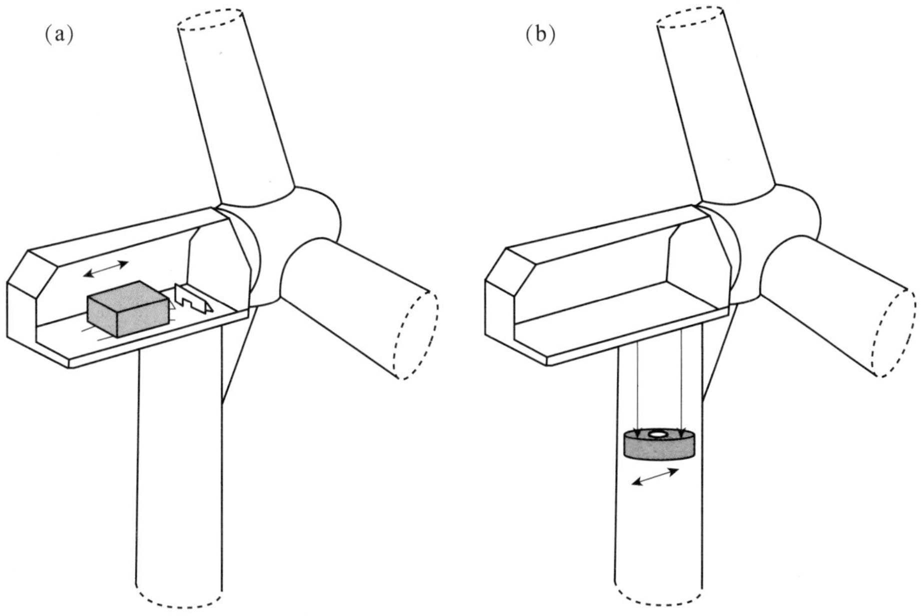

图 12-6　带有调质阻尼器（图 a）和摆式阻尼器（图 b）的风电机组

12.3.1　叶片变桨控制系统和制动系统

为了防止塔架过度振动而产生载荷，大多数现代的风电机组均采用变桨控制系统和制动系统，根据风速和作业条件自动调节风轮叶片的角度和转速。通过这些措施，风电机组的发电量恒定，且避免了出现高风轮转速。减振方法在高风速条件下尤其有效，包括瞬态塔架振动。

12.3.2　阻尼器

与其他结构相比，风电机组具有非常低的阻尼特性。如 12.2.1 节中所述，由结构阻尼和空气动力学阻尼造成的风电机组总阻尼比等于 1% ~2%。随着辅助阻尼器的使用，能够提高结构阻尼特性。例如，液压阻尼器（将黏胶液作为被动阻尼器或将磁流变液和电流变液作为半活性阻尼器）可在风电机组的安装位置局部驱散振荡能量，类似于汽车工业中所用的缓冲器。因此，由于半主动阻尼器自身具有的适应特性，与被动阻尼器相比，它们能够减少较大频率范围内的振动。为了控制各个方向上的塔架振动，将被动阻尼器和半主动阻尼器以极坐标形式安装在风电机组塔架的内侧，但这样阻碍了塔架轴的活动，干扰了机舱的可用性。材料成本和必要的维护使得辅助阻尼器的有效应用变得很困难。

12.3.3 调质阻尼器

对于传统的细长型结构而言，通常利用调质阻尼器便可减少风致周期性振动。标准调质阻尼器包括辅助质量，该辅助质量通过弹簧和缓冲器部件附于主结构上。调质阻尼器的自然频率根据自身的弹簧常数以及缓冲器导致的阻尼比确定。调质阻尼器的调谐参数使辅助质量能够随相移相对于结构运动的摆动，在结构上产生阻尼力。调质阻尼器能够非常有效地抑制周期性振动，但是由于机械原因，很难找到一种合适的弹簧部件，可将其调整至风电机组的基频，原因是风电机组的基频一般低于0.4Hz。因此调质阻尼器主要用于减少较高塔架模式振动。

摆式阻尼器也被视为是一种调质阻尼器，包括辅助质量，悬挂在风电机组机舱的下面，由阻尼器或摩擦片支撑。摆锤长度可调整至风电机组塔架模式的自然频率。对于基频为0.4Hz的风电机组来说，产生的摆锤长度根据公式（12-3）计算得出，超过1.5米。在公式（12-3）中，f_D表示阻尼器频率，L表示摆锤长度，而g则表示重力加速度。在较低频率情况下，该值会成指数增加。为了解决这个问题，可采用多级摆式阻尼器。辅助质量附属于多个摆锤，通过不同的机械接头彼此相互连接。图12-6为带有调质阻尼器和摆式阻尼器的风电机组。

$$f_D = \frac{1}{2\pi}\sqrt{\frac{g}{L}} \tag{12-3}$$

12.3.3.1 调质阻尼器最优参数计算

在计算最优调质阻尼器参数时，一般采用Den Hartog研发的标准[12,32]。这些适用标准的结果是调质阻尼器自然频率和阻尼比的最优值。

Den Hartog利用调和激励单一自由度（简称SDOF）振荡器的共振曲线推导出了最优频率和阻尼比，如公式（12-4）和公式（12-5）所示，其中μ^*表示调质阻尼器有效质量和结构模态质量之比，而f_H则表示结构的自然频率。

$$f_{D,\mathrm{opt}} = f_H \frac{1}{1+\mu^*} \tag{12-4}$$

$$D_{D,\mathrm{opt}} = \sqrt{\frac{3\mu^*}{8(1+\mu^*)^3}} \tag{12-5}$$

相同的步骤能够与Warburton的调谐标准一起使用。Warburton扩大了 Den Hartog 标准的范围，也用于其他的随机激励，如地震。利用公式（12-6）和公式（12-7）能够计算附属于随机激励 SDOF 的调质阻尼器的调谐参数。

$$f_{D,\mathrm{opt}} = f_H \frac{\sqrt{1-\mu^*/2}}{1+\mu^*} \tag{12-6}$$

$$D_{D,\mathrm{opt}} = \sqrt{\frac{\mu^*(1-\mu^*/4)}{4(1+\mu^*)(1-\mu^*/2)}} \tag{12-7}$$

12.3.4　调谐液体阻尼器

调谐液体阻尼器，如调谐晃动阻尼器（简称 TSD）和调谐液柱阻尼器（简称 TLCD），也被称为调质阻尼器。图 12-7 为带有调谐晃动阻尼器和调谐液柱阻尼器的风电机组。这些阻尼器本身便具有非常低的基频，因此能够轻易地将其调整至风电机组的塔架频率。由于这些阻尼器一般利用水作为辅助质量且无需任何机械部件（如弹簧或接头），因此它们是其他风电机组减振的较好替代方法。

12.3.4.1　调谐晃动阻尼器

调谐晃动阻尼器包括一个开式水箱，该水箱内装满了添加了防冻剂的水等牛顿液体。根据水箱的几何结构和液体深度能够得到不同的自然频率。为了有效控制振动，必须将调谐晃动阻尼器安装在考虑塔架顶部的位置，例如在机舱内，像调质阻尼器和摆式阻尼器一样。随着风电机组塔架开始振动，调谐晃动阻尼器水箱的活动导致液体晃动，从而产生波浪，这可以驱散振荡能量。因此，调谐晃动阻尼器的基频取决于非线性现象，由晃动以及水箱与液体的相互作用导致。

为了更好地预测这种阻尼器对于风电机组的效率，需要深入研究。可以利用调谐液柱阻尼器使减振过程更加稳定，如下面小节内容所述。图 12-7 为带有调谐晃动阻尼器的风电机组。

12.3.4.2　调谐液柱阻尼器

调谐液柱阻尼器由 Frahm 于 1910 年获得专利，它包括一个 U 形水箱。与调谐晃动阻尼器的水箱相似，调谐液柱阻尼器的 U 形水箱内也是注满了牛顿液体[15]。最初发明调谐液柱阻尼器的目的是减少船舶的倾侧运动，被视为是第一批阻尼装置。局部压力损失导致的湍流效应和摩擦驱散了减振液体的振动能量。在土木工程中，经过 Sakai 发表的作品以及专利申请的宣传[29]，调谐液柱阻尼器得到了广泛普及。除了低原料成本和低维护成本外，与其他阻尼措施相比，调谐液柱阻尼器因其几何灵活性被认为是较好的一种选择，尤其是对于细长型结构，如风电机组。

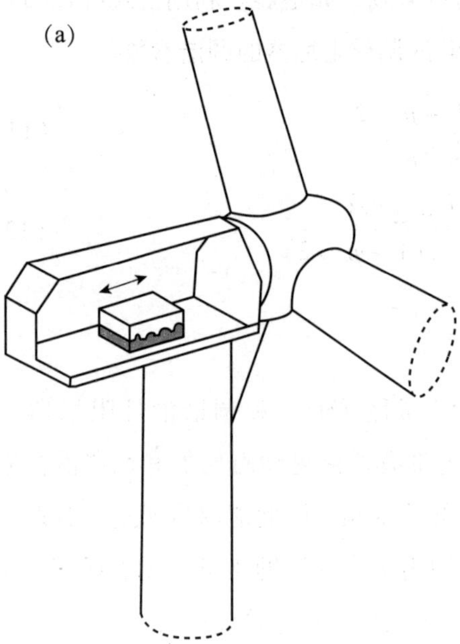

图 12-7　带有调谐晃动阻尼器（图 a）和调谐液柱阻尼器（图 b）的风电机组

数学描述

图 12-8 为附属于水平激励结构的调谐液柱阻尼器。利用非线性伯努力公式推导出液体运动与振荡效应，而液体阻尼器的自然频率则仅取决于水箱的几何结构。

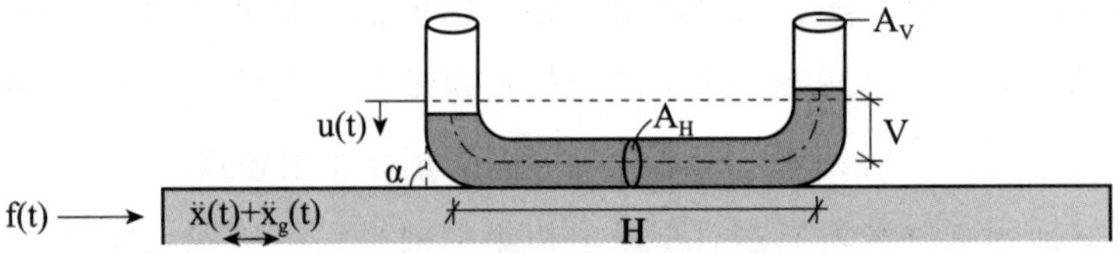

图 12-8　带有调谐液柱阻尼器的水平激励结构

调谐液柱阻尼器的运动公式和基本圆频率公式为公式（12-8）和公式（12-9）。

$$\ddot{u} + \delta_p \left| \dot{u} \right| \dot{u} + \omega_D^2 u = -\gamma_1 (\ddot{x} + \ddot{x}_g) \tag{12-8}$$

$$\omega_D = \sqrt{\frac{2g}{L_1}\sin\alpha} \tag{12-9}$$

液柱活动由 $u(t)$ 确定，而由动力和基础激励导致的结构则等于 $x(t) + x_g(t)$。系数 δ_P表示压力损失，由液体流向和水箱横截面积的变化导致的湍流效应和摩擦效应引起。公式（12-10）中的几何因子 γ_1 则根据水箱的几何结构调整了结构与调谐液柱阻尼器之间的相互作用力。调谐液柱阻尼器的基本圆频率 ω_D取决于液柱所谓的有效长度 L_1［公式（12-11）］、立式水箱零件倾角 α、重力加速度 g。几何因子 γ_1和

有效长度 L_1 均取决于角度 α、液体流的纵向长度 V 和水平长度 H，以及横截面积 A_V 和 A_H。

$$\gamma_1 = \frac{H + 2V\cos\alpha}{L_1} \tag{12-10}$$

$$L_1 = 2V + \frac{A_V}{A_H}H \tag{12-11}$$

液体质量脉冲导致的阻尼力根据下面某结构的公式计算得出。该结构被理想化为一台单一自由度（简称SDOF）振荡器。公式中的 D_H 和 ω_H 分别表示结构的阻尼比和基本圆频率，μ 表示液体与结构模态质量之比，x_g 表示基础运动，$f(t)$ 表示激励力，而 γ_2 则表示调谐液柱阻尼器的进一步几何因子。

$$\ddot{x} + 2D_H\omega_H\dot{x} + \omega_H^2 x = -\ddot{x}_g + f(t) - \underbrace{\mu(\ddot{x} + \ddot{x}_g + \gamma_2\ddot{u})}_{\text{阻尼力}} \tag{12-12}$$

$$\gamma_2 = \frac{H + 2V\cos\alpha}{L_2} \tag{12-13}$$

$$L_2 = 2V + \frac{A_H}{A_V}H \tag{12-14}$$

如上所述，调谐液柱阻尼器的基频取决于五个几何变量，即 V、H、A_V、A_H 和 α。递增的质量比 μ 提高了调谐液柱阻尼器的效率。几何因子 γ_1 和 γ_2 也影响着调谐液柱阻尼器的效率。如果经 γ_2 调整的几何因子 γ_1 具有最大值，则阻尼效应达到最大值。如果几何因子 γ_1 也增加，则作用于调谐液柱阻尼器上的结构相互作用力也增加。此外，如果调谐液柱阻尼器水箱的高度不足，则液体甚至能够溢出。为了避免出现这种情况，最好尽可能保持 γ_1 为低值，并取第二个几何因子 γ_2 的最大值，从而补偿效率损失。

调谐液柱阻尼器最优参数的计算

利用机械质量阻尼器的调谐标准能够推导出调谐液柱阻尼器的最优参数，利用类比方法便可轻松改编。为了将这些公式用于调谐液柱阻尼器，必须计算等效的调质阻尼器的参数。从替代液体流偏向 $u \times u^* = u/\gamma_1$ 采用的调谐液柱阻尼器运动公式中可以推导出类比，然后可以根据公式（12-15）计算调谐液柱阻尼器的质量比 μ^*。将 μ^* 用于 Den Hartog 公式或 Warburton 公式中，可得出调谐液柱阻尼器的最优频率和阻尼比。

$$\mu^* = \frac{\mu\gamma_1\gamma_2}{1 + \mu(1 - \gamma_1\gamma_2)} \tag{12-15}$$

由于几何因子 γ_1 和 γ_2 也会影响调谐液柱阻尼器的效率，因此最好采用延展的优化方法。这种方法也考虑了调谐过程内调谐液柱阻尼器几何结构的数学描述，如[2，4]中所述。

半主动调谐液柱阻尼器

半主动结构控制系统能够根据主要结构实际情况和实际环境条件感知并适应其动态行为。这些自适应装置提供了范围广泛的新应用可能性，能够趋向设计更加经济有效、更加美观的结构。利用不同的方法能够实现阻尼器参数的适应性。

半主动调谐液柱阻尼器（简称 S-TLCD）[2-4]利用水箱几何结构的效应改变其自然频率和阻尼比。控制系统利用传感器确定了风电机组塔架的动态特性，并计算了阻尼器的最优参数。半主动阻尼系统能够调节自身至变化的塔架动力，这主要由退化效应、温度和土壤调节导致。为了改变频率，半主动调谐液柱阻尼器用活动板改变了阻尼器水箱垂直剖面的流动面积，利用 Sakai[29]的专利孔口适应阻尼比。结果，与主动策略相比，由于阻尼器参数的永久最佳调谐，半主动调谐液柱阻尼器的工作效率更高。图（12-9）为具有水平激励结构的半主动调谐液柱阻尼器。阻尼器的侧视图中介绍了活动板。

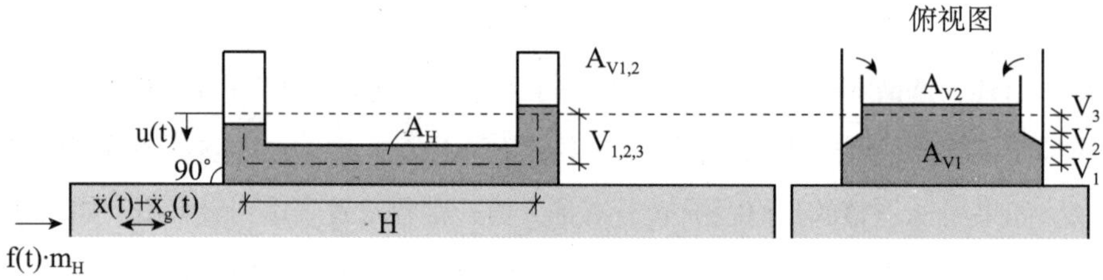

图 12-9　半主动调谐液柱阻尼器[2,3]

利用伯努利公式（关于调谐液柱阻尼器的最后一小节内容中所述）确定半主动调谐液柱阻尼器的动态特性。利用公式（12-16）和公式（12-17）计算有效长度 L_1 和 L_2。此外，还可以利用调谐液柱阻尼器的运动公式和频率公式（公式 12-8 和公式 12-9）。

$$L_1 = 2V_3 + V_2 + \frac{A_{V2}}{A_{V1}}(2V_1 + V_2) + \frac{A_{V2}}{A_H}H \tag{12-16}$$

$$L_2 = 2V_3 + V_2 + \frac{A_{V1}}{A_{V2}}(2V_1 + V_2) + \frac{A_H}{A_{V2}}H \tag{12-17}$$

12.4　带调质阻尼器的基准风电机组

利用一台 5MW 基准陆地风电机组用数字验证了调质阻尼器和调谐液柱阻尼器的有效性。本部分介绍了下列计算：

- 带调质阻尼器的陆地风电机组

- 带调谐液柱阻尼器的陆地风电机组
- 带调质阻尼器的地震激励陆地风电机组
- 考虑土壤-结构交互且带有调质阻尼器的陆地风电机组

表 12-3　参考风力发电机组的相关系统参数

系统特性	参数	系统特性	参数
额定功率/配置	5MW/3 个叶片	切入风轮转速和额定风轮转速	6.9rpm、12.1rpm
控制	变速、集总桨距		
切入风速、额定风速和切出风速	3m/s、11.4m/s、25m/s	轮毂高度	90m
		风轮直径	126m

12.4.1　基准风电机组的系统特性

风电机组规范由美国能源部国家可再生能源实验室（简称 NREL）发布，相关系统特性如表 12-3 所示。更多与基准风电机组相关的规范，请详见美国能源部国家可再生能源实验室的技术报告[21]。

风电机组塔架模式前后方向的动态参数如表 12-4 所示。图 12-10 为塔架的基频和每分钟的风轮转速。如图所示，第一个前后塔架频率位于每转 1 次和每转 3 次的频率之间，以避免出现共振条件。但是塔架频率仍旧十分接近每转 3 次的频率。因此尤其是在低风速条件下，可能会出现塔架共振。

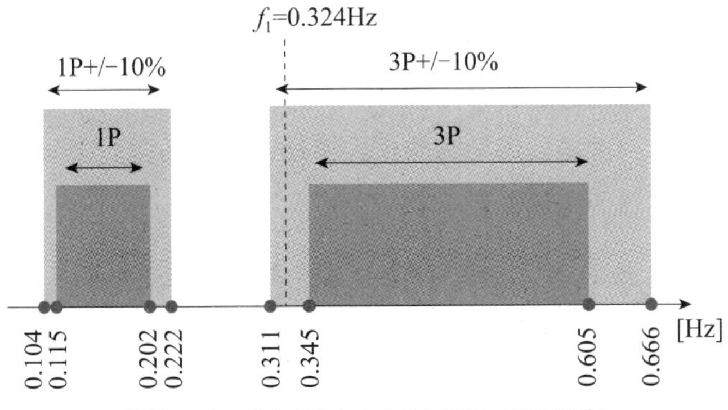

图 12-10　基准风电机组的 1P 和 3P 频率

表 12-4　塔架首尾模式的自然频率、模态质量和结构阻尼比

	1. 模式	2. 模式
自然频率	$f_1=0.324\text{Hz}$	$f_2=2.900\text{Hz}$
模态质量	$m_1=403.969\text{t}$	$m_2=480.606\text{t}$
阻尼比	$D_1=1\%$	$D_2=1\%$

12.4.2 一般仿真参数

利用带有 FAST-SC[23]的空气弹性变形动力水平轴风电机组仿真器 FAST[22]对带有调质阻尼器的基准风电机组进行仿真。FAST 由国家可再生能源实验室研发，可仿真风电机组塔架的两种前后弯曲模式和两种侧-侧弯曲模式。FAST-SC 是 FAST 的扩展，能够仿真带调质阻尼器的风电机组，由马萨诸塞大学研发。仿真风电机组时，将机舱内的调质阻尼器连接至塔架顶部，调质阻尼器控制塔架前后方向的振动。将 FAST-地震[27]与 FAST-SC 和主程序 FAST 结合进行抗震计算。

假设试验中的风力发电机组处于运行状态，速度和桨距变化的系统控制也处于有效状态。普通风力条件仿真采用了 IEC 61400-1 中所述的普通风力廓线模型[19]。表 12-5 中列出了该风力发电机组的相关仿真参数。

表 12-5　风电场仿真参数

网格点数量	31×31	湍流类型	正常湍流模型
网格维数	145×145m	风剖面类型	幂次法则
仿真时间	1030s	基准风速高度	90m
时间步	0.05s	平均风速	3~25 m/s
湍流模型	卡曼模型		

12.4.3 仿真结果

12.4.3.1 带调质阻尼器的陆地基准风电机组

根据陆地基准风电机组进行第一次计算。假设该陆地基准风电机组牢牢地固定于地面。为了减轻第一次前后塔架弯曲模式振动，将调质阻尼器调至基频 0.324Hz。风电机组和调质阻尼器的参数如表 12-6 所示。

表 12-6　带有调质阻尼器的陆地基准风电机组的参数

塔架高度	$h=87.60$m	质量比调质阻尼器/m_H	$\mu^*=5\%$
风电机组基频	$f_H=0.324$Hz	调质阻尼器基频	$f_{D,opt}=0.309$Hz
风电机组结构阻尼比	$D_H=1\%$	调质阻尼器阻尼比	$D_{D,opt}=12.7\%$
风电机组模态质量	$m_H=403.969$t		

图 12-11 比较了切入风速、额定风速和切出风速条件下带有调质阻尼器的风电机组和无调质阻尼器的风电机组，其塔架偏斜的时间历程。塔架响应的频谱如图 12-12 所示。共振塔架振动尤其发生在切入风速为 3m/s 的条件下，这也可以从频谱中看出。在频谱中，主要激励了两种特定频率，即塔架前后模式的第一自然频率、3P 频率。TMD 第一

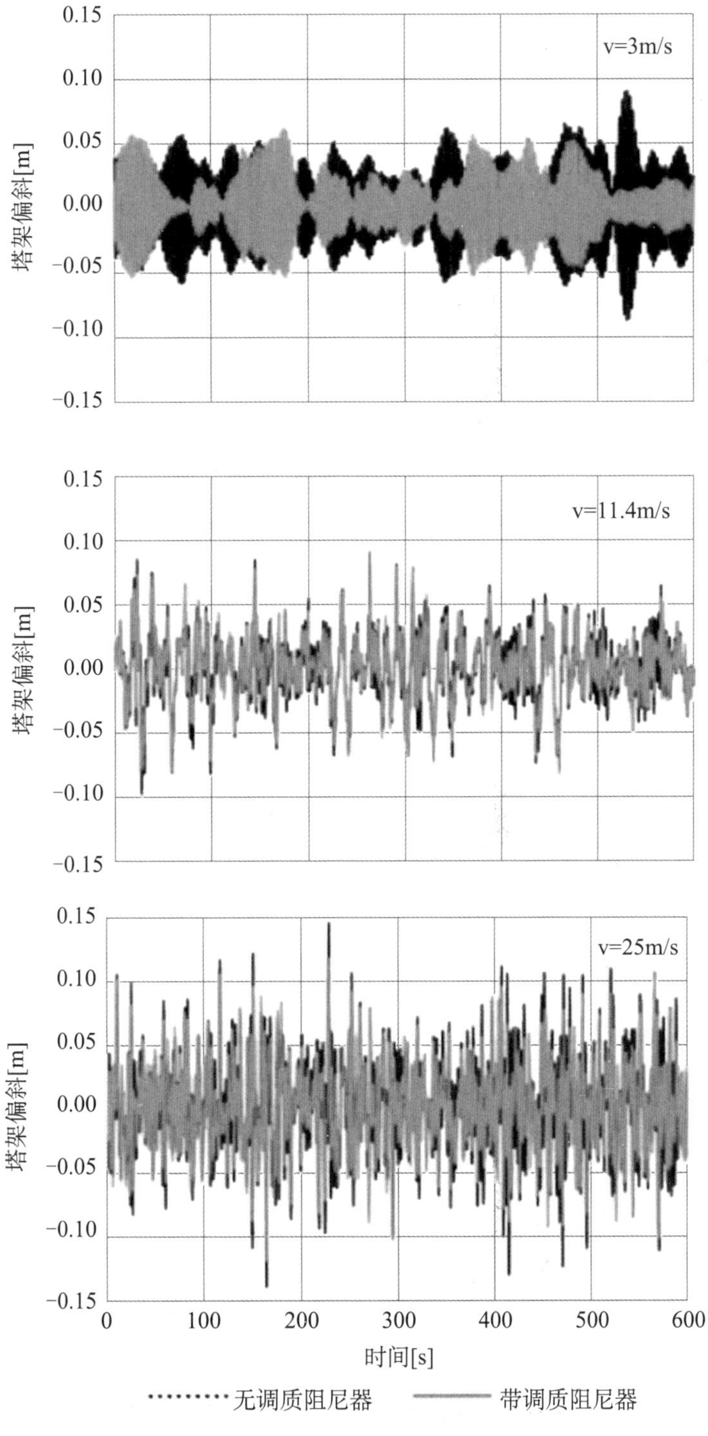

图 12-11　切入风速、额定风速和切出风速条件下陆地基准风电机组的塔架偏斜时间历程

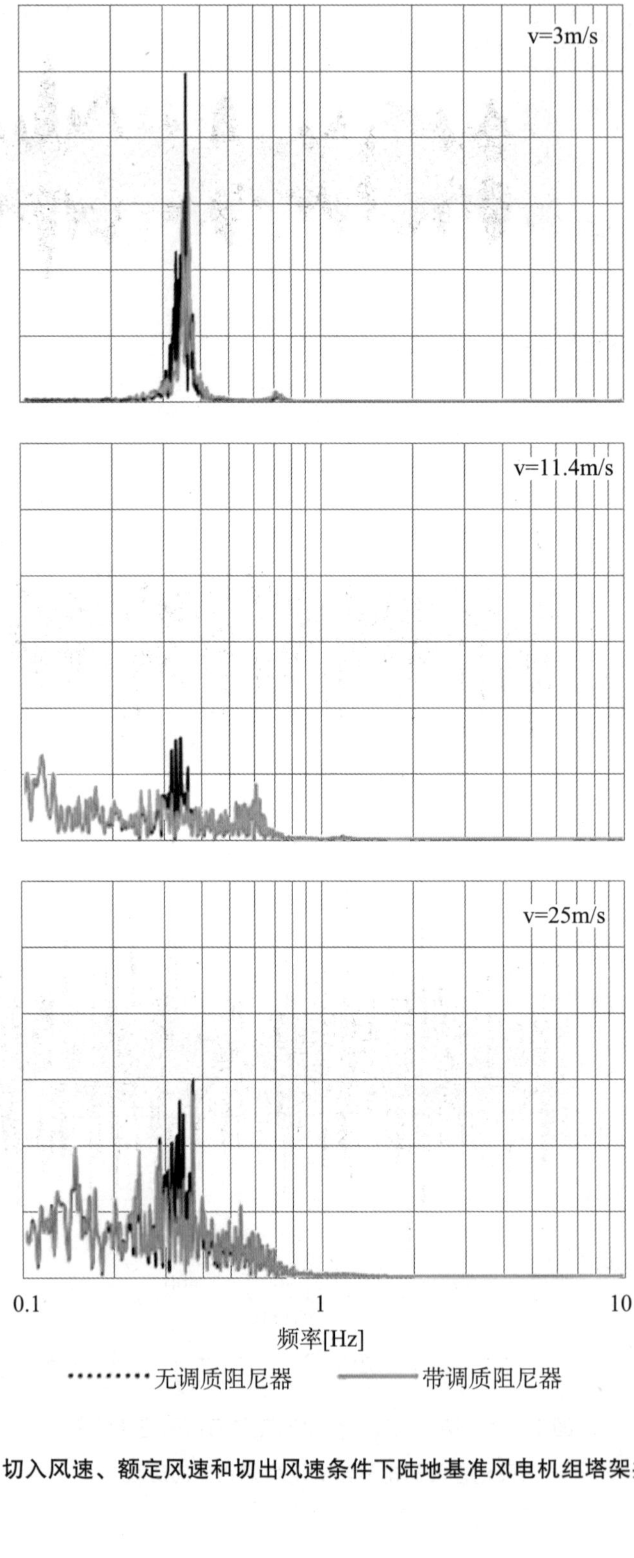

图 12-12　切入风速、额定风速和切出风速条件下陆地基准风电机组塔架共振频谱

阶固有频率可以抑制尤其是共振。因此，TMD 在风速效率比额定和切割速度高很多。

TMD 的效率用 RMS 值进行评估。从带有调质阻尼器的风电机组和无调质阻尼器的风电机组的对比结果看，利用公式（12-18）计算减缩因数。减缩因数相当于振动能力，由调质阻尼器驱散。从风电机组响应的共 1 000 秒仿真时间看，最后 600 秒用于评估。仿真的规定时间步为 0. 012 5 秒。为了消除静态塔架偏差（无法利用调质阻尼器减缩），采用高通滤波器，截止频率为 0. 1Hz。

$$R = 1 - \frac{\mathrm{RMS}_{\text{带调质阻尼器}}}{\mathrm{RMS}_{\text{无调质阻尼器}}} \tag{12-18}$$

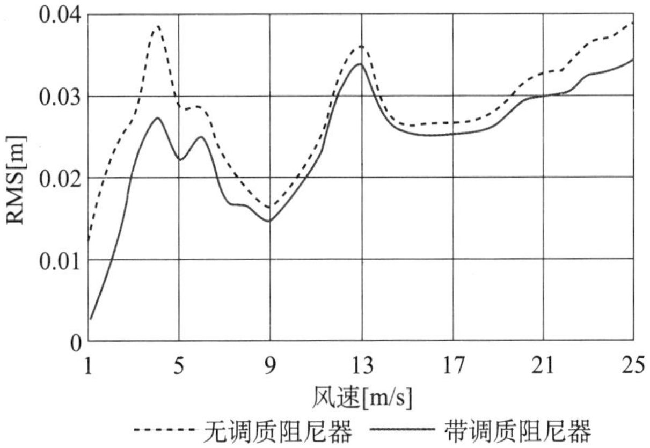

图 12-13 带有调质阻尼器和无调质阻尼器的陆地基准风电机组塔架偏斜均方根值

图 12-13 介绍了产生的均方根值。图 12-14 则表现了带有调质阻尼器和无调质阻尼器的陆地基准风电机组塔架偏斜均方根值之差。图 12-15 则为经分析风速的减缩因数。根据这些图形的总结，设计的调质阻尼器减轻了基准风电机组的振动，尤其

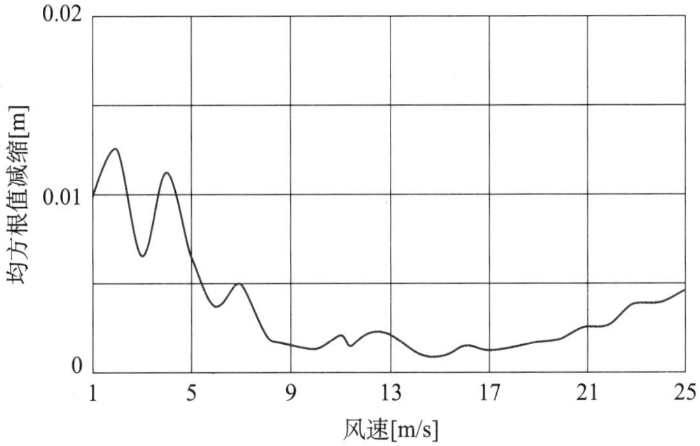

图 12-14 带有调质阻尼器和无调质阻尼器的陆地基准风电机组塔架偏斜均方根值之差

是在风速低于5m/s的情况下。缩减因数的变化范围为20%～80%（详见图12-15）。风速较高时，调质阻尼器导致的额外结构阻尼略微减少了塔架振动，而此处减缩因数的变化范围为5%～20%（详见图12-15）。

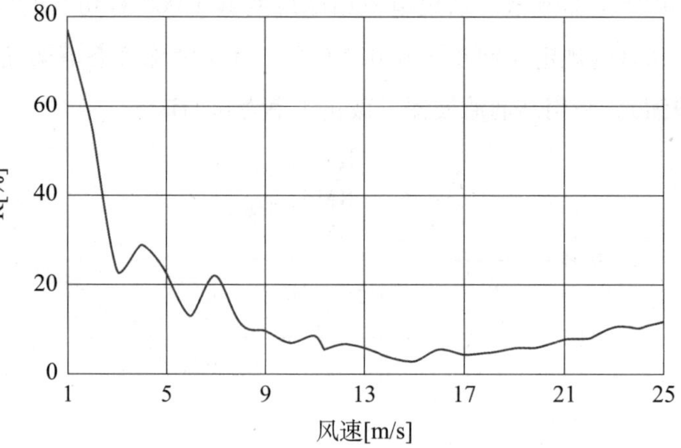

图12-15　附属于陆地基准风电机组的调质阻尼器的减缩因数

12.4.3.2　带调谐液柱阻尼器的陆地基准风电机组

如12.3.4.2节所述，借助类比，利用调谐液柱阻尼器[4]可得到相似的结果。表12-7列出了已经计算出来的调谐液柱阻尼器最优参数。调质阻尼器的主动阻尼器质量约为5%。而对于选定的水箱尺寸而言，达到了约60%的几何因子$\gamma_1 . \gamma_2$。利用分布式调谐液柱阻尼器系统或通过改变几何结构可以进一步提高阻尼器效率。

表12-7　最优调谐液柱阻尼器参数

水平长度	$H=9.932$m
垂直长度	$V=1$m
水平截面面积	$A_H=3.086\ m^2$
垂直截面面积	$A_V=1m^2$
立式水槽零件的倾角	$\alpha=90°$
总阻尼质量	$m_D=32.650$t
几何因子	$\gamma_1 . \gamma_2=0.58$

图12-16为切入风速、额定风速和切出风速条件下的计算塔架位移，图12-17为这些时间历程的频谱。结果与利用调质阻尼器获得的减振情况略有不同。主要差别由液体质量导致，这改变了风电机组的自然频率，从而影响了塔架对于某一风速的动态响应。图12-18为均方根值评估。

12.4.3.3　带调质阻尼器的地震激励陆地基准风电机组

下文介绍了风电机组地震分析的实例。利用软件FAST-Seismic[26,27]进行了地震

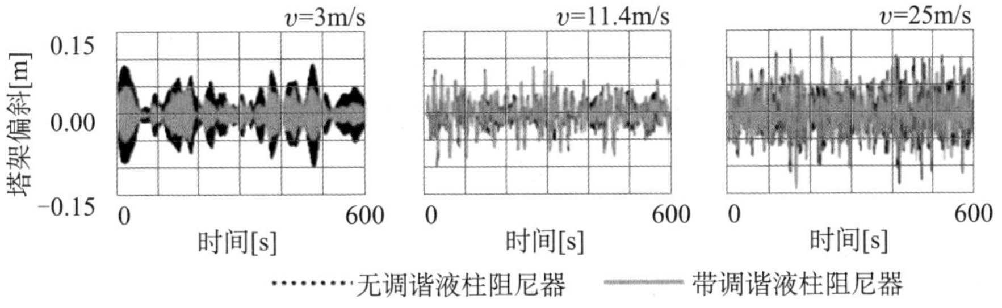

图 12-16　带有调谐液柱阻尼器和无调谐液柱阻尼器的陆地基准风电机组在切入风速、额定风速和切出风速条件下的塔架偏斜时间历程

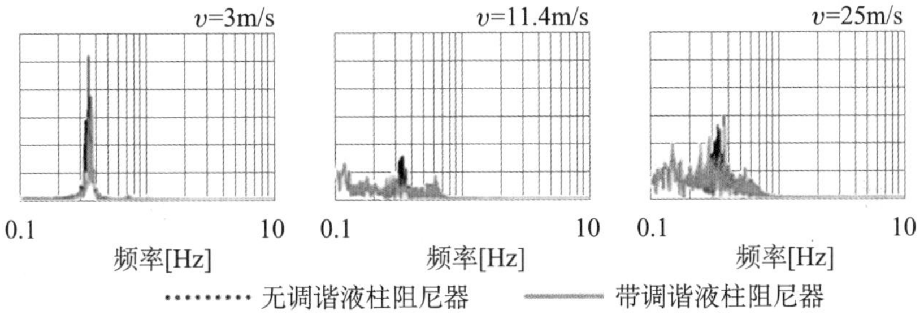

图 12-17　带有调谐液柱阻尼器和无调谐液柱阻尼器的陆地基准风电机组在切入风速、额定风速和切出风速的塔架响应频谱

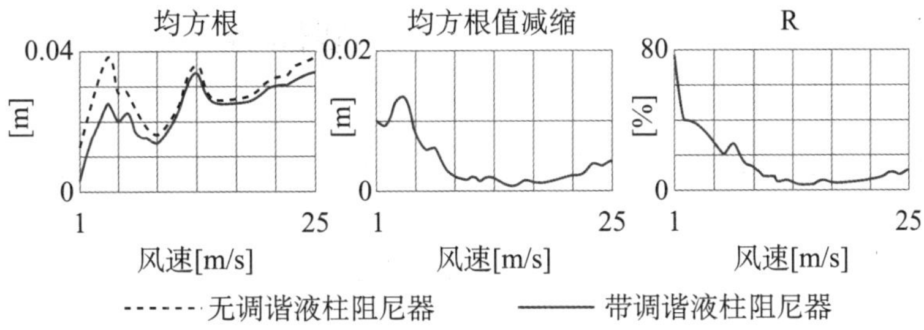

图 12-18　带有调谐液柱阻尼器和无调谐液柱阻尼器的陆地基准风电机组塔架偏斜的均方根值及减缩

分析，该软件提供了考虑地震载荷与风电机组空气动力学之间相互作用的可能性。

软件 FAST-Seismic 是 FAST 工具的改良版。在 FAST-Seismic 中，能够将基础振动应用于风电机组模型中，且仍旧包含了正常 FAST 软件程序的所有特点。同时在 FAST-Seismic软件中，刚度 k_{act}阻尼振荡器与风电机组模型基础相连。该阻尼致动器用于将规定运动转化为要求的地震力。致动器刚度 k_{act}的计算公式为：

$$k_{act} = m_{tf}(2\pi\Omega_{act}) \tag{12-19}$$

其中，m_{tf}表示风电机组和基础的质量，Ω_{act}表示致动器频率。在每个时间步，阻尼振荡器均以地震力为准，计算公式为：

$$f_g(t) = k_{\mathrm{act}}(x_{g,\mathrm{seis}} - x_{g,0}) + c_{\mathrm{act}}(\dot{x}_{g,\mathrm{seis}} - \dot{x}_{g,0}) \tag{12-20}$$

其中，c_{act}表示致动器阻尼系数，$x_{g,0}$和$\dot{x}_{g,0}$表示已实现的基础运动，$x_{g,\mathrm{seis}}$和$\dot{x}_{g,\mathrm{seis}}$则表示期望的地震基础运动。调谐频率和阻尼使得已实现的运动更加接近期望的地震运动。

软件 FAST-Seismic 具有改良用户自定义输入运动或综合生成输入运动的程序，用户还可以通过基线校正和目标响应谱调整对运动进行控制。为了计算，在前后和侧-侧塔架方向上分别应用五种记录的加速度图。利用下列历史地震记录（见图12-19）：

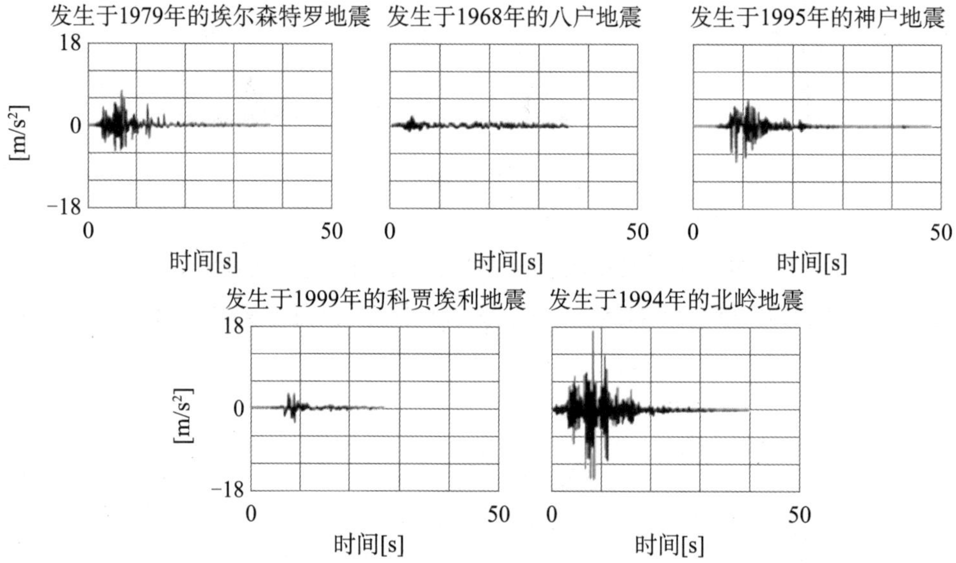

图 12-19　分析地震的加速度图

埃尔森特罗地震：发生于 1979 年，记录于 Bonds Corner

十胜冲地震：发生于 1968 年，记录于八户

神户地震：发生于 1995 年，记录于 KJMA

科贾埃利地震：发生于 1999 年，记录于迪兹杰

北岭地震：发生于 1994 年，记录于塔扎纳

时间步设置为0.005 秒。图 12-20、图 12-21、图 12-22、图 12-23 和图 12-24 为收集到的每一次地震的相关结果。与之前的计算结果类似，对 1000 秒总仿真时间中 600秒仿真情况进行了分析。地震开始在 100 秒。根据激励频率，大多数地震均导致大幅塔架振动。这种振动能够明确地与风致振动区别开。

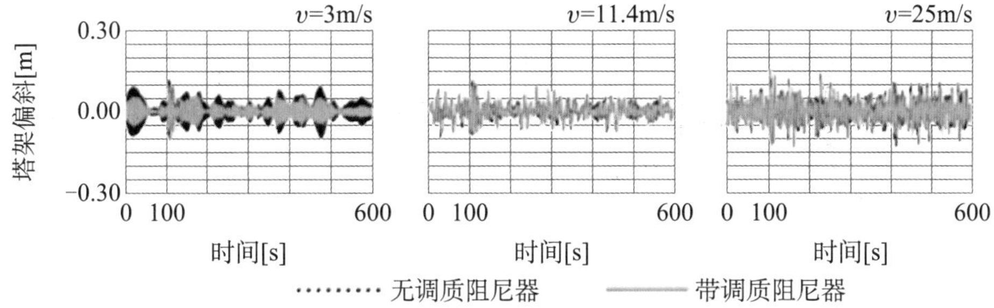

图 12-20　切入风速、额定风速和切出风速条件下地震激励陆地基准风电机组的塔架偏斜时间历程——埃尔森特罗地震

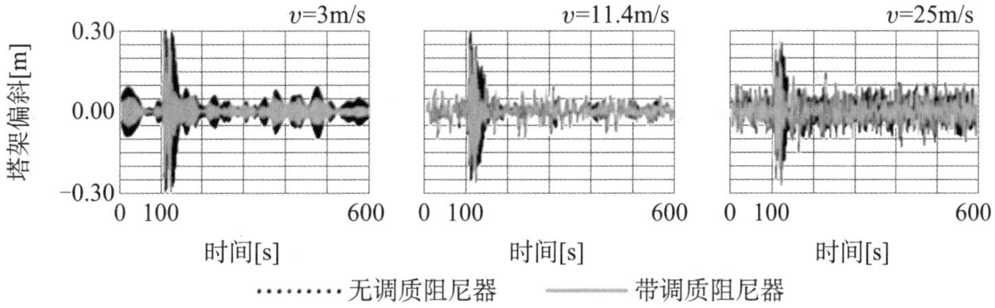

图 12-21　切入风速、额定风速和切出风速条件下地震激励陆地基准风电机组的塔架偏斜时间历程——八户地震

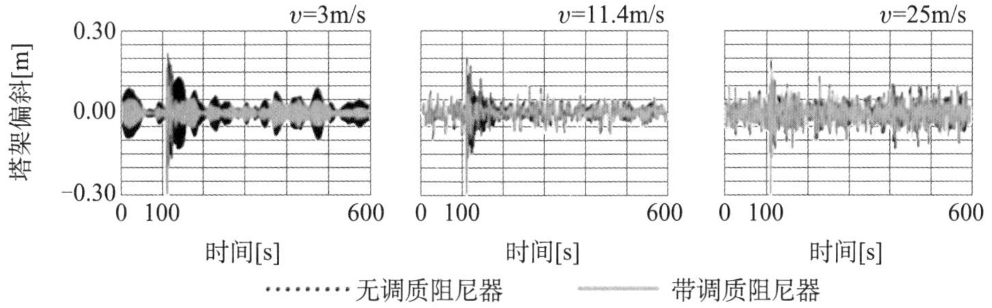

图 12-22 切入风速、额定风速和切出风速条件下地震激励陆地基准风电机组的塔架偏斜时间历程——神户地震

如图 12-25、图 12-26 和图 12-27 所示，调质阻尼器大大提高了塔架动力学。与之前的结果相比，减振发生在较高风速条件下。调质阻尼器表示出了地震诱发振动的离散效率。地震诱发振动已经导致了塔架共振。埃尔森特罗地震与八户地震之间的差别表明了地震参数对于调质阻尼器效率的影响。随着基准风电机组对八户地震发出共振响应，调质阻尼器获取了比在埃尔森特罗地震中更好的结果。

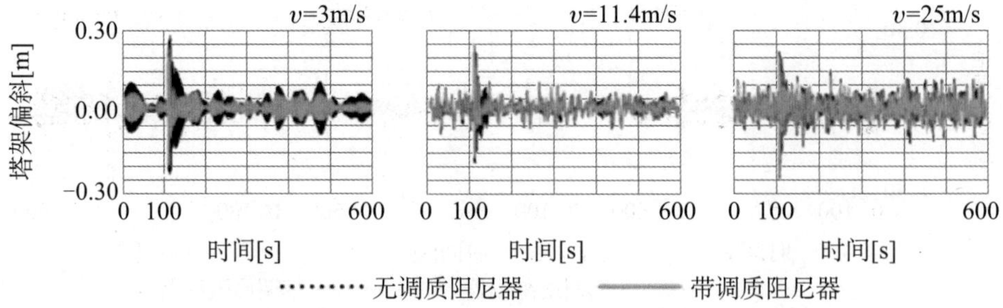

图 12-23 切入风速、额定风速和切出风速条件下地震激励陆地基准风电机组的塔架偏斜时间历程——科贾埃利地震

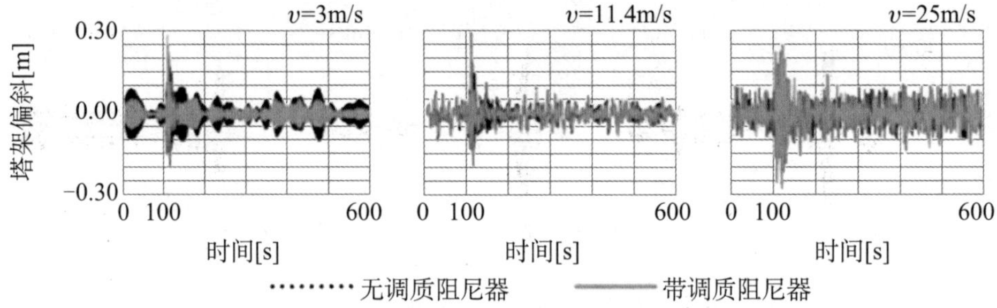

图 12-24 切入风速、额定风速和切出风速条件下地震激励陆地基准风电机组的塔架偏斜时间历程——北岭地震

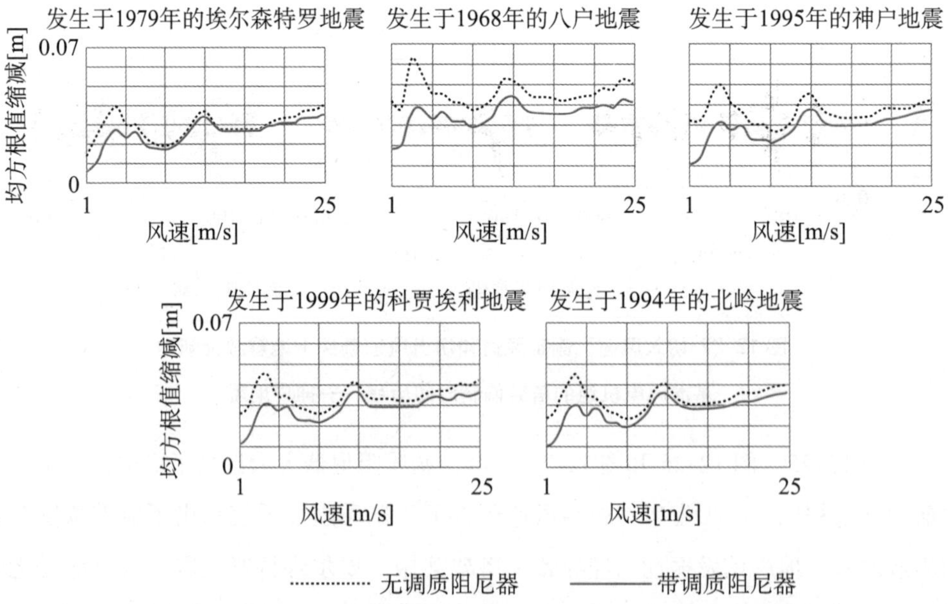

图 12-25 带有调质阻尼器和无调质阻尼器的地震激励陆地基准风电机组塔架偏斜均方根值

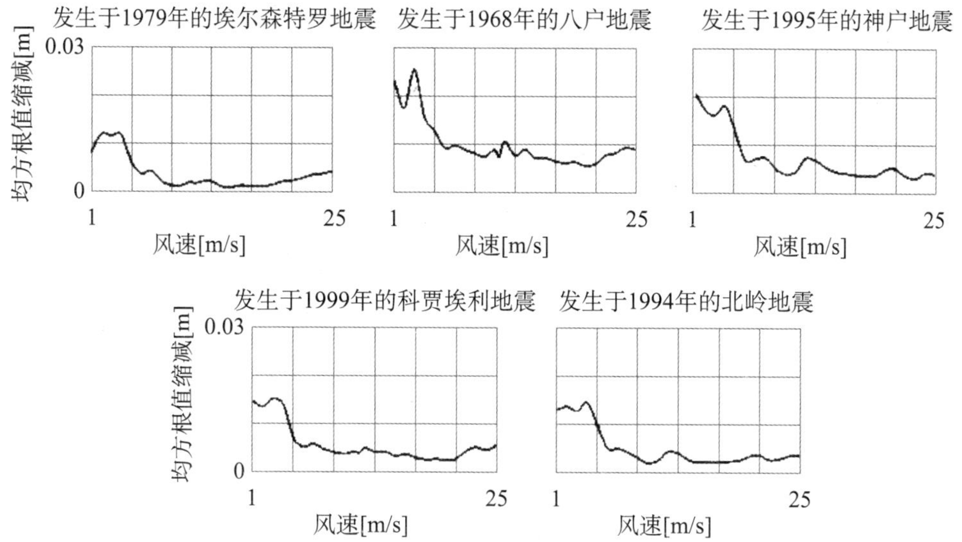

图 12-26 带有调质阻尼器和无调质阻尼器的地震激励陆地基准风电机组塔架偏斜均方根值之差

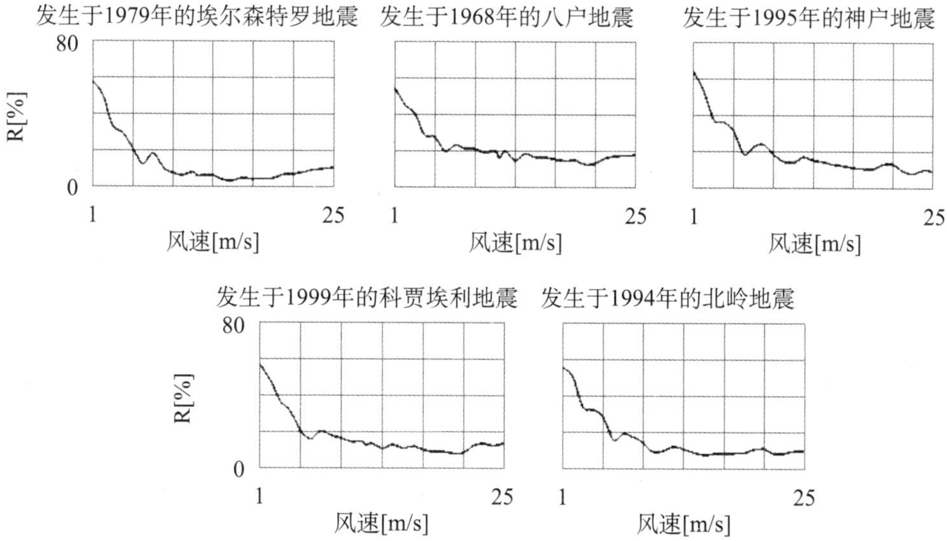

图 12-27 附属于地震激励陆地风电机组的调质阻尼器的减缩因数

12.4.3.4 考虑土壤-结构交互且带有调质阻尼器的陆地基准风电机组

下文的实例介绍了三种不同类型土壤的土壤-结构交互效应，即软土、中硬度土和硬土。假设风电机组的基础坚硬，不考虑埋置情况。表 12-8 中介绍了土壤特性，表 12-9 介绍了基础特性。

表 12-8 土壤特性

土壤特性	软土	中硬度土	硬土
MN/m^2时的剪切模量 G_S	3	120	5000
泊松比 v_S	0.35	0.30	0.25
kg/m^3时的土壤密度 ρ_S	1600	1900	3000

表 12-9 基础几何结构与材料特性

基础当量半径	$r_F=11.30\text{m}$
基础材料密度	$\rho_F=2500\text{kg/m}^3$
基础厚度	$d_F=2.50\text{m}$
基础质量	$m_F=2\ 507\ 187.29\text{kg}$
摇摆质量惯性矩	$\Theta_\varphi=81\ 341\ 512.88\text{kg m}^2$
扭转质量惯性矩	$\Theta_{\varphi z}=160\ 071\ 372.35\text{kg m}^2$

根据 12.2.3 节中的表 12-2 计算刚度系数。例如，根据以下公式计算平台对软土的平移自由度刚度系数和阻尼系数。

$$K_x=\frac{8G_s r_F}{2-v_S}=\frac{8\cdot 3\cdot 10^6\cdot 11.3}{2-0.35}=1.644\cdot 10^8\text{N/m} \tag{12-21}$$

$$C_x=\frac{4.6r_F^2}{2-v_S}\sqrt{G_S\rho_S}=\frac{4.6\cdot 11.3^2}{2-0.35}\sqrt{3\cdot 10^6\cdot 1600}=2.466\cdot 10^7\text{N·s/m} \tag{12-22}$$

重复对六种自由度进行计算，完成软土的刚度矩阵和阻尼矩阵［如下面的公式(12-23)和公式（12-24)］。表 12-10 包含了三种不同土壤类型的全部弹簧-缓冲器系数。

表 12-10 三种不同土壤类型的弹簧-缓冲器系数

土壤类型	自由度	刚度 K［N/m］	阻尼 C［N s/m］
软土	水平	$1.644\cdot 10^8$	$2.466\cdot 10^7$
	垂直	$2.086\cdot 10^8$	$4.627\cdot 10^7$
	摇摆	$1.776\cdot 10^{10}$	$1.303\cdot 10^9$
	扭转	$2.309\cdot 10^{10}$	$9.178\cdot 10^8$
中硬度土	水平	$6.381\cdot 10^9$	$1.650\cdot 10^8$
	垂直	$7.749\cdot 10^9$	$2.961\cdot 10^8$
	摇摆	$6.596\cdot 10^{11}$	$8.337\cdot 10^9$
	扭转	$9.235\cdot 10^{11}$	$6.325\cdot 10^9$
硬土	水平	$2.583\cdot 10^{11}$	$1.300\cdot 10^9$
	垂直	$3.013\cdot 10^{11}$	$2.242\cdot 10^9$
	摇摆	$2.565\cdot 10^{13}$	$6.468\cdot 10^{10}$
	扭转	$3.848\cdot 10^{13}$	$4.949\cdot 10^{10}$

$$K=\begin{bmatrix}0.164 & & & & & \\ 0 & 0.164 & & & \text{sym} & \\ 0 & 0 & 0.209 & & & \\ 0 & 0 & 0 & 17.759 & & \\ 0 & 0 & 0 & 0 & 17.759 & \\ 0 & 0 & 0 & 0 & 0 & 23.086\end{bmatrix}\cdot 10^9\text{N/m} \quad (12\text{-}23)$$

$$C=\begin{bmatrix}0.025 & & & & & \\ 0 & 0.025 & & & \text{sym} & \\ 0 & 0 & 0.046 & & & \\ 0 & 0 & 0 & 1.303 & & \\ 0 & 0 & 0 & 0 & 1.303 & \\ 0 & 0 & 0 & 0 & 0 & 0.918\end{bmatrix}\cdot 10^9\text{N}\cdot\text{s/m} \quad (12\text{-}24)$$

图 12-28、图 12-29 和图 12-30 为每一种土壤类型的计算塔架位移，仿真时间等于 1000 秒，其中 600 秒用于评估。为了提高数值准确率，将硬土的时间步减少至 0.001 秒，并将其他土壤类型的时间步减少至 0.005 秒。与 12.4.3.1 节中所述的坚硬地面产生的塔架振动相比，硬土和中硬度土产生的塔架振动区别很小。同时，软土使塔架响应发生了显著变化，而这种重大变化发生的主要原因是频移。由于塔架弯曲模式基频和 3P 频率之间的差别增大，因此发生共振的可能性减小。可以在切入风速为 3m/s 的条件下塔架振动时间历程中明确地识别这种情况（见图 12-30）。

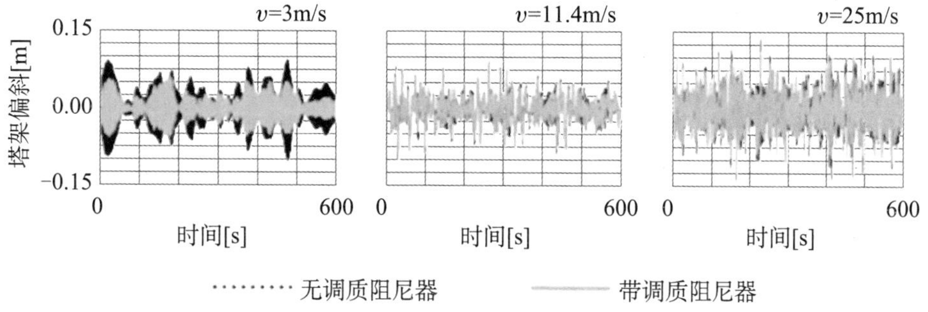

图 12-28 陆地基准风电机组在切入风速、额定风速和切出风速条件下的塔架偏斜时间历程——硬土

图 12-31、图 12-32 和图 12-33 分别为塔架振动的均方根值评估。如 12.4.3.1 节中所述，调质阻尼器尤其能够有效减少共振，因此风力软土的减振变得无关紧要。这也证实了土壤-结构交互对于风电机组塔架动态响应的重要性。中硬度土和硬土的相关结果与之前硬土计算的结果类似。调质阻尼器在不同风速条件下均非常有效，引起塔架共振。

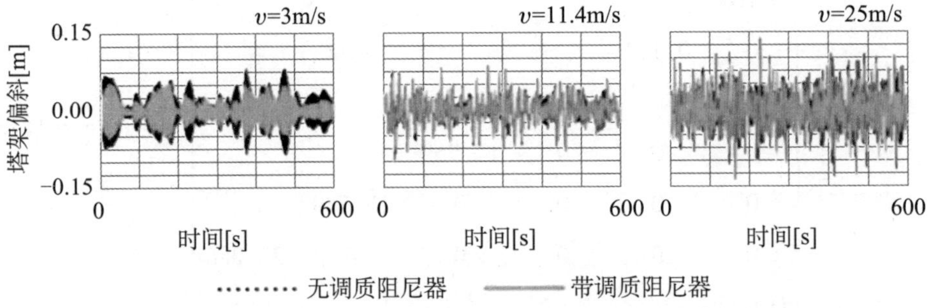

图 12-29　陆地基准风电机组在切入风速、额定风速和切出风速条件下的塔架偏斜时间历程——中硬度土

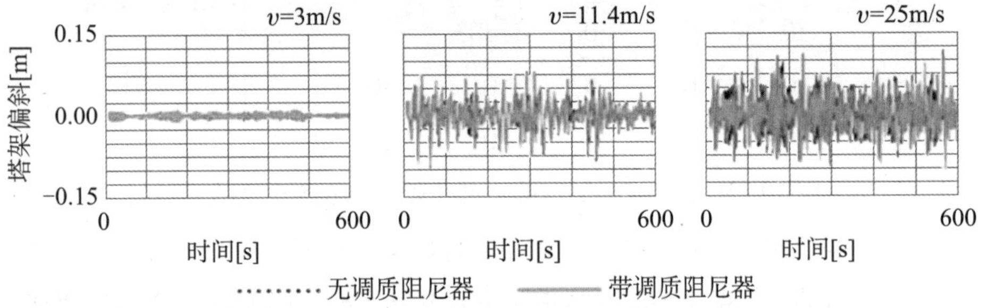

图 12-30　陆地基准风电机组在切入风速、额定风速和切出风速条件下的塔架偏斜时间历程——软土

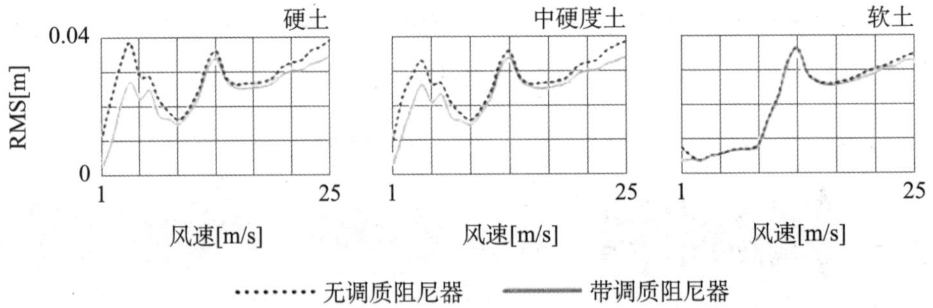

图 12-31　带调质阻尼器和无调质阻尼器陆地风电机组塔架偏斜均方根值

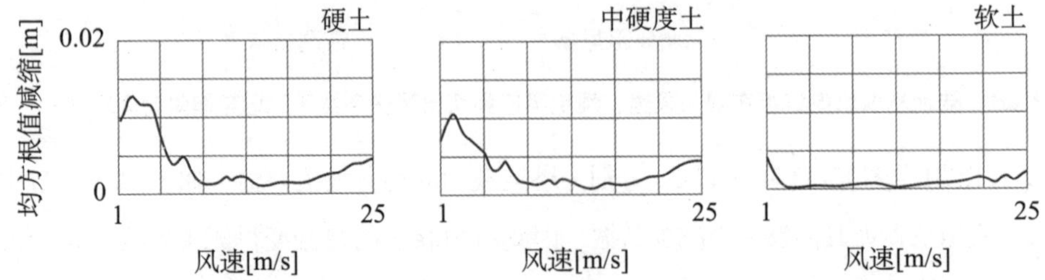

图 12-32　带调质阻尼器和无调质阻尼器陆地风电机组塔架偏斜均方根值之差

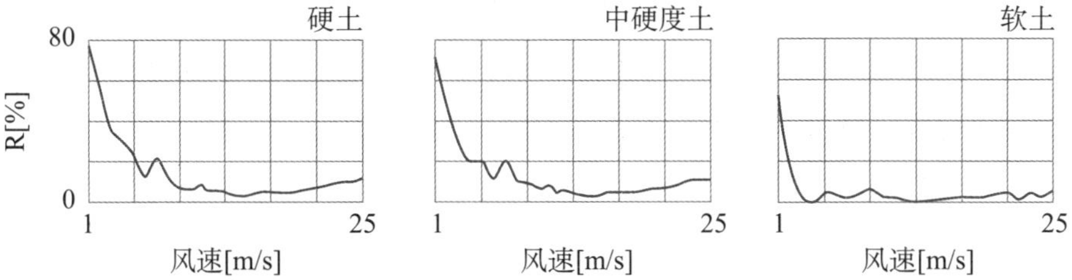

图 12-33　不同风速条件下附属于陆地风电机组的调质阻尼器的减缩因数

12.5　结　论

塔架振动根据风速和结构特性以周期性振动和瞬态振动形式发生在前后方向。这些振动威胁着风电机组的结构稳定性，并严重地缩短了其使用寿命。为了减轻塔架振动，对几种减振方法进行了研究。在本章中，分析了陆地风电机组风致塔架振动和地震诱发塔架振动的调质阻尼器效率。此外，研究了调谐液柱阻尼器。调谐液柱阻尼器也属于调质阻尼器的一种。利用一台 5MW 基准陆地风电机组对已分析的阻尼器的效率进行数值验证。介绍了四种计算方法，即带调质阻尼器陆地风电机组、带调谐液柱阻尼器陆地风电机组、带调质阻尼器地震激励陆地风电机组、带调质阻尼器且考虑土壤-结构交互的陆地风电机组。

从其他传统的细长型结构可知，调质阻尼器能够有效地减轻共振。带调质阻尼器陆地风电机组和带调谐液柱阻尼器陆地风电机组已获得的结果增强了这种现象。在低风速条件下，基准风电机组的 3P 频率非常接近前后方向塔架弯曲模式的基频。因此在切入风速接近 3m/s 时，基准风电机组响应的主要特征是出现塔架共振。利用调质阻尼器或调谐液柱阻尼器便可有效地减少这些振动。调质阻尼器和调谐液柱阻尼器根据风速将振动能量水平减少到 20% ~80%。风速较高时，振动的共振特性消失，塔架振动变得更加短暂。瞬态振动中的阻尼效率主要取决于辅助阻尼和主结构。风速较高时，调质阻尼器和调谐液柱阻尼器产生的振动能量减缩达到 20%。

同时在地震区，风力发电情况更加显著。因此，为了对调质阻尼器的效率进行数值核实，对陆地基准风电机组进行地震激励，采用了五次历史地震的数据，即埃尔森特罗地震、八户地震、神户地震、科贾埃利地震和北岭地震。除了埃尔森特罗地震，每一次地震均引起了塔架共振。可以看出，与瞬态风致振动相似，在地震所致运动中调质阻尼器的效率是标称值。另外，计算结果表明，利用调质阻尼器能够有效地减少塔架共振。塔架工程通常发生在震后阶段。

最后的计算是关于土壤-结构交互对于调质阻尼器效率的影响。由于土壤硬度导致的频移，风电机组塔架的动态响应确实发生显著变化，也对调质阻尼器的效率产生了影响，因此在设计减振系统时必须始终考虑局部的土壤-结构交互影响。

设计使用寿命为20年的风电机组风轮叶片的载荷变化以及整个塔架结构的载荷变化相当于约 $2 \cdot 10^8$。约一半的疲劳载荷由周期性塔架振动导致，尤其是在风速低于额定风速的情况下。由于所得结果表明调质阻尼器和调谐液柱阻尼器能够有效减少塔架共振，因此可以得出结论：利用这些装置能够显著提高风电机组的疲劳寿命。

半主动结构控制系统能够感知并使其自身适应变化的结构特性，因此与被动系统相比，这些智能阻尼器的工作更加有效。本章也介绍了半主动调谐液柱阻尼器（简称S-TLCD），它能够改变其频率特性和阻尼特性。尤其对于细长型结构，如动态特性可变的风电机组，半主动阻尼器提供了新的可能性。

12.6 未来工作

通过改进塔架的阻尼特性能够减少湍流风导致的塔架瞬态振动，因此未来工作将着重于研发此类阻尼器，并与风电机组的施工相结合。无论是被动应用还是半主动应用，都必须使这些阻尼器的材料成本和维护成本更加具有经济性。

致　谢

本次调研的资金由德国联邦政府和德国州政府的卓越计划提供。

参考文献

[1] Adhikari S, Bhatacharya S (2011) Vibrations of wind turbines considering soil-structure interaction. Wind Struct 14(2): 85 - 112.

[2] Altay O (2013a) Flüssigkeitsdämpfer zur Reduktion periodischer und stochastischer Schwingungen turmartiger Bauwerke. Dissertation, RWTH Aachen University.

[3] Altay O (2013b) Semiaktives Flüssigkeitssäulendämpfungssystem. German patent application AZ 10201300595.1, 26 June 2013.

[4] Altay O, Butenweg C, Klinkel S (2014a) Vibration mitigation of wind turbine towers by tuned liquid column dampers. In: Proceedings of the IX international conference on structural dynamics, Porto, Portugal.

[5] Anderson L (2011) Assessment of lumped-parameter models for rigid footings. Comput Struct 88(23): 1567 - 1578.

[6] ASCE/AWEA (2011) Recommended practice for compliance of large land-based wind turbine support structures, Washington, DC.

[7] Bazeos N, Hatzigeorgiou GD, Hondros ID et al (2002) Static, seismic and stability analyses of a prototype wind turbine steel tower. Eng Struct 24: 1015 – 1025.

[8] Cao Q, Hao Z (2010) The research of the affecting factors on the seismic response of wind turbine tower. In: International conference on mechanic automation and control engineering. Nanjing, China.

[9] Chen L (2013) Two parameters to improve the accuracy of the Green's functions obtained via the thin layer method. In: Proceedings of the international conference on SeDIF. Aachen, Germany.

[10] Danish Standard Committee (1992) Last og sikkerhed for vinmϕller DS472. Dansk Ingeniϕrforening og Ingeniϕr-Sammenslutningen.

[11] Den Hartog JP (1947) Mechanical vibrations. McGraw-Hill, New York.

[12] DGGT (2002) Recommendations of the Building Ground Dynamics Work Group, Deutsche Gesellschaft für Geotechnik e. V. (DGGT), Berlin.

[13] DIBt (2012) Richtlinie für Windenergieanlagen-Einwirkungen und Standsicherheitsnachweise für Turm und Gründung, DIBt-B8.

[14] DNV/Risϕ (2002) Guidelines for design of wind turbines. 2nd edn. Det Norske Veritas and Risϕ National Laboratory.

[15] Frahm H (1910) Means for damping the rolling motion of ships, US Patent 970 368, 13 Sept 1910.

[16] Fried L, Sawyer S, Shukla S et al (2013) Global wind report—Annual market update 2012. Global Wind Energy Council (GWEC). Brussels, Belgium.

[17] GL (2005) Guideline for the certification of offshore wind turbines. Germanischer Lloyd Industrial Services GmbH Renewables Certification.

[18] Hau E (2008) Windkraftanlagen. Springer, Berlin.

[19] IEC (2010) 61400-1-am1 Wind turbines-Part 1 Design requirements. 3rd edn. International Electrotechnical Commission.

[20] Lin G, Han Z (2013) A 3D Dynamic impedance of arbitrary-shaped foundation on anisotropic multi-layered half-space. In: Proceedings of the International Conference SeDIF. Aachen, Germany.

[21] Jonkman J, Butterfield, Musial W et al (2009) Definition of a 5-MW reference wind turbine for offshore system development. Technical report NREL/TP-500-38060, National Renewable Energy Laboratory, Golden, Colorado.

[22] Jonkman J (2013) NWTC computer aided engineering tool FAST. http://wind.nrel.gov/designcodes/simulators/fast. Accessed 28 Dec 2013.

[23] Lackner MA (2012) FAST-SC modified version of FAST. http://www.umass.edu/windenergy/research.topics.tools.software.fastsc.php. Accessed 28 Dec 2013.

[24] Mykoniou K, Taddei F, Han Z (2012) Dynamic foundation-soil interaction: A comparative study. Bauingenieur DACH Bullettin 87: 9 – 13.

[25] Prowell I, Paul V (2009) Assessment of wind turbine seismic risk: existing literature and simple study of tower moment demand, Technical Report. Sandia National Laboratories, California.

[26] Prowell I, Asareh MA (2011) Seismic loading for FAST, subcontract report NREL/SR-5000-53872. Missouri University of Science & Technology Rolla, Missouri.

[27] Prowell I, Asareh MA (2012) NWTC design code FAST-Seismic. http://wind.nrel.gov/ designcodes/simulators/seismic. Accessed 28 Dec 2013.

[28] Ritschel U, Warnke I, Kirchner J, Meussen B (2003) Wind turbines and earthquakes. In: 2nd world wind energy Conference, Cape Town.

[29] Sakai F, Takaeda S, Tamaki T (1991) Damping device for tower-like structure, US Patent 5 070 663, 10 Dec 1991.

[30] Taddei F, Meskouris K (2013) Seismic analysis of onshore wind turbine including soil-structure interaction effects. In: Proceedings of the International Conference on SeDIF. Aachen, Germany.

[31] Taddei F, Klinkel S, Butenweg C (2014) Parametric investigation of the soil-structure interaction effects on the dynamic behavior of a wind turbine considering a layered soil. Wind Energy. doi: 10.1002/we.1703.

[32] Warburton GB, Ayorinde EO (1980) Optimum absorber parameters for simple systems. Earthquake Engng Struct Dyn 8(3): 197 – 217.

[33] Zhao X, MaiBer P (2006) Seismic response analysis of wind turbine towers including soil-structure interaction. J Multi-body Dynam 220(1): 53 – 61.

第十三章　风力发电机组的半主动控制系统

N. Caterino, C. T. Georgakis,
F. Trinchillo, A. Occhiuzzi

摘要：本章提出了一种用于控制风力发电机组结构响应的半主动（SA）控制系统，该控制系统在使用磁流变（MR）阻尼器的基础上运行。这种创新的控制方法以变量基础约束的实现及使用为基础。该方法可根据给定控制逻辑的瞬时决策实时修改机械性能，而机械性能则旨在控制一种或多种结构响应参数。智能基础约束可视为光滑铰链、弹簧、大比例尺可调磁流变阻尼器，再加上一种控制算法的结合体，控制算法在运动过程中进行即时控制，使其能按需调节反作用力，实现操作性目标。文中展示了此类系统的设计和操作，同时提到了在一台约100m高的风力发电机组上的案例研究，并在丹麦科技大学（DTU）的1/20比例模型中进行了仿真实施。振动台测试在两种不同类型的风力载荷下运行，同时采用了两种专门编写的逻辑，重点突出了提出的半主动控制技术的有效性，并鼓励以后能够深入开展该方向的研究。

关键词：半主动控制；风力发电机组；磁流变阻尼器；机敏材料；控制算法

N. Caterino (✉) · F. Trinchillo · A. Occhiuzzi
意大利那不勒斯，那不勒斯帕斯诺普大学
电子邮箱：nicola. caterino@ uniparthenope. it

F. Trinchillo
电子邮箱：francesco. trinchillo@ uniparthenope. it

A. Occhiuzzi
电子邮箱：antonio. occhiuzzi@ uniparthenope. it

C. T. Georgakis
丹麦哥本哈根，丹麦技术大学（DTU）
电子邮箱：cg@ byg. dtu. dk

13.1 简 介

近年来，为了降低风力引起的结构需求，以经济性较强的方式设计更高风力发电机组（甚至包括海上风力发电机组）的最佳化程序的需要不断提升。绝大部分关于该课题的科学文献与被动控制策略相关，且通常使用调谐质量阻尼器和调谐液体阻尼器。

本章通过使用磁流变阻尼器对半主动控制技术的可用性进行了调查研究，并开展了大范围振动台试验。之前针对风力发电机组半主动控制开展研究较少以数值仿真为基础。

Kirkegaard 等人[1]第一次对使用磁流变阻尼器控制风力发电机组的可能性进行了探索，在风力发电机组使用传统的最优简略控制算法驱动时，通过数值评估了阻尼器的有效性。这是一个极具开拓性的想法，正因如此，虽然这一评估无法在真实案例中实现，但也极为有趣。事实上，作者拟将一个磁流变装置安装在塔架的底座垂直位置，以便其能得到因风力发电机组顶部运动导致的垂直位移，在此装置布局中，阻尼器与风力发电机组为机械连接。同样，该作者还建立了一个仅能提供被动测试的试验性测试模型（供应给磁流变阻尼器的恒定电压处于最高电平—“被动模式”状态)。该风力发电机组模型是一个 3 米高的钢架，塔顶质量为 200 千克。磁流变阻尼器通过钢筋与振动台以及框架结构的顶部相连，避免发生结构屈曲。通过比较顶部侧移的数值（SA）和试验（被动）结果，作者重点强调了半主动（SA）策略的改进。

Karimi 等人[2]以及 Luo 等人[3-5]通过使用调谐液柱阻尼器（TLCD）展示了漂浮式风力发电机组半主动控制的有效性。这种装置一般被用作被动阻尼器，虽然它可能会变为带有可控阀的半主动（SA）阻尼器。在基于 H_∞ 反馈方法的控制逻辑的理论基础上，作者提出根据结构响应和载荷分布情况来开孔。Luo 等人也探索了在调谐液柱阻尼器（TLCD）中使用磁流变流体而非普通黏性流体的可能性，以将其引向“智能”调谐液柱阻尼器（TLCD）[6,7]的方向。上述论文中提到的数值仿真表明这种控制策略可能会使顶部侧移大量减少。

Arrigan 等人[8]拟使用半主动（SA）调谐质量阻尼器以控制风力发电机组叶片翼面方向的振动。在风力发电机组数值模型中增加四个调谐质量阻尼器，其中三个分布在每个叶片叶尖位置，还有一个安装在机舱，控制每个组件的响应。作者所做的仿真显示，系统对湍流风载荷的位移响应大量减少。文中演示了稳定风力载荷下成功的响应减少。

Rodríguez 等人[9]探索了在风力发电机组塔架空心柱中集成的肘节式支撑装配中使用被动或半主动（SA）阻尼器的可能性。他们从减小底座弯矩的角度评估了这种控制技术对极值载荷和疲劳载荷的有效性。作者比较了该系统的不同配置，每种配置都由已知编号、位置以及装置在垂直面和水平面的倾角来界定。最佳方案可以使塔架底座的力矩需求在极端情况下减少至20%，在疲劳情况下减少至10%左右。

本文中提出的半主动控制技术的基本理念主要在于使用智能磁流变装置以实现时间变量基础约束，其“刚度”由一个专门编写的控制逻辑驱动。后者立即采用决定并调整磁流变阻尼器以降低塔架底座的弯曲应力，并在允许界限内限制顶点位移以避免重大的有害次级效应。

位于哥本哈根的丹麦科技大学（DTU）已经在振动台设施上对该策略进行了实验性评估，而哥本哈根正是现行控制理念的发源地。试验中施加了两种不同的底座加速度图，分别相当于一阵极短的阵风和一段较长的高速风抖振。此外，试验还设计并采用了两种不同的控制算法，其不同之处在于它们处理问题的方式。第一种算法为特征结构选择技术[10,11]提供了灵感，旨在极大提高模态阻尼比，并使基谐模与塔架座铰链附近的刚性旋转保持一致。第二种算法采用了更为实在的方法，这种算法旨在限制底座压力，其次，它还用于在给定限制内限制顶部侧移需求。

所有执行的试验均强调了该控制技术在降低底座压力需求方面的有效性，即使在最糟糕的情况下，也只需稍微增加顶部侧移。

13.2　半主动控制策略的基本理念

本章提出的降低高位风力发电机组因风力导致的结构性需求的基本理念，是实现利用塔架底座时间变量约束来开发智能阻尼器潜力。图 13-1 中对该理念作了简略描述，其中原始风力发电机组被建模为单一自由度的动力系统，m 表示塔顶质量，k_T表示刚度，c_T表示固有阻尼，并在底座被全面抑制（见图 13-1a）。该理念正在以一种可控约束替换完全刚性基础约束，这种可控约束可以在移动过程中根据哪种情况更有利于降低结构需求来施加具体“钢度”。图 13-1b 以图解的方式描述了实现该理念的可能方式，即通过在塔架底座安装一个光滑铰链、一个扭转弹簧（k_ϕ）以及一个由控制算法实时外部驱动的旋转变量阻尼器（阻尼常数 c_ϕ因时间变化而变化）。这一理念还可被两个安装在距离铰链和两个垂直变量阻尼器（c_d）给定距离（l_s）位置的垂直线性弹簧（k_s）加以实际应用，这两个弹簧安装的位置与铰链的距离均为 l_d（见图 13-1c）。

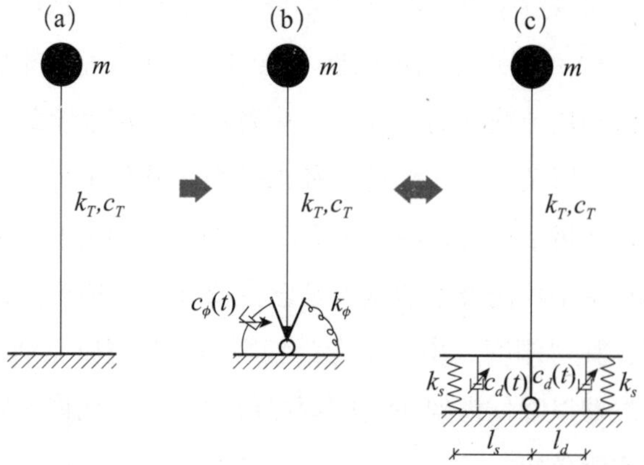

图 13-1　借助磁流变阻尼器的风力发电机组半主动控制的基本理念

在该装置中，推荐使用磁流变阻尼器作为可变装置。宏观上来说，只要剪应力不超过阈值，磁流变流体便可以保持半固体状态，而阈值取决于流体所处磁场的强度，磁场的强度又反过来取决于安装在流体附近的线圈的电流强度。这种性能与流体的性质（一种微米级磁性粒子悬浮液）相关。在应用某个磁场时，粒子会聚合形成纤维聚合物并随之在毫秒的时间常数内产生数量级黏度变化。

塔架能够在底座阻尼被设置为低值时放松，以将势能转换为动能并降低底座的弯矩。因此，半主动（SA）底座系统意味着应力减低（即使可能会以顶部侧移为代价），而应力的减低必须被限制在一定范围以控制顶部侧移。弹簧可在一次因风力引起的剧烈励磁结束时重置塔架至初始位置。

丹麦科技大学（哥本哈根）实验室已经通过使用 Maurer Söhne 公司（德国）提供的原型磁流变阻尼器，从物理上实现了这种理念并完成了测试。该实验中所得的结果将在下一部分介绍并对其进行探讨。

13.3　实验设置

在丹麦科技大学实验室完成的实验中，参考结构为一台水平轴的 3MW 风力发电机组（见图 13-2）。风力发电机组塔架高 102.4 米，建造材料为 Q345 钢［弹性模量为 206 000 兆帕（MPa），泊松比为 0.3，屈服应力为 345 兆帕（MPa）］，其可变中空圆形截面的外径的范围为 2.3 米（顶部）至 4.15 米（底部）。塔架的重量（包括凸缘和内部部分）为 3 713kN（主体部分）和 1210kN（机舱，包括风轮叶片）。Chen 和 Georgakis [12,13] 则从动力学角度展示了该结构的与由集中质量在顶部锥形管状悬臂梁组成的单一自由度（DOF）系统。在同一份研究中，还呈现了 1/20 比例的原型结构模型的发展。该测试模型的垂直管高 5. 12 米，统一横截面为 ϕ133/4（如外径为 133mm、厚度为 4mm 的中空圆管），根据对等的抗弯刚度的原则对模型进行挑选，同时其顶部的集中质量为 280kg（见图 13-3）。

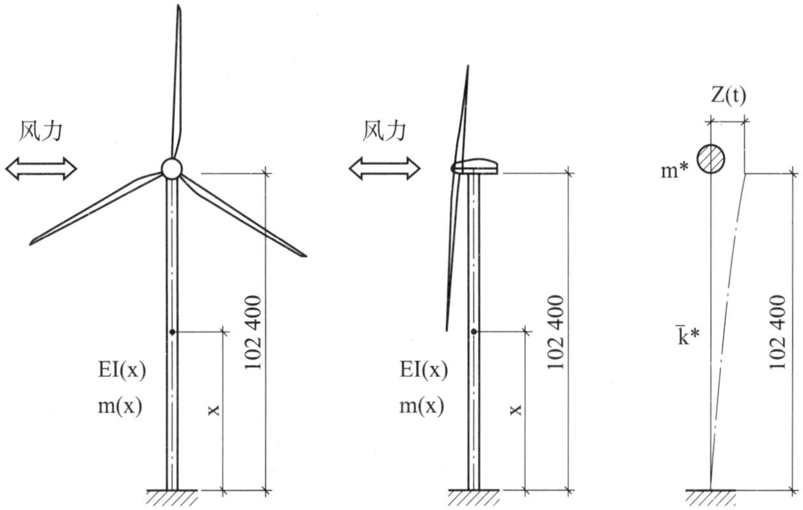

图 13-2　参考风力发电机组的结构模型［12］，尺寸以毫米为单位

模型的底座借助水平和垂直的两种 C 型钢（UPN 240 横截面）达到足够的刚度，型钢的顶部与底部边缘则与刚性水平钢板紧密结合。它通过一个圆柱形钢铰链从中部与振动台相连，同时嵌入一个小型的刚性钢架。底座的两边均安装有一个圆柱形弹簧（89kN/m 刚性）和一个磁流变阻尼器（下一部分详述）。

测试所用的振动台设备为 20mm 厚、长宽为 1. 5 × 1. 5m 的铝板组成。振动台可借助一个 100kN 液压致动器 MTS 244. 22 在水平方向单向移动。300 × 300mm 的刚度格栅板被焊接在顶板和底板上。此外，在承受力传导的区域进行了额外的加固。

图 13-3 展示了一个整体的实验装置，而图 13-4 则囊括了底座的细节，以便于更好地理解智能基础约束的实现方式。这些图还展示了模型采用的所有传感器的类型和位置，而更多的细节部分则在下一节中介绍。图 13-5 中给出了一些装置的照片。

13. 3. 1　电子设备与传感器

用于风力发电机组模型上的实验操作的电子设备通常可被分为两种形式：用于结构性实验室测试的常规工具和借助于两个磁流变阻尼器的半主动控制所需的附加

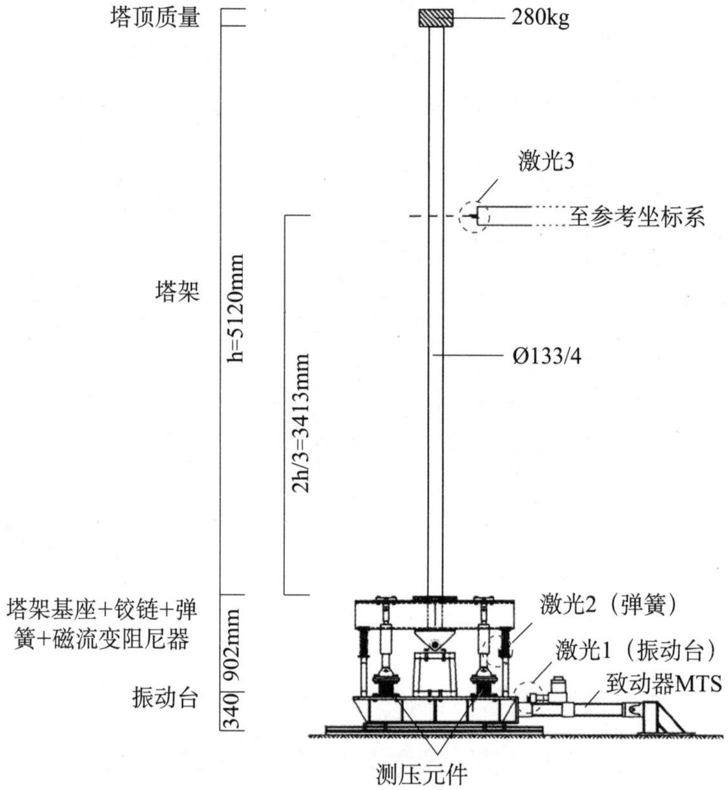

图 13-3　实验装置

设备。

隶属于第一组的传感器的位置如图 13-3 和图 13-4 所示。振动台的水平位移通过由一根钢钎支撑的激光传感器（WayCon 激光，模型 LAS-T-500，测程 50～550mm）测量。同一类型的激光传感器安装在位于塔架总高度 2/3 位置外部的一根木束条上，用以测量该部分的绝对水平位移。弹簧的轴向位移则由钢板上的第三个激光传感器测量，而两根弹簧（WayCon 激光，模型 LAS-T-250，测程 50～300mm）的其中一根（靠近致动器的那根弹簧）正好安装在该钢板上。通过分析圆柱形铰链、消散器以及弹簧的相互位置（见图 13-4），可线上计算出磁流变阻尼器的底座和轴向位移的循环。分别安装在两个磁流变设备上的测压部件使得对反作用力（AMTI 激光，模型 MC5-5000，范围 ±22kN）的测量得以实现。值得一提的是，依据上述可用的位移测量，完成了底座压力和顶部位移的线上计算，其中钢材应力远低于屈服值。

用于驱动半主动测试的附加电子设备包括（见图 13-6）：

（1）2 号电源类型 BOP（双极电源）由 Kepco 公司（美国，纽约）提供，模

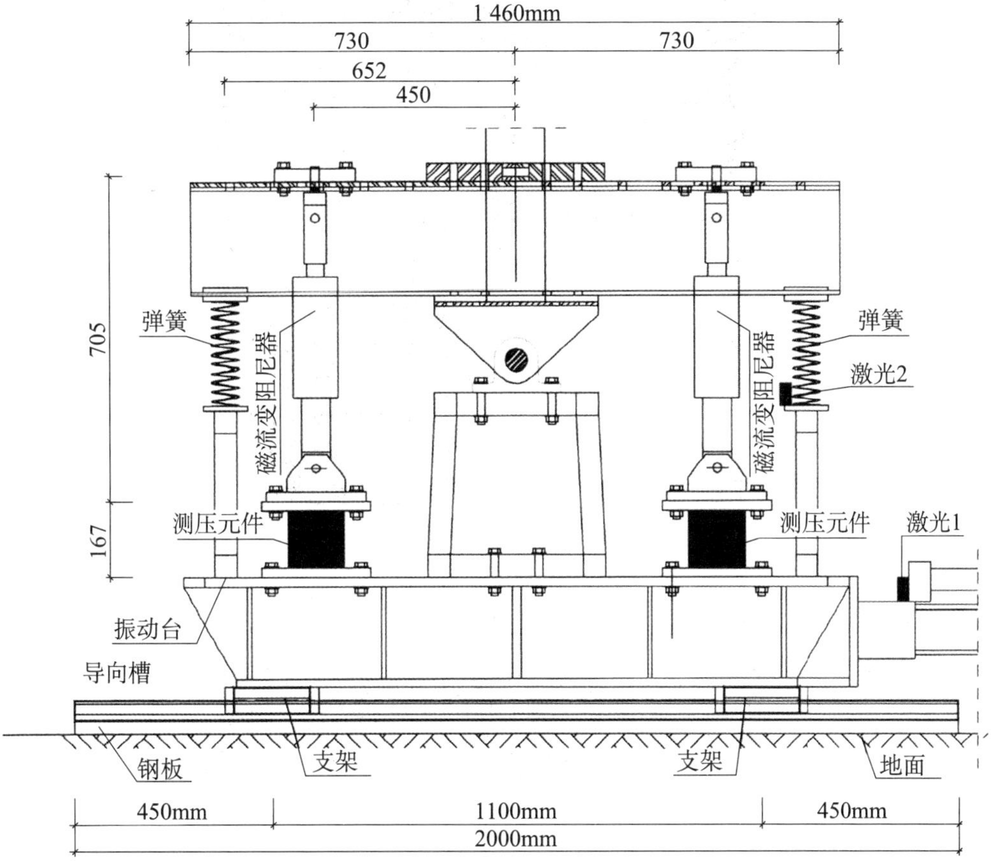

图 13-4　模型结构底座的细节

型 50-4M，最大输出功率 200W，最大输入功率 450W，电源-功率耗散器容量为 ±50 V（电压）和 ±4A（电流）；利用 0～10V 的电压信号从远程位置（PC）进行控制，还可利用电压驱动器（控制回路增益 5.0V/V）或电流驱动器（控制回路增益 0.4A/V）。

（2）美国国家仪器公司的 1 号嵌入式控制器 PXI-8196 RT，实时测试的高性能平台。

（3）美国国家仪器公司 2 号数据采集板 PXI-6259，具有多功能、高速度、精确度高、采集速度快（达到 2800kHz）的特点；8 信道仿真输入，4 信道仿真输出(±10V)，16 比特分辨率。

（4）美国国家仪器公司 1 号数字万用表 PXI-4065，6½-数位，可高速测量电压、电流和电阻。

（5）美国国家仪器公司 2 号连接板 BNC-2110。

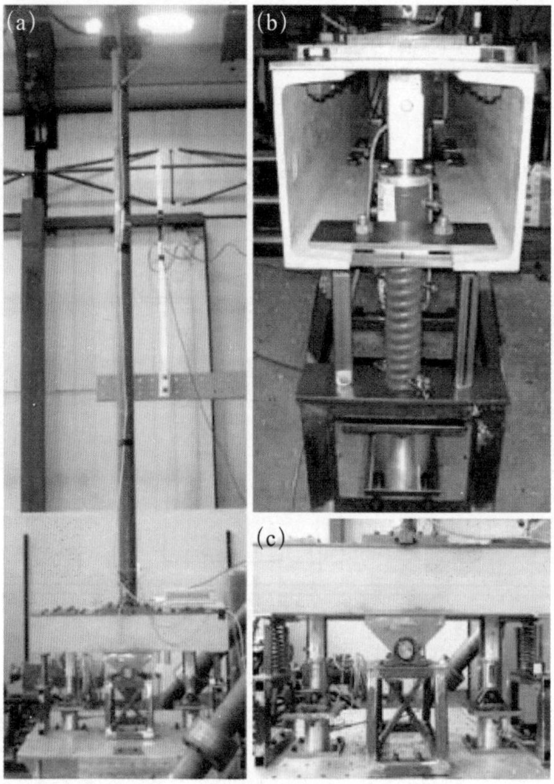

图 13-5　丹麦科技大学实验室中的结构模型照片。a. 整体图；b. 底座的侧面图；c. 正面图

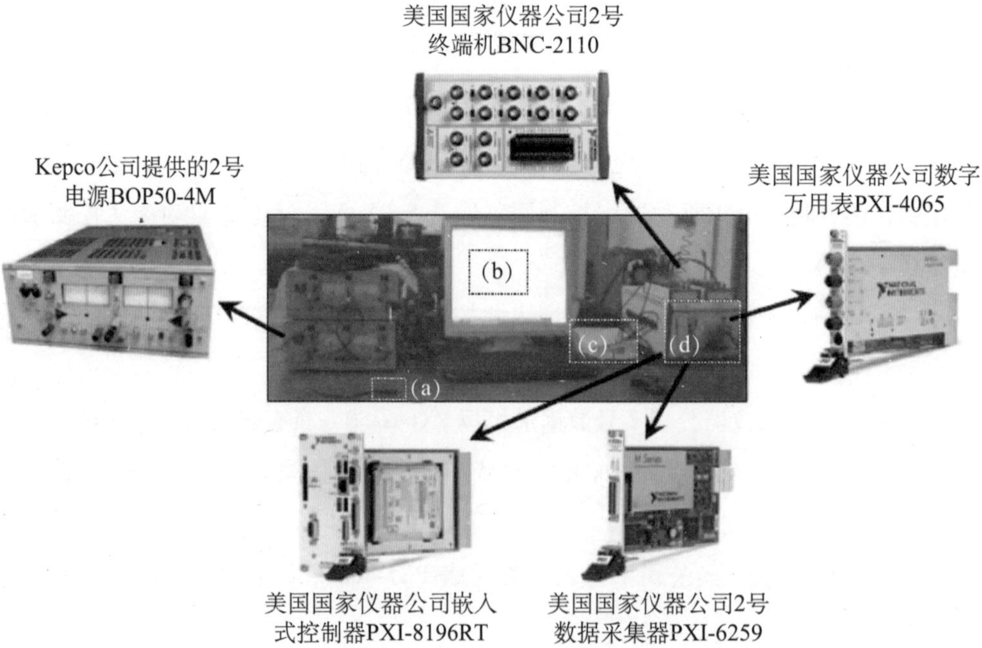

图 13-6　用于数据采集和半主动控制的电子设备

（6）美国国家仪器公司1号电压衰减器组件（10至1）SCC-A10，双信道，电压输入达±60 V（图13-6中的“C”）。

（7）1.0μF的1号电阻，以使电流环路保持稳定（图13-6中的“A”）。

（8）软件环境：NI Labview专业版开发系统（图13-6中的“B”）。

（9）NI的实时操作系统虚拟仪器（labview），用于实时测试。

（10）美国国家仪器公司1号底座，能容纳组件2、3、4（图13-6中的“D”）。

13.4　磁流变阻尼器

测试中采用的设备为两台德国公司 Maurer Söhne 设计并制造的全尺寸原型半主动磁流变阻尼器（见图13-7），每台设备的外形尺寸为675mm（长）×100mm（外径），重量约为16kg。鉴于位于两端的特殊球形销接抑制了活塞杆的弯曲度、剪应力以及转矩的增大，纵轴方向可拓展的最大载荷约为30kN。阻尼器冲程量为±25mm。活塞头和活塞杆的外径分别为100mm和64mm。磁路由线圈组成，并与一个3.34Ω的球形电阻串联，可在设备中产生一个磁场。电路中可提供的电流范围为0÷4A。

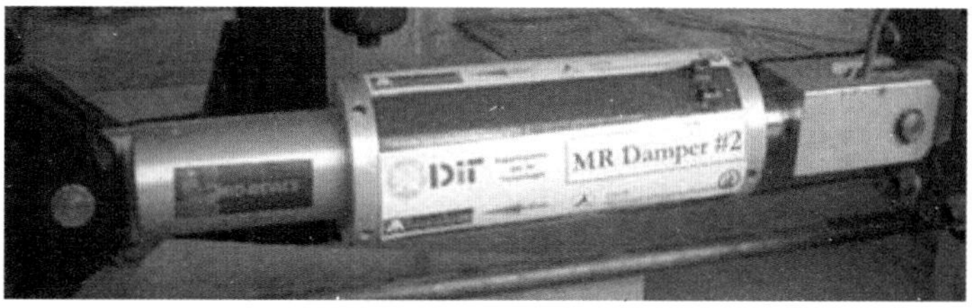

图13-7　两个原型磁流变阻尼器中的一个

磁流变阻尼器第一次使用自平衡试验装置（见图13-8）进行实验测试。本文将提供关于此项测试的基本信息，更多详细内容可见[14]。

图13-9展示了四种不同电流条件下（0.0 A、0.9 A、1.8 A以及2.7 A）在设备移动端（频率1.5 Hz，振幅20 mm）施加同等的谐波位移进行“被动”（电流恒定值）测试的结果。

载荷-位移与载荷-速率循环清楚地表明，阻尼器的机械特性很大程度上取决于设备内部的磁场，同时也取决于线圈内部的电流强度。当阻尼器中无电流通过时，其最大测试载荷最终结果为2kN左右；而供给的电流分别是0.9 A、1.8 A以及2.7 A时，测试结果分别为12 kN、22 kN以及27 kN。

载荷-位移回路像一种黏性性能与摩擦性能的重合（见图13-10），两种均取决

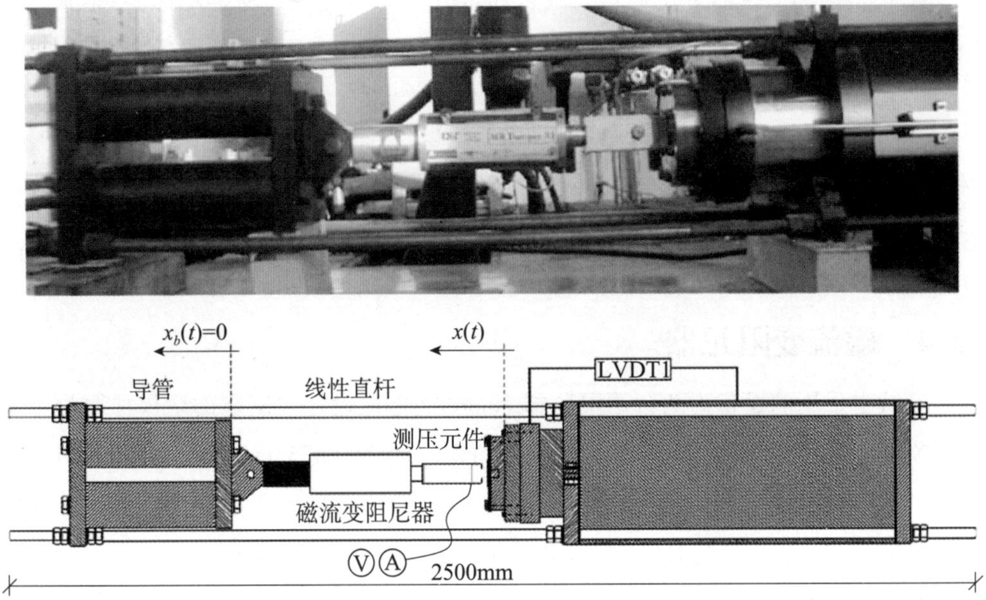

图 13-8　实验装置的照片及其略图

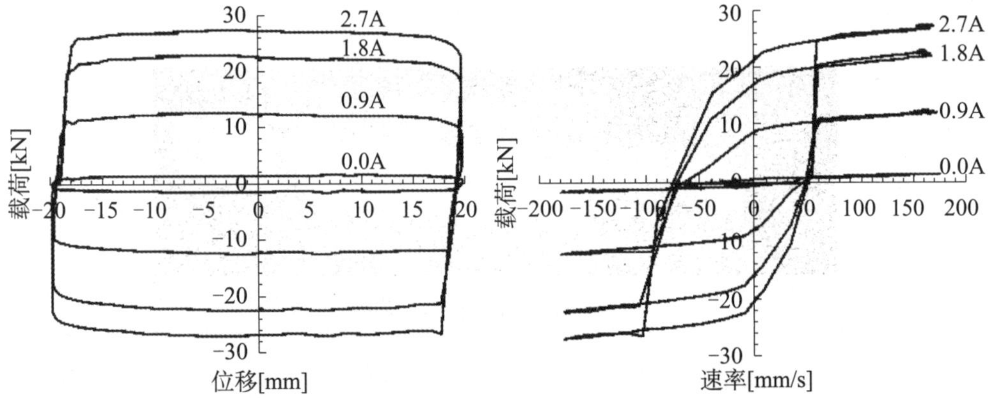

图 13-9　1.5Hz、±20mm 谐波位移条件下阻尼器的实验响应

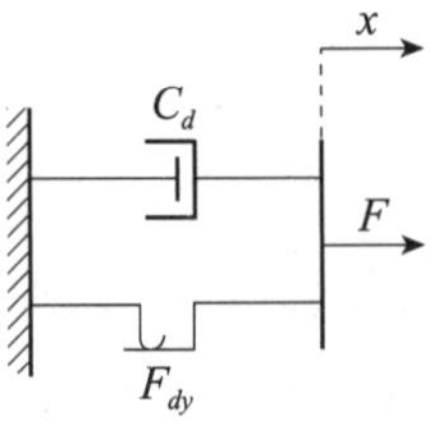

图 13-10　磁流变阻尼器的宾汉姆（Bingham）模型

于电流强度[15]。这一行为基于宾汉姆固体的特性[16]，可以如公式（13-1）中解析所述，其中 $\dot{x}$ 表示阻尼器两端的相对速度，C_d表示黏滞阻尼，F_{dy}表示塑性阈值，表

示应用的磁场性能和电流 i 强度的性能：

$$F = C_d(i) \cdot \dot{x} + F_{dy}(i) \cdot \mathrm{sgn}(\dot{x}) \tag{13-1}$$

$C_d(i)$ 和 $F_{dy}(i)$ 之间的关系被二阶多项式函数实验数据［公式（13-2）至公式（13-3），其中，A、kN、s、m 为测试所用单位］以插补的方式发现，并在图 13-11中以图表方式呈现出来。

$$C_d(i) = -1.870i^2 + 13.241i + 6.851 \tag{13-2}$$

$$F_{dy}(i) = -1.952i^2 + 13.962i + 0.181 \tag{13-3}$$

图 13-11 中的曲线展示了与磁流变流体磁饱和相关的磁流变效应的渐进趋势。

基于上述实验数据的原型磁流变阻尼器的响应时间分析报告见[17]。及时率主要与控制链的电子元件相关。“电源-功率耗散”能力是导致设备能够实时运转的关键因素。此外，强烈推荐电流驱动运行而非电压驱动运行，以大幅缩短控制准备时间。在电压驱动的运行中，电源提供固定的电压，电流也在缓慢改变直至达到需要值，与比例电压/电阻保持一致。在电流驱动的运行中，电源提供的电压能够快速改变电压峰值，因为能迅速改变阻尼器内部的电流，继而能迅速改变阻尼器的机械特性。如果电流需增大，则由电源提供一种短周期电压峰值，随之将电压设置为参考值；而如果电流需减小，则电源将释放出电压负峰值。

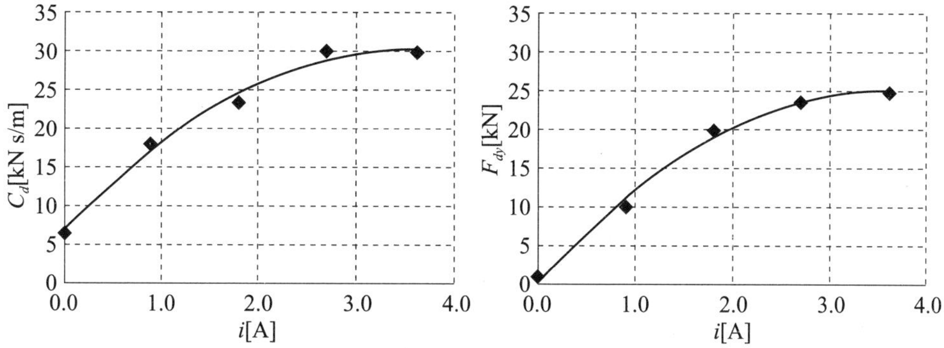

图 13-11　原型磁流变阻尼器的宾汉姆模型参数

图 13-12 定量展示了采用两种方法时磁流变阻尼器中电压和电流的变化情况，还展示了采用电压方法时，电流（以及相应磁场）达到所需值的延迟情况。

实验表明，使用基于电流的控制策略以及适当的调谐特定电子硬件时，可轻易将上文中提到的原型半主动磁流变阻尼器的响应时间约束在 8～10ms 范围内。

近来，这些智能设备还被成功应用于一场巴西利卡塔大学（意大利）开展的大型试验活动中，对安装在一座振动台设备上的 3D 大型钢架结构的地震引起的振动

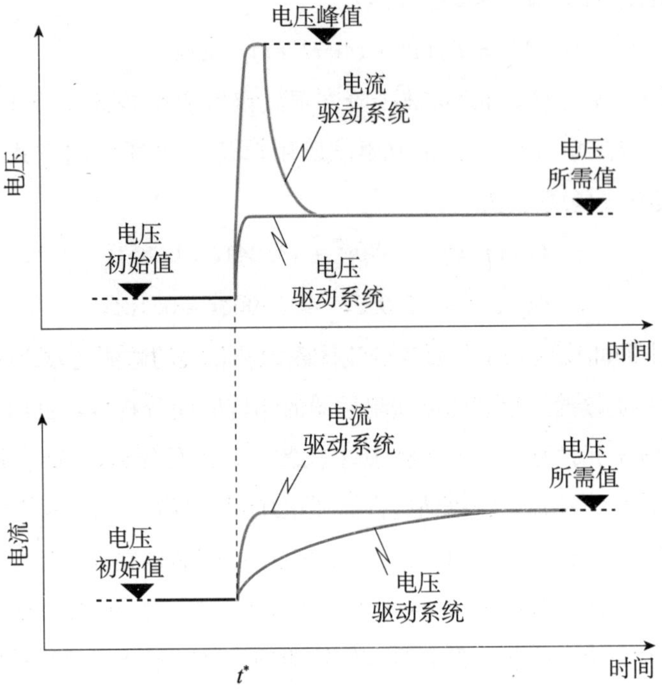

图 13-12　两种用于控制磁流变阻尼器的方法的电流和电压定量趋势（t^* 表示控制瞬间）

进行主动控制，并对四种不同的控制算法进行了比较，结果表明其对降低结构性响应非常有效[18]。本章中，半主动控制策略的多功能性基于所演示的磁流变阻尼器。

13.5　控制算法

第一个被应用于振动台测试的控制器以特征结构选择理论为基础[10,11]，它是一种全状态反馈算法，依赖需要控制力的实时定义以及半主动反作用力的能力，可在运动过程中进行仿真。第二种算法则旨在将底座的压力约束在可接受的给定范围内，同时还用于控制顶部位移以避免发生严重的次级效应。

图 13-13 中展示了一台安装在旋转底座上的简化型集中质量风力发电机组模型。底座通过两个弹性部件（弹簧）、两台半主动磁流变阻尼器，以及一个铰链与地面相连，具体如 13.2 节中所述。图中的文字如下：

h	塔架的高度
$m_1 - m_r$	模型的集中质量
$k_1 - k_r$	与多种单一自由度（DOFs）相关的刚度
$c_1 - c_r$	与多种单一自由度（DOFs）相关的黏性阻尼系数
α	底座的旋转角度

$\delta_o = \alpha \times h$　　塔顶的相应刚体位移

$\delta_1 - \delta_r$　　集中质量的弹性位移

k_s　　每个底座弹簧的刚度

$f_{d1} - f_{dm}$　　可用的 m 单独控制力

l_s　　每个弹簧和铰链之间的距离

l_d　　每个半主动磁流变阻尼器与铰链之间的距离

在无外部干扰的情况下，n = r + 1 单一自由度（DOFs）系统的运动公式为：

$$\mathbf{M}_{\delta}^{€} + \mathbf{C}\dot{\delta} + \mathrm{K}\delta = -\mathbf{Pf}_d \tag{13-4}$$

其中，**M**、**C** 和 **K** 分别表示质量、阻尼，以及刚度矩阵，**P** 表示控制向量 $\mathbf{f}_d$ 中的控制力 f_{di} 的 $n \times m$ 分配矩阵，$\boldsymbol{\delta} = [\delta_0\ \delta_1 \cdots \delta_r]^{\mathrm{T}}$ 表示采集单一自由度的向量，其组成部分为时间的标量函数。然而，其对时间的依赖性仅在需要时才明确给出。

当控制力不存在时（即忽略阻尼的典型假说），系统的特征向量分析则如公式（13-4）中所述，即求公式的解：

$$\omega^2\mathbf{I} - \mathbf{M}^{-1}\mathbf{K} = 0\ (\dim \mathbf{I} = n \times n) \tag{13-5}$$

其中，**I** 表示单位矩阵，得出实际特征值 ω_i（角频率），每个 ω_i 均与实际特征向量 $\boldsymbol{\varphi}_i$ 相关，并可在矩阵列 **Φ** 中进行排列：

$$\boldsymbol{\Phi} = [\varphi_1 \mid \varphi_2 \mid \cdots \mid \varphi_n] \tag{13-6}$$

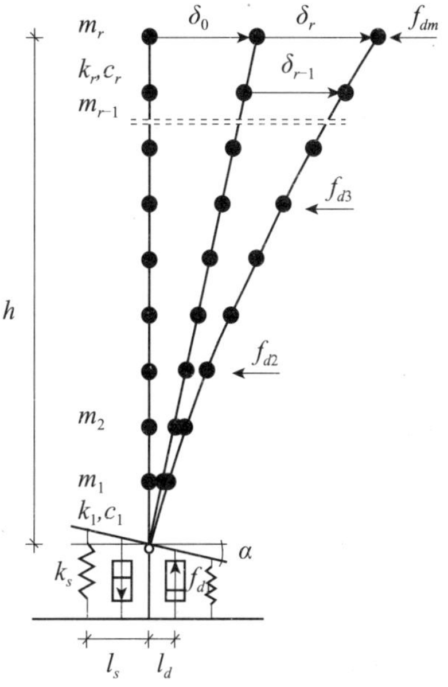

图 13-13　风力发电机组集中质量结构模型

二阶 n 时不变微分方程线性系统（公式 13-4）也可以表示为一组在状态矢量空间中的 $2n$ 线性时不变一阶微分方程：

$$\dot{\mathbf{z}} = \mathbf{Az} + \mathbf{Bf}_d \tag{13-7}$$

其中：

$$\mathbf{A} = \begin{bmatrix} \mathbf{0}_{n\times n} & \mathbf{I}_{n\times n} \\ -\mathbf{M}^{-1}\mathbf{K} & -\mathbf{M}^{-1}\mathbf{C} \end{bmatrix} (\dim \mathbf{A} = 2n \times 2n)$$

$$\mathbf{B} = \begin{bmatrix} \mathbf{0}_{n\times 1} \\ -\mathbf{M}^{-1}\mathbf{P} \end{bmatrix} (\dim \mathbf{B} = 2n \times m) \tag{13-8}$$

与：

$$\mathbf{z} = [\boldsymbol{\delta}\ \dot{\delta}]^{\mathrm{T}} = [\delta_0\ \ \cdots\ \ \delta_r\ \ \dot{\delta}_0\ \ \cdots\ \ \dot{\delta}_r]^{\mathrm{T}} \tag{13-9}$$

表示系统状态。$2n$ 特征值与特征向量 **A** 完整地阐述了图 13-13 中所示的不受控制情况下（$f_{di}=0$）系统的自由运动。对所述的结构系统，复特征值 s_i 以共轭对的形式出现，这与下列角频率 ω_i 以及模态阻尼比 ξ_i[19] 相符（j 表示复杂体）：

$$\mathbf{s}_{i,ic} = -\zeta_i\omega_i \pm \mathrm{j}\omega_i\sqrt{1-\xi_i^2} \tag{13-10}$$

或者与之相反，如下所示

$$\omega_i = |\mathbf{s}_i|\xi_{\mathrm{i}} = -\frac{\mathrm{Real}(s_i)}{|s_i|} \tag{13-11}$$

每个模态频率与阻尼比率均可通过公式（13-11）从相关的特征值 s_i 或其复共轭 $s_{i,c}$ 推导得出。以复共轭对形式出现的 $2n$ 特征向量 **A** 也出现在 $2\times 2n$ 矩阵 $\boldsymbol{\psi}$ 中：

$$\boldsymbol{\psi} = \begin{bmatrix} \boldsymbol{\psi}_1 & \boldsymbol{\psi}_{1,c} & \cdots & \boldsymbol{\psi}_n & \boldsymbol{\psi}_{n,c} \\ s_1\boldsymbol{\psi}_1 & s_{1,c}\boldsymbol{\psi}_{1,c} & \cdots & s_n\boldsymbol{\psi}_n & \boldsymbol{s}_{\boldsymbol{n},\boldsymbol{c}}\boldsymbol{\psi}_{n,c} \end{bmatrix} \tag{13-12}$$

每个矩阵 $\boldsymbol{\psi}$ 的纵列均可视为由两个 n-组件向量组成。第一个 n-组件向量事实上为复模态振型，第二个为模态振型乘以相应的复合频率。如果忽略阻尼，则以下公式成立：

$$\boldsymbol{\Phi} = [\varphi_1 \mid \varphi_2 \mid \cdots \mid \varphi_n] = [\boldsymbol{\psi}_1 \mid \boldsymbol{\psi}_2 \mid \cdots \mid \boldsymbol{\psi}_n] = \boldsymbol{\psi}^* \tag{13-13}$$

另外，$\boldsymbol{\psi}_i$ 表示与无阻尼的实际 $\boldsymbol{\varphi}_i$ 相对应的复模态振型，但同时也明确将阻尼纳入了考虑范围。此处的 $\boldsymbol{\psi}^*$ 表示直接与 $\boldsymbol{\Phi}$ 相比较的 $\boldsymbol{\Psi}$ 的子集。

若假定每个控制力 f_{di} 在给定时刻的特定值为 f_{ui}，则通过增益矩阵 **G** 得到的关于系统状态的公式如下：

$$\mathbf{f}_d(t) = [f_{d1}(t)\ \ \cdots\ \ f_{dm}(t)]^{\mathrm{T}} = \mathbf{f}_u(t) = [f_{u1}(t)\ \ \cdots\ \ f_{um}(t)]^{\mathrm{T}} = -\mathbf{G}\cdot\mathbf{z}(t) \tag{13-14}$$

因此，自由振荡［公式（13-7）］则变为：

$$\dot{\mathbf{z}} = \mathbf{Az} + \mathbf{Bf}_d = \mathbf{Az} + \mathbf{B}(-\mathbf{Gz}) = (\mathbf{A}-\mathbf{BG}) = \mathbf{A}_{\mathrm{CL}}\mathbf{z} \tag{13-15}$$

$\mathbf{A}_{\mathrm{CL}}$ 的特征值和特征向量（概括了由闭合环路控制的系统性能）与 **A** 不同，换句话说，受控制系统的频率、阻尼比率及模态振型不同于这些不受控制的系统值。因此，模态参数能否以一种更有利的方式进行修改便成了一个问题。该问题的解决方案，最初可能是由 Moore[11] 提出的，之后又经过了多位学者的探索，但据作者所知，目前未有任何关于该方案应用到半主动控制风力发电机组上的案例。在后面的案例中，为了减低支撑塔架的压力，最好需要一个由铰链式底座附近的高度阻尼刚体运动主导的可控结构的一阶模态以及质量参与因素接近 0 的更高次模。

假设矩阵 **G** 确实存在，那么 $s_{d,i}$ 和 $\boldsymbol{\psi}_{d,i}$ 则分别是闭合环路（CL）系统 i-阶模态的预期特征值和特征向量。当 CL 系统根据该模态振动时，系统状态也根据相应的特征向量所述的位移和速率适当改变：

$$\mathbf{z}(t) = \boldsymbol{\psi}_{d,i} \cdot \mathrm{e}^{s_{d,i} \cdot t} \tag{13-16}$$

因此，所需的控制力 $\mathbf{f}_{ui}$ 可表示为：

$$\mathbf{f}_{ui}(t) = \mathbf{u}_i \cdot \mathrm{e}^{s_{d,i} \cdot t} = -\mathbf{G}\mathbf{z}(t) = -\mathbf{G}\boldsymbol{\Psi}_{d,i} \cdot \mathrm{e}^{s_{d,i} \cdot t} \tag{13-17}$$

$\mathbf{A}_{\mathrm{CL}} \cdot \boldsymbol{\psi}_{d,i}$ 的乘积可表示为：

$$\mathbf{A}_{\mathrm{CL}}\boldsymbol{\psi}_{d,i} = (\mathbf{A} - \mathbf{BG})\boldsymbol{\Psi}_{d,i} = \mathbf{A}\boldsymbol{\Psi}_{d,i} + \mathbf{B}(-\mathbf{G}\boldsymbol{\Psi}_{d,i}) = \mathbf{A}\boldsymbol{\Psi}_{d,i} + \mathbf{Bu}_{\mathrm{i}} \tag{13-18}$$

当 $s_{d,i}$ 和 $\boldsymbol{\psi}_{d,t}$ 分别为一个特征值和 $\mathbf{A}_{\mathrm{CL}}$ 相应的特征向量时，同样的乘积还等于：

$$\mathbf{A}_{\mathrm{CL}}\boldsymbol{\psi}_{d,i} = s_{d,i}\boldsymbol{\psi}_{d,i} \tag{13-19}$$

结合公式（13-18）和公式（13-19）：

$$\mathbf{A}_{\mathrm{CL}}\boldsymbol{\psi}_{d,i} = \mathbf{A}\boldsymbol{\Psi}_{d,i} + \mathbf{Bu}_{\mathrm{i}} = s_{d,i}\boldsymbol{\psi}_{d,i} \tag{13-20}$$

或者

$$\mathbf{Bu}_{\mathrm{i}} = (s_{d,i}\mathbf{I} - \mathbf{A})\boldsymbol{\Psi}_{d,i} \tag{13-21}$$

最后可得：

$$\boldsymbol{\psi}_{d,i} = [(s_{d,i}\mathbf{I} - \mathbf{A})^{-1}\mathbf{B}]\mathbf{u}_i = \mathbf{H}_i\mathbf{u}_i(\dim\mathbf{H}_i = 2n \times m) \tag{13-22}$$

公式（13-22）展示了理想特征值 $s_{\mathrm{d},i}$ 和理想特征向量 $\boldsymbol{\psi}_{d,i}$、初始矩阵、不可控系统 **A** 以及相应的控制力 $\mathbf{u}_i$ 之间的关系。例如，控制力能够使可控系统根据理想模态振型、频率以及阻尼比率进行振动。如果矩阵 $\mathbf{H}_i$ 是可逆的，控制力 $\mathbf{u}_i$ 的计算则简洁明了。然而，通常情况并非如此。通过公式（13-22）求 $\mathbf{u}_i$ 的方法是考量 $\mathbf{H}_i$ 的伪逆矩阵 $\mathbf{H}_i^{\wedge}$。如此一来，$\mathbf{u}_i$ 的求值大致可如下所示：

$$\mathbf{u}_i = \mathbf{H}_i^{\wedge}\boldsymbol{\psi}_{d,i} = [(\mathbf{H}_i^{\mathrm{T}}\mathbf{H}_i)^{-1}\mathbf{H}_i^{\mathrm{T}}]\boldsymbol{\psi}_{d,i} \tag{13-23}$$

然而，通过应用公式（13-23）中所得的近似值，CL 系统的实际特征向量 $\boldsymbol{\psi}_{\mathrm{CL},i}$ 将与理想值 $\boldsymbol{\psi}_{d,i}$ 相似，但并不完全相等：

$$\boldsymbol{\psi}_{\mathrm{CL},i} = \mathbf{H}_i u_i \cong \boldsymbol{\psi}_{d,i} \tag{13-24}$$

如果公式（13-23）的近似值可接受，通过选择每个振动模态的理想频率、自拟比率（通过 $s_{d,i}$）及其振型（通过 $\boldsymbol{\psi}_{\mathrm{CL},i}$），便有可能分别计算出理想控制力 $\mathbf{u}_i$ 的对应值和最终的 CL 特征向量 $\boldsymbol{\psi}_{\mathrm{CL},i}$，并分别收集在矩阵 **U** 和 $\boldsymbol{\psi}_{\mathrm{CL}}$ 中：

$$\mathbf{U} = [u_1 \quad u_2 \quad \cdots \quad u_{2n}] \quad (\dim\mathbf{U} = m \times 2n)$$

$$\boldsymbol{\Psi}_{\mathrm{CL}} = [\boldsymbol{\psi}_{\mathrm{CL},1} \quad \boldsymbol{\psi}_{\mathrm{CL},2} \quad \cdots \quad \boldsymbol{\psi}_{\mathrm{CL},2n}](\dim\boldsymbol{\Psi}_{\mathrm{CL}} = 2n \times 2n) \tag{13-25}$$

回顾公式（13-17）：

$$\mathbf{U} = -\mathbf{G}\boldsymbol{\Psi}_{\mathrm{CL}} \tag{13-26}$$

因此，增益矩阵可表示为：

$$\mathbf{G} = -\mathbf{U}\cdot\boldsymbol{\Psi}_{\mathrm{CL}}^{-1} \tag{13-27}$$

如果 **G** 通过公式（13-27）求得，公式（13-14）中定义的相应控制力 $\mathbf{f}_u$能够改变初始结构，以让其拥有理想模态性能：

- 每个选择模态的频率和阻尼比率；
- 模态振型。

值得注意的是，如果仅有一部分 CL 特征向量具有给定的振型，则之前提到的程序依然有效。换句话说，其选择也可参考部分或所有 CL 特征向量。由于之前引进了近似计算，则特征向量选择会降低需求，其结果也最为准确，比如 CL 和理想特征向量更为接近。

假设不止一台独立控制器可用且对此类控制器的定位生成了一个可控系统，一个反馈控制风力发电机组可直接设计模态行为，包括模态频率、阻尼比率，以及模态振型。而在只有一台控制器可用的情况下，情况与本文实验活动案例类似，仅可直接设计模态频率和阻尼比率，并间接控制模态振型。

13.5.1 闭合环路特征结构选择（CLES）算法

前面章节中提到的风力发电机组实体模型的简化结构模型如图 13-14 所示。这是一个二自由度的系统，在不存在任何外部干扰时，其运动方程如下所示：

$$\begin{bmatrix} m_{\mathrm{T}} & m_{\mathrm{T}} \\ 0 & m_\alpha/h \end{bmatrix}\begin{bmatrix} \ddot{\delta}_{\mathrm{el}} \\ \ddot{\delta}_{\mathrm{rig}} \end{bmatrix} + \begin{bmatrix} c_{\mathrm{T}} & 0 \\ 0 & 0 \end{bmatrix}\begin{bmatrix} \dot{\delta}_{\mathrm{el}} \\ \dot{\delta}_{\mathrm{rig}} \end{bmatrix} + \begin{bmatrix} k_{\mathrm{T}} & 0 \\ 0 & 2\cdot k_s\cdot l_s^2/h \end{bmatrix}\begin{bmatrix} \delta_{\mathrm{el}} \\ \delta_{\mathrm{rig}} \end{bmatrix} = -\begin{bmatrix} 0 \\ 2\cdot l_d \end{bmatrix}\cdot f_d \tag{13-28}$$

或者

$$\mathbf{M}_\delta^{€} + \mathbf{C}\dot{\delta} + \mathbf{K}\boldsymbol{\delta} = -\mathbf{p}f_{\mathrm{d}} \tag{13-29}$$

其中：

$m_T = m_{\mathrm{top}} + m_{\mathrm{tow}}$	表示模型的平移质量
$m_{\mathrm{top}} = 280\mathrm{kg}$	表示塔顶的平移质量
$m_{\mathrm{tow}} = 15.4\mathrm{kg}$	表示垂直结构的一阶模态平移质量
$m_\alpha = 8329\mathrm{kg\ m^2}$	表示模型的旋转质量
$c_{\mathrm{T}} = 32.4\mathrm{Ns/m}$	表示塔架的等价线性黏性阻尼

、

$k_{\mathrm{T}}=13855\mathrm{N/m}$　表示塔架的侧向刚度
$k_s=89000\mathrm{N/m}$　表示每个底座弹簧的刚度
$l_s=0.65\mathrm{m}$　表示每个弹簧和铰链之间的距离
$l_{\mathrm{d}}=0.45\mathrm{m}$　表示每个半主动磁流变阻尼器和铰链之间的距离
$h=5.26\mathrm{m}$　表示塔架的高度
f_d　表示每个半主动磁流变阻尼器施加的力
α　表示底座的旋转
$\delta_{\mathrm{rig}}=\alpha\times h$　表示顶部位移的刚性部分
δ_{el}　表示顶部位移的弹性部件
$\mathbf{M}$，$\mathbf{C}$，$\mathbf{K}$　表示质量、阻尼、刚度矩阵
$\mathbf{p}$　表示描述阻尼位置的向量
$\delta=[\delta_{\mathrm{el}}\ \delta_{\mathrm{rig}}]^{\mathrm{T}}$　表示收集系统自由度的向量

参数 c_{T}和 k_{T}依据固定底座塔架的初期鉴别活动进行定义，展示了一个 0.92s 的振动固有周期以及 0.8% 的阻尼比率[12,13]。一旦塔架被安装在旋转支架上，则公式(13-28)中所述的 2 自由度自由（$f_d=0$）系统的振型周期为：

一级模态：$T_1=2.09\mathrm{s}$；

二级模态：$T_2=0.92\mathrm{s}$。

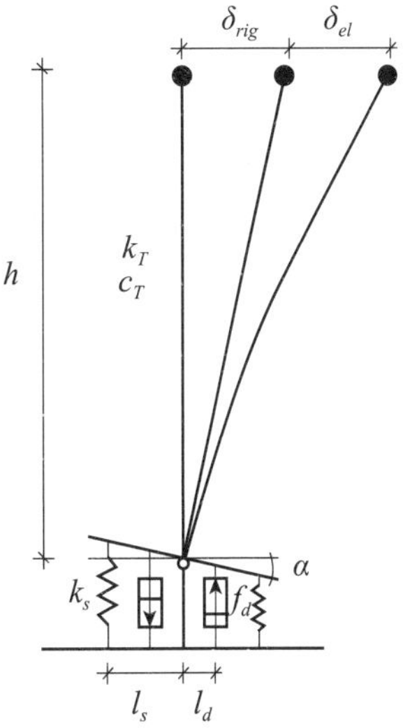

图 13-14　测试模型的结构模型

第一种模态由一种围绕底座铰链的刚性旋转主导，而第二种则仅用于响应固定底座上塔架的弹性运动，如公式（13-30）中所示。为清晰明了起见，无阻尼模态振型以矩阵列 $\mathbf{\Phi}$ 的形式排列并规范化，因而每个特征向量的组件被设定为 1：

$$\mathbf{\Phi}=\begin{bmatrix}1.000 & 0.000\\ 0.239 & 1.000\end{bmatrix}\quad\begin{pmatrix}\delta_{\mathrm{rig}}\\ \delta_{\mathrm{el}}\end{pmatrix}\tag{13-30}$$

假设阻尼器处于“关闭”状态，则这些阻尼器与常数 $c_d=6900\mathrm{Ns/m}$[17]的线性黏性阻尼器等效。在这种情况下，每个阻尼器中的力等于（图 13-14 中的模型考虑的信号）。

$$f_d=c_d\cdot l_d\cdot\dot{\delta}_{\mathrm{rig}}/h\tag{13-31}$$

公式（13-28）可以表示为：

$$\begin{bmatrix}m_{\mathrm{T}} & m_{\mathrm{T}}\\ 0 & m_{\alpha}/h\end{bmatrix}\begin{bmatrix}\ddot{\delta}_{\mathrm{el}}\\ \ddot{\delta}_{\mathrm{rig}}\end{bmatrix}+\begin{bmatrix}c_{\mathrm{T}} & 0\\ 0 & 2\cdot c_d\cdot l_d^2/h\end{bmatrix}\begin{bmatrix}\dot{\delta}_{\mathrm{el}}\\ \dot{\delta}_{\mathrm{rig}}\end{bmatrix}+\begin{bmatrix}k_{\mathrm{T}} & 0\\ 0 & 2\cdot k_s\cdot l_s^2/h\end{bmatrix}\begin{bmatrix}\delta_{\mathrm{el}}\\ \delta_{\mathrm{rig}}\end{bmatrix}=\begin{bmatrix}0\\ 0\end{bmatrix}\tag{13-32}$$

或者：

$$\mathbf{M}_{\delta}^{€} + \mathbf{C}_{\text{off}}\dot{\delta} + \mathbf{K}\boldsymbol{\delta} = \mathbf{0} \tag{13-33}$$

关闭半主动磁流变阻尼器时，阻尼矩阵为 $\mathbf{C}_{\text{off}}$。该系统可在状态空间中等效描述为：

$$\dot{\mathbf{z}} = \mathbf{A}_{\text{off}}\mathbf{z} \tag{13-34}$$

其中，**z** 表示系统的状态向量，$\mathbf{A}_{\text{off}}$表示阻尼器关闭时描述测试模型动力行为的矩阵，定义如下

$$\mathbf{z} = [\delta_{\text{el}} \quad \delta_{\text{rig}} \quad \dot{\delta}_{\text{el}} \quad \dot{\delta}_{\text{rig}}]^{\text{T}};\ \mathbf{A}_{\text{off}} = \begin{bmatrix} \mathbf{0}_{2\times2} & \mathbf{I}_{2\times2} \\ -\mathbf{M}^{-1}\mathbf{K} & -\mathbf{M}^{-1}\mathbf{C}_{\text{off}} \end{bmatrix} \tag{13-35}$$

$\mathbf{A}_{\text{off}}$的复特征值表示测试模型的周期 T_i和模态阻尼比率。分别表示为：

一级模态：$T_1 = 2.09\text{s} \quad \xi_1 = 5.6\%$；

二级模态：$T_2 = 0.92\text{s} \quad \xi_2 = 0.8\%$。

控制算法的首要目标是在不改变振动周期的前提下实现更高的阻尼比率。这一目标可以通过系统理论的传统极点配置程序实现。假设每个阻尼器的“理想”力为 u，则状态空间的公式 13-29 为：

$$\dot{\mathbf{z}} = \mathbf{A}\mathbf{z} + \mathbf{b}u \tag{13-36}$$

其中：

$$\mathbf{A} = \begin{bmatrix} \mathbf{0}_{2\times2} & \mathbf{I}_{2\times2} \\ -\mathbf{M}^{-1}\mathbf{K} & -\mathbf{M}^{-1}\mathbf{C} \end{bmatrix} \mathbf{b} = \begin{bmatrix} \mathbf{0}_{2\times1} \\ -\mathbf{M}^{-1}\mathbf{p} \end{bmatrix} \tag{13-37}$$

如果通过公式 13-14，控制力与系统状态成比例，则可以表明通过设计增益矩阵 **G**达到随意分配控制系统特征值的目的。换句话说，阻尼比率和固有周期的理想值是可以实现的[10]。因此，可以通过设计矩阵 **G** 来实现第一个维持模态周期的目标，并提高模态阻尼比率。

如前文所述，本章介绍的实验装置中，仅有一种由两台半主动磁流变阻尼器提供的独立控制力是有效的。如果可提供更多有效的独立控制力，则增益矩阵 **G** 的设计可以实现随意修改控制系统的模态振型的目的。事实上，这是控制策略的第二个控制目标，修改塔架的模态行为，达到具有主导性且高阻尼的模态，使之与结构围绕底座铰链的刚性旋转相一致，达到二级模态，将刚性旋转与被阻尼比率约束的塔架弹性形变相结合，其阻尼比率约束远高于单独塔架的阻尼比率约束（0.8%）。由于独立控制器仅有一台，因而并不能采用之前提到的步骤。然而，极点配置技术通过矩阵 **G** 修改闭合环路系统矩阵及其复特征向量（比如可控塔架的模态振型）。因

此，理想控制力 u 通过公式 13-14 设计出来，获得振动周期的给定值和壁虎环路系统的模态阻尼比率时，可控系统的模态振型与原本的不可控系统的相比也有所改变。在试验和误差迭代步骤的基础上，作者以如下反馈控制规律作为结束：

$$u = -2 \cdot [g_1 \quad g_2 \quad g_3 \quad g_4] \cdot \mathbf{z} \tag{13-38}$$

其中：

$g_1 = 597\text{N/m}$；$g_2 = 0$；$g_3 = 408\text{Ns/m}$；$g_4 = 1154\text{Ns/m}$。

在本案例中，闭合回路可控塔架展示了以下周期和阻尼比率：

一级模态：$T_1 = 2.09\text{s} \quad \xi_1 = 20\%$；

二级模态：$T_2 = 0.92\text{s} \quad \xi_2 = 5\%$。

可控塔架的复特征向量按照矩阵 $\mathbf{\Psi}^*$ 纵列的顺序排列并规范化，具体如下：

$$\mathbf{\Psi}^* = \begin{bmatrix} |1.000| \angle 0° & |0.084| \angle 93° \\ |0.234| \angle -27° & |1.000| \angle 0° \end{bmatrix} \begin{pmatrix} \delta_{rig} \\ \delta_{el} \end{pmatrix} \tag{13-39}$$

公式（13-39）展示了可控塔架特征向量矩阵 $\mathbf{\Psi}$ 的一部分（$\mathbf{\Psi}^*$）。在当前的案例中，特征向量都以复共轭对的形式出现，每个共轭对均携带同等的信息。此外，每个特征向量都有四个部件，其中两个与位移相关［如公式（13-39）中所示］，另外两个则与速度相关（当前案例的利益）。公式 13-39 中的复特征向量借助其模块和阶段进行描述。一阶模态被围绕底座的刚性旋转主导，阻尼比率相当高；而二阶模态则被塔架的弹性应变主导。然而在可控系统中，二阶模态也包括了刚性旋转，因而可以通过半主动磁流变阻尼器获得 5%（≫0.8%）左右的阻尼比率。

如果主动设备参与其中，则应对其施加控制力 $u(t)$，实现结构的目标性能。而在当前的半主动控制案例中，情况并非如此，这种控制力必须要作为一种理想控制作用，而这种作用应由磁流变阻尼器进行实时仿真，并借此实现塔架响应的有效控制。因此，设置了 CLES 算法以调节对半主动磁流变阻尼器的电流，使每个阻尼器的反作用力 $f_d(t)$ 尽可能地与理论值 $u(t)$ 相近。因此，该逻辑如下：

$$\begin{aligned} &\text{如果 } f_d(t) \cdot u(t) < 0 && \rightarrow i(t) = 0 \\ &\text{如果 } f_d(t) \cdot u(t) \geq 0 \text{ 且 } |f_d(t)| < |u(t)| && \rightarrow i(t) = i(t-\mathrm{d}t) + [i_{max} - i(t-\mathrm{d}t)/n] \\ &\text{如果 } f_d(t) \cdot u(t) \geq 0 \text{ 且 } |f_d(t)| \geq |u(t)| && \rightarrow i(t) = i(t-\mathrm{d}t) + [0 - i(t-\mathrm{d}t)/n] \end{aligned} \tag{13-40}$$

其中，$i(t-\mathrm{d}t)$ 表示在实际值（t）之前即时指令给阻尼器的电流量，$\mathrm{d}t$ 表示控制的采样时间（1ms），n 表示用于平稳指令电流（介于 0 到 i_{max} 之间）的振动无量纲参数（≥1）。

13.5.2 双变量（2VAR）算法

风力发电机组模型振动台采用了可替代的另一种控制算法，该算法以一种更为实际且简单的 CLES 控制器控制方法为基础。

基本理念是控制底座应力与顶部位移，并“强行”将其限制在给定范围之内。减少顶部位移和底座应力是两个相互矛盾的性能目标。底座弯曲应力的需求可以通过“放松”基础约束来降低（如降低半主动设备的阻尼）。然而，这样做的直接后果是底部位移需求（与刚体运动——因底座旋转导致——以及塔架的弹性挠度均相关）将会提高。

该控制器旨在实现这两种相互矛盾的目标之间的平衡。为了达到这一目的，首先要为底座应力和顶部位移各自假设一个极限值（分别用 $\sigma_{\lim}$ 和 $x_{\lim}$ 表示）。然后，分别用 $\sigma(t)$、$x(t)$ 和 $\dot{x}(t)$ 表示时间为 t 时底座的最大应力、顶部位移以及顶部速度，采用下列逻辑为阻尼器做出最优决定（“开”或“关”）：

$$\text{如果}\ |\sigma(t)| < \sigma_{\lim} \rightarrow i(t) = i_{\max} \tag{13-41}$$

$$\text{如果}\ |\sigma(t)| \geq \sigma_{\lim}\ \text{且}\ |x(t)| < x_{\lim} \rightarrow i(t) = 0 \tag{13-42}$$

$$\text{如果}\ |\sigma(t)| \geq \sigma_{\lim}\ \text{且}\ |x(t)| \geq x_{\lim}\ \text{且}\ x(t)\dot{X}(t) > 0 \rightarrow i(t) = i_{\max} \tag{13-43}$$

$$\text{如果}\ |\sigma(t)| \geq \sigma_{\lim}\ \text{且}\ |x(t)| \geq x_{\lim}\ \text{且}\ x(t)\dot{X}(t) \leq 0 \rightarrow i(t) = 0 \tag{13-44}$$

换句话说，应力不超过极限值［公式（13-41）］时，控制器保持着“更严格的”基础约束，通过该极限限制时才“放松”约束（关闭磁流变阻尼器），而此时位移则在限制范围之内［公式（13-42）］。应力与位移均高于各自的阈值时，若位移继续增加，阻尼器则被控制器启动（转化或至少抑制这种趋势；公式 13-43）。否则，控制器将关闭磁流变阻尼器设备，确保它们不妨碍位移的降低［公式(13-44)］。

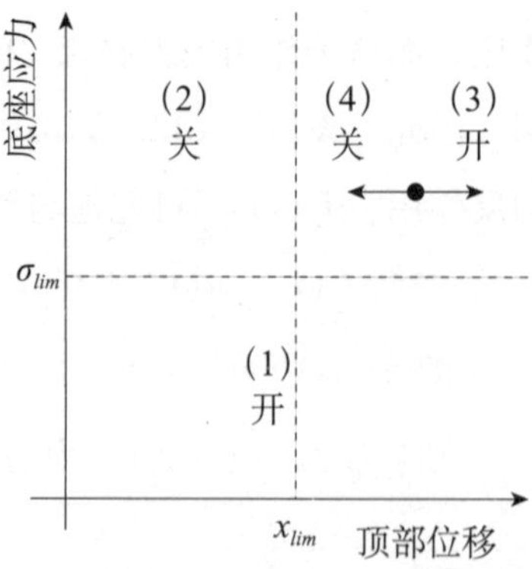

图 13-15　双变量控制器的逻辑
［数字参考公式(13-41)至公式(13-44)］

图 13-15 用图表的方式描述了该算法，控制器做哪种决定（开启或关闭）取决于上述四个底座应力与顶部位移的组合形式。

这种控制算法的实际应用需要合理设置三个参

数进行初步校准，如 i_{max}、σ_{lim}以及 x_{lim}。

13.6　实验活动及其结果

考虑了两种荷载工况：

- 极端运行风况（EOG），如短时间内风速剧增和骤降；
- 高速风振，如因高速风导致的“停机”（受控关闭）时某种典型的风力发电机组载荷工况（被称为“停机”，PRK）。

Chen 和 Georgakis[12,13]为两种载荷工况确定了一种等效基底加速度的时间关系曲线图（图 13-16），是基础输入，能提供受风力作用影响的真实固定底座结构的顶部质量响应。该分析利用了风力发电机组气动代码 HAWC2（水平轴风力发电机组仿真代码，第二代），并在丹麦科技大学（丹麦）被用来计算风力发电机组响应[20]。振动台设备通过仿真加速度图，实施了下文中讨论的所有动力测试。

模型结构首先在固定底座（FB）的环境下进行测试。固定底座配置则通过使用图 13-4 中的设置得以实现，即简单地将磁流变阻尼器作为刚性构件添加到模型，并在测试的整个时段中为其提供 3A 的恒定电流。阻尼器在两次固定底座测试中采用的预期（之后登记的）最大受力均小于 5kN，因而远低于设备“摩擦”力 F_{dy}的阈值（根据公式 13-3，3A 的条件下约为 27kN）。图 13-1 总结了位移 x（底座的塔架顶部）以及两种载荷工况的底座应力 σ 的峰值绝对值。

结构模型首先通过使用 CLES 控制算法进行测试，测试过程中涉及到了无量纲参数 n 的更高值，可使指令电压的变化更加平稳。根据三个先期测验的结果，选取了 $n=15$（EOG 载荷工况）和 $n=1$（PRK 载荷工况）两个值。

随后，为了评估和比较双变量控制算法的效果进行了不同测试，分别是关于结构响应降低的测试以及应力（σ_{lim}）[10,40]（MPa 范围内）和位移（x_{lim}）[16,46]（mm 范围内）极限不同组合的测试。EOG 载荷工况的极限值最佳组合为（σ_{lim}，x_{lim}）=（30MPa，46mm），PRK 输入的极限值的最佳组合为（σ_{lim}，x_{lim}）=（12 MPa，20mm）。

对每个上述测试而言，底座应力的降低被作为监控的首要目标。此外，虽然位移的适度增加为可接受因素，但仍对控制顶部位移的有效性进行了评估。小于固定底座环境峰值的 1.3 倍的峰值顶部位移可以接受，不会对塔架产生严重不利的次级效应。

下一节会介绍与四个测试（两个载荷，两个控制器）相关的主要实验结果，首先介绍了 EOG，然后介绍了 PRK 载荷工况。

在下文中，指令电压由作为控制器（PC）输出和输入电源的 0～10V 的电压信号，后者当作电流驱动器使用时，其控制回路增益为 0.4A/V。在所有的测试中，阻尼器的电流最大强度均被设置为 1A。因此，最大指令信号为 2.5V。

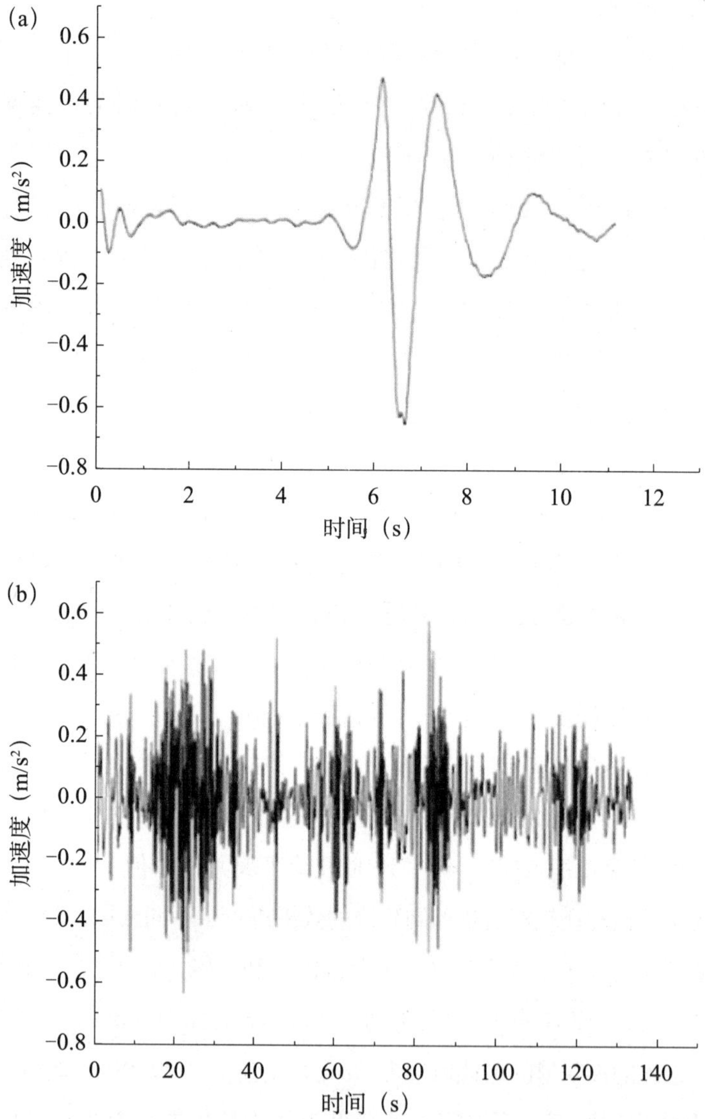

图 13-16　与两种载荷工况相符的等效基底加速度：a 极端运行风况（EOG），b 停车（PRK）

表 13-1　固定底座条件：两种载荷工况下的塔架峰值响应

输入	max｜σ｜［MPa］	max｜x｜［mm］
EOG	51	39
PRK	29	25

13.6.1　极端风况载荷工况下的半主动控制

极端运行风况（EOG）是指风力发电机组运行时，风力在短期内先骤增然后再骤减的情况。图 13-16 中的等效基底加速度时间关系曲线图在本章中用于评估两种半主动控制策略的有效性，利用丹麦科技大学的振动台重现此类输入信号，合理控制 MTS 致动器。

在下文中，首先描述了 CLES 控制器获取的结果，然后与双变量逻辑进行了对应。

13.6.1.1　CLES 控制器：极端运行风况载荷工况下的响应降低

在整个测试期间，对 13.5.1 节定义的理想控制力 $u(t)$ 进行了实时计算。CLES 控制器对指令信号进行了调整，使电流在 0 到 1A 之间变化，从而使磁流变反作用力均尽可能接近 $u(t)$。

图 13-17 分别展示了底座应力、顶部位移、指令电压以及磁流变阻尼器施加的

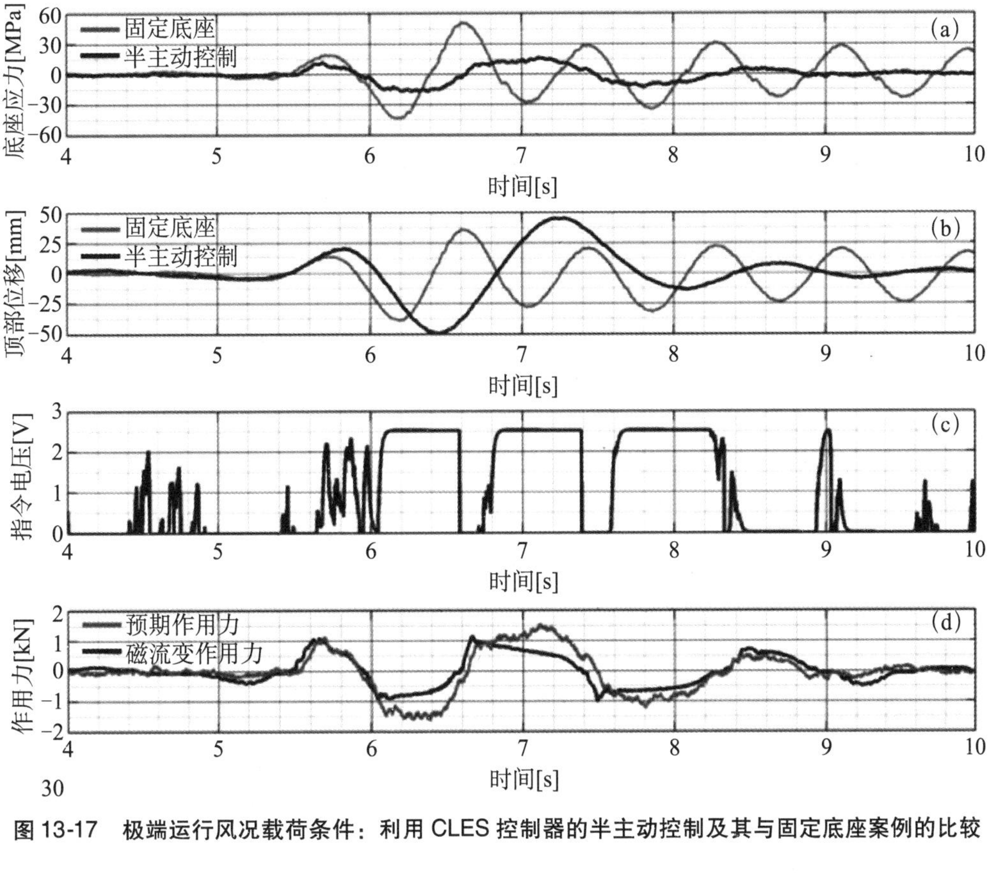

图 13-17　极端运行风况载荷条件：利用 CLES 控制器的半主动控制及其与固定底座案例的比较

作用力、理想和实际作用力相关的结果。时窗被划分为 4 ~ 10s，与底座的加速度图最重要的部分相一致。通过前两个图［(a) 和 (b)］比较了（在相同底座运动输入的情况下）半主动控制响应与固定底座条件下的控制响应。

由于指令电压在上述逻辑（图 13-17c）指导下的调整作用，磁流变阻尼器的实际控制力跟随理想值运行（图 13-17d）。与预期的情况类似，这使得底座应力大幅降低，平衡了固定底座条件下容许限度内的更大顶部峰值位移。表 13-2 对上述结果进行了整合，主要是在整个测试过程中记录的底座应力峰值和顶部位移峰值结果。固定底座案例中，CLES 控制器以 28% 的峰值顶部位移，将底座应力降低了 67%。

表 13-2 极端运行风况输入：固定底座结构以及使用 CLES 控制器的半主动控制案例的峰值响应

案例	$\max\|\sigma\|$	$\max\|x\|$
固定底座	51MPa	39mm
半主动 CLES	17MPa	50mm
FB→SA	-67%	+28%

从第一个场景到第二个场景的百分比变化

13.6.1.2 双变量控制器：极端运行风况载荷条件下的响应减低

下文中描述了极限值 σ_{lim} 和 x_{lim} 分别为 30MPa 和 46 mm 的双变量控制器的性能。图 13-18 展示了底座应力、顶部位移以及指令电压的结果，可与同等输入运动条件下的固定底座情况进行比较。图（a）和图（b）显示了极端运行风况加速度的整个持续阶段，而图（c）、图（d）、和图（e）则侧重于 2s 的时间窗（5.5 ~ 7.5s），突出了在基础励磁最强相位条件下可控和不可控塔架的特性。

通过观察可知，顶部位移通常在 46mm 范围内，因此，仅发生了公式（13-41）和公式（13-42）的情况。图 13-18c-e 分别突出了公式（13-42）和公式（13-41）的场景出现时的瞬时时刻（6.19s 和 6.77s）的位置，发生这种情况时会切断及连通设备中的电流。通过图 13-18 可见，与固定底座案例（除了峰值位移）相比，应力和位移的减少非常明显。围绕励磁的强相位、控制算法以及控制链的及时性，完美地压低了应力需求的峰值，使其能保持在固定的限度之内。

表 13-3（涉及前文中测试的 CLES 控制器）展示了固定底座案例和双变量控制案例的底座应力和顶部位移的峰值。从中我们可以发现，与固定底座案例相关的双变量控制逻辑将峰值顶部位移增加 15%，使峰值底座应力降低了 29%。

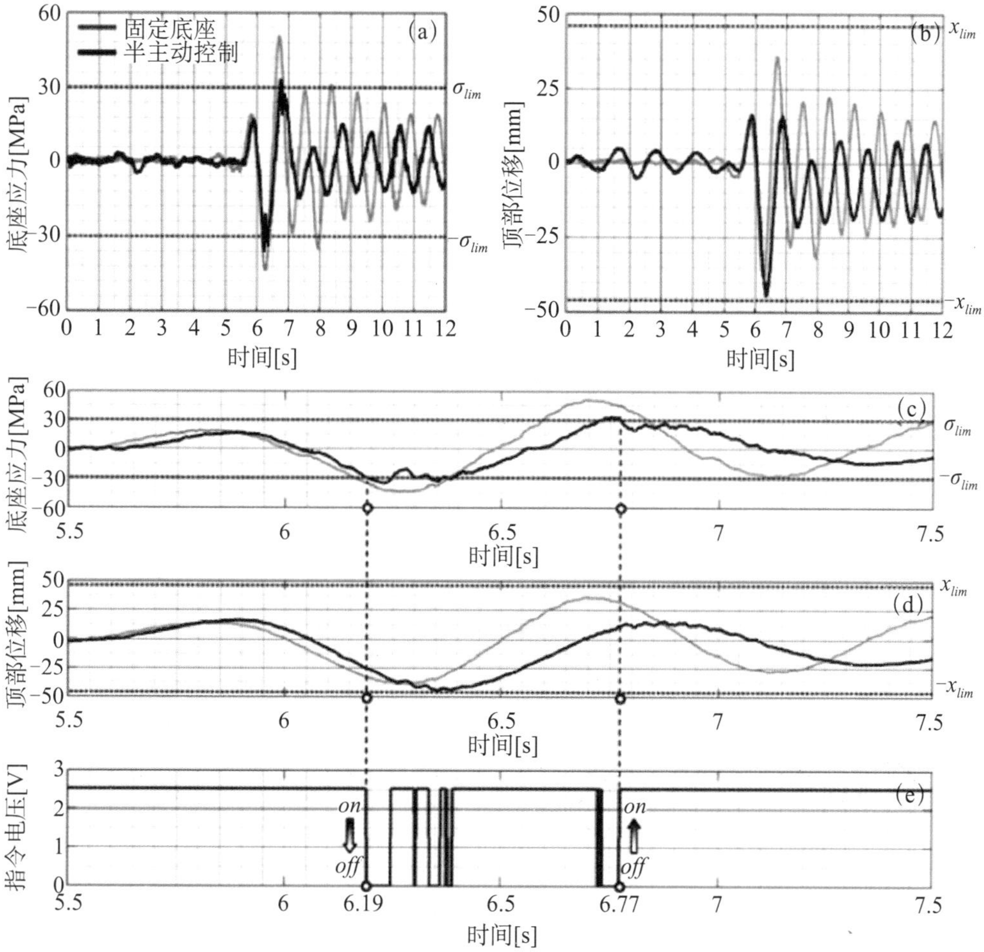

图 13-18　极端运行风况载荷条件：使用双变量控制器的半主动控制及其与固定底座案例响应的比较

表 13-3　极端运行风况输入：固定底座结构和使用双变量控制器的半主动案例的峰值响应

案例	max |σ|	max |x|
固定底座	51MPa	39mm
半主动 CLES	36MPa	45mm
FB→SA	−29%	+15%

从第一个场景到第二个场景的百分比变化

13.6.2　停机载荷案例的半主动控制

当一台变桨控制的风力发电机组因高风速而停机时，其功率损失会导致风轮叶片的突然倾斜，从而产生自由衰减的影响。停车发生时，风力发电机组将受到高速风抖振的限制，本章中称为“停机”（PRK）载荷工况。

图 13-16 中的等效基底加速的时间关系曲线图用来评估两种半主动控制策略的

有效性，借助振动台再现了此类输入信号。下文首先讨论了从 CLES 控制器中获取的结果，然后探讨了从双变量控制逻辑中取得的结果。由于输入的时间长（超过 2 分钟），选用了一个 10s 的时间窗绘制响应时间关系曲线图，从而在不失去可靠性的同时，更清晰地展示控制器的工作原理。

停机载荷工况中的控制活动高于极端运行风况案例中的控制活动。控制算法多次开启或关闭磁流变设备，使它们更好地消耗输入能量。从这个角度来看，较之极端运行风况输入，与停机载荷工况对应的更高加速度需求（峰值的值和数量）调整了半主动系统实现的响应降低。

13.6.2.1 CLES 控制器：停机载荷工况下的响应降低

图 13-19 展示了磁流变阻尼器在选择的 10s 时间窗内预期和施加的底座应力、顶部位移、指令电压以及作用力。在本案例中，控制器能驱使阻尼器以理想设备的方式做出反应，例如能够准确输出理想控制力 $u(t)$。关于假设的时间窗，图 13-19 清楚地表明 CLES 控制器使得底座应力大幅降低，同时并未显著改变位移响应。为

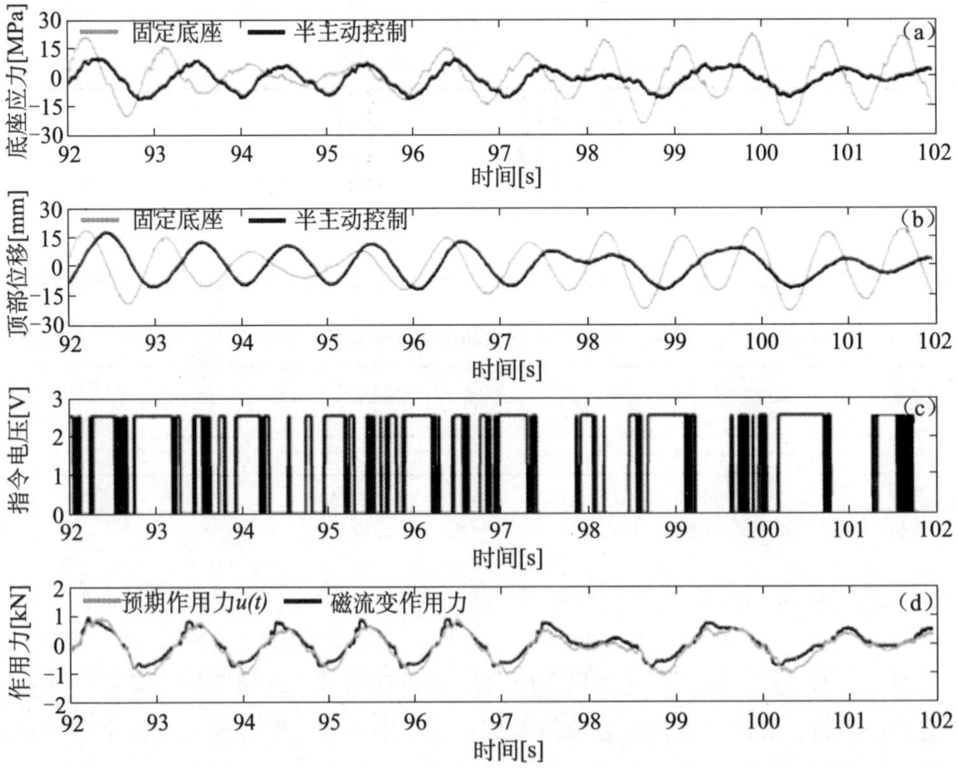

图 13-19　停机载荷工况：使用 CLES 控制器的半主动控制及其固定底座案例响应的对比

证实该发现，表 13-4 展示了整个输入过程中底座应力和顶部位移的峰值以及固定底座案例中的百分比变化。峰值底座应力最终将被削减 48%，而峰值顶部位移则无明显变化。

表 13-4　停机输入：固定底座结构和使用 CLES 控制器的半主动案例的峰值响应

案例	max $\|\sigma\|$	max $\|x\|$
固定底座	29MPa	25mm
半主动 CLES	15MPa	25mm
FB→SA	-48%	0%

从第一个场景到第二个场景的百分比变化

13.6.2.2　双变量控制器：停机载荷工况下的响应降低

如上文所述，停机输入的双变量控制器设置为 $\sigma_{\text{lim}}=12\text{MPa}$ 和 $x_{\text{lim}}=20\text{mm}$。图 13-20 展示了底座应力、顶部位移以及指令电压，从而可以在上述 10s 时间窗中，对相同底座输入运动条件下的固定底座响应进行对比。

基于双变量逻辑的半主动策略的有效性清楚地展示了响应参数的图解与固定底座案例中图解的比较情况。半主动测试中的底座应力和顶部位移都会受控制器的控制，保持在指定限值范围内。

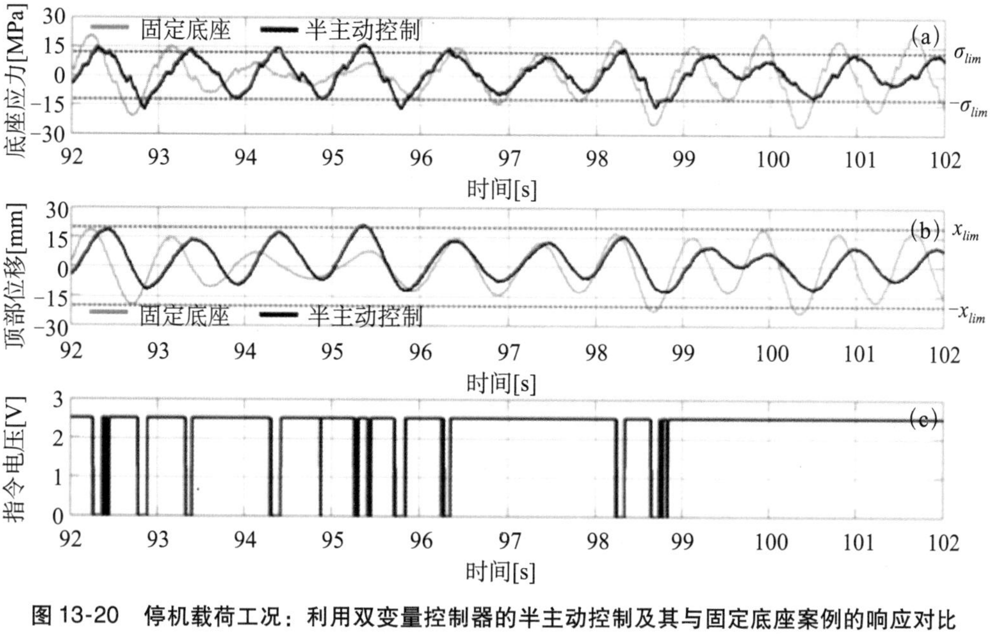

图 13-20　停机载荷工况：利用双变量控制器的半主动控制及其与固定底座案例的响应对比

表 13-5 停机输入：固定底座结构和使用双变量控制器的半主动案例的峰值响应

案例	max |σ|	max |x|
固定底座	29MPa	25mm
利用双变量控制器的半主动控制	20MPa	23mm
FB→SA	-31%	-8%

从第一个场景到第二个场景的百分比变化

如前文所述，底座应力和顶部位移的峰值被视为固定底座案例和双变量控制案例的响应综合指标。表 13-5 展示了半主动控制实例中的固定底座的值和百分比的变化。在停机载荷工况下，双变量控制逻辑可大幅降低峰值基底应力（31%），小于 CLES 控制器带来的 48% 的峰值减低幅度。另一方面，双变量控制逻辑能够减少顶部位移，使其峰值比固定底座案例的数据低 8%。

13.7 结 论

本章介绍了基于磁流变设备的风力发电机组的半主动控制系统的理论基础和实验活动。研究活动的主要成果包括：

• 基于半主动磁流变阻尼器和塔架基础约束重排的风力发电机组结构控制具有可行性。

• 风力发电机组塔架应力的大幅降低可以平衡顶部位移的微增。由于文中推荐的控制系统作用，塔架的位移仅与部分应力相关。

• 控制算法与控制系统的性能息息相关。然而，在评判其性能时，应考虑系统（传感器的数量和类型，实时计算工作）的复杂性和综合可靠性。

通过考量全面重塑模态行为的可能性，风力发电机组响应的进一步优化将成为可能。通过对多种独立控制力的探索，本章介绍了关于该策略的理论基础。后续研究可侧重风力发电机组结构控制中采用多个半主动磁流变阻尼器的可能性，该课题目前尚在研究中。

参考文献

[1] Kirkegaard PH, Nielsen SRK, Poulsen BL, Andersen J, Pedersen LH, Pedersen BJ (2002) Semiactive vibration control of wind turbine tower using an MR damper, structural dynamics: EURODYN 2002. Balkema Publishers A. A., Taylor and Francis, Netherlands, Rotterdam, pp 1575 - 1580.

[2] Karimi HR, Zapateiro M, Luo N (2010) Semiactive vibration control of offshore wind

turbine towers with tuned liquid column dampers using h_∞ output feedback control. In: Proceedings of IEEE international conference on control applications, Yokohama, Japan.

[3] Luo N, Bottasso CL, Karimi HR, Zapateiro M (2011) Semiactive control for floating offshore wind turbines subject to aero-hydro dynamic loads. In: Proceedings of international conference on renewable energies and power quality—ICREPQ 2011, Las Palmas de Gran Canaria, Spain.

[4] Luo N (2011) Smart structural control strategies for the dynamic load mitigation in floating offshore wind turbines. In: Proceedings of international workshop on advanced smart materials and smart structures technology—ANCRiSST, Dalian, China.

[5] Luo N (2012) Analysis of offshore support structure dynamics and vibration control of floating wind turbines. USTC J 42 (5): 1 – 8.

[6] Luo N, Pacheco L, Vidal Y, Li H (2012) Smart structural control strategies for offshore wind power generation with floating wind turbines. In: Proceedings of international conference on renewable energies and power quality—ICREPQ 2012, Santiago de Compostela, Spain.

[7] Luo N, Pacheco L, Vidal Y, Zapateiro M (2012) Dynamic load mitigation for floating offshore wind turbines supported by structures with mooring lines. In: Proceedings of european conference on structural control—EACS, Genova, Italy.

[8] Arrigan J, Pakrashi V, Basu B, Nagarajaiah S (2011) Control of flapwise vibrations in wind turbine blades using semi-active tuned mass dampers. Struct Control Health Monit 18: 840 – 851. doi: 10.1002/stc.404.

[9] Rodríguez TA, Carcangiu CE, Amo I, Martin M, Fischer T, Kuhnle B, Scheu M (2011) Wind turbine tower load reduction using passive and semi-active dampers. In:Proceedings of the european wind energy conference—EWEC 2011, Brussels, Belgium.

[10] Luenberger DG (1979) Introduction to dynamic systems. John Wiley and Sons, New York.

[11] Moore BC (1976) On the flexibility offered by state feedback in multivariable systems beyond closed loop eigenvalue assignment. IEEE Trans Autom Control 21: 689 – 692.

[12] Chen J, Georgakis CT (2013) Tuned rolling-ball dampers for vibration control in wind turbines. J Sound Vib 332: 5271–5282. doi: 10.1016/j.jsv.2013.05.019.

[13] Chen J, Georgakis CT (2013) Spherical tuned liquid damper for vibration control in wind turbines. J Vib Control, SAGE Pbs, (in press). doi: 10.1177/1077546313495911.

[14] Caterino N, Spizzuoco M, Occhiuzzi A (2011) Understanding and modeling the physical behavior of magnetorheological dampers for seismic structural control. Smart Mater Struct 20: 065013. doi: 10.1088/0964-1726/20/6/065013.

[15] Occhiuzzi A, Spizzuoco M, Serino G (2003) Experimental analysis of magnetorheological dampers for structural control. Smart Mater Struct 12: 703–711. doi: 10.1088/0964–1726/12/5/306.

[16] Carlson JD, Jolly MR (2000) MR fluid, foam and elastomer devices. Mechatronics 10: 555–569.

[17] Caterino N, Spizzuoco M, Occhiuzzi A (2013) Promptness and dissipative capacity of MR dampers: experimental investigations. Struct Control Health Monit 20 (12): 1424–1440. doi: 10.1002/stc.1578.

[18] Caterino N, Spizzuoco M, Occhiuzzi A (2014) Shaking table testing of a steel frame structure equipped with semi-active MR dampers: comparison of control algorithms, Smart Struct Syst, Technopress (in press).

[19] Occhiuzzi A (2009) Additional viscous dampers for civil structures: analysis of design methods based on modal damping ratios. Eng Struct 31 (5): 1093–1101.

[20] Larsen TJ, Hansen AM (2008) HAWC2 user manual. Risϕ National Laboratory, Technical University of Denmark, Roskilde, Denmark.

第五部分

研究/教学测试平台

第十四章　风力发电机组最佳设计和协调控制教研用风电场实验室测试台架

Mario García-Sanz, Harry Labrie,
Julio Cesar Cavalcanti

摘要：本章介绍了一种低成本、灵活的实验室测试台架风电场，可用于风力发电机组和风电场设计、控制的高级教研工作。同时详细介绍了风力发电机组的机械、电气、电子和控制系统的设计，以及动态模型、参数和常见的桨距和转矩控制器。此外，本章还介绍了多种试验，包括：(a) 以气动效率量化叶片数量的影响；(b) 评估发电机组效率；(c) 验证风轮转速变桨控制系统；(d) 证明单个风力发电机组的最大功率点跟踪的概念；(e) 评估空气动力 C_p/λ 特性；(f) 计算功率曲线；(g) 研究风电场拓扑结构对单个或整体功率效率的影响。试验结果表明，该测试台架的动力学与全尺寸的风力发电机组相符，因此该测试台架风电场适用于风能系统的高级教研工作。

关键词：风力发电机组设计；风力发电机组建模；风力发电机组参数识别；风力发电机组控制；变桨控制；转矩控制；风电场分级控制

14.1　前　言

风力发电机组是一种具有大量柔性结构的复杂系统，除工作环境具有波动性和不可预测性之外，其连接的电网也具有多变性。当多个风力发电机组整合为大型风

M. García-Sanz (✉) · H. Labrie · J. C. Cavalcanti
美国俄亥俄州克里夫兰市，凯斯西储大学，控制和能源系统中心。
邮箱：mario@ case. edu
网址：http://cesc. case. edu

H. Labrie
邮箱：hel4@ case. edu

J. C. Cavalcanti
电子邮箱：jxc802@ case. edu

电场时，额外的风力发电机组交互、电网集成和协调控制等问题使得工程设计和控制变得更加复杂。

风电场的效率和可靠性强烈依赖于应用控制策略。在风力发电机组层和风电场层面的设计过程中，由空气动力学、机械和电气子系统之间的交互作用引起的较大的非线性特性和高度的模型不确定性问题是主要难点。稳定性、风能转化最大化、减载荷策略、机械疲劳最小化、可靠性、可用性方面和单位电价降低策略等问题需要先进的协调控制系统调节每个风力发电机组中诸如桨距、转矩、功率、风轮转速、偏航方向、温度、电流、电压和功率系数等变量[1,2]。

在获得最终的认证和实现商业化之前，风能领域中每个新型设计和控制理念必须要在实际场景中经过测试和验证，而这一试验和验证过程的成本常常十分高昂，有时甚至不可能实施。基于上述原因，本章提出了一种新型的低成本、灵活的测试台架风电场，它可用于风力发电机组/风电场优化设计和协调控制的高级教研工作中。

14.2 系统说明

图 14-1 展示了风电场测试台架的全视图。它包括：（1）四个变速变桨风力发电机组；（2）一项具有中央控制单元的数据采集与监视控制系统（SCADA）；（3）一项具有储能电池、可变电力载荷、太阳能电池板和不同电网拓扑开关的智能电网；（4）一组用于创建不同风力条件和扰动情况的风扇。

图 14-1　风电场全视图：（1）风力发电机组；（2）SCADA 和中央控制系统；（3）具有电池、电力载荷、开关和太阳能电池板的智能微电网；（4）风扇系统

14.2.1　风力发电机组说明

图 14-2 展示了各个风力发电机组装置的总图。该变速变桨风力发电机组包括：1 个可以安装 2、3、4、5 或 6 个叶片的多叶片空气动力风电机组（1）。

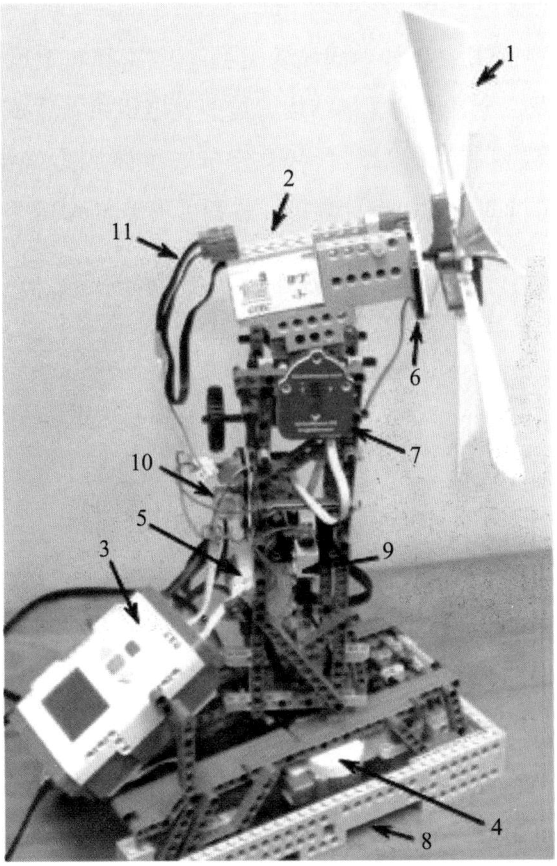

图 14-2　风力发电机组全视图：（1）6 叶片的风轮；（2）发电机组；（3）微控制器；（4）偏航电机；（5）变桨电机；（6）风轮转速编码器；（7）桨距角传感器；（8）偏航角传感器；（9）电流传感器和电流/转矩驱动器；（10）电压传感器；（11）电网连接

传动系统具有与机械齿轮箱相连的无刷感应发电机组（2）和一套经由电流/转矩致动器（10）连接到电网系统的连接系统（11）。一组微控制器（3）可以采集传感器信息（6、7、8、9、10），以及驱动桨距（5）和偏航（4）电动机。传感器可以采集发电机组输出端的实时数据，包括风轮转速（6）、桨距角（7）、偏航角（8）、电流（9）和电压（10）。此外，系统可通过上述信息实时识别轴上的机械转矩 T_r［见公式（14-43）］、功率 P［见公式（14-1）］和风力发电机组的发电量。

风力发电机组的机械结构包括底座、塔架、属于变桨和偏航系统的叶片和齿轮箱，这些都由 LEGO 积木和滑轮制成，使得风电机组的原型具有高度的模块化特性。图 14-1 展示了在 LEGO 微处理器上运行的实时控制系统（3）和一台移动应用评测实验室外部计算机（2）。

14.2.1.1 空气动力学：风轮叶片

图 14-3 展示了 4 个具有 3 种不同风轮类型（3、4 和 6 个风轮叶片）的风电场风力发电机组，以及一个具体的现场结构，这些发电机组在生成向电网输送的电力同时，还具备了分级控制系统：5 个用于分布式个体风力发电机组控制的 NXT LEGO 微处理器和 Matlab 下的中央计算机，后者可用于 SCADA 和中央控制系统。

图 14-3　用于优化 3、4、6 个风轮叶片风力发电机组发电的风电场控制

各风力发电机组均使用了一个水平轴风轮，该风轮的特点包括：（1）可安装 2、3、4、5 或 6 个叶片；（2）可以通过在叶片尾部添加模块来加长叶片长度。叶片本身具有阻力模型的翼面设计，这意味着叶片的阻力系数 C_D 要显著大于升力系数 C_L。除了阻力模型翼面之外，各个叶片末端具有额外的纹理，从而可以增加阻力系统的有效性。图 14-4 展示了一种 3 叶片和一种 6 叶片风轮模型。

14.2.1.2 力学：主结构、动力传动机构、塔架、机舱、齿轮箱

风力发电机组的结构位于变桨和偏航齿轮箱附近。通过改变叶片相对于风轮中心的桨距角，变桨距全尺寸风力发电机组可以改变风力在叶片上的攻角。由于这一过程在小尺寸模型上难以实现，因此为了使攻角变化的方式类似于实际场景，我们通过致动器使整个机舱桨距角做相对于水平轴的移动。这对风轮转速会产生很强的影响，因为商业用风力发电机组对精度要求很高，这使得直接驱动方法（发电机组直接连接桨距轴）变得无效。因此齿轮箱的应用需要使控制器精准控制机舱桨距

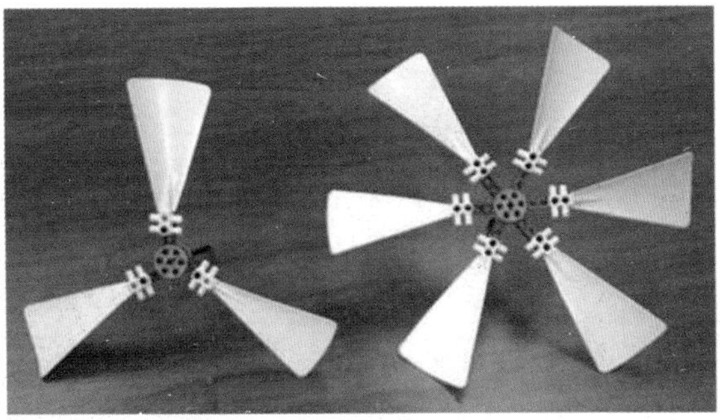

图 14-4　空气动力学：3 叶片和 6 叶片风轮模型

角，且具有最小齿隙（参见图 14-5）。随后，电动机通过连接一组储存逐步加大的齿轮，实现转动速度逐步下降。其中最大的齿轮带动一个螺旋齿轮，这使得总减速比在 $r_{tg}=1/140$ 的条件下，齿隙在减少的同时大幅增加了精确度。螺旋齿轮带动另两个逐步增大的齿轮，其中较大的齿轮直接与机舱相连，从而得出的桨距角就是相对于水平轴垂直于风向的机舱桨距角，在图 14-12 中以 β 表示。

图 14-5　变桨系统：发电机、齿轮箱、机械配置和塔架

对于偏航角，即机舱相对于垂直轴的角度，我们研发出了另一种可使塔架整体做相对于底座运动的齿轮箱（见图 14-6）。尽管该齿轮箱的复杂程度远低于前者，但是它确实可以降低电动机误差和增加精确度。除了防护偏航控制用的电动机和齿轮箱之外，底座本身的其他部分相对较重，可以增加系统的稳定性。此外，它还可以安装 NXT 微控制器。因此，偏航角就是相对于塔架穿过塔架中心垂直轴的角度，

在图 14-12 中以 α 表示。

图 14-6　偏航系统：发电机、齿轮箱、机械结构、塔架和底座

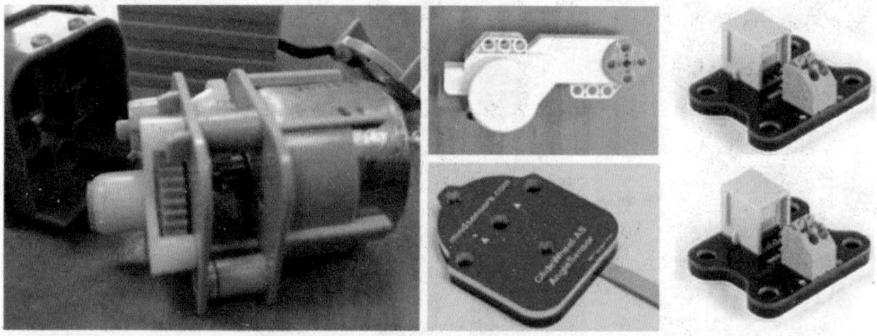

图 14-7　a. 直流发电机组（E-发电机组）齿轮箱；b. 致动器（NXT-发电机组）；c. 角度传感器（滑轮型）；d. NXT 电流计；e. NXT 电压计

14.2.1.3　电气元件：发电机组、电网连接

该风力发电机组使用的直流发电机（E-发电机）由 LEGO 生产，见图 14-2 的部件（2）和图 14-7a。该发电机组具有单个风轮和一个减速比为 9.5∶1 的小型齿轮箱，它既可以感应出电压，也可以在施加电压后运动。根据文献[8]可以计算出 E-电机/发电机的线性特征如下：

$$P_{\mathrm{mec}} = T_r \Omega_r ;\ P_{\mathrm{elec}} = u_{\mathrm{gen}} i_{\mathrm{gen}} ;\ P_{\mathrm{elec}} = P_{\mathrm{mec}} \eta_g \tag{14-1}$$

$$T_g = K_T i_{\mathrm{gen}},\text{其中 } K_T = 0.0609\ \mathrm{Nm/A} \tag{14-2}$$

其中，$P_{\text{losses}} = P_{cu} + P_{\text{rotation}}$；$P_{\text{cu}} = i_{\text{gen}}^2 R_a, R_a = 21.95\text{ohm}$；$P_{\text{rotation}} = 0.1508\text{W}$　(14-3)

其中，P_{mec}表示发电机轴的机械效率（单位为“W”），T_r表示轴的机械转矩（单位为“N·m”），Ω_r表示风轮转速（单位为“rad/s”），P_{elec}表示发电机组产生的电功率（单位为“W”），u_{gen}表示发电机组的输出电压（单位为“V”），i_{gen}表示发电机组电流（单位为“A”），η_g表示发电机组的效率，T_g表示电磁转矩（单位为“N·m”），P_{losses}表示焦耳效应P_{cu}和摩擦P_{rotation}引起的发电机组损失（单位为“V”）。

发电机组通过可变化电流i_{gen}的致动器连接到电网中［见图14-2的部件（9）］，因此发电机组的电磁转矩T_g与图14-12、表14-1和公式（14-24）、公式（14-27）、公式（14-43）和公式（14-44）中的机械转矩T_r相反。

表14-1　风力发电机组模型的参数（见图14-12和[2]）

K_l低速轴的扭转刚性系数（N·m/rad）	B_l低速轴的扭转阻尼系数（N·ms/rad）
K_h高速轴的扭转刚性系数（N·m/rad）	B_h高速轴的扭转阻尼系数（N·ms/rad）
θ_l齿轮箱低速部分的角位置（rad）	θ_h齿轮箱高速部分的角位置（rad）
T_l低速轴施加在齿轮箱上的转矩（N·m）	T_h高速轴施加在齿轮箱上的转矩（N·m）
R_t齿轮速比（－）	I_w齿轮箱在θ_l处的当量惯性矩（$\text{kg}\cdot\text{m}^2$）
v_1上游风速（m/s）	N叶片数量（－）
m_t塔架质量（kg）	m_n机舱质量（kg）
m_h轮毂质量（kg）	m_b单个叶片的质量（kg）
r_b叶片半径（m）	h塔架高度（m）
y_t机舱轴向位移（m）	γ叶片的轴向位移（rad）
K_t塔架的刚性系数（N·m）	B_t塔架的阻尼系数（N·s/m）
K_b叶片的刚性系数（N·m）	B_b叶片的阻尼系数（N·s/m）
I_r在Ω_r时的部件惯性（风轮、叶片、轮毂、轴等）（$\text{kg}\cdot\text{m}^2$）	I_g在Ω_g处的部件惯性（变速箱、轴等）（$\text{kg}\cdot\text{m}^2$）
θ_r风轮的角位置（rad）	θ_g发电机的角位置（rad）
$\Omega_r = \dot{\theta}_r$风轮的角速度（rad/s）	$\Omega_g = \dot{\theta}_g$时的发电机角速度（rad/s）
T_r风对风轮施加的动力学力矩（N·m）	T_g施加在轴上的相对电磁转矩（N·m）
F_T风对风轮施加的推力（N）	
r_P风轮中心与压力中心的距离，或是与施加等量集中力F_T的位置。$r_P = (2/3)r_b$(m)	

14.2.1.4　传感器：风轮转速、桨距和偏航角、电压、电流、转矩、功率、风力

风力发电机组中有多种电子部件，主要分为致动器和传感器两大类。风力发电机组的传感器有3种类型。机舱内有一个滑轮型角度传感器，它的作用是记录风轮速度，见图14-2中的部件（6）、图14-7c和文献[6]。该传感器的分辨率为1度，

且具有很低的电阻。由于它的面积几乎等于发电机的表面积，因此它不会对系统的机械或空气动力学产生很强的影响。对于各个角度（桨距和偏航）来说，致动器传动系统的末端［齿轮箱的末端，参见图 14-5 和图 14-6］有 1 个编码器。这些编码器与风轮的滑轮相同（见图 14-7c 和[6]），它们的作用是分别记录机舱和塔架的桨距和偏航角绝对值［见图 14-2 中的部件（7）和（8）］。

为了测量风力发电机组的电气性能，在风力发电机组上分别配备了电流传感器（NXT 电流计）和电压传感器（NXT 电压计），分别见图 14-7d 和 e，以及图 14-2 的部件（9）和（10）。电流传感器的分辨率为 1 mA，量程为 0 ~ 12.5 A。电压传感器的分辨率为 1 mV，量程为 0 ~ 26V。除了具有很高的可靠性之外，还可以通过软件说明传感器内在的偏移误差。尽管它们不是 LEGO 公司的产品，但却是为兼容 LEGO NXT 智能模块固件而专门生产的，从而与 LEGO 模块[6]兼容。各个传感器直接连接到 NXT 微控制器。

14.2.1.5 致动器：变桨和偏航发电机组，转矩

变桨和偏航致动器［分别见图 14-2 中（5）和（4）号部件］为 NXT 发电机组（见图 14-7b 和[5]）。这些发电机为直流电机，内置的减速轮系（杠杆比率 = 1:48）可提供较高的转矩，因此，它们的转速较低且在某种程度上降低了效率。尽管各个电动机已经内置了可以测量轴位置的旋转编码器（分辨率为 1 度），但是为了直接测量实际角度，我们仍然在致动器传动系统的末端位置安装了滑轮型角度传感器（见 14.2.1.4 节）。

NXT 发电机组在空载状态下的耗电电流为 60mA，最大停滞电流为 2A，最大停滞转矩 50N·cm 可持续数秒。NXT 发电机组接有热敏电阻保护器（Raychem RXE065 或 Bourns MF-R065），这意味着 2A 高电流和相关的停滞转矩只能持续数秒时间。它们还通过 1 个非标准的电话型插头与 NXT 微处理器相连。当输入电压为常规的 9 V 时，电动机的转速为 170 转/分钟（rpm）。当输入电压变化时，该发电机组符合如下线性特征：

$$\Omega_{\text{motor}} = (170/9)u \tag{14-4}$$

$$\Omega_{\text{motor}} = -(170/50)T_{\text{motor}} + 170 \tag{14-5}$$

$$i_{\text{motor}} = \begin{cases} (00.94/30)T_{\text{motor}} + 0.06 & (0 \leqslant T_{\text{motor}} \leqslant 30\text{N}\cdot\text{cm}) \\ (1/20)T_{\text{motor}} - 1/2 & (T_{\text{motor}} > 30\text{N}\cdot\text{cm}) \end{cases} \tag{14-6}$$

其中，Ω_{motor}表示发电机组转速（单位为“rpm”），u 表示向发电机组施加的电压

（单位为“V”），T_{motor}表示发电机组转矩（单位为“N·cm”），i_{motor}表示发电机组电流（单位为“A”）[8]。

14.2.1.6 WT 微处理器：风轮转速、桨距、偏航、转矩和功率的实时控制

该风力发电机组控制系统个体基于智能 NXT 2.0 LEGO®模块，该模块具有一项 32 位微处理器、一个大型矩阵显示器、4 个输入和 3 个输出端，以及蓝牙和 USB 通信连接。该系统可与新型 EV3 智能 LEGO®模块[5]或 Arduino 微控制器[9]互用。

各个风力发电机组具有 1 个附属于底座部分的 NXT 微控制器（见图 14-2），它连接了变桨和偏航电机（输出端）和风轮转速、桨距角、电压和电流传感器（输入端）。另一个 NXT 微控制器连接了风电场中 4 个风力发电机组的偏航角传感器（输入端）。

风电场控制系统以此呈现出分级结构，其中配备了一个在 Matlab 下运行，用于数据采集与监视控制系统（SCADA）的中央计算机，以及 5 个用于分布式风力发电机组控制单元的 LEGO 微处理器。

14.2.2 风电场说明

风电场（见图 14-1）的组件包括：（1）4 个变速变桨风力发电机组；（2）一套配有中央控制单元的管理控制和数据采集（SCADA）系统；（3）一个配有储能电池、可变电力载荷、太阳能电池板和不同电网拓扑开关的智能电网；（4）一组可生成不同风速廓线和扰动的风扇。

14.2.3 数据采集与监视控制系统（SCADA）

数据采集与监视控制系统（SCADA）是一种受中央计算机控制的系统，可以监控风电场（4 个风力发电机组和微型电网）和协调各个风力发电机组的分布式控制器。该系统基于 Matlab[7]，并可在个人电脑上运行。图 14-8 展示了其中一种常见的 SCADA 系统窗口，显示了 4 个风力发电机组中各传感器采集的实时数据，包括电压、电流、风轮转速、功率、转矩、桨距角和偏航角。

14.2.4 微型智能电网

在风电场的输出端，4 个风力发电机组连接到具有可变载荷的微型智能电网。该微型电网包括一组储能电池、可变电力载荷、作为额外可再生能源发电机组的太

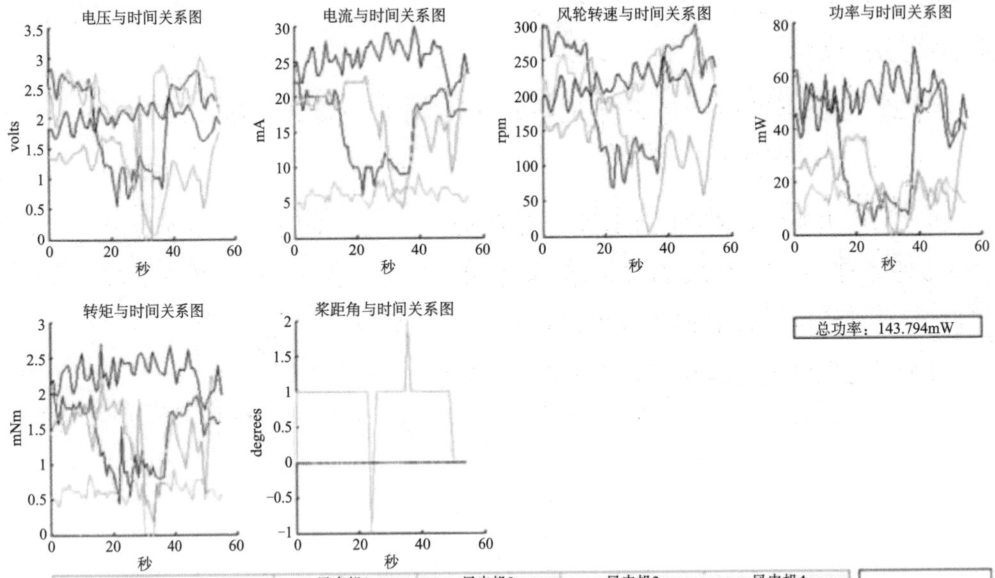

	风电机1	风电机2	风电机3	风电机4
电压（V）	2.3090	1.6570	2.2890	2.0260
电流（mA）	18	23	5	26
风轮转速（rpm）	254	167	233	211
功率（mW）	41.5620	38.1110	11.4450	52.6760
转矩（mNm）	1.5626	2.1792	0.4691	2.3840
桨距角（°）	0	0	0	0
偏航角（°）				

图 14-8　数据采集与监视控制系统（SCADA）

阳能电池板，以及用于创造不同电网拓扑的开关（见图 14-9）。

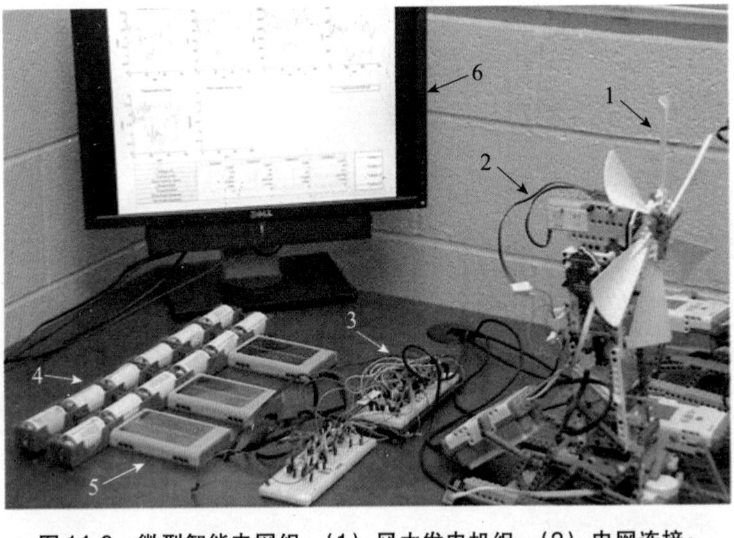

图 14-9　微型智能电网组：（1）风力发电机组；（2）电网连接；（3）开关和电力载荷；（4）电池；（5）太阳能电池板；（6）SCADA 和中央控制系统

14.2.5　风力资源设备

将三个风扇结合可以绘制出速度、方向和频率变化的风力廓线（见图 14-1），其中两个最大的风扇用于制造主风流动，最小的风扇用于制造风力速度和方向的扰动和湍动。

14.3　风力发电机组的建模

14.3.1　风力发电机组的功率曲线

图 14-10 为 1 种变速风力发电机组的定性功率曲线，该图展示了风力发电机组向电网提供的实际功率 P 与平静的上游风速 v_1 的关系，分为两大主要区域（低于和高于额定功率 P_r）和 4 个分区（1 区至 4 区）。

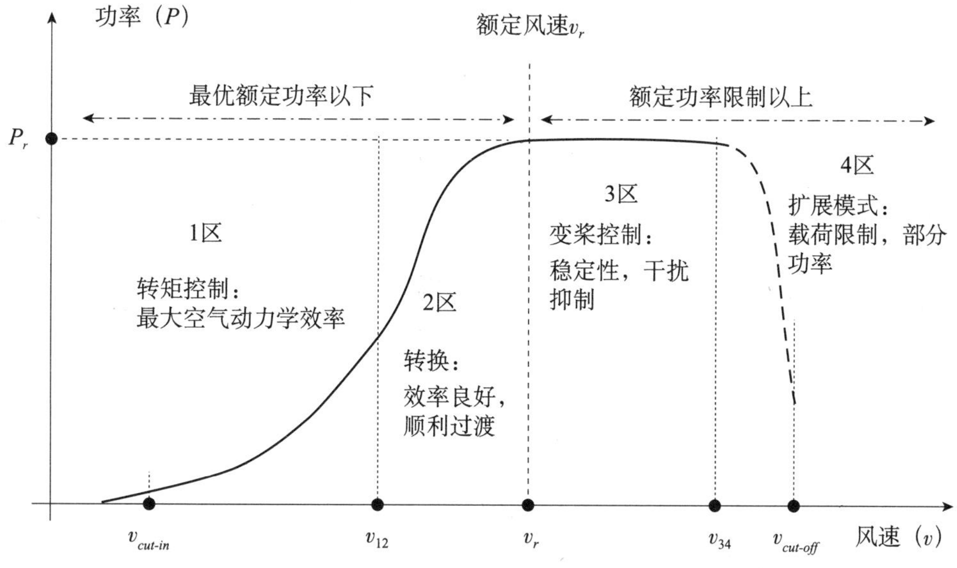

图 14-10　变速风力发电机组的功率曲线（见[2]）

当低于额定功率时（$v < V_r$），风力发电机组仅能产生额定功率中的部分功率。因此，最佳策略是在各风速条件下最大程度地捕获能量。当高于额定功率时（$V_r < v_1$），风速的功率高于额定功率，一种限制控制策略是生成所需的额定功率。功率曲线所示的 4 种分区具有如下特征：

• 1 区。该区域的目标是获得最大效率。为了这一目的，常常通过改变电磁转矩 T_g 以控制风轮转速 Ω_r，进而补偿风速变化和维持风力发电机组在最大空气动力学

功率系数 C_{pmax} 状态下运行（MPPT：最大功率点跟踪）。风力发电机组向电网提供的功率 P 可表示为：

$$P = P_g\eta_c = \frac{1}{2}\rho A_r C_P v_1^3 \eta_g \eta_c = T_r \Omega_r \eta_g \eta_c = P_a \eta_g \eta_c \tag{14-7}$$

其中，P_g 表示发电机组提供的功率，η_c 表示由发电机组输出到电网连接的效率，ρ 表示空气密度，$A_r = \pi r_b^2$ 表示风轮的有效表面，r_b 表示风轮半径，C_p 表示空气动力学的功率系数（可参见 14.3.3 节），v_1 表示平静的上游风速，η_g 表示发电机组的效率，T_r 表示由风速引起的轴机械转矩，Ω_r 表示风轮转速，P_a 表示空气动力学一定时的轴功率，λ 表示叶尖速度比。

$$\lambda = \Omega_r r_b / v_1 \tag{14-8}$$

- 2 区。该区域是固定桨距转矩控制模式（1 区）与变桨距固定转矩模式(3 区）的过渡阶段。
- 3 区。该区域的目标是限制和控制额定功率时的外来功率，调节风轮转速和最小化机械载荷。为了达到这一目的，可以通过改变桨距角 β（桨距控制）从而控制风轮转速 Ω_r。
- 4 区。通过变化桨距的闭合回路性能，可以在高风速条件下得到一种扩展模式。通过限制风轮转速 Ω_r，可以降低极端载荷。

14.3.2 基于叶片数量的发电量

众所周知，在叶片数量无穷大和无损失的理想条件中，空气动力学风轮功率系数的上限即为贝兹极限：$C_{pmax} = 0.593$。在实际场景中，考虑到有限的叶片数量 N、常见的摩擦损失和出口气流的旋转尾迹，空气动力学功率系数 C_p 总是小于贝兹极限。图 14-11a 展示了一些桨距角 β 不同时的常见 C_p 曲线与叶尖速度比 λ。下列等式为空气动力学功率系数 C_p 的数值近似（见第 12 章中文献[2]）：

$$\begin{aligned} C_p(\lambda, \beta) &= c_1\left(\frac{c_2}{\lambda_i} - c_3\beta - c_4\right)\exp(-c_5/\lambda_i) \\ \lambda_i &= \left(\frac{1}{\lambda + c_6\beta} - \frac{c_7}{\beta^3 + 1}\right)^{-1} \end{aligned} \tag{14-9}$$

其中：$c_1 = 0.39$；$c_2 = 116$；$c_3 = 0.4$；$c_4 = 5$；$c_5 = 16.5$；$c_6 = 0.089$；$c_7 = 0.035$

这些曲线的最大值（最大功率系数 C_{pmax}）取决于叶片数量 N。实验表达式（14-10）展示了 $25 < C_L/C_D < \infty$ 的普通风力发电机组的叶片数量 N 对最大风轮功率

系数 $C_{p\max}$ 的影响。

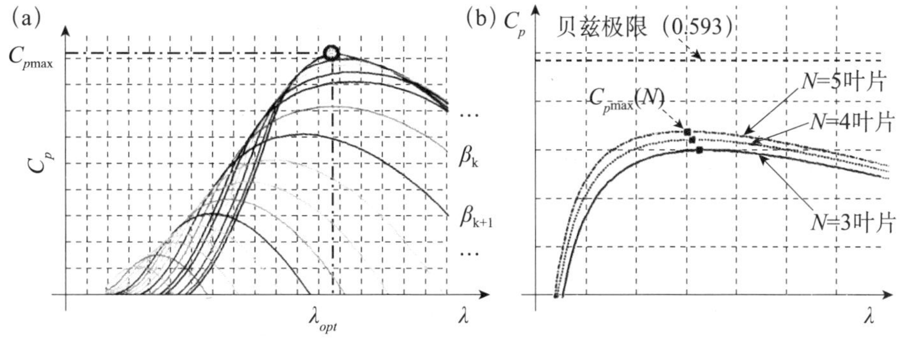

图 14-11　a. 常见的空气动力学功率系数 C_p 与 λ 和 β 的函数关系；

b. 当 β 一定时，不同叶片数量 N 的最大功率系数 $C_{p\max}$ [2]

$$C_{p\max} = 0.593\lambda_{\text{opt}}\left[\lambda_{\text{opt}} + \frac{1.32 + \left(\frac{\lambda_{\text{opt}} - 8}{20}\right)^2}{N^{2/3}}\right]^{-1} - \frac{0.57\lambda_{\text{opt}}^2}{\frac{C_L}{C_D}\left(1 + \frac{1}{2N}\right)} \tag{14-10}$$

其中，N 表示叶片数量，C_L 表示风轮的升力系数，C_D 表示风轮的阻力系数（也可参见[2]，第 12 章）。图 14-11b 展示了一些当 $C_L/C_D = 76$ 和 $N = 3$、4 和 5 时，使用该表达式计算 $C_{p\max}$ 的过程。

14.3.3　风轮转速与转矩，桨距角和风速变化的动力学

图 14-12 所示为一种具有机械传动系统（齿轮箱）的桨距可控型变速变桨控制风电机组，轴的一端（叶片）连接了较大的惯性风轮和齿轮箱，另一端则耦合了发电机。风力向与齿轮箱低速轴连接的风轮施加了空气动力学转矩 T_r。在传动系统的另一端，配备功率变流器的发电机组在齿轮箱的高速轴上施加了相反的电磁转矩 T_g。风轮的惯性矩为 I_r。轴的扭转刚度系数为 K_s，黏滞阻尼系数为 B_s。发电机组的惯性矩为 I_g。风轮角为 θ_r，风轮转速 $\Omega_r = \mathrm{d}\theta_r/\mathrm{d}t$，发电机组攻角为 θ_g。此外，ψ 表示偏航角误差（机舱-风向角），β 表示桨距角（叶片）。

风轮内引入了励磁电流 I_x，并向电网提供了分别以 P 和 Q 表示的有功和无功功率。f、U 和 ϕ 分别表示电网连接点的频率、电压和功率系数。

通过欧拉-拉格朗日法（基于能量的方法）可以得出风电机组的通用机械状态空间模型。表 14-1 中列出了风电机组模型的主要参数（详情参见文献[2]）。

风电机组的动态运动方程描述了系统在受到外力（风）影响时的行为，它们是与时间相关的函数，并构成一组机械微分方程。拉格朗日力学中的运动方程为第二

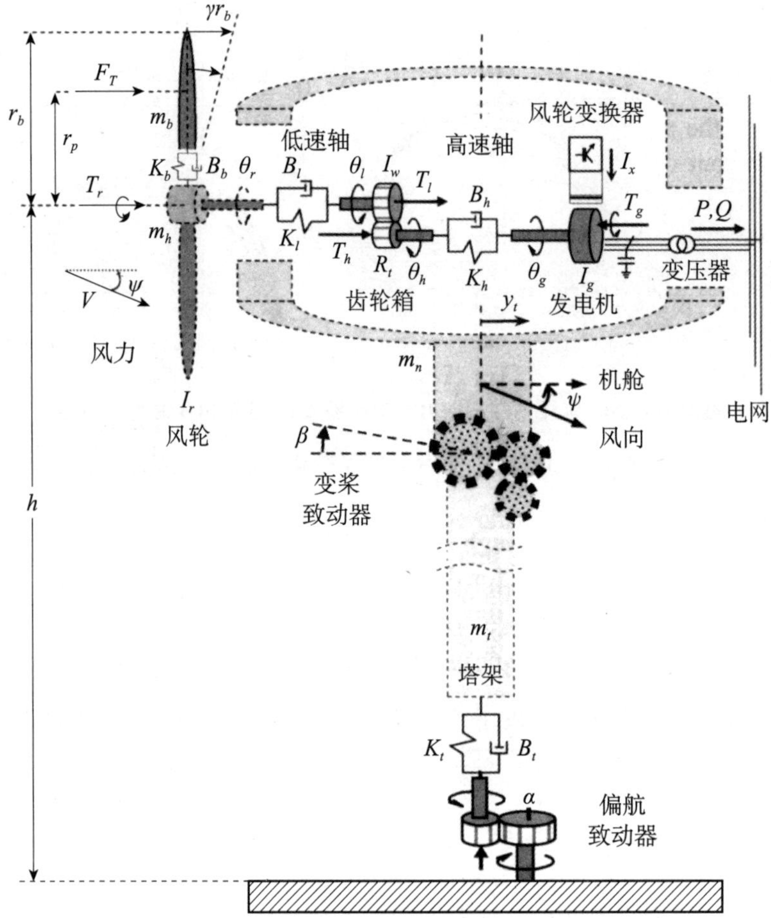

图 14-12　A 变速变桨风电机组（参见[2]）

类，也被称为“欧拉-拉格朗日方程”。值得注意的是，E_k用于动能，E_p用于势能。D_n为用于包括非守恒力的消散函数，Q_i为守恒的广义力，q_i为广义坐标。将 L 定义为拉格朗日函数 $L=E_k-E_p$，以下为欧拉-拉格朗日方程：

$$\frac{\mathrm{d}}{\mathrm{d}t}\left(\frac{\partial L}{\partial \dot{q}_i}\right)-\frac{\partial L}{\partial q_i}+\frac{\partial D_n}{\partial \dot{q}_i}=Q_i \tag{14-11}$$

广义坐标 q_i为（也可参见图 14-12）：

$$\boldsymbol{q}=[q_i]=[y_t \quad \gamma \quad \theta_r \quad \theta_g \quad \theta_l]^T \tag{14-12}$$

其中，y_t表示机舱的轴向位移，γ 表示叶片偏离旋转平面的角位移，θ_r表示风轮角位置，θ_g表示发电机角位置，θ_l表示齿轮箱低速轴位置。以下为能量和耗散函数 E_k、E_p、D_n的公式：

$$E_k=\frac{m_1}{2}\dot{y}_t^2+\frac{m_2}{2}(r_b\dot{\gamma}+\dot{y}_t)^2+\frac{I_r}{2}\dot{\theta}_r^2+\frac{I_g}{2}\dot{\theta}_g^2+\frac{I_w}{2}\dot{\theta}_l^2 \tag{14-13}$$

$$E_p = \frac{K_t}{2}y_t^2 + \frac{N}{2}K_b(r_b\gamma)^2 + \frac{K_l}{2}(\theta_r - \theta_l)^2 + \frac{K_h}{2}(R_t\theta_l - \theta_g)^2 \tag{14-14}$$

$$D_n = \frac{B_t}{2}\dot{y}_t^2 + \frac{N}{2}B_b(r_b\dot{\gamma})^2 + \frac{B_l}{2}(\dot{\theta}_r - \dot{\theta}_l)^2 + \frac{B_h}{2}(R_t\dot{\theta}_l - \dot{\theta}_g)^2 \tag{14-15}$$

基于公式（14-11）至公式（14-15），风电机组的状态空间描述（详情见文献［2］，第 12 章）为：

$$\dot{\boldsymbol{x}} = \boldsymbol{A}\boldsymbol{x} + \boldsymbol{B}\boldsymbol{u};\boldsymbol{y} = \boldsymbol{C}\boldsymbol{x} \tag{14-16}$$

$$\boldsymbol{A} = \begin{bmatrix} 0 & 0 & 0 & 0 & 0 & 1 & 0 & 0 & 0 & 0 \\ 0 & 0 & 0 & 0 & 0 & 0 & 1 & 0 & 0 & 0 \\ 0 & 0 & 0 & 0 & 0 & 0 & 0 & 1 & 0 & 0 \\ 0 & 0 & 0 & 0 & 0 & 0 & 0 & 0 & 1 & 0 \\ 0 & 0 & 0 & 0 & 0 & 0 & 0 & 0 & 0 & 1 \\ -\frac{K_t}{m_1} & \frac{NK_b r_b}{m_1} & 0 & 0 & 0 & -\frac{B_t}{m_1} & \frac{NB_b r_b}{m_1} & 0 & 0 & 0 \\ \frac{K_t}{m_1 r_b} & -\frac{(m_1+m_2)NK_b}{m_1 m_2} & 0 & 0 & 0 & \frac{B_t}{m_1 r_b} & -\frac{(m_1+m_2)NB_b}{m_1 m_2} & 0 & 0 & 0 \\ 0 & 0 & -\frac{K_l}{I_r} & 0 & \frac{K_l}{I_r} & 0 & 0 & -\frac{B_l}{I_r} & 0 & \frac{B_l}{I_r} \\ 0 & 0 & 0 & -\frac{K_h}{I_g} & \frac{K_h R_t}{I_g} & 0 & 0 & 0 & -\frac{B_h}{I_g} & \frac{B_h R_t}{I_g} \\ 0 & 0 & \frac{K_l}{I_w} & \frac{K_h R_t}{I_w} & -\frac{K_l + K_h R_t^2}{I_w} & 0 & 0 & \frac{B_l}{I_w} & \frac{B_h R_t}{I_w} & -\frac{B_l + B_h R_t^2}{I_w} \end{bmatrix} \tag{14-17}$$

$$\boldsymbol{B} = \begin{bmatrix} 0 & 0 & 0 \\ 0 & 0 & 0 \\ 0 & 0 & 0 \\ 0 & 0 & 0 \\ 0 & 0 & 0 \\ \frac{1}{m_1}\left(1 - \frac{r_p}{r_b}\right) & 0 & 0 \\ \frac{1}{m_1 r_b}\left(\frac{(m_1 + m_2)r_p}{m_2 r_b} - 1\right) & 0 & 0 \\ 0 & \frac{1}{I_r} & 0 \\ 0 & 0 & -\frac{1}{I_g} \\ 0 & 0 & 0 \end{bmatrix} \tag{14-18}$$

$$\boldsymbol{C}=\begin{bmatrix}0&0&0&0&0&1&0&0&0&0\\0&0&0&0&0&0&1&0&0&0\\0&0&0&0&0&0&0&1&0&0\\0&0&0&0&0&0&0&0&1&0\\0&0&0&0&0&0&0&0&0&1\end{bmatrix} \tag{14-19}$$

其中，状态变量：$\boldsymbol{x}=[y_t \quad \gamma \quad \theta_r \quad \theta_g \quad \theta_l \quad \dot{y}_t \quad \dot{\gamma} \quad \dot{\theta}_r \quad \dot{\theta}_g \quad \dot{\theta}_l]^T$ （14-20）

输入：$\boldsymbol{u}=[F_T \quad T_r \quad T_g]^T$ （14-21）

输出：$\boldsymbol{y}=[\dot{y}_t \quad \dot{\gamma} \quad \dot{\theta}_r \quad \dot{\theta}_g \quad \dot{\theta}_l]^T$ （14-22）

根据风轮空气动力学及 C_p 和 C_T 的特性（参见[2]）可知，公式（14-16）和（14-21）的输入值 F_T 和 T_r 与 v_1、β 和 Ω_r 之间存在线性依赖关系。如果空气动力学方程部分在工作点（v_{10}、β_0、Ω_{r0}）附近为线性，并且忽略了偏差成分，那么可以转置矩阵的方式描述输入值 F_T 和 T_r，该矩阵的要素仅为增益。如下所示：

$$\begin{bmatrix}F_T(s)\\T_r(s)\end{bmatrix}=\begin{bmatrix}K_{F\Omega} & K_{FV} & K_{F\beta}\\K_{T\Omega} & K_{TV} & K_{T\beta}\end{bmatrix}\begin{bmatrix}\Omega_r(s)\\v_1(s)\\\beta(s)\end{bmatrix} \tag{14-23}$$

其中使用 C_T 和 C_p 曲线计算这些增益。现在，通过在 $\boldsymbol{y}(s)=\boldsymbol{G}(s)\boldsymbol{u}(s)$ 中使用变换式 $\boldsymbol{G}(s)=\boldsymbol{C}(s\boldsymbol{I}-\boldsymbol{A})^{-1}\boldsymbol{B}$ 可计算出风电机组的转置矩阵表达式 $\boldsymbol{G}(s)$。

$$\begin{bmatrix}\dot{y}_t(s)\\\dot{\gamma}(s)\\\Omega_r(s)\\\Omega_g(s)\\\Omega_l(s)\end{bmatrix}=\boldsymbol{P}(s)\begin{bmatrix}\beta_d(s)\\T_{gd}(s)\end{bmatrix}+\boldsymbol{D}(s)v_1(s) \tag{14-24}$$

以下为对象矩阵和干扰矩阵：

$$P(s)=\begin{bmatrix}\mu_{11}(s)\dfrac{\mu_{32}(s)(K_{F\Omega}K_{T\beta}-K_{F\beta}K_{T\Omega})+K_{F\beta}}{1-\mu_{32}(s)K_{T\Omega}}A_\beta(s) & \mu_{11}(s)\dfrac{\mu_{33}(s)K_{F\Omega}}{1-\mu_{32}(s)K_{T\Omega}}A_T(s)\\ \mu_{21}(s)\dfrac{\mu_{32}(s)(K_{F\Omega}K_{T\beta}-K_{F\beta}K_{T\Omega})+K_{F\beta}}{1-\mu_{32}(s)K_{T\Omega}}A_\beta(s) & \mu_{21}(s)\dfrac{\mu_{33}(s)K_{F\Omega}}{1-\mu_{32}(s)K_{T\Omega}}A_T(s)\\ \mu_{32}(s)\dfrac{K_{T\beta}}{1-\mu_{32}(s)K_{T\Omega}}A_\beta(s) & \mu_{33}(s)\dfrac{1}{1-\mu_{32}(s)K_{T\Omega}}A_T(s)\\ \mu_{42}(s)\dfrac{K_{T\beta}}{1-\mu_{32}(s)K_{T\Omega}}A_\beta(s) & \dfrac{\mu_{42}(s)\mu_{33}(s)K_{T\Omega}+\mu_{43}(s)-\mu_{43}(s)\mu_{32}(s)K_{T\Omega}}{1-\mu_{32}(s)K_{T\Omega}}A_T(s)\\ \mu_{52}(s)\dfrac{K_{T\beta}}{1-\mu_{32}(s)K_{T\Omega}}A_\beta(s) & \dfrac{\mu_{52}(s)\mu_{33}(s)K_{T\Omega}+\mu_{53}(s)-\mu_{53}(s)\mu_{32}(s)K_{T\Omega}}{1-\mu_{32}(s)K_{T\Omega}}A_T(s)\end{bmatrix}\tag{14-25}$$

$$D(s)=\begin{bmatrix}\mu_{11}(s)\dfrac{\mu_{32}(s)(K_{F\Omega}K_{TV}-K_{FV}K_{T\Omega})+K_{FV}}{1-\mu_{32}(s)K_{T\Omega}}\\ \mu_{21}(s)\dfrac{\mu_{32}(s)(K_{F\Omega}K_{TV}-K_{FV}K_{T\Omega})+K_{FV}}{1-\mu_{32}(s)K_{T\Omega}}\\ \mu_{32}(s)\dfrac{K_{TV}}{1-\mu_{32}(s)K_{T\Omega}}\\ \mu_{42}(s)\dfrac{K_{TV}}{1-\mu_{32}(s)K_{T\Omega}}\\ \mu_{52}(s)\dfrac{K_{TV}}{1-\mu_{32}(s)K_{T\Omega}}\end{bmatrix}\tag{14-26}$$

控制器和致动器持续改变风电机组风轮的旋转速度 Ω_r 的方式有：（1）改变桨距角 β_d 和电磁转矩 T_{gd}；（2）风速 v_1；（3）风轮转速 Ω_r 本身的动力学（见图 14-13）。

以下为传递函数风轮转速 $\Omega_r(s)$ 与所需叶片桨距角 $\beta_d(s)$、所需电磁转矩 $T_{gd}(s)$ 和风速 $v_1(s)$ 的传递函数（见图 14-13，详情见第 12 章、文献[2]）：

$$\Omega_r(s)=F_1(s)v_1(s)+F_2(s)\beta_d(s)+F_3(s)T_{gd}(s)\tag{14-27}$$

其中，

$$F_1(s)=\frac{K_{TV}n_{\mu32}(s)}{d_{tf}(s)}=D_1(s)\tag{14-28}$$

$$F_2(s)=\frac{K_{T\beta}n_{\mu32}(s)A_\beta(s)}{d_{tf}(s)}=P(s)\tag{14-29}$$

$$F_3(s)=\frac{n_{\mu33}(s)A_T(s)}{d_{tf}(s)}=H(s)\tag{14-30}$$

且，

$$n_{\mu32}(s) = I_gI_ws^4 + (B_hI_w + I_gB_l + I_gB_hR_t^2)s^3 + (B_hB_l + I_gK_l + I_gK_hR_t^2 + K_hI_w)s^2 + K_hB_l + B_hK_l)s + K_hK_l \tag{14-31}$$

$$n_{\mu33}(s) = -B_hR_tB_ls^2 - R_t(K_hB_l + B_hK_l)s - K_hR_tK_l \tag{14-32}$$

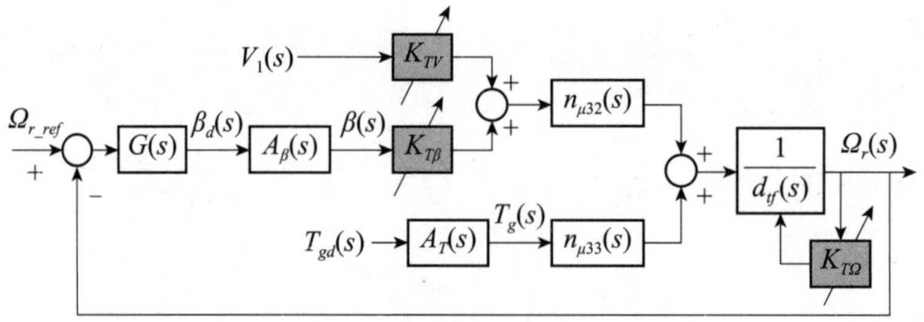

图 14-13 风轮转速控制系统方框图[2]

$$\begin{aligned}
d_{tf}(s) &= d_{\mu32}(s) - n_{\mu32}(s)K_{T\Omega} \\
&= I_rI_wI_gs^5 + [(I_rI_gB_l + B_hI_rI_w + I_rI_gB_h R_T^2 + B_lI_wI_g) - (I_gI_w)K_{T\Omega}]s^4\cdots \\
&\quad + [(K_lI_wI_g + B_hI_rB_l + B_lI_gB_h r_t^2 + K_hI_rI_w + I_rI_gK_l + B_lB_hI_w + I_rI_gK_h R_t^2) \\
&\quad - (B_hI_w + I_gB_l + I_gB_h R_t^2)K_{T\Omega}]s^3\cdots \\
&\quad + [(B_lK_hI_w + K_lI_gB_h R_t^2 + K_hI_rB_l + B_hI_rK_l + K_lB_hI_w + I_gB_lK_h R_t^2) \\
&\quad - (B_hB_l + I_gK_l + I_gK_h R_t^2 + K_hI_w) K_{T\Omega}]s^2\cdots \\
&\quad + [(I_gK_lK_h R_t^2 + K_hI_rK_l + K_lK_hI_w) - (K_hB_l + B_hK_l) K_{T\Omega}]s \\
&\quad - (K_hB_l + B_hK_l) K_{T\Omega}
\end{aligned} \tag{14-33}$$

14.4 系统识别

图 14-14 所示为风力发电机组控制系统方框图，$G_p(s)$、$G_t(s)$、c_1和c_2均为控制算法的组成部分，均采用公制单位。$G_p(s)$ 为风轮转速变桨控制器，$G_t(s)$ 为转矩控制器，c_1和c_2分别为与 NXT 电动机和滑轮型传感器（参见第 14.2 节）运行所需的系数，单位分别为“度”和“rpm”：$c_1 = 180/\pi$ deg/rad，$c_2 = \pi/30$ rad/s/rpm。

图 14-14 中的方框 $F_1(s)$、$F_2(s)$ 和 $F_3(s)$ 分别对应第 14.3.3 节中构建的公式（14-28）至公式（14-30），均采用公制单位。其分别代表风速、桨距角和电磁转矩到风轮转速的转换函数。下文通过试验确定了这些传递函数的主要动态参数。

14.4.1 风轮转速与桨距角的传递函数 F_2(S)

在不同风速条件下，通过向风力发电机组的变桨发电机应用阶跃输入，可以通过试验确定风轮转速与桨距角传递函数的主要动态 $\Omega_{rs}(s)/\beta(s)=P_1(s)$ 和桨距角与致动器输入传递函数的主要动态 $\beta(s)/\beta_{di}(s)=A_\beta(s)r_{tg}$。图 14-14 所示为输入/输出信号。

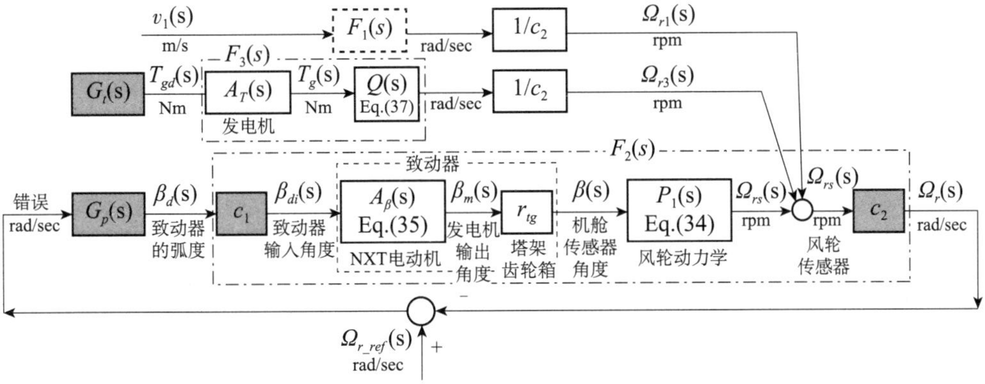

图 14-14　风电机组控制系统的方块图

为了估算第一个传递函数，风速被设定为周期函数 $v_1=v_{1m}+v_{1a}\sin(2\pi f t+\theta)$ m/s，其中 $v_{1a}=0.125$ m/s，$f=0.2$ Hz，$\theta=58°$。三种场景中的平均风速为：$v_{1m}=3.68$ m/s、4.22m/s 和 4.75m/s。这些试验中保持发电机组转矩 T_{gd} 和偏航角 $\alpha=0$ 恒定。机舱的桨距角 β 为 0°~5°，并测量风轮转速 Ω_{rs}。为了估算第二个传递函数，第二次试验研究了无风（$v_1=0$）和转矩 T_{gd} 恒定条件下的风电机组，其中致动器输入 β_{di} 的变化范围为 0°~700°，并且测量了机舱位置的实际桨距角 β。

通过使用这些试验中获得的数据和应用经典的系统识别方法，公式（14-34）和公式（14-35）列出了传递函数的结构、参数和不确定性。

$$\frac{\Omega_{rs}(s)}{\beta(s)}=P_1(s)=\frac{k_1}{\left(\frac{s}{\omega_{n1}}\right)^2+\frac{2\zeta_1 s}{\omega_{n1}}+1} \tag{14-34}$$

$$\frac{\beta(s)}{\beta_{di}(s)}=r_{tg}A_\beta(s)$$

$$=r_{tg}\frac{1}{\left[\left(\frac{s}{\omega_{n2}}\right)^2+\frac{2\zeta_2 s}{\omega_{n2}}+1\right]^2} \text{ 表示致动器的动力学。} \tag{14-35}$$

以下为不同风速条件下为公式（14-34）和公式（14-35）估算的参数，其中 Ω_{rs} 的单位为“rpm”，β 和 β_{di} 的单位为“度”：

- 当 $v_{1m}=3.68$ m/s 时，

$$k_1=-4.1067,\ \omega_{n1}=0.675\text{rad/s},\ \zeta_1=0.4815$$

- 当 $v_{1m}=4.22\text{m/s}$ 时

$$k_1=-5.4756,\ \omega_{n1}=0.675\text{rad/s},\ \zeta_1=0.4815$$

- 当 $v_{1m}=4.75\text{m/s}$ 时

$$k_1=-5.4756,\ \omega_{n1}=0.675\text{rad/s},\ \zeta_1=0.4815$$

- 对于所有 v_1

$$\omega_{n2}=5\ \text{rad/s},\ \zeta_2=0.83,\ r_{tg}=1/140$$

则图 14-14 中的完整 $F_2(s)$、表达式（14-27）和表达式（14-29）为：

$$F_2(s)=P(s)=\frac{\Omega_r(s)}{\beta_d(s)}=c_2P_1(s)r_{tg}A_\beta(s)c_1$$

$$=c_2\frac{K_{T\beta}n_{\mu 32}(s)}{d_{tf}(s)}r_{tg}A_\beta(s)c_1;\ \frac{[\text{rad/sec}]}{[\text{rad}]} \tag{14-36}$$

图 14-15a-c 分别显示了在 T_{gd} 恒定的条件下，$v_{1m}=3.68\text{m/s}$、4.22m/s 和 4.75m/s 时的第一组试验。从图中可以看出：（a）试验风轮转速 Ω_{rs} 的单位为“rpm”，在机舱桨距角 β 在 0°～5°之间变化时使用滑轮型传感器测量风轮转速；（b）在相同的桨距角 β 条件下，使用公式（14-34）估算出的风轮转速。

图 14-15d 显示了第二组试验，其中 $v_1=0$ 和 T_{gd} 恒定，从图中可以看出：（a）当 0°～700°阶跃应用在致动器输入 β_{di} 时，由机舱滑轮型传感器测得的试验桨距角 β 和（b）在相同致动器输入 β_{di} 条件下，使用公式（14-35）估算出的机舱桨距角。

14.4.2 风轮转速与电磁转矩传递函数 $F_3(S)$

在风速不同且桨距角（参见图 14-14 和图 14-24）恒定的条件下，通过将阶跃输入应用到风电机组的电磁转矩，可以试验性地确定风轮转速主动力学与电磁转矩传递函数 $\Omega_{rs}(s)/T_g(s)$。试验的风轮转速 Ω_{rs} 由滑轮型风轮转速传感器测得（单位为“rpm”），所应用的电磁转矩 T_g 由电流传感器测得（14.2.1.4 节）（单位为“N·m”）。通过使用这些试验中获得的信号和应用经典的系统识别方法，可得出传递函数的结构、参数和不确定性，如公式（14-37a）所示。图 14-24a 显示了输入 T_g（单位为“mN·m”），图 14-24b 显示了试验的风轮转速 Ω_{rs} 和公式（14-37）中模型的风轮转速估值，二者的单位均为“rpm”。

$$\frac{\Omega_{rs}(s)}{T_g(s)}=Q(s)\left(\frac{1}{c_2}\right)=\frac{k_{wt}}{\left(\dfrac{s}{\omega_{nwt}}\right)^2+\dfrac{2\zeta_{wt}s}{\omega_{nwt}}+1}\left(\frac{1}{c_2}\right) \tag{14-37a}$$

其中，$k_{wt}=-7165$，$\omega_{nwt}=10.1256\text{rad/s}$，$\zeta_{wt}=0.7$ 且 Ω_{rs} 的单位为“rpm”，T_g 的单

位为“N·m”。

图 14-14 中的完整对象 F_3（s）和表达式（14-27）、表达式（14-30）（公制）为：

$$F_3(s) = H(s) == \frac{\Omega_r(s)}{T_{gd}(s)} = A_T(s)Q(s) = A_T(s)\frac{n_{\mu33}(s)}{d_{tf}(s)}; \frac{[\mathrm{rad/s}]}{[\mathrm{N\cdot m}]} \quad (14\text{-}37\mathrm{b})$$

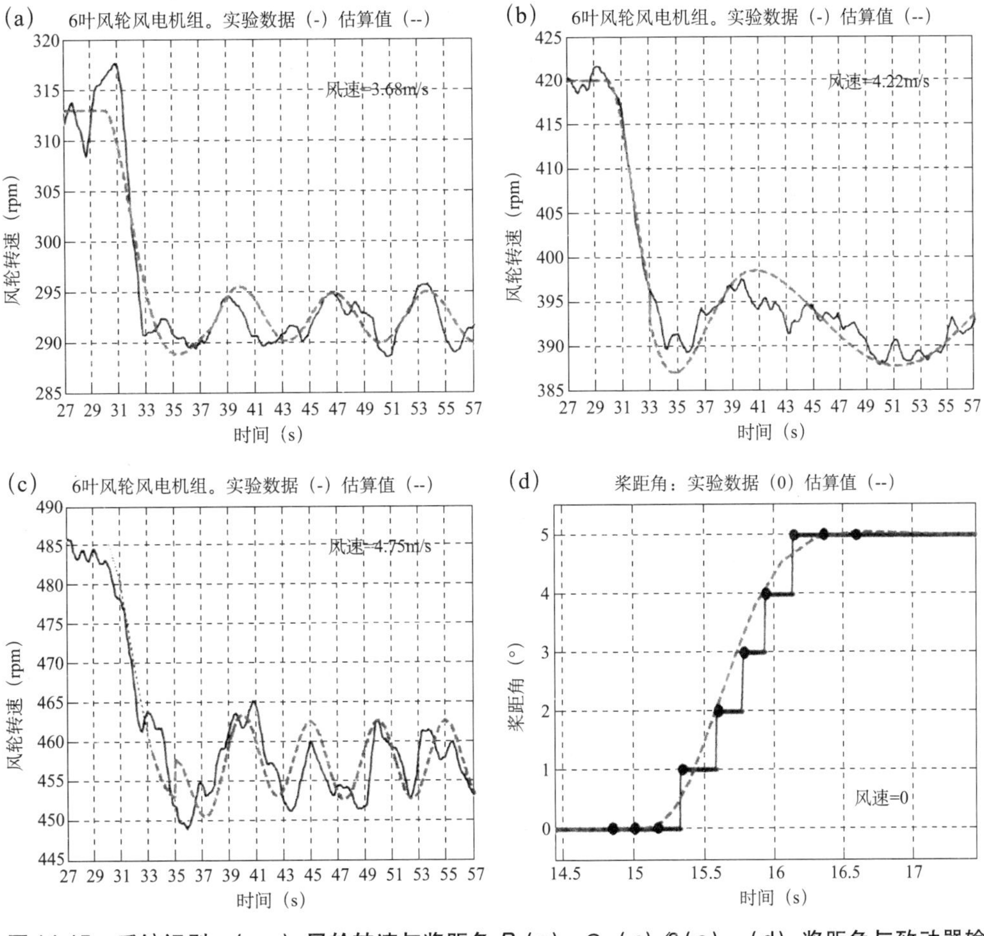

图 14-15　系统识别：(a-c) 风轮转速与桨距角 $P_1(s) = \Omega_{rs}(s)/\beta(s)$；(d) 桨距角与致动器输入 $A_\beta(s)r_{tg} = \beta(s)/\beta_{di}(s)$。传感器信号（实线）和使用公式（14-34）和公式（14-35）估算出的信号（虚线）。取样频率为 2.5 Hz

14.4.3　风轮转速与风速传递函数 $F_1(S)$

通过改变风速［参见图 14-15a-c 中 v_{1m} = 3.68m/s、4.22m/s 和 4.75m/s，$t <$ 30s－，$v_1 = v_1 m + v_{1a} \sin(2\pi f t + \theta)$］，可以试验性地确定风轮转速增益与风速传递函数 $\Omega_{rs}(s)/v_1(s)$，如公式（14-38）所示。

$$\frac{\Omega_{rs}(s)}{v_1(s)} = \frac{k_{wv}}{\tau_1 s + 1} \tag{14-38a}$$

其中，$k_{wv}=160.87$；$\tau_1=1.35s$，$v_{1a}=0.125m/s$，$f=0.2Hz$，$\theta=58°$，Ω_{rs}的单位为“rpm”，v_1的单位为“m/s”。

图 14-14 中的对象 $F_1(s)$ 和数学表达式(14-27)、表达式（14-28）（公制）为：

$$F_1(s) = D_1(s) = \frac{\Omega_r(s)}{v_1(s)} = \frac{k_{wv}}{\tau_1 s + 1}c_2; \frac{[rad/s]}{[m/s]} \tag{14-38b}$$

14.5 控制系统的设计

14.5.1 风轮转速控制系统

在处理多个常常冲突、性能说明、模型不稳定性和实际应用的折中方案应用中，定量反馈理论（QFT）[2-4]是一种良好的控制器设计方法。其透明设计过程可使设计人员同时考虑这些折中方案，并在使用最小量反馈的同时，在模型不确定性内针对各个设备确定满足所需性能指标的控制器。在本节中，我们介绍了控制器 QFT 设计，其可以调节配备变桨致动器的风电机组的风轮转速。

14.5.1.1 控制的目标和配置

变桨控制系统（参见图 14-10 的 3 区）的主要目标是：（a）调节额定（标称）值 $\Omega_r=\Omega_{r-ref}$时的风轮转速；（b）抑制风力扰动（v_1变化的影响）；（c）避免可能会对风电机组造成损坏的超速情况（出现明显的 $\Delta\Omega_r$）。

在图 14-13 和图 14-14 及公式（14-27）至公式（14-38）的基础上，图 14-16 显示了风轮转速/变桨控制系统的方框示意图。

14.5.1.2 建模

对于机舱变桨传感器给出的风轮转速 $\Omega_{rs}(t)$ 和致动器输入位置的控制器信号 $\beta_{di}(t)$，通过公式（14-34）和（14-35）计算了二者之间的动力学，为方便起见，将两个公式结合，如公式（14-39）所示：

$$\frac{\Omega_{rs}(s)[rpm]}{\beta_{di}(s)[°]} = P_1(s)r_{tg}A_\beta(s) = \frac{k_1}{\left(\frac{s}{\omega_{n1}}\right)^2 + \frac{2\zeta_1 s}{\omega_{n1}} + 1}r_{tg}\frac{1}{\left[\left(\frac{s}{\omega_{n2}}\right)^2 + \frac{2\zeta_3 s}{\omega_{n2}} + 1\right]^2} \tag{14-39}$$

和：

$$k_1 \in [-5.4756, -4.6733] \pm 10\%, \omega_{n1} \in [0.675 \pm 10\%] \mathrm{rad/sec}, \zeta_1 \in [0.4815 \pm 10\%]$$

$$\omega_{n2} = 5\mathrm{rad/s},\ \zeta_2 = 0.83,\ r_{tg} = 1/140$$

其中，风轮转速 $\Omega_r(s)$ 的单位为“rpm”（风轮传感器提供的信息单位为“rpm”）；所需桨距角 β_{di} 的单位为“度”（NXT 发电机组需要使用单位“度”）。

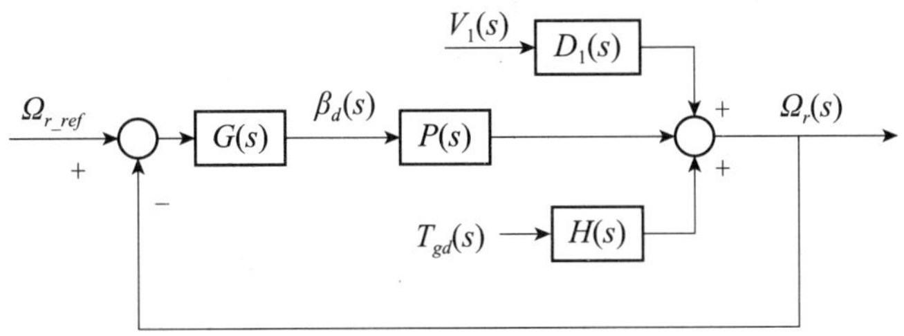

图 14-16　风轮转速控制系统的简化方块图[2]

采用 QFT 控制工具箱[2,3]计算了该模型的 QFT 模板［公式（14-39）］，包括参数不确定性，如图 14-17 所示。

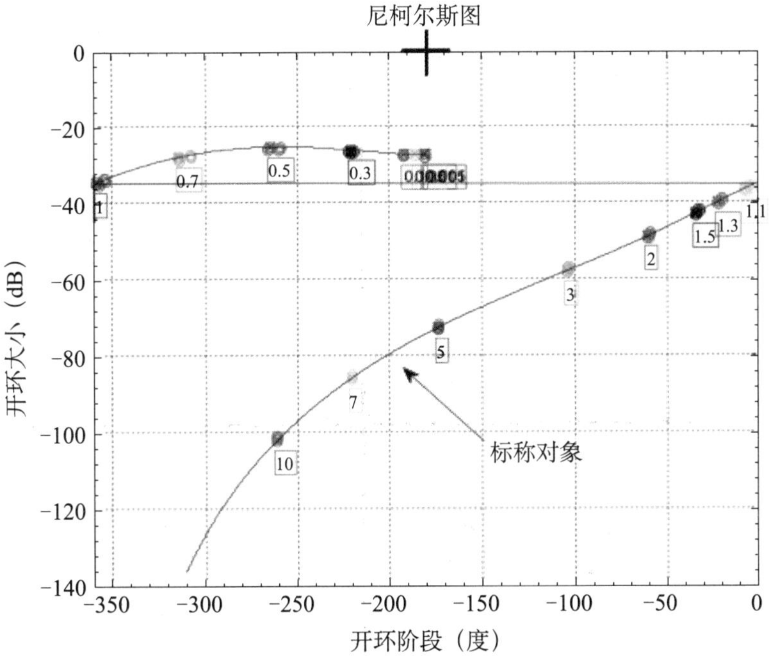

图 14-17　$\Omega_{rs}(s)/\beta_{di}(s)$ 和 ω = ［0. 001 0. 005 0. 01 0. 05 0. 1 0. 3 0. 5 0. 7 1 1. 1 1. 3 1. 5 2 3 5 7 10］rad/s 的 QFT 模板

14. 5. 1. 3　控制规范

适用于风轮转速控制器的性能规范包括：鲁棒稳定性和鲁棒干扰抑制。定义见公式（14-40）和公式（14-41）。

规范 1（鲁棒稳定性）

$$\left|\frac{\Omega_r(j\omega)}{\Omega_{r\_ref}(j\omega)}\right| = \left|\frac{P(j\omega)G(j\omega)}{1+P(j\omega)G(j\omega)}\right| \leqslant \mu = 1.3, \ \forall\omega \tag{14-40}$$

将这一稳定性规范引入 QFT 控制工具箱[2,3]，其中量值为 $\mu = 1.3$，见公式（14-40）。这意味着增益余量为 4.95dB，相补角为 45.23°。

规范 2（鲁棒输出干扰抑制）

$$\left|\frac{\Omega_r(j\omega)}{d(j\omega)}\right| = \left|\frac{1}{1+P(j\omega)G(j\omega)}\right| \leqslant \left|\frac{6j\omega}{6j\omega+1}\right|, \tag{14-41}$$

$$\omega = [0.001 \quad 0.005 \quad 0.01 \quad 0.05 \quad 0.1]\text{rad/s}$$

图 14-18 中显示了由 QFT 控制工具箱[2,3]计算出的 QFT 界限，以及稳定性最差的场景（界限的交叉部分）、输出干扰抑制规范和所有频率下的 $\Omega_{rs}(s)/\beta_{di}(s)$ [公式（14-39）]。

14.5.1.4　控制器的设计

如图 14-18 所示，通过 QFT 控制工具箱的回路成型窗口[2,3]可以计算出适用于

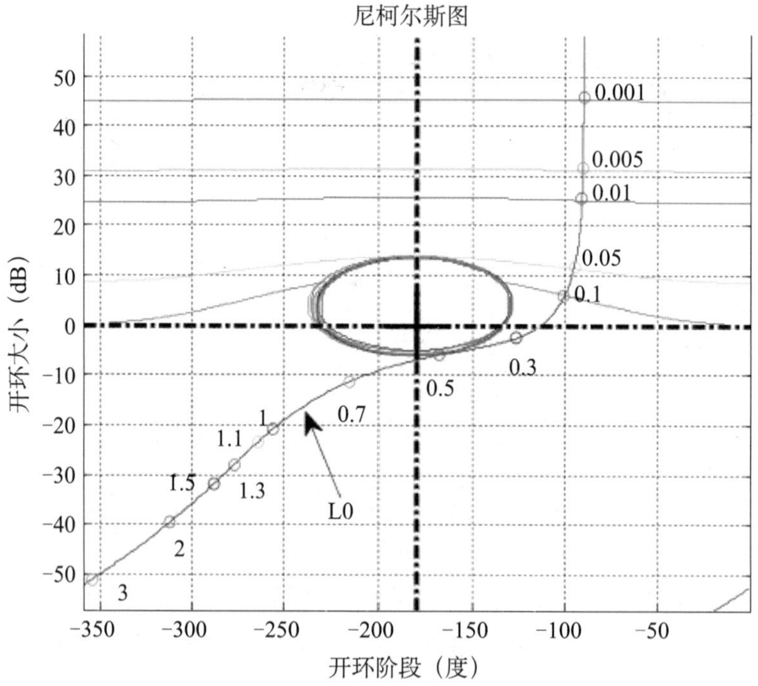

图 14-18　$L_0(s) = P_0(s)G_p(s)c_2c_1 = [\Omega_{rs}(s)/\beta_{di}(s)]_0G_p(s)c_2c_1$ 的 QFT 界限和控制器回路成型

系统 $\Omega_{rs}(s)/\beta_{di}(s)$ ［公式（14-39）］和上述的性能规范［公式（14-40）、公式（14-41）］的一项鲁棒控制器 $G_p(s)$。如公式（14-42）所示，控制器 $G_p(s)$ 中包含一项具有一阶滤波器的比例积分（PI）结构。如图 14-18 所示，该控制器可以满足所有的性能规范，而这些规范为各种频率下的 QFT 界限。

$$G_p(s)c_2c_1 = \frac{\beta_{di}(s)}{e(s)} = \frac{-4.5\left(\frac{s}{2}+1\right)}{s\left(\frac{s}{4}+1\right)} \text{（仿真“}s\text{”表示）} \tag{14-42a}$$

$$G_p(z)c_2c_1 = \frac{\beta_{di}(z)}{e(z)} = \frac{-7.8722z^{-1}+1.1389z^{-2}}{1-1.0025z^{-1}+0.0025z^{-2}} \text{（数字“}z\text{”表示）} \tag{14-42b}$$

控制器算法为：

- 接收自传感器（滑轮型）的风轮转速数据：$\Omega_{rs}(n)$ 的单位为“rpm”。
- 误差计算：$e(n)=\Omega_{rs\_ref}(n)-\Omega_{rs}(n)$，其中 $\Omega_{rs\_ref}(n)$ 和 $\Omega_{rs}(n)$ 的单位为“rpm”。
- 基于公式（14-42a）和（14-42b）的控制规则：

$$\begin{aligned}\beta_{di}(n) &= 1.0025\beta_{di}(n-1)-0.0025\beta_{di}(n-2)\\ &\quad -7.8722e(n-1)+1.1389e(n-2)\end{aligned} \tag{14-42c}$$

其中，$\beta_{di}(n)$ 表示 NxT 电动机输入的桨距角（单位为“度”），$e(n)=\Omega_{rs\_ref}(n)-\Omega_{rs}(n)$ 控制误差单位为“rpm”，取样时间 $T_{sampling}=1.5\text{s}$（见图 14-14）。此外，该算法也实现了“抗饱和”功能，可在致动器达到上、下限饱和时为控制器提供辅助。

公式（14-42a）显示了连续时间 $G_p(s)c_2c_1$ 中的控制器。公式（14-42b）显示了取样时间 $T_{sampling}=1.5\text{s}$ 且在零阶保持法离散后的离散时间 $G_p(z)c_2c_1$ 控制器。公式（14-42c）显示了取样时间为 1.5s 的控制器内实现的关于致动器输入 $\beta_{di}(n-k)$（单位为“度”）和控制误差 $e(n-k)$（单位为“rpm”）的控制算法。

14.5.2　功率/转矩控制系统

一般可以通过优化各叶尖速度比 $\lambda=\Omega_r r_b/v_1$（参见图 14-11a）的实时功率系数 C_p 达到功率最大化。为了保持电机的最大 C_p，风轮转速 Ω_r 会随风速 v_1 变化而自动变化。通常通过控制电磁转矩 T_g 和桨距角 β 达到这一目的。

为得到最大气动效率 C_p，将电磁转矩 T_g 控制在 1 区和 2 区（低于额定值，图

14-10）。目的在于尽可能保持风速 v_1 和风轮转速 Ω_r 之间的最佳关系（见图 14-11a 中的 λ_{opt}）。为此，需要通过改变与风力转矩 T_r 相对的电磁转矩 T_g，以改变风轮转速 Ω_r 并适应风速变化，进而保持 $\lambda=\lambda_{opt}$。

由公式（14-7）可知，风轮的气动转矩 T_r 为：

$$T_r(t)\ =0.5\rho AC_p(t)\ v_1(t)^3/\Omega_r(t) \tag{14-43}$$

此时忽略轴的机械损失，得出可在各种风速条件下捕获最大功率所需的电磁转矩 T_{gd} 为：

$$T_{gd}(t)\ =K_a\Omega_r(t)^2 \tag{14-44}$$

且

$$K_a\ =0.5\rho Ar_b^3C_{pmax}/\lambda_{opt}^3 \tag{14-45}$$

其中，C_{pmax} 表示 λ_{opt} 处获得的最大功率系数（参见图 14-11a）。

公式（14-44）显示了一种可简单有效地在 1 区和 2 区（低于额定值，图 14-10）内设定转矩的表达式。该表达式基于风轮转速传感器 Ω_r 和叶片制造商提供的 C_p/λ 曲线（图 14-11）。一般来说，这些曲线只是稳态和层流状态下的第一步方法。为了得到更加完整的方法，可以对公式（14-44）和（14-45）稍作改动，将传动系统损失和某些额外的动力条件考虑在内。由于叶片磨损和污垢以及不同天气条件下的空气密度差异，气动功率系数 C_p 也具有时间变异性。为得到更加先进的方法，降低常数 K_a 或使用合适的方法进行估算可以优化能量捕获（最大功率点跟踪，MPPT）。

14.6 教研试验

14.6.1 叶片数量、空气动力学和发电机组效率的影响

如第 14.2.1.3 节所述，发电机组转矩 T_g 及相应的发电机组功率 P_g 和效率 η_g 会随风轮转速 Ω_r 变化而变化，如公式（14-1）~（14-3）所示，见图 14-20a。同时，如第 14.3.2 节和公式（14-7）、公式（14-8）、公式（14-10）所述，风轮的叶片数量也会影响风轮转速，进而影响气动功率系数 C_p。

风电机组的风轮半径 $r_b=0.13$m，有效面积 $A_r\ =\pi r_b^2\ =0.0531\text{m}^2$。已知标准空气密度 $\rho=1.225\text{kg/m}^3$，将风电机组置于平均风速 $v_1=4.24$m/s、恒定桨距角 $\beta=0$、恒定偏航角 $\alpha=0$ 和恒定电磁转矩 T_{gd} 的试验条件下，表 14-2 和图 14-19 所示为 2 叶片、3 叶片、4 叶片和 6 叶片风轮的试验结果。

最后一行显示了2叶片、3叶片、4叶片和6叶片气动功率系数 C_p 的试验结果（也可参见图14-20b）。

这些结果符合常见电机的一般气动功率系数。此外，试验得出的 C_p/N 曲线轮廓也与试验表达式（14-10）相似。

表14-2　叶片数量对生成功率和气动效率的影响

风轮	2叶片	3叶片	4叶片	6叶片
$\boldsymbol{\Omega_r}$（rpm）	86.32	412.35	494.22	502.44
$\boldsymbol{P_g}$（mW）	9.89	158.08	216.24	214.97
$\boldsymbol{\eta_g}$（per unit）	0.0545	0.4011	0.4595	0.4614
$\boldsymbol{P_a}$（mW）	181	394	470	466
$\boldsymbol{\lambda}$	0.28	1.32	1.59	1.61
$\boldsymbol{C_p}$	0.073	0.159	0.190	0.188

其中，Ω_r表示风轮转速，P_g表示发电机组提供的功率，η_g表示发电机组效率，P_a表示给定空气动力学条件下的轴功率，C_p表示该空气动力学条件的功率系数。

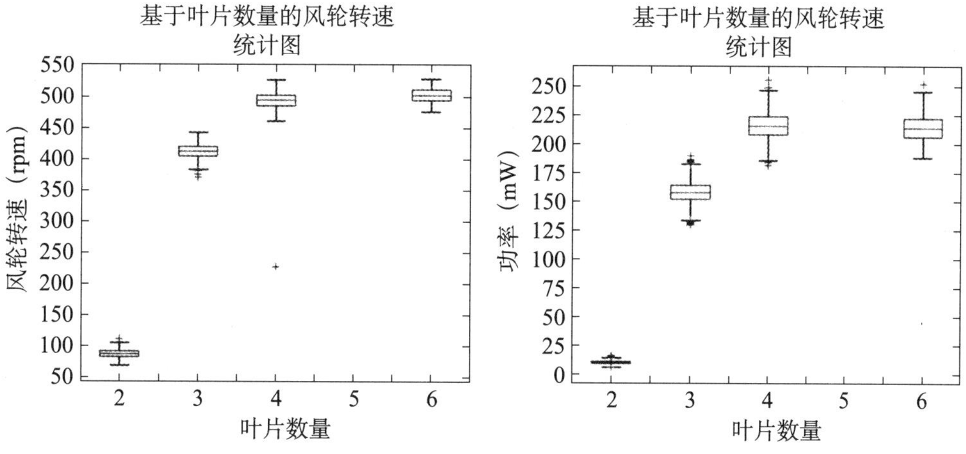

图14-19　叶片数量对风轮转速 Ω_r 和发电机组功率 P_g 的影响

如公式（14-46）所示，发电机组效率—图14-20a被建模为一个二次多项式，其中风轮转速 Ω_r 的单位为"rpm"，发电机组效率 η_g 为每单位的效率。

$$\eta_g = -6.8654 \times 10^{-7}(\Omega_r - 945)^2 + 0.6131 \tag{14-46}$$

14.6.2　变桨系统在风轮转速控制中的应用

本节使用第14.5.1节所述的控制算法——公式（14-42）调节风电机组在第3区内（高于额定值，图14-10）的变桨转速 $\Omega_r(t)$，同时该风电机组的变桨致动器为 $\beta_d(t)$。变桨控制系统的主要目的是调节额定（标称）值 $\Omega_r = \Omega_{r\text{-ref}}$ 时的风轮转速，

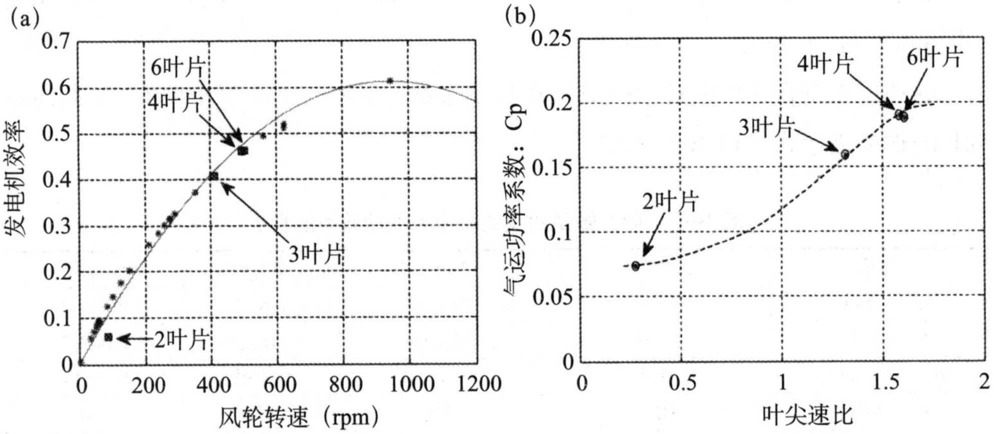

图 14-20 a. 发电机组的效率 η_g：基于第 14.4.1、14.6.1、14.6.2 和 14.6.3 节所述实例。风轮转速为 945rpm 时，最大发电机组效率为 0.613 1。b. 气动功率系数与叶尖速比关于叶片数量 N=2、3、4、6 的函数关系

以及抑制风力扰动 v_1 并避免可能损坏风电机组的超速情况。

图 14-14 和图 14-16 所示为控制系统结构，图 14-21、图 14-22、图 14-23 则显示了该试验的结果。风速被设定为周期函数 $v_1=v_{1m}+v_{1a}\sin(2\pi f t+\theta)$ m/s，其中 $v_{1a}=0.125$m/s，$f=0.2$Hz，$\theta=58°$，且在 $0\leqslant t<25$s 和 $t>31$s 时 $v_{1m}=3.66$m/s，在 $25\leqslant t\leqslant 31$s 时 $v_{1m}=4.3$m/s（参见图 14-21a）。风轮转速控制系统的风轮转速设定值 $\Omega_r=\Omega_{r\text{-ref}}=320$rpm。

使用公式（14-42）所示的控制算法计算，可以改变风电机组的控制器输出（所需的桨距角或发电机组输入 β_{di}）（如图 14-21b 所示），以及机舱桨距角 β（如图

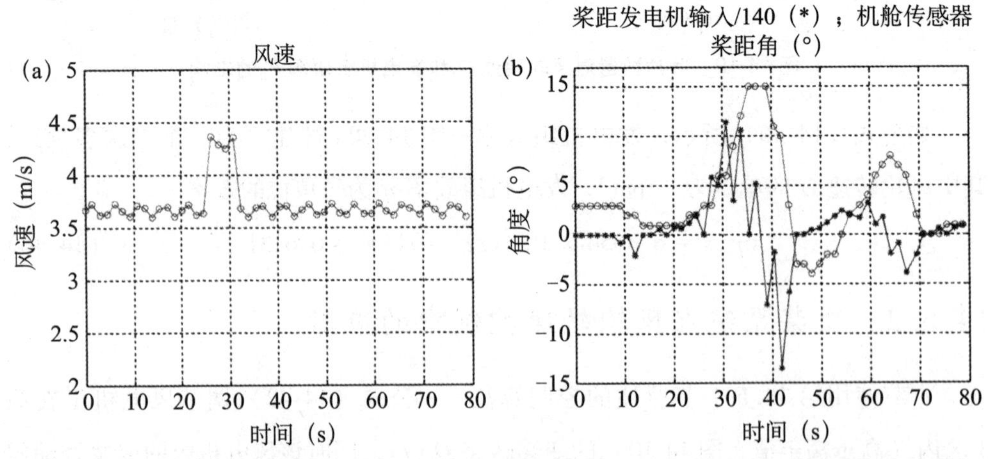

图 14-21 风轮转速控制试验：a. 风速为 v_1；b. 致动器输入为 $\beta_{di}/140$，机舱变桨传感器为 β

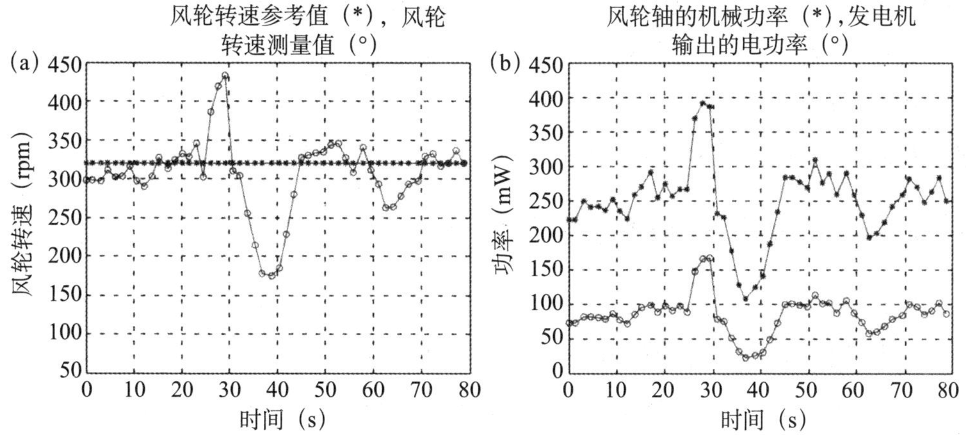

图 14-22　风轮转速控制试验：a. 风轮转速的参考值 $\Omega_{r\text{-}ref}$ 和测量值 Ω_r；

b. 风轮轴的机械功率 P_a 和发电机组输出的电功率 P_g

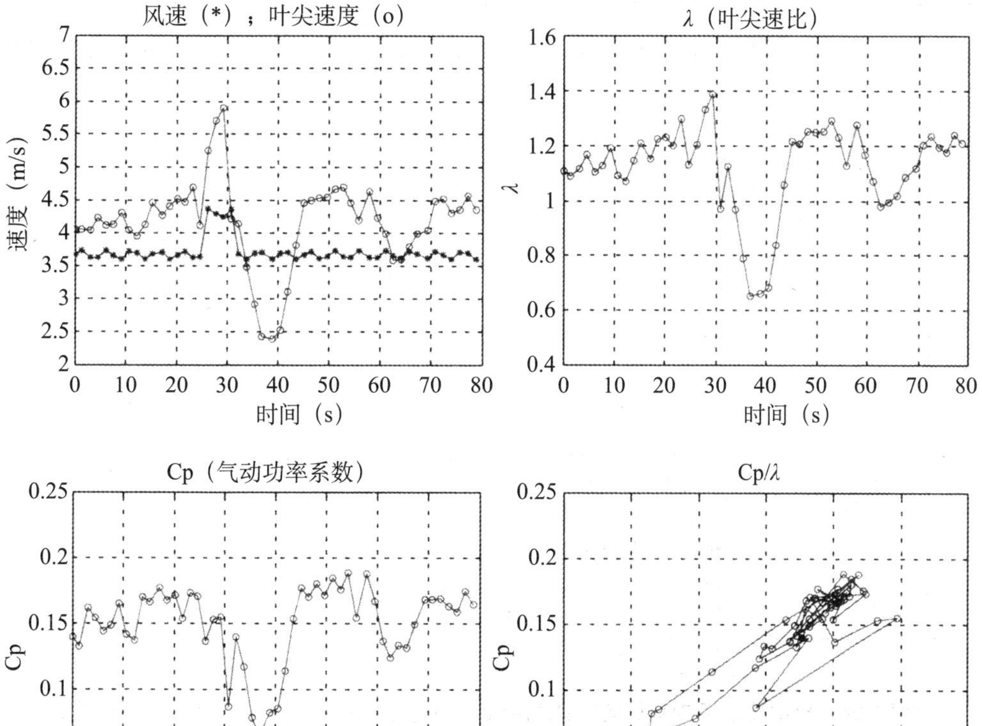

图 14-23　风轮转速控制试验：a. 风速 v_1 和叶尖速度 $\Omega_r r_b$；

b. 叶尖速比 λ；c. 气动功率系数 C_p；d. C_p 与 λ 关系曲线

14-21b 所示），进而将风轮转速 Ω_r 维持在标称值 $\Omega_{r\text{-ref}}=320\text{rpm}$（如图 14-22a 所示）。

图 14-22b 显示了试验在风速 v_1 条件下的风轮轴机械功率 P_a 和发电机组输出电功率 P_g。最后，图 14-23 显示了：（a）风速为 v_1 且叶片叶尖速度为 $\Omega_r r_b$；（b）叶尖速比为 λ；（c）气动功率系数为 C_p；（d）C_p 与 λ 关系图等条件下的试验结果。

14.6.3 独立风电机组的最大功率点跟踪

对于最大功率点跟踪（MPPT），图 14-24 显示了一项 6 叶片风电机组试验，其中恒定桨距角 $\beta=0$，恒定偏航角 $\alpha=0$ 且风速廓线为 $v_1=v_{1\text{m}}+v_{1a}\sin(2\pi f t+\theta)$，其中 $v_{1\text{m}}=4.75\text{m/s}$，$v_{1a}=0.125\text{m/s}$ 且 $f=0.2\text{Hz}$，$\theta=58°$。在时间 $t=20\text{s}$ 时，对立的电磁转矩 T_{gd}（发电机组转矩命令）范围为 5.45 ~ 4.5mN·m（见图 14-24a）。风轮转速 Ω_r 由 560rpm（58.64rad/s）升高至 625rpm（65.45rad/s）（见图 14-24c）。这表明叶尖速度（风轮半径 $r_b=0.13\text{m}$）由 7.62m/s 变至 8.51m/s（见图 14-24b）。当平均风速 $v_{1\text{m}}=4.75\text{m/s}$ 时，平均叶尖速比相应地由 $\lambda=1.60$ 变为 $\lambda=1.79$（见图 14-24d）；气动功率系数由 $C_p=0.179$ 变为 $C_p=0.156$（见图 14-25）。

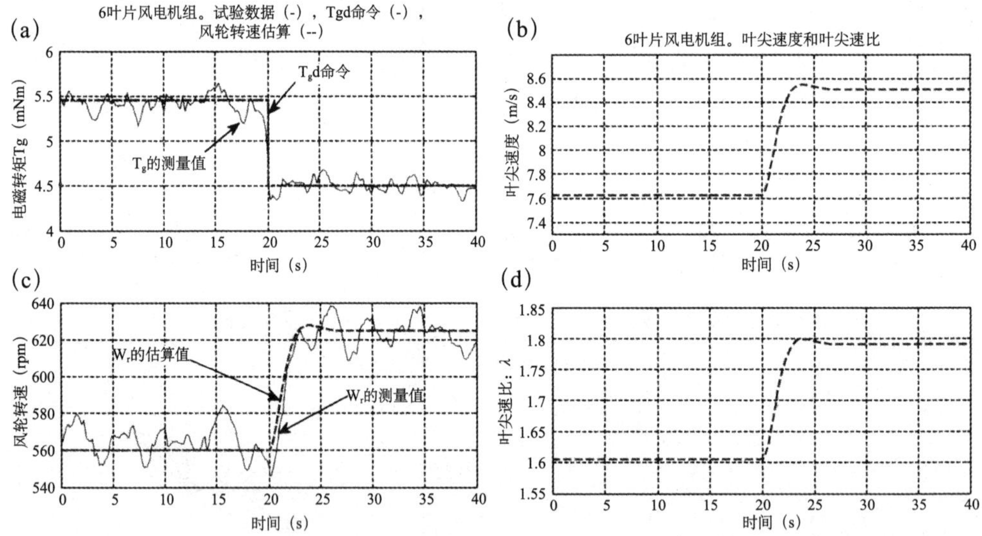

图 14-24 电磁转矩 T_g 对风轮转速 Ω_r 的影响：（a）电磁转矩 T_g（mN·m）的试验值；（b）叶尖速度 Ω_{rs}（rpm）；（c）风轮转速的试验值和估算值（m/s）；（d）叶尖速比 λ

这些试验结果证明，可使用电磁转矩 T_{gd} 在 1 区和 2 区中（低于额定值，图 14-10）的变化优化各风电机组发电量。如第 14.5.2 节所述，通过 MPPT 策略可以将发电量最大化［见公式（14-44）至公式（14-45）］。

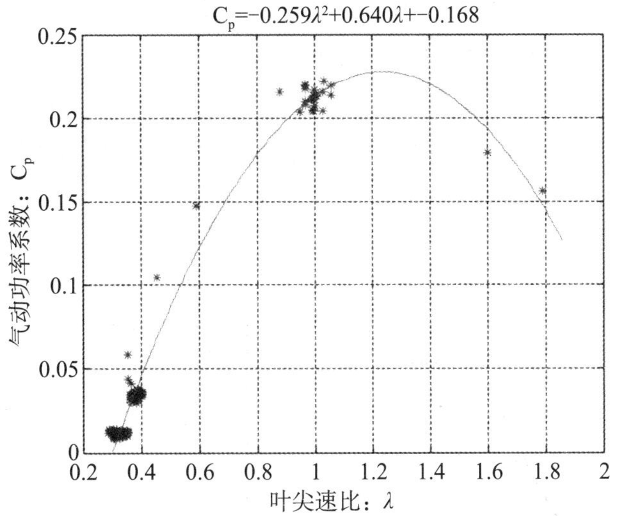

图 14-25　β=0 时，6 叶片风轮风电机组 C_p/λ 特征的试验估算

14.6.4　6 叶片风轮风电机组 C_p/λ 特征的估算

本节估算了 6 叶片风电机组的 C_p/λ 特征。当恒定风速 $v_{1m}=3.65\text{m/s}$、桨距角 $\beta=0°$ 和偏航角 $\alpha=0°$ 时，发电机组所需电磁转矩 T_{gd} 由最小值变为最大值（$R_{load}=133\sim0$ ohm）。结果导致风电机组的风轮转速 Ω_r 和生成功率 P_g 出现变化。我们由公式（14-46）和图 14-20a 得知不同风轮转速时的发电机组效率 η_g，根据公式（14-47）和使用公式（14-7）及风电机组的参数（$r_b=0.13\text{m}$，$A_r=\pi r_b^2=0.0531\text{m}^2$，$\rho=1.225\text{kg/m}^3$），可以计算出风电机组的 C_p/λ 特征，如图 14-25 所示。

$$C_p=\frac{(P_g/\eta_g)}{0.5\rho A_r v_{1m}^3}\qquad \lambda=\frac{\Omega_r r_b}{v_{1m}} \tag{14-47}$$

当风电机组在最佳叶尖速比 $\lambda_{opt}=1.224$ 状态下运行时，最大的气动功率系数 $C_{pmax}=0.227$。公式（14-48）展示了试验数据的一种二阶多项式方法。

$$C_p=-0.259\lambda^2+0.640\lambda-0.168 \tag{14-48}$$

14.6.5　6 叶片风电机组风轮的功率曲线

我们在前文估算了 6 叶片风电机组风轮在不同叶尖速比条件中的气动功率系数（C_p/λ 特征，第 14.6.4 节）和在不同风轮条件下的发电机组效率［参见公式（14-46）和图 14-20a］。本节将介绍 6 叶片风电机组风轮的试验性功率曲线。

考虑到发电机组损失［公式（14-46）和 $K_a=8.8453\times10^{-6}$］，研究应用了公式（14-44）和公式（14-45）所提出的 MPPT 最优控制策略。在全部试验中，桨距角均处于$\beta=0°$的 1 区中。图 14-26a 展示了如下三种场景中 1 区、2 区和 3 区（也可参见图 14-10）的功率曲线（P_g vs. v_1）情况：分别使用了 100%、90% 和 80% 的最大功率系数 C_{pmax}。图 14-26b 展示了当运行风速为 v_1 时，风电机组在此三种场景中的风轮转速 Ω_r。

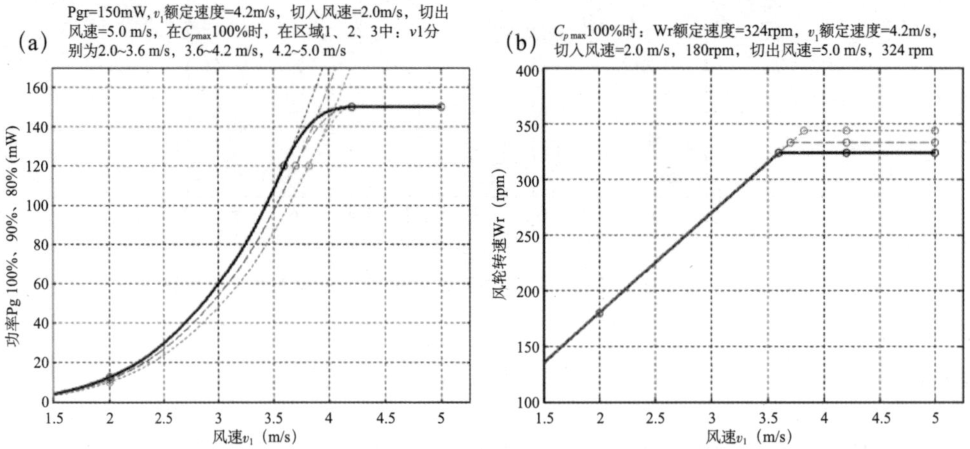

图 14-26　6 叶片风轮风电机组在 100%、90% 和 80% C_{pmax}时的试验特征：(a) 功率曲线；(b) 风轮转速与风速

该 6 叶片风电机组的额定（标称）功率 $P_{g\_rated}=150mW$。当 C_{pmax} 为 100 % 时，风速 $v_{1\_rated}=4.2m/s$ 及额定风轮转速 $\Omega_{r\_rated}=324rpm$ 时可达到额定功率。接通（风电机组接通）时，$v_1=2m/s$ 和 $\Omega_r=180rpm$；切断（风电机组断开）时，$v_1=5.0m/s$和$\Omega_r=324rpm$。1 区的 v_1范围为 $2m/s\leqslant v_1<3.6m/s$，2 区的 v_1范围为 $3.6m/s\leqslant v_1<4.2\ m/s$，3 区的 v_1范围为 $4.2m/s\leqslant v_1<5.0m/s$。

当最大功率系数为 90% 时，风速 $v_{1\_rated}=4.2m/s$ 及额定风轮转速 $\Omega_{r\_rated}=333rpm$ 时可达到额定功率。接通时，$v_1=2m/s$ 和 $\Omega_r=180rpm$；断开时，$v_1=5.0m/s$ 和 $\Omega_r=333rpm$。1 区的 v_1 范围为 $2m/s\leqslant v_1<3.7m/s$，2 区的 v_1范围为 $3.7m/s\leqslant v_1<4.2m/s$，3 区的 v_1范围为 $4.2m/s\leqslant v_1<5.0m/s$。

当最大功率系数为 80% 时，风速 $v_{1\_rated}=4.2m/s$ 及额定风轮转速 $\Omega_{r\_rated}=344rpm$ 时可达到额定功率。接通时，$v_1=2m/s$ 和 $\Omega_r=180rpm$；断开时，$v_1=5.0m/s$ 和 $\Omega_r=344rpm$。1 区的 v_1范围为 $2m/s\leqslant v_1<3.8m/s$，2 区的 v_1范围为 $3.8m/s\leqslant v_1<4.2m/s$，3 区的 v_1范围为 $4.2m/s\leqslant v_1<5.0m/s$。

14.6.6　风电场的拓扑结构和对功率效率的影响

风电场系统的拓扑结构对其效率和有效功率具有至关重要的作用。各个风电机组的气动效应对周围的风速廓线有重要的影响。通常，商业化风电场内的风电机组间距足够远，因此可以忽略它们产生的影响（通常在主风向上的间距约为 9 个风轮直径，垂直方向上约为 5 个风轮直径）。

但是，先进的控制器可以缩短风电机组的间距，并且补偿固定区域内对风速廓线的影响，从而达到最大发电量。为了实现这一目标，我们首先需要对这些影响进行观察和建模。本节将展示实验台架为此类分析提供的便利性。

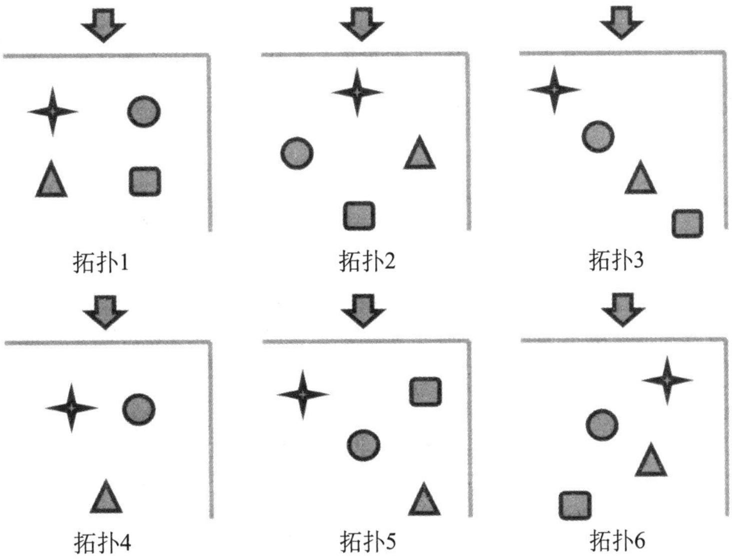

图 14-27　不同总效率的风电场拓扑结构

图 14-27 和表 14-3、表 14-4、表 14-5 展示了 6 个不同试验中的风电场结构。各风电机组均具有 6 叶片风轮且未装备主动控制器，同时具有恒定的桨距角 $\beta=0$ 和恒定的偏航角 $\alpha=0$，以及恒定的转矩需求 T_{gd}。图 14-27 和表 14-3 展示了各风电机组在风电场内的几何位置，测量了各个结构的风轮速度和发电功率。表 14-4 和表 14-5 列出了试验结果。

在某些情况中，气动效应对风速廓线的影响足以完全扰动某些风电机组的气流（参见表 14-5 内的零值）。作为最有效的结构，第二种拓扑内的一个风电机组位于结构的前端，因而可以接收到最强的未扰动气流。然而有趣的是，尽管该结构中的第 4 个风电机组根本就没有转动，但它仍然具有最高效率。

表 14-3　风电场结构：位置（cm）

拓扑	风电机组			
	T1	T2	T3	T4
1	(20.32, 25.40)	(10.16, 25.40)	(10.16, 96.52)	(20.32, 96.52)
2	(40.64, 15.24)	(66.04, 55.88)	(15.24, 55.88)	(40.64, 96.52)
3	(55.88, 15.24)	(45.72, 35.56)	(35.56, 60.96)	(45.72, 81.28)
4	(55.88, 20.32)	(25.40, 20.32)	(40.64, 55.88)	—
5	(55.88, 15.24)	(45.72, 35.56)	(35.56, 60.96)	(20.32, 15.24)
6	(25.40, 20.32)	(45.72, 35.56)	(40.64, 60.96)	(55.88, 71.12)

表 14-4　风电场结构：风轮转速（rpm）

拓扑	风电机组			
	T1	T2	T3	T4
1	207.89	126.34	44.31	52.26
2	947.68	101.25	56.73	0
3	236.50	60.99	84.17	3.08
4	275.04	353.55	59.43	0
5	272.48	256.22	34.81	151.59
6	289.08	623.25	0	59.62

表 14-5　风电场结构：生成的功率（mW）

拓扑	风电机组				总 WF
	T1	T2	T3	T4	
1	81.84	49.74	17.44	20.57	169.61
2	373.10	39.86	22.34	0	435.30
3	93.11	24.01	33.14	1.21	151.48
4	108.28	139.19	23.40	0	270.87
5	107.28	100.87	13.71	59.68	281.53
6	113.81	245.37	0	23.47	382.66

14.7　结　论

本章介绍的一种新型低成本、灵活的测试台架风电场，可用于风电机组优化和风电场设计、建模、评估和多环路协调控制等高级教研工作中。本章详细展示了风电机组的机械、电气、电子和控制系统的设计。此外，本章还找到了动态模型，估算了参数和模型的不确定性，并设计了一些常见的控制器。研究还展示了多种试验，包括：(a) 量化了叶片数量对气动效率的影响；(b) 估算了发电机组效率；(c) 验证了提出的风轮转速变桨控制系统；(d) 证明了风电机组个体的最大功率点跟踪的概念；（e）估算了空气动力学 C_p/λ 特征；（f）计算出了功率曲线；（g）研究了风电场的拓扑结构对单个和整体功率效率的影响。试验结果证明，实验室测试台架的动力学性能与全尺寸风电机组相符，表明该系统适用于风能系统中高级的教研工作。

14.8　未来工作

本科生和研究生可以利用实验台架在其可再生能源和自动控制课程中进行实验室级别的风电机组设计、动态建模、估算和系统识别，风电机组控制系统，以及风电场分级控制和试验。本测试台架风电场取得的优异试验结果表明其动态性能可以很好地仿真全尺寸风电机组。因此，学生们可以亲自展开真实的试验，并深入理解风能概念。此外，风电机组和风电场的高模块化和灵活性为所有新的研究理念的发展、实施以及在实验中验证提供了便利。

致　谢

本文作者感谢 Su-Young Min 和 Yingkang（Demi）Du 为本文做出的贡献，感谢 Milton 和 Tamar Maltz 家族基金会和 Cleveland 基金会的资助。

参考文献

[1] Burton T, Jenkins N, Sharpe D, Bossanyi E (2011) Wind energy handbook, vol 2. John Wiley & Sons, New York.

[2] García-Sanz M, Houpis CH (2012) Wind energy systems: control engineering design. CRC Press, Taylor and Francis, Boca Raton.

[3] García-Sanz M, Mauch A, Philippe C (2014) The QFT control toolbox (QFTCT) for Matlab. CWRU, UPNA and ESA-ESTEC, Version 5. 01. http://cesc. case. edu.

[4] Houpis CH, Rasmussen SJ, García-Sanz M (2006) Quantitative feedback theory: fundamentals and applications, 2nd edn. CRC Press, Taylor and Francis, Boca Raton.

[5] Lego mindstorms (2014). http://www. lego. com/en-us/mindstorms.

[6] Mindsensors. Sensors for Lego. http://mindsensors. com/.

[7] Matlab (2014). Mathworks. http://www. mathworks. com/products/matlab/.

[8] Lego motor characteristics. http://www. philohome. com/motors/motorcomp. htm.

[9] Arduino microcontroller. http://arduino. cc/.

第十五章　风电机组硬件在环仿真控制系统测试仿真装置

Yolanda Vidal，Leonardo Acho，
Ningsu Luo，Christian Tutiven

摘要：本章介绍了如何为风电机组（WT）控制器建立一个价格便宜且有效的硬件在环（HIL）测试平台。在美国国家可再生能源实验室开发的一款名为FAST（疲劳、空气动力学、结构和湍流）的开放源代码风电机组仿真软件上对风电机组的动力特征进行了仿真，该软件仿真了控制器的所有必须输入信号，并（几乎）像一台真实的陆上5MW风电机组一样对控制器命令做出反应。动态转矩控制系统在一台开放式硬件Arduino微型控制器板上运行，通过USB与虚拟的风电机组连接，尤其考虑了变速变桨风电机组在满载荷区内通过转矩控制和变桨控制进行的发电控制情况。利用HIL平台显示了风电机组在正常运行条件下和故障条件下的行为特性，尤其对固定型故障/非固定型故障进行了建模，并对比基本转矩控制器对提出的颤动转矩控制器的行为特征进行了分析。

关键词：硬件在环；FAST；Arduino；控制；故障

术语：

β_k　　变桨控制，$k=1$，2，3

Y. Vidal (✉) · L. Acho · C. Tutiven
西班牙巴塞罗那加泰罗尼亚理工大学应用数学系Ⅲ
电子邮箱：yolanda. vidal@ upc. edu

L. Acho
电子邮箱：leonardo. acho@ upc. edu

C. Tutiven
电子邮箱：christian _ tutiven@ hotmail. com

N. Luo
西班牙赫罗纳大学电子与自动控制学院机电工程系
电子邮箱：ningsu. luo@ udg. edu

τ_c 发电机组转矩控制
ω_g 发电机组转速
$\hat{\omega}_g$ 过滤发电机组转速
ω_{ng} 额定发电机组转速
P_e 电功率
P_{ref} 标准功率
θ 调度参数
$\dot{x}$ 符号 dx/dt

15.1 简 介

随着风电机组尺寸的不断增大以及灵活性不断提高，控制系统及其测试环境变得极其重要。在实验室内对风电机组控制器进行综合评价可减少现场操作错误的风险，大大缩短试运行时间。

继汽车工业之后，风电机组工业开始将硬件在环（HIL）仿真作为一种不利用原型便在开发阶段对嵌入式控制系统进行实时测试的一种方法。与计算机仿真相反，HIL 仿真采用一个或几个真实部件，而非采用部件模型对控制过程的其他部分进行仿真[7]。此类方法在航空领域应用已久[12]。现今，HIL 仿真技术在牵引领域的应用已越来越成熟[14,17]。HIL 测试对于实现快速且低成本的控制器现场（如果是海上风电场，则在海上进行试运行）试运行至关重要。进行此类仿真的主要好处在于此类仿真使设计工程师能够在开发阶段对控制系统进行优化，而这对于系统的可靠性具有重大影响。此外，工程师能够利用与仿真中所用代码完全一样的代码，并将其直接运行在部署目标上，在设计过程中省时省力。最后，须在极端条件下对控制器进行测试，如风电机组传感器故障和/或执行器故障条件下。但是，用实验方法测试这些情况会严重损坏风电机组，因此 HIL 方法更可取。

为此，本章介绍了风电机组控制器的硬件在环（HIL）测试装置。转矩控制器和通讯系统整合为实时仿真器中的硬件，仿真风电机组的行为。使用提出的 HIL 平台显示风电机组在正常运行条件下和故障运行条件下在 3 区的行为特点，尤其仿真了固定型故障/非固定型故障，并对比基本转矩控制器对提出的颤动转矩控制器的行为特征进行了分析。

本章共分为 7 小节：15.1 小节为本章内容简介；15.2 小节介绍 HIL 设置情况，对每一部分进行了详细解释并介绍了如何设置整体测试平台；15.3 介绍了仿真中所用的 5MW 参考风电机组；15.4 小节介绍了风力建模情况；15.5 小节介绍了仿真中对比的转矩控制器，以及变桨控制器；15.6 小节讨论并分析了得出的 HIL 结果；15.7 小节为本章内容总结。

15.2　HIL 测试平台设置

整个测试平台包括两大部分：

- 运行风电机组仿真器（FAST）的计算机。
- 风电机组控制器，其程序位于 Arduino Mega 微控制器板[1]上，运行动态转矩控制系统。该系统通过 USB 与虚拟风电机组相连。

HIL 测试平台如图 15-1 所示。以下内容详细介绍了每一部分的情况以及如何设置整个系统。

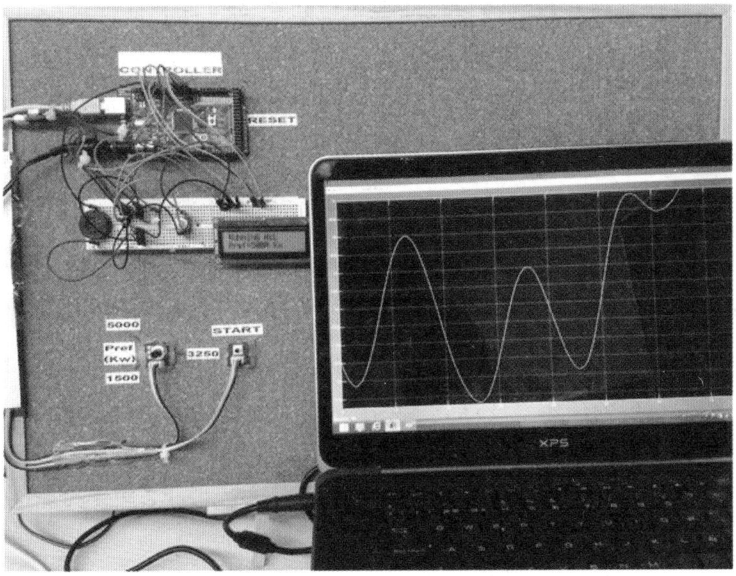

图 15-1　HIL 风电机组控制器测试实验装置

15.2.1　FAST（风电机组仿真器）

美国国家可再生能源实验室（NREL）国家风能技术中心（NWTC）致力于开发先进的计算机辅助工程（CAE）工具，为风能工业提供最先进的设计与分析技术。NWTC 已经开发出了多种软件工具，生成逼真模型，仿真复杂环境中风电机组的行为，并仿真海上应用场景中的湍流风、不稳定空气动力、结构动力学、传动系统响应、控制系统和水力载荷情况。NREL 还开发出了用于建立模型的预处理器，用于分析结果的后处理器和用于运行、控制处理任务的设备。

NWTC 的 CAE 工具已经成为分析与开发的行业标准，为数以千计的美国和国际风电机组设计者、制造者、顾问公司、认证机构、研究人员和教育人员所用。这些工具是免费供大众使用的，源代码开放，为风力工业的专业级别产品。这种开放源代码的方法促进了该工具在行业中的可信度和适应性。工具为模块化，经文件证明，由 NREL 通过工作室和在线论坛（http：//wind. nrel. gov/forum/wind/viewforum. php?f=4）的方式提供支持。工具已经模型对模型对比验证、经测试测量验证、经 Germanischer Lloyd 认证。作为技术监督机构，Germanischer Lloyd 的服务包括减轻风险、确保油气技术合格、确保工业生产设备和风能园区合格。

FAST 代码[8]是一种综合性的气动弹性变形仿真器，能够预测双叶片和三叶片水平轴风电机组的极端载荷和疲劳载荷。由于 2005 年 Germanischer Lloyd WindEnergie 对该仿真器评估后发现其适合在陆地风电机组的设计和认证过程中计算风电机组载荷[13]，因此选用该仿真器进行验证。利用 MATLAB®开发出了 FAST 和 Simulink 之间的界面，使用户能够在 Simulink®实用的方框图中执行先进的风电机组控制。将 FAST 子程序与 Matlab 标准网关子程序相连，以便将 FAST 运动方程式（在 S 函数中）并入 Simulink 模型中。这大大提高了仿真过程中风电机组控制执行的灵活性。可在 Simulink 环境中设计发电机组转矩、机舱偏航和变桨控制模块，并能够在利用完全非线性空气弹性变形风电机组运动方程式的同时对其进行仿真，这在 FAST 中可用。风电机组块包含带 FAST 运动方程式的 S 函数块，和用于求自由度加速度的积分，得出速度和位移的块。这样在 FAST 的 S 函数块中得出运动方程式，并利用其中一个 Simulink 解算器对该方程进行解算。FAST 的主要特点总结如下：

- 计算结构动态响应和控制系统响应，作为 aero-hydro-servo-elastic 解的一部分；
- 利用 24-DOF 模态和多体综合表示；
- 控制系统通过子程序、DLL 或 Simulink 与 MATLAB 建模；
- 非线性时域解决方案，用于载荷分析；
- 用于控制和稳定性分析的线性化流程。

我们采用 FAST 仿真风电机组和风速信号。FAST 运行的笔记本电脑，其处理器规格为因特尔内核 i5-3230M，频率为 3. 2GHz，以及 8GB2 SDRAM DDR3，1600MHz。

15. 2. 2 Arduino 微控制器板

与已广泛使用的免费软件或开源软件相比，开源硬件问世较晚，其中迅速受到大众欢迎的开源硬件项目之一便是 Arduino。Arduino 于 2005 年创建于意大利艾维里互动设计院，其作为一个系统允许学生开发交互式设计。Arduino（网址为 http://arduino. cc/en/）是一个基于简单微控制器板的开源物理计算平台，提供软件开发环境。编程语言为 C/C ++；数量众多的库使诸如在字母数字 LCD 上印刷或利用串行通信这样的标准应用更加简单。能够利用 USB 接口对微控制器板进行编程，程序储存在微控制器的内部 EEPROM 中。Arduino 可用于开发交互对象，接收来自各种各样的交换器或传感器的输入信号，并控制不同的光输出、发电机组输出和其他物理输出。Arduino 可在与计算机断开的情况下独立运行，或对其进行编程，使其通过不同的软件接口对计算机发出的指令做出响应，或对从输入通道获取的数据做出响应。访问 Arduino 网站 http://arduino. cc，可获得关于硬件和软件方面的更多信息。

本研究中采用了 Arduino Mega2560 微控制器板。Arduino Mega2560 微控制器板有 54 根数字输入/输出引线、16 根仿真输入引线、4 个 UART（硬件串行端口）、一台 16MHz 晶体振荡器、一个 USB 接头、一个电源接口、一个 ICSP 数据头和一个复位按钮。Arduino Mega2560 包含支持微控制器所需的所有部件。利用 USB 数据线便可将其与计算机相连，利用交直流转换适配器为其提供电源或用电池为其供电便可启动 Arduino Mega2560。表 15-1 总结了 Arduino Mega2560 的特点。

表 15-1　Arduino Mega2560 特点总结

Arduino Mega2560	
微控制器	ATmega2560
工作电压	5V
输入电压（建议值）	7～12V
输入电压（限值）	6～20V
数字输入/输出引线	54（其中 15 条引线提供 PWM 输出）
仿真输入引线	16
每根输入/输出引线的直流电流	40mA
3. 3V 引线的直流电流	50mA
闪存	256KB，其中引导装载程序占用了 8KB
SRAM	8KB
EEPROM	4KB
时钟速度	16MHz

我们将 Arduino 作为控制器硬件。我们用 C 代码（Arduino 语言）对控制器进行编程，并将其下载至 Arduino 板中实时运行。所用部件包括：

- 启动按钮，用于启动控制器；
- 蜂鸣器，在控制器启动和停止时发出声音；

- 电位计（10kH），规定风电机组的标准功率；
- LCD 显示器，显示命令标准功率。

图 15-2 为 HIL 设置图。

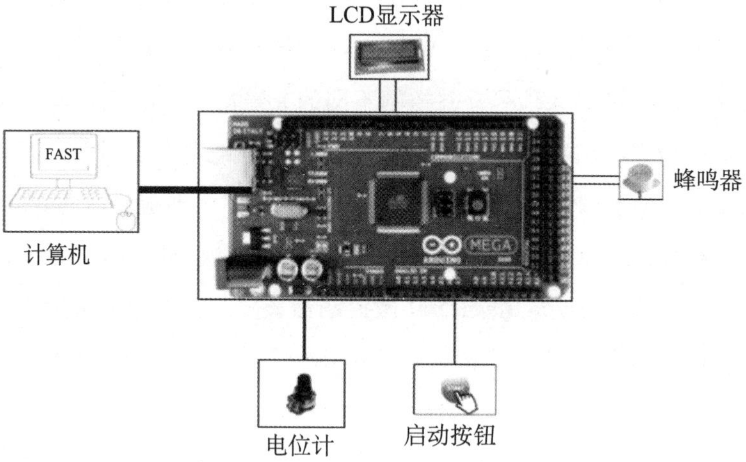

图 15-2　HIL 实验装置框图

15.2.3　设置

HIL 允许控制系统硬件（Arduino）直接与 FAST 仿真系统相连。Arduino 接收来自电位计（标准功率 P_{ref}）和风电机组仿真器（发电机组转速 ω_g）的输入信号，然后向风电机组仿真器发出转矩控制器命令。FAST 也规定了仿真情况的风力流入。在风电机组仿真器中对增益调度比例积分（PI）变桨控制进行编程。这样在 Arduino 中仅对转矩控制器进行编程。

HIL 实验的设置步骤如下：

- 用 Arduino 语言对转矩控制器进行编程（采用了欧拉数值积分），并将程序下载至硬件。
- 重新配置 Simulink FAST 风电机组仿真器，以便与硬件输入和硬件输出进行通信。
- 硬件接口通过通用串行总线（即 USB）接口实现。
- 由于通过 USB 实现单通道通信管理，因此采样周期为 0.3s。
- Matlab 实时同步块使 Simulink 模型与实时时钟同步。Simulink 在正常模式下运行。
- 为了实时运行，我们采用了具有适当步长的固定步解算器。

关于 Arduino 脚本、Matlab 脚本以及 Simulink 图表，详见附录。

15.3　陆地参考风电机组

利用[9]中描述的 5MW 陆地参考风电机组进行实验设置。表 15-2 中总结了风电机组的参数。本章介绍满载荷区的相关内容，即风速超过其额定值的区域。提出的转矩控制器和变桨控制器的主要任务是使电功率控制在额定功率，即 5MW。

表 15-2　风电机组特点

参考风电机组	
额定功率	5MW
叶片数量	3
风轮/轮毂直径	126m，3m
轮毂高度	90m
切入风速、额定风速和切出风速	3m/s、11.4m/s、25m/s
额定发电机组转速（ω_{ng}）	1173.7rpm
齿轮箱速比	97

15.4　风力建模

在流体动力学中，湍流是一种流态，其特点是混沌特性的变化，包括低动量扩散、高动量对流以及压力和速度在空间和时间上的快速变化。在本章的仿真中，利用 TurbSim[10] 生成了新的风力数据集。TurbSim 是一款由 NREL 开发的随机全域湍流风仿真装置，能够生成一个矩形网格，保存风力数据。在输入文本文件（在该文件中，TurbSim 用作一个输入）中，我们做出以下定义：

- 网格设置、与风速直径相匹配的位置以及位于轮毂高度的网格的中心。这表示大小为 $130 \times 130m^2$ 的网格，其中心位于 19.55m 的位置。
- 选用卡曼湍流模型。
- 湍流强度设置为 10%。
- 利用对数廓线选择正常的风力类型。
- 参考高度设置为 90.25m。这个高度是仿真平均风速的位置。
- 平均（全）风速设置为 18.2m/s。
- 粗糙系数设置为 0.01m，相当于无高大建筑物和丰富植被的旷野地形。

从图 15-3 中可以看出，风速覆盖了满载荷区（也被称为区域 3）。特别需要注意的是，从 350s 到 400s，风速值从最小 12.91m/s 增加至最大 22.57m/s。

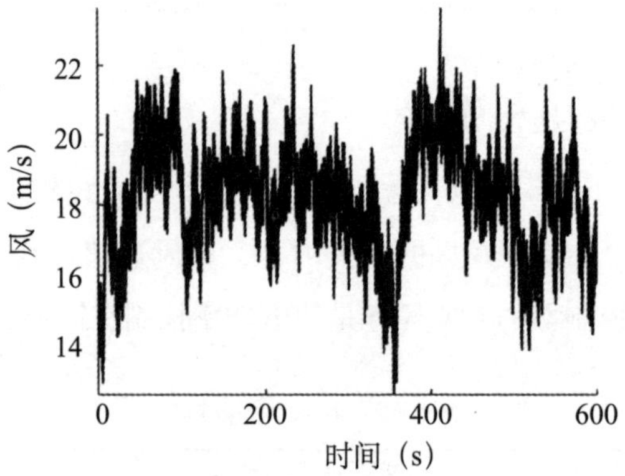

图 15-3 样本风速

15.5 控制策略

本节介绍了基线转矩控制器和提出的颤动转矩控制器。由于发电机组可能无法根据操作条件提供所需的机电转矩，因此两种转矩控制器的最大饱和值均为47 402.91N·m，发电机组转矩最大饱和额定值为15 000N·m/s，详见[9]。

15.5.1 基线转矩控制器

转矩控制和变桨控制均将发电机组转速测量值作为输入参数。如[9]中提出的，为了减轻控制系统的高频激励，我们根据指数平滑法，通过采用递归单极低通滤波器对转矩控制器和变桨控制器的发电机组转速测量进行过滤。

FAST 规定的 5MW 参考风电机组包含一台转矩控制器。在区域 3 中，该控制器可维持恒定的发电机组功率，这样发电机组转矩与过滤后的发电机组转速成反比，或用公式表示为：

$$\tau_c = \frac{P_{ref}}{\hat{\omega}_g} \tag{15-1}$$

其中，P_{ref}表示标准功率，$\hat{\omega}_g$表示过滤后的发电机组转速。该控制器以下称为基线转矩控制器。

15.5.2 颤动转矩控制

本节中提出了一种颤动转矩控制器[15]。

电功率跟踪误差定义为：

$$e = P_e - P_{ref} \tag{15-2}$$

其中，P_e 表示电功率，P_{ref} 表示标准功率。我们对该误差施加了一阶动力学，公式为：

$$\dot{e} = -ae - K_\alpha \text{sgn}(e) \qquad a, K_\alpha > 0, \tag{15-3}$$

同时将电功率表示如下[2, 3,5,11]。

$$P_e = \tau_c \omega_g, \tag{15-4}$$

其中，τ_c表示转矩控制，ω_g表示发电机组转速。将方程式（15-2）和方程式（15-4）代入方程式（15-3），假设 P_{ref}为常数函数，则我们得到公式：

$$\dot{\tau}_c \omega_g + \tau_c \dot{\omega}_g = -a(\tau_c \omega_g - P_{ref}) - K_\alpha \text{sgn}(P_e - P_{ref}),$$

也可以写成：

$$\dot{\tau}_c = \frac{-1}{\omega_g}[\tau_c(a\omega_g + \dot{\omega}_g) - aP_{ref} + K_\alpha \text{sgn}(P_e - P_{ref})] \tag{15-5}$$

定理 1 提出的控制器 5 可确保有限时间稳定性[4]。此外，可通过恰当定义参数 a 和 K_α的值来选择稳定时间。

证明　我们现在提出李雅普诺夫函数，即：

$$V = \frac{1}{2}e^2 \tag{15-6}$$

然后，根据方程式 15-3，得出沿系统轨迹的时间导数：

$$\dot{V} = e\dot{e} = e[-ae - K_\alpha \text{sgn}(e)] = -ae^2 - K_\alpha |e| < 0 \tag{15-7}$$

因此 V 为全局正定且径向无界，而李雅普诺夫候选函数的时间导数则为全局负定，因此证明平衡为全局渐近稳定。此外，也能证明有限时间稳定性。方程式(15-7)可以写成：

$$\dot{V} \leqslant -K_\alpha |e| = -K_\alpha \sqrt{2}\sqrt{V}$$

$\dot{V} + K_\alpha \sqrt{2}\sqrt{V}$ 为负半定，可根据［4］中的定理 1 得出结论，即原点是有限时间稳定平衡。此外，从[4]中得出稳定时间函数 t_s的公式为：

$$t_s \leqslant \frac{1}{K_\alpha \sqrt{2}}(V)^{1/2},$$

并利用方程式（15-6）得出：

$$t_s \leqslant \frac{e}{K_\alpha}$$

提出的简单非线性转矩控制［详见方程式（15-5）］不需要从风电机组总外部阻尼或总惯性获取信息。该控制仅需要发电机组转速和风电机组的电功率，因此我们提出的控制器需要的风电机组参数较少，且不需要过滤发电机组转速测量。

15.5.3 变桨控制

为了协助转矩控制器调整风电机组的电功率输出，避免重大载荷，同时维持风轮转速在可接受的范围内，可将总变桨控制器增加至风轮转速跟踪误差中。桨距角控制器是一种增益调度比例积分控制器，将发电机组转速作为输入，将桨距伺服设定值作为输出，即：

$$\beta_k = K_p(\theta)(\omega_g - \omega_{\mathrm{ng}}) + K_i(\theta)\int_0^t(\omega_g - \omega_{ng})\mathrm{d}t,\ K_p > 0, K_i > 0, k = 1、2、3,$$

其中，ω_g表示发电机组转速，ω_{ng}表示标称发电机组转速（在该转速下获得风电机组的额定电功率）。调度参数 θ 表示之前测定的总叶片桨距角。测量了三个桨距角之后，总桨距角 β_k通过取所有桨距角测量平均值得到。根据[9]计算调度增益。最后实现最大桨距极限饱和角度为45°，桨距额定饱和为8°/s，详见[9]。

记得当采用基线变桨控制器时，转矩控制器和变桨控制器均使用过滤后的发电机组转速测量值。但是当采用颤动控制器时，不管是转矩控制还是变桨控制，均不需要过滤器。

需要注意的是，未对变桨控制进行 HIL 仿真，在 Arduino 硬件中仅执行了转矩控制。

15.6 HIL 结果

对于方程式（15-5）中的建议控制器，仿真中采用了 $a=1$ 和 $K_\alpha=1.5\times10^5$两个值。该控制器取决于 $\dot{\omega}_g$，因此我们在 Arduino 板中计算了 $\dot{\omega}_g$的一阶近似值。

15.6.1 正常状态

两种控制器正常状态下的仿真结果如下：

- 电功率遵照标准功率，与风力波动无关，如图 15-4（左图）所示。
- 转矩行动获得了合理值，如图 15-4（右图）所示。
- 叶片桨距角始终位于认可的变化范围内，如图 15-5（左图）所示。
- 变桨控制行动使发电机组转速接近其标称值（即 1173.7rpm），如图 15-5（右图）所示。

15.6.2　故障状态

叶片变桨系统故障是风电机组发生率最高的一种故障。本章研究了一种与第三个变桨致动器相关的故障。在该故障中，利用所有桨距角的测量平均值进行增益调度比例积分总桨距控制。

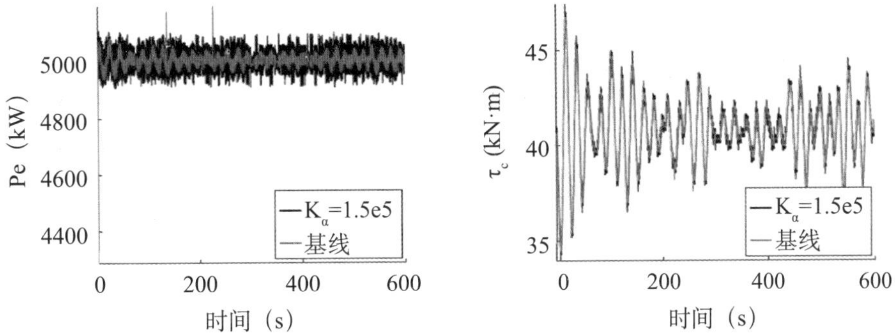

图 15-4　功率输出（左图）和转矩控制（右图）

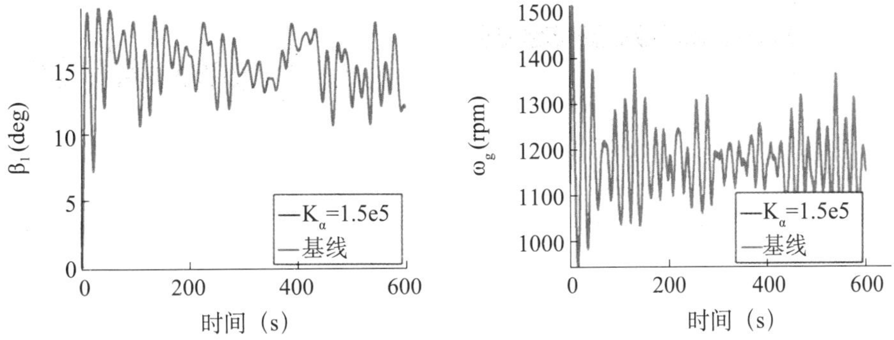

图 15-5　桨距角（左图）和发电机组转速（右图）

特别是，致动器在计算的一开始便卡死在 0°位置，50s 后，致动器不再卡死在该位置。我们每隔 75s 在卡死状态和非卡死状态之间切换。我们利用常微分方程：

$$\dot{\beta}_3 = p(-\beta_3 + \beta_1)$$

仿真了该故障。在该微分方程中，p 表示振幅为 10、周期为 150s、脉冲宽度为（周期的百分比）50 且相位延迟为 50s 的脉冲发生器。当 p 等于 0 时，第三个致动器卡死；而当 p 等于 10 时，β_3则再一次跟随桨距控制 β_1。第三个致动器最初是卡死在 0°位置。故障状态下的仿真结果表明：

- 第一个叶片桨距角始终在认可的变化范围内［如图 15-6（左图）所示］，但是基线控制器的振荡幅度较大。因此随着桨距角的运动范围变小，我们提出的控制器可减少结构振动。

- 第三个叶片在卡死状态和非卡死状态之间切换，详见图 15-6（右图）。
- 对于基线控制器，电功率的瞬态响应振荡较大，如图 15-7（左图）所示。

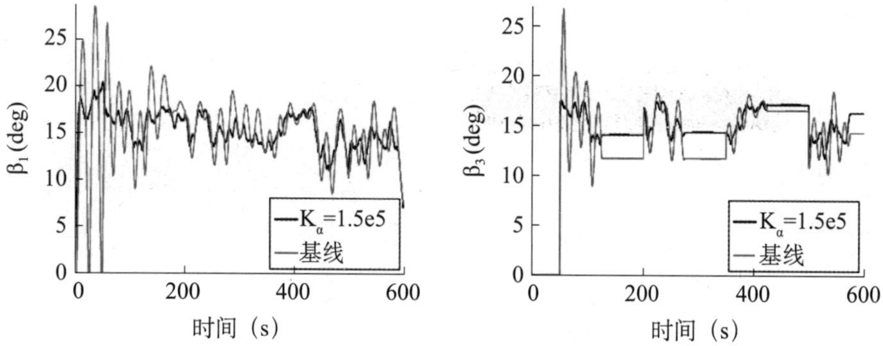

图 15-6　故障状态下的第一个（正常）桨距角（左图）和第三个（故障）桨距角（右图）

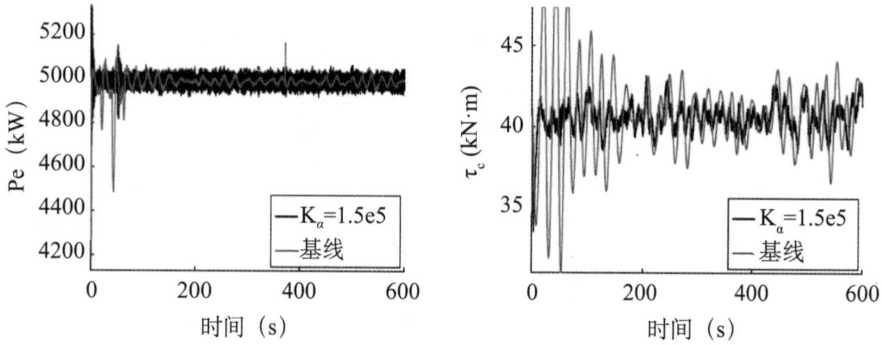

图 15-7　故障状态下的功率输出（左图）和转矩控制（右图）

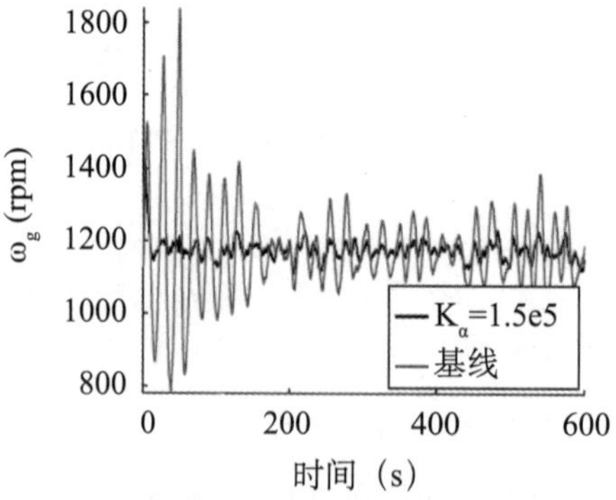

图 15-8　故障状态下的发电机组转速

- 基线控制器的转矩行为达到了饱和极限（47. 40kN·m），而提出的颤动控制器未达到饱和极限，详见图 15-7（右图）。当达到饱和极限时会出现振动和极限环，详见[16]。

- 基线控制器的发电机组转速具有较大振荡，如图 15-8 所示。

15.7 结　论

本章介绍了成本低但有效的 HIL 平台。利用硬件（Arduino）和软件（FAST）开源解决方案大大提高了改进 HIL 平台的能力，并允许开发者和终端用户以新方式进行互动[16]。当前的用户群体主要围绕 Arduino（http://arduino.cc/playground）和 FAST（http://wind.nrel.gov/forum/wind/viewforum.php?f=4）。

总之，提出的 HIL 平台适合控制系统测试。该平台可用于显示风电机组在正常操作状态和故障操作状态下的行为特点。成本低、操作简易使得 HIL 平台在预算有限的教育领域和研究领域受到欢迎，对于资源有限的研究人员、学生和高校来说尤其如此。

附　录

提出的控制器的 Arduino 脚本：

```
#include <LiquidCrystal.h>
LiquidCrystal lcd (12,11,5,4,3,2);

int sign (double x){return (x>0) - (x<0);}
int pinsw=10;
int pinled=9;

void setup(){
pinMode (pinsw,INPUT);
pinMode (pinled,OUTPUT);
Serial.begin (9600);delay (250);
lcd.begin (16, 2);
}
byte A;
float u=36600,n1=0,Pref=5000000, lect, lect_ant, un;
```

```
int s =1, sw =1;

void loop (){
lcd.clear ();
lcd.setCursor (0,0);  lcd.print ("PRESS START");
if (digitalRead(pinsw) = = HIGH){//Press start button
    digitalWrite (pinled,HIGH); //Switch on LED
    tone (13,440,500); // Start up music
    lcd.setCursor(0,0);
    lcd.clear(); lcd.print ("RUNNING HiL");
lcd.setCursor (0,1);
lcd.print ("Pref = ");
lcd.setCursor (5,1);
lcd.print(Pref);
lcd.setCursor (9,1);
lcd.print (" Kw      ");

lect = -1;lect _ ant = -1;
for (long i =0;  i <200000L; i + +) {
    while (Serial.available () >0){//ARDUINO reads wg
          A = Serial.read ();
          if (A = =45){ //minus sign s = - 1;A = Serial.read();
          }
          If (A = =43){//plus sign
          A = Serial.read ();
          }
          n1 = n1 * 10 + (A - 48); lect = s * n1;//ASCII to DEC
}
n1 = 0;S =1;

if  (lect >0){
```

```
        //TORQUE CONTROL,  lect =Wg, u =Torque
      lect =0.105 * lect; //read wg (rpm to rad/s)
      if(lect _ ant = = -1){
        lect _ ant =lect;
      }
      //Euler numerical integration step size 0.3s
      un =u +0.3 * ( -u -u * ((lect - lect _ ant)/0.3)/lect +
      Pref/lect -150000 * sign (u * lect - Pref)/lect);
      Serial.println(long(u));
      u =un;
      lect _ ant =lect;
    }
    delay (150);
    delay (150);
    delay (150);
    delay (150);
   }
   tone (13,44 0,500);delay (1000);tone (13,440,500);
  }
  digitalWrite (pinled,LOW);
  delay (150);
}
```

实时运行 HiL(FAST 和 Arduino)的 Matlab 脚本:

```
clear all; close all;clc;
Simsetup;
global leer; leer = -1;
delete(instrfind({'Port'},{'COM3'}));
puerto _ serial =serial ('COM3');
puerto _ serial.BaudRate =9600;
fopen(puerto _ serial);
disp ('Please start Arduino and then press a key');
```

```
pause;
disp ('Starting FAST Simulation');
open_system ('NREL5MW_SMC');
%Initial value of tau_c
set_param ('NREL5MW_SMC/tau','Gain',num2str(26600));
%Starts Simulink
set_param ('NREL5MW_SMC','SimulationCommand','Start');
h=add_exec_event_listener ('NREL5MW_SMC/omega_g',...
'PostOutputs',@read_data);
while leer<0
   pause (0.1);
end
for i=1:48000
% Matlab sends to Arduino the value of wg
       fwrite (puerto_serial,num2str(round(leer)));
       pause (0.3);
       lect_usb=fscanf (puerto_serial,'% d');
       set_param ('NREL5MW_SMC/tau','Gain',...
       num2str(lect_usb));
end
fclose (puerto_serial);
set_param ('NREL5MW_SMC','SimulationCommand','Stop');
beep;
delete (puerto_serial);
```

Matlab 函数:

```
function leer=read_data(block,evenData);
global leer;
rt=get_param('NREL5MW_SMC/omega_g','RuntimeObject');
t=block.CurrentTime;
leer=block.InputPort(1).Data;
```

Simulink 图解见图 15-9。

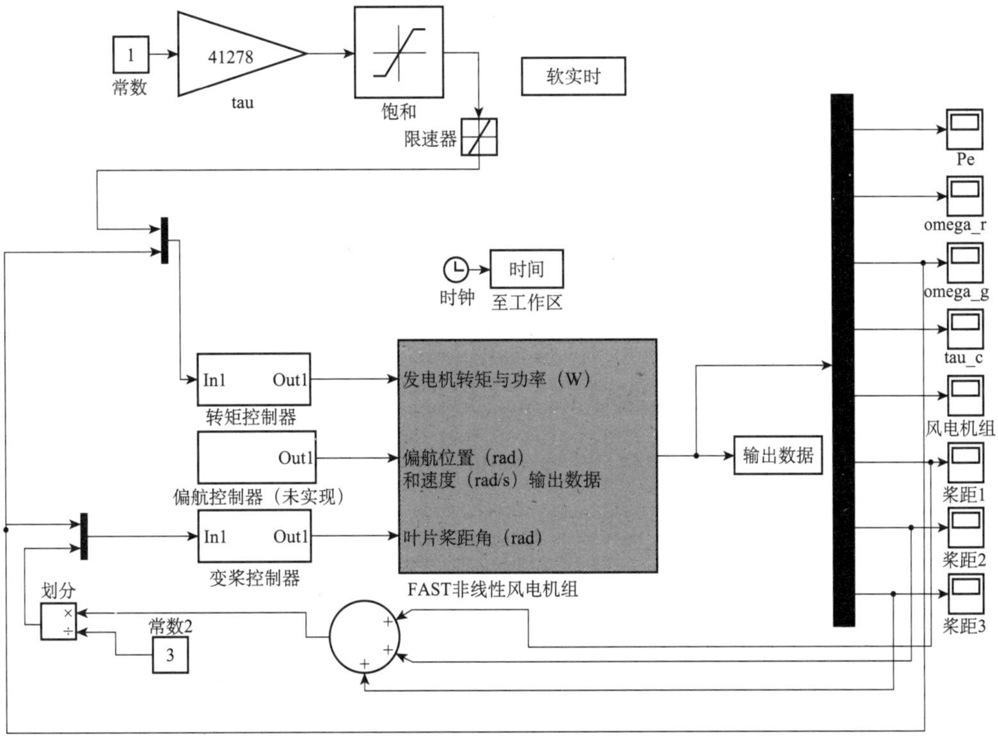

图 15-9　Simulink 图解

致　谢

本研究工作是西班牙经济与竞争力部的资助研究项目（DPI2012-32375/FEDER 和 DPI2011-28033-C03-01），同时也是加泰罗尼亚政府的资助研究项目（2014 SGR 859）。

参考文献

[1] Arduino（2014）url：http：//arduino. cc.

[2] Beltran B，Ahmed-Ali T，El Hachemi Benbouzid M（2008）Sliding mode power control of variable-speed wind energy conversion systems. IEEE Trans Energy Convers 23（2）：551－558. Doi：10. 1109/TEC. 2007. 914163.

[3] Beltran B，Ahmed-Ali T，Benbouzid M（2009）High-order sliding-mode control of variable-speed wind turbines. IEEE Trans Ind Electron 56（9）：3314－3321. doi：10. 1109/TIE. 2008. 2006949.

[4] Bhat S, Bernstein D (1997) Finite-time stability of homogeneous systems. In: American control conference, 1997. Proceedings of the 1997, vol 4, pp 2513 – 2514. Doi: 10.1109/ACC.1997.609245.

[5] Boukhezzar B, Lupu L, Siguerdidjane H, Hand M (2007) Multivariable control strategy for variable speed, variable pitch wind turbines. Renewable Energy 32 (8): 1273 – 1287. doi: 10.1016/j. renene.2006.06.010, url: http: //www. sciencedirect. com/science/article/pii/S0960148106001261.

[6] De Paoli S, Storni C (2011) Produsage in hybrid networks: sociotechnical skills in the case of Arduino. New Rev Hypermedia Multimedia 17 (1): 31 – 52.

[7] Hanselmann H (1996) Hardware-in-the-loop simulation testing and its integration into a cacsd toolset. In: Computer-aided control system design, 1996., proceedings of the 1996 IEEE international symposium on, IEEE, pp 152 – 156.

[8] Jonkman J (2013) NWTC computer-aided engineering tools (FAST). url: http: // wind. nrel. gov/designcodes/simulators/fast/.

[9] Jonkman JM, Butterfield S, Musial W, Scott G (2009) Definition of a 5-MW reference wind turbine for offshore system development. Technical report, National Renewable Energy Laboratory, Golden, Colorado, nREL/TP-500-38060.

[10] Kelley N, Jonkman B (2013) NWTC computer-aided engineering tools (Turbsim). url: http: // wind. nrel. gov/designcodes/preprocessors/turbsim/.

[11] Khezami N, Braiek NB, Guillaud X (2010) Wind turbine power tracking using an improved multimodel quadratic approach. ISA Trans 49 (3): 326-334. Doi: 10.1016/j. isatra.2010.03.008, url: http: //www. sciencedirect. com/science/article/pii/S0019057810000273.

[12] Maclay D (1997) Simulation gets into the loop. IEEE Rev 43 (3): 109-112.

[13] Manjock A (2005) Evaluation Report: Design codes FAST and ADAMS for load calculations of onshore wind turbines, Germanischer Lloyd WindEnergie, Report no. 72042.

[14] Terwiesch P, Keller T, Scheiben E (1999) Rail vehicle control system integration testing using digital hardware-in-the-loop simulation. IEEE Trans Control Syst Technol 7(3): 352 – 362.

[15] Vidal Y, Acho L, Luo N, Zapateiro M, Pozo F (2012) Power control design for vari-

able-speed wind turbines. Energies 5 (8): 3033 - 3050. doi: 10.3390/en5083033.

[16] Vincent TL, Grantham WJ (1999) Nonlinear and optimal control systems. John Wiley & Sons, Inc., New York.

[17] Zhang Q, Reid J, Wu D et al (2000) Hardware-in-the-loop simulator of an off-road vehicle electrohydraulic steering system. Trans ASAE 43(6):1323 - 1330.